Les Physiciens de A à Z

André Rousset
Jules Six

ellipses

La 1re édition de cet ouvrage a été publiée en grand format en 2000.

ISBN 978-2-7298-8478-9
©Ellipses Édition Marketing S.A., 2014
32, rue Bargue 75740 Paris cedex 15

DANGER
LE
PHOTOCOPILLAGE
TUE LE LIVRE

www.editions-ellipses.fr

Avant-propos

La physique ne se réduit pas seulement à des faits expérimentaux, à des lois, à des équations, à des principes. Derrière ces concepts déshumanisés, il y a des hommes, ceux qui ont effectué les expériences, ceux qui ont imaginés les concepts théoriques. Leurs noms apparaissent parfois dans les appellations, l'expérience d'Oersted, la loi d'Ampère, l'équation de Schrödinger, le principe de Carnot. Un esprit curieux souhaite mieux connaître ces personnages. En complément des livres d'enseignement de la physique, les éditions Ellipses proposent de mettre entre les mains des élèves, des étudiants, des professeurs, un ouvrage qui leur apporte les informations essentielles sur les hommes qui ont apporté leur pierre à la construction de la physique.

Le nombre des contributeurs à cette science est considérable. L'objectif de se limiter à un volume impose une sélection. Notre choix est basé sur l'importance de l'apport à la discipline tel qu'il peut être apprécié par l'examen des livres qui les citent. Nous avons retenu en priorité les physiciens cités dans les ouvrages que consultent les élèves et les étudiants. Nous nous efforçons ainsi de satisfaire leur curiosité. Les créateurs d'instruments n'ont été pris que dans la mesure où leurs inventions ont largement contribué aux progrès de la discipline. C'est le cas de Georges Charpak dont l'invention de la chambre à fils a permis à de nombreux physiciens expérimentateurs d'effectuer des découvertes majeures auprès des grands accélérateurs. Nous avons également retenu les inventeurs des technologies qui ont eu un impact important sur l'histoire de l'humanité. C'est le cas de Gugliemo Marconi, le premier artisan du développement des radiocommunications. Nous avons omis les purs philosophes, à l'exception d'Aristote et de Platon qui, tous deux, peuvent être considérés comme étant à l'origine de deux conceptions différentes mais importantes de la description de la nature.

Le principe même du dictionnaire focalise sur un seul nom une découverte, alors qu'elle est parfois précédée par les travaux d'autres scientifiques, alors qu'elle est souvent effectuée en collaboration avec d'autres collègues, alors qu'il est nécessaire qu'elle soit confirmée par des travaux ultérieurs. Nous citons donc de nombreux physiciens qui ont leur part dans les grandes découvertes, même si nous ne leur consacrons pas une biographie. Leurs noms sont répertoriés dans un index qui permet au lecteur de trouver facilement l'endroit où ils sont cités. Un autre index, un index thématique, classe les différents auteurs traités en les répartissant suivant les grands domaines de la physique.

L'ambition de la physique est de décrire et de comprendre l'ensemble des phénomènes qui régissent le monde matériel. Cette discipline englobe donc les mécaniques, les thermodynamiques, la physique des particules élémentaires, la physique nucléaire, la physique atomique, la physique moléculaire, la physique de la matière condensée. Elle peut également contenir quelques aspects de la chimie ou de la biologie au niveau des phénomènes élémentaires lorsqu'ils sont essentiellement décrits par les lois de la physique.

Nous ne sommes ni des historiens, ni des biographes, mais des physiciens expérimentateurs. Nous nous sommes donc attachés à décrire et expliquer le plus simplement possible les travaux, les découvertes qui justifient les citations des physiciens. Nous avons explicité et expliqué les appareils, les expériences, les principes, les lois, les équations qui portent leurs noms. Les carrières sont décrites de manière succinte par les lieux et dates de naissance et de décès, par leurs études et par leurs principales activités. Nous n'avons pas recensé systématiquement les honneurs qui les ont comblés, sauf les Prix Nobel. Nous avons recensé les principales publications, en dehors des articles publiés dans des revues spécialisées. Pour aider à mieux saisir la personnalité d'un auteur, nous avons parfois sélectionné quelques anecdotes typiques.

Pour mener à bien notre travail, nous avons utilisé les biographies existantes, de sources françaises, anglaises ou américaines. Nous nous sommes efforcés de maintenir une certaine impartialité dans la sélection et dans le contenu de nos biographies. Nous sommes conscients des imperfections que peut contenir un tel ouvrage. D'avance, nous remercions les lecteurs qui nous apporteront des remarques, des suggestions, des critiques. Nous en tiendrons le plus grand compte pour améliorer les prochaines éditions.

Parmi les collègues qui nous ont donné des conseils ou qui ont accepté d'effectuer des relectures partielles de notre travail, nous tenons à remercier Jean Audouze, Paul Brouzeng, Christian Colliex, Ahmed Djebbar, Daniel Fargue, Ung Nguyen Khac, Louis Jauneau, Albert Messiah, Jacques Prentki et Pierre Radvanyi.

Ce livre devait initialement être écrit avec la collaboration d'Hubert Gié, inspecteur d'académie en physique. Il est malheureusement décédé au début de notre travail en commun. Nous dédions ce dictionnaire à sa mémoire.

A

ABBE Ernst

Eisenach (Allemagne) 1840 – Iéna 1905

Après des études commencées à Iéna et terminées à Göttingen, Ernst Abbe est recruté en 1866 par K. Zeiss qui a créé à Iéna un atelier et un magasin d'appareils optiques. Il est chargé de la fabrication industrielle des microscopes. Il s'attache à améliorer les performances de ces instruments. Dans la suite des travaux de J. Dollond et de L. Euler, il élimine les aberrations chromatiques en choisissant pour les lentilles des qualités différentes de verre. Ses recherches d'optimisation des systèmes optiques le conduisent à établir la condition d'aplanétisme des images, « la relation des sinus » qui porte son nom.

En 1871, il épouse Élise Snell, la fille du directeur de la physique de l'université d'Iéna. Nommé peu après professeur, il établit en 1877 la théorie complète du microscope en incluant le calcul du pouvoir séparateur limité par le phénomène de diffraction. Il utilise l'immersion de l'objectif afin d'accroître le pouvoir séparateur.

Avec K. Zeiss, il fonde la société d'instruments d'optique d'Iéna, dont il prend la direction en 1888, à la mort de son associé.

E. Abbe est aujourd'hui considéré comme le fondateur de la théorie de la formation des images, théorie qui trouve des applications modernes dans la microscopie électronique.

Relation d'Abbe

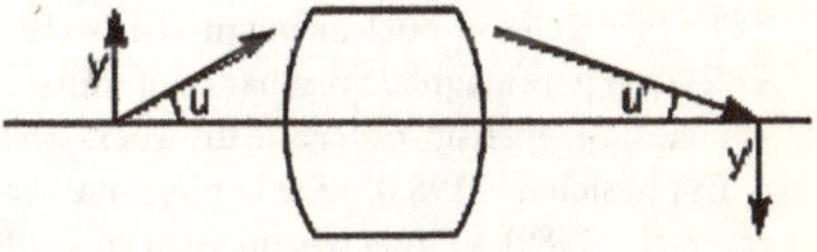

$ny \sin u = n'y' \sin u'$, où n et n' sont les indices optiques du premier et du dernier milieu, y et y' sont les dimensions de l'objet et de l'image, *u* et u' sont les angles d'ouverture du faisceau lumineux. Cette condition doit être respectée par un système optique centré, afin d'obtenir l'aplanétisme des images et donc éviter leur distorsion.

ABRAGAM Anatole

Griva (Russie) 1914-2011

Émigré de Russie en 1925, Anatole Abragam effectue des études supérieures à l'université de Paris et à l'École supérieure d'électricité, études interrompues pendant la Deuxième Guerre mondiale. Recruté par le Commissariat à l'énergie atomique dès 1947, il y mène la totalité de sa carrière.

Pendant un séjour de trois ans à Oxford, il prépare une thèse sur la résonance magnétique. Avec M. Pryce, il invente l'hamiltonien de spin qui permet d'interpréter assez simplement les spectres complexes de la résonance magnétique nucléaire dans les cristaux. Il introduit l'effet des atomes excités dans la structure hyperfine des cristaux.

Ses travaux les plus originaux concernent la polarisation nucléaire dynamique. Il en développe de nombreuses applications, l'invention d'un magnétomètre très sensible, la réalisation de cibles polarisées qui seront utilisées auprès des accélérateurs de particules, la fabrication des faisceaux de protons polarisés, la production et l'observation de l'antiferromagnétisme nucléaire.

En 1960, il est élu professeur au Collège de France.

Publications

« The principles of nuclear magnetism » (1961), « L'effet Mossbauer » (1964), « Electron paramagnetic resonance of transition ions » avec B. Bleaney (1970), « Nuclear magnetism, order and disorder » avec M. Golman (1982), « Réflexions d'un physicien » (1983), « De la physique avant toute chose » (1989), « Time reversal » (1989), « Physicien, où as-tu été » (1991).

ADAMS Walter Sidney

Antioche (Syrie) 1876 – Pasadena (Californie) 1956

Né dans une famille de missionnaires en Syrie, Walter Adams effectue ses études supérieures à Chicago et, avec les encouragements de son père, il s'oriente vers l'astronomie. Après un court séjour à Munich, il effectue ses premiers travaux à l'Observatoire de Yerkes sous la direction de G. Hale.

Il se révèle d'abord comme un grand promoteur de l'instrumentation astronomique par la construction de plusieurs télescopes et de l'appareillage de détection placé dans les plans focaux. Ses études concernent le Soleil et plus particulièrement son mouvement de rotation détecté par l'effet Doppler-Fizeau.

Son activité la plus importante est l'interprétation des spectres optiques, caractéristiques des différentes classes d'étoiles. Ses analyses le conduisent à séparer les catégories d'étoiles, en particulier les géantes rouges et les naines blanches. De plus, il combine la détermination de la brillance observée de l'étoile et celle qu'il déduit de son spectre optique pour estimer sa distance à la Terre.

L'observation d'une étoile très peu brillante, Omicron Eridani, pourtant identifiée comme une étoile de type A, avait donné une première indication de l'existence d'une nouvelle catégorie d'étoiles, les naines blanches. En 1915, en observant le compagnon peu lumineux de Sirius, W. Adams identifie aussi cet objet à une naine blanche. Dix années plus tard, il détecte un décalage spectral de son rayonnement qu'il interprète comme un effet de gravitation à la surface de l'étoile, effet prévu par la théorie de la relativité générale. Il détecte ainsi les très fortes densités qui existent dans certaines étoiles.

En 1932, il identifie le gaz carbonique, composant majoritaire de l'atmosphère de Mars.

Étudiant les vitesses des nuages interstellaires, il associe leur mouvement à la rotation globale de la galaxie.

Il termine sa carrière comme directeur de l'Observatoire du Mont Wilson dont il avait été l'un des fondateurs.

Publication

« Sunspots and stellar distances » (1938).

ADER Clément

Muret 1841 – Toulouse 1925

Clément Ader est un inventeur précoce. Jeune homme, il réalise un cerf-volant capable d'emporter un homme. Il est aussi le créateur d'un vélocipède moderne. Plus tard, il invente des éléments importants en électroacoustique.

C'est surtout sa tentative de vol qui lui confère la célébrité. Il construit le premier avion, l'Éole, muni d'un moteur à vapeur. En 1890, il réussit à décoller, mais il ne tient pas l'air plus de cinquante mètres. Le relais sera pris par les frères Wright, Wilbur et Orville qui, en 1903, réussissent les premier vols réellement soutenus par les forces aérodynamiques.

AIRY George Biddell

Alnwick (Northumberland) 1801 – Londres 1892

Fils de paysan mais éduqué par son oncle, un notable de la région, George Airy mène ses études supérieures à Cambridge. Il se fait remarquer par un caractère très particulier. Il note toutes ses remarques dans des cahiers qu'il conserve toute sa vie et que l'on peut voir aujourd'hui dans un musée. Il demande en mariage une jeune fille deux jours après l'avoir rencontrée pour la première fois, il finit par l'épouser six années plus tard.

D'abord professeur à Cambridge, il prend ensuite la direction de l'Observatoire de Greenwich qu'il conserve pendant cinquante années. Il ne se révèle ni un grand scientifique, ni un grand gestionnaire de la recherche. Il lui est même reproché d'être responsable du faible dynamisme de l'astronomie britannique de son époque. Il n'a pas confiance dans les calculs de J. Adams qui, comme ceux de U. Le Verrier, prévoient l'existence et la position de Neptune. Il est cependant l'auteur de la première explication complète de l'arc-en-ciel et son nom est attaché au calcul de la diffraction par l'introduction des « disques d'Airy ».

En 1880, il est l'initiateur de la distribution par télégraphie des signaux émis par l'Observatoire de Greenwich afin de définir le temps légal en Angleterre.

Avec J. Pratt, il propose l'hypothèse d'une distribution isostatique des masses intérieures de la Terre afin d'expliquer l'égalité de la pesanteur à la surface des océans et au voisinage des montagnes.

Disque d'Airy : tache image d'une source ponctuelle dont l'étendue a pour origine le phénomène de diffraction de la lumière.

Publication

« Mathematical Tracts on Physical Astronomy » (1826).

ALEMBERT Jean le Rond d'

Paris 1717 – Paris 1783

Fils illégitime d'un militaire et dc Madame de Tencin, dame connue des salons de Paris, le futur Jean le Rond d'Alembert est abandonné à sa naissance sur les marches d'une chapelle de Paris. Il est recueilli puis élevé dans un foyer pauvre de la ville. Dès son enfance, le jeune garçon montre des dispositions exceptionnelles pour le calcul si bien qu'au lieu de poursuivre des études de droit ou de médecine, ce que l'on avait envisagé pour lui, il se décide lui-même à entreprendre des études de mathématiques, en partie en autodidacte. En 1739, il présente à l'Académie des sciences un premier travail en mathématique, puis cinq autres mémoires suivront bientôt. Ces publications aident le jeune J. d'Alembert – il a 23 ans ! – à se faire élire à l'Académie des sciences.

Familier de la théorie de I. Newton et informé également des travaux de scientifiques comme D. Bernoulli et L. Euler, J. d'Alembert commence à travailler sur des problèmes variés de mécanique, tout en participant à des discussions philosophiques dans des réunions de salon à Paris. En 1743, il publie un traité de dynamique qui devait le rendre célèbre. S'inspirant peut-être de L. Euler, auteur d'un traité de mécanique publié en 1736, J. d'Alembert produit également une œuvre qui se présente comme une synthèse de la nouvelle dynamique inaugurée par I. Newton. Dans son traité, L. Euler avait donné une place essentielle au concept de force. J. d'Alembert articule les principes généraux de la dynamique – conservation du moment, conservation de l'énergie cinétique – autour du concept central de masse. Dans son esprit, la masse n'est pas une entité métaphysique mais un outil purement mathématique. À cet égard, J. d'Alembert est un précurseur de la philosophie positiviste de la fin du XIXe siècle.

La suite de sa production scientifique s'inscrit dans la lignée de travaux sur les équations mathématiques différentielles en mécanique, allant des applications à des problèmes de ressorts à des questions d'astronomie. Par ailleurs il s'intéresse à la mécanique des fluides dont il pose des bases dès 1744.

À partir de 1750, J. d'Alembert commence à collaborer avec D. Diderot sur le projet d'une encyclopédie, œuvre dont il écrit le discours préliminaire dans lequel il développe sa conception pragmatique de la science. Ce projet va rencontrer des résistances venues de milieux divers et, à partir de 1757, J. d'Alembert se retire de l'entreprise dont il laisse à D. Diderot l'entière responsabilité. Il revient alors à ses études proprement scientifiques et s'occupe de l'édition de travaux sur l'astronomie et sur les mathématiques.

J. d'Alembert est alors en France un scientifique réputé, écouté et apprécié. Il favorise l'éveil des talents scientifiques des jeunes générations et il joue un rôle important dans le déroulement des carrières scientifiques de J. Lagrange et de P. S. de Laplace.

En 1775, l'Académie des sciences est saisie par le ministre Turgot des moyens de perfectionner la navigation à l'intérieur du royaume de France. J. d'Alembert fait partie de la commission chargée de l'étude de ce problème, commission qui publie en 1777 un rapport sur de *Nouvelles Expériences sur la résistance des fluides*, expériences qui furent menées par l'abbé Bossut.

J. d'Alembert ne s'est jamais marié mais il a vécu une partie de sa vie avec Mademoiselle de Lespinasse, personne connue dans les salons parisiens. La mort de cette amie en 1776 l'affecte beaucoup et il commence à éviter les contacts. Désabusé, il meurt dans la solitude.

Principe de d'Alembert : pour un ensemble de forces appliquées à des points matériels de masse individuelle *mi*, la relation de la dynamique devient $\Sigma\vec{f} - m_i \vec{\ }_i = 0$ et le mouvement peut s'interpréter comme un équilibre entre les forces actives $\Sigma\vec{f}$ et l'ensemble des forces $-\Sigma m_i \vec{\ }_i$ appelé encore force d'inertie du système.

D'Alembertien : opérateur différentiel agissant sur une fonction f défini par :

$f = \Delta f - (1/v^2)\ \delta^2 f/\delta t^2$ où $\Delta f = \delta^2 f/\delta x^2 + \delta^2 f/\delta y^2 + \delta^2 f/\delta z^2$

et où v est la vitesse de déplacement de la fonction f. L'équation $\Delta f = 0$ représente l'évolution d'une onde scalaire f non amortie se propageant à la vitesse v. Le d'Alembertien correspond au passage d'un opérateur Laplacien de trois à quatre dimensions.

Publications

« Traité de dynamique » (1743), « Traité de l'équilibre et du mouvement des fluides » (1744), « Essai d'une nouvelle théorie de la résistance des fluides » (1752), « Recherches sur différents points importants du système du monde », 3 vol., (1754-1756), « Opuscules mathématiques », 8 vol., (1761-1780).

ALFVEN Hannes Olof Gösta

Norrköping (Suède) 1908-1995

Après ses études effectuées à Uppsala, Hannes Alfven est chercheur à Stockholm en 1937 et professeur à San Diego à partir de 1967. Le premier, il suggère que le plasma atmosphérique doit jouer un rôle important dans les aurores boréales. Il montre le rôle déterminant des champs magnétiques solaire et terrestre dans le rayonnement cosmique. Il développe la magnéto-hydrodynamique et ses applications à la cosmologie dans le modèle de l'explosion initiale. Il étudie la stabilité des plasmas chauds dans la perspective de la maîtrise de la fusion thermonucléaire.

Il reçoit le prix Nobel de Physique en 1970, en même temps que L. Néel.

Il défend l'idée d'un univers dans lequel l'antimatière existe à part égale avec la matière mais en reste séparée par des frontières où matière et antimatière se repoussent.

Il soutient des programmes scientifiques spatiaux. Il milite pour accélérer la future utilisation de l'énergie thermonucléaire en remplacement de la filière des réacteurs à neutrons rapides. Il combat la prolifération des réacteurs nucléaires dont il craint les pollutions radioactives.

Ondes d'Alfven : ondes magnéto-hydrodynamiques de très basses fréquences générées dans les plasmas.

Publications

« Cosmical electrodynamics » (1948), « On the origin of the solar system » (1956), « On the evolution of the solar system » avec G. Arrhenius (1976).

ALIKHANOV Abram Isaakovitch

Tiflis 1904 – Moscou 1970

Avec son frère Artemi, Abram Alikhanov découvre en 1934 la radioactivité gamma avec émission directe d'une paire électron-positron.

En 1944, avec I. Kurchatov, il met en place le premier cyclotron russe. En 1949, il construit le premier réacteur nucléaire soviétique utilisant de l'eau lourde comme modérateur des neutrons. Il participe à l'élaboration de l'arme nucléaire soviétique.

En 1961, il dirige la construction d'un grand accélérateur à protons.

ALVAREZ Luis Walter

San Francisco 1911 – Berkeley 1988

Luis Alvarez prépare son doctorat à Chicago sur un travail de routine en optique. En même temps, en 1936, il réalise, sous la direction de A. Compton, une expérience originale sur le toit d'un hôtel de Mexico. En utilisant des bancs de compteurs Geiger-Müller, il effectue l'une des premières mesures significatives du rayonnement cosmique. Ses résultats, voisins de ceux de T. Jonhson, confirment une asymétrie directionnelle par rapport au méridien magnétique. Il en déduit que les particules primaires ont des charges électriques positives, ce sont des protons.

Tout au long de sa carrière, il est l'auteur d'une impressionnante série de découvertes.

Chercheur au « Radiation Laboratory » de Berkeley, il découvre en 1937 la capture K dans le gallium suivant laquelle un électron de la couche atomique la plus profonde, la couche K, est absorbé par le noyau, tandis qu'un neutrino, indétectable, est émis. Ce processus est identifié par la détection des rayons X, émis lors du réarrangement électronique de l'atome.

En 1939, il découvre la radioactivité du tritium, l'isotope le plus lourd de l'hydrogène.

En 1938, il découvre le magnétisme du neutron, et en 1939 celui de l'hélium 3 et du tritium. En 1940, avec F. Bloch, il effectue la première mesure du moment magnétique du neutron en utilisant la faible polarisation de cette particule après réflexion sur une lame de fer magnétisé.

Pendant la guerre, il participe d'abord à la mise au point du radar d'atterrissage sans visibilité. Il participe ensuite au projet Manhattan à Los Alamos où il est chargé de la mesure de la puissance des explosions. Il effectue celle de la première bombe lâchée sur Hiroshima.

Après la guerre, il utilise des composants de radar pour construire le premier accélérateur linéaire à protons. Ce type de machine, qui porte son nom, est utilisé encore aujourd'hui comme injecteur des grands accélérateurs à protons.

En avance sur tous ses concurrents, il lance un important programme de construction de chambres à bulles à hydrogène liquide. La plus grande atteint une longueur proche de deux mètres. Ces détecteurs fonctionnent auprès du Bévatron de Berkeley et l'exploitation des clichés suscite la formation d'un important groupe de physiciens. Cette équipe découvre de nombreuses résonances nouvelles, tout particulièrement dans le domaine des particules étranges. Pour cette activité, L. Alvarez reçoit le prix Nobel de Physique en 1968.

Il utilise ensuite les muons cosmiques et les techniques de détection des particules pour explorer les pyramides d'Égypte. Il n'a pas la chance d'y découvrir de nouvelles chambres funéraires.

Avec son fils Walter et l'aide de deux collègues chimistes, il démontre la présence d'iridium dans les dépôts géologiques de l'époque de la disparition des dinosaures. Il attribue ce fait à l'impact d'un énorme météorite dont les effets auraient anéanti de nombreuses espèces vivantes à cette époque. La question n'est pas encore définitivement tranchée mais l'hypothèse de L. Alvarez reste aujourd'hui plausible.

De caractère typiquement californien, L. Alvarez a des opinions très fermes en physique, mais aussi en politique. Il écoute avec autant d'attention critique un jeune physicien qu'un professeur renommé.

AMAGAT Émile

Saint-Satur (Cher)1841 – Saint-Satur 1915

Après des études supérieures à Paris, Émile Amagat se consacre à l'étude expérimentale de la compressibilité des gaz, sujet sur lequel il soutient une thèse de doctorat. Il obtient un poste de professeur d'université à Lyon et il continue ses recherches sur le même sujet. Intéressé par l'étude de pressions plus élevées, il se heurte à des difficultés techniques car, jusque-là, les recherches n'avaient pas été menées au-delà de trente atmosphères environ. Pour pouvoir accéder à ce nouveau domaine, il invente un nouveau type de presse hydraulique capable de fournir des pressions jusqu'à 3 000 atmosphères. Ayant mis au point son appareillage, il accumule entre 1886 et 1893 des mesures expérimentales sur la compressibilité des gaz et des liquides, mesures qui serviront à tester différentes théories, dont celle avancée par J. Van der Waals en 1873.

Diagramme d'Amagat : variante du diagramme d'Andrews conçue pour l'étude des gaz. En fonction de la pression P placée en abscisse, on porte en ordonnée le produit PV. On obtient un réseau de courbes isothermes permettant de visualiser les écarts à la loi des gaz parfaits, $PV = Cte$, représentée sur ce diagramme par une droite horizontale.

AMBARTSOUMIAN Viktor Amazaspovitch

Tiflis 1908 – Byurakan (Géorgie) 1996

Après des études menées à Léningrad, Viktor Ambartsoumian est chercheur dans les Observatoires de Poulkovo et de Yerevan. Il termine sa carrière comme premier directeur de l'Observatoire de Byurakan dont il a dirigé la construction en Géorgie.

À la suite des observations de A. Joy des étoiles variables du groupe de T. Tauri, environnées de nébulosités, il suggère qu'il s'agit d'étoiles en formation dans une création collective, ce qui implique que toutes les étoiles n'ont pas été formées peu après l'explosion initiale et qu'il existe un mécanisme permanent de leur création.

Il s'oppose à l'hypothèse d'une collision de galaxies pour expliquer la radiosource Cygnus A et il avance une autre raison, celle d'une importante activité explosive dans le cœur des galaxies. Cette proposition semble bien être confirmée par les plus récentes observations du centre de notre propre galaxie.

Publications

« Theoretical Astrophysics » (1939), « Astrophysique théorique » (1958).

AMICI Giovanni Battista

Modène 1786 – Florence 1868

Fils d'un officier ministériel, Giovanni Battista Amici fait des études d'ingénieur et d'architecte à l'université de Bologne puis il enseigne dans un collège de Modène. Dès sa jeunesse, il se passionne pour la construction d'instruments d'optique et, à la suite d'une invitation du grand duc de Toscane, il devient en 1831 responsable de l'Observatoire de Florence ainsi que d'un musée de Physique et d'Histoire naturelle.

À cette époque, les constructeurs de microscopes se sont aperçus des limitations dues aux aberrations chromatiques. Pour les corriger, l'association de plusieurs lentilles a été introduite, notamment par J. Dollond en Grande-Bretagne. G. Amici travaille sur différents montages pour augmenter l'ouverture angulaire de l'objectif du microscope limitée par cette association. Sa principale innovation consiste à introduire un objectif dit à immersion qui est au contact direct d'un liquide pour favoriser une meilleure ouverture sans augmenter les aberrations. Avec son microscope, il fait d'ailleurs des observations intéressantes dans le domaine de la botanique.

Intéressé aussi par le télescope, il met au point un montage basé sur une association de prismes de façon à augmenter le pouvoir dispersif de l'appareil tout en gardant intacte la longueur d'onde moyenne utilisée.

AMONTONS Guillaume

Paris 1663 – Paris 1705

Devenu sourd pendant son adolescence, Guillaume Amontons s'adonne à des constructions mécaniques malgré l'opposition de sa famille. Il se tourne vers le dessin et l'architecture d'un côté, vers la physique et les mathématiques de l'autre. Sa participation à plusieurs projets de travaux publics lui donne l'occasion de se familiariser avec la mécanique appliquée. On lui doit plusieurs suggestions qu'il a proposées dans des publications sur l'hygromètre, le thermomètre et le baromètre, à une époque où ces appareils sont encore dans l'enfance. Ayant remarqué que la température de l'eau reste fixe pendant son ébullition, il est apparemment le premier à suggérer de prendre ce point particulier comme repère pour la graduation des thermomètres, avant que Fahrenheit, puis Celsius, passent à des réalisations pratiques.

AMPÈRE André Marie

Polymieux (Lyon) 1775 – Marseille 1836

Influencé par les lectures d'*Émile* de J.-J. Rousseau et de l'*Histoire naturelle* de G. Buffon, André Ampère s'instruit tout seul en lisant l'*Encyclopédie*. Il se fait remarquer très jeune par une culture universelle en mathématiques, en botanique, en musique, en littérature, en poésie.

Sa vie est marquée par une succession de malheurs. Son père, négociant retiré, devenu juge de paix, est guillotiné en 1793. Sa première épouse meurt en 1803 après quatre années de mariage. Son second mariage en 1806 conduit rapidement à un divorce. Il est en permanence troublé par les contradictions que lui procurent ses malheurs, sa foi catholique et la réalité physique du monde matériel dont il découvre les lois.

Professeur de physique en 1801 à Bourg-en-Bresse, il se consacre au calcul des probabilités. Il publie une théorie mathématique du jeu qui lui vaut d'être nommé à l'École polytechnique, d'abord comme assistant en mathématiques en 1805, ensuite comme professeur de mécanique en 1809. Il transforme sa maison en laboratoire. Il participe aux spéculations sur la nature microscopique de la matière, sur les molécules. Indépendamment d'Avogadro, il propose l'hypothèse selon laquelle un même volume de gaz contient un même nombre de molécules, quelle que soit la nature des molécules du gaz. Il travaille très vite. Il effectue des travaux de qualité moyenne dans différents domaines, en mathématiques, en chimie, en philosophie.

Impressionné en 1820 par l'expérience de C. Oersted, présentée à l'Académie des sciences, de l'action d'un courant électrique sur une aiguille aimantée, il revient à la physique et il effectue alors des travaux remarquables en électromagnétisme. En quelques jours, il confirme l'origine électrique du magnétisme. Il réalise des expériences sur les forces magnétiques qui agissent entre deux circuits électriques et il en calcule les intensités. Il retrouve la loi de Biot et Savart qui détermine la force élémentaire qui s'exerce entre deux éléments de courants. Il a donné son nom à un théorème qui permet de calculer le champ magnétique et à un « bonhomme » qui indique dans quel sens agit la force magnétique sur un circuit. Il invente le galvanomètre.

Il anticipe l'interprétation de l'aimantation comme étant due à des « courants particulaires ». Multipliant les spires conductrices, il invente le solénoïde qui permet d'obtenir des champs magnétiques importants et uniformes. De plus, avec F. Arago, il invente le concept de l'électroaimant en introduisant dans le solénoïde un noyau de fer qui augmente l'intensité du champ magnétique dans l'entrefer.

En 1824, il est nommé professeur au Collège de France. Il n'est pas un brillant pédagogue, son enseignement est confus, il essuie le tableau avec son mouchoir et il se mouche avec le chiffon. Distrait, il lui arrive de perdre les résultats de ses calculs parce qu'il les a écrits sur la portière d'un fiacre qu'il a emprunté pour faire une course. Son œuvre scientifique s'arrête en 1827 quand il est nommé inspecteur général de l'Université. Discret et timide, il ne participe que rarement à des réunions publiques. À la fin de sa vie, il est oublié par ses collègues.

Théorème d'Ampère : la circulation du champ magnétique sur une boucle fermée est égale au flux d'électricité qui traverse une surface qui s'appuie sur la boucle. Ce théorème permet de calculer facilement le champ magnétique généré par une configuration simple de conducteur, par exemple celui d'un conducteur rectiligne ou d'un solénoïde.

Bonhomme d'Ampère : allongé sur un fil électrique, le courant rentrant par ses pieds et sortant par sa tête, étendant le bras droit dans le sens du champ magnétique, son regard indique la direction de la force magnétique qui s'applique sur le fil.

L'ampère : unité d'intensité du courant électrique, adoptée en 1872.

Publications

« Considérations sur la théorie mathématique du jeu » (1802), « Mémoire sur l'intégration des équations aux différences partielles » (1814), « Essai d'une classification naturelle pour les corps simples » (1816), « Essai sur la philosophie des sciences » (1820), « Mémoire sur l'action naturelle de deux courants électriques » (1820), « Sur la théorie mathématique des phénomènes électrodynamiques, uniquement déduite de l'expérience » (1827), « Essai sur la philosophie des sciences » (1834).

ANAXIMANDRE

Milet ? vers 610 av. J.-C. – Milet ? vers 547 av. J.-C.

Contemporain de Thalès mais un peu plus jeune que lui, Anaximandre est un philosophe de l'école ionienne qui a joué un rôle dans la naissance de la science grecque. Son apport est connu de façon indirecte. À son époque, les penseurs étaient préoccupés par la nature de la matière primitive du monde et il est certain qu'il a du participer à des discussions sur cette question. Il a été l'un des premiers, semble-t-il, à avancer que la terre n'était pas un disque plat comme le croyait Thalès. L'idée d'une terre ronde sera adoptée par les générations suivantes, celle par exemple de Platon et d'Aristote, même s'il a fallu attendre le IIIe siècle av. J.-C. avec Érathostène pour avoir une première mesure dans cette direction.

ANDERSON Carl David

New York 1905 – San Marino 1991

Élève de R. Millikan au California Institute of Technology de Pasadena, Carl Anderson reste dans cet institut où il enseigne la physique de 1939 à 1976. Sa première contribution scientifique est l'amélioration des performances des chambres de Wilson en remplaçant l'injection de vapeur d'eau par celle d'un mélange d'alcool et d'eau, ce qui accroît la sensibilité du détecteur aux particules peu ionisantes, c'est-à-dire rapides, comme celles du rayonnement cosmique.

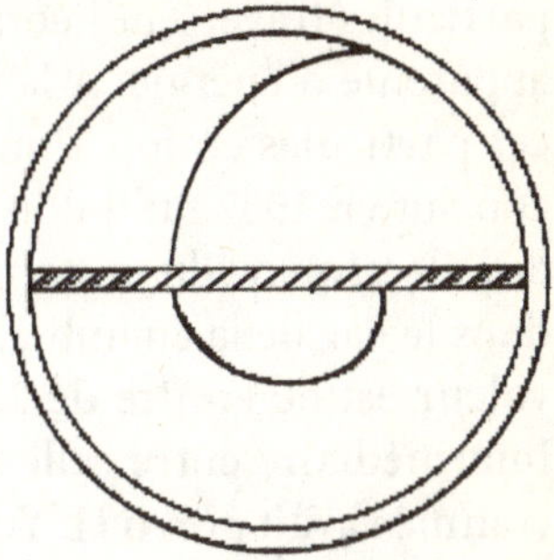

En utilisant une chambre munie d'un écran métallique interne et placée dans un fort champ magnétique, il se donne pour but d'étudier les particules du rayonnement cosmique. Cette chambre est déclenchée au hasard et les photographies révèlent parfois des trajectoires raides et peu ionisantes caractéristiques de la composante cosmique pénétrante, identifiée plus tard à des muons. Il observe aussi des gerbes dans lesquelles les particules positives sont presque aussi nombreuses que les électrons négatifs. Son attention est attirée en 1932 par la trajectoire d'une particule dont le rayon de courbure est très différent de part et d'autre de l'écran. La perte d'énergie dans l'écran détermine sa direction de propagation. Le signe de sa charge électrique, déterminé par le sens de rotation dans le champ magnétique, est positif. Il ne peut s'agir d'un proton dont la trace serait très ionisante. Il s'agit d'un positron, l'antiparticule de l'électron, de même masse mais de charge positive dont l'existence est prévue par l'équation de P. Dirac. Poursuivant la prise des clichés, il trouve d'autres exemplaires de cette nouvelle particule produite par matérialisation des photons cosmiques en paires d'électrons et de positrons. Ces résultats sont confirmés par d'autres expérimentateurs, en particulier par P. Blackett en Angleterre. Pour cette découverte, C. Anderson reçoit le prix Nobel de Physique en 1936.

Avec son premier étudiant S. Nedder-meyer, en utilisant une chambre de Wilson maintenant déclenchée par des compteurs Geiger-Müller, il poursuit l'étude de la composante pénétrante du rayonnement cosmique. Il constate que ces particules traversent l'écran sans interaction et sans perte apparente d'énergie. À la suite d'une étude minutieuse de ces particules en fonction de leurs énergies, C. Anderson conclut en 1937 qu'il doit exister une particule différente de l'électron ou du proton. Par chance, l'une d'elles s'arrête dans le gaz de la chambre. Sa masse devient mesurable, sa valeur est de l'ordre de 220 fois celle de l'électron, donc intermédiaire entre celle de l'électron et celle du proton, comme l'avait prévu H. Yukawa pour le méson pion. Cette particule, initialement appelée mésotron, n'est pourtant pas le méson pion, mais le muon, une particule secondaire de ce méson. Presque simultanément, J. Street et E. Stevenson effectuent une mesure de la masse d'une particule cosmique au voisinage de 130 fois celle de l'électron, confirmant ainsi l'existence de ces particules de masses intermédiaires.

En obtenant dès 1949 une trentaine de clichés de désintégrations caractéristiques, C. Anderson confirme la découverte des particules étranges faite par le groupe de Manchester en 1947.

ANDERSON Philipp Warren

Indianapolis 1923

Issu d'une famille d'enseignants, Philipp Anderson effectue des études supérieures de mathématiques à l'université d'Harvard.

Pendant la guerre, il travaille dans les laboratoires de recherches navales sur la construction des antennes. Après la guerre, il entre aux laboratoires de la Bell Telephon de Murray Hill comme professeur de physique théorique. Il y bénéficie des conseils de C. Kittel. Au retour de longs séjours au Japon et à Cambridge en Angleterre, il focalise son activité sur les propriétés magnétiques des métaux. Il montre qu'un magnétisme local peut apparaître dans des métaux tels que le cuivre et l'argent. Il décrit le mouvement des impuretés suivant une méthode connue sous l'appellation de « la localisation d'Anderson ».

Ses études sur la superfluidité et sur la supraconductivité avec P. Morl lui suggèrent une approche originale de l'état de la matière à l'intérieur des étoiles à neutrons.

Ses travaux sur les propriétés électroniques des solides amorphes, méconnues pendant plusieurs années, lui valent le prix Nobel de Physique en 1977 avec J. Van Vleck, son professeur et avec N. Mott. De plus, ses idées sur les matériaux amorphes ouvrent des perspectives sur leur utilisation à la place des semi-conducteurs.

En 1984, il est nommé professeur à l'université de Princeton. Avec M. Gell-Mann, il s'intéresse à la science de la complexité.

Il participe à la campagne menée contre le programme de la « guerre des étoiles » du président Reagan.

Publications

« Concepts in solid state physics » (1963), « Basic notions of condensed matter physics » (1984).

ANDREWS Thomas

Belfast 1813 – Belfast 1885

Fils d'un marchand de linge, Thomas Andrews commence à étudier la chimie avant de faire des études de médecine qu'il termine en 1835. Il ouvre alors un cabinet médical à Belfast tout en continuant à s'intéresser à la chimie et il donne des cours sur cette discipline. De 1841 à 1848, il publie une série de résultats concernant des recherches expérimentales sur les chaleurs de formation de composés chimiques obtenus à partir de métaux. En 1849, il obtient un poste de professeur de chimie à Belfast. Après avoir mené des expériences sur la constitution de l'ozone, il se tourne vers l'étude expérimentale des conditions générales de la liquéfaction des gaz car on n'avait pas encore réussi à obtenir une telle liquéfaction pour des gaz comme l'oxygène et l'hydrogène. Ses essais l'amènent à découvrir pour le gaz carbonique l'existence d'une température critique au-dessus de laquelle il est impossible d'obtenir la liquéfaction de ce gaz, même en augmentant fortement la pression exercée sur celui-ci. Il suppose alors qu'une telle température critique, plus ou moins élevée, existe pour tous les gaz.

T. Andrews continuera jusqu'à sa retraite en 1879 à travailler sur ce sujet. Sans doute optimiste de nature, il déclare en 1871 : « Nous pouvons encore voir ou, du moins, nous pouvons avoir confiance que ceux qui viendront après nous verront des corps comme l'oxygène et l'hydrogène dans l'état liquide et peut-être aussi dans l'état solide ». Effectivement, dès 1878, L. Cailletet et R. Pictet réussissent à liquéfier l'oxygène. Pour mener à bien leur tentative ils font descendre la température très bas, en dessous du point critique. L'hélium, le gaz le plus rébarbatif, ne sera liquéfié pour la première fois qu'en 1906 par le physicien néerlandais H. Kamerlingh Onnes.

Diagramme d'Andrews : en prenant en abscisse le volume occupé par un corps et en ordonnée la pression exercée par ce corps, on obtient pour une température fixée une courbe appelée courbe isotherme. En dessous d'une certaine température, si l'on prend un gaz et qu'on le comprime, on finit par obtenir sa liquéfaction. Pendant toute la durée de la liquéfaction, il y a coexistence du gaz et du liquide et le volume se contracte à pression constante : la courbe représentative de ce mélange est une droite horizontale appelée palier de liquéfaction. Après la fin de la liquéfaction, si l'on continue à augmenter la pression exercée, on obtiendra une compression supplémentaire du liquide, mais en proportion plus faible que lors de la phase gazeuse. Au-dessus d'une température appelée température critique, il est impossible d'obtenir la liquéfaction du gaz.

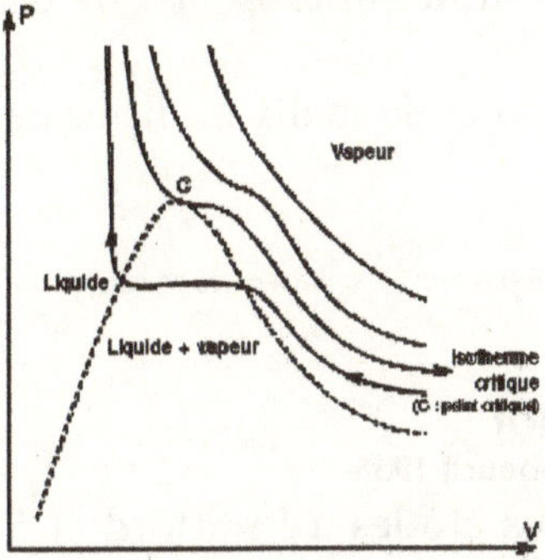

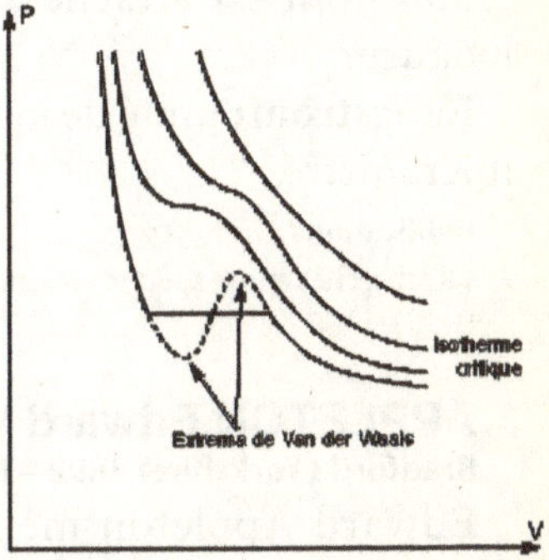

L'équation des gaz de Van der Waals reproduit la courbe isotherme au-dessus du point critique. Elle reproduit la courbe limite pour la température critique et, en dessous de cette dernière, elle donne une courbe à deux extrema, le premier situé en dessous du palier de liquéfaction et le second au-dessus.

ANGSTRÖM Anders Jonas

Lödgö 1814 – Uppsala 1874

Anders Angström effectue ses études supérieures à Uppsala et il obtient plus tard un poste de professeur dans cette même université.

Sa principale activité de recherche concerne la spectroscopie. Anticipant les travaux de G. Kirchhoff, il identifie dans le spectre de la lumière solaire les raies d'absorption de plusieurs métaux, l'aluminium et le titane. Il est l'un des premiers physiciens à affecter des longueurs d'onde aux raies optiques et à les déterminer au moyen de réseaux optiques. Ses mesures sont entachées d'une petite erreur car le mètre étalon d'Uppsala mesure 999,94 mm alors que A. Angström a pris pour valeur 999,81 mm.

Plus tard, il poursuit ses recherches spectroscopiques sur la lumière émise dans les aurores boréales.

Son nom est attaché à une unité microscopique de longueur.

L'angström : unité de longueur égale au dix-millième de micromètre.

Publications

« Recherches sur le spectre solaire » (1869), « Sur les spectres des gaz simples » (1871).

APPLETON Edward Victor

Bradford (Yorkshire) 1892 – Édimbourg 1965

Edward Appleton mène ses études à Bradford et à Cambridge.

Mobilisé pendant la Première Guerre mondiale comme officier de liaisons radio, il est confronté au problème des réflexions des ondes électromagnétiques dans la haute atmosphère.

Assistant de E. Rutherford au laboratoire Cavendish en 1920, il poursuit ses travaux sur l'ionosphère en utilisant l'émetteur de radiodiffusion privée de Bournemouth. Avec M. Barbett, il confirme en 1925 l'existence de couches ionisées déjà suggérée par O. Heaviside dès 1902. Il suit leurs évolutions dans le temps en analysant les réflexions des ondes électromagnétiques. Il évalue leurs altitudes en modulant dans le temps la fréquence de ces ondes.

Il donne une explication des aurores boréales.

Plus tard, il détecte les ondes courtes émises dans notre galaxie.

E. Appleton est nommé professeur à Londres en 1924, puis à Cambridge en 1936, enfin à Édimbourg. Il est promu Secrétaire d'État à la Recherche en 1939.

Pendant la Deuxième Guerre mondiale, il contribue à la mise au point du radar. Il organise une détection planétaire des avions ennemis avec ses collègues scientifiques de l'ensemble du Commonwealth. Il participe aux échanges entre l'Angleterre et les États-Unis sur les questions nucléaires.

Après la guerre, en 1946, mettant à profit sa récente compétence en matière de radar, il obtient pour la première fois un écho radioélectrique de la Lune.

Il reçoit le prix Nobel de Physique en 1947 pour ses travaux sur les couches électrisées de la haute atmosphère.

Il fonde le « Journal of atmospheric research » dont il reste éditeur jusqu'à sa mort.

Publications

« The applications of ionospheric data to radiocommunications » (1931), « Thermoionic vacuum tubes » (1933), « Science and the nation » (1957).

ARAGO François Dominique Jean

Estagel (Roussillon) 1786 – Paris 1853

Recruté à la sortie de l'École polytechnique par J. B. Biot au Bureau des longitudes, François Arago participe en 1806 et en 1807 à la mesure de l'arc du méridien terrestre en Méditerranée, ce qui lui vaut d'être retenu prisonnier par des pirates en Algérie. Nommé à 23 ans professeur d'analyse et de géodésie à l'École polytechnique, il succède au célèbre mathématicien G. Monge. Il se fait remarquer par un caractère optimiste, mais aussi par des expressions verbales parfois provocatrices.

Ses travaux sont principalement orientés vers le domaine de l'optique. Il s'attache à la mesure de l'indice optique des gaz afin de contrôler la trajectoire d'un rayon lumineux qui traverse l'atmosphère. Il donne l'interprétation physique de la scintillation de la lumière des étoiles. Il fait progresser la mesure précise des diamètres des planètes. Il découvre la chromosphère solaire.

L'invention d'un polariscope, transformé ensuite en polarimètre, lui donne la possibilité d'effectuer plusieurs découvertes sur la polarisation de la lumière. En 1811 et 1812, il découvre la polarisation chromatique du mica et le pouvoir rotatoire du quartz. Il apporte ainsi des arguments très favorables à l'hypothèse de la nature ondulatoire de la lumière soutenue par A. Fresnel. Il est conduit à soutenir d'autres scientifiques comme N. Niepce et J. Daguerre dans leurs travaux sur la photographie, A. Ampère, avec qui il invente le premier électroaimant en réunissant plusieurs spires conductrices formant un solénoïde et en introduisant un noyau de fer.

C. Fabry disait d'Arago qu'il conservait une grande influence sous tous les régimes, même ceux qu'il n'aimait pas, parce qu'en haut lieu on jugeait plus prudent de ne pas l'avoir comme adversaire déclaré. Après une brillante carrière scientifique, F. Arago entreprend une carrière politique. Député républicain, d'abord des Pyrénées Orientales, puis de Paris, il milite pour la liberté des associations. En 1848, il fait partie du gouvernement populaire de février et il rédige le décret d'abolition de l'esclavage dans les colonies françaises. L'incapacité de ce gouvernement à contenir le mouvement révolutionnaire met fin à sa carrière politique.

Aveugle pendant les dernières années de sa vie, il doit renoncer à effectuer lui-même des expérimentations mais il continue à animer autour de lui une réflexion scientifique.

Publications

« Biographies de Fresnel (1830), de Young (1832), de Malus » (1853), « Astronomie populaire » (œuvre posthume).

ARCHIMÈDE

Syracuse 287 av. J.-C. – Syracuse 212 av. J.-C.

Peu d'éléments biographiques nous sont parvenus sur Archimède mais il est certain qu'il était très connu de ses contemporains pour ses travaux en mathématiques et en mécanique. Fils d'un astronome, Phidias, il était peut-être apparenté au roi de Syracuse, Hiéron, avec qui en tout cas il a entretenu de très bons rapports.

Archimède a fait certainement des séjours à Alexandrie où il a connu plusieurs mathématiciens mais ses recherches ont été menées à Syracuse même. Il a laissé une œuvre importante en mathématiques et il a été à l'origine de diverses inventions mécaniques telles que vis sans fin, moufles, leviers. Un traité sur les leviers existait mais il a été perdu.

Pappus d'Alexandrie met dans la bouche d'Archimède la sentence suivante : « Donnez-moi un point d'appui et je soulèverai la terre ».

La découverte la plus connue attribuée à Archimède est celle du fameux principe qu'il aurait imaginé en sortant de son bain et où il se serait écrié : « Eurêka ». Par contre, la mise au point d'un miroir focalisant capable de concentrer les rayons du soleil sur des navires pour les incendier est une invention qui reste douteuse.

Principe d'Archimède : tout corps plongé dans un liquide reçoit de ce liquide une poussée exercée de bas en haut et égale au poids du liquide déplacé.

ARISTARQUE de SAMOS

Samos vers 310 av. J.-C. – vers 230 av. J.-C.

Né dans l'île de Samos près de Milet, Aristarque était connu de ses contemporains comme mathématicien. Il a d'abord travaillé sur une méthode de détermination des distances Terre – Soleil et Terre – Lune. Le seul ouvrage que l'on ait gardé de lui, *Des grandeurs et des tailles du Soleil et de la Lune*, concerne ce problème. Ce travail l'a amené à proposer plus tard la première hypothèse héliocentriste connue (rotation de la Terre autour du Soleil), même si les racines d'une telle idée existent dans la philosophie pythagoricienne. Nous connaissons cette proposition par la relation qu'en a faite Archimède en l'exposant pour mieux la critiquer. En tout cas, surtout pour des raisons philosophiques et religieuses, la proposition d'Aristarque ne rencontra pas de succès et la rotation du soleil autour de la terre lui fut préférée. Ce n'est que quelques dix-sept siècles plus tard que cette hypothèse devait être réinventée par Copernic !

ARISTOTE

Stagire (Macédoine) 384 av. J.-C. – Chalcis (Eubée) 322 av. J.-C.

Fils du médecin personnel du roi de Macédoine, grand-père d'Alexandre le Grand, Aristote perd ses parents dans sa jeunesse et arrive à l'âge de dix-sept ans à Athènes où il devient élève de Platon et membre de son Académie. À la mort de Platon en 347 av. J.-C., il quitte Athènes. Après un séjour en Asie Mineure puis dans l'île de Lesbos, il part en Macédoine et il devient précepteur du jeune prince Alexandre, fils du roi Philippe. Après l'accession au trône de son élève, il revient à Athènes et il fonde le Lycée, école rivale de l'Académie de Platon. Pendant dix-sept ans il y enseigne mais, à la mort d'Alexandre en 323 av. J.-C., soumis à des attaques personnelles, il part en exil et meurt peu après.

L'activité intellectuelle d'Aristote couvre toute sa vie sans que l'on en connaisse tous les détails chronologiques. Son œuvre importante concerne tous les aspects de la philosophie – logique, métaphysique, morale – et ses vues sur la physique sont à proprement parler un exposé de philosophie de la nature. Dans sa démarche, il semble au départ s'être opposé à

Platon pour qui la vraie nature du monde doit être recherchée au-delà des apparences dans une sphère propre des Idées. Aristote a voulu restaurer une vue plus concrète de la nature à partir de l'idée d'une union indissociable entre la matière et la forme prise par cette matière. Basée sur l'observation, la physique devient alors la science de ces différentes formes. Aristote était ouvert à l'esprit de formes différentes pour le vivant et pour la matière inanimée. De même, la nature terrestre, changeante, lui paraissait différente de la nature immuable des astres.

Conception aristotélicienne de la nature : c'est une attitude d'esprit ouverte à la diversité des formes de la nature, en opposition à une attitude platonicienne sensible à une attitude plus unitaire. Historiquement adoptée par la philosophie thomiste au Moyen Âge, cette attitude a donné naissance à une physique formaliste où les propriétés des corps devenaient de simples définitions (par exemple : « la pierre tombe parce qu'elle a une nature grave »).

ARMSTRONG Edwin Howard

New York 1890 – New York 1954

Au cours de ses études à l'université de Columbia, Edwin Armstrong montre que la triode, inventée en 1906 par L. de Forest, est capable d'amplifier un signal électrique dans de grandes proportions. Cette découverte lui permet de réaliser des télécommunications à longue distance, par exemple de part et d'autre de l'Atlantique pendant la Première Guerre mondiale. En France, il tente de détecter la présence d'avions par les signaux électromagnétiques émis par les étincelles des moteurs à explosion, ce qui le conduit à inventer la détection superhétérodyne, moyennant un changement de fréquence qui conserve les caractéristiques du signal initial.

En 1921, l'invention qui lui permet de s'enrichir est la superrégénération, commercialisée par la firme RCA. Plus tard, avec M. Pupin, il invente la modulation de fréquence dont la qualité principale est la relative insensibilité aux émissions parasites. Il faut attendre la fin de la Deuxième Guerre mondiale pour que ce procédé de transmission soit effectivement utilisé en radiodiffusion.

Après avoir fait fortune en vendant ses multiples brevets, il est ruiné par un procès intenté par L. de Forest sur la triode et par le contournement de ses principaux brevets par les manœuvres politiques des grandes compagnies américaines. Découragé, cet inventeur exceptionnel est conduit au suicide en 1954.

ARRHENIUS Svante August

Wijk (Suède) 1859 – Stockholm 1927

Né dans une famille universitaire, Svante Arrhenius fréquente l'université d'Uppsala dès l'âge de 17 ans. Ayant choisi la discipline de la physique, il s'intéresse à l'étude expérimentale de la conductibilité électrique des électrolytes, sujet de sa thèse de doctorat soutenue en 1884. Dans ce travail, il aborde la théorie de la dissociation des électrolytes, idée déjà avancée par le chimiste anglais A. Williamson et par le physicien allemand R. Clausius. Son travail attire sur lui l'attention de scientifiques renommés de l'époque tels que R. Clausius, W. Ostwald et J. Van't Hoff. Nommé lecteur à l'université de Stockholm en 1884, il continue des recherches dans le même domaine que son travail de doctorat, ce qui l'amène en 1887 à présenter une théorie quantitative de la dissociation des électrolytes. S. Arrhenius est considéré à ce titre comme l'un des fondateurs de la chimie physique, discipline nouvelle qui se constituait alors.

Plus tard, vers 1900, S. Arrhenius essaie d'appliquer sa théorie aux domaines de la géologie et de la météorologie ainsi qu'à l'astronomie. Il avance aussi l'idée de la panspermie selon laquelle la vie aurait pu trouver son origine dans des processus électrolytiques propagés à travers les espaces interstellaires.

Pour sa théorie de la dissociation électrolytique, S. Arrhenius reçoit le prix Nobel de Chimie en 1903.

ARSONVAL Jacques Arsène d'

Château de la Borie (Haute-Vienne) 1851 – La Borie 1940

Après ses études de médecine à Limoges et à Paris, Jacques d'Arsonval est recruté comme préparateur par Claude Bernard au Collège de France. En 1894, il succède à son maître et il focalise ses recherches sur le fonctionnement du muscle animal. À la suite des travaux de L. Galvani et de A. Volta, il montre que le muscle n'est pas un simple moteur thermique mais qu'il est conditionné par des phénomènes électriques. Il préconise l'utilisation des courants électriques en thérapeutique musculaire, technique connue sous l'appellation de « darsonvalisation ». Afin de mettre en évidence les échanges énergétiques dans les organismes vivants, il conçoit un calorimètre spécialement adapté.

D'esprit inventif, il perfectionne les instruments dont il a besoin pour ses expérimentations, le téléphone, le microphone, le galvanomètre, la pile électrique. Il invente la bouteille qui porte son nom et qui permet de conserver les liquides à basse température, par exemple l'air liquide.

Bouteille de d'Arsonval-Dewar : récipient à double paroi dont l'espace intermédiaire est vidé de son air afin de limiter la conduction thermique. Cet instrument, essentiellement utilisé pour conserver les gaz liquéfiés, est ensuite perfectionné par J. Dewar qui argente les deux parois et améliore le vide afin de réduire la conduction de chaleur par rayonnement. Le principe de cette conservation reste utilisé aujourd'hui dans le transport des gaz liquéfiés.

ASHKIN Arthur

Brooklyn 1922

Arthur Ashkin commence ses études à l'université Columbia et les termine à l'université de Cornell où il mène une partie de sa carrière. Il y deviendra le directeur du département des lasers.

Il met à profit les propriétés exceptionnelles des lasers pour effectuer des expérimentations originales. Afin d'étudier l'interaction phonon-photon, il est conduit à accroître la durée de l'impulsion du laser hélium-néon jusqu'à obtenir une émission continue. En 1963, il obtient expérimentalement le changement de fréquence d'un faisceau laser en utilisant la non-linéarité du milieu transparent traversé.

Il utilise la pression de radiation générée par deux lasers à argon pour faire léviter une microsphère de latex de 2,7 microns de diamètre. Dans cette voie, il invente « la bouteille optique ».

Avec S. Bjorkholm en 1974, il met en évidence un autre effet d'optique non-linéaire, la self-focalisation d'un faisceau laser dans la vapeur de sodium. Cet effet est responsable des destructions accidentelles des verres des lasers à néodyme.

ASPECT Alain

Agen 1947

Alain Aspect mène ses études supérieures à l'université d'Orsay et à l'École normale supérieure de Cachan où il revient en 1974 comme enseignant.

Chercheur à l'Institut d'optique d'Orsay, Alain Aspect réalise entre 1974 et 1984 un test particulièrement significatif du paradoxe E. P. R., du nom de ses trois auteurs A. Einstein, B. Podolski et N. Rosen, proposé en 1935 et rendu accessible à l'expérimentation grâce aux inégalités de J. Bell. L'expérience consiste à mesurer les polarisations de deux photons émis en sens opposé dans une double désintégration atomique. Des premières expériences ont déjà été réalisées, par exemple par J. Friedman et J. Clauser à l'université de Stanford et par Holt et Pipkin à l'université de Harvard. L'utilisation des lasers dans l'expérience de A. Aspect conduit à une meilleure précision. L'originalité de sa troisième expérience est de faire tourner les deux analyseurs de polarisation de manière aléatoire de telle sorte que leurs états au moment où ils seront touchés par les photons ne sont pas déterminés au moment des émissions. Le test est donc plus contraignant que ceux des expériences antérieures. Les résultats restent conformes à l'interprétation orthodoxe de la mécanique quantique, celle de N. Bohr. L'hypothèse des paramètres cachés est, une nouvelle fois, rejetée.

À partir de 1985, il participe aux expériences effectuées à l'École normale supérieure et au Collège de France avec C. Cohen-Tannoudji sur le refroidissement des atomes par des faisceaux laser.

En 1991, il crée à l'Institut d'optique d'Orsay un groupe de recherche qui vise à utiliser les condensats de Bose-Einstein comme source cohérente d'atomes.

En 1991, il est nommé professeur à l'École polytechnique.

Publication

« Introduction aux lasers et à l'optique quantique » avec G. Grynberg et C. Fabre (1997).

ASTON Francis William

Harborne 1877 – Cambridge 1945

Après des études secondaires et supérieures en chimie à Birmingham, Francis Aston exerce une activité d'ingénieur chimiste dans une brasserie de bière. Il revient en 1909 à l'université comme assistant, puis à Cambridge comme professeur (médiocre, semble-t-il). Il se fait remarquer par une attitude peu coopérative avec ses collègues, un esprit conservateur et « une absence de conviction religieuse » !

Il commence ses recherches au laboratoire Cavendish chez J.J. Thomson. Maîtrisant bien les techniques du vide, excellent souffleur de verre, il réalise des expériences remarquables sur les décharges électriques dans les gaz raréfiés. Il met en évidence une zone sombre proche de la cathode, laquelle porte son nom. Il analyse les faisceaux positifs émis au travers de la cathode perforée en utilisant le spectrographe de masse de J.J. Thomson. Il découvre ainsi les premiers isotopes, le néon 20 et le néon 22. Malgré le scepticisme de son directeur, il publie en 1913 l'existence de ces nouveaux isotopes.

Pendant la Première Guerre mondiale, il retourne à la chimie au Royal Aircraft Establishment.

Après la guerre, revenu au laboratoire Cavendish, il construit en 1920 un spectrographe de masse plus performant, celui qui porte son nom. Avec ce nouvel instrument, il confirme l'existence des isotopes du néon et il découvre ceux du chlore. Il montre qu'un élément chimique est souvent un mélange de plusieurs isotopes, comme F. Soddy l'avait déjà indiqué en 1913 pour les éléments radioactifs. Il constate que les masses de ces isotopes sont proches d'une valeur entière de celle de l'atome d'hydrogène. Ce constat constitue une avancée essentielle dans la compréhension de la structure du noyau atomique, composé d'un nombre entier de nucléons.

En 1922 il reçoit le prix Nobel de Chimie.

Spectrographe d'Aston : les ions positifs émis par une cathode sont déviés par des forces magnétique et électrique de telle sorte que la déviation finale soit indépendante de la vitesse de l'ion. Tous les ions de même masse et de même charge convergent donc vers le même point du détecteur.

Publications

« Isotopes » (1922), « Mass spectra and isotopes » (1923).

ATANASOFF John Vincent

Hamilton (New York) 1903-1995

John Atanasoff effectue ses études à l'université de Floride et il présente son doctorat à l'université du Wisconsin en 1930. Recherchant les moyens de résoudre des systèmes d'équations différentielles, il pose les principes d'un ordinateur numérique digital électronique. Avec son étudiant C. Berry, il construit un prototype, le ABC (Atanasoff-Berry-Computer). Il doit engager un long procès contre les promoteurs de la machine ENIAC (Electronic Numerical Integrated Computer), J. Eckert et J. Mauchly, qui lui contestent l'antériorité. Il finit par gagner en 1973, le juge lui reconnaissant l'invention du premier calculateur numérique.

ATWOOD George

Londres ? 1746 – Londres 1807

Après ses études à Cambridge, George Atwood enseigne la physique dans son collège. Ses cours étaient célèbres car ils étaient accompagnés de démonstrations expérimentales. Dans ce cadre-là, il met au point en 1784 un appareillage, appelé depuis « machine d'Atwood », destiné à mener des expériences de vérification de la loi de la chute des corps sous l'effet de la pesanteur, par exemple de la loi du mouvement uniformément accéléré.

Machine d'Atwood : la machine d'Atwood a fait partie dans les classes de France du matériel standard de démonstration de la loi de la chute des corps. L'appareil est formé essentiellement d'une poulie sur laquelle est enroulé un fil aux extrémités duquel sont attachés deux poids de masses variables et connues. Le temps mis par ces poids pour parcourir une certaine distance sous l'effet de la pesanteur est mesuré à l'aide d'un chronomètre.

AUGER Pierre Victor

Paris 1899 – Paris 1993

Ancien élève de l'École normale supérieure, Pierre Auger entre au laboratoire de J. Perrin au Collège de France. Dès 1923, avant même de présenter son travail de thèse, il découvre une émission électronique particulière de l'atome lorsque celui-ci est soumis aux rayons X. L'électron chassé par effet photoélectrique peut être accompagné par d'autres électrons. Ces « électrons d'Auger » sont identifiés pour la première fois dans une chambre de Wilson. Leur détection, caractéristique de l'atome, est souvent utilisée aujourd'hui dans les analyses de surface, en association avec la microscopie électronique à balayage. Elle est le processus de base de l'ESCA (Electron Spectroscopy for Chemical Analysis) inventée par K.M.B. Siegbahn, prix Nobel de Physique en 1981.

En 1933, P. Auger et L. Leprince-Ringuet, embarqués sur un cargo naviguant entre Le Havre et Buenos Aires, enregistrent le rayonnement cosmique tout au long du voyage avec un ensemble de compteurs Geiger-Müller. Ils observent la variation de ce rayonnement avec la latitude, ainsi que son asymétrie par rapport à la verticale.

En 1935, il distingue dans le rayonnement cosmique la composante électronique et la composante pénétrante. En 1938, avec R. Maze, P. Ehrenfest, A. Fréon et Daudin, il découvre les très grandes gerbes cosmiques qui naissent à haute altitude à partir de la réaction d'une particule primaire de grande énergie et qui se développent ensuite dans l'épaisseur de l'atmosphère terrestre.

Professeur à la Sorbonne en 1937, P. Auger milite pour la création du Palais de la Découverte. Pendant la guerre, il participe au Canada aux recherches sur l'énergie atomique. En 1945, il est nommé directeur de l'Enseignement supérieur et à partir de 1948, directeur du Département des sciences à l'UNESCO. Membre des comités de création du CERN et de l'ESRO, il joue un rôle essentiel dans les décisions de la mise en place de ces deux organismes. Il est le premier président du Centre national d'études spatiales.

Les électrons d'Auger : après l'absorption d'un rayon X par un atome, l'énergie disponible dans la transition d'un niveau excité à un autre est prise par un électron éjecté de l'atome dont l'énergie cinétique ne dépend pas de l'énergie du rayon X primaire, mais est caractéristique de l'atome. Cet effet, dit « effet Auger », peut être interprété comme un effet photoélectrique interne à l'atome.

Les gerbes d'Auger : ces gerbes de particules d'origine cosmique sont produites dans les hautes couches de l'atmosphère par des collisions de particules primaires de très grandes énergies. Elles se développent principalement sous la forme de cascades de photons et de paires électron-positron dans toute l'épaisseur de l'atmosphère. À la surface du sol elles peuvent couvrir plusieurs kilomètres carrés.

Publications

« Dialogues avec moi-même » (1987). Pendant plusieurs années, P. Auger a animé une importante émission scientifique de radiodiffusion.

AUZOUT Adrien

Rouen 1622 – Rome 1691

Adrien Auzout est connu pour avoir inventé avec J. Picard le micromètre à fils mobiles, introduit d'abord dans les lunettes d'arpenteur et ensuite dans les télescopes. Ce micromètre est projeté au point focal de la lunette de visée et la distance des fils est réglable par l'intermédiaire d'une vis micrométrique. Avec J. Picard et G. de Roberval, A. Auzout a développé l'usage systématique de ce type de micromètre.

AVOGADRO Amedeo

Turin 1776 – Turin 1856

À l'instigation de ses parents, Amedeo Avogadro entreprend des études juridiques et commence à travailler en 1801 comme secrétaire de préfecture. Attiré par les découvertes de A. Volta, il s'initie en autodidacte à la physique et aux mathématiques. En 1806, il est démonstrateur dans un collège de l'Académie de Turin. Il mène alors des recherches en solitaire, tout en se tenant au courant des études menées à l'étranger, notamment en France. Sa notoriété s'établit par un mémoire écrit en 1811 dans lequel il suppose qu'un même volume de gaz, quel que soit ce gaz, contient un même nombre d'atomes individuels. Le français L. Gay-Lussac avait publié en 1809 un résultat expérimental établissant que les éléments intervenant dans la composition d'un gaz existaient dans une proportion fixe. Pour expliquer une telle propriété, A. Avogadro avance une hypothèse qui devait donner naissance au fameux « Nombre d'Avogadro ». Cette hypothèse fut avancée également par A. Ampère puis par d'autres scientifiques, mais c'est seulement en 1860 qu'un chimiste italien, Canizzaro, rétablit lors d'un congrès l'antériorité d'Avogadro, tout en clarifiant pour la première fois les notions d'atome et de molécule. Les premières déterminations du nombre d'Avogadro ne datent cependant que de la fin du XIXe siècle.

Nombre d'Avogadro : c'est le nombre de molécules réelles que contient, à pression atmosphérique et à température de 0 °C une molécule-gramme d'un gaz quelconque, correspondant à un volume de 22,4 litres. Ce nombre est approximativement de 6,02.1023 molécules réelles.

B

BAADE Walter Wilhelm Heinrich

Schröttinghausen (Wesphalie) 1893 – Göttingen 1960

Abandonnant des études de théologie, Walter Baade effectue des études scientifiques à Münster et à Göttingen et s'oriente vers l'astronomie. Dans ses premiers travaux à l'Observatoire de Hambourg, il réussit à résoudre de nombreuses galaxies en étoiles individuelles.

En 1931, il émigre aux États-Unis et il travaille à l'Observatoire du Mont Wilson. Avec F. Zwicky, il explique la supernova de Tycho Brahé de 1572 par l'explosion d'une étoile massive dont le cœur s'est transformé en étoile à neutrons. Pendant la Deuxième Guerre mondiale, sa nationalité allemande et la perte de ses papiers d'identité ne lui permettant pas de participer aux activités militaires, il continue ses travaux en astronomie. En 1942, avec R. Minkowski, il identifie la supernova d'Andromède de 1885. Il propose de classer les étoiles suivant leurs âges respectifs.

En utilisant la mesure de la luminosité des Céphéides et en améliorant la relation entre la luminosité absolue et la période établie par H. Leavitt, il évalue les distances des galaxies lointaines. En 1952, il montre que la distance d'Andromède a été sous-estimée par un facteur 2. Il augmente donc considérablement le volume de l'univers visible, il diminue la constante de Hubble et il augmente l'âge de l'univers.

En radioastronomie, il détecte avec R. Minkowski de nouvelles sources radioélectriques, interprétées probablement à tort comme des collisions de galaxies.

Publication

« Evolution of stars and galaxies » (1963).

BABCOCK Horace Welcome

Pasadena (Californie) 1912-2003

Fils d'un astronome, Horace Welcome Babcock effectue ses études au California Institute of Technology. Il commence à travailler avec son père à l'Observatoire du Mont Wilson.

En 1948, il invente un détecteur de l'effet Zeeman dans les spectres optiques astronomiques, le « magnétographe », qui lui permet d'étudier le champ magnétique solaire et son évolution. Il détecte et étudie les champs magnétiques présents dans une centaine d'étoiles. Il constate leurs rapides variations dans le temps.

BABINET Jacques

Lusignan (Vienne) 1794 – Paris 1872

Ancien élève de l'École polytechnique, Jacques Babinet est d'abord nommé professeur de mathématiques au lycée Louis le Grand de Paris et ensuite astronome au Bureau des longitudes. Il commence ses recherches par des travaux en météorologie et il donne une interprétation de l'arc-en-ciel.

Habile expérimentateur en optique, il réalise plusieurs appareils remarquables, un polariscope, un goniomètre-réfractomètre, des réseaux de Fraunhofer dont il perfectionne la théorie.

En optique ondulatoire, on lui doit un théorème qui porte son nom. Il soutient fermement les idées de Fresnel. Dès 1839, cinquante années avant les travaux de A. Michelson, il recherche l'influence du mouvement de la Terre sur les interférences obtenues avec la lumière des étoiles.

Il participe à la nouvelle définition du mètre à partir de la longueur d'onde de l'émission du krypton 86.

Vulgarisateur habile, il écrit de nombreux articles dans des journaux populaires.

Théorème de Babinet : l'amplitude de diffraction créée à grande distance par un obstacle de faible dimension par rapport à la longueur d'onde est égale et opposée à celle d'un trou de même géométrie percé dans un écran.

Compensateur de Babinet : lame à faces parallèles obtenue par collage de deux coins optiques de même angle permettant de générer en lumière polarisée des franges d'interférences dont les écartements ne varient pas lorsqu'on déplace la lame.

Publication

« Études et expériences sur les sciences à observations » (1855).

BAINBRIDGE Kenneth Tompkins

Cooperstown (New York) 1904 – Lexington (Massachusetts) 1996

Après des études supérieures effectuées au Massachussett Institute of Technology, Kenneth Bainbridge commence ses travaux de recherche au laboratoire Cavendish à Cambridge où il invente un nouveau type de spectrographe de masse, celui qui porte son nom.

Participant au programme Manhattan, il est responsable de la préparation de l'explosion de la première bombe atomique à Alamogordo en 1945.

Spectrographe de Bainbridge : instrument dérivé du spectrographe d'Aston, mais présentant l'avantage de dévier les ions quelles que soient leurs vitesses et leurs orientations.

BAIRD John Logia

Helenburgh (Écosse) 1888 – Bexhill (Sussex) 1946

John Baird se révèle très jeune comme un expérimentateur doué. Il effectue des montages électroniques dans la maison de ses parents, la première maison électrifiée de la ville. Il pratique de nombreux petits métiers jusqu'au jour en 1925 où, grâce à l'association d'un financier, il se consacre à la télévision dont il devient un pionnier. Il utilise des techniques mécaniques pour séparer les images successives. Il obtient un grand succès par des démonstrations spectaculaires comme la vision nocturne. En 1928, il réalise la première transmission de télévision de Londres à New York.

Les techniques de balayage mécanique seront abandonnées en 1935 au profit du balayage électronique. J. Baird continue cependant jusqu'à sa mort à développer des améliorations de la télévision. Il peut être considéré comme « le père de la télévision ».

BALMER Johann Jakob

Lausen (Bâle) 1825 – Bâle 1898

Après ses études à Bâle et à Berlin, après son doctorat de mathématiques présenté à Bâle, Johann Balmer devient professeur de mathématiques au lycée de jeunes filles de Bâle. Il est aussi chargé de cours à temps très partiel à l'université de Bâle. Il ne se considère « ni comme un mathématicien inspiré, ni comme un subtil expérimentateur ».

Il s'intéresse d'un point de vue purement mathématique à la structure des spectres lumineux émis par les décharges gazeuses. Il recherche les formules mathématiques qui les décrivent le mieux. En 1885, il propose pour le spectre visible de l'hydrogène la formule très simple :

$$1/\lambda = R\,(1/4 - 1/n^2)$$

où λ est la longueur d'onde, R est une constante qui s'appellera plus tard la constante de Rydberg et n est un nombre entier. Il établit cette formule sur la base de seulement 4 raies alors identifiées à cette époque et correspondant à $n = 3; 4; 5$ et 6. Il calcule celle qui correspond à $n = 7$ et qui doit se situer à la limite du domaine visible. Elle est effectivement trouvée très rapidement par un ami expérimentateur, ce qui constitue une excellente confirmation de la formule proposée. Plus tard, l'étude complète du spectre de l'atome d'hydrogène par T. Lyman, F. Paschen, Brackett et Pfund confirment une formule plus générale que celle de Balmer, celle dans laquelle le terme 1/4 est remplacé par un terme égal à *1/m2*, où *m* est encore un nombre entier, 2 n'étant que la valeur particulière de *m*, celle qui correspond à la série de Balmer. Cette approche relativement empirique du spectre de l'atome d'hydrogène est déterminante dans la conception du modèle de l'atome de Bohr.

J. Balmer a apporté une contribution déterminante à la physique, mais il n'a publié que trois articles.

Raies de Balmer : une des séries de raies d'émission ou d'absorption de l'atome d'hydrogène dans le domaine du visible.

BARDEEN John

Madison (Wisconsin) 1908 – Boston 1991

Après avoir commencé des études de géophysique à Madison, John Bardeen est employé pendant trois années à la « Gulf Research Development Corporation » à Chicago. Il réussit à poursuivre et à terminer ses études supérieures. Il prépare ensuite un doctorat à Princeton sous la direction d'E. Wigner. En 1938, il est nommé professeur à l'université de Minnesota.

Après la guerre, il entre aux laboratoires de la Bell Telephon où W. Brattain et W. Shockley s'efforcent de réaliser un amplificateur avec des composants solides. Pour sa contribution théorique à l'invention du transistor à germanium, il partage le prix Nobel de Physique en 1956 avec ses deux collègues.

Tandis que W. Shockley reste à la Bell Telephone où il prend la direction du secteur transistor en 1953, J. Bardeen entre en 1950 à l'université d'Illinois où il est nommé professeur. Poussé par B. Serin, il reprend ses travaux sur la supraconductivité déjà amorcés pendant la période de la guerre. Il obtient le prix Nobel de Physique une seconde fois en 1972 avec L. Cooper et R. Schrieffer pour une théorie de la supraconductivité à basse température, fondée sur l'existence de « paires de Cooper ». Deux électrons de spin 1/2, s'associant pour former un boson, n'obéissent plus au principe de Pauli, ils peuvent avoir tous la même fonction d'onde et se déplacer dans le réseau cristallin sans rencontrer de résistance. Cette théorie n'a pas été immédiatement acceptée mais elle a ensuite connu un très grand succès. Elle rencontre actuellement quelques difficultés après la découverte de la supraconductivité à haute température.

John Bardeen occupe plusieurs fois le poste de conseiller scientifique du Président des États-Unis puis il démissionne car il n'est pas favorable au projet de « guerre des étoiles » du président Reagan. Les succès de sa carrière ne l'empêchent pas de rester un homme fort modeste.

Publication

« Understanding superconductivity » (1964).

BARKHAUSEN Heinrich Georg

Brême 1881 – Dresde 1956

Heinrich Barkhausen effectue des études d'ingénieur à Munich, à Berlin et à Göttingen. Dès 1911, il est nommé professeur à Dresde. Son nom est associé à la découverte des discontinuités du processus d'aimantation des corps ferromagnétiques.

En 1919, il détecte pour la première fois les ondes radio dites « whistler » dont les origines ne seront comprises qu'en 1935. Il s'agit d'ondes de polarisation circulaire droite se propageant le long des boucles du champ magnétique terrestre et déclenchées par des orages dans l'atmosphère de l'hémisphère Sud.

L'invention d'un tube à vide générateur de hautes fréquences lui permet en 1920 de produire pour la première fois, avec son collègue K. Kurz, des ondes décimétriques. Il crée à Dresde un institut de la technologie des tubes à hautes fréquences qui est détruit par les bombardements du 13 février 1945 et qu'il fait reconstruire après la guerre.

Effet Barkhausen : l'aimantation d'un corps ferromagnétique s'effectue par petites étapes quantifiées successives, lesquelles correspondent aux déplacements irréversibles des parois des domaines magnétiques de P. Weiss. La détection de ces déplacements brusques et discontinus a été effectuée par H. Barkhausen au moyen d'une détection acoustique.

BARKLA Charles Glover

Widnes (Lancashire) 1877 – Breitwood (Édimbourg) 1944

Après des études supérieures menées à Liverpool et à Cambridge, Charles Barkla commence par étudier la vitesse des ondes électromagnétiques se propageant de long des conducteurs.

En 1902, il s'intéresse aux rayons X qui viennent d'être découverts par W. Röntgen et qu'il étudie jusqu'à la fin de sa vie. Il montre que la probabilité de diffusion d'un rayon X dans un gaz dépend de la masse moléculaire du gaz. En 1904, il montre que les rayons X peuvent être polarisés comme les rayons de lumière visible. Sa contribution essentielle est de montrer en 1908 avec C. Sadler que l'absorption par la matière de rayons X de longueur d'onde quelconque donne lieu à des émissions d'autres rayons X dont les longueurs d'onde sont spécifiques des atomes présents dans la matière. Cette découverte, précisée par H. Moseley, permet de déterminer les niveaux atomiques profonds. Elle est aujourd'hui utilisée dans l'analyse chimique de surface.

En 1909, en analysant la diffusion des rayons X selon le simple modèle atomique de J.J. Thomson, il obtient une estimation directe du nombre réel d'électrons atomiques. Ce résultat expérimental constitue la première vérification de la corrélation entre le numéro atomique de la classification de Mendeleïev et le nombre réel d'électrons.

C. Barkla reçoit le prix Nobel de Physique en 1917. Les circonstances de la guerre ne lui permettent pas d'assister à la remise de son prix.

Il refuse d'admettre la mécanique quantique et il se retire progressivement du nouveau courant scientifique du XXe siècle.

Publication

« Radiation and matter » (1920).

BARLOW Peter

Norwick (Norfolk) 1776 – Woolwich (Londres) 1862

Professeur de mathématiques à l'Académie militaire de Woolwich, Peter Barlow exerce diverses activités. Par exemple, il apporte sa contribution au calcul des ponts suspendus. Il travaille également sur les techniques utilisées dans les bateaux et le matériel ferroviaire. Il calcule la perturbation de la boussole soumise à l'influence magnétique de la coque des bateaux.

Afin de mettre en évidence l'action d'un champ magnétique sur un courant électrique, il invente un dispositif qui porte son nom, « la roue de Barlow ».

Réalisateur de dispositifs optiques achromatiques pour l'astronomie, il participe au reclassement des étoiles.

Roue de Barlow : placée dans un champ magnétique, une roue dentée et conductrice effleure un bain de mercure. Soumise à un courant électrique passant par son axe et par le mercure, la roue tourne. Ce dispositif, imaginé en 1828, est encore utilisé aujourd'hui dans l'enseignement pour illustrer l'action d'un champ magnétique sur un courant et pour illustrer le principe du moteur électrique.

Publications

« An elementary Investigation of the Theory of the Number » (1811), « A New Mathematical and Philosophical Dictionary » (1814), « New Mathematical Tables » (1814), « Essay on the Strengh and Stress of Timber » (1817), « Essay on Magnetic Attraction » (1820), « Traité sur les matériaux de construction » (1851).

BARTHOLIN Erasmus

Roskilde (Danemark) 1625 – Copenhague 1698

Erasmus Bartholin poursuit des études universitaires dans plusieurs pays, en particulier en Hollande et en Italie. De retour à Copenhague, il est professeur de mathématiques puis, à la fin de sa carrière, doyen de la faculté de médecine de Copenhague.

Ses sujets d'intérêt et de travail furent nombreux, mathématiques, physique, astronomie et médecine. Son nom est cité à propos de la découverte du phénomène de la double réfraction qu'il décrivit à propos du « spath d'Islande », cristal particulier rapporté d'Islande par une expédition vers 1668. Ce phénomène, lié à la nature géométrique du cristal, a attiré à l'époque l'attention de scientifiques aussi renommés que C. Huygens et I. Newton.

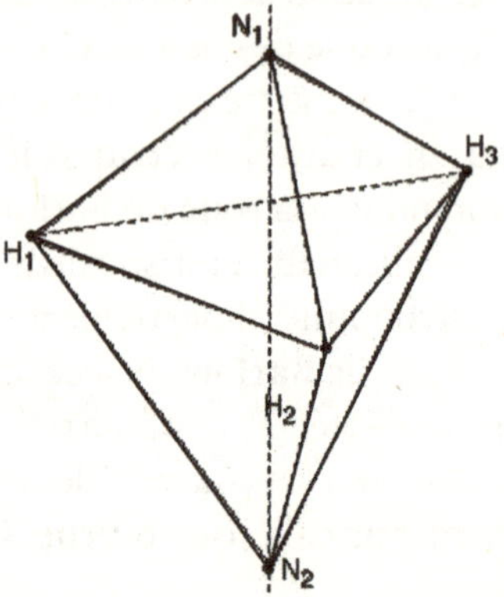

BASOV Nikolaï Guennadievitch

Usman (Voronej) 1922 – Moscou 2001

Après des études de mécanique effectuées à Moscou et après sa participation à la Deuxième Guerre mondiale sur le front ouest comme assistant médical, Nicolaï Basov entre comme chercheur au laboratoire de radiophysique quantique de l'Institut Lebedev. Sous la direction de A. Prokhorov, il présente en 1956 un travail de thèse sur l'oscillation de la molécule d'ammoniaque. Cette molécule est pyramidale. L'atome d'azote peut occuper une position quasi-stable, soit au-dessus, soit en dessous du plan des trois atomes d'hydrogène. Il oscille entre ces deux positions en franchissant par effet tunnel la barrière de potentiel qui les sépare. Perfectionné ensuite avec ses collègues, cet oscillateur devient l'élément central du « générateur moléculaire », le premier maser découvert simultanément par C. Townes aux États-Unis d'Amérique. En 1964, il partage le prix Nobel de Physique avec C. Townes et A. Prokhorov.

Par la suite, il invente de nombreux lasers à gaz, le premier laser à eximère et des lasers semi-conducteurs. Il les utilise pour amorcer la fusion thermo-nucléaire selon la technique du confinement inertiel.

Il poursuit sa carrière en soutenant en toutes circonstances le système stalinien dont il est un bénéficiaire privilégié.

Publications

« Lasers and their applications » (1976), « Superconductivity » (1977), « High power lasers and plasmas » (1978), « Pulsed neutrons research » (1979).

AL-BATTĀ NĪ Muḥ ammad

Harran (Irak) vers 858 – Qaṣr al Jiṣṣ (Irak) 929

Peu d'éléments sur la vie de Muḥ ammad Al-Battā nī nous sont parvenus et même sa date de naissance n'est connue qu'approximativement. Il fit peut-être partie d'une famille princière de Syrie et il nous est connu principalement par *Les Tables Sabéennes* dans lesquelles il relate des mesures de la trajectoire du Soleil et de diverses planètes. Ces tables contredisent sur certains points les données retenues par Ptolémée mais Al-Battā nī ne remet pas en cause pour autant le modèle général du mouvement des planètes.

Les mesures d'Al-Battā nī ont été reprises plus tard par Al-Bīrūnī et certaines sont citées par Tycho Brahé. Copernic s'en servira dans sa remise en cause du système de Ptolémée.

Al-Battā nī a travaillé une trentaine d'années à Raqqa dans le nord de la Syrie. Il a du bénéficier d'instruments astronomiques hérités peut-être d'un premier observatoire utilisé vers 820 sous le règne du calife al-Ma'mūn qui avait lancé un programme d'observations systématiques du Soleil et de la Lune.

BECQUEREL Alexandre Edmond

Paris 1820 – Paris 1891

Alexandre Edmond Becquerel, reçu à l'École normale supérieure et à l'École polytechnique, n'accepte ni l'une ni l'autre de ces deux admissions. Il préfère travailler avec son père Antoine Becquerel au Muséum d'histoire naturelle.

Ses premières recherches sont orientées vers la spectrographie ultraviolette et infrarouge du Soleil. Il est le premier à enregistrer le spectre solaire par photographie, en utilisant la plaque de Daguerre.

Son programme de recherche le plus important concerne l'action de la lumière sur la matière et tout particulièrement le phénomène de phosphorescence. Il est l'auteur d'un actinomètre qui utilise le courant photoélectrique pour mesurer une intensité lumineuse.

Il étudie le diamagnétisme à la suite de la découverte de son père.

D'abord professeur au Conservatoire des arts et métiers, il occupe en 1878 la chaire de son père au Muséum d'histoire naturelle.

Publications

« Traité d'électricité » avec son père (1855), « La lumière, ses causes, ses effets » (1867).

BECQUEREL Antoine César

Châtillon-sur-Loing (Loiret) 1788 – Paris 1878

Officier de génie à la sortie de l'École polytechnique, Antoine Becquerel participe aux campagnes militaires de Napoléon en Espagne et en France. Démissionnaire en 1815, il se consacre à des recherches en physique. Ses premiers travaux concernent la cristallogénèse. Il s'oriente ensuite vers l'électricité et il imagine un nouveau type de pile électrique. En 1819, il donne une première interprétation de la piézoélectricité, c'est-à-dire l'électrisation des cristaux soumis à des forces de compression. Il est nommé professeur au Muséum d'histoire naturelle.

En 1829, il découvre le diamagnétisme et, en 1839, il soupçonne l'existence de l'effet photoélectrique.

Son fils Alexandre Edmond et son petit fils Henri poursuivent ses travaux, tout particulièrement dans le domaine de la phosphorescence et du diamagnétisme.

BECQUEREL Henri Antoine

Paris 1852 – Le Croisic 1908

Fils d'Alexandre et petit fils d'Antoine Becquerel, Henri Becquerel entre à l'École polytechnique en 1872 et en sort dans le corps des ingénieurs des Ponts et Chaussées. Il succède à son père au Conservatoire des arts et métiers et au Muséum d'histoire naturelle. Plus tard, en 1895, il est nommé professeur à l'École polytechnique. Ses premiers travaux concernent la polarisation rotatoire magnétique, la phosphorescence, la spectroscopie infrarouge.

Sa contribution majeure à la science est la découverte en 1896 de la radioactivité. Trois mois après la découverte des rayons X par W. Röntgen, H. Becquerel examine les émissions de substances phosphorescentes ou fluorescentes en pensant qu'elles sont peut-être capables d'émettre des rayons X. Il expose au soleil des cristaux de sels d'uranium, il les enveloppe ensuite soigneusement dans du papier noir et il les place sur une plaque photographique. Après développement de la plaque, il observe un noircissement de la plaque qu'il attribue à des rayons X, associés à la fluorescence. Un jour, le soleil restant caché derrière les nuages, il range les cristaux, le papier noir et la plaque photographique dans son tiroir. Une semaine après, avant de reprendre son expérimentation, il a la curiosité de développer la plaque. Il constate que l'émulsion photographique a été fortement impressionnée, et cela en l'absence d'insolation préalable. Il répète l'expérience en faisant varier les temps de pose et il conclut à l'existence d'une émission spontanée par les cristaux d'un rayonnement analogue aux rayons X. Il vient de découvrir la radioactivité, plus exactement la radioactivité bêta du thorium 234, élément de la famille de l'uranium. Il utilise un électroaimant pour déterminer la charge de ce rayonnement. Il en déduit qu'il est semblable au rayonnement cathodique. En variant les composés chimiques, il démontre que cette propriété est spécifique de l'élément uranium. Il découvre également l'ionisation de l'air provoquée par la radioactivité.

Quarante années avant la découverte de la radioactivité, Niepce de Saint Victor avait observé un renforcement de la sensibilité de l'émulsion photographique au contact d'un sel d'uranium. H. Becquerel s'est toujours défendu d'avoir été inspiré par ce résultat.

Les travaux sur la radioactivité sont poursuivis par M. Curie et P. Curie, avec lesquels H. Becquerel partage le prix Nobel de Physique en 1903.

Le becquerel : unité de radioactivité correspondant à une désintégration par seconde.

BEDNORZ Johannes Georg

Neuenkirchen (Allemagne) 1950

Après des études supérieures de chimie à l'université de Münster, Johannes Bednorz oriente ses études vers la cristallographie. Il effectue de fréquentes visites aux laboratoires IBM de Zurich et après un séjour de six mois en 1982, il est recruté dans le groupe de K. Müller pour étudier les propriétés électriques des céramiques et tout particulièrement celle dont la formule chimique est $S_rT_iO_3$.

En 1986, une céramique constituée d'un oxyde de lanthane et de cuivre, La_2CuO_4, dopée au baryum, se révèle supraconductrice à la température de 35 °K, alors que les supraconducteurs connus jusqu'à cette époque ne conservent pas leurs propriétés au-dessus de 25 °K, dans le cas le plus favorable d'un alliage de niobium et de germanium. En 1987, le prix Nobel de Physique, partagé avec K. Müller, vient récompenser J. Bednorz un an après sa découverte.

À partir de cette première découverte, de nombreuses autres céramiques, supraconductrices à des températures de plus en plus élevées, sont élaborées et caractérisées dans d'autres laboratoires : YBa_2CaCuO à 90 °K, TlBaCaCuO à 125 °K. Le record en 1997 est détenu par le composé HgBaCaCuO à 160 °K.

BELL Alexander Graham

Édimbourg 1847 – Baddeck (Canada) 1922

Graham Bell commence des études de musique et il s'oriente ensuite vers des domaines scientifiques à Édimbourg et à Londres.

Dans la continuation des activités de son père, il se consacre à la phonétique, au langage des signes pour les sourds-muets et il crée une école pour l'éducation des sourds. Professeur de physiologie vocale à Boston en 1873, il réalise une oreille artificielle ce qui le conduit en 1876 à l'invention du téléphone, bien qu'il ne dispose que d'une connaissance moyenne de l'électricité. Les vibrations sonores génèrent les vibrations mécaniques d'une plaque de fer légère et mobile qui constitue un élément d'électroaimant. Le courant induit oscille en phase avec le mouvement de la plaque. Les oscillations électriques sont transmises par des fils conducteurs et excitent un dispositif similaire dont la plaque mobile reconstitue les vibrations sonores.

Le brevet de cette invention lui rapporte une fortune dont il utilise une large part pour soutenir des actions humanitaires, des projets scientifiques et des recherches sur le traitement de la surdité. Un concurrent malheureux, E. Gray, qui a inventé le téléphone en même temps que G. Bell, a déposé son brevet deux heures plus tard. Il a intenté plusieurs procès, mais il les a perdus.

G. Bell expérimente plusieurs procédés d'enregistrement des sons et il propose plus tard l'utilisation de la cire pour enregistrer les vibrations sonores.

Avant la découverte des rayons X, il invente un système de localisation des balles de fusil qu'il pratique sur le corps du président Garfield assassiné en 1881. Parmi bien d'autres inventions, on peut citer les bateaux rapides dont les coques sont soulevées hors de l'eau en s'appuyant sur des ailerons profilés, les « hydrofoils ».

BELL John Steward

Belfast 1928 – Genève 1990

Assistant de laboratoire à Harwell dès l'âge de 16 ans, John Bell poursuit en même temps ses études secondaires et supérieures. Il rejoint le Centre européen de recherche nucléaire (CERN) dès 1960 comme l'un des premiers chercheurs permanents de ce laboratoire.

Sa contribution majeure est l'établissement des inégalités qui portent son nom et qui permettent de tester les fondements de la mécanique quantique. A. Einstein et N. Bohr s'étaient affrontés au congrès Solvay de 1927 sur l'interprétation de cette mécanique quantique. N. Bohr n'admettait que l'interprétation probabiliste selon laquelle, la nature étant intrinsèquement floue, il n'est pas possible d'obtenir une information plus précise que celle qui est contenue dans la fonction d'onde. A. Einstein ne pouvait se résoudre à cette indétermination et il pensait que devait exister une théorie plus générale qui restaurerait le déterminisme. Ces querelles ont longtemps alimenté les débats de nombreux théoriciens et philosophes, mais elles sont restées vaines jusqu'à ce que J. Bell trouve en 1964 une méthode qui permet de tester expérimentalement les différentes interprétations. Il établit des inégalités mathématiques que doivent respecter les théories déterministes, à la différence de la mécanique quantique probabiliste. Toutes les expériences effectuées pendant plusieurs décennies sur ce thème ont montré que les inégalités de J. Bell n'étaient pas respectées. L'expérience la plus précise et la plus contraignante a été réalisée par A. Aspect en 1982 à l'Institut d'optique d'Orsay.

J. Bell est aussi l'auteur d'une démonstration de l'invariance CPT (produit de la conjugaison de charge par la parité et par le renversement du temps) en théorie des champs. Enfin, il a participé à l'analyse théorique des oscillations des mésons K°.

Inégalités de Bell : l'analyse théorique du paradoxe E. P. R. (A. Einstein, B. Podolsky, N. Rosen) conduit à des inégalités qui doivent être rigoureusement satisfaites par certaines interprétations non-orthodoxes de la mécanique quantique comme celle qui découle de l'introduction de paramètres cachés définis localement et qui peuvent ne pas être satisfaites dans le cadre de l'interprétation orthodoxe. Ces inégalités concernent des quantités observables et peuvent être donc mises à l'épreuve par l'expérience. Les résultats expérimentaux sont conformes aux prévisions de la mécanique quantique probabiliste.

Publication

« Speakable and unspeakale in quantum mechanics » (1987).

BERNAL John Desmond

Nenagh (Irlande) 1901 – Londres 1971

De père catholique irlandais et de mère américaine, John Bernal reçoit une éducation nationaliste et catholique mais il sera séduit plus tard par les idées marxistes. Il effectue ses études et ses recherches à Cambridge.

Il se révèle excellent expérimentateur dans le domaine de la spectrométrie en rayons X dans le laboratoire des Bragg. Afin de séparer les spectres d'ordres différents, il perfectionne la méthode du cristal oscillant inventée par M. de Broglie. Il l'utilise avec R. Fowler en 1933 pour établir la structure de la glace, cristalline par la position des molécules mais amorphe par leurs orientations.

Ses contributions les plus originales concernent les déterminations des structures organiques et biologiques. En 1932, il établit celles des stérols. Avec D. Crowfoot, il obtient le premier diagramme d'un cristal de protéine, la pepsine. En 1937, avec I. Fankuchen, il obtient le diagramme de diffraction des rayons X du virus de la mosaïque du tabac. En 1938, il obtient celui de l'hémoglobine. Ses résultats permettent de mieux comprendre le rôle de ces molécules complexes dans les phénomènes biologiques.

Sa générosité naturelle et ses convictions politiques le conduisent à soutenir les mouvements pacifistes ou progressistes. Il participe activement à des travaux sur l'histoire des sciences.

Publications

« The World, the Flesh and the Devil » (1929), « The social fonction of science » (1939), « The friedom of necessity » (1949), « The physical basis of life » (1950), « Science and Industry in nineteenth century » (1953), « Science in History » (1954), « World without war » (1957), « Prospect of peace (1960), « Origin of life » (1967), « Physics before the Quantum » (1972).

BERNOULLI Daniel

Groningue 1700 - Bâle 1782

La famille Bernoulli ne compte pas moins de huit scientifiques qui, sur trois générations, se sont illustrés en mathématiques, notamment dans le traitement des séries et la résolution de certaines équations différentielles. Du point de vue de la physique, le membre le plus représentatif est Daniel Bernoulli, considéré comme le fondateur de l'hydrodynamique. En 1700, Johann Bernoulli (1667-1748) était professeur de mathématiques à Groningue. Son fils, Daniel, après des études de philosophie et de mathématiques, poursuit des études de médecine à Bâle et soutient en 1721 une thèse de doctorat sur les aspects physiques de la respiration. Un premier travail en mathématiques, publié en 1724, lui permet d'obtenir un poste à l'Académie de Saint-Pétersbourg. Il restera dans cette ville de 1725 à 1733 et y composera en particulier un traité appelé *Hydrodynamica* qui paraîtra en 1738. Basée sur l'hypothèse de la conservation de l'énergie mécanique, cette œuvre aborde le problème de l'écoulement d'un fluide incompressible parfait. En ce sens, on peut dire que Daniel Bernoulli est le fondateur de l'hydrodynamique, terme qu'il a d'ailleurs introduit lui-même. En dehors de ce travail, D. Bernoulli a collaboré dans le domaine de la physique mathématique avec L. Euler, notamment sur des problèmes de déformation des solides soumis à des tensions. Par ailleurs une partie de son œuvre en mathématiques concerne le domaine des probabilités et des statistiques.

Après son séjour en Russie, D. Bernoulli donne des cours de physiologie à l'université de Bâle et il obtient enfin en 1750 une chaire de physique dans cette université. Ses cours de physique y connaissent alors un grand succès et beaucoup d'auditeurs viennent l'écouter.

Théorème de Bernoulli : en hydrodynamique, ce théorème, exprimant la conservation de l'énergie mécanique dans l'écoulement d'un fluide incompressible parfait, permet de calculer la vitesse de ce fluide en fonction de la pression exercée.

Publication

« Hydrodynamica » (1738).

BERZELIUS Jöns Jacob

Vaversunda Sörgard (Suède) 1779 – Stockholm 1848

À l'âge de quatre ans, Jöns Berzelius, perd son père enseignant et, à l'âge de huit ans, il perd également sa mère. Il est alors élevé par un oncle maternel, lui-même père de cinq enfants. Des disputes avec ses cousins poussent J. Berzelius à exercer dès l'âge de quinze ans un premier travail dans une ferme voisine. Intéressé par des classements de fleurs et d'insectes, il découvre la chimie à l'âge de dix-neuf ans en même temps qu'il obtient une bourse pour faire des études de médecine. Soumis cependant à des difficultés financières, il trouve un travail dans un laboratoire de pharmacie puis dans une entreprise spécialisée dans la production d'eau minérale. Dans ces deux emplois, il commence à s'initier à la pratique d'une chimie orientée vers l'analyse des minéraux contenus dans l'eau. Parallèlement à ces activités, il apprend la chimie générale dans les livres. La découverte de l'électrolyse par W. Nicholson en 1800 lui donne l'occasion de s'intéresser aux applications de la pile de A. Volta.

La situation financière de J. Berzelius s'améliore en 1807 quand il obtient un poste de professeur de médecine et de pharmacie à Stockholm. Il peut alors disposer d'un laboratoire personnel de chimie et y former plusieurs élèves. À partir de cette date, il entreprend plusieurs voyages, en Angleterre où il rencontre H. Davy, en France où il travaille quelque temps avec P. Dulong.

En 1812, pour expliquer les résultats obtenus par l'électrolyse, il avance une théorie dualistique des composés chimiques. Il publie à diverses reprises, en 1814, 1815 et 1828 des tables de poids atomiques de différents éléments chimiques. Ces tables serviront en particulier à tester l'hypothèse avancée par W. Prout en 1815, suivant laquelle les différents poids atomiques pourraient être des multiples entiers de celui de l'hydrogène.

Les résultats de J. Berzelius concernent essentiellement le domaine de la chimie minérale. Il essayera d'apporter des contributions dans le domaine de la chimie organique mais sans beaucoup de succès. Il est possible qu'il ait été gêné par un *a priori* vitaliste concernant les problèmes liés à la vie.

J. Berzelius a beaucoup écrit et a eu une grande influence sur les chimistes de son époque.

Publication

« Textbook of Chemistry » (1803).

BESSEL Friedrich Wilhelm

Minden (Westphalie) 1784 – Königsberg (Prusse) 1846

Employé de commerce, Friedrich Bessel s'intéresse aux problèmes posés par les relations internationales et il apprend donc simultanément plusieurs langues étrangères. Il étudie la navigation en haute mer et le repérage des navires le conduit aux mathématiques. Remarqué par sa facilité d'aborder les problèmes scientifiques, il est orienté par son professeur H. Olbers vers l'astronomie. Son premier travail est le calcul de la trajectoire de la comète de Halley, travail récompensé par l'attribution d'un poste d'assistant.

Responsable de la construction de l'Observatoire du Königsberg, puis de sa direction, il perfectionne les méthodes traditionnelles de l'astronomie. Il corrige les mesures angulaires pour prendre en compte la réfraction de la lumière lors de la traversée de l'atmosphère. Ses mesures sont suffisamment précises pour déceler les mouvements propres de plusieurs étoiles qui suggèrent la présence de compagnons invisibles. Il anticipe ainsi la découverte de la première naine blanche, le compagnon de Sirius, observée vingt années plus tard par A. Clark.

En 1838, il effectue une des premières mesures des distances stellaires.

Il suggère aussi l'existence d'une planète responsable des irrégularités du mouvement d'Uranus.

F. Bessel est d'abord un grand mathématicien. Les « fonctions de Bessel » trouvent de nombreuses applications en physique, par exemple en électrotechnique ou en optique ondulatoire dans le calcul de la diffraction d'une pupille circulaire.

BETHE Hans Albrecht

Strasbourg 1906 – Ithaca 2006

Après ses études menées à Francfort-sur-le-Main et à Munich, Hans Bethe prépare une thèse sous la direction de A. Sommerfeld. Il est ensuite nommé professeur à Munich, puis à Tübingen. Il quitte l'Allemagne et le nazisme pour se réfugier en Angleterre où il est lecteur à Manchester et à Bristol en 1933. Aux États-Unis, il est nommé professeur à l'université Cornell à Ithaca en 1937.

En 1934, avec W. Heitler, il élabore une théorie des gerbes électroniques cosmiques, découvertes par D. Skobelzyn en 1929 et étudiées à cette époque par de nombreux laboratoires.

En 1935, avec E. Fermi, il propose une interprétation quantique de la loi de capture des neutrons de basse énergie, leur section efficace étant inversement proportionnelle à leur vitesse.

En 1936, avec R. Bacher, il présente une théorie de la structure du noyau qui justifie *a posteriori* la formule proposée par C. von Weiszäcker à partir du modèle de G. Gamow dit de « la goutte liquide ». Il complète la description des noyaux par le modèle en couches qui, bien que fondé sur des hypothèses peu justifiées comme les mouvements libres des nucléons, rend compte de nombreuses observations, notamment pour les noyaux légers.

En 1938, avec C. Critchfield, il explique la fusion thermonucléaire de l'hydrogène dans le Soleil par un cycle de plusieurs réactions successives, catalysées par un noyau de carbone. De manière indépendante et en même temps, C. von Weiszäcker propose ce même cycle. Reprenant les calculs de R. Atkinson de 1936, en y ajoutant la théorie de l'interaction faible d'E. Fermi et la théorie de G. Gamow de l'effet tunnel, H. Bethe et C. Critchfield montrent qu'un cycle plus simple contribue également à la combustion de l'hydrogène dans les étoiles. Ce cycle, dit principal, également proposé par C. von Weiszäcker, comporte trois étapes, la première étant commandée par l'interaction faible, donc limitant la vitesse de combustion de l'hydrogène dans l'étoile :

$$p + p \rightarrow d + e^+ + \nu_e$$
$$d + p \rightarrow He^3 + \gamma$$
$$He^3 + He^3 \rightarrow \alpha + 2p$$

Ce dernier processus est dominant dans le Soleil, le cycle du carbone ne prenant de l'importance que dans des étoiles plus massives.

De 1943 à 1946, il dirige le groupe de physique théorique à Los Alamos pendant la réalisation du projet Manhattan.

En 1947, avec R. Marshak, H. Bethe propose l'existence d'un méson, produit par les réactions des protons cosmiques en haute atmosphère et parent du muon déjà observé, afin d'expliquer le flux de muons à la surface de la Terre. Ce méson est découvert à cette époque par le groupe de C. Powell de Bristol.

En 1948, avec R. Alpher et G. Gamow, il publie un article connu sous l'appellation suggestive « alpha-bêta-gamma », sur la nucléosynthèse des éléments légers dans l'explosion initiale. L'étape principale du processus proposé est la capture du neutron pour former du deutérium dans des conditions précises de fortes températures et de fortes densités présentes dans l'explosion initiale.

En 1971, il propose un modèle d'explosion des supernovae et de structure des étoiles à neutrons.

Peu de physiciens théoriciens ont eu une production aussi abondante que H. Bethe. Il est récompensé par le prix Nobel de Physique en 1967.

Il participe aussi au débat politique sur le devenir du programme nucléaire américain. Avec R. Oppenheimer et L. Szilard, il s'oppose à l'idée de la réalisation de la bombe thermonucléaire. Il combat la « guerre des étoiles » du président Reagan. Il participe aux négociations sur les réductions des armes nucléaires américaines et soviétiques.

Le cycle de Bethe : quatre protons sont transformés en noyau d'hélium par une série de plusieurs réactions thermonucléaires, avec la participation d'un noyau de carbone qui est restitué à la fin du cycle et qui peut donc être utilisé pour un nouveau cycle, à la manière d'un catalyseur. Même si ce cycle s'est avéré être secondaire dans le fonctionnement du Soleil, la démarche de H. Bethe a ouvert le domaine immense de la nucléosynthèse stellaire.

Publications

« Elementary nuclear theory » (1947), « Quantum mechanics of one or two electrons atoms » (1957), « American energy choices before the year 2000 » (1978).

BHABHA Homi Jehangir

Bombay 1909 – Mont Blanc (accident d'avion) 1966

Issu de la communauté Parsi de Bombay, Homi Bhabha vient à Cambridge pour y mener des études techniques dans la perspective d'occuper un poste dans le groupe industriel Tata à son retour en Inde. Il préfère cependant s'intéresser aux mathématiques et à la physique théorique et il entre au laboratoire Cavendish. En 1933, il établit les fondements théoriques de l'absorption des photons de haute énergie par la matière. En 1937, avec W. Heitler, il élabore la théorie des grandes gerbes cosmiques. Il propose aussi un modèle nucléaire fondé sur l'échange de mésons vectoriels.

De retour en Inde pendant la Deuxième Guerre mondiale, il entre au centre indien d'énergie atomique. Avec l'aide de la firme Tata, il développe un enseignement et une recherche de haut niveau.

H. Bhabha est un grand amateur de musique indienne.

Publication

« Essay on particles and fields » (1989).

BILLET Félix

Fismes (Marne) 1808 – Dijon 1882

À la sortie de l'École normale supérieure de Paris, Félix Billet enseigne à Dijon où il est nommé d'abord professeur en 1845, puis doyen de la faculté des sciences. Il a laissé son nom à un dispositif interférentiel très simple, la bi-lentille de Billet.

Bi-lentille de Billet : lentille optique convergente coupée en deux parties égales suivant l'un de ses diamètres. Séparées par une petite distance et éclairées par une source ponctuelle, les deux demi-lentilles génèrent deux faisceaux qui interfèrent dans leur partie commune et forment des franges détectables sur un écran blanc.

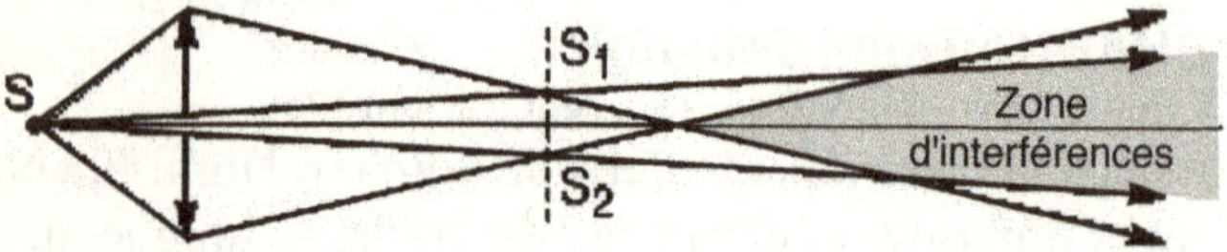

Publication

« Traité d'optique physique » (1858).

BINNIG Gerd

Frankfort-sur-le-Main 1947

Après ses études supérieures à Frankfort, Gerd Binnig entre en 1978 comme chercheur aux laboratoires I. B. M. de Zurich. Sous la direction de H. Röhrer, il y construit le premier microscope électronique à balayage et à effet tunnel. Une pointe fine, portée à un potentiel positif, explore la surface d'un solide conducteur. Le flux des électrons qui arrivent à la pointe après avoir franchi la barrière de potentiel qui les retenait prisonniers dans le métal varie très vite avec la distance de la pointe au solide. La mesure du courant donne ainsi une estimation précise de cette distance. Ce microscope fournit des images dont la définition est de l'ordre de grandeur des dimensions atomiques.

G. Binnig invente ensuite le microscope à force atomique nécessitant la mesure délicate de la force exercée par la pointe sur l'échantillon. Cet instrument est utilisable lorsque l'échantillon est isolant.

Il partage le prix Nobel de Physique en 1986 avec E. Röhrer et E. Ruska.

BIOT Jean-Baptiste

Paris 1774 – Paris 1862

Élève de l'École nationale des ponts et chaussées, admis ensuite à l'École polytechnique qui vient d'être créée, Jean-Baptiste Biot est successivement nommé professeur de physique à l'École centrale de Beauvais, au Collège de France en 1800 et professeur d'astronomie à la faculté des sciences de Paris en 1809. Il est l'un des physiciens les plus féconds de son époque.

Il identifie en 1803 l'origine extraterrestre des météorites et il élimine ainsi certaines hypothèses superstitieuses qui les concernaient.

Avec L. Gay-Lussac, il effectue en 1804 une ascension en ballon pour observer la dépendance du magnétisme terrestre avec l'altitude et il participe à l'établissement de la carte du champ terrestre.

Après une série de mesures sur les métaux, il établit en 1804 une théorie de la conduction de la chaleur.

De 1806 à 1810, il participe à plusieurs expéditions pour mesurer le méridien terrestre. Avec F. Arago, il effectue en 1806 les premières mesures de l'indice de l'air atmosphérique associées à des mesures de densité afin de corriger les mesures angulaires des étoiles. Il est conduit à donner une explication de l'origine des mirages.

En 1807, avec J. Thénard, il identifie des substances cristallisées différentes mais ayant la même composition chimique, anticipant ainsi la découverte du dimorphisme.

En 1808, il établit des résultats fondamentaux concernant la polarisation de la lumière. Avec E. Malus, présent à Paris à cette époque, il met en évidence la polarisation de la lumière par réflexion. Il montre que le rayon ordinaire et le rayon extraordinaire dans le cristal de spath d'Islande n'ont ni les mêmes polarisations, ni les mêmes indices optiques.

En 1809, après une série de mesures de la vitesse du son dans l'air et dans les solides, il propose une théorie de la propagation du son.

En 1813, il effectue une série de mesures de dilatation dans les liquides.

En 1815, il découvre le pouvoir rotatoire de plusieurs liquides et il l'interprète par l'anisotropie des molécules. De cette propriété, il invente le saccharimètre qui sera utilisé dans le diagnostic du diabète. Distinguant le quartz droit et le quartz gauche, il anticipe le travail fondamental de L. Pasteur en ce domaine.

En 1820, avec F. Savart, il détecte la force magnétique produite par un courant électrique en observant l'oscillation d'une aiguille aimantée. Il établit la loi fondamentale de l'interaction magnétique entre deux courants, loi qui porte les noms des deux physiciens.

J. B. Biot a eu une grande influence sur la communauté scientifique française.

Loi de Biot et Savart : la force magnétique générée en un point de l'espace par un élément de fil conducteur est proportionnelle au courant, à la longueur de l'élément, à l'inverse du carré de la distance au fil et au sinus de l'angle entre la direction du courant et le vecteur qui relie l'élément de courant à la position du point.

Publications
« Essai sur l'histoire générale des sciences pendant la Révolution Française » (1803), « Traité élémentaire d'astronomie physique », « Traité de physique » (1816), « Mélanges scientifiques et littéraires » (1856).

AL-BĪ RỤNĪ Abu Rayhān

Kath (Iran) 973 – Rhazni (Afghanistan) 1048

Né dans une région située près du lac d'Aral, Abu Rayhān al-Bī Rụnī commence très jeune des études scientifiques, notamment aux côtés d'un astronome et mathématicien réputé, Abū Naṣr Manṣūr. Ce dernier, aux dires de al-Bī Rụnī lui-ême, apporte une aide précieuse dans ses travaux. Malgré le contexte politique troublé de l'époque, al-Bī Rụnī sait s'attirer les bonnes grâces de plusieurs califes musulmans, ce qui lui permet de bénéficier de bonnes conditions de travail. L'œuvre qui nous est parvenue de lui ne contient pas moins de cent cinquante ouvrages dont plus de la moitié concerne l'astronomie et la géodésie. Dans ces domaines, al-Bī Rụnī est essentiellement un observateur et un expérimentateur. Il décrit ses instruments de mesure, sextant et astrolabe, et il donne ses résultats concernant notamment des mesures de longitude et de latitude. Oubliée du Moyen Âge occidental, son œuvre a été conservée dans les milieux arabes et elle a fait ensuite l'objet de publications diverses dans les milieux occidentaux.

Al-Bī Rụnī est considéré comme l'un des astronomes arabes les plus importants de son époque et comme un homme rigoureux, éloigné de tout dogmatisme.

BLACK Joseph

Bordeaux 1728 – Édimbourg 1799

Né en France mais envoyé à Belfast pour y effectuer ses études secondaires, Joseph Black poursuit des études supérieures à Glasgow. Il enseigne la chimie et la médecine à Glasgow et à Édimbourg. Le thème de ses recherches en chimie est focalisé sur le gaz carbonique.

En physique, il distingue les notions différentes de quantité de chaleur et de température, de chaleur spécifique et de chaleur latente. En 1762, il effectue la première mesure de la chaleur d'ébullition de l'eau; elle est de 20 % inférieure à la valeur exacte.

Il est le professeur de J. Watt.

Publication

« Essays and Observations » (1756).

BLACKETT Patrick Maynard Stuart

Londres 1897 – Londres 1974

Marin dès l'âge de 13 ans et destiné à une carrière dans la Royal Navy, Patrick Blackett ne s'oriente vers la physique qu'après la Première Guerre mondiale. Pendant douze ans, il est l'assistant de E. Rutherford au laboratoire Cavendish de Cambridge.

La majeure partie de son activité scientifique est consacrée à l'étude du rayonnement cosmique. Avec G. Occhialini, il invente le déclenchement de la chambre de Wilson par des compteurs Geiger disposés au-dessus et au-dessous de la chambre. Ce perfectionnement permet de ne prendre de clichés que lorsque le détecteur est à coup sûr traversé par des rayons cosmiques, à la différence du déclenchement au hasard utilisé antérieurement. Cette technique lui permet en 1933 de mettre en évidence la matérialisation des photons en paires d'électron-positron, confirmant ainsi la découverte du positron par C. Anderson. En 1948, pour ces travaux, il obtient le prix Nobel de Physique.

P. Blackett est nommé professeur à Londres en 1933 et à Manchester en 1937. Pendant la guerre, il est conseiller de l'Amirauté britannique pour la défense antiaérienne et pour la détection des sous-marins. Après la guerre, il est nommé membre du comité scientifique de l'énergie atomique anglaise. Il combat le concept stratégique militaire de la menace de l'arme nucléaire sur les populations civiles.

En utilisant la technique de la chambre de Wilson déclenchée par compteurs, deux physiciens de son groupe, C. Butler et G. Rochester, découvrent en 1947 à Manchester, donc au niveau de la mer, un exemple unique de désintégration de particule étrange. Ils en récoltent beaucoup plus à partir de 1951 en France au pic du Midi de Bigorre où ils ont transporté leur détecteur. Cette découverte imprévue est le point de départ des spéculations théoriques qui conduiront dix ans plus tard à la description des particules suivant le modèle des quarks.

En 1952, il effectue une expérience originale sur l'origine du champ magnétique terrestre. Il cherche à détecter le champ créé par un corps conducteur, 15 kilogrammes d'or, tournant avec la Terre. Le résultat est négatif, mais il permet de mettre au point des magnétomètres dont la sensibilité est poussée jusqu'à 10–7 gauss.

P. Blackett a exercé une forte influence sur le pouvoir politique anglais. Il est à l'origine de la création du ministère de la Technologie en Grande-Bretagne.

Publications

« The atom and the charter » (1946), « Military and political consequencies of atomic energy » (1948), « Atomic Weapons and East-West Relations » (1956).

BLOCH Félix

Zurich 1905 – Zurich 1983

Après ses études à Zurich, Félix Bloch devient assistant de W. Heisenberg en 1927 à Leipzig où il présente un travail de thèse sur la mécanique quantique. Il améliore l'explication du ferromagnétisme de W. Heisenberg en introduisant les ondes de spins.

Après un séjour à Copenhague chez N. Bohr en 1930, il émigre aux États-Unis en 1933 et il se fixe en Californie à Stanford en 1934. Avec L. Brillouin et A. Ioffe, il est l'un des fondateurs de la théorie quantique des électrons dans les métaux et de la théorie des bandes.

En 1939, il coopère avec L. Alvarez à la réalisation du cyclotron de Berkeley. Il participe ensuite au projet Manhattan à Los Alamos.

Il est le co-inventeur avec E. Purcell de la méthode de résonance nucléaire, fondée sur la précession du spin du proton dans un champ magnétique. Avec L. Alvarez, il utilise cette méthode pour déterminer le moment magnétique du neutron. En 1952, il partage le prix Nobel de Physique avec E. Purcell. Ses travaux sont à la base de la technique de l'imagerie par résonance magnétique nucléaire qui est aujourd'hui très utilisée car elle fournit des informations locales sur l'état chimique de la matière.

F. Bloch exprime bien la difficulté des rapports entre les physiciens et les mathématiciens : « Vous apportez votre problème à un mathématicien de vos amis. Il vous explique que l'énoncé est incorrect et il le reformule pour vous. Ceci fait, il vous démontre que votre problème n'a pas de solution et il s'étonne que vous ne soyez pas content ».

Paroi de Bloch : couche séparatrice entre deux domaines magnétiques de Weiss dans laquelle les moments magnétiques sont retournés de 180°.

Fonctions de Bloch : fonctions propres d'un potentiel périodique mises sous la forme de produits de fonctions d'ondes planes et de fonctions périodiques.

BLOEMBERGEN Nicolas

Dordrecht (Pays-Bas) 1920

Après avoir commencé ses études à Utrecht et à Leyde, Nicolas Bloembergen les termine après la guerre à Harvard. Il revient à Leyde pour y présenter sa thèse en 1948 sur la résonance magnétique dans les solides.

Sa contribution majeure est le passage du maser pulsé au maser continu en ajustant un pompage permanent en plusieurs étages. Cette technique est également appliquée plus tard au laser. Il effectue des travaux de pionnier en optique non linéaire, avec le soutien du Département américain de la défense.

En 1981, N. Bloembergen partage le prix Nobel de Physique avec A. Schalow et K.M.B. Siegbahn.

Publications

« Nuclear magnetic relaxations » (1948), « Non-linear optics » (1965).

BLONDEL André Eugène

Chaumont (Haute-Marne) 1863 – Paris 1938

Ingénieur des Ponts et Chaussées à la sortie de l'École polytechnique, André Blondel est affecté au service des phares et des balises. Condamné à l'immobilité par une paralysie des jambes, il effectue de nombreux travaux théoriques en électrotechnique, par exemple sur les couplages des moteurs synchrones ou asynchrones.

Il établit un système d'unités de brillance lumineuse qui sera adopté au plan international. Il propose d'utiliser les ondes électromagnétiques pour réaliser des radiophares.

Sa contribution la plus marquante à la physique expérimentale est l'invention en 1893 de l'oscillographe à cadre mobile qui sera ultérieurement utilisé pour détecter les phénomènes électriques rapidement variables.

BODE Johann Elert

Hambourg 1747 – Berlin 1826

Johann Bode est un passionné de mathématiques. Il se forme tout seul à l'astronomie. L'absence de planète entre Mars et Jupiter le conduit à la découverte des astéroïdes. En 1772, il propose une loi empirique, déjà suggérée par J. Titius, donnant les distances des planètes au Soleil.

Il termine sa carrière comme directeur de l'Observatoire de Berlin.

Loi de Titius-Bode : en ajoutant le chiffre 4 à la série géométrique des nombres 0, 3, 6, 12, 24… et en divisant le résultat obtenu par 10, on obtient les distances des planètes au Soleil, l'unité étant la distance de la Terre au Soleil.

Publications

« Introduction à l'astronomie » (1766), « Anleitung zur Kenntnis des gestirnten Himmels » (1768), « Uranographia » (1801).

BOHR Aage

Copenhague 1922-2009

Fils de Niels Bohr, Aage Bohr effectue ses études à Copenhague où il bénéficie de l'environnement exceptionnel du laboratoire de son père. Il reste longtemps son plus proche collaborateur. En 1943, il le suit en exil, réfugié d'abord en Suède, puis en Angleterre et enfin aux États-Unis. Il termine ses études à Copenhague où il revient après la guerre.

Avec B. Mottelson, il apporte des compléments au modèle nucléaire, appelé « le modèle collectif » ou « le modèle unifié », ainsi appelé car il réunit le modèle en couches et le modèle dit de « la goutte liquide ».

En 1952, à la suite des travaux de son collègue J. Rainwater de New York, il analyse les déformations quadrupolaires des noyaux soumis à une excitation coulombienne. À la suite de la découverte des spectres de rotation des noyaux en 1953, il interprète leurs moments magnétiques par des mouvements de rotation de certains nucléons de superficie.

En 1962, il succède à son père à la direction du Nordita, l'Institut de physique théorique de Copenhague.

Les trois physiciens, A. Bohr, B. Mottelson et J. Rainwater se partagent le prix Nobel de Physique en 1975.

Publications

« Rotationnal states of atomic nuclei » (1954), « Collective and individual particles aspects of nuclear structure » avec B. Mottelson (1957), « Single particle motion » (1969), « Nuclear deformations » (1975).

BOHR Niels Henrik David

Copenhague 1885 - Copenhague 1962

Niels Bohr a un père professeur de physiologie à l'université de Copenhague. Lui et ses frères bénéficient d'une excellente éducation. Son frère Harold, réputé le plus brillant, devient un très bon mathématicien.

Son premier projet de recherche porte sur la détermination de la tension superficielle de l'eau en mesurant les oscillations d'un jet d'eau. Cette expérience lui donne l'occasion de prendre la juste mesure des difficultés expérimentales.

Son travail de thèse, soutenue en 1911, est une étude théorique du comportement des électrons dans les métaux. Il est déjà confronté aux difficultés de l'électromagnétisme classique, incapable d'expliquer correctement les propriétés de conduction des métaux.

Peu après, il vient à Cambridge pour poursuivre ses travaux auprès de J.J. Thomson, lequel ne manifeste guère d'intérêt pour les électrons dans les métaux. Il se rend alors à Manchester au laboratoire de E. Rutherford qui vient de mettre en évidence la petitesse du noyau atomique. Il y reçoit un meilleur accueil. Les travaux du laboratoire étant principalement orientés vers la recherche d'un modèle atomique satisfaisant, il ne tarde pas lui aussi à se diriger dans cette voie. Dans une première approche, il propose un atome dont les niveaux d'énergie W_n seraient quantifiés selon l'expression $W_n = Knh\nu_n$, où n est un nombre entier et K une constante. Cette formule donne des ordres de grandeur corrects, mais elle laisse E. Rutherford complètement insensible.

En 1912, N. Bohr quitte Manchester et revient à Copenhague. En 1913, il prend connaissance de la formule de Balmer-Rydberg qui donne les valeurs exactes des fréquences des raies du spectre de l'hydrogène :

$$\nu_{nm} = R\,(1/n^2 - 1/m^2)$$

où R est une constante et n et m sont des nombres entiers. « Dès que je vis la formule de Balmer, tout devint clair », dit-il. La dépendance en $1/n^2$ de cette formule lui suggère que le niveau d'énergie de l'atome doit lui aussi avoir la même dépendance. Ainsi est né le « modèle atomique de Bohr » à partir d'une formule empirique. En 1920-1922, il étend son modèle à tous les atomes et il trouve donc une justification à la classification périodique des éléments. Ce modèle découle donc directement de celui de Rutherford auquel est ajouté la contrainte de la quantification suivant les idées de M. Planck.

Selon cette approche, les réactions chimiques doivent résulter des interactions des électrons des orbites extérieures, tandis que la radioactivité doit trouver sa source à l'intérieur du noyau atomique.

N. Bohr est récompensé par le prix Nobel de Physique en 1922. Le jour de la remise du prix, il oublie ses notes dans sa chambre d'hôtel et il improvise son discours devant le roi de Suède.

Après la Première Guerre mondiale, à la demande de ses collègues, un institut est créé à Copenhague pour N. Bohr. Pendant les vingt années qui suivent, cette ville devient le

« phare de la physique ». Il y accueille son premier élève, H. Kramers, qui s'illustre dans les calculs de dispersion. Les grands physiciens européens, entre autres W. Heisenberg, W. Pauli, P. Dirac, y effectuent des séjours fructueux. Dans ce centre sont élaborés les grands principes de la mécanique quantique : le principe de correspondance (associant un opérateur mathématique à toutes les grandeurs physiques), le principe de la réduction du paquet d'ondes, le principe de complémentarité. N. Bohr est bien conscient des questions soulevées par cette nouvelle approche de la réalité. « [...] si, de prime abord, on n'est pas horrifié par la théorie quantique, on ne l'a certainement pas comprise », dit-il.

En 1933 et en 1936, il aborde la physique nucléaire en développant des modèles du noyau atomique, par exemple celui de la « goutte liquide » initialement proposé par G. Gamow. À l'occasion d'une conversation avec G. Placzek lors d'un déjeuner à Princeton en 1939, il suggère que l'isotope 235 de l'uranium est le seul responsable de la fission par les neutrons lents. Cette idée est critiquée par la plupart de ses collègues et en particulier par E. Fermi. Quelques mois plus tard, une expérience effectuée avec de l'uranium enrichi confirme le bien fondé de l'intuition de N. Bohr.

Pendant la Deuxième Guerre mondiale, il doit se réfugier en 1943 en Suède, puis en Angleterre qu'il atteint en avion dans des conditions périlleuses, enfin aux États-Unis où il participe au projet Manhattan à Los Alamos. Symbole d'une certaine sagesse, N. Bohr s'efforce de dissuader les dirigeants anglais et américains de poursuivre les développements des armes nucléaires. Il propose l'échange d'informations sur l'énergie atomique comme premier témoignage d'une confiance mutuelle. Il ne parvient pas cependant à convaincre les autorités.

Niels Bohr n'a que peu publié. Son influence était directement transmise au petit cercle d'initiés qui l'entouraient. Il pensait tout haut et il aimait être entendu par un collègue afin d'engager un dialogue.

Atome de Bohr : modèle d'atome d'hydrogène dans lequel l'électron tourne autour du proton sur une orbite circulaire privilégiée sur laquelle il ne rayonne pas. L'émission de lumière ne se produit que lorsque l'électron change d'orbite. Cette orbite est caractérisée par un moment cinétique égal à un multiple entier de la constante de Planck divisée par 2π. Le modèle est ensuite étendu aux atomes complexes.

Magnéton de Bohr : moment magnétique d'une orbite électronique dans un état P. C'est l'unité naturelle du magnétisme atomique.

Publications

« On the theory of line spectra » (1918-1922), « La théorie atomique et la description des phénomènes » (1934), « The unity of knowledge » (1955), « Physique atomique et connaissance humaine » (1958), « On the constitution of atoms and molecules » (1963).

BOLTWOOD Bertram Borden

Amherst (Massachussetts) 1870 – Hancock Point (Maine) 1927

Après des études de chimie à Yale et après plusieurs séjours à Munich et en Europe, Bertram Boltwood crée un laboratoire privé. En 1900, il s'associe avec J. Pratt pour effectuer des analyses de minerais. Après la découverte de la radioactivité et à la suite des travaux d'E. Rutherford et de F. Soddy, il entreprend des analyses systématiques des proportions des différents éléments dans les roches radioactives. Il contribue ainsi à la compréhension des équilibres entre les éléments d'une même famille radioactive. Il découvre le radioélément intermédiaire entre l'uranium et le radium, établissant ainsi que la descendance ultime de cette famille est le plomb.

Il est l'inventeur en 1907 d'une méthode nucléaire pour déterminer l'âge des minéraux en utilisant la concentration résiduelle en hélium ou en plomb, ce dernier étant le produit final de plusieurs chaînes de désintégrations radioactives.

B. Boltwood poursuit sa carrière à Yale où il accepte de nombreuses charges administratives.

BOLTZMANN Ludwick

Vienne 1844 – Duino (près de Trieste) 1906

Après de premières études à Linz en Autriche, Ludwick Boltzmann entre à l'université de Vienne où il soutient en 1867 une thèse de doctorat en physique. Très vite, il se consacre à la physique mathématique et son domaine de recherches devient en particulier l'étude théorique de la thermodynamique. Au cours de sa carrière, il occupe des postes de professeur de physique dans les universités de Graz, Vienne, Munich et Leipzig.

L'apport principal de L. Boltzmann concerne la théorie statistique des gaz. L'idée de base était d'expliquer les propriétés d'un gaz par le comportement statistique de ses éléments constitutifs. Ainsi la pression exercée par un gaz sur un récipient était attribuée aux chocs des molécules sur les parois. En considérant que les molécules doivent être en perpétuel mouvement, J. Maxwell avait établi en 1859, à l'aide d'arguments probabilistes, la loi de distribution des vitesses que devaient avoir ces molécules. En 1868, à partir d'hypothèses plus générales, L. Boltzmann retrouve l'expression de cette loi, appelée depuis loi de distribution de Maxwell-Boltzmann. Plus tard, en 1877, L. Boltzmann reliera l'entropie S d'un gaz au nombre W de configurations possibles de ce gaz.

Avant d'établir cette relation, L. Boltzmann avait travaillé sur la façon dont s'établit l'équilibre d'un gaz et il en avait déduit qu'une certaine fonction H devait décroître vers un minimum. Ce théorème entraînait l'irréversibilité en thermodynamique, question qui allait soulever une polémique dans les milieux scientifiques. Comment en effet concilier l'irréversibilité thermodynamique avec la réversibilité des équations fondamentales de la dynamique ? Les avis étaient partagés là-dessus mais les discussions pouvaient déboucher aussi sur des idées purement philosophiques.

Cette dérive allait d'ailleurs se produire sur une autre question. Dans tous ses travaux, L. Boltzmann avait implicitement admis que la matière était constituée d'atomes ou de molécules. Or, à la fin du XIXe siècle, tout un mouvement de pensée s'était développé à partir d'idées globales et anti-atomistes. Les scientifiques les plus en vus de ce courant appelé énergétisme étaient le physicien E. Mach et le chimiste W. Ostwald. L. Boltzmann se sentait personnellement attaqué et, dans plusieurs écrits, il essaya vers 1896 de défendre son point de vue. Il est possible, mais non prouvé, que ce climat de suspicion eut des répercussions sur sa santé. Il est certain en tout cas qu'il eut des moments de dépression. Il est certain également qu'il se suicida en 1906.

Constante de Boltzmann : pour une molécule-gramme de gaz, contenant N molécules réelles (N, nombre d'Avogrado), la loi des gaz parfaits s'exprime par la relation $PV = RT$ où R est la constante des gaz parfaits. La constante de Boltzmann est donnée par le rapport $k = R/N$ qui est égal à $1{,}38.10^{-23}$ joule par degré kelvin.

Loi de distribution de Maxwell-Boltzmann : loi de répartition des énergies cinétiques des corpuscules constitutifs d'un système en équilibre thermodynamique. Telle qu'elle est formulée aujourd'hui, cette loi fait intervenir un paramètre kT, produit de la constante de Boltzmann par la température absolue. Cette variable représente l'énergie cinétique la plus probable d'un élément du système

Relation de Boltzmann : relation $S = k \log W$, reliant, à travers la constante k, l'entropie S d'un système au nombre W de configurations possibles des éléments de ce système.

BORN Max

Breslau (Wroclaw) 1882 – Göttingen 1970

Max Born effectue ses études à Breslau et à Göttingen dans des domaines aussi différents que ceux de la physique, de la chimie, de la zoologie, de la philosophie, des mathématiques. De plus, il change fréquemment d'université, allant de Breslau à Heidelberg, de Zurich à Göttingen où il présente son travail de thèse en 1907. En 1912, il effectue un long séjour chez A. Michelson à Chicago. Nommé professeur successivement à Berlin, à Francfort sur le Main, à Göttingen, il est chassé d'Allemagne en 1933 par les nazis. Il émigre d'abord à Cambridge, puis en Inde, à Bangalore, chez C. Raman, enfin à Édimbourg. À sa retraite, en 1953, il retourne en Allemagne.

Son premier travail, inspiré par le chimiste F. Haber, est le calcul de l'énergie de formation d'un réseau cristallin, un des fondements de la future physique du solide. Tout au long de sa carrière, M. Born perfectionnera sans cesse ce même calcul.

En 1925, il apporte une contribution déterminante à la mécanique quantique en développant un formalisme matriciel qui s'applique aux propositions de W. Heisenberg. Il est surtout connu pour avoir proposé l'interprétation probabiliste de la mécanique ondulatoire en donnant au carré du module de la fonction d'onde la signification physique d'une probabilité de présence.

Avec R. Oppenheimer, il invente une méthode d'approximation dite « adiabatique », qu'il applique aux calculs de l'énergie de cohésion de la molécule et du cristal métallique et à la description quantique des oscillations dans les cristaux.

Il invente une méthode d'approximation, qui porte son nom, applicable au calcul des sections efficaces des particules.

En 1933, avec L. Infeld, il élabore une théorie non linéaire du champ électromagnétique. En 1949, avec Green, il élabore une théorie cinétique des liquides.

En 1954, il partage le prix Nobel de Physique avec W. Bothe.

Approximation de Born-Oppenheimer : calcul de l'état d'un système complexe d'atomes en traitant les mouvements des noyaux et des électrons comme s'ils étaient indépendants.

Approximation de Born : calcul quantique d'une section efficace en théorie des perturbations, les termes du développement étant estimés sans introduire les modifications de la fonction d'onde de la particule incidente.

Publications

« Dynamik der Kristallgitter » (1915), « La théorie de la relativité d'Einstein » (1922), « The constitution of matter » (1923), « Atomic physics » (1935, « The restless universe » (1935), « My life and views » (1968).

BOSE Satyendra Nath

Calcutta 1894 – Calcutta 1974

Après avoir effectué ses études à Calcutta et après avoir commencé des recherches à Calcutta et à Dacca, Satyendra Bose effectue un long séjour en Europe pendant lequel il participe à l'élaboration de la mécanique quantique en travaillant avec les physiciens européens les plus illustres.

Dans une lettre adressée à A. Einstein en juin 1924, il propose un traitement statistique du gaz de photons qui conduit à l'expression exacte de la répartition spectrale de l'émission du corps noir. Le point essentiel est d'admettre que le nombre de photons n'est pas fixe puisqu'ils sont soumis en permanence à des absorptions et à des émissions aléatoires avec la paroi de l'enceinte qui les contient. L'article de S. Bose est refusé par la revue anglaise « *Philosophical Magazine* ». Il est accepté par la revue allemande Zeitschrift für Physics après traduction en allemand par A. Einstein qui a compris toute l'importance de ce travail et qui généralise la formule de S. Bose. Cette formule devient alors la distribution de Bose-Einstein.

S. Bose se fait ensuite remarquer par des articles théoriques sur la thermoluminescence, sur la diffraction des rayons X, sur l'équation de Klein-Gordon.

De retour en Inde, bien que n'ayant jamais soutenu de thèse, mais grâce à l'appui d'A. Einstein, il est nommé professeur à Dacca et à Calcutta. Excellent professeur, il a l'habitude d'exposer son enseignement sans l'aide de notes écrites.

Distribution de Bose-Einstein : dans un gaz à l'équilibre thermodynamique, les particules de spin entier, les bosons, ont une distribution énergétique particulière, différente de celle des fermions, particules de spin demi-entier. Le fait qu'elles n'ont pas à obéir au principe de Pauli leur permet d'occuper à plusieurs une même case quantique. En conséquence leur distribution est déplacée vers les basses énergies.

Condensation de Bose-Einstein : comportement spécifique d'un ensemble de bosons à basse température leur permettant d'avoir la même fonction d'onde et donc de jouir de propriétés exceptionnelles telles que la superfluidité. La condensation de Bose-Einstein a été mise en évidence en 1997.

BOTHE Walter

Oranienburg (Berlin) 1891 – Heidelberg 1957

Pendant ses études à Berlin, Walter Bothe bénéficie de l'enseignement de M. Planck. Le sujet de sa thèse porte sur la propagation de la lumière en liaison avec les propriétés des molécules.

Chercheur chez H. Geiger à Berlin de 1920 à 1930, ses travaux s'orientent d'abord vers l'étude des électrons. En 1924, les deux chercheurs utilisent la technique des coïncidences des compteurs pour étudier en détail la diffusion Compton avec la détection simultanée du rayon X diffusé et de l'électron de recul. L'enregistrement de onze événements leur permet de démontrer qu'il s'agit bien d'une collision élastique entre un électron et un quantum de rayon X. Ce résultat est souvent considéré comme une première preuve que les diffusions des photons peuvent être traitées individuellement. En 1929, la même méthode des coïncidences lui permet d'affirmer avec W. Kolhörster que le rayonnement cosmique n'est pas seulement constitué d'un rayonnement électromagnétique, mais doit aussi contenir des particules pénétrantes.

À partir de 1928, W. Bothe entreprend des expérimentations dans le domaine de la radioactivité. En 1930, avec H. Becker, en irradiant du béryllium par des particules alpha, il observe un rayonnement pénétrant inconnu, lequel sera identifié plus tard par J. Chadwick comme étant constitué de neutrons.

W. Bothe est nommé en 1931 professeur à Giessen et en 1934 directeur de l'Institut Max Planck à Heidelberg où il fait construire le premier cyclotron allemand. Pendant la guerre, il participe au « projet uranium » allemand. Il se trompe en pensant que l'eau lourde est un meilleur modérateur des neutrons que le graphite, ce qui dissuade l'Allemagne de choisir la filière au graphite qui a été retenue par les États-Unis pour fabriquer le plutonium.

Il partage le prix Nobel de Physique en 1954 avec M. Born.

BOUGUER Pierre

Le Croisic 1698 – Paris 1758

Fils d'un professeur d'hydrographie, Pierre Bouguer s'intéresse d'abord à la théorie de la navigation et, jeune encore, il gagne plusieurs prix de l'Académie des sciences. En 1735, il participe avec C. de La Condamine à une expédition au Pérou pour mesurer un arc de méridien près de l'équateur. Il écrit plusieurs ouvrages sur la navigation mais son nom reste attaché à la photométrie. Intéressé par la mesure de l'intensité de la lumière du soleil, il publie en 1729 un *Essai d'optique sur la gradation de la lumière du soleil*, dans lequel il pose les principes de la photométrie. Il fait intervenir d'une part une variation en $1/r^2$ déjà envisagée par Kepler et il introduit pour l'intensité lumineuse une loi de décroissance en fonction de l'épaisseur de la matière transparente traversée. Cette loi est souvent appelée loi de Lambert, du nom d'un physicien allemand qui, indépendamment de P. Bouguer, la découvre aussi vers 1760. P. Bouguer travaille sur la photométrie jusqu'à la fin de sa vie. Un ouvrage posthume paraîtra en 1760 contenant la description de plusieurs types de photomètres. P. Bouguer a été ainsi l'un des pionniers de la photométrie qui va devenir une technique importante de l'astronomie au XIXe siècle.

Loi de Bouguer-Lambert : l'intensité lumineuse d'une source transmise à travers un milieu transparent diminue de façon exponentielle en fonction de l'épaisseur de matière traversée.

BOURDON Eugène

Paris 1808-1884

Eugène Bourdon est le fils d'un commerçant qui l'envoie à Nüremberg pendant deux années pour apprendre l'allemand. À son retour à Paris, il est employé dans un magasin d'instrumentation. En 1832, il fonde sa propre entreprise orientée vers le développement de la machine à vapeur et vers l'instrumentation nécessaire à son contrôle. Il construira plus de 200 petites machines à vapeur.

Il a laissé son nom à un manomètre dont le principe, découvert de manière empirique, est universellement utilisé dans de nombreux appareils de mesure.

Manomètre de Bourdon : le gaz sous pression communique avec un réservoir en forme de « C », d'hélice ou de spirale, dont la déformation est mécaniquement amplifiée afin de déplacer une aiguille devant une graduation étalonnée.

BOYLE Robert

Lishmon Castle 1627 – Londres 1691

Né dans une famille anglo-irlandaise, Robert Boyle est envoyé à l'âge de douze ans chez un précepteur privé à Genève. Revenu en Irlande, il s'intéresse à la médecine et à l'agriculture puis il se tourne vers la chimie. En 1656, il arrive à Oxford où il fait partie d'un groupe de scientifiques qui se rencontrent régulièrement. Après avoir entendu parler de la fameuse expérience des sphères de Magdebourg réalisée par O. de Guericke, il commence à mener lui-même des expériences sur l'air grâce à une pompe spécialement fabriquée par un étudiant, R. Hooke, qui est devenu l'un de ses assistants. En 1660, il publie un livre concernant les résultats de ses d'expériences où il met en évidence le rôle de l'air dans l'expérience de Torricelli, dans la propagation du son, dans le maintien d'une flamme. Dans une seconde édition de ce livre en 1662, il proposera une relation expérimentale reliant pression et volume d'un gaz.

R. Boyle est connu également par une œuvre intitulée *Sceptical Chymist*, dans laquelle il développe ses vues générales sur la constitution de la matière. Contre la philosophie d'Aristote, il prône une approche mécanique et corpusculaire à une époque où ce type de démarche n'est pas encore courant.

Après 1660, R. Boyle fait de fréquents séjours à Londres où il se fixe définitivement en 1668. Il participe alors à la fondation de la Royal Society. Il écrit également sur des sujets philosophiques, dans la direction d'une défense commune de la science et de la religion. À sa mort, il lègue un don pour financer des « Boyle Lectures » destinées à combattre l'athéisme en défendant l'idée d'une religion naturelle.

Loi de Boyle-Mariotte : à température fixée, le volume v occupé par un gaz et la pression p exercée par ce gaz sont telles que le produit pv reste constant.

BOYS Charles Vernon

Wing (Rutland) 1855 – Andover (Hampshire) 1944

Charles Boys effectue des études à l'École des mines de Londres. Il bénéficie ensuite d'un emploi administratif qui lui laisse du temps pour s'intéresser à la physique. Il fréquente assidûment le laboratoire Cavendish à Cambridge.

Il est l'auteur en 1889 d'une prouesse expérimentale, celle de fabriquer des fibres de silice à la fois fines et résistantes, ce qui permet de construire des appareils de mesures électriques très sensibles. La réalisation d'une balance de torsion remarquable lui permet de mesurer la constante de la gravitation avec une très grande précision et de déterminer la densité de la Terre. Il applique cette technologie à la construction d'un radiomètre très performant dont l'idée remonte en fait à d'Arsonval et qui est utilisé en astronomie pour détecter des objets célestes peu lumineux.

Parmi ses autres inventions, il faut citer un radiomicromètre, une caméra ultrarapide, un calorimètre avec lequel il mesure les pouvoirs calorifiques des différents gaz de ville, un dispositif optique pour étudier les couches minces.

BRADLEY James

**Sherborne (Gloucestershire) 1693
– Chalford (Gloucestershire) 1762**

Destiné par ses parents à la prêtrise mais éduqué par son oncle, astronome amateur, James Bradley effectue des études religieuses complètes à Cambridge, tout en continuant à s'intéresser aux étoiles. Ordonné prêtre, il trouve le temps d'effectuer des observations astronomiques sous la direction de E. Halley. Nommé professeur d'astronomie à Oxford en 1721, il abandonne la prêtrise.

En 1727, il découvre l'aberration de la lumière des étoiles fixes, un petit mouvement oscillatoire des étoiles proches qui constitue une preuve directe du mouvement annuel de la Terre autour du Soleil selon le modèle copernicien. Cette observation rejette la théorie de l'entraînement de l'éther par la Terre. En 1748, en accroissant la précision de ses mesures, il décèle une autre cause du mouvement apparent des astres, le mouvement de nutation de l'axe terrestre lié à l'action de la Lune et du Soleil.

Directeur de l'Observatoire de Greenwich, il étudie les satellites de Jupiter. J. Bradley est un grand personnage de l'astronomie britannique.

BRAGG William Henry

Wigton-Westward (Cumberland) 1862 – Londres 1942

L'éducation élémentaire de William Bragg est assurée par son oncle. Il entre ensuite au collège de l'île de Man. Il effectue enfin ses études supérieures à Cambridge. Nommé à sa grande surprise dès 1886 professeur à Adelaïde en Australie, il doit d'abord faire face aux problèmes d'organisation d'une jeune université. Il trouve toutefois le temps de s'intéresser à l'électromagnétisme, puis à la radioactivité et plus particulièrement à l'absorption par la matière des particules émises par les noyaux. De retour en Angleterre en 1909, il est nommé professeur à Leeds.

En 1912, il est impressionné par les expériences de M. von Laue qui montrent que les rayons X se diffractent dans les cristaux, ce qui tend à prouver leur nature ondulatoire. Il effectue des expériences analogues en utilisant des cristaux d'halogénures alcalins (NaCl, KCl, KBr) et de sulfure de zinc (ZnS). Le mérite de W. H. Bragg est d'avoir efficacement détecté les rayons X, à partir de 1913, en utilisant des chambres à ionisation. Les mesures de leurs directions permettent, d'une part d'accéder à la structure cristalline, aux symétries, aux distances interatomiques, à la forme des motifs cristallins, aux densités électroniques, et d'autre part, de déterminer les longueurs d'onde caractéristiques du métal de l'anticathode. En 1915, William Henry Bragg et son fils William Laurence Bragg se partagent le prix Nobel de Physique.

Professeur à Londres en 1915, il continue à travailler avec son fils. À partir de 1920, il s'engage dans une étude systématique des cristaux organiques (naphtalène, anthracène...), tandis que son fils nommé à Manchester s'engage dans une voie parallèle, l'étude des cristaux inorganiques.

On attribue à W. H. Bragg la plaisanterie suivante : « Les physiciens utilisent la théorie ondulatoire de la lumière le Lundi, le Mercredi et le Vendredi et la théorie corpusculaire le Mardi, le Jeudi et le Samedi ».

Publications

« X-rays and cristal structure » avec son fils William Laurence Bragg (1915), « Creative knowledge » (1927), « The universe of light (1933).

BRAGG William Laurence

Adélaïde (Australie) 1890 – Ipswitch (Suffolk) 1971

Fils de William Henry Bragg, William Laurence Bragg commence ses études en Australie à Adélaïde et il les poursuit en Angleterre à Leeds et à Cambridge.

Très jeune, il est associé aux travaux de son père. Il le persuade que la diffraction des rayons X dans les cristaux s'interprète plus correctement dans une description ondulatoire que dans une description corpusculaire. Observant les clichés de M. von Laue, il remarque qu'une rotation du cristal de diamant de 3° entraîne une rotation du spectre de 6°, ce qui se comprend bien s'il s'agit d'une réflexion. Il propose une relation, dite « relation de Bragg », qui permet de prévoir les directions de diffraction privilégiée des rayons X. Ce sont celles pour lesquelles les amplitudes des faisceaux réfléchis par les plans atomiques successifs sont en phase.

En 1915, il partage avec son père le prix Nobel de Physique qui leur est décerné pour la détermination des structures des cristaux à l'aide de la diffraction des rayons X.

Pendant la Première Guerre mondiale, il est affecté dans l'artillerie. Il oriente une équipe de recherche dans la détermination par acoustique des positions des canons ennemis.

Après la guerre, professeur à Manchester, il poursuit ses travaux sur les rayons X en se spécialisant sur les structures des cristaux inorganiques. En utilisant des résultats obtenus par son équipe de chercheurs, il établit les structures de nombreux minéraux. Il construit un tableau des rayons atomiques.

Directeur du laboratoire Cavendish de Cambridge après la mort de E. Rutherford en 1937, il y développe l'étude de la biologie moléculaire, orientée vers la détermination des structures des protéines.

Relation de Bragg : la relation $n\lambda = 2d \sin\Theta$ détermine les directions 2Θ dans lesquelles les rayons X, de longueur d'onde égale à λ, sont diffractés par un cristal dans lequel l'intervalle entre les plans atomiques est égal à d, n étant un nombre entier.

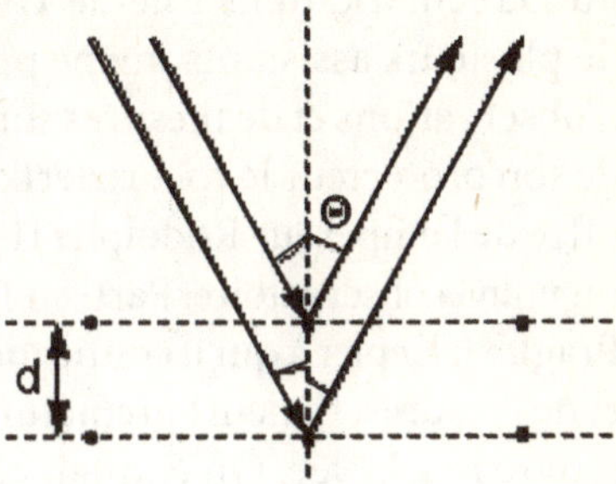

Publications

« The cristalline state » (1933, 1948, 1953, 1965), « The developpment of X-rays analysis » (1975).

BRAHE Tycho

Knudstrup (Danemark) 1546 – Prague 1601

Né dans une famille noble et relativement aisée, Tycho Brahé suit d'abord des études générales avant d'aller en 1562 à l'université de Leipzig pour y poursuivre des études de droit. Il commence alors à se passionner pour l'astronomie et il achète des livres et des instruments d'observation. Il réalise ses premières mesures astronomiques dès 1564 et, de retour au Danemark, il décide de suivre des études scientifiques. Il s'inscrit à l'université de Rostock en 1565 puis à celle de Bâle en 1568. Il se met en rapport avec des astronomes et il continue à faire des observations du ciel. De retour au Danemark en 1570, il observe une nouvelle étoile – la nova de 1572 – remarquée également à cette époque par plusieurs astronomes. Il suit cette nova jusqu'en 1574 et relate ses observations dans des conférences à l'université de Copenhague. Il se fait ainsi connaître et apprécier si bien qu'en 1576 le roi Frederik II lui offre la possibilité de construire un nouvel observatoire d'astronomie au large du Danemark, dans l'île de Hven. Là, Tycho Brahé, aidé de plusieurs assistants, mène pendant vingt ans des séries d'observations et de mesures sur les planètes. Après la mort de son protecteur le roi Frederik II, il décide d'accepter une offre de l'empereur Rodolphe II pour venir fonder à Prague un nouvel observatoire. Parti en 1599, Tycho Brahé accueille à Prague J. Kepler à qui il confie toute une série d'observations et de mesures. Il meurt prématurément en 1601, laissant une œuvre inachevée. On connaît cependant l'ensemble de ses mesures grâce à l'un de ses assistants, Longomontanus, et grâce à Kepler qui publiera en 1627 les « Tables rodolphines » sur la base principale de ses observations.

Même s'il n'a pas adopté les nouvelles vues de Copernic, tout en étant critique sur celles de Ptolémée, Tycho Brahé a été très apprécié pour avoir apporté des mesures très précises, indépendamment de toute interprétation.

BRANLY Édouard Eugène Désiré

Amiens 1844 – Paris 1940

Ancien élève de l'École normale supérieure, Édouard Branly est nommé professeur de physique à l'Institut catholique de Paris. Il se révèle comme un expérimentateur remarquable.

En 1890, il invente le cohéreur à limaille qui permet la réception et la détection des signaux électromagnétiques et qui est utilisé par G. Marconi dans ses premières expériences. En 1891, il met en évidence une augmentation du signal en connectant le circuit détecteur à des tiges métalliques, ce qui peut être considéré comme l'invention de l'antenne de réception.

Il est nommé à l'Académie des sciences en 1911 face à M. Curie, à la suite d'un débat où se dévoilent des réactions conservatrices et antiféministes d'une majorité d'académiciens.

É. Branly n'apprécie pas la pollution sonore des postes de TSF qu'il entend dans son immeuble. En montant l'escalier, il grommelle : « … et dire qu'on prétend que j'ai inventé ça… ».

BRATTAIN Walter Houser

Amoy (Chine) 1902 – Seattle 1985

À la suite d'études menées aux universités d'Oregon et du Minnesota, Walter Brattain est recruté en 1929 par la Bell Telephon pour étudier les armes secrètes. Il y devient l'un des inventeurs du transistor.

Il s'agit d'un composant électronique obtenu en intercalant une mince couche de germanium dopé au bore (de type « *p* »), accepteur d'électrons, entre deux couches épaisses de germanium dopé au phosphore (de type « *n* »), émetteur d'électrons. Les deux couches de germanium de type « *n* » sont soumises à une différence de potentiel positive mais le courant ne passe pas car il est arrêté par la couche de type « *p* » soumise à un potentiel négatif. Lorsque ce potentiel est réduit, le courant commence à passer et il est donc modulé par le potentiel de la couche « *p* ». Le transistor remplace ainsi la vieille lampe triode. Aujourd'hui, les composants électroniques peuvent contenir plusieurs dizaines de millions de transistors par centimètre carré de silicium. La contribution de W. Brattain, essentiellement expérimentale, découle de son expérience dans les tubes électroniques et de sa connaissance des propriétés de l'oxyde de cuivre utilisé dans les redresseurs secs. L'idée de réaliser une amplification électronique dans un matériau solide était partagée par de nombreux scientifiques, mais elle n'avait pas abouti à cause des impuretés contenues dans les matériaux utilisés.

W. Brattain bénéficie des efforts effectués par ses collègues expérimentateurs de la Bell Telephon, G. Teal, J. Scaff, H. Thenerer, qui ont réussi à purifier les matériaux comme le silicium. Enfin, la découverte du transistor n'a été faite que lorsque les scientifiques de la Bell Telephon ont utilisé des électrodes en forme de pointe sensibles aux courants de surface d'un semi-conducteur. Plus tard, W. Shockley invente la jonction « p – n » entre deux semi-conducteurs différents, ce qui ouvre la voie au grand développement de la microélectronique.

En 1956, W. Brattain partage le prix Nobel de Physique avec ses deux collègues J. Bardeen et W. Shockley.

BRAUN Carl Ferdinand

Fulda (Hesse) 1850 – New York 1918

À la fin de ses études menées à Marburg et à Berlin, Carl Braun présente une thèse sur les oscillations des ressorts. Il enseigne ensuite la physique théorique successivement à Leipzig, à Marburg, à Karlsruhe, à Tübingen, à Strasbourg.

Il met en évidence la conduction unidirectionnelle de certains cristaux de sulfures minéraux. Cet effet de diode est mis à profit dans la détection des signaux électromagnétiques.

En 1897, il réalise le premier oscillographe cathodique. Dans son premier instrument, la déviation des électrons est assurée par un champ magnétique modulé, le défilement du signal du temps étant assuré par la rotation d'un miroir. C. Braun peut donc être considéré comme un précurseur de la télévision.

C. Braun ne croyait pas aux résultats de H. Hertz sur la réalité des ondes électromagnétiques. Douze années après leur découverte, il devient pourtant l'un des pionniers des radiocommunications. Il perfectionne les émetteurs d'ondes radioélectriques en introduisant un circuit oscillant directement couplé à l'antenne. En 1902, il invente les antennes dirigées.

En 1909, il partage le prix Nobel de Physique avec G. Marconi.

Il n'aime pas les calculs. Ayant à calculer 2 fois 25 devant ses élèves, il commence par calculer 2 fois 30, ce qui lui paraît plus simple, il trouve 60. « Le résultat doit être approximativement 50 », conclut-il.

En voyage d'affaires aux États-Unis en 1914, il est retenu par les Américains. Il ne reviendra jamais en Allemagne, car il décède avant la fin de la guerre.

Publication

« Drahtlose Telegraphie durch Wasser und Luft ».

BRAUN Wernher von

Wyrzysk 1912 – Alexandria (Virginie) 1977

Après des études techniques menées à Zurich et à Berlin, Wernher von Braun poursuit des études supérieures à l'université de Berlin. En même temps, avec des collègues, il construit des fusées expérimentales. À partir de 1932, il travaille pour l'armée allemande aux études des moteurs de fusées et, en 1934, il est nommé directeur du centre d'essais de Peenemünde où il met au point la fusée V1 utilisée contre l'Angleterre en 1944 et en 1945.

Prisonnier des armées alliés avec ses collaborateurs, il travaille aux États-Unis au développement des missiles guidés. Il est le réalisateur de la première fusée balistique guidée américaine et du lancement du premier satellite Explorer. En 1961, il est le responsable du premier vol spatial habité américain.

Naturalisé américain et directeur adjoint de la NASA, il poursuit sa carrière en réalisant les missiles Pershing et les fusées Saturne. Il contribue directement au succès des missions lunaires.

BRAVAIS Auguste

Annonay (Ardèche) 1811 – Le Chesnay (Versailles) 1863

Après un début de carrière dans la marine à la sortie de l'École polytechnique, Auguste Bravais se consacre à l'astronomie. Nommé professeur d'astronomie à Lyon, puis professeur de physique à l'École polytechnique, il s'intéresse aux phénomènes optiques de l'atmosphère, par exemple aux halos de lumière qui se développent autour des nuages. Pour mieux les étudier, il effectue une ascension du Mont Blanc.

Son nom est attaché à la classification des réseaux cristallins effectuée en 1849. Cette classification trouve son fondement dans la structure du cristal qui ne sera vérifiée qu'un demi-siècle plus tard au moyen de la diffraction des rayons X dans les cristaux.

Réseaux de Bravais : les structures réticulaires des cristaux peuvent être classées en 14 classes différentes suivant leurs propriétés de symétrie. Ce sont le triclinique, les deux monocliniques, les quatre orthorhombiques, les deux tétragonaux, les trois cubiques, le trigonal et l'hexagonal. La forme extérieure d'un cristal permet, dans la plupart des cas, de déterminer la classe à laquelle il appartient.

Publication

« Études cristallographiques » (1860).

BREIT Gregory

Nicolayev 1899 – Salem (Oregon) 1981

Émigré en 1915 aux États-Unis, Gregory Breit effectue des études de génie électrique à l'université de Baltimore. Après un séjour à Leyde chez P. Ehrenfest et chez H. Kamerlingh Onnes, il étudie les couches ionosphériques avec M. Tuve en 1924 à Washington.

Avec E. Wigner à New York, il s'oriente vers la physique nucléaire et ensemble ils établissent la formule dite de Breit et Wigner. En 1936, il propose l'hypothèse d'indépendance de charge des forces nucléaires.

Pendant la Deuxième Guerre mondiale, il participe au Laboratoire national de la Marine à Washington aux travaux de protection des navires pour échapper aux mines magnétiques allemandes. En 1942, à Baltimore, il étudie les fusées de proximité capables de faire exploser une charge au voisinage d'une cible. Il participe avec E. Teller à la mise au point de l'arme thermonucléaire.

À partir de 1947, il enseigne à Yale.

Formule de Breit et Wigner : la distribution des énergies des systèmes instables suit une loi établie par G. Breit et E. Wigner en 1934 à l'occasion de la capture résonante des neutrons par les noyaux. Elle a la forme d'une cloche dont la largeur est inversement proportionnelle au temps de vie du système instable. La raie optique de désexcitation d'un atome, la section efficace du méson sur un proton, la courbe d'excitation des bosons vectoriels dans les collisions électron-proton, sont des exemples variés d'application de la formule de Breit et Wigner.

BREWSTER David

Jedburgh (Roxburgh) 1781 – Melrose (Roxburgh) 1868

Après des études de théologie à Édimbourg, David Brewster enseigne la physique à St Andrews. Ses activités de recherche sont orientées vers l'optique. Il invente un polarimètre, le kaléidoscope, les lentilles segmentées du système optique des phares maritimes. Il développe la méthode de la stéréoscopie afin de reconstituer la géométrie à trois dimensions à partir de deux projections planes.

En 1813, en poursuivant les travaux de E. Malus, il montre qu'il est possible d'obtenir de la lumière complètement polarisée à partir de la lumière naturelle en utilisant la simple réflexion, à condition de choisir le bon angle d'incidence.

En 1834, il identifie les raies telluriques dans le spectre solaire.

Incidence de Brewster : la lumière naturelle réfléchie par un dioptre plan est polarisée perpendiculairement au plan d'incidence. Cette polarisation est maximale lorsque le rayon réfléchi est perpendiculaire au rayon réfracté. Dans ces conditions, la tangente de l'angle d'incidence, dit angle de Brewster, est égale au rapport des indices optiques des deux milieux du dioptre.

Publication

Pendant plus de vingt ans, D. Brewster dirige l'encyclopédie de Édimbourg. Il publie un journal scientifique.

BRIDGMAN Percy Williams

Cambridge (États-Unis) 1882 – Randolph (États-Unis) 1961

Fils d'un journaliste, Percy Bridgman fait des études supérieures à Harvard où il entre en 1900. Il y commence son travail de recherches sur place au département de physique et soutient en 1908 une thèse de doctorat. Son apport à la physique est marqué par des développements techniques permettant l'obtention de hautes pressions. Au début du XXe siècle, la pression maximum atteinte était d'environ 3 000 atmosphères. Vers 1920, P. Bridgman avait obtenu 20 000 atmosphères et, plus tard, il réussira à atteindre 400 000 atmosphères. Dans des conditions de hautes pressions, il étudie de nombreux matériaux. Il met en évidence l'existence de plusieurs variétés de glace. Il découvre une nouvelle phase stable du phosphore sous 12 000 atmosphères. Il est également en 1955 à l'origine de la fabrication de diamants artificiels par la Compagnie General Electric.

Vers 1914, les tâches d'enseignement le poussent à s'intéresser de près à la philosophie de la physique, ce qui l'amène à définir une position appelée « opérationnalisme », qui consiste à affirmer qu'en physique un concept n'est réellement défini que s'il peut être l'objet d'une mesure. Par certains côtés, cette position s'apparente à celle adoptée dans les années 1930 par les philosophes du Cercle de Vienne dans le courant positiviste de l'époque.

P. Bridgman a obtenu en 1946 le prix Nobel de Physique.

Publications

« The logics of modern physics » (1927), « Physics at high pressure » (1931), « A sophisticate's primer of relativity »

BRILLOUIN Léon

Sèvres (Paris) 1889 – New York 1979

Fils du physicien Marcel Brillouin, Léon Brillouin entre à l'École normale supérieure et il commence sa carrière de professeur de physique en France à la Sorbonne et au Collège de France. Il la poursuit aux États-Unis à partir de 1941 aux universités du Wisconsin, de Harvard et de Columbia.

Son nom est attaché à l'étude des propriétés du cristal par le découpage du réseau réciproque en zones adjacentes, méthode utilisée pour déterminer la propagation des électrons. Avec F. Bloch, il peut être considéré comme le fondateur de la théorie quantique des électrons dans les cristaux.

En théorie de l'information, il propose l'analogie entre l'information et l'entropie. Il démontre que le concept de « démon de Maxwell » est dépourvu de fondement logique. Il disait : « Le démon de Maxwell est bien vieux, il est temps de le mettre à la retraite ».

Zones de Brillouin : une zone de Brillouin est la maille de Wigner-Seitz du réseau réciproque du cristal. La première zone est celle qui est centrée sur l'origine. La diffraction des rayons X, la conduction des semi-conducteurs et bien d'autres propriétés physiques s'analysent simplement grâce à l'utilisation du concept des zones de Brillouin.

Fonctions de Brillouin : fonctions qui remplacent la fonction de Langevin pour décrire le paramagnétisme en prenant en compte la quantification de la projection du moment magnétique sur la direction du champ magnétique.

Publications

« Les tenseurs en mécanique et en élasticité » (1938), « La science et la théorie de l'information » (1959).

BRILLOUIN Marcel

Saint-Martin-les-Melle (Deux-Sèvres) 1854 – Paris 1948

Ancien élève de l'École normale supérieure, docteur en mathématiques et en physique, Marcel Brillouin est passionné d'histoire des sciences. Il enseigne d'abord à l'École normale supérieure et ensuite en 1900 au Collège de France. Il a donné son nom à une théorie de la diffusion de la lumière par les gaz. Indépendamment de P. Debye, il prévoit la diffraction de la lumière par les ondes sonores.

En 1910, il étudie la stabilité aérodynamique des avions.

Il a exercé une grande influence sur la communauté française des physiciens.

Diffusion Brillouin : diffusion d'une onde électromagnétique sur la structure générée par une onde sonore dans un milieu condensé. En termes quantiques, il s'agit d'une manifestation de l'interaction photon-phonon. Ce phénomène est parfois dénommé effet Brillouin-Mandelstam.

Publications

« Mémoires originaux sur la théorie de la circulation de l'atmosphère » (1900), « Introduction à la théorie cinétique des gaz » (traduction de Boltzmann) (1902).

BRINELL Johann August

Bringetofta (Suède) 1849 – Stockholm 1925

Après avoir suivi des cours dans une école technique, Johann Brinell exerce le métier d'ingénieur dans l'industrie métallurgique. Il est l'auteur d'une méthode pour mesurer la dureté d'une structure métallique.

Degré Brinell : pour mesurer la dureté d'un métal, une force F est appliquée sur la surface à étudier à l'aide d'une bille en acier très dur. La surface S laissée comme empreinte conduit à définir le degré Brinell par le rapport F/S, souvent exprimé en kilogramme-poids/mm^2. Plus un corps est dur, plus son degré Brinell est élevé.

BROCKHOUSE Bertram N.

Lethbridge (Alberta) 1918 – Hamilton (Canada) 2003

Après avoir servi pendant la Deuxième Guerre mondiale dans la marine canadienne, Bertram Brockhouse effectue des études supérieures à l'université de la British Columbia. En 1950, il présente son travail de thèse à Toronto. En 1962, il est nommé professeur à l'université McMaster dans l'Ontario.

Excepté un long séjour à Brookhaven, il mène la totalité de sa carrière au centre d'énergie atomique canadien de Chalk River où il fait des expériences auprès du réacteur nucléaire qui délivre des flux intenses de neutrons. Ce réacteur, conçu initialement pour l'arme nucléaire, est en effet affecté aux scientifiques pour leurs expérimentations.

Ses travaux sont essentiellement orientés vers l'étude précise de la diffraction des neutrons par les cristaux. Il met en application les propositions de G. Placzek et de L. Van Hove qui ont montré en 1950-1954 qu'il est possible d'accéder aux modes de vibrations des cristaux par l'analyse détaillée de la diffraction des neutrons. Avec C. Shull, il construit un appareillage lourd (un spectromètre à trois axes) pour sélectionner des neutrons monocinétiques et mesurer leurs vitesses après leur diffraction. Il établit les courbes de dispersion de nombreux cristaux. Il est récompensé par le prix Nobel de Physique en 1994.

Compte tenu de la qualité des résultats obtenus par le groupe de B. Brockhouse, les laboratoires de Brookhaven et de Grenoble se sont équipés de réacteurs nucléaires capables de fournir des faisceaux intenses de neutrons.

BROGLIE Louis Victor Pierre Raymond de

Dieppe 1892 – Louveciennes 1987

Louis de Broglie est issu d'une famille française illustre, d'origine piémontaise, remontant au XIIe siècle. Il commence des études d'histoire et de droit. Il fréquente le laboratoire privé de son frère Maurice de Broglie, son aîné de 17 ans. Dès l'âge de 19 ans, il bénéficie d'un premier contact avec la théorie des quantas en lisant les comptes rendus du premier congrès Solvay dont son frère est le rapporteur. Il s'intéresse alors à la physique mathématique.

Pendant la guerre, il participe à la mise en service de la station radio-télégraphique de la tour Eiffel.

A. Einstein et M. Planck avaient déjà affecté au photon une énergie égale à $W = h\nu$ où h est la constante de Planck et ν la fréquence de l'onde associée. L. de Broglie complète la description duale onde-particule en associant à la particule une onde dont la longueur d'onde λ est h/p où p est sa quantité de mouvement. Cette proposition, présentée en 1923 dans une note à l'Académie et en 1924 dans sa thèse, rencontre un grand scepticisme parmi les physiciens français. Elle trouve très rapidement une excellente confirmation dans les résultats de la célèbre expérience de C. Davisson et L. Germer qui montrent que les électrons se diffractent dans un cristal comme les rayons X avec une longueur d'onde égale à la prévision de L. de Broglie. A. Einstein, en commentant la thèse de L. de Broglie, déclare : « Il a soulevé un coin du voile ».

L. de Broglie reçoit le prix Nobel de Physique en 1929. Nommé maître de conférences à la Sorbonne en 1928 et professeur en 1931, il se consacre désormais à un enseignement de haut niveau à l'Institut Henri Poincaré et à des activités de vulgarisation scientifique. En 1951, il revient à la recherche théorique en proposant une interprétation non orthodoxe de la mécanique quantique afin d'en éliminer le caractère probabiliste. Cette proposition ne rallie pas de nombreux scientifiques. Il termine sa carrière dans un certain isolement.

Publications

« Ondes et Corpuscules » (1930), « La théorie de la quantification dans la nouvelle mécanique » (1932), « L'électron magnétique » (1934), « Une nouvelle conception de la lumière » (1934), « Physique nouvelle et quantas » (1937), « Matière et lumière » (1937), « Continu et discontinu » (1941), « Physique et microphysique » (1947), « Optique ondulatoire et corpusculaire » (1950), « Savants et découvertes » (1951), « Certitudes et incertitudes de la science » (1966), « Ondes électromagnétiques et photons » (1968), « La physique nouvelle et les quanta » (1974), « Jalons pour une microphysique » (1978).

BROGLIE Maurice Louis César Victor de

Paris 1875 – Neuilly-sur-Seine 1960

La famille de Broglie n'encourage pas le jeune Maurice de Broglie à entreprendre une carrière scientifique. Son grand père tente vainement de l'en dissuader. Son entrée à l'École navale est finalement négociée comme un compromis acceptable entre les ambitions de la famille et la vocation du jeune homme. Il sort premier de sa promotion. Sa première activité comme ingénieur de la marine est une participation à la mise au point des communications radioélectriques sur les navires à Toulon. En parallèle, il prépare et obtient sa licence de physique à l'université de Marseille.

Ses premiers contacts avec la recherche ont lieu à l'Observatoire de Meudon chez H. Deslandres et au Collège de France chez P. Langevin. Il présente un travail de thèse sur la mobilité des ions. Il travaille ensuite sur l'électrisation des fines particules de matière.

En 1912, il obtient de sa famille la possibilité de créer à Paris un laboratoire privé, rue Chateaubriand, à côté de l'hôtel particulier de ses parents. Il entreprend aussitôt des études sur les rayons X, sujet qui, à cette époque, passionne le plus les physiciens.

Pendant la guerre, il participe à des études sur les communications avec les sous-marins.

Après la guerre, de retour dans son laboratoire, il continue ses travaux sur les rayons X et ses applications à la détermination des niveaux atomiques. Il invente la méthode du cristal oscillant qui permet de séparer les spectres d'ordres différents. En 1921, il met en évidence l'effet photoélectrique des rayons gammas nucléaires. Son laboratoire attire des personnalités scientifiques telles que son frère Louis de

Broglie, J. Thibaud, J. Trillat, L. Leprince-Ringuet. Vers 1930, il oriente les activités du laboratoire vers la physique nucléaire et vers le rayonnement cosmique.

M. de Broglie est nommé professeur au Collège de France.

Publications

« Introduction à la physique des rayons X et des gamma » avec L. de Broglie (1928).

BROWN Robert

Montrose (Écosse) 1773 – Londres 1858

À la fin de ses études en sciences naturelles menées à Édimbourg, Robert Brown participe à une expédition scientifique effectuée le long des côtes de l'Australie. À partir de 1827, il dirige le British Museum.

En observant des particules de pollen mises en suspension sur un liquide, il en découvre le mouvement désordonné. Cette agitation n'est pas due au mouvement du liquide. Elle reste identique pour du pollen mort et pour des poussières inorganiques. L'agitation n'est donc pas liée à une « force vitale ». Ce mouvement qui porte son nom ne trouvera d'explication qu'à la fin du XIXe siècle.

Mouvement brownien : mouvement désordonné des particules de faible masse, dont la cause est l'agitation thermique.

Publications

« Prodomus florae novae hollandiae » (1810), « Remarques générales sur la géographie et le système botanique des terres australes » (1814).

BUDKER Gersh Itskovich

(Russie) 1918-1977

Gersh Budker a d'abord été un concepteur de réacteurs nucléaires, notamment dans la filière uranium-graphite-gaz. Il est surtout un grand inventeur dans les domaines des accélérateurs de particules et des dispositifs magnétiques de confinement des plasmas.

Suivant des idées originales de G. Budker, I. Golovin réalise avant 1958, dans un programme secret de l'Institut Kurchatov, une machine « miroir » de grande taille, appelée « Ogra », capable de confiner des plasmas à haute température.

À Novosibirsk, G. Budker dirige la construction de plusieurs anneaux de stockage à électrons qui rivalisent avec les meilleures machines européennes ou américaines.

Il est l'inventeur d'une méthode de « refroidissement » des faisceaux de protons par échanges d'énergie avec un faisceau monocinétique d'électrons de même vitesse. Cette technique, appliquée sur des cyclotrons, permet de réduire la dispersion en vitesse des protons extraits.

Publication

« En route to antimatter » (1963).

BUNSEN Robert Wilhelm

Göttingen 1811 – Heidelberg 1899

Après ses études menées à Göttingen, Robert Bunsen effectue plusieurs séjours à Paris, à Salzburg, à Venise.

Il est l'inventeur en 1855 du « bec Bunsen », l'un des outils les plus communément répandus dans tous les laboratoires de chimie. Cette invention, d'une remarquable simplicité, met à disposition des expérimentateurs une flamme peu lumineuse obtenue par la combustion d'un gaz. Elle a été très utilisée en spectroscopie. En effet, pour observer les raies d'émission d'une substance, il est nécessaire de la chauffer sans admettre un rayonnement parasite trop important de la flamme. Le bec Bunsen répond à cette exigence.

Les premiers travaux de R. Bunsen à Marburg et à Breslau concernent les propriétés chimiques des métaux. Professeur à Heidelberg en compagnie de G. Kirchhoff, il établit en 1859 les relations étroites qui existent entre les propriétés chimiques des éléments et leurs spectres caractéristiques. Ces deux physiciens posent ainsi les fondements de l'analyse chimique par la spectroscopie. En 1860, ils mettent en évidence le renversement des raies lorsque le mécanisme d'absorption l'emporte sur celui de l'émission. En 1861, ils découvrent deux nouveaux éléments, le césium et le rubidium.

R. Bunsen est l'auteur de bien d'autres inventions simples telles qu'une trompe à eau pour faire le vide, un calorimètre à fusion de la glace, un appareil de mesure des vitesses des gaz. En associant un spectroscope à un télescope, il participe à l'identification de plusieurs éléments présents dans la couronne solaire.

Bec Bunsen : brûleur à gaz muni d'une entrée d'air réglable. M. Faraday utilisait déjà un brûleur de ce type, mais sans la possibilité de réglage.

Publication

« Gasometrische Methoden » (1857).

BURGERS Johannes Martinus

Arnheim (Anheim) 1895 – Tacoma Park (Maryland) 1981

Johannes Burgers commence des travaux de recherche en Hollande et il les poursuit aux États-Unis. Son œuvre scientifique concerne essentiellement deux domaines, la cristallographie et la physique des plasmas. Il systématise l'analyse des dislocations dans les cristaux en introduisant un vecteur qui porte son nom.

Vecteur de Burgers : vecteur déplacement de la matière de part et d'autre d'une surface de dislocation à l'intérieur d'un cristal.

C

CABIBBO Nicola

Rome 1935-2010

Après des études effectuées à l'université de Rome, Nicola Cabibbo s'oriente vers la physique théorique et plus précisément vers la théorie de l'interaction faible. En 1963, il propose une théorie cohérente des désintégrations des particules étranges fondée sur le mélange de deux courants, celui qui conserve l'étrangeté et celui qui ne la conserve pas.

Angle de Cabibbo : le taux de désintégration bêta des particules étranges est diminué par rapport à celui des particules non étranges par un facteur de l'ordre de 25. En 1963, N. Cabibbo interprète ce facteur sous la forme de l'inverse du carré du sinus d'un angle, seul paramètre introduit dans une théorie générale de la désintégration bêta.

CAILLETET Louis Paul

Châtillon-sur-Seine 1832 – Paris 1913

Louis Cailletet effectue ses études supérieures à l'École des Mines de Paris. Ses premiers travaux concernent la métallurgie du fer, la fabrication de l'acier, le rôle des gaz occlus dans les métaux à haute température.

Il s'intéresse ensuite aux propriétés des gaz et tout particulièrement à leurs compressibilités. Il fabrique des pompes capables d'atteindre des pressions de plusieurs centaines d'atmosphères. Il utilise la tour Eiffel pour maintenir verticale la colonne manométrique d'un capteur de haute pression.

En 1877, il obtient la première liquéfaction de l'oxygène et de l'azote, gaz jusqu'alors réputés non liquéfiables.

CAMERON Alistair Graham Walter

Winnipeg (Manitoba) 1925 – Tucson 2005

Alistair Cameron effectue ses études au Canada et il émigre ensuite aux États-Unis.

En 1958, avec W. Fowler, il montre qu'un cycle de combustion de l'hydrogène dans le soleil, catalysée par le bore, est capable de délivrer des neutrinos de relativement haute énergie. Ces neutrinos sont détectables par leurs réactions sur des noyaux de chlore. Ces processus sont au point de départ des expériences réalisées par le groupe de R. Davis.

En 1957, il participe avec F. Hoyle aux calculs de la nucléosynthèse dans les supernovae jusqu'à la fabrication des éléments lourds par neutronisation. Il suggère que le technicium, observé dans les spectres des géantes rouges est fabriqué en permanence dans le cœur de ces étoiles à la suite de la désintégration du molybdène.

Il propose un modèle de formation du système solaire qui explique la composition des planètes suivant les différents éléments. Il explique la disparition de l'atmosphère terrestre initiale par l'action d'un vent solaire beaucoup plus violent que celui qui est observé actuellement.

CAMPBELL William Wallace

Hancock (Ohio) 1862 – San Francisco 1938

William Campbell effectue d'abord des études de génie civil mais il se réoriente ensuite vers les mathématiques qu'il enseigne à l'université du Colorado et à l'université du Michigan. Passionné d'astronomie, il effectue de longs séjours à l'Observatoire du Mont Hamilton en Californie. Il en devient le directeur en 1901.

Il suit les éclipses du Soleil partout dans le monde, là où elles peuvent être observées dans les meilleures conditions. Il est parfois malchanceux, mais il reste tenace. Ainsi, voulant détecter la faible déviation du rayon lumineux par le Soleil prévue par la relativité générale, il se rend en 1914 en Russie. Les nuages l'empêchent de pratiquer l'observation. En 1918, pour effectuer cette même mesure il se rend dans l'État de Washington, à Goldendale. Le résultat est négatif. C'est seulement en 1922 qu'il parvient à effectuer une mesure correcte qui confirme l'effet déjà observé, mais dans de moins bonnes conditions, par A. Eddington et ses collègues en 1919.

Ses observations et ses compilations des vitesses radiales de 3 000 étoiles contribuent à l'établissement de la théorie de l'expansion de l'univers.

Son observation de la surface de Mars prouve l'absence d'eau et d'oxygène et donc l'impossibilité de la vie sur cette planète, ce qui contribue à la « mort » des populaires martiens.

Publications

« The elements of practical astronomy » (1899), « Stellar motions, with special reference to motions determined by means of spectrograph » (1913).

CANNON Annie Jump

Dover (Delaware) 1863 – Cambridge (Massachussetts) 1941

Après ses études menées aux collèges de Wellesley (Massachussetts) et de Radcliffe (Lancashire), Annie Cannon effectue la totalité de sa carrière à l'Observatoire de Harvard où elle débute comme assistante de E. Pickering.

En 1901, elle achève le classement de 300 000 étoiles en fonction de leurs températures déterminées par l'analyse de leurs spectres optiques. Au cours de ses observations, elle découvre 300 nouvelles étoiles variables.

Publication

« Henry Draper catalogue » (1918-1924).

CARDANO Girolamo

Pavie 1501 – Rome 1576

Girolamo Cardano a un père juriste, ami de Léonard de Vinci. Il fait des études scientifiques à l'université de Pavie et il obtient ensuite un doctorat de médecine à l'université de Padoue. Il exerce d'abord la profession de médecin mais il s'intéresse en parallèle à l'étude des mathématiques qu'il enseigne dès 1534. Entre 1540 et 1570, il écrit plus de 200 ouvrages sur des sujets variés, médecine, mathématiques, physique et philosophie. En mathématiques, il est connu pour avoir contribué à la résolution de certaines équations du troisième degré. En mécanique, il a laissé son nom à un mode de suspension, non pas pour l'avoir inventé, mais pour l'avoir décrit et précisé. Il a introduit à ce propos la notion de moment d'une force intervenant dans l'équilibre d'un corps. Auteur de deux encyclopédies scientifiques, il prend ses distances vis-à-vis de la philosophie aristotélicienne. Y a-t-il eu une influence de Léonard de Vinci sur l'œuvre de G. Cardano ? La réponse à cette question posée par les historiens reste incertaine.

Joint de Cardan : dispositif mécanique permettant de transmettre le mouvement d'une tige en rotation dans une direction à une autre tige en rotation dans une autre direction.

Suspension de Cardan : ensemble mécanique permettant à une pièce mobile une orientation dans une direction variable.

Publications

« De subtilitate » (1551), « De varietate rerum » (1557).

CARLSON Chester Floyd

Seattle 1906 – New York 1968

Chester Carlson mène ses études au California Institute of Technology tout en assurant le soutien de sa famille, ses parents étant gravement malades. Recruté comme ingénieur par la firme Bell Telephone, mais chômeur pendant la crise de 1930, il fonde sa propre société en effectuant des expériences de chimie dans son appartement.

Son invention majeure est en 1938 la xérographie. Il enregistre une image sur une plaque de soufre amorphe, sensibilisée par photoconduction et saupoudrée de poudre de lycopode. La plaque est ensuite chargée de poudre de charbon par attraction électrostatique. À la suite de perfectionnements industriels importants effectués par l'institut Battelle de Genève, la machine « Xérox » rapporte une fortune à son auteur.

Cette méthode est toujours utilisée en photocopie, le soufre ayant été remplacé d'abord par du sélénium, ensuite par un polymère.

CARNOT Lazare Nicolas Marguerite

Nolay (Bourgogne) 1753 – Magdebourg (Allemagne) 1823

Fils de notaire, Lazare Carnot fait des études secondaires à Autun avant de venir à Paris pour y préparer les concours d'entrée dans les écoles d'ingénieurs. Il entre à l'École de Mézières chargée de former des ingénieurs militaires. À la sortie de cette école, il part en garnison successivement dans plusieurs villes, Calais, Cherbourg, Béthune, Arras. Dès 1777, il travaille sur la théorie des machines à vapeur avec comme perspective une amélioration des rendements. À cette époque, les premières machines à vapeur ont déjà été construites mais, conçues sur le plan technique, elles n'avaient pas encore fait l'objet d'une étude théorique. La première œuvre de Carnot *Essai sur les machines en général*, parue en 1783, vise à combler ce manque. Jusque-là, les études des forces mécaniques s'étaient surtout concentrées sur la dynamique du point matériel. L. Carnot raisonne en ingénieur mécanicien et il envisage comment on peut passer des lois du point matériel à la mécanique des machines. L'entreprise est peut-être intéressante mais, avec le recul, on constate que le rôle spécifique de la chaleur n'est abordé que par des considérations purement pragmatiques. Il insiste par exemple sur le fait que, pour avoir un rendement maximum, la transformation en énergie doit être continue et sans-à-coup... Il faudra attendre l'œuvre de son fils S. Carnot pour aller plus loin dans cette analyse.

Adepte du mouvement issu de la Révolution de 1789, L. Carnot se fait élire en 1791 député à l'Assemblée législative. Comme expert militaire, il est envoyé en mission auprès des armées de la République qui venaient de subir des revers face aux armées étrangères. Il s'occupe alors de la réorganisation militaire et de l'entretien du moral des troupes. Après les premières défaites, l'armée de la République remporte des victoires qui sont mises au crédit de L. Carnot, appelé alors « l'Organisateur de la Victoire ».

L. Carnot entre ensuite au service du régime napoléonien et, du point de vue scientifique, il réaménage sa première œuvre de 1783 pour publier en 1803 *Principes fondamentaux de l'équilibre et du mouvement*.

Après la chute de Napoléon et le rétablissement de la monarchie en 1815, L. Carnot émigre à Magdebourg en Allemagne où il finit ses jours.

CARNOT Nicolas Léonard Sadi

Paris 1796 – Paris 1832

Fils de Lazare Carnot, Sadi Carnot vit sa jeunesse à Paris où il fait preuve de grandes aptitudes pour la physique et pour les mathématiques. Il est reçu à l'âge de seize ans à l'École polytechnique où il a comme professeurs des scientifiques déjà illustres comme A. Ampère, L. Gay-Lussac, F. Arago et D. Poisson. En 1814, il est envoyé à l'École du génie de Metz pour deux ans de formation d'ingénieur militaire. Militaire à Metz, il inspecte des fortifications mais ce travail le laisse insatisfait et, en 1819, il obtient une permission d'absence de longue durée qui lui permet de revenir à Paris. Libéré des contraintes de la vie militaire, il suit alors des cours de physique en même temps qu'il commence à mener des recherches personnelles. À la suite d'un séjour chez son père, émigré en Allemagne, et de discussions probables avec lui, il se concentre sur les problèmes de la machine à vapeur. En 1824, il publie un mémoire dont l'intérêt ne sera pas compris tout de suite mais qui est considéré maintenant comme le traité fondateur de la thermodynamique appliquée aux machines.

Au début du XIXe siècle, des machines à vapeur sont déjà construites mais l'effort a porté surtout sur la technique et il manque une théorie de base raisonnable. Dans son travail de 1783, L. Carnot n'abordait le problème que sous l'angle mécanique sans faire une véritable analyse de la chaleur. Comment améliorer le fonctionnement de ces machines ? Évitez les frottements et les pertes inutiles, avait-il seulement répondu en abordant ce problème. Son fils Sadi s'attaque aux mêmes questions mais il envisage de traiter directement le processus de transformation de la chaleur en énergie mécanique.

À cette époque, la chaleur est vue comme un fluide indestructible appelé calorique, un peu à la manière d'une chute d'eau qui peut produire de l'énergie en passant d'un niveau haut à un niveau bas. Dans une machine thermique, le fluide passe d'une source chaude à une source froide après avoir occasionné la production d'énergie mécanique. S. Carnot fait l'hypothèse fondamentale que cette énergie mécanique ne dépend que des températures des sources chaude et froide, indépendamment du fluide utilisé. Poursuivant son analyse, il imagine un cycle de transformations qui peut être réalisé dans les deux sens, cycle qu'il appelle complet et réversible. Il montre alors que l'énergie mécanique obtenue est maximum dans ce cas. Le rendement réel de la machine ne peut être qu'inférieur à ce cas limite. L'ensemble de ces considérations ne prendra que plus tard le nom de théorème de Carnot car cette publication est écrite de façon purement qualitative. Il faudra attendre dix ans pour que le physicien et ingénieur français É. Clapeyron traduise en termes concrets les idées de base de S. Carnot. Il faudra attendre les années 1850 pour que le physicien anglais W. Thomson d'un côté et le physicien allemand R. Clausius de l'autre découvrent ce travail datant de 1824 dans le contexte nouveau du principe de l'équivalence entre chaleur et énergie.

Il est possible d'ailleurs que S. Carnot ait envisagé un tel lien entre chaleur et énergie, si l'on en juge d'après des notes personnelles que l'on a retrouvées depuis. Malheureusement, malade, il meurt à l'âge de trente-six ans.

Cycle de Carnot : cycle fermé réversible d'une machine thermique comprenant deux isothermes et deux adiabatiques.

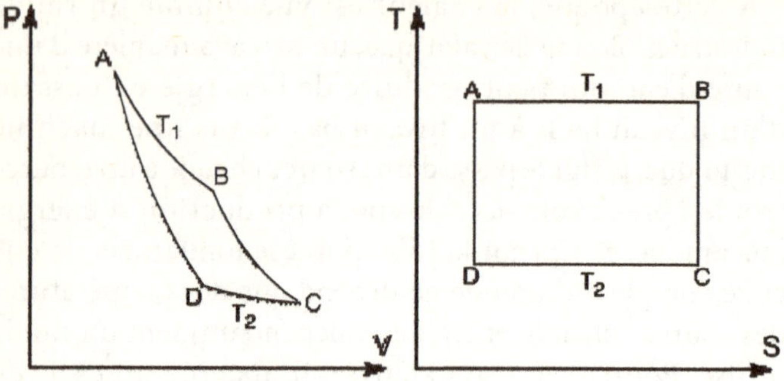

Représenté sur le diagramme de Clapeyron (pression en fonction du volume), le mouvement du fluide peut se décomposer en deux parties. Dans une première phase, le fluide reçoit une chaleur Q_1 à température T_1 et amorce à cette température un début de détente (courbe isotherme *AB*). Après arrêt de transfert de chaleur, la détente se poursuit mais la température du fluide s'abaisse, passant de T_1 à T_2 (courbe adiabatique *BC*). La deuxième phase s'interprète symétriquement. Le fluide se recomprime en cédant une partie de la chaleur Q_2 à température T_2 et revient à la température T_1 du point de départ (courbe isotherme *CD* et courbe adiabatique *DA*).

Ce même cycle peut se représenter sur un autre type de diagramme (température *T* en fonction de l'entropie *S*). Dans cette représentation, le diagramme *ABCD* devient un rectangle puisqu'on a l'équivalence $dQ = TdS$).

Dans les deux représentations, le travail mécanique récolté, donné soit par l'intégrale de *PdV*, soit par celle de *TdS*, est représenté par la surface fermée du cycle.

Deuxième principe de la thermodynamique : ce principe a été énoncé de façon légèrement différente par S. Carnot, R. Clausius et W. Thomson. Une formulation générale peut être la suivante : il est impossible de transformer entièrement de la chaleur en énergie mécanique.

Rendement de Carnot : rendement d'une machine à vapeur fonctionnant suivant le cycle de Carnot. Suivant le théorème de Carnot, ce rendement constitue le maximum que l'on puisse obtenir pour les machines à vapeur.

Dans le cadre de l'équivalence entre chaleur et énergie, à partir des chaleurs Q_1 et Q_2 échangées avec les sources chaude et froide, le rendement d'une machine à vapeur peut se définir par l'expression :

$$r = \frac{Q_1 - Q_2}{Q_1}$$

En faisant intervenir la définition et les propriétés de l'entropie d'un système, on montre facilement que le rendement du cycle de Carnot est donné en fonction des températures absolues T_1 et T_2 par l'expression :

$$r = \frac{Q_1 - Q_2}{Q_1} = \frac{T_1 - T_2}{T_1}$$

Théorème de Carnot : le rendement théorique maximum d'une machine à vapeur est indépendant de l'agent utilisé pour produire le travail mécanique et il ne dépend que des sources chaude et froide utilisées dans la transformation de la chaleur.

Publication

« Réflexions sur la puissance motrice du feu et sur les machines propres à développer cette puissance » (1824).

CARRINGTON Richard Christopher

Londres 1826 – Churt (Surrey) 1875

Fils d'un brasseur de bière, Richard Carrington est d'abord orienté par ses parents vers des études religieuses. Se trouvant plus de dispositions pour les problèmes techniques que pour la théologie, il se réoriente vers les sciences. Après des études menées à Cambridge, il effectue ses premières observations comme jeune assistant à l'Observatoire de Durham. Ne disposant pas de matériel suffisamment performant, il décide, avec le soutien de son père, de créer son propre observatoire à Redhill.

Poursuivant ses observations du Soleil, il en détermine le mouvement de rotation avec précision en utilisant les taches solaires comme repères. Il localise l'axe de rotation et montre que le mouvement n'est pas celui d'un corps rigide puisque les vitesses angulaires varient avec les latitudes. En 1859, il observe pour la première fois une éruption solaire, phénomène inconnu jusqu'à cette époque.

À la mort de son père, il reprend la gestion de la brasserie, mais il poursuit ses observations astronomiques en créant un second observatoire privé au-dessus de sa maison à Churt.

CARTER Brandon

Sidney 1942

Brandon Carter effectue ses études à Édimbourg et à Cambridge et il commence sa carrière de chercheur en Angleterre. Il s'établit ensuite à l'Observatoire de Meudon où il dirige un groupe de cosmologie. Ses études théoriques concernent la stabilité des trous noirs dans le cadre de la relativité générale.

B. Carter est connu par les deux énoncés qu'il a donné du principe anthropique. L'énoncé faible est : « Notre position dans l'univers est nécessairement privilégiée en ce sens qu'elle doit être compatible avec notre existence en tant qu'observateurs ». L'énoncé fort est : « L'univers doit être tel qu'il permette la naissance d'observateurs en son sein à un certain stade de son développement ». L'énoncé faible n'est généralement pas contesté par les scientifiques à la différence de l'énoncé fort qui est souvent implicite dans les fondements des religions.

CASSEGRAIN Nicolas

Chartres 1672 - ?

On ne dispose pas d'informations précises sur la vie de Nicolas Cassegrain. Il a peut-être été sculpteur à la Cour de Louis XIV et probablement professeur au collège de Chartres. Il propose en 1672 le principe d'un télescope qui porte son nom et qui permet de réaliser un instrument de grande longueur focale et d'un encombrement réduit. L'état de la technique des miroirs ne permet pas à cette époque de réaliser un tel télescope. En Angleterre, J. Gregory avait déjà suggéré une configuration semblable de miroirs.

Le malheureux N. Cassegrain est violemment critiqué par I. Newton qui vient de construire un télescope sur un principe différent. C'est pourtant le télescope de Cassegrain qui sera par la suite le plus copié dans le monde.

Télescope de Cassegrain : le faisceau lumineux réfléchi par le miroir principal du télescope est réfléchi une seconde fois par un miroir secondaire en direction du centre du miroir principal au travers duquel il passe par un trou circulaire. Le faisceau est observé par un oculaire ou par tout autre instrument placé derrière le miroir principal.

CASSINI Jean Dominique

Perinaldo (comté de Nice) 1625 – Paris 1715

Né dans une famille italienne, Jean Dominique Cassini suit des études scientifiques dans un collège jésuite de Gênes. Intéressé par l'astronomie, il bénéficie de l'aide d'un mécène local qui l'invite à venir travailler dans un observatoire privé à Bologne. Là, le jeune Cassini se fait une réputation qui lui vaut d'être nommé en 1650 professeur d'astronomie à Bologne. Les travaux de J.D. Cassini s'orientent alors vers l'observation des planètes. Il fait des mesures sur les satellites de Jupiter et il détermine les périodes de Vénus et de Mars.

La renommée qu'il acquiert est à l'origine d'une invitation du ministre Colbert à venir à Paris où il arrive en 1669 et où on lui confie la direction d'un nouvel observatoire alors en construction. J.D. Cassini s'évertue à équiper le nouvel observatoire des meilleurs instruments possibles et lui-même continue ses observations. Entre 1671 et 1684, il découvre quatre nouveaux satellites de Saturne, s'ajoutant au premier découvert en 1655 par C. Huygens. Bien qu'adepte de la théorie copernicienne, J.D. Cassini reste assez conservateur en astronomie et il s'oppose à la nouvelle théorie newtonienne. De même, adepte de la philosophie cartésienne, il n'admet pas que la vitesse de la lumière soit finie, comme le montre O. Römer en 1675.

J.D. Cassini est au départ d'une lignée Cassini qui restera à la tête de l'Observatoire de Paris jusqu'à la Révolution française. Ses fils, petit-fils et arrière petit-fils seront astronomes eux-aussi mais ils s'illustreront davantage dans des travaux de géodésie et de cartographie.

CASTAING Raimond Bernard René

Monaco 1921 – Paris 1998

Raimond Castaing effectue ses études à l'École normale supérieure de Paris. Ingénieur à l'Office national des Recherches aéronautiques et spatiales (ONERA) de 1947 à 1951, il prépare une thèse effectuée sous la direction scientifique de A. Guinier. Ce travail de microscopie électronique le conduit à l'invention et à la réalisation de la sonde électronique qui porte son nom. Il utilise cette sonde pour étudier la structure des alliages.

Avec L. Henry, il est l'inventeur du filtrage d'énergie des électrons après leur traversée de l'échantillon. Leurs pertes d'énergie permet d'identifier les atomes rencontrés et donc d'effectuer une cartographie chimique à une résolution subnanométrique.

Nommé professeur à Toulouse, il revient à Paris en 1956 et il se lance avec G. Slodzian dans la réalisation d'une autre sonde des matériaux, la sonde ionique. L'échantillon est bombardé par des atomes ionisés d'argon et l'analyse est effectuée par spectrographie de masse des ions arrachés.

De 1968 à 1973, il dirige l'ONERA. En 1983, il préside la commission chargée d'examiner la gestion des déchets radioactifs.

Sonde de Castaing: un échantillon est bombardé par le faisceau d'un microscope électronique à balayage. Les rayons X secondaires sont caractéristiques des atomes touchés par les électrons. Leur identification par un cristal analyseur permet d'effectuer la microanalyse physico-chimique des matériaux avec une définition spatiale de l'ordre du nanomètre. Cette sonde est largement utilisée par les géologues et les industriels des matériaux.

CAVENDISH Henry

Nice 1731 – Clapham (Londres) 1810

Issu d'une famille noble et doté d'une confortable fortune personnelle, Henry Cavendish bénéficie du soutien et des encouragements de son père pour se consacrer à la recherche. Il est avant tout un expérimentateur. Il ne publie que rarement, car il se contente de rédiger des notes personnelles. Il n'enseigne pas et il ne forme pas d'élèves. Son œuvre est pourtant considérable. On a dit que « H. Cavendish a été le plus riche de tous les savants et le plus savant de tous les riches ».

Après ses études menées à Cambridge, ses premiers travaux concernent la chimie. En 1783, il montre que la composition de l'atmosphère ne varie ni avec l'altitude, ni avec la latitude, ni avec le temps. Il manipule les gaz sur la cuve à mercure et, parmi eux, il isole en 1766 un gaz beaucoup plus léger que l'air, l'hydrogène. Il réalise la première synthèse de l'eau en 1784. Plus tard il réussit celles des oxydes de l'azote.

En même temps que C. Coulomb, mais sans effectuer de publication, il établit les premières lois de l'électrostatique. Il montre que le champ électrique est nul à l'intérieur d'un conducteur métallique chargé. Il définit en électricité les concepts aujourd'hui usuels de potentiel, de capacité, de constante diélectrique.

Il introduit la notion de chaleur spécifique. Il détermine les points de solidification de plusieurs liquides.

En 1798, il effectue la mesure précise de l'accélération de la pesanteur et il en déduit une valeur moyenne de la densité de la Terre très voisine de l'estimation actuelle. L'expérience qui porte son nom est le premier test de la gravitation universelle effectué en laboratoire.

La plupart des travaux de H. Cavendish ne seront connus qu'un siècle plus tard, quand J. Maxwell entreprendra de les publier.

L'expérience de Cavendish : deux sphères pleines de plomb et d'or s'attirent suivant les lois de Newton. La mesure de la force au moyen d'un pendule de torsion conduit à la détermination de la constante de gravitation.

CELSIUS Anders

Uppsala 1701 – Uppsala 1744

Anders Celsius a un père professeur d'astronomie à Uppsala et lui-même poursuit également des études de mathématiques, de physique et d'astronomie. Il commence par enseigner les mathématiques à l'université d'Uppsala où il est ensuite nommé professeur d'astronomie en 1730. Il fait des observations sur les aurores boréales et il est l'un des premiers à utiliser une méthode purement photométrique pour mesurer l'intensité de la lumière des étoiles. Il reste connu pour avoir introduit en 1742 l'échelle centésimale dans la mesure des températures, avec des références différentes de l'échelle de Fahrenheit.

Échelle de température Celsius : échelle linéaire avec comme points de repère la température de fusion de la glace (0°) et celui de l'ébullition de l'eau (100°). Cette échelle est toujours employée dans la plupart des pays.

CERENKOV Paul Aleksinovitch

Tchigla (Voronej) 1904 – Moscou 1990

En 1935, Paul Cerenkov présente une première thèse, préparée chez Davydov, sur la luminescence des solutions des sels uranyles.

En 1940, il présente une deuxième thèse sur l'effet qui porte son nom, une émission de lumière qui accompagne le passage dans la matière d'une particule chargée lorsque sa vitesse dépasse celle de la lumière dans le milieu. En électromagnétisme, c'est l'équivalent du « bang sonore » dans l'air provoqué par le passage d'un projectile supersonique. La lumière bleutée visible dans l'eau autour des barreaux d'uranium d'un réacteur piscine est due à l'effet Cerenkov des électrons relativistes émis par les radioactivités bêta des produits de fission de l'uranium.

L'effet Cerenkov est utilisé dans les faisceaux issus des accélérateurs pour déterminer les vitesses des particules. I. Tamm et I. Frank élaborent plus tard la théorie de l'effet Cerenkov. Le prix Nobel de Physique en 1958 est attribué à ces trois physiciens.

Effet Cerenkov : émission de lumière d'une particule chargée dont la vitesse dépasse celle de la lumière dans le milieu traversé.

Compteur Cerenkov : compteur dont les photomultiplicateurs détectent la lumière Cerenkov émise par une particule qui le traverse. Un tel compteur sélectionne donc les particules dont la vitesse est supérieure à c/n, où n est l'indice optique du milieu. L'angle du cône sur lequel est émise la lumière Cerenkov est une simple fonction de la vitesse de la particule. La mesure de cet angle détermine donc directement la vitesse de la particule.

CHADWICK James

Bollington (Manchester) 1891 – Londres 1974

Pendant ses études à Manchester, James Chadwick est l'un des élèves de E. Rutherford. Bénéficiant d'une bourse, il effectue un séjour dans le laboratoire de H. Geiger à Berlin. Il y fait en 1914 une découverte importante, celle du caractère continu des spectres des électrons émis dans les radioactivités bêta. Surpris à Berlin par la déclaration de la guerre, il doit y rester prisonnier pendant quatre années. Grâce à l'appui de

W. Nernst, il peut poursuivre des recherches expérimentales en se contentant d'un matériel léger. Les lettres qu'il destine à E. Rutherford et dans lesquelles il lui fait part de ses conclusions sur les énergies des électrons bêta sont datées de 1914 et de 1915. Les dernières ont été écrites dans la baraque de son camp d'internement de Ruhleben.

À la fin de la guerre, en 1919, il est nommé professeur à Cambridge et il y reste jusqu'en 1935. En analysant les diffusions des particules alpha sur l'hydrogène, il met en évidence la force nucléaire responsable d'un plus grand nombre de diffusions à grand angle que la seule force électrique. Il étudie les désintégrations artificielles des noyaux légers au laboratoire Cavendish dont il est nommé sous-directeur en 1923. Il y découvre l'effet photoélectrique nucléaire, indépendamment de M. de Broglie.

En 1932, il identifie le neutron comme particule secondaire de la réaction d'une particule alpha sur un noyau de béryllium. Cette découverte majeure intervient 15 jours après les résultats de F. Joliot et I. Curie qui avaient détecté au moyen d'une chambre à ionisation à paroi très mince les protons arrachés par ce rayonnement inconnu à des substances hydrogénées. La rapidité avec laquelle J. Chadwick peut conclure tient à plusieurs facteurs, d'abord au fait qu'il possédait un amplificateur proportionnel capable de mesurer les énergies de recul des protons ou des noyaux d'hélium et d'azote, ensuite à la possibilité d'estimer la masse de ces particules inconnues, trouvée voisine de celle du proton, et enfin à l'idée déjà répandue dans son laboratoire que l'existence du neutron expliquerait assez bien les masses des isotopes, très proches de multiples entiers de celle du proton. F. Joliot confirme quelques jours plus tard cette découverte en utilisant comme détecteur une chambre de Wilson qui visualise le proton de recul après le choc du neutron.

J. Chadwick reçoit le prix Nobel de Physique en 1935, en même temps que I. Curie et F. Joliot qui obtiennent cette même année le prix Nobel de Chimie pour la découverte de la radioactivité artificielle.

Suite à un désaccord avec E. Rutherford sur la construction d'un cyclotron, J. Chadwick quitte le laboratoire en 1935 et accepte un poste de professeur à Liverpool où il installe le premier cyclotron anglais. Pendant la Deuxième Guerre mondiale, il dirige la délégation britannique qui participe au projet Manhattan à Los Alamos. À partir de 1948, il prend la direction du Collège de Cambridge.

Expérience de Chadwick : perfectionnement de l'expérience de E. Rutherford de diffusion des particules alpha sur des noyaux permettant de mesurer directement le nombre Z de ces noyaux, c'est-à-dire leur charge électrique, à une précision de l'ordre du pour cent, et de les comparer au nombre d'électrons des atomes déterminé par des méthodes chimiques.

Publications

« Radioactivity and radioactives substances » (1953), « Radiation from radioactives substances » (1930) avec E. Rutherford et C. Ellis.

CHANDRASEKHAR Subrahmanyan

Lahore (Inde) 1910 – Chicago 1995

Subrahmanyan Chandrasekhar est le neveu de C. Raman. Il commence ses études à Madras. Il apporte une contribution majeure à l'astrophysique dès l'âge de 19 ans, sur le bateau qui l'amène de Bombay en Angleterre où il doit entreprendre ses études supérieures : il explique la stabilité des naines blanches massives par le comportement quantique des électrons relativistes. Son nom est associée à une masse limite supérieure pour les étoiles naines et pour les étoiles à neutrons. Il démontre que les masses de ces objets varient en raison inverse de leurs volumes.

Il termine ses études à Cambridge où il est élève de R. Fowler. Sur les conseils de P. Dirac, il se rend à Copenhague pour y préparer sa thèse qu'il présente en 1933. Établi à Chicago à partir de 1936, il y reste pendant toute sa carrière.

En 1942, avec C. Henrick, il effectue les premiers calculs de nucléosynthèse primordiale suivant les idées de G. Gamow.

Il établit une théorie des transferts radiatifs qui lui permet de traiter des équilibres hydrodynamiques à l'intérieur des étoiles et de déterminer le comportement des atmosphères stellaires ou planétaires. Ses dernières activités concernent les trous noirs.

Il reçoit le prix Nobel de Physique en 1983 avec W. Fowler.

En 1984, dans une réponse à un journaliste, il déclare : « Une certaine modestie envers la compréhension de la nature est la première condition à la continuation du progrès de la science ».

Masse limite de Chandrasekhar : masse égale à 1,4 fois celle du Soleil, vers laquelle tend la masse des naines blanches et des étoiles à neutrons lorsque leurs électrons ou leurs neutrons deviennent relativistes.

Publications

« Introduction to the study of stellar structure » (1939), « Principles of stellar dynamics » (1943), « Radiation transfer » (1950), « Hydrodynamic and hydromagnetic stability » (1961), « Ellipsoïdal figures of equilibrium » (1968), « The mathematical theory of black holes » (1983), « Eddington, the most distinguished astrophysicist of his time » (1983), « Truth and beauty, aesthetics and motivation in science » (1985).

CHAPMAN Sidney

Eccles (Lancashire) 1888 – Boulder (Colorado) 1970

Sidney Chapman commence des études d'ingénieur à Manchester et il les poursuit en mathématiques à Cambridge. Il travaille successivement à Greenwich, à Cambridge, à

Manchester, à Londres, à Oxford, en Alaska et finalement à Boulder aux États-Unis.

Ses premiers travaux concernent vers 1910 la théorie cinétique des gaz, la viscosité, la diffusion, la conductibilité thermique. Ses principaux résultats concernent le magnétisme.

Avec D. Enskog, il s'intéresse à l'influence du Soleil et de la Lune sur la Terre, sur les aurores boréales, sur l'ionosphère, sur les marées, sur les orages géomagnétiques. Il identifie une des origines de l'ionisation des hautes couches de l'atmosphère, à savoir l'émission ultraviolette du Soleil. En 1931, avec Ferraro, il donne une explication du magnétisme terrestre.

Pacifiste, objecteur de conscience, il est exempté de service militaire pendant la Première Guerre mondiale.

Publications

« The earth magnetism » (1936), « Géomagnétism » avec J. Bartel (1940), « The mathematic theory of non uniform gases » avec T. Cowling (1952), « Solar plasma, geomagnetism and aurora » (1963), « Atmospheric tides » (1970), « Solar-terrestrial physics » avec S. Akasofu (1972).

CHARPAK Georges

Dabrovica (Pologne) 1924 – Paris 2010

La famille de Georges Charpak, d'origine polonaise, émigre en France en 1932. Après des études secondaires effectuées à Paris et à Montpellier, il est reçu en 1943 au concours d'admission de l'École des Mines de Paris. Déporté en Allemagne, il ne termine ses études qu'après la guerre.

Dès son entrée au laboratoire de F. Joliot au Collège de France et son travail de thèse sur le compteur proportionnel, il s'oriente vers la détection électronique des particules, activité qu'il mènera tout au long de sa carrière. En 1956, son détecteur, une chambre dans laquelle une avalanche d'électrons multiplie l'ionisation primaire du gaz, pourrait déjà être utilisée, soit en amplifiant le signal enregistré par le fil, soit en utilisant un amplificateur d'images pour détecter la faible émission lumineuse du gaz. Les physiciens des particules de l'époque ne s'intéressent pas à ce détecteur arrivé trop tôt.

Entraîné par L. Lederman en 1959 vers le CERN pour participer à la mesure du facteur gyromagnétique du muon, il ne tarde pas à revenir vers la détection des particules. Il commence par perfectionner les chambres à étincelles. En recherchant des solutions qui évitent la photographie et qui enregistrent directement la position de la particule, il revient à une solution très voisine du détecteur qu'il avait construit au Collège de France dix années plus tôt. Dans une chambre remplie de gaz, plusieurs fils parallèles sont portés à un potentiel électrique de l'ordre du millier de volts. Ces fils recueillent l'ionisation créée localement dans le gaz par la particule chargée. Le signal obtenu est amplifié et enregistré pour être traité par des circuits électroniques. Ce détecteur deviendra plus tard un outil universel utilisé dans la plupart des expériences d'électronique auprès des grands accélérateurs. Parfaitement adapté aux besoins des physiciens, il arrive à point pour profiter des progrès de l'électronique rapide et de l'informatique. Les chambres actuelles contiennent plusieurs centaines de milliers de fils et couvrent des surfaces de plusieurs centaines de mètres carrés. L'invention de la chambre à fils et ses développements lui valent le prix Nobel de Physique en 1992.

G. Charpak consacre actuellement la quasi-totalité de ses activités au développement de ces techniques de détection pour les utiliser en biologie ou en médecine. Il consacre aussi une partie de son temps pour favoriser, en France, un meilleur enseignement des sciences, à l'image de ce qui se fait aux États-Unis sous l'impulsion de son ami L. Lederman.

Chambre de Charpak : détecteur de particules constitué d'un ensemble de fils conducteurs tendus à l'intérieur d'une chambre remplie de gaz. Les fils sous tension recueillent l'ionisation créée par le passage des particules chargées dans le gaz.

Publication

« Feux follets et champignons nucléaires », avec R. Garwin (1996).

CHKLOVSKI Iossef Samouclavitch

Gloukov 1916 – Moscou 1985

Iossef Chklovski donne l'interprétation de la nébuleuse de Cassiopae A et sa radiosource comme étant les restes d'une supernova. Il contribue ainsi à la compréhension des mécanismes explosifs des supernovae.

Il interpréte l'émission des radiosources par le rayonnement synchrotron des électrons en rotation rapide dans des champs magnétiques.

CHRÉTIEN Henri Jacques

Paris 1879 – Washington 1956

Astronome des Observatoires de Meudon et de Nice, Henri Jacques Chrétien est un habile réalisateur d'instruments d'optique. Avec G. Ritchey, il met au point le miroir aplanétique utilisé sur les grands télescopes.

En 1925, il invente « l'hypergonar », un objectif anamorphoseur dont la propriété est de projeter une image dont le grandissement vertical est différent du grandissement horizontal. Cet objectif sera utilisé plus tard en cinémascope.

Il invente également des systèmes catadioptriques.

Il enseigne à l'Institut d'optique de Paris.

CHU Steven

St Louis (Missouri) 1948

Après ses études de doctorat effectuées à Berkeley, Steven Chu entre aux laboratoires Bell où il dirige le département d'électronique quantique. Il invente le refroidissement des atomes par effet Doppler en les bombardant par des faisceaux lasers. Dans une première étape franchie en 1985, il obtient la température d'une fraction de millième de degré absolu.

Il est nommé professeur à l'université de Stanford en 1887 et il reçoit le prix Nobel de Physique en 1997 avec C. Cohen-Tannoudji et W. D. Phillips.

CLAIRAUT Alexis Claude

Paris 1713 – Paris 1765

Fils d'un professeur de mathématiques à Paris, le jeune Alexis Clairaut se montre très doué pour cette discipline. À l'âge de 18 ans, après avoir écrit un premier traité de mathématiques, il est élu à l'Académie des sciences. À l'âge de 23 ans, il se joint à l'expédition conduite en Laponie par Maupertuis pour mesurer l'arc de méridien près du cercle polaire. Revenu à Paris en 1737, il s'adonne à l'étude mathématique de la mécanique céleste de Newton et travaille sur des équations différentielles. Il s'intéresse au mouvement de la Lune et publie en 1734 de nouvelles tables pour ce satellite. Il aborde le calcul du retour de la comète de Halley prévu en 1759 par J. Halley lui-même dès 1705. En 1758, il annonce ce retour pour le mois d'avril 1759. Il déclarait alors, faisant allusion au problème dit des trois corps : « Vous pouvez voir le soin avec lequel je fais une telle annonce car beaucoup de petites quantités qui peuvent être négligées dans les méthodes d'approximation peuvent changer la date de l'ordre d'un mois ». La comète réapparaît en mars 1759, au lieu de la date prévue du 15 avril.

A.C. Clairaut a écrit pour l'enseignement des cours d'algèbre et de géométrie. Travaillant sur les problèmes posés par la réfraction, il a également proposé de nouvelles méthodes pour perfectionner les lunettes d'observation et les télescopes. Il est mort avant d'avoir pu terminer son travail.

Publications

« Théorie de la figure de la Terre » (1743), « Théorie de la Lune » (1752).

CLAPEYRON Benoît-Pierre-Émile

Paris 1799 – Paris 1864

Émile Clapeyron a été élève à Paris à l'École polytechnique puis à l'École des Mines. À sa sortie de l'École des Mines, il part en 1820 avec un collègue et ami, G. Lamé, à Saint-Pétersbourg. Tous les deux y exercent le métier d'ingénieur (construction de routes) tout en donnant des cours dans une école de Travaux publics. Ses premières publications, faites avec G. Lamé, concernent le problème de construction de ponts. Revenu en France vers 1830, É. Clapeyron exerce le métier d'ingénieur dans une société tournée vers les chemins de fer. Il élabore des projets et des plans concernant la fabrication de machines à vapeur. Au cours d'un voyage en Angleterre en 1836, il passe commande d'une locomotive qu'il expérimentera en France vers 1845.

Par ses occupations professionnelles, il s'intéresse à la théorie des machines à vapeur. Il sort de l'oubli le mémoire de S. Carnot de 1824 et, en 1834, il publie un papier traduisant en termes concrets les idées générales de S. Carnot, en proposant en particulier une représentation du cycle qu'il a envisagé.

É. Clapeyron est également l'auteur de relations qui portent son nom en thermodynamique.

Relations de Clapeyron : relations permettant de relier les chaleurs latentes de dilatation ou de changement d'état d'un corps aux variations avec la température du volume et de la pression de ce corps.

CLAUSIUS Rudolf Emmanuel

Koslin (Prusse) 1822 – Bonn 1888

Fils d'un pasteur spécialisé dans l'enseignement, Rudolf Clausius suit d'abord des études à Stettin avant d'entrer à l'université de Berlin en 1840. Il se spécialise en physique mathématique avec une première publication en 1850. Il occupe à ce moment-là un poste d'enseignant dans une école d'élèves ingénieurs à Berlin puis il obtient en 1855 un poste de professeur de physique mathématique à la nouvelle École polytechnique de Zurich. En 1867, il est professeur de physique en Allemagne à l'université de Wurzburg et, deux ans plus tard, à l'université de Bonn où il restera jusqu'à la fin de sa carrière.

Des contributions importantes de R. Clausius sont faites entre 1850 et 1870 et elles concernent la thermodynamique avec la création d'un nouveau concept, l'entropie.

Ses recherches commencent au moment où le statut de la chaleur s'éclaircit avec les mesures expérimentales de J. Joule qui établissent une équivalence entre chaleur et énergie mécanique. Par ailleurs, à travers les commentaires de É. Clapeyron, R. Clausius a pu se familiariser avec le travail de S. Carnot de 1824 concernant le fonctionnement des machines à vapeur. Il va reprendre cette analyse pour la préciser et l'approfondir. Tout d'abord, S. Carnot semblait parler de la chaleur en termes d'un fluide indestructible. À la lumière du principe d'équivalence entre chaleur et travail, R. Clausius précise un point important : la production d'une énergie mécanique est due à une destruction partielle de la chaleur suivant la relation $W = Q_1 - Q_2$, d'après le bilan des quantités de chaleur empruntée d'une part à la source chaude et rendue d'autre part à la source froide. La chaleur elle-même ne doit plus être considérée comme une quantité indestructible !

Par ailleurs, R. Clausius semble avoir été à la recherche dans le cycle de Carnot d'une quantité qui soit conservée mais qui ne soit pas la chaleur. Il pense l'avoir trouvée en proposant l'existence d'une nouvelle quantité, l'entropie, dérivée d'un terme signifiant évolution.

En raisonnant en termes de température absolue T, envisagée quelques temps auparavant par W. Thomson, il propose un nouveau schéma pour le transfert de la chaleur et la production d'énergie mécanique. Le transfert au fluide d'une chaleur élémentaire dQ à une température T correspondrait à une augmentation d'entropie dS telle que l'on ait $dQ = TdS$.

Dans le fonctionnement avec cycle réversible de Carnot, cette entropie serait conservée, c'est-à-dire qu'à la quantité de chaleur $dQ_1 = T_1dS$ reçue de la source chaude devrait correspondre une quantité de chaleur $dQ_2 = T_2dS$ rendue à la source froide. La quantité élémentaire de travail mécanique serait alors donnée par la quantité $(T_1 - T_2)\, dS$, toujours inférieure à $dQ_1 = T_1dS$.

Dans le fonctionnement avec cycle irréversible, la situation est pire car la quantité élémentaire de travail est plus petite que la quantité maximum obtenue dans un cycle réversible $(T_1 - T_2)\, dS$.

En résumé, l'interprétation en terme d'entropie introduite par R. Clausius est une notion subtile et délicate à manier. Elle s'est cependant assez vite imposée en thermodynamique comme une hypothèse raisonnable pour étudier des processus de transformation d'énergie.

Le nom de R. Clausius reste associé à l'introduction de l'entropie en thermodynamique. Il faut cependant signaler aussi qu'en plus de ce travail, il a apporté des contributions intéressantes dans le domaine de la théorie statistique des gaz. En parallèle avec le travail de J. Maxwell, il a développé des formules d'estimation des énergies cinétiques des molécules en mouvement et il a introduit la notion de libre parcours moyen de ces particules avant toute collision. Il s'est intéressé également à la théorie de l'électromagnétisme.

Entropie : propriété d'un système liée à son état. Définie à une constante près par R. Clausius, l'entropie d'un système intervient dans les échanges d'énergie réalisés avec le milieu extérieur, le plus souvent sous forme d'augmentation. Réinterprétée par L. Boltzmann, l'entropie d'un système est reliée au degré d'organisation de ses constituants. Plus un milieu est formé de constituants organisés, plus son entropie est petite. Étudiée par W. Nernst, l'entropie est considérée comme une quantité devenant très petite à basse température. Par définition, elle est supposée tendre vers zéro à la température du zéro degré absolu : cette hypothèse constitue le troisième principe de la thermodynamique.

Relation de Clausius-Mossotti : relation exprimant la constante diélectrique d'un isolant en fonction de la polarisabilité de ses molécules constitutives.

COCKCROFT John Douglas

Todmorgen (Yorkshire) 1897 – Cambridge 1967

Après des études commencées à Todmorgen, John Cockcroft poursuit des études supérieures en 1914 à Manchester où il bénéficie de l'enseignement de E. Rutherford. En 1918, il s'oriente vers des études d'ingénierie électrique. En 1920, il est recruté comme apprenti à la Metropolitan Vickers Electrical Company. Poursuivant des études universitaires, il passe en 1922 un Master Science of Technology et en 1924 un diplôme de mathématiques au St John College de Cambridge.

Ingénieur à Cambridge, il aide P. Kapitza à obtenir des champs magnétiques intenses et des basses températures. Il construit pour E. Rutherford un électroaimant destiné à un spectromètre alpha.

G. Gamov a montré que les particules alpha peuvent traverser par effet tunnel la barrière coulombienne qui les retient prisonnières dans les noyaux radioactifs. Inversement, des réactions nucléaires des protons peuvent se produire si la barrière coulombienne, qui les repoussent des cibles chargées, peut être franchie. L'effet tunnel permet cette traversée à des énergies relativement faibles, de l'ordre de quelques fractions de MeV, accessibles par accélération des particules. Avec E. Walton, J. Cockcroft réussit la difficile entreprise de la construction d'une alimentation de haute tension à quatre étages qui atteint 700 kilovolts. Les deux physiciens résolvent les délicats problèmes posés par les isolations à haute tension. En plaçant la source de protons au potentiel le plus élevé, ils obtiennent l'accélérateur le plus performant de l'époque. Ils observent en 1932 la réaction :

$$p + Li \rightarrow \alpha + \alpha,$$

provoquée pour la première fois de manière artificielle. Ils vérifient de cette façon la relation d'équivalence entre la masse et l'énergie. En 1933, ils accélèrent des deutons à partir de l'eau lourde et ils observent d'autres transmutations, en particulier avec le bore.

En 1935, J. Cockcroft engage la construction d'un cyclotron au laboratoire Cavendish.

Pendant la Deuxième Guerre mondiale, il sert de conseiller à W. Churchill et il contribue aux recherches sur la détection par radar des sous-marins. Il participe à la négociation pour les échanges techniques entre les américains et les anglais. Il construit le premier réacteur nucléaire canadien, destiné à la fabrication de l'arme nucléaire.

Après la guerre, directeur du centre des recherches atomiques de Harwell, il participe au programme d'énergie nucléaire anglaise et à la décision de construire un accélérateur à protons de 7 GeV au Rutherford Laboratory.

En 1951, il reçoit le prix Nobel de Physique avec son collègue E. Walton.

Publications

« The developpment and future of nuclear energy » (1950), « The developpment of radiation in chemistry and radiochemistry » (1954), « The organisation of researh establishments » (1965).

COHEN-TANNOUDJI Claude

Constantine (Algérie) 1933

Ancien élève de l'École normale supérieure, Claude Cohen-Tannoudji prépare sa thèse sous la direction d'A. Kastler et de J. Brossel. Il est nommé professeur à Paris en 1967, puis professeur au Collège de France en 1973.

Sur le thème général des interactions entre les atomes et les photons, il introduit le concept d'atome « habillé » par des photons et il l'applique à l'interprétation de nombreux effets physiques. Plus récemment, il manipule la position et la vitesse d'atomes neutres au moyen de faisceaux lasers. Avec A. Aspect, J. Dalibard et C. Salomon, il met au point plusieurs méthodes de refroidissement des atomes en atteignant des températures aussi basses que le millionième ou le milliardième de degré absolu. Ces résultats ont permis à l'équipe du laboratoire de l'École normale supérieure de Paris de réaliser les horloges atomiques actuellement les plus précises et les plus stables du monde. Elles ont permis également à d'autres équipes d'obtenir des condensats de Bose-Einstein avec des gaz d'atomes alcalins.

C. Cohen-Tannoudji reçoit le prix Nobel de Physique en 1997 avec ses collègues américains S. Chu et W. Phillips.

Publications

« Introduction à la mécanique quantique » (1973) avec B. Diu et F. Laloé. Ce manuel est devenu le livre de base des étudiants français qui veulent s'initier à la mécanique quantique. « Photons et atomes, introduction à l'électrodynamique quantique » (1987) et « Processus d'interaction entre photons et atomes » (1988) avec J. Dupont-Roc et G. Grynberg.

COLGATE Stirling Auchencloss

New York 1925-2013

Après des études effectuées à l'université de Cornell, Stirling Colgate est recruté comme chercheur au laboratoire de Los Alamos. Il participe au développement des accélérateurs et à la physique des armes thermonucléaires.

Avec W. Brobeck, il suggère l'utilisation de faisceaux d'atomes neutres pour chauffer les plasmas confinés par des champs magnétiques. Ce procédé, utilisé pour la première fois aux laboratoires de Princeton et de Livermore, est aujourd'hui adopté sur la plupart des grands tokamaks.

En 1969, avec C. McKee, il explique la décroissance de la luminosité des supernovae par la désintégration du cobalt 56 en fer 56 avec une vie moyenne de 77 jours.

COMPTON Arthur Holly

Wooster (Ohio) 1892 – Berkeley 1962

Fils d'un professeur de philosophie et issu d'une famille d'enseignants et de scientifiques, Arthur Compton effectue ses études à Princeton où il présente sa thèse en 1916 avec un travail sur la diffraction des rayons X. Il est ensuite nommé professeur à l'université de Minnesota.

Avec C. Hagenow, il obtient la réflexion totale des rayons X. Avec R. Doan, il détermine la longueur d'onde des rayons X par réflexion sous faible incidence sur un réseau optique.

Il en déduit des estimations du nombre d'Avogadro et de la charge électrique élémentaire.

Pendant la Première Guerre mondiale, employé dans la société Westinghouse, il peut poursuivre des recherches sur les rayons X. Ses résultats le conduisent à une conclusion inexacte, celle d'un rayon fini de l'électron, égal à ce qui deviendra plus tard la longueur Compton de l'électron.

En 1917, il est chargé par T. Edison de trouver un bon combustible pour les torpilles. A. Compton propose trois solutions. Elles sont toutes les trois inacceptables : « Le combustible 1 ne se trouve qu'en Allemagne. Le combustible 2 a été essayé, mais rejeté pour risque d'explosion. Le combustible 3 contient de l'alcool et les marins le boivent ».

Après une année passée en Angleterre chez E. Rutherford à Cambridge, il revient aux États-Unis en 1920 comme professeur à Saint Louis. En utilisant la technique du cristal courbé pour sélectionner des rayons X de fréquence déterminée, il met en évidence en 1922 l'effet qui porte son nom, la diffusion de ce rayon X sur un électron. Après la collision, le rayon X change de fréquence, sa longueur d'onde varie en fonction de l'angle de diffusion. Ce résultat arrive à point dans le grand débat de l'époque. Le rayon X est-il une onde, puisqu'il se diffracte dans le cristal ? Est-il une particule, puisqu'il entre en collision avec une autre particule ? A. Compton donne raison à A. Einstein qui attribue au photon une énergie et une quantité de mouvement.

En 1923, il est nommé professeur à Chicago où il retrouve A. Michelson et où il effectue la plus grande partie de sa carrière. Il participe à la réalisation d'un réseau gravé utilisable en spectrographie dans le domaine des rayons X.

Il reçoit le prix Nobel de Physique en 1927.

En 1930, il oriente ses travaux vers les études du rayonnement cosmique. Utilisant des chambres d'ionisation, il en mesure l'intensité et les variations avec la latitude. Avec son jeune étudiant L. Alvarez, il effectue une mesure sur le toit d'un hôtel à Mexico. Ensemble, ils confirment les hypothèses d'une origine extraterrestre de ce rayonnement et de la charge positive des particules primaires. Il participe aux grands débats de l'époque sur les variations de l'intensité en fonction de la latitude ou de l'altitude et sur l'asymétrie est-ouest.

En 1934, chercheur à la General Electric, il contribue à la mise au point de la lampe fluorescente.

Pendant la Deuxième Guerre mondiale, il participe activement au projet Manhattan. Averti en 1941 par E. Lawrence de la possibilité de changer l'uranium en plutonium, il pousse cette voie et il est chargé d'en diriger les travaux à Chicago. Pour réaliser ce projet il fait venir des savants aussi prestigieux qu'E. Fermi, G. Seaborg et E. Wigner. Dans son livre *Atomic Quest*, publié bien après la fin de la guerre, il explique tous les problèmes techniques et moraux qui se sont posés à cette époque.

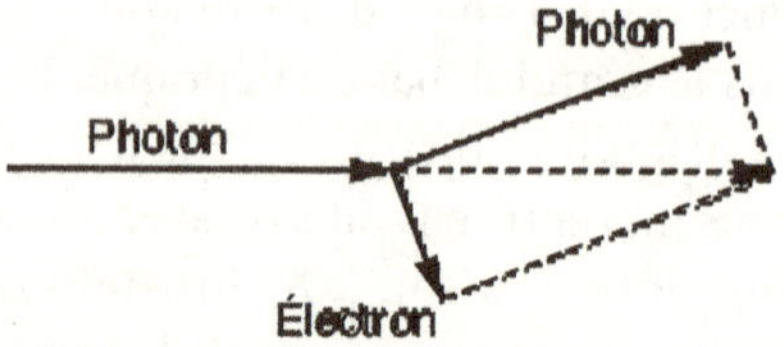

Electron Compton (ou effet Compton) : électron de recul dans le choc élastique photon-électron. Le photon, ayant perdu de l'énergie dans la collision, a sa longueur d'onde modifiée.

Longueur Compton : longueur égale à *h*/*mc*, où *m* est la masse de la particule et *h* la constante de Planck. Cette longueur intervient souvent dans les propriétés des particules. Ainsi, avec la masse d'un boson vectoriel, elle caractérise la portée de l'interaction correspondante. Dans le cas de l'électron, la longueur Compton de l'ordre de 10 – 10 cm devient une unité fondamentale des longueurs en physique atomique.

Publications

« X-rays and electrons » (1926), « X-rays in theory and experiment » (1935), « The freedom of man » (1935), « The human meaning of science » (1947), « Atomic Quest » (1956), « The cosmos of Arthur Holly Compton » (1967).

CONVERSI Marcello

Tivoli 1917 – Rome 1988

Après ses études supérieures effectuées à Rome, Marcello Conversi est nommé professeur dans cette même ville.

En 1943, avec G. Bernardini et O. Piccioni, il effectue une expérience cruciale sur les particules pénétrantes du rayonnement cosmique. Il montre qu'une partie des particules négatives, arrêtées dans des plaques de fer, se désintègrent, au lieu d'être absorbées par les noyaux. En 1945, avec E. Pancini et O. Piccioni, il perfectionne cette même expérience en utilisant un absorbant de graphite. Ces physiciens démontrent ainsi que ces particules, appelées plus tard muons, ne sont définitivement pas les mésons pions de H. Yukawa.

En 1950, avec A. Gozzini, il invente le tube à éclair, capable de s'illuminer au passage d'une particule chargée. Ce tube, modifié plus tard en remplaçant le verre par du simple plastique, devient l'élément de base de très grands détecteurs utilisés dans le rayonnement cosmique et auprès des accélérateurs.

À la fin des années 70, avec P. Musset, il initie au CERN des expériences sur des particules de vie moyenne assez courte pour n'être détectées que dans des émulsions photographiques. Ainsi sont « dévoilées » pour la première fois les désintégrations des particules « de beauté », c'est-à-dire contenant un quark de beauté.

COOLIDGE William David

Hudson (Massachussets) 1873 – Schenectady (New York) 1975

Après des études d'électricité menées au Massachusetts Institute of Technology et un travail de thèse effectué à l'université de Leipzig, William Coolidge entre comme ingénieur de recherche à la General Electric Company à New York. Il y est promu directeur des services de recherche. En 1908, il perfectionne la lampe à incandescence et particulièrement le processus de fabrication de son filament en tungstène par frittage et martelage. Il développe d'autres méthodes de métallurgie à haute température.

En 1913, il invente le tube qui porte son nom et qui est utilisé pour la production des rayons X. Le tube est développé et perfectionné pour les applications médicales des rayons X et il est breveté en 1917. Les tubes modernes bénéficient encore aujourd'hui des apports initiaux de W. Coolidge.

W. Coolidge est appelé par le Président Roosevelt pour évaluer la faisabilité du projet Manhattan.

Tube de Coolidge : dans un tube en verre sous vide poussé, des électrons sont extraits d'un filament chauffé par un courant électrique, ils sont accélérés par une électrode sous haute tension et dirigés sur une anticathode de métal lourd. Les rayons X sont produits par les forces exercées sur les électrons par les noyaux fortement chargés de l'anticathode. De quelques dizaines de milliers de volts, la tension accélératrice est progressivement augmentée jusqu'à atteindre le million de volts. Le courant est ajustable par le chauffage de la cathode, l'énergie des électrons est ajustable par la tension accélératrice. Les deux paramètres principaux du tube sont donc réglables de manière indépendante, ce qui marque un progrès important par rapport aux tubes antérieurs.

COOPER Léon Niels

New York 1930

Léon Cooper effectue ses études à l'université de Columbia et il y présente sa thèse en 1954. Il mène des travaux de recherche dans les universités de l'Illinois et de l'Ohio. Il est successivement nommé professeur dans les universités Brown, Goddard et Thomas Watson.

Son nom est attaché à une interprétation théorique de la supraconductivité à basse température, fondée sur la capacité des électrons à s'accoupler pour former des bosons très particuliers, « les paires de Cooper ». La déformation du réseau cristallin contribue à la formation de ces paires qui obéissent à la statistique de Bose-Einstein et n'éprouvent aucune difficulté à se propager dans le cristal. Cette théorie connaît actuellement quelques difficultés avec la découverte de la supraconductivité à haute température.

L. Cooper reçoit le prix Nobel de Physique en 1972 avec J. Bardeen et R. Schrieffer

En 1958, il est nommé professeur à l'université providence de Rhode Island.

En 1973, il crée le centre d'études neurologiques de Brower afin de réunir des scientifiques disposant de compétences différentes, nécessaires à la compréhension du fonctionnement du cerveau.

La paire de Cooper : deux électrons, fermions de spin 1/2, s'associent pour former un boson. Échappant ainsi au principe de Pauli, ces bosons peuvent avoir une même fonction d'onde qui couvre tout le cristal dans lequel ils se déplacent. Cette extension fait qu'ils ne rencontrent plus de résistance.

Publication

« The meaning and structure of physics » (1968).

COPERNIC Nicholas

Torun (Pologne) 1473 – Frauenburg (Pologne) 1543

Nicholas Copernic perd son père à l'âge de dix ans mais, grâce à l'aide d'un oncle maternel, il fait des études et il entre à l'université de Cracovie en 1491. Il y étudie les mathématiques et s'initie à l'astronomie. Avec l'aide de son oncle devenu évêque, il est élu chanoine au chapitre de la cathédrale de Frauenbourg et il peut ainsi disposer de quelques revenus. En 1496, il est envoyé en Italie à l'université de Bologne pour y faire des études de droit canonique. En marge de ses études, il commence à faire des premières observations en astronomie. Après un deuxième séjour en Italie en 1501, il revient définitivement en 1503 à Frauenbourg et il y restera jusqu'à sa mort en 1543.

À Frauenbourg, il installe un laboratoire d'astronomie et il s'adonne à des observations personnelles dans le but d'améliorer le calcul des éphémérides. En 1514, il écrit un essai intitulé : *De hypothesibus motuum coelestium a se constitutis commentariolus*. Cet ouvrage n'est pas signé car il contient une hypothèse révolutionnaire pour l'époque et Copernic craint de susciter des oppositions : la Terre n'est pas le centre de l'univers et son immobilité n'est qu'une apparence ! Copernic fait circuler quelques exemplaires de son manuscrit et il commence à rédiger un ouvrage : *De revolutionibus orbium coelestiun* qu'il ne se décidera à publier que tardivement, par peur des réactions de l'Église. Entre temps, il avait reçu la visite d'un certain Rheticus, professeur à l'université de Wittemberg, qui avait appris on ne sait comment que Copernic était l'auteur du fameux commentaire de 1514. Après cette entrevue, Copernic avait donné à Rheticus un accord de principe pour que celui-ci écrive une *Narratio prima* au sujet de son ouvrage non encore publié. La *Narratio prima* est éditée en 1540 et le *De revolutionibus* paraît en 1543, un an avant la mort de Copernic.

L'hypothèse révolutionnaire de Copernic lui fut-elle seulement personnelle, on ne sait, mais il est clair qu'il connaissait très bien l'œuvre de Ptolémée, notamment à travers l'édition en latin qu'en avaient faite Regiomontanus et Peuerbach à la fin du XVe siècle. Il était au courant des problèmes rencontrés par cette théorie et des modifications apportées par exemple par des astronomes de l'école de Marāgha tels que Ibn al-Shātir et al-Shīrāzī. Quant à l'hypothèse héliocentrique elle-même, Copernic mentionne qu'elle avait déjà été avancée dans l'antiquité par des savants d'inspiration pythagoricienne tels que Philolaus et Ecphantus. Il ne se réfère guère à Aristarque de Samos mais c'est peut-être parce que ce dernier avait été accusé d'impiété, ce qui aurait été maladroit de rappeler.

Le *De revolutionibus* se présente comme un plaidoyer pour l'hypothèse héliocentrique. Ptolémée considérait le Soleil comme une des planètes tournant autour de la Terre et il supposait que d'autres planètes étaient plus éloignées. Copernic donne la place centrale au Soleil autour duquel tournent toutes les planètes. Il suppose que ces planètes décrivent une circonférence autour du Soleil et Kepler montrera plus tard que les trajectoires sont des ellipses dont le Soleil occupe l'un des foyers.

Si l'intuition de Copernic s'est révélée juste, il faudra cependant attendre 1841 et la fameuse expérience du pendule de Foucault pour établir de façon définitive l'existence de la rotation de la Terre.

Publications

« De revolutionibus orbium coelestium » (1543), « De hypothesibus motuum coelestium a se constitutis commenta » (1514).

CORIOLIS Gaspard Gustave de

Paris 1792 – Paris 1843

Descendant d'une vieille famille provençale anoblie au XVIIe siècle, Gaspard Coriolis entre à l'École polytechnique de Paris en 1808 et en sort ingénieur des Ponts et Chaussées. Il occupe d'abord un poste d'ingénieur dans les Vosges puis il revient à Paris comme chargé de cours de mathématiques à l'École polytechnique, sous la direction de A. Cauchy. Ses travaux de recherches sont liés à son enseignement. L'innovation la plus importante qu'on lui doit concerne le passage de la description d'un mouvement d'un système de référence à un autre. En particulier, il montre que, pour le calcul de l'accélération, il faut faire intervenir un terme non trivial, appelé depuis accélération de Coriolis.

Accélération de Coriolis : en physique galiléenne, c'est-à-dire non relativiste, la vitesse v_a d'un mobile par rapport à un système de référence a peut aussi se mesurer dans un autre système appelé *r* ou relatif, à condition de considérer la somme vectorielle $v_a = v_r + v_e$, où *ve*, vitesse d'entraînement, est la vitesse du deuxième système de référence par rapport au premier. L'accélération γ_a n'est pas donnée par la somme vectorielle correspondante $\gamma_r + \gamma_e$, et G. Coriolis a montré qu'il fallait ajouter à cette somme vectorielle un vecteur additionnel γ_c dépendant de la vitesse angulaire de rotation du deuxième système de référence par rapport au premier.

CORNU Marie-Alfred

Orléans 1841 – La Chansonnerie 1902

Entré comme élève à l'École polytechnique en 1860, Alfred Cornu y devient professeur en 1867, après avoir soutenu une thèse de doctorat sur la réflexion cristalline de la lumière. En 1821, par une série d'expériences menées d'après la méthode de Fizeau, il détermine la vitesse de la lumière dans le vide. Il apporte également des contributions dans le domaine de mesures des spectres : spectres de raies de l'hydrogène et spectre de la lumière du soleil. En 1897, après la découverte de l'effet Zeeman, il montre que la raie D du sodium est décomposée par le champ magnétique en quatre raies au lieu de trois envisagées au départ par Zeeman lui-même. A. Cornu a laissé son nom à la détermination des intensités lumineuses dans les phénomènes d'interférence. Sa méthode de construction géométrique engendre une spirale appelée depuis « spirale de Cornu ».

COTTON Aimé

Bourg-en-Bresse 1869 – Sèvres 1951

D'abord maître de conférences à l'université de Toulouse, Aimé Cotton est ensuite nommé professeur à Paris. Ses premiers travaux concernent les propriétés électro-optiques des cristaux et des liquides. Il découvre la dispersion rotatoire anormale, le dichroïsme circulaire et, avec H. Mouton, la biréfringence des liquides soumis à un champ magnétique. Il est l'auteur d'une mesure du rapport *e/m* de l'électron.

Pendant la Première Guerre mondiale, avec P. Weiss, il étudie la possibilité de localiser les canons ennemis par une analyse acoustique.

Nommé professeur à la Sorbonne en 1921, son nom est associé à la mesure des champs magnétiques intenses. Il contribue à la réalisation de l'électroaimant de Bellevue d'une centaine de tonnes qui sera utilisé pour de nombreuses expérimentations. On peut citer par exemple la découverte de la structure fine des rayons alpha de radioactivité par S. Rosenblum en 1929.

A. Cotton participe à la création de la nouvelle université d'Orsay et il y crée un laboratoire de physique atomique qui se révélera comme une pépinière de grands responsables scientifiques français, par exemple P. Jacquinot.

Balance de Cotton : dispositif électromécanique qui permet de comparer directement l'intensité d'une force magnétique à celle de la pesanteur.

Effet Cotton : un matériau biréfringent dans lequel les vibrations lumineuses circulaires droite et gauche ont des coefficients d'absorption différents présente un effet de dichroïsme, c'est-à-dire l'apparition de couleurs qui varient suivant l'épaisseur du matériau et suivant l'orientation de la lumière par rapport aux axes principaux du matériau.

Publication

« Le phénomène de Zeeman » (1899).

COTTRELL Alan Howard

(Angleterre) 1919-2012

Alan Cottrell effectue ses études à Birmingham où il est ensuite nommé professeur. Son principal mérite est d'avoir transformé les empirismes de la métallurgie en une science rigoureuse.

Sa contribution théorique la plus importante est élaborée pendant l'hiver 1946-1947, quand l'université de Birmingham est fermée pour cause d'arrêt du chauffage par manque de charbon. Dans le calme de sa maison, privé de la possibilité d'expérimenter, il est réduit à la seule activité de la réflexion. Il établit une théorie très importante de la métallurgie, celle du déplacement élastique des dislocations dans les cristaux.

Cette théorie lui est inspirée par ses résultats expérimentaux antérieurs sur les déformations des aciers et par la théorie des dislocations de E. Orowan et F. Nabarro.

Publications

« Theoretical Structural Metallurgy » (1948), « Dislocations and Plastic Flow » (1953), « The mechanical properties of matter » (1964).

COULOMB Charles

Angoulême 1736 – Paris 1806

Destiné à une carrière militaire, Charles Coulomb effectue ses études à l'École du génie de Mézières. Lors de sa première affectation, il est envoyé à la Martinique en 1764 pour y construire le fort Bourbon. Revenu malade en France, il est nommé successivement à Cherbourg et à Rochefort. Il trouve le temps de commencer des recherches scientifiques. Ses premiers travaux concernent la mécanique de la friction et la flexion des barres.

De retour à Paris en 1781, il peut se consacrer complètement à la physique. Il contribue de manière déterminante à établir les lois fondamentales de l'électrostatique et de la magnétostatique. À la suite de J. Mitchell, et comme H. Cavendish, il utilise la balance de torsion capable de détecter les forces très faibles et de les déterminer en mesurant la période d'oscillation. En 1785, il montre que la force électrostatique décroît comme l'inverse du carré de la distance, donc de la même manière qu'un potentiel newtonien. En même temps que H. Cavendish, il montre que le champ électrique dans les conducteurs creux est nul. En 1787, il étudie les décharges électriques. En 1790, il montre l'existence des moments magnétiques dipolaires.

Comme l'indiquent tous les titres de ses ouvrages, les travaux de C. Coulomb sont dominés par les aspects expérimentaux. Il influence fortement la génération suivante des physiciens français, J. Biot, A. Ampère, S. Poisson.

En 1791, il abandonne l'armée. Ingénieur consultant pour les eaux et les fontaines, il participe aux travaux d'adduction des eaux de Paris. En 1802, il est nommé inspecteur général de l'instruction publique.

Loi de Coulomb : deux charges électriques exercent entre elles une force proportionnelle au produit des charges et inversement proportionnelle au carré de leur distance.

Le coulomb : unité de quantité d'électricité, correspondant à ce qui est transporté par un courant d'un ampère pendant une seconde.

Publications

« Recherches sur la meilleure manière de fabriquer les aiguilles aimantées » (1777), « Sur une application des règles de maximis et minimis à quelques problèmes de statique relatifs à l'architecture » (1773), « Théorie des machines simples » (1779), « Recherches théoriques et expérimentales sur la force de torsion et sur l'élasticité des fils de métal » (1781).

COWAN Clyde Jr

1919-1974

Clyde Cowan étudie la chimie à l'École des mines et de métallurgie du Missouri. Après sa thèse présentée en 1949 à l'université de Saint-Louis, il entre au laboratoire de Los Alamos.

Avec F. Reines, il effectue une première expérience de détection des antineutrinos auprès du réacteur de Hanford et dont les résultats ne sont pas concluants à cause du bruit de fond parasite trop important. Une deuxième expérience effectuée auprès du réacteur de Savannah en 1956 enregistre près de 3 réactions par heure avec un bruit de fond inférieur à 10 %. La réaction d'un antineutrino sur un proton de l'eau du détecteur libère un positron et un neutron. Le positron est détecté par les photons d'annihilation avec un électron. Le neutron est détecté par les photons de désexcitation du noyau qui l'a absorbé. Un télégramme est aussitôt envoyé à

W. Pauli qui avait proposé l'existence du neutrino plus de vingt années avant mais qui pensait que cette particule ne serait jamais détectée.

C. Cowan enseigne à l'université catholique de Washington.

CRAY Seymour

Chippewa Falls (Lac supérieur) 1925-1997

À la fin de ses études en génie électrique à Minneapolis, Seymour Cray est recruté par la société ERA (Engeneering Research Associates) où il conçoit le calculateur UNIVAC 1103, le premier ordinateur digital commercial.

Dans la société CDC (Control Data Company) pendant les années 1960, il lance les constructions des gros calculateurs CDC 6600 et CDC 7600 très appréciés par les gros consommateurs de calculs scientifiques que sont les centres de recherche et les laboratoires militaires. Ces machines ravissent la première place à la firme IBM qui jusqu'alors construisait les calculateurs les plus puissants.

Empêché de poursuivre dans la société CDC la montée en puissance des calculateurs, il fonde sa propre société « Cray Research » et il lance la réalisation d'une nouvelle génération de calculateurs, le CRAY 1 sorti en 1976 et le CRAY 2 en 1985. Ces calculateurs, fondés sur le principe des calculs vectoriel et parallèle, demeurent les outils les plus performants pendant plus d'une décennie.

CRONIN James Watson

Chicago 1931

Après ses études menées à Chicago, James Cronin est recruté comme chercheur à Brookhaven. Il y effectue des expériences sur les mésons étranges en utilisant comme détecteurs des chambres à étincelles. Il est nommé professeur à Princeton à partir de 1961.

Au Cosmotron de 3 GeV de Brookhaven, il participe au début des années 1960, avec V. Fitch, R. Turlay et J. Christienson, à une expérience cruciale sur les désintégrations des $K°_L$. Ces particules, ayant une vie moyenne de l'ordre de 10^{-8} s, franchissent des distances de l'ordre de plusieurs dizaines de mètres à partir de la cible avant de se désintégrer. Elles se séparent donc des $K°_S$, également produits dans la même cible, mais de vie moyenne cent fois plus courte. La majeure partie des $K°_L$ se désintègrent en trois corps, comme l'exige la conservation de PC, multiplication des opérations parité P et conjugaison de charge C. Au contraire, les $K°_S$ se désintègrent en deux corps, deux mésons pions. En 1963, le résultat de l'expérience est présenté au congrès de New York : un $K°_L$ sur 500 se désintègre en deux mésons pions. La conservation de PC n'est donc pas rigoureusement respectée par l'interaction faible, responsable de ces désintégrations. L'origine de cette non-conservation de PC n'est pas encore comprise. J. Cronin partage le prix Nobel de Physique en 1980 avec V. Fitch.

En 1971, il est nommé professeur à Chicago, ce qui lui permet d'accéder facilement au grand accélérateur de 400 GeV de FermiLab. Avec son équipe de chercheurs, il y exécute des expériences sur la production directe de leptons à grande quantité de mouvement transverse.

Plus tard, il initie des expériences afin d'étudier les rayons cosmiques de la plus grande énergie, ceux qui produisent, dans la haute atmosphère, les grandes gerbes qui couvrent au niveau du sol plusieurs hectares. Ce projet porte le nom évocateur de « Auger project ».

CROOKES William

Londres 1832 – Londres 1919

Assistant de A. Hofmann de 1850 à 1854, William Crookes se destine à la chimie qu'il commence à enseigner à Chester. Sous l'influence de M. Faraday, de G. Stokes et de C. Wheatstone, il se réoriente vers la physique. Il fait un complexe de son point faible, un niveau très moyen en mathématiques. Son activité scientifique interfère constamment avec un goût affirmé des affaires, des ambitions financières et une croyance en certains phénomènes paranormaux.

En spectroscopie, il détecte en 1861 un nouvel élément atomique, le thallium, isolé ensuite chimiquement par C. Lamy. La valeur qu'il attribue à sa masse atomique 203,6, lui fait douter de l'hypothèse de W. Prout selon laquelle toutes les masses atomiques devraient être des multiples entiers de la masse de l'atome d'hydrogène. La balance sous vide, qu'il a conçue pour cette détermination, le conduit au résultat selon lequel un corps doit être plus léger lorsqu'il est chauffé, ce qui d'après la relativité constitue une conclusion inexacte.

En 1872, il invente le radiomètre qui porte son nom. Il en déduit qu'il a mis en évidence la pression de radiation, ce qui est inexact. J. Stoney donne la bonne interprétation fondée sur la cinétique des gaz, les molécules rebondissant plus fortement sur le côté plus chaud des plaquettes.

Étudiant la décharge électrique dans les gaz très raréfiés, W. Crookes découvre au voisinage de la cathode la zone sombre qui porte son nom. Les performances qu'il atteint dans l'obtention d'un bon vide, de l'ordre de 10^{-6} atmosphère, lui permettent de prouver en 1879 que ce rayonnement, dénommé plus tard « cathodique », est bien émis par la cathode. Des plaques photographiques placées par hasard par un collègue dans un tiroir au-dessous de son appareillage se trouvent voilées. Il ne trouve rien d'autre à dire à son collègue que d'avoir été imprudent de les avoir placées là. N'est-il pas passé à côté de la découverte des rayons X ?

Simultanément à ces travaux très fondamentaux, il participe à des séances de spiritisme pendant lesquelles il ne conserve que très partiellement le sens critique du scientifique. Les interprétations de ses résultats expérimentaux sont parfois fantaisistes.

En 1880, il s'intéresse au développement de la lampe à décharge dans une optique purement commerciale. En 1903, il découvre la phosphorescence du sulfure de zinc. Il invente le spinthariscope, un écran fluorescent à sulfure de zinc, que E. Rutherford utilisera pour détecter à l'œil les impacts des particules alpha.

Il reçoit le prix Nobel de Chimie en 1907.

Il s'intéresse à bien d'autres sujets, par exemple à l'origine du diamant, à la culture de la betterave à sucre, à la teinture des tissus, à la construction des égouts, à l'interprétation de la Genèse. Il se fait remarquer par quelques inexactitudes sur des sujets exotiques.

Radiomètre de Crookes : il est constitué de quatre plaquettes métalliques solidaires, noircies sur une face, mobiles autour d'un axe vertical et placées dans une ampoule contenant un gaz raréfié. Sous forte illumination, l'équipage mobile est soumis à un mouvement de rotation.

Tube de Crookes : tube à vide contenant un gaz raréfié dont les ions bombardent la cathode froide et en expulsent des électrons qui sont absorbés par l'anode. Ce tube préfigure les futurs tubes à rayons X.

Publication

W. Croockes est l'éditeur fondateur de la revue « Chemical News » de 1859 à 1906.

CURIE Marie (SKLODOWSKA Marya)

Varsovie 1867 – Sallanches (Haute Savoie) 1934

Issue d'une famille polonaise intellectuelle méprisée par l'occupant russe, la très jeune Marya Sklodowska doit exercer la fonction de préceptrice pour vivre. Progressiste et anticléricale, elle participe à l'opposition clandestine. Elle aide financièrement sa sœur Bronia qui est venue en France poursuivre ses études de médecine. Elle ne tarde pas à la rejoindre à Paris en 1891.

Marya Sklodowska est classée première en licence de physique à la Sorbonne en 1893 et elle obtient la licence de mathématiques en 1894. Entrée au laboratoire de G. Lippman, elle travaille sur les propriétés magnétiques des aciers trempés. Elle rencontre Pierre Curie avec qui elle se lie d'amitié et, après des vacances passées à Varsovie, elle l'épouse civilement en 1895. Elle achète deux bicyclettes pour faire leur voyage de noces sur les petites routes de l'Ile de France. Elle est reçue première à l'agrégation de 1896. Irène, leur première fille, naît en 1897.

Elle est bien accueillie par le professeur Schützenberger, directeur de l'École de physique et chimie de Paris, où enseigne déjà P. Curie. Son intérêt se porte très rapidement sur le nouveau rayonnement qui vient d'être découvert par H. Becquerel. Ce sujet neuf, dépourvu de toute théorie, avouera-t-elle plus tard, ne nécessite pas d'études bibliographiques !

En recherchant d'autres éléments susceptibles de produire ce type de rayonnement, elle constate que, des résidus du minerai d'uranium, émerge un rayonnement encore plus intense que celui du métal d'uranium lui-même. En l'absence d'identification spectroscopique, elle doit séparer chimiquement les constituants les plus actifs, ce qui constitue un énorme travail. Pierre vient à son aide. Elle utilise comme détecteur une chambre d'ionisation associée à un électromètre à quadrants particulièrement sensible que son mari a perfectionné en ajoutant un quartz piézoélectrique dont les charges compensent celles de la sonde de l'électromètre. Sur des échantillons séparés, particulièrement actifs, elle et son mari identifient un nouvel élément, le polonium, ainsi appelé en l'honneur du pays d'origine de M. Curie, et six mois plus tard, le radium, avec l'aide de G. Bémont. En 1902, elle est capable d'isoler un décigramme de chlorure de radium. Tous ces travaux sont effectués dans un local misérable, tout juste à l'abri de la pluie.

En 1903, elle présente sa thèse. Cette même année, elle reçoit le prix Nobel de Physique, avec son mari et H. Becquerel, pour la découverte de la radioactivité.

Ses seules ressources viennent depuis 1900 d'une activité d'enseignante à temps très partiel à l'École normale supérieure de Paris. Particulièrement désintéressés, elle et son mari refusent de recevoir des « royalties » d'une usine qui produit du radium en utilisant leurs procédés de séparation. En 1904 enfin, elle reçoit un salaire d'assistante. À la mort de son mari en 1906, elle lui succède à la Sorbonne, mais elle perd sa joie de vivre et sa gaîté d'entreprendre. Elle se laisse uniquement absorbée par son activité de laboratoire et par ses devoirs de mère.

En 1911, elle reçoit un deuxième prix Nobel, celui de Chimie, pour la mesure du poids atomique du radium. L'Académie des sciences ne l'a jamais admise en son sein, elle a préféré nommer É. Branly.

Pendant la guerre, elle assure la protection de « son » gramme de radium en le cachant à Bordeaux. Elle crée un service de radiologie aux armées, lesquelles sont équipées de voitures spéciales, « les petites curies ». Elle milite pour la création de l'Institut du Radium, construit en 1914, mais actif seulement à partir de 1918 et pour celle d'un institut analogue à Varsovie décidée en 1932. Avec 16 mg de chlorure de radium, elle confectionne le premier étalon de radioactivité.

En 1925, elle est heureuse d'assister à la thèse de sa fille Irène sur les particules alpha issues de la désintégration du polonium et, quelques semaines avant sa mort, elle assiste à l'expérimentation qui permet à sa fille et à son gendre F. Joliot de découvrir la radioactivité artificielle.

Ne s'étant pas protégée de la radioactivité et des rayons X pendant la guerre, elle décède des suites d'une leucémie. Ses cahiers de notes sont encore aujourd'hui trop radioactifs pour être manipulés sans précaution.

Le curie : unité de radioactivité correspondant à $3{,}7.10^{10}$ désintégrations par seconde.

Publications

« Recherches sur les substances radioactives » (1904), « Traité de radioactivité » (1910), « La radiologie et la guerre » (1921), « Pierre Curie » (1923), « Radioactivité » (1935), « Œuvres » (1934).

CURIE Pierre

Paris 1859 – Paris 1906

Issu d'une famille alsacienne idéaliste, progressiste et généreuse, d'un père et d'un grand-père médecins, Pierre Curie passe son baccalauréat en 1875 et sa licence de physique en 1877 à la Sorbonne. Il effectue en 1880 une première activité de recherche, avec son frère Jacques, chez C. Friedel. Ils commencent par une étude de la pyroélectricité, c'est-à-dire l'apparition de charges électriques lors du chauffage d'une substance. Ils mettent en évidence les propriétés des cristaux piézoélectriques, l'apparition de charges électriques lors d'une compression et réciproquement la variation de volume lors de l'application d'un champ électrique. Ils utilisent un électromètre très sensible dont le principe a été donné par Lord Kelvin, ce qui suscite une abondante correspondance avec ce grand physicien anglais. Les résultats des frères Curie seront suivis de très nombreuses applications, mais beaucoup plus tard, en acoustique, dans les sonars, les microphones, l'échographie.

Sa thèse présentée en 1895 porte sur les propriétés magnétiques des corps à diverses températures. Dans le prolongement des travaux de M. Faraday, P. Curie est conduit à séparer les corps en trois classes, les diamagnétiques, dont les propriétés sont indépendantes de la température, les paramagnétiques dont les susceptibilités magnétiques varient comme l'inverse de la température et les ferromagnétiques qui possèdent un magnétisme rémanent important et des susceptibilités élevées. La transition entre le paramagnétisme et le ferromagnétisme fait apparaître une température critique, « le point de Curie ».

Il est le premier à introduire la théorie des groupes et des symétries dans l'interprétation des phénomènes physiques, les éléments de symétrie des causes devant entraîner au minimum les mêmes symétries dans l'effet.

En rejoignant son épouse dans les études de la radioactivité, P. Curie participe aux découvertes de nouveaux éléments radioactifs décrites dans la biographie de M. Curie. En constatant l'échauffement des produits radioactifs concentrés, Pierre remarque qu'il y a probablement là une source d'énergie particulièrement abondante. Parole prophétique s'il en est !

En 1901, il propose des échantillons radioactifs à des médecins de l'hôpital Saint Louis pour des premières tentatives thérapeutiques. C'est le début de la « curiethérapie ».

En 1898, la Sorbonne lui refuse un poste de professeur. En 1902, l'Académie des sciences lui préfère E. Amagat. Il refuse un poste de professeur proposé par l'université de Genève, il refuse la Légion d'honneur.

P. Curie est passionné par l'enseignement qu'il dispense à l'École de physique et de chimie depuis 1882. Attardé par des explications qu'il donne à deux élèves, il ne se rend pas compte que le concierge l'a enfermé à clé dans la salle. Il doit enjamber la fenêtre et descendre le long de la gouttière.

Il partage le prix Nobel de Physique en 1903, avec son épouse et avec H. Becquerel pour la découverte de la radioactivité. L'année suivante, la Sorbonne ne peut plus lui refuser son premier poste de professeur qu'il occupe à l'âge de 45 ans. Il disparaît prématurément, écrasé par une voiture à cheval, rue Dauphine, au débouché du Pont Neuf.

Son naturel optimiste et poétique est bien décrit par une citation tirée de l'une de ses lettres : « Il faut faire de la vie un rêve et faire d'un rêve une réalité ».

Température de Curie (point de Curie) : température de transition au-dessus de laquelle un corps ferromagnétique devient paramagnétique.

Loi de Curie-Weiss : comportement de la susceptibilité magnétique des corps paramagnétiques au-dessus de la température de Curie, devenant inversement proportionnelle à l'écart entre la température réelle et celle du point de Curie.

D

DAGUERRE Louis Jacques Mandé

Cormeilles-en-Parisis (Versailles) 1789
– Bry-sur-Marne (Paris) 1851

Louis Daguerre ne bénéficie pas d'une éducation scolaire approfondie. Tout jeune, il est employé à Paris dans un atelier de peinture qui prépare des décors de théâtre. Il s'intéresse à la manipulation des images, il utilise la chambre noire, il invente le diorama qui combine des éclairages en avant et en arrière d'une toile de projection.

Associé à N. Niepce qui est ruiné, il contribue à perfectionner la photographie, inventée par ce dernier. Il poursuit les travaux après le décès de son associé, il invente des procédés de révélation d'images, de dissolution de l'iodure d'argent et de fixage des images. Ces inventions sont bien accueillies par l'Académie des sciences, mais malheureusement pas par les industriels français.

Daguerréotype : procédé de fixation d'images sur une plaque de cuivre argenté, soumise à une vapeur d'iode avant exposition à la lumière et à la vapeur de mercure après l'exposition.

DALTON John

Eaglesfield (Grande-Bretagne) 1766 – Manchester 1844

Fils d'un modeste tisserand, John Dalton suit des premières études dans une école tenue par des quakers et c'est dans une telle école qu'il commence lui-même à enseigner. En 1791, il donne des cours publics quand une première possibilité en ce sens s'offre à lui. En 1792, il occupe un poste de professeur de mathématiques et de philosophie naturelle à Manchester dans une école nouvelle mais, en 1800, s'estimant mal payé, il fonde à Manchester sa propre école. Plus tard, pour faire connaître ses travaux scientifiques, il donnera des conférences publiques à Londres, à Manchester et à Édimbourg.

Les circonstances qui amènent J. Dalton à s'intéresser à la physique et notamment au comportement des gaz sont peu connues. On sait que, dès 1787, il fait des relevés de météorologie. Ce sont peut-être ces premières études qui l'amènent à présenter devant la « Manchester Literary and Philosophical Society » trois communications qui annoncent déjà le futur énoncé de sa loi des pressions partielles présentée en 1801. L'air est vu par exemple comme un mélange de gaz indépendants contribuant séparément à la pression de l'ensemble. Après avoir dans cette optique étudié la solubilité de différents gaz dans l'eau, il se tourne vers l'étude de gaz qui peuvent s'unir pour former un nouveau composé chimique. Sans apparemment faire d'expériences lui-même mais en s'aidant de résultats existants et en suivant son intuition, il avance l'idée que les composés chimiques sont formés de combinaisons des atomes des différents éléments dans des proportions bien définies. Cette idée sera clairement exprimée dans son *New system of Chemical Philosophy* publié en 1808.

Cette publication explique pourquoi J. Dalton est souvent considéré comme l'inventeur de l'atomisme en chimie. Plus justement sans doute, on peut considérer que l'atomisme est une idée qui s'est établie au début du XIXe siècle par des apports venus d'horizons différents, ceux de J. Dalton bien entendu, mais aussi ceux de L. Gay-Lussac, de A. Avogadro et de A. M. Ampère. Après ces différentes contributions, les tables des poids atomiques des divers éléments, établies par J. Berzelius entre 1814 et 1828, viennent s'inscrire dans la ligne de ces approches nouvelles, même si la communauté des chimistes n'acceptera vraiment l'hypothèse de l'atomisme qu'après le congrès de Karlsruhe de 1860.

Loi de Dalton : dans un mélange de gaz en équilibre, la pression totale peut être considérée comme étant la somme des pressions partielles exercées par chaque constituant, chaque pression partielle étant égale à celle que le constituant exercerait s'il occupait seul le volume total du mélange. Cette loi suppose qu'un mélange de gaz est une simple juxtaposition des volumes des différents constituants, ce qui n'est vrai que dans l'approximation des gaz parfaits.

Publications

« Meteorological Essays » (1823), « Introduction to the study of chemical philosophy » (1839).

DANIELL John Frederic

Londres 1790 – Londres 1845

Après des études effectuées dans un cadre familial privé, John Daniell est chargé en 1820 d'étudier les différentes possibilités d'éclairage de la ville par le gaz. Remarquable expérimentateur, il invente plusieurs dispositifs parmi lesquels un hygromètre à condensation, un baromètre à eau qui ne donne pas entière satisfaction, et un pyromètre pour contrôler les fours à haute température.

Son nom est attaché à l'invention en 1836 d'une pile électrique à deux liquides, spécialement conçue pour éliminer la gaine d'hydrogène qui se forme dans une pile à un seul électrolyte et qui bloque le passage du courant. Cette pile connaît par la suite un usage intensif.

J. Daniell se révèle être un excellent vulgarisateur.

Pile Daniell : pile à électrodes concentriques de zinc et de cuivre, contenant deux électrolytes, de l'acide sulfurique dilué et une solution de sulfate de cuivre, séparés par une paroi poreuse. Cette pile fournit une tension nominale de 1,08 V et elle présente l'avantage par rapport à celle de A. Volta de ne pas se polariser pendant son fonctionnement.

DAVIS Raymond

Washington 1914-2006

Raymond Davis mène des études à l'université de Yale où il commence des recherches de chimie. Son premier emploi est celui de chercheur en chimie dans la société Monsanto à Dayton. Recruté en 1948 comme chercheur par le laboratoire de Brookhaven, il consacre une grande partie de sa vie à la détection des neutrinos solaires.

W. Fowler, A. Cameron et E. Salpeter ont montré en 1958 que, dans des conditions extrêmes de température et de pression du cœur du Soleil, des réactions thermonucléaires, catalysées par le bore, délivrent des neutrinos dont les énergies atteignent le MeV. B. Pontecorvo et L. Alvarez avaient indiqué dès les années quarante que ces neutrinos seraient capables de réagir sur des noyaux de chlore en les transformant en noyaux radioactifs d'argon.

En 1970, R. Davis et ses collaborateurs installent un réservoir de 400 mètres cubes rempli de tétrachloroéthylène au fond de la mine « Homestake Gold Mine » du Sud Dakota. Ils se protègent ainsi des effets parasites créés par les particules chargées du rayonnement cosmique. Ils détectent et identifient les réactions des neutrinos par la radioactivité bêta de l'argon. Poursuivie pendant plus de vingt ans, cette expérience a toujours donné des estimations de flux de neutrinos inférieures aux calculs théoriques. Des expériences récentes, sensibles aux neutrinos de moindre énergie, confirment aujourd'hui les résultats de l'équipe de R. Davis. L'écart entre la théorie, particulièrement développée par J. Bahcall, et l'expérience, est aujourd'hui encore significatif et n'a toujours pas trouvé d'explication satisfaisante.

R. Davis enseigne à l'université de Philadelphie à partir de 1984. Il participe à l'analyse des pierres lunaires.

Publication

« Neutrino astronomy » (1987).

DAVISSON Clinton Joseph

Bloomington (Illinois) 1881 – Charlottesville (Virginia) 1958

Joseph Davisson effectue des études à l'université de Chicago où il apprécie son professeur R. Millikan. Nommé instructeur de physique à Princeton chez O. Richardson, il prépare son doctorat en 1911 sur l'émission thermique d'ions positifs des sels alcalins. Il épouse Charlotte, la sœur de son maître. Il est nommé professeur à l'Institut de technologie de Carnegie, près de Pittsburg.

Son engagement volontaire pour le combat contre l'Allemagne ayant été refusé, il entre en 1917 aux laboratoires de la société « Western Electric Company », la future Bell Telephone, pour travailler dans les télécommunications militaires. Après la guerre, il reste dans le milieu industriel où il peut poursuivre des recherches. Afin de mieux comprendre l'émission des électrons secondaires des grilles des tubes à vide, il étudie systématiquement le bombardement d'une poudre métallique par des électrons faiblement accélérés à 1500 volts. En 1919, avec C. Kunsman, il met en évidence la présence d'électrons diffusés élastiquement à grand angle par le métal. Ensemble, ils proposent d'utiliser ces électrons pour explorer la structure de l'atome et ils construisent un nouvel appareillage dans cette perspective. Les résultats sont décevants et les recherches sont interrompues pendant deux années.

En avril 1925, en reprenant ces expérimentations avec L. Germer, suite à une recristallisation imprévue de la cible constituée initialement d'une poudre de nickel, il constate que la distribution angulaire des électrons diffusés est différente. Une petite proportion des électrons est diffractée dans des directions privilégiées, comme s'il s'agissait de rayons X.

Pendant l'été 1926, à l'occasion d'un colloque en Angleterre, C. Davisson est informé de la proposition de L. de Broglie d'associer aux particules une onde de longueur d'onde égale à $\lambda = h/p$. Il apprend que d'autres physiciens ayant eu connaissance de la thèse de L. de Broglie bien avant lui ont tenté des expérimentations mettant en évidence l'aspect ondulatoire des particules mais n'ont pas réussi. À son retour, après avoir lui-même rencontré quelques difficultés expérimentales, il vérifie définitivement le bien fondé de cette proposition en mesurant la distribution angulaire des électrons diffusés par un cristal parfait de nickel. Il répète l'expérience avec d'autres cristaux. De brillantes expériences viennent ensuite confirmer l'association onde-particule tout au long de l'année 1927. Il partage le prix Nobel de Physique en 1937 avec G. P. Thomson.

En 1946, il quitte la Bell Telephone pour accepter un poste de professeur à l'université de Virginie à Charlottesville.

La diffraction des électrons n'est pas restée dans le seul domaine fondamental, elle remplace avantageusement la diffraction des rayons X pour étudier les cristaux. Elle est mise à profit dans la microscopie électronique qui sera développée après la Deuxième Guerre mondiale.

DEBYE Petrus Josephus Wilhelmus

Maastricht 1884 – Ithaca (New York) 1966

Néerlandais de naissance mais habitant à proximité de la frontière allemande, Peter Debye effectue ses études au collège d'Aix-la-Chapelle, où il suit les enseignements de W. Wien et de A. Sommerfeld. Scientifique particulièrement fécond, il publie plus de 250 articles.

En 1910, avec D. Hondros, il effectue des calculs de propagation des ondes électromagnétiques dans les guides diélectriques. Leurs résultats sont toujours valables aujourd'hui pour prévoir le comportement d'un signal électrique se propageant dans une fibre optique.

En 1912, il introduit la notion de moment dipolaire moléculaire permanent afin d'expliquer le comportement de l'indice optique de certains corps en fonction de la température.

Ses contributions à la physique les plus marquantes concernent l'étude des chaleurs spécifiques des solides. En 1914, il introduit dans le calcul de l'énergie interne les contributions de toutes les fréquences propres de vibrations réparties sur un large spectre. Il explique ainsi le comportement correct des chaleurs spécifiques au voisinage du zéro absolu, observé par P. Eucken. Son approche en termes de spectre complexe de phonons le conduit à une compréhension de l'état solide.

En 1918, avec P. Scherrer, il introduit le facteur de forme atomique afin d'interpréter la distribution angulaire des rayons X diffractés par un cristal.

En 1923, il effectue le calcul quantique de l'effet Compton.

Il propose avec G. Hückel une théorie de la conduction des électrolytes par analogie avec l'interprétation des cristaux ioniques. Il introduit l'effet d'écran des électrons, lequel se retrouve aussi dans le comportement des plasmas.

Indépendamment de L. Brillouin, il suggère d'utiliser les ondes acoustiques stationnaires pour créer au sein d'un liquide un réseau artificiel sur lequel peut interférer un faisceau de lumière. Cette idée est reprise au plan expérimental par L. Mandelstam et par C. Raman. Dans le domaine de la diffusion de la lumière, il applique les idées de Lord Rayleigh à des solutions de polymères et il en déduit une détermination de leurs masses moléculaires.

En 1926, en même temps que W. Giauque, il suggère d'utiliser la désaimantation rapide d'un sel paramagnétique pour obtenir des basses températures.

Il reçoit le prix Nobel de Chimie en 1936.

Exposant ses idées de manière particulièrement claire, il enseigne successivement à Munich, à Utrecht, à Göttingen, à Zurich, à Leipzig, à Berlin. Refusant en 1939 de prendre la nationalité allemande, il est chassé d'Allemagne par les nazis et émigre aux États-Unis où il est accueilli à l'université de Cornell.

W. Heisenberg lui reprochait de passer trop de temps à contempler les roses de son jardin, mais il reconnaissait que la science restait sa motivation principale. Peter Debye a laissé le souvenir d'un « homme heureux ».

Température de Debye : paramètre caractéristique des vibrations internes d'un cristal qui apparaît dans le calcul de sa chaleur spécifique.

Longueur de Debye, écran de Debye : épaisseur caractéristique de la couche d'électrons qui fait écran à une perturbation électrique dans un plasma ou dans une solution ionique. Elle augmente comme la racine carrée de la température.

Loi de Debye : au voisinage du zéro absolu, la chaleur spécifique d'un solide varie comme le cube de la température, ce que P. Debye explique en faisant intervenir un spectre de fréquences de vibrations, y compris les basses fréquences. Le premier modèle quantique, celui d'A. Einstein, n'introduisait qu'une seule fréquence propre de vibration. Il expliquait bien la nullité de la chaleur spécifique au zéro absolu, mais il conduisait à une dépendance exponentielle avec la température, incompatible avec les résultats expérimentaux de P. Eucken.

Chambre de Debye-Scherrer : chambre de forme cylindrique adaptée à l'enregistrement de la diffusion des rayons X sur les poudres polycristallines.

Anneau de Debye : halo de diffusion des rayons X dans un liquide, caractéristique de la distance moyenne entre deux molécules voisines.

Relation de Langmuir-Debye : résultat du calcul de la constante diélectrique d'un gaz contenant des particules possédant un moment dipolaire électrique permanent.

Le debye : unité de moment dipolaire électrique.

Publications

« Polar molecules » (1929), « The dipole moment and chemical structure » (1931), « The structure of matter » (1934).

DEHMELT Hans Georg

Görlitz (Allemagne) 1922

Passionné de radioélectricité dès son plus jeune âge, Hans Dehmelt commence ses études à Kloster, tout en continuant à manipuler sur des petits montages d'électronique. Prisonnier de guerre en France, il revient en Allemagne en 1946 et il termine ses études à Göttingen. Son travail de thèse fait état de sa découverte de la résonance nucléaire quadrupolaire. Il mène ensuite sa carrière universitaire à Duke et à Seattle aux États-Unis.

En 1958, il montre que le rapport gyromagnétique des électrons libres est bien le même que celui des électrons liés aux atomes.

Tous ses travaux sont ensuite orientés vers la conception de pièges à ions ou à électrons de plus en plus performants afin d'améliorer les conditions de la spectroscopie de précision. Il améliore la trappe dite « de Penning » qui combine les actions de champs magnétique et électrique. En 1973, il réalise un piège pour électron isolé, ce qui permet de mesurer son moment magnétique avec douze décimales significatives, ce qui constitue un test extrêmement précis de l'électrodynamique quantique. En 1981, il réussit à piéger un positron.

En 1989, il partage le prix Nobel de Physique avec N. Ramsey et avec W. Paul qui a initié la conception des pièges atomiques.

DELAMBRE Jean-Baptiste Joseph

Amiens 1749 – Paris 1822

Après avoir suivi des études littéraires à Amiens puis à Paris, Jean-Baptiste Delambre commence à gagner sa vie en assurant des traductions d'ouvrages et en exerçant une profession de précepteur privé. Attiré par l'astronomie, il se met à l'étude des mathématiques et, à l'âge de trente ans, il vient suivre les cours d'astronomie de J. de Lalande au Collège de France. Celui-ci le remarque et en fait son assistant et collaborateur scientifique.

J.B. Delambre commence en 1786 avec C. Messier des observations astronomiques à l'observatoire de l'hôtel Cluny à Paris. Ses qualités lui valent d'être choisi par l'Académie des sciences pour entreprendre des mesures de géodésie. En 1788, l'Académie décide en effet d'établir un système de mesures basé sur des quantités jugées invariables, le mètre remplaçant comme unité de longueur la toise, unité empirique employée jusqu'alors. Après avoir examiné diverses possibilités, la commission chargée de ce projet propose de prendre comme base d'unité de longueur la longueur d'un quart de méridien terrestre et le mètre serait défini par la dix-millionième partie de cette quantité. De façon pratique, il est alors décidé de mesurer en toises la distance entre Dunkerque et Barcelone, ce qui représenterait après corrections de longitude le quart du méridien terrestre. La France avait acquis une solide tradition en géodésie, grâce en particulier à la famille Cassini. J.D.

Cassini, directeur de l'Observatoire de Paris, avait participé aux premiers travaux de la commission chargée d'élaborer ce projet mais, pour des raisons politiques liées à la Révolution, il avait fini par décliner l'offre de prendre la direction de cette mesure. Le choix de l'Académie des sciences se porte alors sur P. Méchain, collaborateur de J.D. Casssini et sur J.B. Delambre, alors nouveau membre de cette institution. Ces deux scientifiques se partagent le travail, l'un se chargeant de la partie Nord du projet (distance Dunkerque-Rodez), l'autre de sa partie Sud (distance Rodez-Perpignan). Cette importante entreprise est mise sur pied mais elle rencontre de multiples difficultés, dues surtout aux événements liés à la Révolution. Le travail de base reposait sur des mesures de triangulation et il dure une dizaine d'années. Il était terminé quand Méchain meurt en 1804. J.B. Delambre se charge alors de terminer le travail et d'écrire le rapport final qui occupe trois volumes dont le dernier est édité en 1810. Entre temps, J.B. Delambre était devenu membre du Bureau des longitudes fondé en 1795 et ancêtre du Bureau des poids et des mesures. En 1807, il succède à J. de Lalande comme professeur d'astronomie au Collège de France.

En 1812, à l'âge de 63 ans, J.B. Delambre se met à écrire une histoire de l'astronomie, travail qu'il conduira jusqu'à sa mort. Cette histoire comprendra six volumes édités de son vivant et un dernier volume paraîtra après sa mort. J.B. Delambre a voulu faire œuvre technique mais il n'a pu s'empêcher d'apporter des points de vue expéditifs par des déclarations telles que celle-ci : « Ce n'est pas notre faute si, en astronomie, Descartes n'a produit que des chimères ». Ses jugements de valeur n'ont pas tous été repris par les historiens des sciences modernes.

Publication

« Histoire de l'astronomie » (1817).

DEPREZ Marcel

Aillant-sur-Milleron (Loiret) 1843 – Vincennes 1918

Marcel Deprez est recruté par l'École des Mines de Paris comme adjoint au directeur. Il commence divers travaux de recherche. Pendant le siège de Paris en 1870, il recherche activement des armes nouvelles de défense.

En 1882, il est le co-inventeur avec J. d'Arsonval du galvanomètre à cadre mobile.

Ses travaux ultérieurs concernent principalement le transport d'énergie par l'électricité. Avec une machine de Gramme et un câble électrique, en collaboration avec J. Carpentier, il met au point en 1883 le transport de Vizille à Grenoble de la puissance d'une machine à vapeur de sept chevaux. Il est l'inventeur du cable à haute tension pour transporter l'électricité en minimisant les pertes par effet Joule.

À partir de 1890, il enseigne au Conservatoire des arts et des métiers. Il contribue à la vérification de l'équivalence entre le travail et la chaleur.

DESCARTES René du Perron

La Haye (Touraine)1596 – Stockholm 1650

Le père de René Descartes était conseiller au Parlement de Bretagne et sa mèrc appartenait à une famille de noblesse de robe, ce qui assura au jeune René une certaine indépendance financière. R. Descartes fait des études au collège jésuite de La Flèche où il reçoit une solide formation en mathématiques, en physique et en philosophie. Après avoir étudié le droit à l'université de Poitiers, il s'engage comme militaire aux Pays-Bas dans l'armée du prince Maurice de Nassau. Aux Pays-Bas, il fait la connaissance de Isaac Beekman. Ce dernier avait une formation scientifique, il était de huit ans l'aîné de R. Descartes et il avait travaillé sur des problèmes de mathématiques et de physique. Esprit cultivé, il fait part à son interlocuteur de certains problèmes rencontrés en mathématiques, en mécanique et en acoustique. R. Descartes commence alors à travailler sur la physique de la musique et, en novembre 1619, il passe une nuit de veille qui influencera sa vie future. D'après le témoignage de R. Descartes lui-même, la révolution « cartésienne » aurait pris naissance cette nuit-là, basée sur le doute systématique et sur la reconstruction du monde à partir de grands principes. Une ligne de travail se dessine pour lui cette nuit-là, même s'il ne s'y consacre pleinement qu'une dizaine d'années plus tard, après un voyage en Italie de 1623 à 1625 et un séjour à Paris de 1625 à 1628. À Paris, il rencontre le Père Mersenne et il décide en 1628 de se retirer aux Pays-Bas pour y mener des recherches en solitaire. En 1637, paraît le *Discours de la méthode*, fondement de sa nouvelle philosophie, ainsi que *La Dioptrique* et *La Géométrie* qui se veulent des exemples concrets de sa nouvelle méthode.

En mathématiques, R. Descartes introduit l'utilisation de l'algèbre dans la géométrie, créant ainsi une nouvelle géométrie « analytique ». En physique, son œuvre se présente avant tout comme une déduction théorique à partir des grands principes. Il établit ainsi le principe du mouvement d'inertie introduit antérieurement par Galilée. Il déduit également la loi de la réflexion en optique, loi déjà connue et il établit la loi de la réfraction $sin\ i = n\ sin\ r$. Plus tard, on s'apercevra qu'un scientifique hollandais, W. Snellius, avait déjà trouvé cette loi qu'on a retrouvée dans ses écrits, sans toutefois la publier. R. Descartes a-t-il eu connaissance de ce résultat ? Nulle preuve n'en existe mais des allégations dans ce sens seront émises plus tard, par exemple par C. Huygens.

La physique de Descartes laisse peu de place à l'expérience car elle se veut d'abord science déductive. Sur deux points au moins, R. Descartes s'est trompé. Il prédisait en mécanique une conservation numérique de la moderne quantité de mouvement, alors que cette loi de conservation n'intervient que de façon géométrique. R. Descartes voyait également dans la lumière un phénomène qui s'établissait instantanément, c'est-à-dire à vitesse infinie. Sur ces deux points, les résultats de la physique expérimentale vont montrer qu'il se trompait. Bientôt d'ailleurs, la physique cartésienne se verra supplantée par la physique newtonienne, plus proche de l'expérience.

Formule de Descartes : expression reliant pour une lentille mince les distances objet p_o et image p_i sous la forme : $1/p_o + 1/p_i = 1/f$, où f est la distance focale.

Lois de Descartes : lois, pour la lumière, sur les angles de la réflexion $(i = i')$ et de la réfraction $(\sin i = n \sin r)$, les angles i, i' et r étant repérés par rapport à la normale à la surface.

DESLANDRES Henri Alexandre

Paris 1853 – Paris 1948

Après des études effectuées à l'École polytechnique, Henri Deslandres commence une carrière militaire dans le corps du génie. Il quitte l'armée pour se livrer à des recherches en physique à l'École polytechnique et à la Sorbonne. Dans sa thèse, il établit la loi qui donne les fréquences des raies des spectres de bande des émissions moléculaires.

Il s'oriente ensuite vers l'astronomie en entrant d'abord à l'Observatoire de Paris, puis à celui de Meudon où il se consacre à l'étude du Soleil. En 1894, presqu'en même temps que G. Hale, il invente le spectrohéliographe qui lui permet de prendre des clichés du Soleil en lumière monochromatique.

Il montre que Saturne ne tourne pas comme un corps solide et que la rotation d'Uranus s'effectue en sens inverse des autres planètes.

En 1902, il suggère l'existence d'émission d'ondes radioélectriques par les astres, émissions qui ne seront détectées que quarante années plus tard.

Tout au long de sa carrière, H. Deslandres conserve un esprit militaire qui lui confère une certaine efficacité dans les travaux techniques et expérimentaux mais une faible motivation pour les aspects théoriques. Il ne s'est jamais intéressé à la nouvelle mécanique des quanta.

DEWAR James

Kincardine on Forth (Écosse) 1842 – Londres 1923

Après des études menées à Édimbourg, James Dewar s'oriente vers la chimie à Cambridge et à Londres. Ses travaux concernent pour une large part la physique et plus particulièrement la liquéfaction des gaz.

En 1892, en améliorant la bouteille de J. d'Arsonval, il invente le vase qui porte son nom et qui permet de conserver les gaz liquéfiés.

En 1895, en utilisant une détente de Joule-Thomson sur un gaz pré-refroidi à l'air liquide, il réussit à liquéfier l'hydrogène et en 1899 à le solidifier. Cette méthode sera utilisé plus tard par H. Kamerlingh Onnes pour liquéfier l'hélium.

Son objectif dans la liquéfaction des gaz est d'étudier les propriétés des substances à basse température, leurs affinités chimiques, leur magnétisme.

Avec F. Abel, il invente en 1891 un nouveau type de poudre sans fumée, la cordite.

Vase de Dewar ou « bouteille thermos » : récipient à double paroi de verre sous vide, les parois étant argentées. Afin de limiter les transferts de chaleur, le vide est amélioré par l'absorption de charbons actifs.

DICKE Robert Henry

Saint-Louis (Missouri) 1916 – Princeton 1997

Robert Dicke poursuit ses études à Princeton et à Rochester.

Reprenant l'expérience de R. von Eötvös, il établit l'équivalence entre la masse d'inertie et la masse de gravitation à la précision relative de 10^{-11}. De manière systématique, il recherche les effets de la relativité générale qui pourraient être décelés dans des expérimentations de très grande précision.

Comme P. Dirac, il envisage la possibilité d'une variation dans le temps de la constante de gravitation.

Il contribue à l'énoncé du principe anthropique de B. Carter.

Il s'intéresse au rayonnement thermique de l'univers dont il estime la température actuelle au voisinage de 10 °K. Il commence une expérimentation sur le toit du laboratoire pour le détecter mais il abandonne lorsqu'il prend connaissance des résultats de A. Penzias et de R. Wilson. Il participe avec P. Peebles à l'interprétation de ces résultats en terme de cosmologie.

DIRAC Paul Adrien Maurice

Bristol 1902 – Tallahassee (Floride) 1984

Se destinant à la technique, Paul Dirac obtient en 1921 un diplôme d'ingénieur électricien à Bristol. Il poursuit ensuite des études supérieures de mathématiques à l'université de Cambridge.

Il est d'abord très intéressé par la nouvelle mécanique quantique proposée par W. Heisenberg en 1925. Il établit la correspondance entre cette nouvelle mécanique, fondée sur la non-commutativité des opérateurs, et la mécanique classique dans le formalisme de Hamilton. Il recherche ensuite un formalisme mathématique capable d'assurer la compatibilité entre la relativité restreinte et les mécaniques quantiques de Schrödinger et de Heisenberg. Son point de départ est l'équation de Klein-Gordon qui décrit bien une particule relativiste mais a le défaut d'introduire une dérivée seconde par rapport au temps. Un processus de linéarisation le conduit, dès 1928, à l'équation qui porte son nom et qui fait intervenir le temps sous la forme d'une dérivée première. L'équation de Dirac peut être considérée comme le fondement de la mécanique quantique relativiste. Les solutions de cette équation introduisent de manière déductive les notions essentielles de spin et d'antiparticule. Cette équation permet de calculer les niveaux et les intensités de l'effet Zeeman.

Cette même année 1928, il publie deux autres articles sur une nouvelle formulation de la mécanique quantique et sur une théorie quantique du rayonnement électromagnétique.

Il effectue de nombreux voyages, au Japon avec Heisenberg en 1929, à Copenhague, à Princeton en 1934. Il est nommé à un poste de professeur de mathématiques à Cambridge en 1932.

La découverte du positron en 1932 vient confirmer sa prévision de l'existence des antiparticules. En 1933, il partage le prix Nobel de Physique avec E. Schrödinger.

P. Dirac est l'auteur de nombreuses suggestions originales qui n'ont pas toutes été vérifiées mais qui restent encore possibles aujourd'hui. Il émet l'idée que les constantes universelles aient pu avoir des valeurs différentes dans un lointain passé. En 1931, il suggère l'existence de monopoles magnétiques dont l'existence permettrait une approche symétrique des forces électriques et des forces magnétiques. Ces monopoles n'ont toujours pas été découverts expérimentalement. En 1937, à la suite d'une remarque de A. Eddington, il attire l'attention sur la coïncidence entre plusieurs grands nombres de la cosmologie, le rapport des forces électromagnétiques aux forces de gravitation, 1040, la longueur de l'univers mesurée avec l'unité fondamentale, la longueur Compton de l'électron, 10^{40}, le nombre de nucléons de l'univers, 1080. Considérant que ces coïncidences ne sont pas fortuites, B. Carter en arrive à l'énoncé du principe anthropique.

P. Dirac est optimiste. Il déclare en 1929 : « La théorie générale de la mécanique quantique est maintenant presque complète. Les lois physiques nécessaires pour une description mathématique de la physique et de la chimie sont maintenant connues ». Il a une position catégorique sur les relations entre la science et la religion : « Je ne vois pas en quoi l'hypothèse de l'existence d'un Dieu tout-puissant pourrait nous aider… La religion est une sorte d'opium que l'on donne au peuple pour le faire rêver ». Ce à quoi W. Pauli réplique : « Notre ami Dirac a lui aussi sa religion et cette religion a pour premier commandement : Dieu n'existe pas, et Dirac est son prophète ».

Équation de Dirac : équation d'onde qui décrit une particule, relativiste et massive. La fonction d'onde devient un spineur à quatre composantes qui décrivent les états du spin 1/2 et les états particule et antiparticule. Avant la découverte du positron, P. Dirac pensait que le proton était l'antiparticule de l'électron. R. Oppenheimer, le premier, indique que la bonne réponse est le positron.

Statistique de Fermi-Dirac : distribution des énergies des fermions contraints, par le principe de Pauli, à ne pas occuper à plusieurs une même case quantique. Par rapport à la distribution non-quantique de Maxwell, cette distribution est donc déplacée vers les énergies élevées. Ainsi, à la température ordinaire, l'énergie cinétique des électrons dans un métal est de l'ordre de quelques électronvolts au lieu de quelques centièmes d'électronvolt comme le prévoit la distribution classique de Maxwell.

Matrices de Dirac : ensemble de 5 matrices de dimension 4 qui servent à traiter l'équation de Dirac en décrivant les états de spin des fermions et leurs états particule-antiparticule.

Publications

« The principles of Quantum Mechanics » (1930), « Spinors in Hilbert space » (1974), « General theory of relativity » (1975).

DOLLOND John

Londres 1706 – Londres 1761

J. Dollond est issu d'une famille protestante de tisserands d'origine française. Il s'intéresse aux mathématiques, à l'astronomie, à l'étude des langues. Entraîné par son fils aîné Pierre, il se passionne pour l'instrumentation astronomique. Il améliore l'usage du micromètre.

J. Newton considérait que la réalisation d'un objectif astronomique dépourvu d'aberrations chromatiques était impossible. Reprenant une suggestion de C. Hall, L. Euler affirmait le contraire. Il est aussitôt critiqué par J. Dollond qui entreprend une expérimentation en pensant qu'il confirmera les idées de J. Newton. À l'encontre de ses préjugés, il est ainsi conduit à réaliser pour la première fois en 1758 un objectif achromatique en associant plusieurs lentilles de verres différents, le « flint » et le « crown ». Il s'empresse de prendre des brevets et mène ensuite une excellente commercialisation de cette avancée technique qui trouve de nombreuses applications, non seulement en astronomie mais en télégraphie optique et en métrologie.

DOPPLER Christian Johann

Salzbourg 1803 – Venise 1853

De santé fragile, Christian Doppler effectue ses études à Vienne et à Salzbourg. Professeur de mathématiques, d'abord à Prague, ensuite à Vienne, il est l'auteur en 1842 de l'effet qui porte son nom et qui concerne le changement de fréquence d'un signal périodique entre son émission et sa réception lorsque la source est en mouvement. Cet effet a été vérifié pour la première fois par Buys Ballot en 1845 à Utrecht en utilisant le déplacement d'un train dont un wagon est occupé par des musiciens jouant de la trompette. Ce phénomène est aussi bien observé pour les ondes acoustiques que pour les ondes lumineuses. L'effet Doppler de la lumière émise par les étoiles a permis de déceler leur vitesse d'éloignement par rapport à la Terre suivant le mouvement d'expansion de l'univers.

C. Doppler croyait que toutes les étoiles émettent la même lumière blanche et que leurs colorations différentes provenaient de leurs décalages optiques liés à leurs différentes vitesses. Cette idée n'est que partiellement vraie. Pour la plupart des étoiles visibles, les décalages vers le rouge dus à l'effet Doppler sont imperceptibles. Pour les étoiles lointaines, les décalages sont considérables mais ces étoiles ne sont pas visibles à l'œil nu.

Effet Doppler-Fizeau : la variation relative de la fréquence d'un signal périodique entre son émission et sa réception est égale au rapport de la vitesse relative entre le récepteur et l'émetteur à la vitesse de propagation du signal. Cet effet a été démontré mathématiquement par C. Doppler et découvert de manière indépendante par A. Fizeau. Il existe en acoustique et en astronomie. Le calcul effectué en théorie relativiste conduit à une formule différente, plus générale, mais qui conduit dans l'approximation des faibles vitesses à la formule de Doppler-Fizeau.

DRAPER Henry

Prince Edward County (Virginie)1837 – New-York 1882

Fils d'un professeur de chimie à l'université de New-York, Henry Draper fait d'abord des études de médecine. Pour les besoins de sa thèse de médecine, il utilise un daguerréotype, appareil de photographie inventé en France par L. Daguerre vers 1835. Attiré par l'astronomie, il a l'idée d'employer ce daguerréotype pour l'observation des étoiles. En marge d'un travail de médecine à l'hôpital, il se met à fabriquer lui-même un télescope en y associant cet instrument. Dès 1863, il réalise de premières photos de la Lune. Devenu entre temps professeur de sciences naturelles à l'université de New-York, il continue à travailler sur des projets de photographie des étoiles en y associant un spectrographe. En 1837, il obtient la photographie du spectre du Soleil. Travaillant à améliorer sa technique, il prend des photos de spectres d'étoiles, confirmant au passage la présence d'hydrogène dans l'étoile Véga. Il meurt à l'âge de 45 ans à la suite d'une pleurésie contactée au cours d'une expédition dans les Montagnes Rocheuses.

H. Draper est surtout connu par le catalogue d'étoiles qu'il a commencé vers 1890, que son épouse continue après sa mort prématurée et à qui les astronomes ont donné son nom. Ce catalogue contient les informations les plus complètes sur plusieurs milliers d'étoiles. Entre 1918 et 1928, un nouveau « Henry Draper Catalogue » est constitué. Il contient les spectres de 240 000 étoiles.

DRUDE Paul Carl Ludwig

Brunswick 1863 – Berlin 1906

Paul Drude commence des études supérieures en mathématiques à Göttingen, à Freiburg, à Berlin. De retour à

Göttingen en 1894, sous l'influence de W. Voigt, il s'oriente vers la physique théorique.

Enseignant à Leipzig, il s'intéresse aux problèmes des communications radioélectriques. Il acquiert la conviction que la récente théorie de J. Maxwell doit aussi s'appliquer à l'optique. Il contribue ainsi à la naissance de l'optique électromagnétique.

Travaillant sur des cristaux, il pense que la minéralogie ne se réduit pas à la seule mécanique. Progressivement, il introduit l'électromagnétisme pour expliquer les propriétés optiques. Il montre que l'onde électromagnétique doit être transverse. Il échoue dans sa tentative de relier l'absorption de la lumière à la conductivité du milieu traversé. Il montre que les métaux se distinguent des isolants par la présence de nombreux électrons libres. Il établit en 1902 la première théorie classique des électrons libres dans les métaux, reliant la conductivité électrique à la réflexion de la lumière.

Utilisant la théorie cinétique des gaz, il établit la relation entre les conductivités électrique et thermique. Dans sa recherche des connexions existant entre les propriétés optiques, thermiques et électriques de la matière, il établit une relation entre la constante diélectrique et l'indice de réfraction.

En 1901, il dirige l'Institut de physique de Giessen. En 1905, il est nommé à Berlin mais il décède peu après.

Relation de Drude ou loi de Wiedemann-Franz : le rapport entre les conductibilités électrique et thermique des métaux est proportionnel à la température et ne dépend pas de la nature du métal.

Publications

« Physik des Aethers » (1892), « Lehrbuch des Optik » (1900).

DUANE William

Philadelphie 1872 – Devon 1935

Fils de pasteur, William Duane est un descendant de B. Franklin. Il mène ses études aux universités de Harvard et de Pennsylvanie. Il effectue ensuite de longs séjours à Berlin et à Göttingen. En 1898, il est nommé professeur à l'université du Colorado où il étudie le multiplexage en télégraphie. Après un séjour en 1904-1905 au laboratoire des Curie, en France, il effectue quelques recherches en radioactivité.

Il continue à s'intéresser aux aspects les plus fondamentaux de la physique. Il réalise en 1915 avec Hunt une des premières déterminations de la constante de Planck en mesurant la fréquence maximum du spectre des rayons X émis par un faisceau d'électrons d'énergie déterminée.

Adversaire de Compton, il conteste l'aspect corpusculaire de la lumière.

En concurrence avec les Bragg, il propose de déterminer la distribution des charges des atomes par la transformée de Fourier de la distribution angulaire des rayons X diffractés.

Professeur de biophysique en 1917 à Harvard, il développe la thérapie du cancer par irradiation. Il participe à la conception de nouveaux tubes à rayons X, mieux adaptés à l'usage médical.

Dès 1923, il suggère que des molécules excitées pourraient céder de l'énergie à un faisceau de lumière. Il anticipe ainsi l'invention du laser.

Loi de Duane-Hunt : il existe une valeur extrême dans le spectre des fréquences des rayons X émis par des électrons d'énergie fixe.

DUFAY Charles François de Cisternay

Paris 1698 – Paris 1739

Influencé par son père militaire, Charles de Cisternay Dufay entreprend une carrière militaire et il participe à une campagne en Espagne. Passionné de chimie, il s'intéresse aux phénomènes surprenants de la physique et de la chimie si bien qu'en 1722 il est associé à l'Académie des sciences. Sa première contribution scientifique est l'étude de la phosphorescence qui apparaît dans la vapeur de mercure, par exemple au niveau supérieur des baromètres. D'esprit universel, il passe d'un sujet à l'autre.

Se consacrant finalement sur des sujets de physique à partir de 1733, il tente d'expliquer les premières manifestations de l'électricité. Analysant les forces attractives ou répulsives, il conclut à l'existence de deux formes d'électricité, sa forme « résineuse » et sa forme « vitrée ». Il découvre la conduction le long d'une corde humide et la conductivité des flammes. Il étudie les conditions d'apparition des étincelles électriques. En 1737, il imagine le premier électromètre à feuille d'or.

Il effectue une première analyse des différentes activations de la phosphorescence, par friction, par échauffement, par absorption de lumière.

Il est aussi un grand promoteur du Jardin des Plantes de Paris, le jardin du roi.

Publication

« Mémoire sur le baromètre lumineux » (1722).

DUHEM Pierre Maurice Marie

Paris 1861 – Cabrespine 1916

Fils de parents issus de la moyenne bourgeoisie catholique, Pierre Duhem fait des études secondaires au collège Stanislas de Paris avant de rentrer à l'École normale supérieure pour y poursuivre des études scientifiques. Dès sa scolarité, il s'intéresse à la thermodynamique théorique et il publie sur ce sujet un premier article en 1884. Désireux alors de soutenir une thèse de doctorat portant sur le potentiel thermodynamique, il se voit interdire ce sujet car il critique trop ouvertement des positions défendues par le chimiste M. Berthelot, alors tout-puissant à Paris. En 1888, il soutient une thèse sur un autre sujet mais sa controverse avec M. Berthelot laissera des traces. Bien qu'il soit reçu premier à l'agrégation de sciences physiques en 1885, il n'obtient pas la nomination qu'il souhaitait à Paris. Après avoir enseigné dans les Facultés de sciences de Lille puis de Rennes, il est nommé en 1894 professeur de physique à l'université de Bordeaux où il mènera alors toute sa carrière.

Les premières publications de P. Duhem ont trait à la thermodynamique, sujet de ses premières recherches théoriques. Son ambition est grande : faire de la thermodynamique une énergétique, science fondamentale de la physique. Ce projet se situe dans la ligne générale de « l'énergétisme », idée générale défendue par exemple en Allemagne par le chimiste W. Ostwald. Ses recherches aboutiront à la publication en 1911 d'un *Traité d'énergétique* qui est peut-être intéressant sur le plan historique mais qui n'aura guère de succès en physique car il s'oppose à toute idée d'atomisme.

Entre temps, P. Duhem s'est tourné vers deux autres sujets d'étude qui le rendront plus célèbres que la physique théorique elle-même. Il travaille sur la philosophie de la physique entre 1892 et 1906 et sur l'histoire des sciences entre 1904 et 1916. Sa thèse sur la physique peut être considérée comme constructiviste en ce sens où la théorie est présentée comme une construction élégante rendant compte le plus simplement possible de « l'ordre du monde », sans pour autant devenir science réellement prédictive. Le rôle de l'expérience se trouve minimisé car, selon P. Duhem, l'« experimentum crucis » n'existe pas.

Édité surtout après sa mort, son travail en histoire des sciences a été inspiré par un désir de réhabilitation de la science du Moyen Âge.

Bien que catholique convaincu, P. Duhem s'est toujours défendu de faire une « physique de croyant », ce dont ses adversaires l'accusaient ou le soupçonnaient.

Relation de Gibbs-Duhem : relation établie pour un système chimique hétérogène d'éléments. Formulée d'abord par W. Gibbs puis précisée un peu plus tard par P. Duhem, cette formule relie les variations de température et de pression à l'entropie et au volume par l'intermédiaire de potentiels chimiques des éléments constituants du mélange.

Publications

« La théorie physique. Son objet et sa structure » (Première édition en 1906, nouvelle édition chez Belin en 1987), « Traité d'énergétique » (1911), « Le système du monde. Histoire des doctrines cosmologiques de Platon à Copernic », 10 vol. (1913-1959).

DULONG Pierre Louis

Rouen 1785 – Paris 1838

Dans son enfance, Pierre Louis Dulong perd son père, puis sa mère, et il est pris en charge à Auxerre par une tante. Il peut suivre des études à Auxerre et il est reçu à l'âge de seize ans à l'examen d'entrée de l'École polytechnique à Paris. Des raisons de santé l'amènent à arrêter ses études en deuxième année de l'École polytechnique. Il veut alors se tourner vers la médecine mais, pour des raisons financières semble-t-il, il y renonce pour se consacrer à la chimie. Il trouve d'abord une place d'assistant au Collège de France dans le laboratoire de L. Thénard puis à Arcueil dans le laboratoire privé de C. Berthollet. Il est victime d'un accident de laboratoire dans lequel il perd un doigt et un œil mais il reprend des recherches, se tournant plus particulièrement vers l'étude des effets de la chaleur, peut-être à l'occasion d'une collaboration avec A. Petit, professeur à l'École polytechnique. Avec celui-ci, il étudie la dilatation du mercure, utilisé dans les mesures de températures, et il commence en 1818 un programme de mesures systématiques des chaleurs spécifiques de divers métaux légers. Tous les deux proposent en 1819 une loi qui porte maintenant leurs deux noms.

A. Petit meurt de tuberculose en 1820 et P. Dulong lui succède comme professeur à l'École polytechnique. Il continue des mesures de chaleurs spécifiques, notamment pour les gaz, soit à pression constante, soit à volume constant. Il en vient également à proposer des modifications au type de calorimètre proposé vers 1775 par P.S. de Laplace et A. Lavoisier. Après 1830, pour des raisons probables de santé, il abandonne son enseignement à l'École polytechnique pour occuper dans cette école le poste administratif de directeur des études.

Loi de Dulong et Petit : la chaleur spécifique atomique des corps solides simples est constante et égale à 6,2 calories/atome-gramme.

Cette loi est approximative à température assez élevée, bien qu'elle souffre de quelques exceptions (par exemple pour C et Si). À température plus basse, la valeur de la chaleur spécifique diminue. La forme de la dépendance n'a été expliquée qu'au début du XXe siècle, grâce à un traitement quantique de la répartition de l'énergie, introduit par A. Einstein, puis par P. Debye.

DUPOUY Gaston

Marmande 1900 – Toulouse 1985

Gaston Dupouy commence sa carrière universitaire à Bordeaux et il la poursuit à Toulouse où il est nommé professeur en 1937.

Après des premiers travaux sur les propriétés magnétiques des cristaux, il se consacre exclusivement à la microscopie électronique. Il construit le premier microscope français à lentilles magnétiques. Il poursuit dans ce domaine en créant à Toulouse un grand centre de microscopie dans lequel seront construits des microscopes à très haute tension. Ce domaine lui permet de faire la preuve de ses grandes qualités d'expérimentateur et de visionnaire.

Publications

« Éléments d'optique électronique » (1952), « Le microscope électronique et ses applications » (1950).

DYSON Frank Watson

Measham (Leicestershire) 1868
– en mer au large de l'Afrique du Sud 1939

Après des études menées à Cambridge, Frank Dyson s'oriente vers l'astronomie. Améliorant la précision des mesures angulaires à l'Observatoire de Greenwich, il confirme l'hypothèse de J. Kapteyn d'un mouvement général des étoiles proches suivant deux flux différents. Ce mouvement sera interprété plus tard comme une manifestation de la rotation globale de la galaxie.

Il organise des expéditions pour observer dans de bonnes conditions les éclipses du Soleil afin d'en étudier la couronne et, en 1919, afin de vérifier la prévision d'A. Einstein de la déviation des rayons lumineux passant au voisinage du Soleil, due à un effet de relativité générale.

Il organise la transmission par radio pour un large public de l'heure déterminée par les astronomes avec grande précision.

DYSON Freeman J.

Crowthorne (Angleterre) 1923

Ses études ayant été interrompues pendant la Deuxième Guerre mondiale, Freeman Dyson participe à l'effort de guerre en calculant l'efficacité des bombes. Il est traumatisé par les observations qu'il doit faire sur les zones bombardées au point de se demander s'il était vraiment dans le camp de la juste cause. Après avoir été l'avocat de l'arme nucléaire, il se range auprès des pacifistes.

Sa contribution principale concerne en 1949 la mise au point de l'électrodynamique quantique. Il montre que les approches de S. Tomonaga, de J. Schwinger et de R. Feynman sont équivalentes.

Il s'intéresse aussi à des problèmes scientifiques spéculatifs comme la détection d'une intelligence extraterrestre, la conception d'un véhicule spatial nucléaire, la commercialisation de l'énergie nucléaire.

Il enseigne à Princeton.

Publications

« Symetry groups in nuclear and particle physics » (1966), « Neutron stars and pulsars » (1971), « Disturbing the universe » (1979), « Values of war » (1983), « Weapons and hope » (1984), « Origins of life » (1986), « Infinite in all directions » (1988), « From Eros to Gaïa » (1992).

E

EDDINGTON Arthur Stanley

Kendal (Westmorlandshire) 1882 – Cambridge (Angleterre) 1944

Après des études menées à Manchester et à Cambridge, Arthur Eddington entre, en 1906, comme assistant à l'Observatoire de Greenwich où il s'initie aux techniques de l'astronomie.

En 1916, il effectue une étude thermodynamique de l'équilibre stellaire en introduisant pour la première fois le rôle important de la pression de radiation électromagnétique. Il s'affirme rapidement comme le maître incontesté de l'interprétation de la structure interne des étoiles stables. Il prolonge l'application de ses résultats aux étoiles variables.

En 1919, à l'occasion d'une éclipse du Soleil, il contribue à la vérification de la relativité générale en organisant trois expéditions pour observer une légère déviation du rayon lumineux lorsqu'il passe dans le champ de gravitation du Soleil. Tandis qu'il effectue sa propre observation dans une île du golfe de Guinée, d'autres mesures sont faites en des points différents de la Terre. L'une d'elles est effectuée par F.W. Dyson au Brésil. Les résultats sont dispersés mais la valeur moyenne est en accord avec la prévision. La confirmation définitive est acquise plus tard, pendant l'éclipse de 1923, avec la mesure précise de W. Campbell.

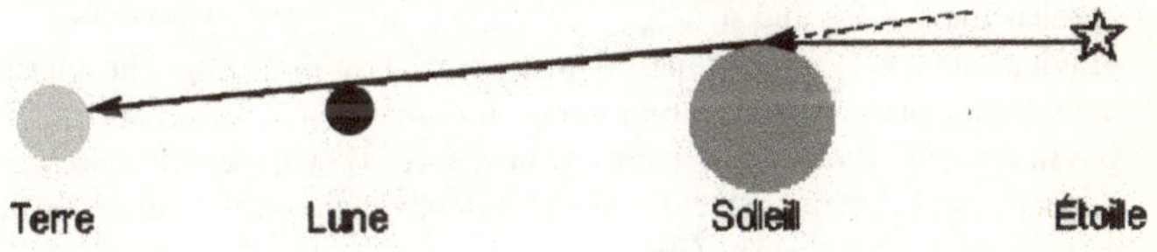

En 1924, A. Eddington donne l'interprétation du compagnon de Sirius, de rayonnement dix mille fois plus faible, une naine blanche bien identifiée. Il conclut à l'existence de densités aussi élevées que 10^5 fois celle du solide, conclusion vérifiée par la mesure du décalage gravitationnel vers le rouge par W. Adams à l'Observatoire du Mont Wilson. La stabilité de la naine blanche est interprétée en 1926 par R. Fowler comme résultant d'un équilibre entre la gravitation et la pression d'un gaz dégénéré d'électrons.

Le calcul du rayon de la géante rouge par A. Eddington est confirmé par la mesure de l'étoile Beltégeuse par G. Hale.

En 1924, A. Eddington établit une confirmation théorique de la relation empirique masse-luminosité proposée par E. Hertzsprung.

En 1927, il interprète définitivement le décalage vers le rouge des spectres des galaxies par une expansion continue de l'univers.

Fidèle à son éducation stricte de quaker, il reste célibataire, il vit avec sa mère et sa sœur, il est pacifiste pendant la guerre. Il est considéré par ses collègues comme « l'astrophysicien le plus distingué de son époque ». Les calculs de la relativité d'A. Einstein étant si ardus, la rumeur publique affirmait que seuls trois physiciens seraient capables de les effectuer. A. Eddington aurait alors déclaré : « Je me demande bien qui est le troisième ».

Publications

« Stellar movements and structure of the universe » (1914), « Space, time and gravitation » (1921), « Mathematical theory of relativity » (1923), « The internal constitution of the stars » (1926), « Stars and atoms » (1927), « The nature of the physical world » (1929), « New pathways in science » (1935), « Relativistic theory of proton and electron » (1936), « The philosophy of physical science » (1939), « The fundamental theory » (1946).

EDISON Thomas Alva

Milan (Ohio) 1847 – West Orange (New Jersey) 1931

L'instruction du jeune Thomas Edison est assurée par sa mère, une institutrice retirée. Très tôt, il acquiert par la lecture une très large culture. Bricoleur de génie dès l'âge de 12 ans, il installe une presse d'imprimerie dans le fourgon d'un train de nuit, il crée un journal et le vend aux passagers à l'arrivée du train au petit matin. Opérateur télégraphiste à Boston en 1864, il invente un télégraphe qui permet de faire passer en même temps sur le même fil deux messages en sens inverse, un « duplex ».

Devenu assez riche, il construit son laboratoire à Menlo Park et son usine à West Orange dans le New Jersey. Toujours guidé par les applications techniques et par les retombées économiques, il développe plusieurs inventions dont la plus célèbre est, en 1877, le phonographe. Le son est enregistré par une gravure sur une feuille d'étain qui couvre la surface latérale d'un cylindre. Il est restitué par le frottement d'une pointe dont les vibrations sont amplifiées par un pavillon en tôle.

Il perfectionne aussi la lampe à incandescence. Il trouve des solutions techniques avantageuses en augmentant la résistance électrique du filament et la tension d'alimentation. Il industrialise l'éclairage électrique en mettant au point la production et le transport de l'électricité. Il est le promoteur de la première électrification de la ville de New York.

Il améliore la projection cinématographique. Il développe des télégraphes à cinq ou six voies parallèles. Il industrialise l'accumulateur à fer-nickel. Il découvre la possibilité de redresser le courant alternatif par un dispositif qui préfigure la diode, inventée plus tard par J. Fleming.

Homme d'affaires habile, il réussit à rentabiliser ses inventions. Son laboratoire de Menlo Park peut être considéré comme le premier laboratoire industriel. La compagnie qu'il crée en 1889, la « Edison Light Company » devient plus tard la « General Electric Company ».

Il affectait un certain mépris pour les mathématiciens : « Je peux embaucher des mathématiciens, mais aucun d'eux ne penserait à m'embaucher ». Il a recruté H. Ford comme ingénieur et aussi N. Tesla avec lequel il ne s'est pas entendu.

En 1915, pendant la guerre, consultant du gouvernement, il propose la création d'un grand laboratoire national pour effectuer les recherches navales, le futur « Naval Research Laboratory » dont les objectifs sont les applications de la science à la marine. « Pas besoin de systèmes, pas besoin de règles, il suffit d'un tas de ferraille » (sous-entendu « pour construire un sous-marin ») disait T. Edison.

À sa mort, l'Amérique entière lui témoigne son respect en effectuant une extinction générale des lumières. T. Edison est l'une des personnalités en qui les américains modernes et entreprenants aiment à se reconnaître. Un journaliste américain disait qu'il était « brillant comme un français, plus minutieux qu'un allemand, et totalement américain dans sa façon d'appliquer son génie à des objectifs pratiques ».

Effet Edison : accroissement de l'émission des électrons avec la tension du filament de la cathode.

Publication

« The diary and sundry observations of Thomas Edison ».

EDLEN Bengt

Östergötland (Suède) 1906-1993

Bengt Edlen effectue ses études à Uppsala.

Lors de l'éclipse du Soleil de 1869, les astronomes avaient enregistré des raies optiques émises par la couronne solaire qu'ils avaient attribuées à un nouvel élément, le « coronarium ». B. Edlen montre en 1940 que l'atome de fer épluché de nombreux électrons est responsable de ces raies. Il montre que le calcium, le nickel, l'argon sont également capables de produire de telles raies exotiques. Des températures dépassant le million de degrés, nécessaires pour obtenir ces profondes ionisations, existent donc dans la couronne solaire.

Il participe à la nouvelle classification des étoiles fondée sur l'analyse des spectres optiques.

EINSTEIN Albert

Ulm (Allemagne) 1879 – Princeton 1955

Albert Einstein effectue des études, qualifiées de moyennes par ses professeurs, à l'Institut polytechnique de Zurich. Il suit l'enseignement de H. Minkowsky qui ne le remarque même pas. N'obtenant pas de poste académique, il accepte en 1902 un modeste emploi à l'Office Fédéral des Brevets à Berne. Cette activité lui laisse du temps libre pour effectuer des recherches personnelles et publier des articles. Il présente une thèse modeste sur une nouvelle détermination des dimensions moléculaires, mais surtout, en 1905-1906, il publie dans les Annales de Physique quatre articles exceptionnels.

Dans le premier article, il introduit la notion de photon, grain de lumière, particule associée au champ électromagnétique, d'énergie $E = h\nu$. Il tire cette conclusion d'une analyse comparative du rayonnement thermique et de l'effet photoélectrique. La nécessité de quantifier les émetteurs du rayonnement, proposée par M. Planck, et l'existence d'un seuil d'énergie dans le spectre de fréquence de l'effet photoélectrique, démontrée par P. Lenard, le conduisent à appliquer la quantification au rayonnement lui-même.

Dans le second article, il traite le mouvement brownien dans un formalisme probabiliste.

Dans le troisième article, il pose les fondements de la relativité restreinte, ce qui le conduit à suivre H. Lorentz dans la remise en cause de l'indépendance de l'espace et du temps.

Dans le quatrième article, en prolongement de son article sur la relativité, il est conduit à poser la fameuse formule $E = mc^2$ qui traduit l'équivalence entre la masse et l'énergie. Plus exactement, la masse d'un système est son énergie dans le référentiel où sa quantité de mouvement est nulle.

Ces propositions surprenantes trouvent immédiatement un écho favorable chez M. Planck, H. Lorentz et H. Minkowsky, mais nombreux sont les physiciens qui n'admettent pas les paradoxes de la relativité restreinte.

En 1916, A. Einstein propose une théorie encore plus révolutionnaire, la relativité générale. Le champ de gravitation *y* est interprété comme une courbure de l'espace-temps. Les corps pesants et les rayonnements se meuvent dans cet espace courbe comme s'ils étaient libres. Ils empruntent donc les chemins les plus courts par aller d'un point à un autre, les courbes géodésiques. Cette proposition surprenante trouve une première confirmation dans l'étude du mouvement de Mercure et une deuxième confirmation dans la déviation des rayons lumineux passant au voisinage du Soleil, observée pour la première fois en 1919 par trois expéditions organisées par A. Eddington à l'occasion d'une éclipse du Soleil par la Lune.

En 1947, A. Einstein commente la mort de M. Planck à l'un de ses assistants qui vient de la lui apprendre : « C'était un des êtres les plus intelligents que j'ai connus, mais vous savez, il n'a jamais vraiment compris la physique. Pendant l'éclipse de 1919, il est resté debout toute la nuit pour voir si elle allait confirmer la déviation de la lumière dans le champ gravitationnel du Soleil. S'il avait compris la façon dont la théorie de la relativité générale explique l'équivalence de la masse inerte et de la masse gravitationnelle, il serait allé se coucher comme moi ».

A. Einstein n'accepte pas l'interprétation probabiliste de la mécanique quantique défendue par le cercle de Copenhague autour de N. Bohr. Il ne veut pas renoncer au déterminisme que le flou de la fonction d'onde semble imposer au comportement de la particule. Il considère que la théorie n'est pas complète, mais il ne réussit pas à la « compléter ». Avec B. Podolski et N. Rosen, il propose en 1935 un paradoxe qui met à l'épreuve la propriété de non-séparabilité de la fonction d'onde quantique. Les résultats expérimentaux donnent raison à N. Bohr.

En apportant son aide à la publication du travail de S. Bose, il contribue à l'établissement de la théorie statistique des particules de spins entiers, connue aujourd'hui sous l'appellation de « théorie statistique de Bose-Einstein ». Appliquée au photon, cette théorie donne la formule exacte du rayonnement thermique, celui du corps dit « noir ». À partir d'une théorie quantique, il propose en 1917 l'existence de l'émission stimulée qui deviendra plus tard le phénomène de base du fonctionnement du laser.

Il est nommé professeur de physique successivement à Berne en 1909, à Zürich en 1910, à Prague en 1911, à Zurich en 1912, à Berlin en 1913. Il reçoit le prix Nobel de Physique en 1921 pour sa contribution à l'interprétation de l'effet photoélectrique, mais pas pour la relativité.

Victime en 1933 d'une campagne hitlérienne de dénigrement de sa théorie de la relativité, une « théorie juive », il doit fuir l'Allemagne, en passant par Paris, puis par la Belgique, pour finalement arriver aux États-Unis à Princeton où il restera jusqu'à la fin de sa vie. Son activité principale concerne désormais une tentative, qui n'aboutira pas, celle d'unifier l'électromagnétisme et la gravitation.

A. Einstein ne participe pas personnellement au projet Manhattan, mais, avec l'aide de L. Szilard, il écrit en 1940 une lettre au président Roosevelt pour lui confirmer la possibilité de construire une bombe atomique. Avec l'aide de N. Bohr, il écrit en 1945 une seconde lettre, adressée cette fois au Président Truman, pour le mettre en garde contre la prolifération de l'arme nucléaire.

Il n'hésite pas à prendre publiquement parti pour des causes telles que la création de l'État d'Israël, les atteintes à la liberté en Union Soviétique, le développement des armes nucléaires.

Ayant constaté dans sa jeunesse que ses gros orteils trouaient ses chaussettes, il n'en porte plus. Il ne dérogea jamais à cette pratique, même le jour où il se rendit à la Maison Blanche, invité par le Président Roosevelt.

Parmi les « mots » d'Einstein on peut retenir ce message : « La chose la plus incompréhensible, c'est que le monde est compréhensible ».

Statistique de Bose-Einstein : les particules de spin entier, les bosons, dans un gaz à l'équilibre thermodynamique, ont une distribution énergétique particulière, différente de celle des fermions, les particules de spin demi-entier. Le fait qu'elles n'ont pas à obéir au principe de Pauli leur permet d'occuper à plusieurs une même case quantique. En conséquence leur distribution est déplacée vers les basses énergies.

Paradoxe E. P. R. (Einstein, Podolsky, Rosen) : « si, en ne perturbant aucunement le système physique, on peut prédire avec certitude la valeur d'une quantité physique, alors il existe un élément de la réalité physique correspondant à cette quantité ». Ce paradoxe, exprimé en termes abstraits, est susceptible d'applications. La plus connue est l'expérience de la double désintégration en deux photons dans laquelle la mesure de la polarisation d'un photon implique la connaissance de celle de l'autre. Le test quantitatif est pratiqué par l'intermédiaire des inégalités de Bell.

Publications

« Sur l'électromagnétisme des corps en mouvement » (1924), « Les fondements de la relativité générale » (1917-1955), « La théorie de la relativité restreinte » (1921), « L'éther et la théorie de la relativité » (1921), « Quatre conférences sur la théorie de la relativité, faites à Princeton » (1924), « On the methods of theoretical physics » (1933), « Essays on science » (1934), « L'évolution des idées en physique, des premiers concepts aux théories de la relativité et des quanta » (1938), « Comment je vois le monde » (1935-1958), « Correspondance » (1980), « Autoportrait » (1985).

ELLIS Charles Drummond

1895-1980

Ancien élève de E. Rutherford, Charles Ellis est retenu prisonnier en Allemagne à partir de 1914 avec J. Chadwick.

Il expérimente sur les désintégrations bêta en utilisant une chambre d'ionisation. Il démontre expérimentalement l'existence des niveaux d'énergie nucléaire. Il sépare les électrons d'origine nucléaire de ceux qui viennent des conversions internes, ce qui constitue une étape décisive dans la compréhension des spectres continues d'énergie des électrons bêta. Avec une délicate expérience de calorimétrie, il démontre en 1927 que l'énergie moyenne des électrons bêta est inférieure à l'énergie maximale du spectre, ce qui ouvre la voie soit à une non-conservation de l'énergie, soit à la présence d'une troisième particule indétectée, le neutrino proposé par W. Pauli en 1930.

Publication

« Radiation from radioactive substances » avec E. Rutherford et J. Chadwick (1930).

ELSTER Johann Philipp Ludwig Julius

Bad Blankenburg (Allemagne) 1854
– Wolfenbüttel (Bad Hartzburg) 1920

Après des études menées à Heidelberg et à Berlin, le travail de recherche de Johann Elster est indissociable de celui de H. Geitel. En 1884, ces deux chercheurs s'intéressent d'abord à l'électricité associée aux flammes. Ils poursuivent l'étude de la production d'électricité dans l'air en la détectant au sommet des montagnes. Indépendamment de W. Crookes, ils découvrent la phosphorescence du sulfure de zinc qui sera utilisée pour la détection des particules ionisantes. En 1899, ils observent l'ionisation de l'air au voisinage d'un radioélément et ils proposent pour la première fois la loi de décroissance exponentielle de la radioactivité.

J. Elster et H. Geitel fabriquent la première cellule photoélectrique sensible à la lumière visible et le premier photomètre utilisant la photoémission des métaux alcalins, le sodium et le potassium, amalgamés avec du mercure.

J. Elster utilise dès 1899 la chute des gouttelettes pour déterminer leurs charges électriques. Cette méthode sera reprise plus tard avec succès par R. Millikan.

EMMET John

Rochester (Minnesota) 1939

Après ses études effectuées à l'Institut de technologie de Californie, John Emmet est recruté comme chercheur au laboratoire de Livermore. Il y devient le concepteur et le réalisateur des grandes chaînes laser à néodyme avec la double perspective des applications militaires dans la simulation des armes thermonucléaires et des applications civiles dans la maîtrise de l'énergie de fusion thermonucléaire. Les chaînes Shiva et Nova ont été les dispositifs les plus puissants dont ont disposé les scientifiques. Elles ont fourni les résultats les meilleurs sur la maîtrise de la fusion thermonucléaire par la voie du confinement inertiel. Les brillants résultats du laboratoire de Livermore ont arrêté les travaux parallèles du laboratoire de Los Alamos qui avait choisi une autre voie, celle des lasers à gaz.

EÖTVOS Roland

Budapest 1848 – Budapest 1919

Descendant d'une famille aristocratique associée depuis plusieurs générations à la gestion des affaires publiques, Roland Eötvös entre en 1865 à l'université de Budapest comme étudiant en droit. En 1867, il abandonne les études juridiques et va à l'université de Heidelberg pour y étudier les sciences mathématiques et physiques. En 1870, il y soutient une thèse de physique mathématique consacrée aux conditions de détection de la lumière par un détecteur en mouvement. Revenu en Hongrie, il enseigne à l'université de Budapest où il est nommé professeur de physique en 1872.

Une dizaine d'années plus tard, il entreprend des mesures expérimentales sur la gravitation. L'appareil utilisé est une balance de torsion, appelée balance de Coulomb, constituée dans son principe par une barre métallique aux extrémités de laquelle sont fixées des masses matérielles. Suspendue à un fil de torsion, la barre peut tourner autour de son axe. Avec cet appareillage, Coulomb avait vérifié en 1785 que les forces électrostatiques varient suivant l'inverse du carré de la distance. De la même façon, H. Cavendish avait déterminé pour la première fois en 1798 la constante de gravitation en mesurant la période du pendule ainsi formé. R. Eötvös vérifie d'abord que la gravitation s'exerce de la même façon sur des substances différentes mais à masses égales. En 1890, il présente le résultat d'une expérience qui l'amène à préciser que masse gravitationnelle et masse d'inertie doivent être égales. Son appareil aurait pu déceler des différences relatives aussi petites que 10^{-8} environ !

Comme l'on sait, l'égalité de ces deux masses gravitationnelle et inertielle est à la base de la théorie de la relativité générale d'Einstein de 1916. Il appartient à R. Eötvös d'avoir été le premier à le montrer par l'expérience.

ERATOSTHÈNE

Cyrène (Lybie) vers 276 av. J.-C.
– Alexandrie vers 195 av. J.-C.

Peu d'informations nous sont parvenues sur Eratosthène mais il est à peu près sûr qu'il a travaillé essentiellement à Alexandrie. Pendant quelques temps, il a été le tuteur du fils du roi Ptolémée III d'Alexandrie. Il a écrit sur des sujets variés mais seuls quelques fragments de ses œuvres nous sont parvenus.

Eratosthène reste connu pour avoir apporté une première estimation de la circonférence de la terre, dans l'hypothèse où celle-ci a une forme sphérique. À l'époque, on savait que l'ombre du soleil était pratiquement inexistante à Syène (la moderne Assouan) à midi en juin. La mesure à Alexandrie de la direction du soleil à midi à la même époque par rapport à une perpendiculaire à la terre a permis à Eratosthène d'en déduire l'angle d'ouverture des deux verticales d'Alexandrie et de Syène. À partir de la distance entre les deux villes et après quelques corrections pour tenir compte que Syène et Alexandrie ne sont pas exactement sur le même méridien, Eratosthène a pu donner une estimation du rayon de la Terre et donc de la longueur de la circonférence terrestre. La longueur obtenue est étonnamment proche de la valeur connue actuellement.

ESAKI Leo

Osaka 1925

À la fin de ses études effectuées à Tokyo, Leo Esaki est recruté d'abord par la société Kobe Koggo, ensuite par la compagnie Sony, enfin par les laboratoires IBM à New York, en 1965.

En 1957, après avoir obtenu le passage des électrons par effet tunnel entre deux semi-conducteurs, prévu théoriquement depuis 1930, il applique cette propriété à la conception d'une nouvelle diode ultrarapide en dopant convenablement les semi-conducteurs employés.

En 1973, il partage le prix Nobel de Physique avec I. Giaever et B. Josephson.

Il poursuit ses travaux dans les applications optiques des semi-conducteurs à multicouches. Il est l'un des fondateurs du développement des nouvelles technologies électro-optiques.

En 1992, il préside la nouvelle université japonaise de Tsukuba.

EUCKEN Arnold Thomas

Iéna 1884 – Chiemsee (Bavière) 1950

Fils du prix Nobel de littérature de 1908, Arnold Thomas Eucken se destine à la chimie. Il effectue ses études supérieures à Kiel et entre ensuite en 1905 dans le laboratoire de Nernst dont il devient l'assistant.

Il se révèle comme un remarquable expérimentateur dans le domaine des basses températures et il se spécialise dans les mesures des chaleurs spécifiques. On lui doit le premier calorimètre utilisant le courant électrique pour réaliser l'équilibre thermique. Il s'en sert pour mesurer les chaleurs spécifiques des cristaux au voisinage du zéro absolu, par exemple de l'hydrogène solide. Il établit la célèbre loi en

T3 de la variation de la chaleur spécifique en fonction de la température, loi qui est conforme aux idées de P. Debye.

En 1919, il dirige la Technische Hochschule de Breslau.

Publication

« Fundamental of Physical Chemestry » (1925).

EULER Leonhard

Bâle 1707 – Saint-Pétersbourg 1783

Fils d'un pasteur protestant épris de mathématiques, Léonhard Euler ne rencontre pas de difficultés particulières dans ses études. À l'âge de 14 ans, il entre à l'université de Bâle pour y étudier les mathématiques. Il publie un premier article en 1726 mais, jugé trop jeune, il ne réussit pas à obtenir un poste à l'université. Un de ses professeurs, Johann Bernoulli, avait un fils, Daniel, qui venait d'être accepté comme enseignant à la toute nouvelle Académie de Saint-Pétersbourg et il apporta sans doute son aide pour que le jeune Léonhard fut invité également. L. Euler part à Saint-Pétersbourg en 1727 et il y mènera l'essentiel de son activité scientifique. Il fait cependant un séjour à Berlin à l'appel de Frédéric II mais il revient à Saint-Pétersbourg en 1766 et il y meurt en 1783.

Dès 1736, L. Euler publie un traité complet de mécanique. Après les travaux de I. Newton, de W. Leibniz et de C. Huygens, c'est le premier exposé général de cette science, avant celui de d'Alembert paru en France en 1743. On lui doit également en 1760 l'introduction en mécanique du moment d'inertie et du centre d'inertie. L'apport de Leibniz était très inspiré par les mathématiques mais, dans ce domaine aussi, L. Euler a apporté de nombreuses contributions. En plus de son travail de physique mathématique appliqué à la mécanique, il utilise également les mathématiques en hydrodynamique et en astronomie. Il propose d'associer deux lentilles de verre différentes pour rendre achromatique un objectif de lunette astronomique, ce qui sera réalisé en 1758 par J. Dollond. En 1753, puis en 1772, il apporte une solution approximative au problème des trois corps dans le cas du calcul du mouvement de la Lune.

Angles d'Euler : dans un référentiel cartésien, un point dans l'espace peut être repéré par sa distance à l'origine et par trois angles définis par rapport au référentiel. Dans les problèmes de mécanique classique, ce repérage est souvent défini à l'aide de trois angles particuliers, appelés angles d'Euler.

EWALD Paul

Berlin 1888 – Ithaca 1985

Paul Ewald effectue ses études à Munich et à Stuttgart. Il serait le premier physicien à évoquer la possibilité pour un rayon X de se diffracter dans un cristal. Il aurait présenté cette idée lors de son exposé de thèse, mais son directeur M. von Laue ne l'aurait pas écouté, car il aurait bavardé avec un autre professeur du jury. En 1912, ses collègues du même laboratoire, W. Friedrich et P. Knipping, obtiennent le premier cliché de la diffraction des rayons X sur un cristal.

Il est l'auteur d'une méthode simple pour déterminer les directions de diffraction des rayons X sur un cristal.

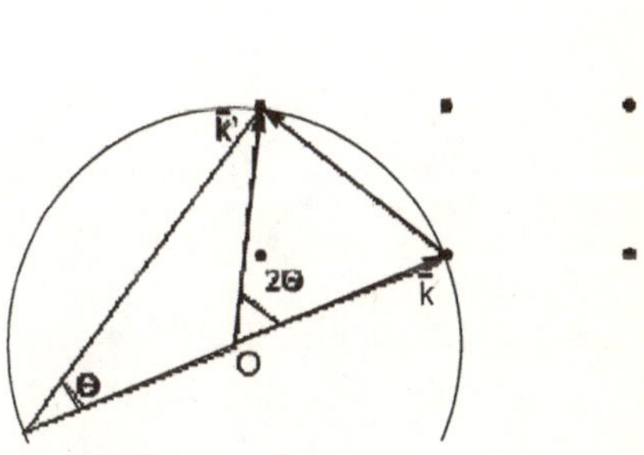

À partir de 1939, il continue sa carrière en Irlande, à Belfast, mais après la guerre il revient en Allemagne, à Stuttgart.

Construction d'Ewald : la figure de diffraction d'un faisceau de rayons X de longueur d'onde donnée peut être déterminée en faisant tourner une sphère dont le rayon est égal au nombre d'onde du rayon X et passant par un point fixe, un nœud du réseau réciproque du cristal. Une direction privilégiée de diffraction est obtenue chaque fois que, dans son mouvement de rotation, la sphère est interceptée par un autre nœud du réseau. La direction du rayon incident est le rayon vecteur qui joint le centre de la sphère au nœud fixe, celle du rayon diffracté est le rayon vecteur qui joint le centre de la sphère au nœud intercepté.

Publications

« Kristalle und Röntgenstrahlen » (1923), « Cinquante années de diffraction des rayons X » (1962).

F

FABER Sandra

Boston 1944

À la fin de ses études à Harvard, Sandra Faber est recrutée comme chercheur à l'Observatoire Lick en Californie.

Elle propose l'hypothèse suivant laquelle la masse cachée de l'univers existerait sous forme de matière froide invisible, à l'encontre d'autres hypothèses, comme par exemple celle de l'existence de particules supersymétriques.

En 1990, elle met en évidence le « Grand Attracteur » vers lequel convergent un grand nombre de galaxies.

Relation de Faber-Jackson : relation entre la dimension d'une galaxie elliptique et les vitesses de ses étoiles.

FABRY Charles Marie Paul Eugène

Marseille 1867 – Paris 1945

Après ses études supérieures effectuées à l'École polytechnique, Charles Fabry est nommé professeur, d'abord à Marseille, puis à la Sorbonne en 1921.

Ses travaux concernent essentiellement les interférences en acoustique et en optique. Sa principale invention est, en 1896, avec A. Pérot, celle de l'interféromètre à ondes multiples qui permet d'effectuer une spectroscopie de très grande précision. Il établit un système international de longueurs d'onde par comparaison avec le mètre étalon.

Avec H. Buisson, en 1912, il effectue une des premières vérifications de l'existence de l'effet Doppler-Fizeau en optique en utilisant une source terrestre au lieu d'une étoile. Ensemble, ils détectent l'élargissement des raies optiques du néon, de l'argon, du krypton.

En 1913, C. Fabry découvre la présence de l'ozone dans les hautes couches de l'atmosphère et il en effectue le dosage par l'absorption de la lumière ultraviolette de la lumière du Soleil. Cette découverte est confirmée en 1916 par R. Struve et par A. Fowler.

Il détermine la vraie origine des raies optiques, inconnues sur Terre, découvertes dans les spectres d'émission des nébuleuses et qui avaient conduit à l'hypothèse de l'existence d'un élément nouveau, le nébulium. Il s'agit en fait de l'émission des atomes d'azote et d'oxygène dans des conditions exceptionnelles d'excitation.

Interféromètre de Fabry et Pérot : interféromètre construit avec deux lames de verre semi-argentées. L'interférence des ondes après plusieurs réflexions successives affine la largeur de la raie transmise et permet des déterminations précises de l'interfrange et donc de la longueur d'onde. Cet interféromètre est aujourd'hui souvent utilisé comme cavité résonante dans la construction des lasers.

Publications

« Les applications des interférences lumineuses » (1923), « Optique » (1926), « Physique et astrophysique » (1935), « Œuvres choisies » (1938).

FAHRENHEIT Daniel Gabriel

Dantzig 1686 – La Haye 1736

Fils d'un marchand, Daniel Fahrenheit se passionne dans sa jeunesse pour la fabrication d'instruments mécaniques. Il s'établit comme fabricant à Amsterdam et s'intéresse en particulier à la fabrication de thermomètres à mercure, à une époque où le repère des températures et leur échelle ne sont pas encore fixés. Comme repère, il prend la température de la glace fondante et celle du corps humain. Pour ne pas avoir de température négative, il choisit 32° pour la température de la glace fondante. Il fera varier la définition de la température supérieure de l'ébullition de l'eau et ce n'est qu'après sa mort que cette référence sera fixée à 212°. Remplacée ultérieurement par l'échelle centésimale de Celsius, l'échelle de Fahrenheit est toujours employée dans les pays anglo-saxons, notamment en météorologie.

Échelle de température Fahrenheit : échelle linéaire avec comme points de repère la température de fusion de la glace (32 °F) et celui de l'ébullition de l'eau (212 °F). Le passage de l'échelle Fahrenheit à l'échelle Celsius est obtenu à partir de la relation : $t_F = 32 + 1{,}8\ t_C$.

FAJANS Kasimir

Varsovie 1887 – Ann Arbor (Michigan) 1975

Kasimir Fajans commence des études de chimie à Leipzig et à Heidelberg et il les termine à Zurich et à Manchester. Il enseigne à Karlsruhe et à Munich.

En 1913, il identifie deux isotopes de l'uranium, U^{234} et U^{238}, ce qui lui permet d'établir, indépendamment de F. Soddy, les lois de filiation des noyaux radioactifs, les lois dites « de déplacements ».

En 1936, il émigre aux États-Unis, à Ann Arbor.

Il propose des règles qui déterminent la nature de la valence chimique des éléments atomiques, soit ionique, soit covalente.

FARADAY Michael

Newington (Surrey) 1791 – Hampton Court (Middlesex) 1867

Issu d'une famille modeste, le jeune Michael Faraday exerce comme premier métier celui de relieur chez G. Riebau, un français émigré à Londres. Cette activité lui met dans les mains de nombreux livres. Il s'intéresse plus particulièrement à ceux qui traitent de la chimie et de la physique, par exemple le livre de J. Tytler sur l'électricité. Il suit aussi des conférences publiques, en particulier celles du chimiste H. Davy avec qui il se lie d'amitié. Il complète sa formation à la société philosophique de la ville. Sa culture générale devient très large.

En 1813, il obtient un poste de technicien à la Royal Institution, grâce à H. Davy, avec qui il commence à travailler et qu'il accompagne immédiatement dans un voyage de deux années en Europe. Ses premiers travaux concernent donc la chimie et plus particulièrement les propriétés des aciers. Il participe en 1818 à la première liquéfaction de gaz tels que l'hydrogène sulfureux et l'anhydride sulfurique. Ensuite, en recherchant les conditions d'ignition des vapeurs d'huile, il découvre le benzène dans les goudrons de houille. Il élabore les synthèses de plusieurs composés du carbone et du chlore.

Après la retentissante découverte de H. Oersted en 1822, la déviation de l'aiguille d'une boussole placée auprès d'un circuit électrique, il se lance dans l'étude de l'électromagnétisme. Il propose le concept de ligne de champ. En 1821, il montre la possibilité d'extraire de l'énergie mécanique à partir d'un système électrique, c'est-à-dire la faisabilité d'un moteur électrique. En 1831, il découvre le phénomène d'induction. Il constate qu'un galvanomètre en série dans un circuit conducteur dévie chaque fois qu'il approche ou éloigne ce circuit d'un autre circuit analogue alimenté par une pile électrique. Cette découverte aura d'immenses applications dans l'utilisation du courant alternatif et dans le fonctionnement des dynamos.

S'attachant à l'étude des processus électrolytiques, il introduit les concepts d'électrode et d'ion, de cathode et d'anode, de cation et d'anion. Il prouve l'identité entre l'électricité produite par une pile électrochimique et l'électricité statique produite par frottement. Des lois de l'électrochimie, il déduit que, dans les solutions, les molécules ioniques se divisent facilement en deux parties. Il en déduit que l'électricité est responsable des liaisons chimiques. Il amorce ainsi une nouvelle interprétation de la matière, celle qui fait reculer la mécanique au profit de l'électromagnétisme.

En électrostatique, il analyse l'électrisation par influence. Il montre que l'intérieur d'un conducteur creux est à l'abri des champs extérieurs et il propose donc le concept dit de la « cage de Faraday ».

Constatant qu'un diélectrique est capable de contenir de l'énergie électrique et qu'un électroaimant génère de l'énergie dans son environnement, il suggère la possibilité pour l'énergie électromagnétique d'être localisée dans l'espace. Cette idée fondamentale sera mise à profit plus tard par J. Maxwell dans sa théorie générale de l'électromagnétisme. M. Faraday est le premier à associer la lumière à un phénomène électromagnétique. De manière plus générale, il est le grand inspirateur de J. Maxwell qui le cite souvent dans ses articles scientifiques.

Parmi ses dernières découvertes marquantes, il faut citer celle de l'électroluminescence en 1838, celle de la rotation de la polarisation d'une onde lumineuse traversant un milieu transparent soumis à un fort champ magnétique en 1845.

Il distingue aussi le phénomène du diamagnétisme de celui du paramagnétisme. En 1862, il tente de mettre en évidence l'influence du champ magnétique sur la fréquence d'une onde lumineuse monochromatique. Ne disposant pas d'un champ magnétique suffisamment intense et d'un spectroscope suffisamment dispersif, il ne réussit pas à déceler l'effet que P. Zeeman mettra en évidence en 1898.

Éduqué dans la foi religieuse, M. Faraday reste un homme calme, aimable, simple. Il est membre d'une secte protestante ultrarigoriste. Il refuse de participer à l'élaboration d'un gaz toxique destiné à la guerre de Crimée. Il est temporairement exclu de sa secte car il s'est absenté d'un culte dominical avec une excuse non valable : il avait dîné avec la reine Victoria.

Il évite les polémiques scientifiques. Il présente ses résultats, ne prend pas ombrage des critiques immédiates et il attend calmement les autres confirmations expérimentales.

Loi de Faraday en électrolyse : la masse de substance libérée par électrolyse est proportionnelle à la quantité d'électricité qui a transité et à la masse atomique de la substance.

Loi de Faraday en électromagnétisme : une variation temporelle du flux magnétique au travers d'une boucle conductrice génère une force électromotrice qui lui est égale mais de signe opposé.

Cage de Faraday : enveloppe métallique qui protège le volume intérieur de toute atteinte des effets d'un champ électromagnétique. Les appareils sensibles comme les gros calculateurs scientifiques sont aujourd'hui mis à l'abri dans des cages de Faraday. Cette méthode de protection électromagnétique a pris le nom de « faradisation ».

Cylindre de Faraday : cylindre métallique creux, de forme allongée, capable d'absorber par influence la charge électrique transportée par un conducteur déposé dans le cylindre.

Disque de Faraday : roue de Barlow dont le générateur est remplacé par un galvanomètre. La rotation du disque dans un champ magnétique génère un courant.

Effet Faraday : rotation de la polarisation de la lumière dans un champ magnétique.

Le farad : unité de capacité électrique, correspondant à celle d'un condensateur retenant une charge de un coulomb lorsqu'il est sous une tension de un volt.

Publications

« Analysis of caustic lime of Tuscany » (1816), « Manipulations chimiques » (1827), « Experimental researches in electricity » (1839), « Experimental researches in chemistry and physics » (1859).

AL-FAGHĀNĪ Ahmad

Farghana (Asie centrale) vers 790 – Égypte vers 865

Ahmad al-Faghānī probablement commencé par être ingénieur avant d'être incorporé dans une équipe de savants réunis par le calife al-Ma'mūn pour mener à bien un programme de mesures concernant les trajectoires du Soleil et des planètes.

Après la mort d'al-Ma'mūn vers 820, il a rédigé un livre de commentaires sur Ptolémée dans lequel il critique certains résultats de ce dernier. Ces commentaires, repris et relayés dans les milieux arabes, seront traduits en latin au XIIe siècle en Occident. Selon al-Bī Rụnī, al-Faghānī aurait écrit un ouvrage, aujourd'hui perdu, consacré aux méthodes de mesures utilisées en astronomie par al-Khwārizmī.

AL-FARĀZĪ Mụh ammad

Deuxième partie du VIIIe siècle ap. J.-C.

Mụh ammad al-Farāzī est l'un des premiers savants arabes à s'être occupé d'astronomie, en particulier à Bagdad dans l'entourage du calife al-Ma'mūn qui reçut une délégation d'astronomes indiens vers 770. Avec l'aide de ces astronomes et d'un autre astronome arabe, Ibn Ṭāriq, il a composé une *Grande Table Indienne* aujourd'hui perdue mais dont on trouve des traces dans des œuvres postérieures. Il s'agit d'une simple compilation de résultats d'observations astronomiques mais le mérite essentiel de ce travail a été d'introduire l'astronomie indienne dans les milieux arabes. Les œuvres personnelles de al-Farāzī ont été perdues, ainsi que celles de Ya'qub ibn Ṭāriq, avec lequel il a travaillé.

FERMAT Pierre de

Beaumont-de-Lomagne (Tarn-et-Garonne) 1601 – Castres (Tarn) 1665

Conseiller au Parlement de Toulouse, Pierre de Fermat trouve le temps de se passionner pour les mathématiques. En 1637, il s'oppose à Descartes sur l'utilisation des mathématiques pour démontrer les lois physiques. Plus tard, en 1662, il se contredit en proposant aux physiciens le principe qui porte son nom et qui détermine, par voie théorique et mathématique, le trajet d'un rayon lumineux d'un point à un autre.

Principe de Fermat : entre deux points de l'espace, la lumière emprunte la trajectoire qui rend le chemin optique minimal. Dans un milieu homogène et isotrope le chemin optique entre deux points est égal au produit de la distance des deux points par l'indice optique du milieu. L'application de ce principe au passage entre deux milieux différents, séparés par une surface plane, permet de retrouver les lois de Descartes de la réflexion et de la réfraction. Il est possible de démontrer le principe de Fermat à partir d'un principe plus général, celui de moindre action proposé par P. de Maupertuis. L'application de ce dernier principe à la mécanique classique, relativiste ou quantique, permet de retrouver les lois fondamentales du mouvement dans le cadre de chacune de ces mécaniques.

Publication

P. de Fermat n'a jamais publié de son vivant. Ses œuvres ne sont connues que par sa correspondance publiée en 1769 par son fils Samuel sous le titre de « Varia Opera Mathematica ».

FERMI Enrico

Rome 1901 – Chicago 1954

Déjà passionné à l'âge de quinze ans par la géométrie descriptive et par la physique, Enrico Fermi entre à l'École normale de Pise à l'âge de dix-sept ans. Il y rencontre celui qui deviendra son meilleur ami, F. Rasetti. Il n'écoute pas ses professeurs, il préfère travailler seul sur des livres. En 1922, il présente un travail de thèse sur la réfraction des rayons X. Après des séjours à Göttingen et à Leyde, il revient à Rome pour travailler dans le laboratoire de O. Corbino en compagnie de F. Rasetti, de E. Amaldi, de E. Majorana, de B. Pontecorvo et de E. Segré. Il est nommé professeur d'abord à Florence, ensuite à Rome en 1926.

Son nom est très vite attaché à une théorie statistique des particules de spins demi-entiers, aujourd'hui appelés les fermions, la théorie statistique de Fermi-Dirac élaborée en 1927. Devant respecter le principe de Pauli, ces particules ne peuvent occuper à plusieurs un même état quantique. En conséquence, par rapport à la distribution non-quantique de Maxwell, les énergies moyennes de ces particules sont plus élevées. Cette théorie permet d'interpréter par exemple le comportement des électrons dans les métaux.

En 1932, E. Fermi propose une première théorie de l'interaction faible en suivant la logique de l'électromagnétisme quantique mais en supposant cette interaction ponctuelle, ce qui constitue une excellente approximation puisqu'on sait aujourd'hui que sa portée est limitée à 10^{-17} cm. La désintégration bêta du neutron est assimilée à l'émission d'un couple électron-antineutrino, comme la désintégration gamma est interprétée par l'émission d'un photon. La publication de ce travail, proposée au journal « Nature », est refusée car cette théorie est jugée « trop éloignée de la réalité physique pour intéresser les lecteurs ». Publiée en 1933 dans un journal italien, cette théorie s'avère très féconde. Elle permet par exemple de calculer les vies moyennes de nombreux noyaux radioactifs. Toutefois, à cause de ses divergences aux grandes énergies, elle restera insuffisante jusqu'à l'arrivée de la théorie électrofaible de la fin des années soixante.

En 1934, il oriente son groupe de recherche vers la physique nucléaire et plus particulièrement vers la radioactivité artificielle qui vient d'être découverte par I. Curie et F. Joliot. Il étudie plus particulièrement les radioactivités induites par les neutrons. De nombreux nouveaux noyaux radioactifs sont ainsi découverts et il pense avoir mis en évidence l'existence des éléments transuraniens. Il démontre la grande facilité de réaction des neutrons lents, caractérisée par une section efficace inversement proportionnelle à leur vitesse.

En 1938, après la réception de son prix Nobel, il émigre directement de Stockholm aux États-Unis. Sa décision de fuir le régime de Mussolini, avec son épouse Laura Capon, d'origine israélite, était prise avant même de savoir qu'il serait lauréat du prix Nobel de Physique. Il est d'abord accueilli à New York à l'université de Columbia.

À partir de 1939, il développe le concept de réacteur nucléaire à neutrons lents, fondé sur des expériences, effectuées avec B. Pontecorvo et E. Segré, sur les réactions des neutrons sur les noyaux et sur le ralentissement des neutrons dans le carbone qu'il a lui-même étudié avec E. Amaldi. Il est appelé avec L. Szilard à Chicago pour participer au projet Manhattan par la construction d'un réacteur nucléaire. Pendant toute la durée de la guerre, ses travaux sur les réactions des neutrons sur l'uranium restent secrets. En décembre 1942, il réussit à faire diverger le premier réacteur à uranium naturel et graphite, installé sous les gradins d'un stade à Chicago. Enrico Fermi peut donc être considéré comme le père de l'énergie nucléaire. En 1944, sur le site de Los Alamos, il est déclaré citoyen américain.

Après la guerre, il poursuit ses travaux dans le domaine de la physique des particules élémentaires. En 1952, avec ses collaborateurs H. Anderson, E. Long et D. Nagle, il découvre la première résonance méson pion-nucléon dès le début du fonctionnement du cyclotron de Chicago de 450 MeV.

Son enseignement, alliant la simplicité et la clarté, est apprécié par tous ses étudiants. Il n'hésite pas à sacrifier le formalisme d'une théorie au profit de son contenu physique. Fermi est un des rares physiciens dont on peut dire qu'il a excellé aussi bien dans la théorie que dans l'expérience.

Constante de Fermi : constante qui caractérise la force de l'interaction faible. Analogue à la constante de la structure fine qui caractérise la force de l'interaction électromagnétique, sa valeur numérique est un million de fois plus faible.

Fermion : particule de spin demi-entier. L'électron, le proton, le neutron, le quark, le neutrino sont des fermions.

Gaz de Fermi : gaz de fermions soumis au principe de Pauli, comme par exemple les électrons libres dans un métal ou les électrons dans une étoile dite « naine blanche ».

Liquide de Fermi : liquide de fermions soumis au principe de Pauli, comme par exemple l'hélium superfluide.

Moment de Fermi : les nucléons ne sont pas au repos dans un noyau. Le moment de Fermi, de l'ordre de 200 MeV/c, caractérise une valeur moyenne de ce mouvement.

Niveau de Fermi : les électrons de conduction dans un métal occupent les niveaux quantiques autorisés dans le potentiel des ions. Le principe de Pauli les empêche d'occuper à plusieurs une même case quantique. À basse température, ils remplissent donc ces cases à partir du niveau énergétique le plus bas. Le niveau le plus haut occupé est le niveau de Fermi. Ce niveau caractérise le métal et joue un rôle important dans ses propriétés.

Surface de Fermi : surface d'énergie constante et maximale des électrons dans l'espace réciproque du cristal. Ce concept a été proposé pour la première fois par H. Jones et C. Zener.

Plateau de Fermi : l'ionisation créée par une particule chargée traversant la matière est une fonction de la vitesse de la particule. Elle commence par décroître comme l'inverse du carré de la vitesse, passe par un minimum lorsque la vitesse atteint 95 % de celle de la lumière et croît ensuite aux vitesses proches de celle de la lumière. Cette croissance est limitée par des effets de polarisation et l'ionisation tend vers une valeur limite, le « plateau de Fermi ». Cette remontée relativiste de l'ionisation ne dépasse pas 10 % dans la matière condensée, mais elle peut atteindre 70 % dans les gaz rares et lourds sous faible pression.

Statistique de Fermi-Dirac : distribution des énergies des fermions contraints, par le principe de Pauli, à ne pas occuper à plusieurs une même case quantique. Par rapport à la distribution non-quantique de Maxwell, cette distribution est donc déplacée vers les énergies élevées. Ainsi, à la température ordinaire, l'énergie cinétique des électrons dans un métal est de l'ordre de quelques électronvolts au lieu de quelques centièmes d'électronvolts comme le prévoit la distribution classique de Maxwell.

Règle d'or de Fermi : la probabilité de transition d'un système physique d'un état à un autre est donnée par une formule établie pour la première fois par E. Fermi en théorie quantique. Cette probabilité est proportionnelle au temps, au carré d'un élément de matrice reliant l'état initial à l'état final et à la densité des états quantiques dans l'état final.

Transition de Fermi : radioactivité bêta telle que l'électron et le neutrino ont un spin total nul.

Le fermi : unité microscopique de longueur adaptée à la physique nucléaire et égale à 10^{-15} m.

Publications

« Raggi Roentgen » (1922), « Introduction à la physique atomique » (1928), « Fisica per i licci » (1929), « Molécules et cristaux » (1934), « Elementary particles » (1951), « Nuclear Physics » (1962-65), « Thermodynamique » (1965), « Atomes en famille » écrit par L. Capon, son épouse.

FESSENDEN Reginald Aubrey

East Bolton (Québec) 1866 – Hamilton (Bermudes) 1932

Peu après la fin de ses études à Lennoxville, Reginald Fessenden vient aux États-Unis pour travailler avec T. Edison qu'il admire.

Pionnier en radiocommunication, il invente la modulation d'amplitude de l'onde porteuse. Désormais les signaux de Morse peuvent être remplacés par la voix humaine et la téléphonie peut être transmise par radio en 1906. Il invente également un détecteur très sensible à électrolyte et l'effet hétérodyne qui, par mélange de deux fréquences voisines, permet une amplification plus facile avant la détection.

Il enseigne le génie électrique aux universités de La Fayette et de Purdue aux États-Unis.

De caractère coléreux, il est jaloux du succès de G. Marconi et il engage de nombreux procès afin de défendre ses propres brevets.

FEYNMAN Richard P.

New York 1918 – Los Angeles 1988

Richard Feynman effectue ses études supérieures au Massachussetts Institute of Technology et à l'université de Princeton où il est élève de J. Wheeler. En 1940, il présente un travail de thèse sur le rayonnement électromagnétique.

Pendant la guerre, il participe au projet Manhattan en dirigeant le groupe de calcul de Los Alamos.

D'abord nommé professeur à Cornell, il poursuit ensuite toute sa carrière à Pasadena au California Institute of Technology. De 1947 à 1949, il participe à l'élaboration de la théorie de l'électrodynamique quantique. Dans cet objectif, il est conduit à reformuler la mécanique quantique. Il propose des solutions au difficile problème des divergences, en « renormalisant » la masse et la charge de l'électron, c'est-à-dire en leur imposant des valeurs finies. Cette théorie, aujourd'hui la plus précise de toute la physique, est vérifiée en valeur relative à mieux que 10^{-10}. Il partage le prix Nobel de Physique en 1965 avec J. Schwinger et S. Tomonaga qui, indépendamment, ont effectué des approches semblables.

Pour la commodité des calculs des termes successifs des développements de l'électrodynamique, il introduit des diagrammes qui visualisent les particules en interaction et les particules de champ qui sont échangées. Ces diagrammes, qui portent le nom de leur auteur, sont universellement utilisés par les physiciens comme un langage commun et comme un outil de communication.

En 1950, il propose une théorie quantique de la superfluidité de l'hélium.

En 1958, avec M. Gell-Mann, il propose une théorie de l'interaction faible, bâtie sur le modèle de l'électromagnétisme. Seuls les couplages dits « vectoriel et pseudovectoriel » sont retenus, en accord avec tous les résultats expérimentaux. Cependant, comme dans la première approche d'E. Fermi, la renormalisation ne peut pas être effectuée et les sections efficaces divergent aux grandes énergies. Il faudra attendre les théories de jauge de la fin des années soixante pour obtenir un traitement satisfaisant de l'interaction faible.

Avec J. Bjorken, il donne une interprétation de la diffusion à grands angles des électrons de grande énergie sur les nucléons comme résultant de réactions sur des cibles ponctuelles, les partons, rapidement identifiés comme les quarks.

R. Feynman est bien connu des étudiants du monde entier par ses ouvrages qui ont apporté un renouveau complet de l'enseignement de la physique. On lui doit l'introduction d'un concept qu'il appelle lui-même « le sens physique », qui fait comprendre la nature d'un phénomène physique en dehors de tout formalisme mathématique.

En 1986, il participe activement à la commission d'enquête sur l'accident de la navette spatiale Challenger qui conclut à la faiblesse des joints de la fusée de propulsion. Il est particulièrement critique sur l'attitude de certains membres de la commission plus soucieux de trouver la forme de l'explication à donner à l'opinion publique qu'à la recherche de la vérité des faits.

Lors d'une conférence sur la gravitation, R. Feynman déclare : « La force gravitationnelle est faible ». Il insiste : « En fait, elle est fichtrement faible ». C'est alors qu'un haut-parleur tombe du plafond et s'écrase à terre. « … faible, mais non négligeable », précise-t-il.

Anticonformiste, il ne respecte aucune autorité. À Los Alamos, il se fait remarquer par son intelligence hors du commun, mais aussi par son habileté à crocheter les serrures qui protègent les domaines les plus secrets du laboratoire. E. Wigner dit de lui : « C'est un nouveau Dirac, mais humain cette fois ». Il effectue de fréquents séjours au Brésil dans un groupe de physique théorique. Il en ramène une passion pour les tambours typiques de ce pays, comme on peut le voir dans la photographie qui illustre la préface de ses livres.

Diagramme (ou graphe) de Feynman : petit dessin qui visualise les particules dans l'état initial et dans l'état final d'une réaction et qui sert ensuite de support au

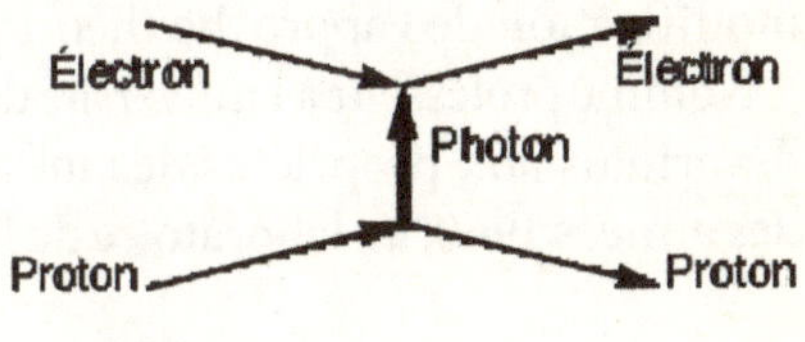

calcul de la section efficace ou de la vie moyenne. J. Schwinger disait que « tout comme les puces de silicium, les diagrammes de Feynman ont fait descendre les calculs dans la rue », car ils sont utilisés par tous les physiciens, y compris par ceux qui n'ont pas une compétence approfondie en physique théorique. Ces diagrammes trouvent des applications dans d'autres domaines de la physique, en physique nucléaire et en physique du solide.

Publications

« The Feynman lectures in physics » en 3 volumes (1963), « The characteristic of physical law » (1965), « Photon-hadron interaction » (1972), « La nature de la physique » (1980), « Vous plaisantez sans doute Monsieur Feynman » autobiographie (1985), « The strange theory of light and matter » (1985), « What do you care what other people think » (1988).

FITCH Val Logsdon

Merriman (Nebraska) 1923

Pendant la guerre, avant la fin de ses études, Val Fitch est envoyé comme simple soldat à Los Alamos où s'accomplit le projet Manhattan. Il a ainsi l'occasion de rencontrer les meilleurs savants américains ou émigrés. Il termine ses études après la guerre à l'université McGill de Montréal.

Il prépare une thèse avec L. Rainwater auprès du cyclotron de Nevis sur les atomes muoniques, les atomes dans lesquels un électron a été remplacé par un muon. Il est le premier à observer les transitions de ces atomes. Grâce à l'utilisation d'un amplificateur multicanaux particulièrement performant, il obtient des résultats excellents. Sa détermination du rayon du noyau de plomb, confirmée par une mesure indépendante de R. Hofstadter à l'université de Stanford, exige une profonde modification de l'approche théorique.

Nommé professeur à l'université de Princeton, il s'intéresse désormais aux propriétés des mésons étranges. Au début des années 1960, au laboratoire de Brookhaven, en utilisant un détecteur de paires de mésons du Cosmotron transporté auprès de l'accélérateur A.G.S., il participe avec J. Cronin, R. Turlay et J. Christienson, à une expérience cruciale sur les désintégrations des $K°_L$. Ces particules, ayant une vie moyenne de l'ordre de 10^{-8} s, franchissent des distances de l'ordre de plusieurs dizaines de mètres à partir de la cible avant de se désintégrer. Elles se dégagent donc des $K°_S$, également produits dans la même cible, mais de vie moyenne cent fois plus courte. La majeure partie des $K°_L$ se désintègrent en trois corps, comme l'exige la conservation de PC, multiplication des opérations parité P et conjugaison de charge C. Au contraire, les $K°_S$ se désintègrent tous en deux corps, deux mésons pion. En 1963, le résultat de l'expérience est qu'un $K°_L$ sur mille, se désintègre en deux mésons pions. La conservation de PC n'est donc pas rigoureusement respectée par l'interaction faible, responsable de ces désintégrations. Cette non-conservation de PC reste encore mystérieuse. Pour cette découverte, V. Fitch partage le prix Nobel de Physique en 1980 avec J. Cronin.

En 1967, il préside le département de physique de Princeton.

FITZGERALD George Francis

Dublin 1851 – Dublin 1901

George Fitzgerald effectue des études au Trinity College de Dublin où il sera plus tard nommé professeur. Il est l'un des premiers physiciens à croire en la théorie de J. Maxwell et à l'appliquer. Ainsi, il prévoit qu'un courant oscillant doit générer des ondes électromagnétiques, ce que H. Hertz démontrera expérimentalement en 1886.

Afin d'expliquer les résultats de l'expérience de Michelson-Morley, l'invariance de la vitesse de la lumière dans tous les systèmes galiléens en translation uniforme les uns par rapport aux autres, il propose en 1894, indépendamment de H. Lorentz, la possibilité pour les corps de se contracter dans une direction parallèle à la translation. Cette proposition est très mal accueillie par la plupart des physiciens de l'époque. Reprise en 1905 par A. Einstein, elle devient un point essentiel de la théorie de la relativité restreinte pour laquelle la longueur d'un corps dépend du système de référence dans lequel est effectuée la mesure.

Contraction de Fitzgerald-Lorentz : la longueur d'un corps en mouvement de translation linéaire à la vitesse v se contracte parallèlement à la vitesse dans le rapport relativiste $1/(1 - v^2/c^2)^{1/2}$, où c est la vitesse de la lumière.

FIZEAU Hippolyte Armand Louis

Paris 1819 – Venteuil (La Ferté sous Jouarre) 1896

Influencé par un père médecin, Hippolyte Fizeau commence des études de médecine. Il s'oriente ensuite vers la physique dans les laboratoires du Collège de France et dans ceux de l'École polytechnique. Ses premiers travaux concernent l'amélioration du contraste des photographies en relation avec les travaux de L. Daguerre.

Avec son ami L. Foucault, il obtient en 1845 la première bonne photographie du Soleil. Ensemble, ils perfectionnent les dispositifs optiques jusqu'à obtenir des interférences avec des différences de marche de l'ordre de 7 000 longueurs d'ondes. Ils obtiennent également des interférences dans le domaine de l'infrarouge.

Séparé de L. Foucault à la suite d'une dispute, il réussit à mettre en œuvre une idée de F. Arago, celle de mesurer la différence des vitesses de la lumière dans l'eau et dans l'air en utilisant l'occultation des faisceaux lumineux par une roue dentée tournant à grande vitesse. Il poursuit ses mesures en déterminant l'influence du mouvement de l'eau sur la vitesse de la lumière. Quelques années plus tard, en 1849, en compétition avec L. Foucault, il mesure pour la première fois la valeur absolue de la vitesse de la lumière en modulant par la même roue dentée un faisceau lumineux, émis à Suresnes au belvédère de sa maison, réfléchi sur un miroir à Montparnasse, à la fenêtre d'une maison distante de 8 km, et revenu à Suresnes après un décalage de la roue d'un nombre entier de crans. La valeur obtenue est très proche des estimations actuelles.

Indépendamment de l'approche théorique de C. Doppler, il découvre expérimentalement en 1848 la variation apparente de fréquence d'un émetteur en mouvement. Cet effet est souvent dénommé « effet Doppler-Fizeau ».

Il propose d'utiliser les longueurs d'onde d'émission atomique comme étalon de longueur.

H. Fizeau contribue à l'avancement des sciences dans de nombreux autres domaines, la spectroscopie infrarouge, la polarisation de la lumière, la mesure du diamètre des planètes, la dilatation des cristaux. H. Fizeau est le « dernier amateur de la physique ». L'ingéniosité de ses dispositifs expérimentaux a été appréciée par plusieurs générations de physiciens.

Effet Doppler-Fizeau : la variation relative de la fréquence d'un signal périodique entre son émission et sa réception est égale au rapport de la vitesse relative entre le récepteur et l'émetteur à la vitesse de propagation du signal. Cet effet a été démontré mathématiquement par C. Doppler et découvert de manière indépendante par A. Fizeau. Il existe en acoustique et en astronomie. Le calcul effectué en théorie relativiste conduit à une formule différente, plus générale, mais qui conduit dans l'approximation des faibles vitesses à la formule de Doppler-Fizeau.

FLEMING John Ambrose

Lancaster 1849 – Sidmouth (Devonshire) 1945

Après des études d'ingénieur commencées à Londres et terminées à Cambridge, John Fleming entre au laboratoire Cavendish dirigé par J. Maxwell. Il est ensuite successivement nommé professeur aux universités de Cambridge, de Nottingham, de Londres.

Travaillant avec G. Marconi et consultant de plusieurs sociétés de radioélectricité, J. Fleming recherche le moyen de détecter les signaux alternativement positifs et négatifs propagés par les ondes électromagnétiques. À partir des tubes fabriqués par T. Edison pour produire des flux d'électrons à partir d'une cathode chaude, il recueille ces rayons cathodiques par une anode froide et il invente ainsi la diode, « la valve thermoïonique », laquelle conserve ses propriétés de conductibilité unidirectionnelle aux hautes fréquences utilisées en radioélectricité. Il en prend le brevet en 1904 en Angleterre. Cette invention est déterminante pour le développement des transmissions radioélectriques.

Il invente des instruments de mesures utilisés en radioélectricité. Il est également l'inventeur de la règle dite « des trois doigts » aujourd'hui utilisée par les élèves au lieu du « bonhomme d'Ampère », pour déterminer la direction du champ magnétique généré par un élément de courant électrique ou bien pour déterminer la direction de la force générée sur un élément de courant par un champ magnétique.

Publications

« The alternate current transformer » (1885), « Principles of electric wave telegraphy » (1906), « The propagation of electron currents in telephone and telegraph conductors » (1911), « Memories of scientific life » (1934).

FLEROV Georgii Nikolaevich

Rostov-sur-le-Don (Russie) 1913

Après des études d'ingénieur à Léningrad, Georgii Flerov découvre en 1940 avec K. Petrjak la fission spontanée de l'uranium. Il entre ensuite comme chercheur au laboratoire Kourchatov.

Il lit attentivement les articles du « Physical Review » et, à partir de 1940, il observe la disparition brutale des articles sur la fission de l'atome. Il en déduit que ce domaine est devenu stratégiquement important. Il écrit à J. Staline pour faire part de son intuition.

Il utilise les réactions d'ions lourds d'un cyclotron sur une cible d'uranium pour synthétiser des transuraniens. Il est le premier à obtenir les éléments dont les numéros atomiques sont 104, en 1964 et 107, en 1968.

Pendant quelques années, il dirige le Laboratoire international de Dubna.

FOCK Vladimir Alexandrovitch

1895-1974

Diplomé de l'université de Saint-Pétersbourg, Vladimir Fock est d'abord un mathématicien. Il a laissé son nom en physique pour une méthode approchée d'application de l'équation de Schrödinger à un système de particules, par exemple celui des électrons dans un réseau cristallin.

Enseignant à Saint-Pétersbourg, il se passionne pour les aspects philosophiques de la mécanique quantique.

Méthode de Hartree-Fock : méthode de calcul des orbitales atomiques, moléculaires ou cristallines qui, dans une première approximation, traite les électrons comme s'ils étaient indépendants les uns des autres.

Publications

« Problèmes de diffraction des ondes électromagnétiques autour de la surface de la Terre » (1946-65), « Éléments de mécanique quantique » (1957), « Espace, temps et gravitation » (1961-64).

FOREST Lee de

Council Bluffs (Iowa) 1873 – Hollywood (Californie) 1961

Après des études effectuées à l'université de Yale et à l'Institut de technologie de Massachussetts, Lee de Forest est recruté comme ingénieur par le laboratoire de la Western Electric Company dont l'objectif est de rivaliser avec G. Marconi en matière de radiocommunication. En 1906, en ajoutant dans la diode inventée par J. Fleming, une troisième électrode, une grille, il invente la triode. Les capacités d'amplification et de génération de cet instrument pour les hautes fréquences ne sont pas immédiatement reconnues. Les perfectionnements introduits plus tard par I. Langmuir ouvriront pourtant la voie du développement des transmissions radioélectriques, du radar et de la télévision.

L. de Forest s'est efforcé pendant toute sa vie de faire des inventions dont les revenus des brevets seraient très lucratifs. Il n'a pourtant pas évité plusieurs dépôts de bilan et même quelques jours de prison à cause de ses dettes.

Publications

« Television to day and tomorrow » (1942), « Father of radio » (1950).

FOUCAULT Léon Jean Bernard

Paris 1819 – Paris 1868

Après des études de médecine interrompues à cause de sa répulsion à la vue du sang, Léon Foucault se réoriente vers la physique.

Avec son ami H. Fizeau, il obtient en 1845 la première photographie du Soleil. Ensemble, ils perfectionnent les dispositifs interférentiels jusqu'à obtenir des interférences avec des différences de marche de l'ordre de 7 000 longueurs d'ondes. Ils obtiennent des interférences dans le domaine de l'infrarouge.

En concurrence avec H. Fizeau, dont il s'est séparé à la suite d'une dispute, il effectue en 1850 une comparaison de la vitesse de la lumière dans l'air et dans l'eau en utilisant la méthode du miroir tournant. Il montre que la lumière se propage plus vite dans l'air que dans l'eau.

Il démontre l'existence de courants induits, les « courants de Foucault », produits dans les métaux soumis soit à des mouvements dans un champ magnétique, soit à des variations temporelles de champ magnétique.

L'expérience qui l'a rendu populaire est l'oscillation d'un pendule suspendu au sommet de la coupole du Panthéon. Il avait commencé par des expériences plus modestes, d'abord dans sa cave, ensuite dans le grand hall de l'Observatoire de Paris où il avait été recruté comme chercheur.

Il apporte des contributions originales dans bien d'autres domaines. On lui doit l'invention en 1852 du gyroscope, autre instrument capable de mettre en évidence la rotation de la Terre, l'interrupteur à mercure, très utilisé pour effectuer les expériences d'induction, le polissage des miroirs paraboliques des télescopes, des régulateurs de vitesse pour les machines-outils.

Il montre le rôle essentiel joué par le cerveau dans la synthèse des deux images stéréoscopiques fournies par les deux yeux.

Le physicien J. Bertrand tente d'excuser le niveau moyen de L. Foucault en mathématiques : « La langue algébrique lui est peu familière, il la comprend, mais il ne la parle pas ».

Les courants de Foucault : courants induits dans les matériaux magnétiques et conducteurs en présence de courants alternatifs ou bien lors de déplacements dans un champ magnétique. Ces courants sont parfois utiles, par exemple dans le freinage électromagnétique. Le plus souvent ils sont nuisibles à cause des échauffements et des pertes d'énergie. Afin de diminuer ces effets, les noyaux magnétiques des transformateurs, des dynamos et des moteurs sont fabriqués par des empilements de plaques minces électriquement isolées les unes des autres. Les boucles conductrices dans lesquelles naissent les courants de Foucault ont ainsi des dimensions réduites. Les intensités des courants sont également réduites.

Le pendule de Foucault : très long pendule, suspendu au sommet de la coupole du Panthéon, dont la propriété est d'osciller dans un plan fixe par rapport au repère des étoiles fixes. L'observation de la rotation de ce plan par rapport au bâtiment démontre qu'en fait c'est le bâtiment qui tourne dans ce repère absolu, car il est entraîné par la rotation de la Terre.

FOURIER Jean-Baptiste Joseph

Auxerre 1768 – Paris 1830

Né dans une famille d'artisans-commerçants, Joseph Fourier perd ses parents à l'âge de dix ans et il est placé dans une école militaire locale. Il y découvre les mathématiques mais la Révolution survient. Il occupe alors un emploi d'enseignant dans son école. Prenant la défense de victimes locales de la Terreur, il est arrêté en 1794 et il ne doit peut-être son salut qu'à l'exécution de Robespierre. À la fin 1794, il arrive à Paris, admis comme élève à la toute nouvelle École Normale de Paris. L'école fermera ses portes après moins d'un an de fonctionnement mais J. Fourier a pu se faire connaître de ses professeurs. En 1795, il est assistant de G. Monge et de J. Lagrange à la toute récente École polytechnique. Monge l'inclut dans la liste des scientifiques prévus pour accompagner Bonaparte en Égypte. Après l'expédition en Égypte, Napoléon le nomme préfet de l'Isère. En 1801, J. Fourier arrive à Grenoble. Les charges administratives lui laissent du temps pour un travail personnel en mathématiques. En 1807, il présente à l'Académie des sciences un mémoire consacré à la diffusion de la chaleur dans les milieux continus, mémoire qui contient la célèbre équation de diffusion de la chaleur appelée depuis équation de Fourier. Il passe les années suivantes à développer les outils nécessaires pour résoudre cette équation, outils basés sur ce qui est appelé aujourd'hui séries de Fourier. Sur ces questions, il écrit en 1822 un livre intitulé : *Théorie analytique de la chaleur.*

J. Fourier reste à Grenoble jusqu'à la chute de Napoléon en 1814. Il reste sans emploi à ce moment-là mais, grâce à un ancien collègue de l'expédition en Égypte, il réussit à se faire nommer directeur du Bureau des statistiques. En 1816, il est élu à l'Académie des sciences dont il deviendra secrétaire perpétuel en 1827. Devenu malade, il doit restreindre ses activités et il meurt en 1830 après un accident qui semblait bénin.

Décomposition en séries de Fourier : une fonction périodique de période T, donc de pulsation $\alpha = 2\pi/T$, peut en général s'exprimer par une somme de fonctions telles que l'on ait :

$$F(t) = a_0 + \Sigma_n (a_n \cos n\alpha t + b_n \sin n\alpha t).$$

Les coefficients a_0, a_n, b_n peuvent être déterminés à partir de la fonction $F(t)$. Cette détermination est appelée analyse harmonique de la fonction $F(t)$.

Équation de Fourier : appelée encore équation de la chaleur, c'est une équation différentielle concernant la variation de la température en fonction du temps t sous l'effet de la diffusion de la chaleur.

Transformée de Fourier : une fonction *F(t)* non périodique peut être vue comme une fonction périodique où la période *T* tend vers l'infini. Dans ce cas, on montre que la décomposition en séries de Fourier en fonction du paramètre *t* peut se transformer en intégrale sur une fonction *S(α)* appelée transformée de Fourier de la fonction *F(t)*.

FOWLER Ralph Howard

Raydon (Grande-Bretagne) 1889 – Cambridge 1944

Ralph Fowler effectue ses études supérieures à Cambridge et il s'intéresse d'abord aux mathématiques. Blessé à la bataille de Gallipoli, il occupe sa convalescence à la résolution de problèmes scientifiques militaires.

Avec J. Bernal, il établit la structure de la glace, cristalline dans la position des molécules, mais amorphe dans leurs orientations.

Avec E. Milne, il détermine les proportions des différents états d'ionisation des atomes dans une étoile en fonction de sa température.

Avec C. Darwin, il se passionne pour la mécanique statistique, en s'efforçant de prendre en compte les aspects quantiques. Il se sert de ce nouvel outil pour aborder les problèmes posés par l'astrophysique. Sa contribution la plus marquante est en 1926 l'interprétation de la naine blanche, étoile morte, de forte densité, dans laquelle la force de gravitation est équilibrée par la pression du gaz d'électrons dont le comportement est régi par la mécanique quantique. C'est la première fois que la statistique de Fermi-Dirac est utilisée en astrophysique.

Publications

« Statistical Mechanics » (1929), « Statistical Thermodynamics » avec E. A. Guggenheim (1939).

FOWLER William Alfred

Pittsburg 1911-1995

William Fowler commence des études en ingénierie des matériaux à Colombus dans l'Ohio mais il se réoriente vers la physique à Pasadena à partir de 1933. Son travail de thèse, sous la direction de C. Lauritson, porte sur la physique nucléaire. En 1938, il est nommé professeur au California Institute of Technology où il effectue la totalité de sa carrière. Il se consacre désormais à l'astrophysique en mettant à profit sa formation initiale de physicien nucléaire.

En prolongeant la démarche de H. Bethe en 1939 sur le fonctionnement du Soleil, il devient le fondateur de la nucléosynthèse stellaire. Grâce à une contribution déterminante de F. Hoyle, avec E. Salpeter il explique le phénomène élémentaire de la formation de la géante rouge, la synthèse du carbone à partir de trois noyaux d'hélium. Il lance un très important programme de mesures des sections efficaces nucléaires dont il utilise ensuite les résultats comme données dans les modèles théoriques du fonctionnement interne des étoiles. Avec M. Burbidge, G. Burbidge et F. Hoyle, il établit les processus de création des atomes plus lourds que l'hélium qui ne peuvent pas avoir été formés dans la nucléosynthèse initiale.

Avec A. Cameron, il montre en 1958 qu'un cycle de combustion de l'hydrogène dans le Soleil, catalysée par le bore, est capable de délivrer des neutrinos de relativement haute énergie. Ces neutrinos sont détectables par leurs réactions sur des noyaux de chlore. Ces processus rendent possible l'expérience qui sera réalisée plus tard par le groupe de R. Davis.

En 1967, avec R. Wagoner et F. Hoyle, il reprend les premiers calculs de F. Hoyle et de R. Tayler de 1964 sur la formation de l'hélium dans l'explosion initiale. Il justifie de manière plus précise la proportion relativement élevée de ce gaz dans l'univers, plus élevée que ce qui a été fabriqué dans le cœur de toutes les étoiles. Le calcul est étendu à d'autres éléments légers. Le succès de cette nucléosynthèse primordiale est un argument essentiel pour justifier l'hypothèse du Big Bang.

W. Fowler partage le prix Nobel de Physique en 1983 avec S. Chandrasekhar.

Publications

« Synthèse des éléments dans les étoiles » (1957) avec G. Burbidge et F. Hoyle, « Nuclear astrophysics » (1967).

FRANCK James

Hambourg 1882 – Göttingen 1964

James Franck étudie la physique à Heidelberg et à Berlin où il effectue des premiers travaux de recherche sur les collisions entre les ions et les électrons en utilisant un dispositif très simple de mesure du potentiel d'ionisation. Il est surtout connu par une célèbre expérience, dite de Franck-Hertz, effectuée en 1914 avec son collaborateur G. Hertz. Ils mesurent l'absorption d'un faisceau d'électrons de faible énergie, quelques électrons-volts, sur la vapeur de mercure. Une résonance est observée à l'énergie de 4,9 eV, qui correspond exactement au niveau de l'excitation de l'atome, prévue par N. Bohr par l'observation de la raie à 2 537 angströms. Ce résultat est une première vérification de la théorie quantique qui est en train de naître. Il reçoit le prix Nobel de Physique en 1926 avec G. Hertz.

Professeur à Göttingen en 1920, il étudie les différentes excitations des molécules diatomiques et il en calcule les énergies de dissociation. Poursuivant l'analyse avec son collègue E. Condon, il énonce un principe qui porte le nom de ces deux physiciens.

Après avoir protesté contre les lois nazies, il est chassé d'Allemagne. Il se réfugie d'abord à Copenhague, où il se lie d'amitié avec N. Bohr. Il émigre ensuite aux États-Unis d'Amérique où il est nommé professeur à Baltimore, puis à Chicago, enfin en Californie. Il participe à la réalisation de l'arme nucléaire mais, en juin 1945, il s'oppose à son utilisation sur les populations japonaises en adressant au Secrétaire d'État à la Défense un rapport signé par les plus éminents de ses collègues.

D'esprit généraliste, il traite aussi bien de chimie et de biologie que de physique. Il élabore un modèle de la photosynthèse végétale.

Principe de Franck et Condon : prévision des transitions vibrationnelles les plus favorisées lors de l'excitation des molécules.

Publications

« Anregung von Quantensprüngen durch Stösse » avec P. Jordan (1926), « Photosynthesis in plants » (1949).

FRANK Charles

1911-1998

Charles Frank effectue ses études à Oxford. Encore étudiant, il s'intéresse aux dislocations dans les cristaux, à leurs influences sur le grossissement, au rôle important joué par les coupures récentes. En étudiant l'élasticité des cristaux liquides, il met en évidence le rôle des singularités.

Avec A. Keller, il étudie la formation des polymères.

Indépendamment de A. Sakharov et de I. Tamm, il propose la catalyse de la fusion nucléaire par les muons négatifs. Un atome muonique d'hydrogène a un diamètre deux cent fois plus faible qu'un atome normal et donc son noyau a plus de facilité pour réagir avec un autre noyau. Cette remarque s'applique tout particulièrement à la réaction de fusion entre un noyau de deutérium et un noyau de tritium.

À la retraite, C. Frank s'intéresse à la géophysique et plus spécialement au comportement des roches soumises aux fortes pressions. Il en déduit les conditions de déclenchement des tremblements de terre.

FRANK Ilya Mikhailovitch

Saint-Pétersbourg 1908 – Moscou 1990

Ilya Frank effectue ses études à Moscou où il présente des travaux de photochimie lors de son doctorat. En 1937, avec I. Tamm, il élabore la théorie de l'effet Cerenkov.

Professeur à Moscou à partir de 1946, il effectue des études sur l'arrêt dans la matière des particules chargées.

En 1958, il partage le prix Nobel de Physique avec I. Tamm et P. Cerenkov.

FRANKLIN Benjamin

Boston 1706 – Philadelphie 1790

Issu d'une famille modeste, Benjamin Franklin apprend le métier d'imprimeur chez son frère. Il consacre son temps libre à la lecture. D'esprit inventif, il n'hésite pas à traiter un problème personnel par une petite invention, une chaise à bascule, des verres bifocaux pour ses lunettes, un fourneau. Très entreprenant, il crée une imprimerie à Philadelphie, puis un hôpital et une compagnie d'assurances. Personnage devenu riche et important, il est consacré grand maître de la franc-maçonnerie.

Il trouve le temps et les moyens de s'intéresser à la physique. Il réalise de ses propres mains l'instrumentation dont il a besoin.

En électricité, il défend l'idée de l'existence d'un seul fluide électrique. Si le frottement enlève une partie de ce fluide, le corps devient chargé négativement. Si un contact lui apporte du fluide, sa charge devient positive. Même si son hypothèse initiale se révélera inexacte, il énonce pour la première fois la loi de la conservation de l'électricité.

À la fin du XVIIIe siècle, l'électricité atmosphérique passionne les scientifiques. B. Franklin constate qu'une pointe conductrice a la propriété de recueillir l'électricité de l'air ambiant. À la suite de cette observation, de nombreuses expérimentations sont effectuées pour faire apparaître les manifestations spectaculaires de l'électricité. En Angleterre, J. Canton reproduit les expériences américaines et il met en évidence l'électrisation par influence. En France, à la faveur d'un orage, T.F. Dalibard obtient de puissantes étincelles. Lors d'une expérience analogue, un académicien américain G. Richmann est tué par la foudre. B. Franklin utilise un cerf-volant pour accroître les effets de l'électricité atmosphérique. Il est ainsi conduit à l'invention du paratonnerre, un dispositif constitué d'une pointe conductrice reliée à la terre par un câble conducteur. La pointe a pour propriété d'ioniser localement l'air et donc de conduire préférentiellement la décharge électrique atmosphérique.

B. Franklin propose une origine électrique au phénomène spectaculaire de l'aurore boréale.

Il poursuit en parallèle une carrière politique particulièrement brillante. Élu député de l'assemblée de Pennsylvanie, il lutte pour une meilleure justice de l'impôt foncier. Il joue un rôle important en défendant la cause de l'Amérique indépendante auprès des gouvernements européens. Élu député dans le premier Congrès américain, il rédige en 1776 avec T. Jefferson et J. Adams la déclaration d'indépendance. Il est chargé de négocier l'alliance avec la France et il est accueilli à Paris dans un grand enthousiasme populaire comme le premier ambassadeur américain.

B. Franklin est le premier grand savant américain. Il est devenu un symbole de la réussite de l'esprit pionnier du Nouveau Monde.

Bouillant de Franklin : si un ballon à moitié plein d'eau portée à l'ébullition est sorti du bec Bunsen, son ébullition cesse. Bouché, retourné et refroidi par un linge mouillé à sa partie supérieure, l'ébullition reprend. En effet, le refroidissement du gaz a diminué la pression dans le ballon en dessous de la pression de vapeur saturante.

Publications

« Almanach du bonhomme Richard » (1746), « Experiments and observations on electricity made at Philadelphia in America » (1751) et des suppléments (1753-1794).

FRAUNHOFER Joseph von

Straubing (Bavière) 1737 – Munich 1826

Issu d'une famille modeste, Joseph von Fraunhofer quitte rapidement l'école et il est recruté comme apprenti dans l'usine de verre où travaille son père. Orphelin très jeune, il est envoyé dans une fabrique de lentilles de verre à Munich où il ne se plaît pas. Grâce à un soutien financier, il peut reprendre ses études et travailler dans une fabrique d'instruments d'optique, la société Utzschneider. Il montre un talent exceptionnel pour optimiser les lentilles des lunettes et des microscopes par le choix des verres qui éliminent les aberrations chromatiques. Par la lecture, il se forme seul en mathématiques.

Spécialiste de la fabrication d'instruments d'optique, il reçoit de la promotion dans sa société dont il deviendra un dirigeant associé. Afin d'étendre le domaine de la spectroscopie, il réalise des réseaux optiques. Il en établit la théorie. Il construit un héliomètre et un microscope achromatique. J. Fraunhofer est le maître incontesté de l'instrumentation optique de son époque.

Inventeur du spectroscope, il obtient en 1814 le premier spectre de raies de la lumière solaire, « le spectre Fraunhofer », dans lequel sont répertoriées des raies noires, déjà observées par W. Wollaston en 1802 et interprétées plus tard comme des raies d'absorption dans la couronne solaire.

Spectre Fraunhofer : appellation commune du spectre de raies d'absorption de la lumière solaire.

Diffraction de Fraunhofer : distribution angulaire de la lumière diffractée à l'infini à partir d'une onde incidente plane.

FREIBERG Dietrich von

Freiberg (Allemagne) vers 1250-1310

Entré dans l'ordre des Dominicains, Dietrich von Freiberg, d'origine allemande, a sans doute poursuivi des études à l'université de Paris avant de revenir dans son pays. Il a laissé des écrits en philosophie et en théologie et il a écrit en 1304 environ un ouvrage d'optique consacré essentiellement à l'explication de l'arc-en-ciel. Se fondant sur la nouvelle manière de traiter l'optique, introduite au XIe siècle par Ibn al-Haytham, il fait intervenir les phénomènes de réflexion et de réfraction de la lumière en des termes toujours acceptés de nos jours. L'explication de l'arc-en-ciel avait déjà fait l'objet de remarques de Ibn al-Haytham lui-même et elle avait été abordée également par un autre physicien arabe, contemporain de D. von Freiberg, mais il n'y a pas de traces d'influences réciproques de l'un sur l'autre de ces savants.

FRESNEL Augustin Jean

Broglie (Eure) 1788 – Ville d'Avray (Paris) 1827

Après avoir effectué ses études à l'École centrale de Caen et à l'École polytechnique, Augustin Fresnel est recruté comme ingénieur des Ponts et Chaussées. Il est affecté à un premier poste en Vendée et plus tard à Nyon où il est chargé de la construction de la route du col du Montgenèvre.

Opposé à l'empereur Napoléon lors de son retour de l'île d'Elbe, il offre ses services aux royalistes. Il ne tarde pas à être fait prisonnier et destitué de ses fonctions. Retiré à Mathieu dans le Calvados, il étudie la diffraction avec l'aide du serrurier du village qui lui confectionne ses appareils.

Réhabilité en 1818 par la Seconde Restauration et nommé assistant à l'École polytechnique, il effectue alors de nombreuses recherches couronnées de succès dans le domaine de l'optique ondulatoire. Ses premiers travaux concernent la diffraction générée par de petits objets, des cheveux par exemple. Il utilise et justifie le principe de Huygens dans l'approche ondulatoire de la lumière. Il vérifie une prévision de S. Poisson selon laquelle le centre de la figure de diffraction d'un écran doit être brillant, ce qui ne s'explique pas en théorie corpusculaire.

Son œuvre la plus remarquable est la théorie de l'optique cristalline qu'il construit en deux ans de 1821 à 1823. Reprenant la notion d'ellipsoïde des indices qu'il avait introduite en 1818, il l'applique à la double réfraction dans le cristal de spath d'Islande. Constatant l'impossibilité de faire interférer le rayon ordinaire et le rayon extraordinaire, il conclut que la vibration lumineuse doit être perpendiculaire à la direction de propagation. Cette découverte majeure est accueillie par une désapprobation unanime de tous ses collègues physiciens.

Souffrant de la tuberculose, contesté sur ses idées scientifiques, il est soutenu par sa foi puritaine. Intimement convaincu de la supériorité de la description ondulatoire de la lumière par rapport à la description corpusculaire, A. Fresnel fait front aux attaques de ses collègues et tout particulièrement à celles de J. Biot. Il consacre la dernière partie de sa vie à la commission des phares dans laquelle il a été nommé grâce à l'appui de F. Arago. Il apporte de nombreuses contributions utiles, comme par exemple « les lentilles dites de Fresnel ». Il disparaît à 39 ans alors que ses idées commencent à être reconnues.

Diffraction de Fresnel : distribution spatiale de la lumière diffractée à partir d'une source ponctuelle placée à distance finie.

Zones de Fresnel : aires découpées sur une surface d'onde contribuant en un point image à des amplitudes de même phase. Ces zones apparaissent dans le calcul de la diffraction.

Lentilles de Fresnel : systèmes d'anneaux concentriques de verre, de section triangulaire, qui focalisent la lumière et donc augmentent la puissance rayonnée. De tels systèmes sont utilisés dans les optiques des phares maritimes. Sur le même principe des lentilles très plates peuvent être aujourd'hui moulées dans des feuilles plastiques transparentes et utilisées par exemple dans les rétroprojecteurs.

Miroirs de Fresnel : deux miroirs faiblement inclinés l'un par rapport à l'autre, éclairés par une source ponctuelle, produisent des interférences dans la zone commune de leurs faisceaux. Le montage est parfois effectué avec trois miroirs.

Bi-prisme de Fresnel : deux prismes identiques placés tête-bêche dans un faisceau créent deux faisceaux qui interfèrent dans leurs parties communes.

Intégrales de Fresnel : intégrales qui apparaissent dans le calcul de l'intensité lumineuse des franges de diffraction.

Publication

« Œuvres complètes d'Augustin Fresnel » (1860).

FRIEDEL Georges

Mulhouse 1865 – Strasbourg 1933

Fils de Charles Friedel, illustre chimiste organicien et cristallographe, Georges Friedel est un ancien élève de l'École polytechnique et de l'École des mines de Paris. Avec son père, il effectue des premiers travaux sur la croissance cristalline sous pression. En 1893, il est nommé professeur de minéralogie à l'École des Mines de Saint Étienne, puis directeur de cette école, enfin directeur de l'Institut de minéralogie et de cristallographie de l'université de Strasbourg. Ses principales contributions portent sur les surfaces cristallines et sur les cristaux liquides.

Il généralise les relations de Bravais entre structure et direction des faces de clivage ou de croissance. Il remarque, le premier, que les faces observées sont les faces de croissance lente et pas nécessairement les plus stables.

Avec F. Grandjean, L. Royer et son fils Edmont, il pose les bases de l'analyse structurelle des cristaux liquides. Il définit les trois types principaux de phases, smectique, nématique et cholestérique, par l'étude de leurs défauts. Il est le premier à avoir observé et compris la présence de dislocations dans ces phases.

Publication

« Leçons de cristallographie » (1926).

FRIEDEL Jacques

Paris 1921

Petit fils de Georges Friedel, Jacques Friedel effectue ses études à l'École polytechnique et à l'École des Mines de Paris où il commence ses travaux de recherche dans le laboratoire de métallurgie de C. Crussard. Un séjour de trois ans en Angleterre à Bristol chez N. Mott lui permet de préparer une thèse sur le comportement des impuretés dans les métaux. Nommé professeur à l'université de Paris, il y mène la totalité de sa carrière.

Avec P. Aigrain et A. Guinier, il crée en 1955 un important enseignement de troisième cycle de physique du solide à Orsay et en 1959, avec A. Guinier et R. Castaing, suivis de

P. G. de Gennes, il crée, également à Orsay, un laboratoire de physique du solide qui attirera de nombreux chercheurs de qualité.

Ses travaux théoriques concernent essentiellement les propriétés électroniques des solides et l'étude des défauts cristallins.

Dans le domaine des impuretés dans les cristaux, il établit une règle de somme qui permet de traiter les effets d'écran et d'accéder aux propriétés de transport de chaleur ou d'électricité. Il met en évidence des oscillations à grande distance de la charge d'écran générée autour d'une impureté, ce qui permet d'analyser les interactions chimiques et magnétiques des éléments d'alliage. Avec ses élèves, il développe des méthodes simples d'analyse des liaisons dans les solides. Il analyse aussi les déplacements thermiquement activés des dislocations responsables des déformations plastiques des cristaux.

Publications

« Les dislocations » (1956 et 1964), « Graine de mandarin » (1994).

FRIEDMAN Aleksandr Aleksandrovitch

Saint-Pétersbourg 1888-1925

Après des études effectuées à Saint-Pétersbourg, Aleksandr Friedman enseigne dans cette même ville et entreprend des recherches sur le géomagnétisme, sur l'hydrodynamique, sur la météorologie. Il effectue des vols en ballon et en dirigeable. Il est l'un des fondateurs de la météorologie scientifique.

En cosmologie, dans le cadre de la relativité générale, il propose des modèles dynamiques d'univers qui s'affranchissent de la constante cosmologique introduite de manière arbitraire par A. Einstein dans des modèles statiques d'univers.

FRIEDMAN Herbert

New York 1916-2000

Herbert Friedman effectue ses études à Brooklyn et à l'université John Hopkins. Il mène la plus grande partie de sa carrière au Laboratoire national de la Marine.

Il est le premier à photographier le Soleil en ultraviolet et en rayons X. En 1946, son observation de la couronne solaire met en évidence le rôle de l'ultraviolet, responsable de l'ionisation de la haute atmosphère. L'observation des rayons X permet de conclure à une température très élevée de l'environnement immédiat du Soleil. Il retrouve le cycle solaire de 11 ans dans l'émission de ces rayonnements.

Il est l'un des premiers astronomes à utiliser des satellites artificiels afin d'éviter les absorptions et les perturbations atmosphériques. En 1964 et à la suite des premiers résultats obtenus par B. Rossi, il détecte les rayons X émis par la nébuleuse du Crabe. Cette observation ouvre le domaine de l'astronomie X qui apporte des informations importantes sur le comportement des étoiles denses, des pulsars et des trous noirs.

FRIEDMAN Jérôme Isaac

Chicago 1930

Jérôme Friedman effectue ses études à Chicago. Il y présente en 1956 une thèse, proposée par E. Fermi, dans laquelle il analyse la polarisation des protons du cyclotron après diffusion sur une cible. Suivant la suggestion de V. Telegdi, il exécute avec succès une expérience sur la non-conservation de la parité dans la désintégration du muon.

De 1957 à 1960, il travaille à Stanford dans le groupe de R. Hofstaedter où il s'engage dans un vaste programme d'expériences sur les diffusions des électrons de haute énergie. En 1967, il est nommé professeur au Massachussetts Institute of Technology, dont il deviendra le directeur du département de physique en 1983.

Avec H. Kendall et R. Taylor, il étudie les réactions profondément inélastiques des électrons de la machine de 20 GeV de Stanford. De l'abondance de ces réactions à grands moments de transfert de l'électron, ils déduisent que les réactions étudiées s'effectuent sur des cibles quasi-ponctuelles, les constituants des nucléons. Dans un premier temps ces cibles sont appelées « partons » suivant la suggestion de R. Feynman et de J. Bjorken, elles sont ensuite identifiées aux quarks de M. Gell-Mann. Ces trois physiciens expérimentateurs, J. Friedman, A. Kendall et R. Taylor se partagent le prix Nobel de Physique en 1990.

FRISCH Otto Robert

Vienne 1904-1979

Après des études menées à Vienne, Otto Frisch commence des recherches à Hambourg. Avec O. Stern en 1933, il participe aux premières mesures des moments magnétiques du proton et du neutron. Fuyant les persécutions nazies, il se réfugie à Copenhague chez N. Bohr, dont il épouse la fille.

Avec sa tante L. Meitner qu'il rencontre à Noël 1938 à Göteborg où elle s'est réfugiée, il élabore l'interprétation complète du phénomène de fission de l'uranium en utilisant le modèle nucléaire de la goutte liquide et en faisant la synthèse de tous les résultats récemment obtenus, et plus particulièrement ceux de O. Hahn et ceux de I. Joliot-Curie. De retour à Copenhague, il effectue en janvier 1939 une expérience dans laquelle les mesures des ionisations des fragments de fission confirment le schéma général de la fission et en particulier le dégagement d'énergie d'environ 200 MeV par noyau d'uranium fissionné.

Émigré aux États-Unis, il participe au programme Manhattan à Los Alamos. Il expérimente à distance sur la première explosion dans le Nevada.

En 1947, il revient en Europe à Cambridge où il reste jusqu'à sa retraite. Il construit un appareil de mesures automatiques des clichés de chambre à bulles, le « Sweepnick » qu'il commercialise afin de les vendre à de nombreux laboratoires européens.

Publications

« Meet the atom, a popular guide to the modern physics » (1947), « Atomic physics to day » (1961), « Working with atoms » (1965), « The nature of matter » (1973), « What little I remember » (1979).

G

GABOR Dennis

Budapest 1900 – Londres 1979

Après des études primaires et secondaires dans le cadre familial, Dennis Gabor effectue des études supérieures, d'abord à Budapest, puis à Berlin où il présente un travail de thèse sur l'oscillographe à haute tension, en relation avec les activités de la firme Siemens.

Fuyant l'Allemagne en 1933, il se réfugie en Angleterre où il est recruté par la compagnie Thomson Houston pour développer une nouvelle lampe à plasma. Pendant la guerre, déclaré « étranger ennemi de compétence scientifique », il continue à travailler sur l'optique électronique dans une baraque située hors de l'enceinte de sa compagnie.

En 1947, en attendant de jouer une partie de tennis, lui vient à l'esprit l'idée de l'holographie. S'inspirant d'un dispositif imaginé par Boersch en microscopie électronique, il transpose en optique du visible une idée pour former des images en relief. La réalisation pratique des hologrammes devra cependant attendre l'arrivée des lasers en 1962 pour bénéficier de sources intenses de lumière cohérente. Pour cette invention, il reçoit le prix Nobel de Physique en 1971.

De 1958 à 1967, il enseigne à Imperial College de Londres. Il contribue au développement des oscilloscopes rapides et à la théorie de la communication.

Hologramme : l'enregistrement de l'interférence entre un faisceau incident et un faisceau diffracté par un objet contient les informations sur les intensités et les phases de la lumière émise par l'objet. Enregistré sur une seule plaque photographique, un hologramme est capable de restituer directement une image à trois dimensions de l'objet.

Publications

« The electron microscope » (1945), « Inventing the future » (1963), « Innovations, scientific, technology, social » (1970), « Mature society » (1972), « Prosper present of science and technology » (1972).

GALILEI Galileo

Pise 1564 – Arcetri (près de Florence) 1642

Né dans une famille aisée, Galileo Galilée suit d'abord des études dans un monastère de Florence. En 1581, il entre comme étudiant de médecine à l'université de Pise. Cependant, attiré par l'étude des mathématiques plus que par la médecine, il quitte l'université en 1585. Il se tourne vers l'étude des mathématiques et donne des leçons privées à Florence, puis à Sienne. Il commence à s'intéresser aux lois mathématiques de la physique et, en 1589, il est élu professeur de mathématiques à l'université de Pise. En 1592, s'estimant mal payé, il quitte cette université pour celle de Padoue où il enseigne la mécanique. Pendant cette période, il travaille sur les lois de la mécanique, prenant ses distances avec la physique d'Aristote qu'il juge trop spéculative. En 1590, il a déjà composé un premier traité qui ne porte pas de titre, appelé plus tard *De Motu*. On y trouve en germe le principe d'inertie qui stipule qu'un mobile conserve sa vitesse acquise quand on supprime l'action de la force extérieure. Dans une lettre adressée en 1604 à Paolo Scarpi, on trouve la loi de la chute des corps où l'espace parcouru est proportionnel au carré du temps de parcours.

L'intérêt de Galilée pour l'astronomie remonte au moins à 1597, année où il reçoit un exemplaire du *Mysterium Cosmographicum* de J. Kepler, ouvrage dans lequel l'auteur donne sa préférence de principe à la théorie de Copernic, au détriment de celle de Ptolémée. Galilée est peut-être attiré par la nouvelle approche de Copernic mais il ne donne pas encore publiquement son accord. En 1604 cependant, l'observation d'une nova lui confirme que « l'incorruptibilité » des cieux, chère à Aristote, doit être une idée erronée. En 1608, il apprend qu'un artisan néerlandais a fabriqué une nouvelle lunette propre à observer les astres après grossissement de l'image. Après des discussions avec P. Scarpi, il se met à construire une telle lunette. Il réussit dans son entreprise et, dès 1609, il se met à observer les astres. Il va alors de découverte en découverte : la Voie Lactée contient une multitude d'étoiles distinctes, le relief de la lune est montagneux, Jupiter est entouré de quatre satellites qui gravitent autour de cette planète ! Galilée se hâte d'annoncer ses découvertes dans *Siderius Nuncius* publié à Venise au début de 1610. Le succès de Galilée est immédiat et immense au point que le grand duc de Toscane lui offre un poste rémunéré de mathématicien personnel, sans aucune obligation d'enseignement.

Cette reconnaissance ouvre une nouvelle étape pour Galilée, devenu maintenant partisan convaincu de la théorie de Copernic. En 1611, il va à Rome où il présente ses découvertes et où il obtient un vif succès. Dès son retour à Florence, des difficultés vont cependant se dresser devant lui.

Il reçoit d'abord un rapport de l'astronome jésuite allemand C. Scheiner, sur l'observation des taches solaires et leur possible interprétation par de petites planètes proches du Soleil. Craignant peut-être la concurrence, Galilée s'empresse de répondre : il a lui aussi observé ces taches solaires mais il ne croit pas à l'idée de petites planètes.

Au moins à partir de 1613, des théologiens commencent à attaquer Galilée. Ils soutiennent que les idées de Galilée et de Copernic – rotation de la Terre autour du Soleil – sont contraires à l'enseignement de la Bible. Galilée se défend contre ces attaques en soulignant que l'observation, travail du scientifique, est différent de l'interprétation, travail du théologien. Le litige remonte à Rome où une commission, nommée par le pape, demande à Galilée de ne plus défendre les thèses de Copernic, jugées contraires à l'enseignement de la Bible.

À Florence, Galilée abandonne alors ses recherches en astronomie pour revenir à ses études précédentes sur la mécanique. En 1618 cependant, l'apparition de trois comètes ravive l'intérêt pour l'astronomie. Une nouvelle polémique se déclenche contre Galilée et ce dernier se défend en écrivant un ouvrage intitulé *Il Saggiatore*, c'est-à-dire *L'Essayeur*. Dans cet ouvrage, Galilée évite de parler du mouvement de la terre – sujet interdit en 1616 – mais il prend bien soin de préciser que les lois de la nature doivent être appréhendées par ceux qui connaissent les mathématiques et non pas par les théologiens qui n'ont pas autorité en la matière. Il dédie son ouvrage au nouveau pape, Urbain VIII, son défenseur quand il était encore le cardinal Barberini. Celui-ci refuse cependant de revenir sur le décret de 1616 qui interdit à Galilée de défendre les thèses de Copernic.

Galilée semble satisfait de cette situation car son ouvrage n'a pas été condamné ! Il se met alors au travail pour écrire ce qui va devenir les *Dialogo*. Mené sous forme de dialogue, ce livre développe un plaidoyer pour l'hypothèse de Copernic. Galilée mettra six ans à écrire ces dialogues mais, quand il veut faire imprimer son livre à Rome, les services de la papauté lui concèdent seulement la permission de se faire éditer à Florence. Quand le livre sort en 1632, la réaction de Rome est brutale et Galilée est convoqué devant le tribunal de l'Inquisition. À partir de là, l'issue du procès ne semble pas avoir fait l'objet de beaucoup d'atermoiements : Galilée n'a pas respecté le décret de 1616, il est condamné à prison et il est sommé d'abjurer les théories de Copernic. Après son abjuration qui a lieu en juin 1633, la peine de prison est alors commuée en peine de résidence surveillée.

Envoyé d'abord à Sienne sous la juridiction de l'archevêque local, Galilée peut ensuite se retirer dans sa villa d'Arcetri, près de Florence. Là, il rédige son dernier ouvrage, les *Discorsi*, un ensemble de propositions concernant la mécanique et les sciences de l'ingénieur. Cette œuvre peut être considérée comme une synthèse de ses différents travaux et de ses apports à la physique. On y trouve les définitions du mouvement uniforme et du mouvement uniformément accéléré qui est celui créé par exemple par la pesanteur. Traitées en exemples, on y trouve les lois du pendule avec l'isochronisme des petites oscillations et la trajectoire parabolique des projectiles sous l'effet de la pesanteur.

Galilée a vécu à une époque charnière qui a vu le déclin de la philosophie scholastique devenue spéculative et le renouveau de l'approche scientifique basée sur l'observation. À ce titre, il a été considéré comme un représentant éminent de ce renouveau. Ses démêlés avec l'institution ecclésiastique et sa condamnation en ont fait un emblème de l'indépendance de l'esprit scientifique vis-à-vis de tout dogmatisme religieux.

Formules de transformation de Galilée (ou **cinématique galiléenne**) **:** formules permettant de calculer les caractéristiques du mouvement d'un corps dans un référentiel A à partir des caractéristiques repérées dans un référentiel R animé d'un mouvement de translation de vitesse uniforme par rapport au référentiel A (vitesse d'entraînement v_e). En particulier les vitesses sont reliées par la relation vectorielle $v_a = v_r + v_e$ et les accélérations restent inchangées, c'est-à-dire $g_a = g_r$.

Dans le cas d'une vitesse d'entraînement quelconque, la relation vectorielle donnant la vitesse va reste inchangée mais G. Coriolis a montré plus tard que l'accélération g_a

était donnée par une relation vectorielle $g_a = g_r + g_e + g_c$ où le terme supplémentaire *gc* s'appelle depuis accélération de Coriolis.

Les formules de transformations de Galilée supposent que le temps et la durée, mesurés dans les deux systèmes de référence, sont identiques. En 1905, A. Einstein a montré le résultat important suivant : si l'on veut que les lois de la physique soient les mêmes dans tout système de référence, il faut modifier les lois de transformation de Galilée quand la vitesse d'entraînement devient grande et non négligeable devant celle de la lumière. Il a montré que, comme les variables de position, la variable temps doit aussi se trouver modifiée quand on passe d'un système de référence à un autre. Les formules de transformation de Galilée deviennent alors les formules de transformations de Lorentz-Fitzgerald. Bien entendu, les formules anciennes de transformations de Galilée restent un très bonne approximation dans le domaine des vitesses faibles devant celle de la lumière, domaine appelé aussi domaine non relativiste.

Publications

« Siderius Nuncius » (1610), « Il saggiatore » (1623), « Dialogo » ou « Dialogues sur les deux principaux systèmes du monde » (1632), « Discorsi » ou « Discours et démonstrations mathématiques concernant deux nouvelles sciences » (1638).

GALLE Johann Gottfried

Pabsthaus (Allemagne) 1812 – Potsdam 1910

À la fin de ses études supérieures effectuées à Berlin, Johann Galle enseigne dans les classes secondaires. Remarqué par J. Encke, directeur de l'Observatoire de Berlin, il est recruté comme assistant. En 1838, lors de ses premières observations astronomiques, il découvre l'anneau interne de la planète Saturne.

À la suite d'une correspondance en 1846 avec U. Le Verrier concernant les observations de O. Römer de 1706, il est informé des résultats du théoricien français qui prévoit l'existence et la position d'une nouvelle planète. Disposant à cette époque de la meilleure carte du ciel, l'Observatoire de Berlin est le mieux placé pour rechercher ce nouvel astre. Effectivement, en suivant les indications de U. Le Verrier, la nuit du 23 septembre suffit à J. Galle et à son collègue H. d'Arrest pour découvrir un astre qui ne figure pas sur les cartes, à moins d'un degré de la position prévue. La nuit suivante, par son déplacement, l'astre est bien identifié comme une planète, plus tard appelée Neptune.

Nommé directeur de l'Observatoire de Breslau, moins bien équipé que celui de Berlin, il poursuit ses recherches dans d'autres domaines comme la météorologie. En 1873, il donne une estimation de la dimension du système solaire en utilisant les mesures des parallaxes des astéroïdes.

Tout au long de sa vie, il conserve une grande influence sur la communauté des astronomes.

GALVANI Luigi

Bologne 1737 – Bologne 1798

Après des études de médecine effectuées à Bologne et une activité de médecin, Luigi Galvani est nommé professeur d'anatomie à l'université de Bologne. Il y découvre que les muscles d'une grenouille écorchée réagissent au contact d'une machine électrostatique qui se trouve par hasard sur la même table et qui est utilisée par un collaborateur. Multipliant les expérimentations, il observe le même effet par simple contact avec certains couples de métaux, alors que les isolants ne produisent aucune réaction.

Un grand débat sur l'interprétation de ces observations s'engage. L. Galvani défend l'idée que l'électricité est d'origine animale. C'est A. Volta qui l'emporte en défendant l'idée opposée selon laquelle l'électricité trouve sa source dans la jonction de deux métaux différents. Poursuivant dans cette voie, A. Volta invente la pile électrique.

Veuf à 43 ans, privé de son bureau de l'institut pour avoir refusé l'allégeance à Napoléon, L. Galvani termine sa vie dans la pauvreté.

Le physicien italien est honoré par A. Ampère qui propose l'adoption de noms tels que « galvanomètre » et « galvanisation ».

Publication

« De viribus electricitatis in motu musculari commentaries » (1791).

GAMOW George Anthony

Odessa 1904 – Boulder (Colorado) 1968

Après des études à Odessa, à Léningrad et à Göttingen, George Anthony Gamow commence des travaux de recherche à Léningrad. Il effectue plusieurs séjours à l'Institut de N. Bohr à Copenhague et au laboratoire Cavendish chez E. Rutherford à Cambridge. De retour à Léningrad, il est retenu de force par les autorités soviétiques. À l'occasion d'une sortie de Russie pour participer à la conférence Solvay de 1931 à Bruxelles, il décide de ne pas revenir en Russie et d'émigrer aux États-Unis. Il termine sa carrière à Boulder.

En 1928, dans son travail de thèse, il donne une interprétation quantique de la désintégration alpha des noyaux, en proposant que la particule alpha passe par effet tunnel au travers de la barrière de potentiel qui la tient prisonnière à l'intérieur du noyau. Cette théorie donne le bon ordre de grandeur des vies moyennes des noyaux lourds. Une analyse semblable est effectuée simultanément à Princeton par P. Gurney et E. Condon. En utilisant cette même approche, il établit une théorie des réactions thermonucléaires qui se produisent dans le cœur du Soleil. Dans le prolongement de ses idées, F. Houtermans et R. Atkinson précisent en 1929 les conditions de la nucléosynthèse dans le cœur des étoiles actives.

G. Gamow esquisse un modèle nucléaire simple, celui de « la goutte liquide » qui est repris par N. Bohr, par C. von Weiszacker et par H. Bethe.

En 1936, avec E. Teller, il établit les règles de sélection des désintégrations bêta des noyaux radioactifs. Il complète ainsi la première approche de E. Fermi.

En 1940-41, avec M. Schoenberg, il propose le mécanisme de l'explosion des supernovae accompagnée d'une émission massive de neutrinos. Ces particules sont effectivement détectées, trente-six ans plus tard, par des physiciens japonais du groupe Kamiokande, lors de l'explosion de la supernova 1987-A.

En 1948, avec R. Alpher et H. Bethe, en utilisant les résultats des mesures expérimentales des sections efficaces d'absorption des neutrons, il publie un article, connu sous l'appellation « alpha-bêta-gamma », sur la nucléosynthèse dans l'explosion initiale de l'univers. L'étape principale du processus considéré est la capture du neutron pour former du deutérium dans des conditions de fortes températures et de fortes densités. Cette même année, en même temps que R. Alpher et R. Herman, G. Gamow montre que le rayonnement thermique, témoin de ce « Big Bang », est aujourd'hui très refroidi, prévu à la température de 5 °K. À cette époque, les spécialistes du radar consultés ont considéré que ce rayonnement serait indécelable. Dix-huit années plus tard, ce rayonnement est pourtant identifié expérimentalement par A. Penzias et R. Wilson à une température effective plus basse, 3 °K.

G. Gamow a également contribué au déchiffrage du code génétique en montrant que les combinaisons des quatre nucléotides sur la chaîne de DNA suffisent pour coder les différentes protéines.

Transition de Gamow-Teller : transition de radioactivité bêta telle que l'électron et le neutrino emportent un moment angulaire de spin total égal à 1.

Publications

G. A. Gamow est un excellent vulgarisateur, beaucoup de ses livres sont traduits en français : « Monsieur Tompkins au pays des merveilles » (1939), « Naissance et mort du Soleil » (1940), « Monsieur Tompkins explore l'atome » (1942), « Une, deux, trois,… l'infini » (1947), « La création de l'univers » (1951), « Monsieur Tompkins s'explore lui-même » (1952), « Trente années qui ébranlèrent la physique » (1966), « The constitution of atomic nuclei and radioactivity » (1931), « My world line, an informal autobiography » (1970).

GASSENDI Pierre

Champtercier 1592 – Paris 1655

L'itinéraire de Pierre Gassendi ressemble par bien des côtés à celui de son contemporain et ami M. Mersenne. Prêtre comme lui, il enseigne d'abord la philosophie à Aix-en-Provence. Il prend position contre les scholastiques à une époque où le renouveau de la physique annonce leur déclin.

Du point de vue strictement scientifique, on lui doit au moins une observation et une expérience. En 1631, il observe le passage de Mercure devant le Soleil, vérifiant par là une prédiction faite par Kepler. En 1640, il mène à Marseille l'expérience d'une pierre qui, lancée du haut d'un mât de navire tombe toujours au pied de ce mât, malgré le déplacement du navire, ce qui vérifie le principe de la relativité du mouvement.

Du point de vue philosophique, P. Gassendi était attiré par un point de vue atomiste, plus peut-être par rejet de l'esprit scholastique que par conviction scientifique profonde.

Sa notoriété scientifique lui vaut d'être nommé professeur de mathématiques (et d'astronomie) en 1645 au Collège Royal de Paris. En 1649, pour des raisons de santé, il quitte Paris et se retire à Digne. Revenu à Paris en 1653, il travaille à rédiger ses *Opera Omnia* qui seront publiés en 1658 après sa mort. Cette œuvre contient à la fois ses travaux scientifiques, ses cours d'astronomie, une sélection de sa correspondance et une biographie de Nicolas de Peiresc qu'il a très bien connu.

Publications

« Objections aux méditations » (1644), « Opera Omnia » (1658).

GAUSS Carl Friedrich

Brunswick 1777 – Göttingen 1855

Carl Gauss est considéré comme l'un des plus grands scientifiques de tous les temps. En mathématiques pures, il est à l'origine de l'algèbre non commutative et des géométries non euclidiennes. En physique, son apport est important et varié.

Né dans une famille pauvre, C. Gauss montre des dons précoces et exceptionnels pour les mathématiques, au point qu'il sait mener des calculs compliqués avant même de savoir écrire. Grâce à la sagacité de son père et à l'aide financière du prince de Brunswick, il suit des études au collège local de Brunswick, puis à l'université de Göttingen à partir de 1795. Il obtient un doctorat en mathématiques et, dès 1801, il se fait remarquer par deux contributions importantes. Il publie des *Disquisitiones mathematicae* consacrées à la théorie des nombres et il donne une prédiction sur la trajectoire de Cérès, planète nouvelle observée au début de 1801 en Italie par G. Piazzi puis perdue. Sa prédiction permet de retrouver cette planète et ce succès lui vaut peut-être d'être nommé en 1807 directeur de l'observatoire de Göttingen, où il mènera alors ses travaux scientifiques jusqu'à sa mort.

En astronomie, après ses prédictions sur la trajectoire de Cérès, il publie en 1807 un ouvrage sur ses méthodes de calcul, ouvrage dans lequel on voit exposée pour la première fois la méthode d'optimisation par la technique des moindres carrés. Un peu plus tard, il publie d'autres calculs de trajectoires de planètes.

À partir de 1817, il travaille aussi à des méthodes de mesures en géodésie et, dans ce cadre, il aborde les notions des différentes erreurs de mesures faites dans les expériences et la façon de les combiner. Ce travail constitue la base du traitement moderne des erreurs, du moins dans le cas général où ces erreurs sont censées suivre une loi de distribution définie de façon mathématique par des « gaussiennes ». C'est à partir de 1825 seulement qu'il commence à s'intéresser de près à d'autres problèmes de physique, peut-être sous l'influence de A. von Humboldt. En plus de son intérêt pour le géomagnétisme, il commence une collaboration sur l'électromagnétisme avec W. Weber, physicien expérimentateur plus jeune que lui d'une vingtaine d'années. Sur la base de l'utilisation de l'induction découverte en 1831 par M. Faraday, ils travaillent ensemble pour réaliser un premier télégraphe électrique qui voit le jour en 1834. Entre temps, C. Gauss avait présenté en 1833 un mémoire sur l'emploi en électromagnétisme d'un système de mesures basé sur les unités de base de longueur, de masse et de temps.

Spécialisé en physique mathématique, C. Gauss donne dans les années 1838-1840 deux contributions de physique théorique, l'une sur des théorèmes généraux concernant les forces d'attraction et de répulsion rencontrées en électromagnétisme, l'autre sur la théorie des systèmes optiques centrés. Ce furent ses dernières publications importantes car, affaibli par la maladie, il doit restreindre ses activités.

Condition d'approximation de Gauss : dans les problèmes d'optique géométrique, cette condition correspond à des rayons lumineux peu inclinés sur l'axe du système étudié, ce qui permet de simplifier l'étude. Cette condition n'est donc valable que pour des objets suffisamment petits. Quand on s'éloigne de cette condition, les images d'un objet sont de plus en plus modifiées et donnent lieu à des déformations appelées aberrations.

Distribution de Gauss : dans le cas général de mesures multiples d'une quantité *x* quelconque, la distribution de Gauss donne la répartition *F(x)* des valeurs possibles de *x* sous la forme :

$$(2\sigma\pi)^{1/2}\,F(x) = exp - (x - <x>)^2/2\sigma^2$$

La représentation de la fonction *F(x)* donne une courbe en forme de cloche appelée courbe gaussienne : $<x>$ est la valeur moyenne mesurée de *x* et le paramètre σ, proportionnel à la largeur de *F(x)*, est pris comme estimation de la précision de mesure de *x*.

Théorème de Gauss : le flux d'un champ électrostatique à travers une surface fermée est proportionnel à la somme algébrique des charges électriques situées à l'intérieur de cette surface mais il est indépendant des charges qui se trouvent à l'extérieur.

Le gauss : unité d'induction magnétique, équivalente à 10^{-4} Tesla.

GAY-LUSSAC Joseph Louis

Saint-Léonard de Noblat 1778 – Paris 1850

Le père de Joseph Louis Gay-Lussac était procureur du roi à Saint Léonard de Noblat et, comme tel, il est arrêté au moment de la Révolution. Le jeune Joseph Louis peut venir cependant à Paris où il suit des études dans une école privée. Il est admis à l'École polytechnique et en sort ingénieur en 1800. Illustre chimiste de l'époque, C. Berthollet le recrute comme assistant dans un laboratoire privé qu'il avait créé à Arcueil près de Paris. Dans ce laboratoire, J. Gay-Lussac devait mener une bonne partie de ses recherches.

Sa première contribution importante à la physique date de 1802 avec l'énoncé de la loi de dilatation des gaz. Des résultats sur les gaz avaient déjà été obtenus par le physicien J. Charles, qui les avait communiqués à J. Gay-Lussac mais ne les avait pas publiés. J. Gay-Lussac refait des mesures de dilatation sur plusieurs gaz et il en conclut que l'augmentation de volume avec la température est la même quel que soit le gaz, obtenant une loi du type $V = V_0 (1 + \alpha t)$, du moins dans un registre de températures allant de 0 à 100 degrés Celsius.

Sa deuxième contribution importante, annoncée en 1808, est la loi de composition en volumes pour les gaz participant à une combinaison chimique. Cette loi est simple, dit-il, et il donne l'exemple de l'eau où il faut deux volumes d'hydrogène pour un volume d'oxygène afin d'en réaliser la synthèse. Peu d'exemples étaient en fait connus à cette époque et on ne sait pas exactement ce qui a amené J. Gay-Lussac a envisager une loi générale. Une des clés de la réponse se trouve peut-être dans ses recherches en chimie qu'il a menées avec L. Thénard, membre comme lui du laboratoire d'Arcueil de C. Berthollet. Cette collaboration l'amènera d'ailleurs à des travaux importants, tels que la séparation chimique du sodium, du potassium et du bore dans les combinaisons chimiques. Une compétition dans ce domaine s'était d'ailleurs établie avec H. Davy, chimiste anglais, qui mit aussi en évidence ces éléments de façon indépendante.

Lois de Gay-Lussac: écrite sous la forme $v = vo\ (1 + \alpha t)$, la loi de dilatation des gaz à pression constante est telle que la constante α a même valeur pour tous les gaz.

Une loi similaire, avec une constante β au lieu de α, décrivant le changement de pression à volume constant, a été primitivement appelée loi de Charles.

Expérimentalement ces constantes α et β sont égales entre elles et valent approximativement *1/273*. Cette valeur est à l'origine de la définition de la température absolue T d'un gaz par la relation $T = t + 273$ par rapport à la température Celsius t.

GEIGER Hans

Neustadt (Palatinat) 1882 – Potsdam 1945

Hans Geiger effectue ses études à Munich et à Erlangen.

Assistant de E. Rutherford à Manchester, il effectue avec E. Marsden en 1908 et 1909 des expériences de diffusion de particules alpha sur des atomes lourds en utilisant comme détecteur la fluorescence du sulfure de zinc. Il montre en 1912 qu'il existe une relation entre la vie moyenne du radioélément et l'énergie dégagée. Des résultats de ses assistants, E. Rutherford déduit, dès 1911, la petitesse du noyau atomique.

Afin de contrôler l'efficacité de la détection visuelle par la fluorescence, H. Geiger invente, en 1913, le compteur qui porte son nom. Son objectif initial est de détecter des particules alpha isolées. Dans sa première version, il s'agit du « compteur à pointe », un dérivé de la chambre d'ionisation inspiré d'un premier dispositif réalisé avec E. Rutherford en

1908-1912. Dans une enceinte remplie de gaz, une pointe métallique, portée à un potentiel positif, attire les électrons de l'ionisation produite par une particule chargée traversant le gaz. Le signal électrique peut être enregistré par un circuit électronique ordinaire.

Revenu en Allemagne avant le déclenchement de la Première Guerre mondiale, H. Geiger accueille dans son laboratoire de Berlin J. Chadwick qui démontre en 1914 le caractère continu des spectres d'énergie des électrons de radioactivité bêta. En 1924, avec W. Bothe, il utilise la technique des compteurs et de leurs coïncidences pour démontrer que l'effet Compton s'interprète bien comme la collision élastique entre deux particules, un photon et un électron.

Nommé professeur en 1925, H. Geiger devient directeur de l'École Technique Supérieure de Berlin en 1936.

En 1928, avec l'aide de W. Müller, H. Geiger transforme le compteur à pointe. Ce nouveau détecteur est utilisé pour déterminer les directions des particules cosmiques ou pour déclencher la chambre de Wilson avec l'assurance qu'une particule a réellement traversé le dispositif.

Compteur Geiger-Müller : dans un tube cylindrique conducteur rempli d'un mélange de gaz, un fil métallique fin, placé dans l'axe du tube, est porté à un potentiel positif de l'ordre du millier de volts. Une particule électriquement chargée ionise le gaz et les électrons se précipitent sur le fil en provoquant une avalanche qui multiplie par un facteur de l'ordre du million le nombre d'électrons arrivant sur le fil. Le signal électrique peut être enregistré par une électronique relativement simple.

Publication

« Practical measurements in radioactivity », avec W. Makower (1912).

GEISSLER Heinrich

Igelshieb (Thuringe) 1814 – Bonn 1879

Technicien du verre, Heinrich Geissler fonde sa propre société de construction d'appareils pour les laboratoires de physique. Il est connu pour l'invention en 1850 d'un tube qui porte son nom et qui rend plus tard possibles les expérimentations exceptionnelles de W. Röntgen et de J.J. Thomson.

Il invente en 1857 la pompe à vapeur de mercure qui lui permet d'atteindre un vide de l'ordre du centième de millimètre de mercure.

Tube de Geissler : tube en verre conçu pour tenir un vide poussé, inférieur au dixième de millimètre de mercure. Des électrodes électriquement accessibles depuis l'extérieur permettent de générer des décharges électriques. Cette technique permet par exemple d'étudier les émissions des gaz raréfiés.

GELL-MANN Murray

New York 1929

Murray Gell-Mann commence des études supérieures à l'université de Columbia et il les poursuit en physique à celle de Yale. Il présente son travail de thèse au Massachussetts Institute of Technology. Il enseigne à Chicago en 1952 et à Pasadena au California Institute of Technology à partir de 1955.

Sa première contribution très remarquée dans la physique des particules élémentaires est l'introduction de l'étrangeté qu'il présente en avant-première dans un colloque interne du laboratoire de L. Leprince-Ringuet et ensuite plus formellement, à la conférence de Glasgow en 1954. Ce nouveau nombre quantique, associé aux nouvelles particules découvertes dans les réactions du rayonnement cosmique, permet de comprendre leurs longues vies moyennes.

L'étrangeté est en effet conservée par l'interaction nucléaire qui est responsable de leur création en paires. Elle n'est pas respectée par l'interaction faible qui est responsable de leur désintégration. Cette proposition est faite de manière indépendante par le théoricien japonais K. Nishijima.

Quelques années plus tard, en 1961, M. Gell-Mann propose « la voie octuple », une classification des particules à interaction forte suivant la symétrie unitaire d'ordre trois SU(3). Cette proposition, également faite par le théoricien israélien Y. Ne'eman et par K. Nishijima, reçoit sa meilleure confirmation en 1963 à Brookhaven par le groupe de chambre à bulles de R. Shutt, avec N. Samios et R. Palmer, lors de la découverte d'une particule Ω^- prévue par cette théorie.

Dans le prolongement de cette voie octuple, simultanément avec G. Zweig, il invente les quarks, constituants élémentaires des particules observées. Ces nouvelles particules et leurs antiparticules ont des charges fractionnaires (2/3 et 1/3). Elles se comportent comme des particules quasi-ponctuelles. Elles ont été ensuite identifiées à l'intérieur du proton et du neutron par l'étude de la diffusion inélastique des électrons ou des neutrinos, mais elles n'ont jamais été détectées comme des particules libres.

M. Gell-Mann reçoit le prix Nobel de Physique en 1969.

Il participe au Comité Jason, comité consultatif militaire.

Sur la fin de sa carrière, il s'oriente vers les problèmes de la complexité et les processus d'auto-adaptation et, dans cet objectif, il crée un institut à Santa Fe.

Formule de Gell-Mann-Nishijima : relation linéaire entre la charge électrique d'un hadron, son hypercharge (addition de son nombre baryonique et de son étrangeté) et la troisième composante du spin isotopique.

Formule de Gell-Mann-Okubo : loi empirique qui permet de prévoir les différences de masse entre les particules d'un même multiplet de SU(3).

Publications

« The eight-fold way » avec Ne'eman (1964), « Broken scale invariance and the light cone » (1971), « Le quark et le jaguar » (1997).

GELLER Margaret Joan

Ithaca (New York) 1947

Après des études menées à Harvard, Margaret Geller est recrutée comme chercheur à l'Observatoire de Harvard.

En 1986, avec J. Huchra, elle met en évidence une grande structure de l'univers, « la grande muraille », une concentration de galaxies dans une très faible couche de l'univers.

Publication

« Large scale structures in the universe » (1987).

GENNES Pierre-Gilles de

Paris 1932 – Orsay 2007

Les visites du Palais de la Découverte incitent le jeune Pierre-Gilles de Gennes à s'intéresser à la physique. Élève de P. Aigrain à l'École normale supérieure, il entre au Commissariat à l'énergie atomique où il s'oriente vers la physique théorique. Sa thèse traite de deux domaines dans lesquels il focalise son activité pendant plusieurs années, la diffusion des neutrons et les changements d'état.

Dans les années soixante, il suscite un dialogue actif entre les théoriciens et les équipes expérimentales engagées dans l'étude de la supraconductivité. Il oriente leurs travaux vers l'étude de la profondeur de pénétration du champ magnétique dans la matière supraconductrice. Il prévoit la détection de « vortex » par diffraction des neutrons, effectivement observés six mois plus tard dans un laboratoire du Commissariat à l'énergie atomique. Il poursuit ensuite cette même stratégie dans le domaine des cristaux liquides. Il propose une analogie entre les supraconducteurs et les cristaux smectiques. Il explique les propriétés particulières de la diffusion de la lumière par les cristaux liquides. Il interprète les transitions entre leurs différentes phases.

Nommé professeur au Collège de France en 1971, il engage des équipes d'expérimentateurs sur l'étude des polymères. Les résultats de ces travaux sont utilisables dans des applications, par exemple dans la projection des peintures et dans le moulage des plastiques.

Il reçoit le prix Nobel de Physique en 1991.

Il poursuit ses recherches dans le domaines des interfaces, par exemple sur les phénomènes de mouillage et d'adhésion. Plus récemment, il s'intéresse à la mécanique des avalanches.

Il exerce une influence sur la communauté scientifique en associant plusieurs équipes de disciplines différentes pour aborder une nouvelle question.

Publications

« Superconducting metals and alloys » (1964), « The physics of liquid cristals » (1974), « Scaling concepts in polymer physics » (1979), « Introduction to polymer dynamics » (1990), « Simple views of condensed matter » (1992 et 1998), « Les objets fragiles » (1994), « Soft interfaces » (1997).

GERLACH Walther

Biebrich (Wiesbaden) 1889 – Munich 1979

Walther Gerlach est l'auteur en 1922, avec O. Stern, d'une expérience célèbre sur la détermination des moments magnétiques des atomes. Un jet d'atomes d'argent, issus d'un four, passe dans l'entrefer d'un électroaimant dont les pièces polaires ont été taillées de telle sorte que le champ magnétique de l'entrefer soit très inhomogène. Les déviations des atomes sont proportionnelles au gradient du champ magnétique et à la projection de leurs moments magnétiques sur ce champ. La théorie classique prévoit une distribution continue des déviations. La théorie quantique, en l'absence de spin, prévoit un nombre impair de déviations différentes, autant que de valeurs différentes du nombre quantique magnétique orbital « m ». L'expérience révèle un nombre pair de déviations différentes, conformément à l'hypothèse du spin 1/2 de l'électron, proposée par G.E. Uhlenbeck et S.A. Goudsmit pour rendre compte du dédoublement de la raie D du sodium. Le résultat fait l'objet d'une carte postale envoyée à N. Bohr le 8 février 1922.

W. Gerlach est successivement nommé professeur à Francfort-sur-le-Main en 1921, à Tübingen en 1924 et à Munich en 1929.

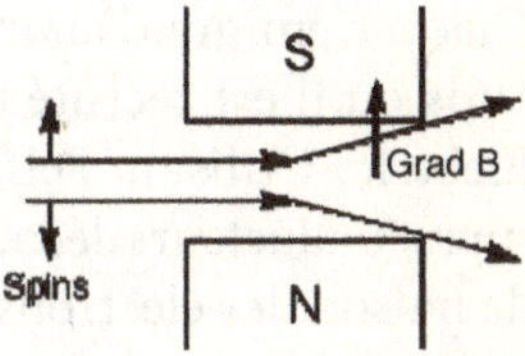

Publications

« Grundlagen der Quantentheorie » (1921), « Atombau und Atomabbau » (1923).

GERMER Lester Halbert

Chicago 1896 – Chicago 1971

Après des études effectuées à l'université de Cornell, Lester Germer est engagé comme volontaire dans l'armée de l'Air américaine. Il participe aux combats contre l'Allemagne.

Il est recruté comme ingénieur à la Wester Electric où il effectue des travaux de routine sur l'émission thermoionique. En avril 1925, avec C. Davisson, il étudie la diffusion élastique des électrons sur une poudre de nickel. Suite à une recristallisation imprévue de cette poudre, ces deux physiciens découvrent que des électrons sont diffractés dans des directions privilégiées, comme s'il s'agissait de rayons X. Pendant l'été 1926, vient à leur connaissance la proposition de L. de Broglie d'associer aux particules des ondes de longueur d'onde égale à $\lambda = h/p$. Ils vérifient le bien fondé de cette proposition. D'autres expériences brillantes viennent confirmer cette association onde-particule tout au long de l'année 1927. Les cristaux sont souvent analysés aujourd'hui en utilisant des faisceaux d'électrons au lieu des rayons X, ce qui permet d'ajuster plus facilement la longueur d'onde de la sonde en fixant l'énergie des électrons.

L. Germer effectue ensuite des travaux sur la chimie des surfaces.

GIAEVER Ivar

Bergen (Norvège) 1929

Après des études techniques effectuées en Norvège, Ivar Giaever émigre d'abord au Canada et ensuite aux États-Unis où il est recruté en 1958 par la compagnie General Electric. Utilisant l'effet tunnel des électrons entre deux supraconducteurs découvert par L. Esaki, il mesure l'énergie de liaison des électrons dans les paires de Cooper.

En 1960, il montre que la jonction entre un métal et un supraconducteur a une caractéristique courant-tension non-linéaire, ce qui conduira B. Josephson à découvrir l'effet qui porte son nom.

Il partage le prix Nobel de Physique en 1973 avec B. Josephson et L. Esaki.

Ses travaux ultérieurs concernent les applications de la physique à la biologie.

GIBBS Josiah Willard

New Haven 1839 – New Haven 1903

Fils d'un professeur de littérature sacrée à l'université de Yale, Josiah Gibbs suit des études au collège de Yale puis il entre dans une école d'ingénieurs. À la sortie de cette école, il donne des cours élémentaires de latin et de philosophie naturelle au collège de Yale et, au bout de trois ans, il quitte New Haven pour venir en Europe. Il suit des cours de mathématiques et de physique dans les universités de Paris, Berlin et Heidelberg. En 1869, il revient à New Haven et, deux ans après, il obtient un poste de professeur de mathématiques à l'université de Yale. Bien qu'il donne toute satisfaction, il ne sera rémunéré qu'après neuf ans de service !

J. Gibbs ne publie qu'à l'âge de trente quatre ans son premier article scientifique dans le domaine de la thermodynamique théorique qui fera l'objet de ses recherches jusqu'à sa mort en 1903.

Deux contributions importantes marquent l'apport de J. Gibbs à la thermodynamique. En 1878, il publie un mémoire de 300 pages, intitulé *Sur l'équilibre des substances hétérogènes*. Il y étudie les conditions d'équilibre d'une réaction chimique. À la variation d'énergie interne U du mélange définie de façon habituelle par l'expression $U = TdS - PdV$ (T, S, P, V désignant respectivement température absolue, entropie, pression et volume du mélange), il ajoute un terme pour prendre en compte la variation de masse du système considéré. Ce terme est une quantité $\sum \mu i \, dmi$ où μi est défini comme étant le potentiel chimique du constituant *i*. Il montre qu'à l'équilibre les potentiels chimiques sont reliés entre eux de manière simple.

En 1902, il publie un livre sur les principes de la mécanique statistique, ouvrage dans lequel il pose les bases de la thermodynamique statistique. Il généralise les résultats de Maxwell et de Boltzmann en introduisant la notion d'ensembles dits canoniques, dans lesquels l'énergie des constituants suit une loi exponentielle autour de leur valeur moyenne.

L'approche de Gibbs a pu s'adapter facilement, le jour venu, à la nouvelle physique des quanta.

Relation de Gibbs-Duhem : relation établie pour un système chimique hétérogène d'éléments. Formulée d'abord par W. Gibbs puis précisée un peu plus tard par P. Duhem, cette formule relie les variations de température et de pression à l'entropie et au volume par l'intermédiaire des potentiels chimiques des éléments constituants du mélange.

Publications

« Sur l'équilibre des substances hétérogènes » (1878), « Les principes élémentaires de la mécanique statistique » (1902). Le premier ouvrage a été traduit en France par Le Chatelier sous un nom différent.

GILBERT Williams

Colchester (Essex) 1544 – Londres (?) 1603

Williams Gilbert effectue des études de médecine à Cambridge et il s'établit à Londres. Il devient le médecin officiel de la reine Elisabeth I et du roi Jacques I. Il s'intéresse aussi aux phénomènes magnétiques abordés trois siècles plus tôt par P. de Maricourt et qui maintenant concernent les navigateurs avec l'usage de la boussole. Pour effectuer ses expérimentations, il transforme sa propre maison en véritable laboratoire. Il sépare clairement les manifestations du magnétisme des aimants naturels et celles de l'électrostatique, observables avec l'ambre frottée. Il décrit les forces d'attraction et de répulsion comme les manifestations d'« orbites d'influence » entraînées par les substances.

Il analyse avec beaucoup de soin les différents aspects de l'action du magnétisme terrestre sur l'aiguille aimantée de la boussole. Sa contribution essentielle est d'identifier le magnétisme terrestre à celui d'un doublet permanent aligné sur l'axe des pôles. Il se trompe en pensant que les planètes sont retenues sur leurs orbites par des forces magnétiques.

Dans son second livre, il expose sa conception du monde. Il accepte le modèle copernicien du système solaire et les idées de G. Bruno sur l'univers.

Le gilbert : unité de force magnétomotrice.

Publication

« De magnete magneticisque corporibus et de magno magnete tellure » (1600). Ce livre est le premier ouvrage scientifique présentant des faits expérimentaux et des observations. « De mundo nostro sublunari philosophia nova ».

GIORGI Giovanni

Lucca (Italie) 1871 – Castiglioncello (Italie) 1950

Fils d'un juriste éminent, Giovanni Giorgi suit des études d'ingénieur à l'Institut de technologie de Rome. Il introduit plusieurs développements techniques avant de devenir en 1906 directeur du Bureau de technologie de la ville de Rome. À partir de 1913, il donne des cours de physique à l'université de Rome puis dans deux écoles d'ingénieurs avant d'être nommé professeur d'électricité à l'université de Rome en 1934.

G. Giorgi est à l'origine de l'adoption d'un nouveau système de mesures. Dans une publication datant de 1896, il fait remarquer que le système CGS alors utilisé (centimètre, gramme, seconde étant les unités prises comme base), est un système peu commode pour l'étude de l'électricité et du magnétisme. Il propose de recourir au système MKS (mètre, kilogramme masse, seconde) auquel serait associée une autre unité de base dans le domaine électrique. Ce n'est qu'en 1935 que sera officiellement recommandé le système Giorgi ayant comme bases le système MKS et l'ampère, unité de l'intensité du courant électrique. Ce n'est que depuis 1960 que ce système peut être considéré comme réellement adopté pour la physique.

Système Giorgi ou **Système MKSA :** système d'unités de mesures dans lequel les unités de base adoptées sont le mètre (m) pour la longueur, le kilogramme-masse (kg) pour la masse, la seconde (s) pour le temps et l'ampère (A) pour l'intensité d'un courant électrique.

GLADSTONE John Hall

Londres 1827 – Londres 1902

Après des études menées successivement à Londres et à Giessen, John Gladstone effectue des travaux à la frontière de la physique et de la chimie. Il classe les éléments en prenant en compte leurs propriétés chimiques. Il examine les relations qui peuvent exister entre la structure d'une molécule et ses propriétés optiques. Recherchant une loi d'additivité, il établit, avec T. Dale, la loi qui porte son nom et qui relie l'indice optique et la densité d'un liquide.

Il est nommé professeur de chimie à Londres.

Loi de Gladstone : l'expression $(n - 1)$, où n est l'indice optique d'un liquide, est proportionnelle à la densité du liquide.

GLASER Donald Harold

Cleveland 1926 – Berkeley 2013

Élève de C. Anderson et diplômé de l'Institut de technologie de Cleveland, Donald Glaser entre comme chercheur à l'université du Michigan. En 1952, il invente un détecteur de particules promis à un très grand succès, la chambre à bulles. La trajectoire d'une particule chargée y est visualisée par une série de bulles. En effet, l'énergie déposée localement par la particule dans un liquide surchauffé sert d'amorce à l'ébullition. D. Glaser met en évidence ce phénomène élémentaire dans un petit tube en verre de quelques centimètres cubes en observant quelques bulles alignées provoquées par le passage d'un rayon cosmique. Il poursuit ensuite ses observations auprès d'un accélérateur.

Nommé professeur à l'université de Berkeley en 1959, il y effectue des expériences dans une chambre remplie de xénon liquide. Il reçoit le prix Nobel de Physique en 1960.

Les chambres à bulles sont utilisées comme détecteur de particules auprès des accélérateurs, car elles sont capables de suivre la cadence de la machine en permettant, par exemple, des prises de photographie toutes les trois secondes, à la différence de la chambre de Wilson qui exige quelques minutes de temps de récupération. La taille des chambres à bulles augmente considérablement en vingt années de développement. Les plus grandes contiennent jusqu'à trente mètres cubes d'hydrogène liquide. Ces détecteurs visuels n'acceptent par cliché que quelques particules chargées et ils ont maintenant cédé la place à d'autres détecteurs électroniques capables d'accepter des faisceaux beaucoup plus intenses (plusieurs millions de particules par impulsion), comme par exemple les chambres à fils de G. Charpak.

GLASHOW Seldon Lee

New York 1932

À la fin de ses études menées à New York, à Cornell et à Harvard, Seldom Glashow prépare chez J. Schwinger une thèse sur les mésons vecteurs dans les désintégrations des particules.

Il est nommé professeur successivement à Stanford en 1961, à Berkeley en 1962 et à Harvard en 1967. Son enseignement, présenté de manière très théâtrale, est très apprécié des étudiants.

Dès 1961, il propose d'unifier l'interaction électromagnétique et l'interaction faible dans une interaction unique dite électro-faible. Cette théorie suppose l'existence d'un courant neutre faible, alors que toutes les manifestations des interactions faibles observées avant 1973 s'expliquent par des courants faibles chargés. Ce sont par exemple les désintégrations des noyaux ou des mésons dans lesquelles sont présents dans l'état final un lepton chargé (électron ou muon) associé à un antilepton neutre (antineutrino-électron ou antineutrino-muon). L'existence des courants neutres, test crucial de l'interaction électro-faible, est démontrée en 1973 par une collaboration européenne utilisant la chambre à bulles Gargamelle au CERN, sous la forme d'observation de réactions de neutrinos ou d'antineutrinos dans lesquelles ces particules se retrouvent inchangés dans l'état final. En 1979, S. Glashow partage le prix Nobel de Physique avec A. Salam et S. Weinberg pour l'invention de la théorie électro-faible.

D'autres évidences de l'interaction électro-faible, comme l'existence du boson vecteur Z°, seront démontrées, dix ans plus tard, également au CERN.

Afin d'expliquer l'absence de courant neutre faible dans les désintégrations des particules étranges, S. Glashow, J. Iliopoulos et L. Maiani ont proposé, dès 1971, l'existence d'un quatrième quark, le quark charmé. Ce quark a été détecté expérimentalement en 1974 de manière indirecte, sous la forme de la résonance Ψ simultanément à Stanford par le groupe de B. Richter et à Brookhaven par le groupe de S. Ting. La découverte de ce quark a été effectuée de manière directe quelques mois plus tard sous la forme des particules charmées dans la chambre à bulles Gargamelle au CERN et dans la chambre à bulles à hydrogène liquide de Brookhaven.

GODDARD Robert Hutchings

Worcester (Massachussetts) 1882 – Baltimore 1945

Robert Goddard effectue ses études dans sa ville natale et il mène des travaux universitaires sur la cristallisation des gaz rares. Il est surtout connu pour avoir lancé en 1926 la première fusée à ergols liquides qui atteint la modeste altitude de 12 mètres. En 1935, l'altitude atteinte est de 3 000 mètres. Restant proche des milieux universitaires, il n'a que peu d'influence sur les industriels pourtant très concernés par ses résultats.

Publication

« A method of reaching extreme altitudes » (1919).

GOEPPERT-MAYER Maria

Katowice (Silésie) 1906 – San Diego (Californie) 1972

Maria Goeppert, issue d'une famille de professeurs, effectue des études de mathématiques à Göttingen, entourée des plus grands noms de la science. Elle présente en 1930 un travail de thèse sur les processus à deux photons qu'elle a préparée sous la direction de M. Born. Avec son mari, le physico-chimiste américain Joseph Mayer, elle s'établit aux États-Unis où elle enseigne à temps partiel à l'université à Baltimore et à New York. Elle revient souvent à Göttingen chez M. Born. Lorsque son mari est nommé à l'université Columbia, elle ne parvient pas à obtenir un travail rémunéré. Elle participe à temps partiel au projet Manhattan avec H. Urey en travaillant sur la séparation des isotopes de l'uranium. Elle ne reprend une réelle activité de recherche qu'au laboratoire d'Argonne quand son mari est nommé à Chicago en 1946.

Recherchant avec E. Teller l'origine des éléments détectés dans le rayonnement cosmique, M. Goeppert-Mayer s'interroge sur la stabilité des noyaux. Dans cette voie, elle est l'auteur en 1949 du modèle nucléaire en couches. À l'image du modèle atomique, les nucléons se répartiraient sur des couches successives. Cette approche, moins précise que dans le cas de l'atome, donne des explications aux propriétés particulières de certains noyaux dont les nombres de protons et de neutrons correspondent à des nombres dits « magiques » 2, 8, 20, 50, 82, 126. À la suggestion de E. Fermi, elle introduit le couplage spin-orbite des nucléons pour mieux justifier le modèle. Malgré les réticences de N. Bohr qui critique certaines hypothèses injustifiées, comme par exemple le mouvement supposé « libre » des nucléons dans le noyau, cette proposition est finalement acceptée compte tenu de son bon accord avec de nombreux résultats expérimentaux.

En 1963, M. Goeppert-Mayer partage le prix Nobel de Physique avec H. Jensen qui, avec O. Haxel et H. Suess, a élaboré de manière indépendante une théorie analogue. Elle est la seconde femme, après Marie Curie, à recevoir cette distinction.

Publications

« Statistical Mechanics » avec son mari J. Mayer (1940), « Elementary theory of nuclear shell structure » avec H. Jensen (1955).

GOLDHABER Maurice

Lvov (Ukraine) 1911 – État de New York 2011

Après des études effectuées à Berlin et à Cambridge, Maurice Goldhaber met en évidence en 1932 au laboratoire Cavendish avec J. Chadwick la photodésintégration du noyau de deutérium, réaction qui joue un rôle important dans la nucléosynthèse primordiale. Indépendamment de I. Curie et F. Joliot, il montre que le neutron est légèrement plus lourd que le proton.

Fuyant le régime nazi, il émigre aux États-Unis en 1938.

Avec L. Grodzins et A. Sunyar, M. Goldhaber est l'auteur en 1958 d'une expérience fondamentale sur la détermination de l'hélicité du neutrino (la projection du spin sur la vitesse de la particule). Utilisant une cascade de désintégrations radioactives à partir de l'europium, ces expérimentateurs établissent que le neutrino a une hélicité gauche. Ce résultat est un test sensible du modèle de l'interaction faible suivant le mode *V-A*, un mélange d'interactions vectorielle *V* et axiale-vectorielle *A*.

Pendant les années soixante et soixante dix, M. Golhaber dirige le laboratoire de Brookhaven.

GOLDSTEIN Eugen

Gleiwitz (Silésie) 1850 – Berlin 1930

Eugen Goldstein mène des études et des premières recherches à Berlin où H. von Helmholtz est son professeur. Il est ensuite nommé à l'Observatoire de Potsdam où il établit son propre laboratoire en 1881.

Il contribue à une meilleure compréhension des rayons cathodiques. En 1876, il observe leur ombre portée lors de l'interposition d'un écran. En 1880, il met en évidence leur sensibilité à l'action d'un champ magnétique. Il conclut à une émission dirigée suivant la perpendiculaire à la cathode.

En 1886, il découvre les rayons « canaux » qui émergent de trous percés dans la cathode. À la suite des travaux de J. Perrin, il montre en 1901, avec son étudiant W. Wien, que ces rayons sont sensibles au champ magnétique, que leurs charges sont positives et que leurs masses sont 10 000 fois plus élevées que celles des rayons cathodiques. Ces résultats seront utilisés par J.J. Thomson et par F. Aston pour la spectrographie de masse.

GOODRICKE John

Groningue (Pays-Bas) 1764 – York (Grande-Bretagne) 1786

Fils d'un employé anglais au consulat de Groningue aux Pays-Bas, John Goodricke devient sourd-muet à la suite d'une maladie infantile. Envoyé dans une école spécialisée à Édimbourg, puis dans une autre institution du nord de l'Angleterre, il montre des dons tels en mathématiques qu'un de ses professeurs l'aide à se spécialiser en astronomie. Par ses publications, nous savons qu'il a travaillé à l'observatoire de York en Grande-Bretagne.

À l'âge de 18 ans, il observe une étoile, β Persei, dont l'intensité de la lumière, à son grand étonnement, est variable. Si une telle variabilité avait déjà été observée vers 1670 par un astronome italien, Montanari, c'est J. Goodricke qui montre pour la première fois que cette variation d'intensité est périodique, avec un temps de trois jours environ, mesuré exact à quelques minutes près.

Ainsi, le jeune Goodricke peut être considéré comme ayant découvert la première étoile variable. En 1785-1786, il devait d'ailleurs découvrir deux autres étoiles variables, β Lyrae et δ Cephei. Malheureusement, il devait mourir prématurément à l'âge de 22 ans, suite à un refroidissement contacté lors d'une nuit d'observation.

GOUDSMIT Samuel A.

La Haye (Pays-Bas) 1902 – Reno (Nevada) 1978

Samuel Goudsmit effectue ses études à Leyde où il bénéficie de l'enseignement de P. Ehrenfest.

En 1925, avec G. Uhlenbeck, il propose l'hypothèse du spin de l'électron afin de rendre compte du dédoublement de la raie D du sodium. Les deux orientations de ce nouveau moment cinétique par rapport au moment cinétique orbital clivent le niveau d'énergie de l'électron atomique.

Émigré aux États-Unis, il est chargé pendant la Deuxième Guerre mondiale de retrouver W. Heisenberg en Allemagne et d'espionner le programme « uranium » de l'Allemagne.

Directeur du laboratoire de Brookhaven, il crée en 1958 la revue spécialisée « Physical Review Letters ».

Publications
« The structure of line spectra » (1930), « Atomic energy states » (1932), « Alsos » avec R. Claiborne (1947), « Time » (1966).

GOUY Georges

Vals-les-Bains (Ardèche) 1854 – Vals-les-Bains 1926

Pratiquement rien n'est connu de la jeunesse de Georges Gouy. Ses publications datent de l'époque où il était professeur de physique à l'université de Lyon.

Sa principale contribution réside dans un traitement théorique de la propagation de la lumière dans des milieux dispersifs. G. Gouy a montré que la théorie de la propagation des ondes requiert en principe l'existence de deux vitesses, l'une associée à l'onde individuelle, l'autre liée à l'onde effective, résultante de plusieurs superpositions d'ondes individuelles. Depuis Lord Rayleigh qui fit le même traitement théorique que G. Gouy, un peu plus tard mais de façon indépendante, ces deux vitesses sont appelées vitesse de phase et vitesse de groupe.

G. Gouy a également apporté plusieurs contributions à la physique, allant de l'analyse théorique du mouvement brownien à l'énoncé d'un théorème sur l'énergie utilisable en thermodynamique.

GRAMME Zénobe Théophile

Jehay-Bodegnée (Belgique) 1826 – Bois-Colombes (Paris) 1901

Fils de mineur, Zénobe Gramme quitte l'école très jeune et il commence sa vie active comme apprenti commerçant dans la petite ville de Hannut. Après plusieurs voyages à Paris, il est recruté comme ouvrier dans une compagnie de matériel électrique. Il n'a pas de connaissances théoriques mais il est très habile de ses mains. D'esprit inventif, il prend en 1867 un brevet sur les machines magnétoélectriques. En 1869, il conçoit le collecteur qui permet d'amener le courant sur les rotors des machines à courant continu. En 1871, il invente la dynamo, générateur de courant. Il perçoit la possibilité d'inverser les fonctions, c'est-à-dire de passer de la dynamo au moteur. Associé à H. Fontaine, il crée la société de construction des machines « Gramme ».

Avec M. Deprez et J. d'Arsonval, il effectue plusieurs démonstrations de la transmission à distance de l'énergie en utilisant la conduction électrique.

Machine de Gramme : génératrice de courant continu.

Publication

« Les hypothèses scientifiques émises par Zénobie Gramme » publiées en 1902 par son épouse. Ces écrits révèlent quelques faiblesses de la culture scientifique de Z. Gramme.

GRAY Stephen

Canterbury 1666 (?) – Londres 1736

Stephen Gray n'a pas suivi d'enseignement académique et il est autodidacte. Il est un admirateur de F. Hauksbee lorsque celui-ci déclenche des effluves électriques au moyen de son bâton isolant en verre.

Il participe avec son ami G. Wheler aux premières découvertes de l'électricité, l'électrisation par influence, l'électrisation des corps conducteurs lorsqu'ils sont isolés, la conduction de certaines substances. Il range les substances en deux catégories, les isolants comme le verre, la résine, la soie et les conducteurs comme le chanvre, le métal, le corps humain. Il est peut-être le premier à penser que la foudre est d'origine électrique.

Dans un autre domaine, il fabrique un objectif de microscope en utilisant une simple goutte d'eau déposée sur une lame de verre.

GREENSTEIN Jesse Leonard

New York 1909-2002

Après des études à l'université de Harvard, Jesse Greenstein effectue des recherches aux observatoires du Mont Wilson et du Mont Palomar.

Ses mesures des décalages des raies émises par les quasars confirment l'explication donnée par M. Schmidt selon laquelle ces sources de rayonnement s'éloignent de la Terre à des vitesses proches de celle de la lumière. Il propose un modèle de quasar décrivant la structure et les propriétés de ces « quasi-étoiles ».

En 1978, il avait découvert près de 500 nouvelles naines blanches. Il participe à la compréhension de ces étoiles particulières et à leurs évolutions qui, à partir de la séquence principale, les ont conduites dans un coin du diagramme de Hertzsprung-Russell.

GRIMALDI Francesco Maria

Bologne 1618 – Bologne 1663

Né dans une famille noble et aisée, Francesco Grimaldi entre comme novice chez les jésuites à l'âge de 14 ans. Il y fait ses études en humanités, en philosophie et en théologie, notamment à Bologne. Pendant ses études, il fait la connaissance d'un prête jésuite, le père Riccioli qui, après avoir enseigné la théologie, était devenu préfet des études et avait obtenu la permission d'entreprendre un travail d'astronomie basé sur l'observation de la Lune. Intéressé par ce travail, le jeune Grimaldi, tout en poursuivant ses études, commence à aider le père G. Riccioli. C'est au cours de ce travail qu'il découvre vers 1650 le phénomène alors inconnu de la diffraction de la lumière. Occupé à obtenir une image du soleil sur un écran placé dans une chambre noire munie d'une ouverture de quelques millimètres de diamètre, il s'aperçoit qu'en interposant un objet sur le trajet des rayons lumineux, il obtient sur son écran de projection une image de cet objet avec des contours légèrement flous. Il observe ainsi des franges de diffraction qu'il distingue d'une simple diffusion de la lumière.

Ordonné prêtre en 1651 et orienté vers l'enseignement des mathématiques à cause d'une santé fragile, F. Grimaldi rédige le compte-rendu de ses expériences qu'il a le temps de compléter avant de mourir prématurément en 1663. Son ouvrage *De lumine* paraîtra à titre posthume en 1665. Ses résultats seront connus des physiciens R. Hooke et I. Newton qui, à la même époque, mènent à leur tour des expériences sur la diffraction. Bien entendu, l'explication définitive de ce phénomène devra attendre le début du XIXe siècle avec les calculs basés sur la théorie ondulatoire de la lumière.

Publication

« Physicomathesis de lumine, coloribus et iride » (1665).

GUERICKE Otto von

Magdebourg 1602 – Hambourg 1686

Fils d'une famille aristocratique de Magdebourg, Otto von Guericke fréquente l'université de Leipzig, puis il suit des études de droit à Iéna vers 1620-1621. Envoyé à Leyde pour compléter ses connaissances juridiques, il suit également des cours de mathématiques et des cours d'ingénieur dans l'art de la construction et des fortifications. Revenu à Magdebourg en 1626, il y exerce des fonctions d'ingénieur en travaux publics et, en parallèle, en ces temps de guerre, il représente sa ville dans diverses conférences de paix. De 1646 à 1676, il sera bourgmestre de la ville de Magdebourg.

En marge de ses obligations politiques et diplomatiques, O. von Guericke commence à mener des expériences de physique. Attiré par les propriétés de l'air et du vide, sujet devenu intéressant après les expériences de E. Torricelli de 1644, il met au point une pompe pneumatique destinée à évacuer l'air. À l'aide de cette pompe, il constate que l'air joue un rôle important dans divers phénomènes physiques comme la propagation du son et la combustion. Cet instrument sera à la base de la fameuse expérience de Magdebourg réalisée en public en 1657 : deux hémisphères creux en cuivre sont réunis par un joint de cuir mouillé et la sphère ainsi constituée est vidée de son air. Malgré la traction exercée par deux attelages de huit chevaux, ces deux hémisphères ne peuvent plus être séparés. Cette expérience dite des « sphères de Magdebourg » apporte ainsi la preuve expérimentale de la présence d'une force due à la pression atmosphérique, comme l'avait imaginée E. Torricelli. En même temps, l'existence du vide se voit confirmée et la doctrine aristotélicienne de « la nature a horreur du vide » est gravement compromise.

En plus de la réalisation de cette expérience restée célèbre, O. von Guericke aurait imaginé la réalisation d'un baromètre et il s'est intéressé aussi à d'autres sujets de physique. Il a étudié la production des étincelles et l'attraction ou la répulsion des corps électrisés. Basée sur le frottement du soufre par un chiffon et réalisée à l'aide d'un cylindre tournant, une première machine électrostatique aurait été imaginée par lui. En astronomie, O. von Guericke aurait émis l'idée que l'apparition des comètes était un phénomène périodique.

Publication

« Experimenta nova Magdeburgica de vacuo spatio » (1672).

GUILLAUME Charles Édouard

Fleurier (Jura suisse) 1861 – Sèvres 1938

Issu d'une famille française émigrée en Angleterre pendant la Révolution et fils d'un père horloger suisse, Charles

Guillaume s'oriente vers la physique au cours de ses études à l'École polytechnique de Zurich où il présente sa thèse en 1882 sur les condensateurs électrolytiques.

Entré au Bureau des poids et mesures de Sèvres en 1883, il en devient le directeur en 1915 et il y effectue toute sa carrière. Ses premières activités concernent le thermomètre à mercure et la fabrication de mètres étalons secondaires. Il est surtout connus pour ses travaux sur les aciers au nickel qui le mènent en 1900, avec la collaboration de R. Benoît, à l'invention de l'invar, un alliage de fer et de nickel dont le coefficient de dilatation est nul. En 1919, il invente l'élinvar et plus tard la platinite.

Il reçoit le prix Nobel de Physique en 1920.

Il poursuit d'autres recherches, toutes orientées vers l'amélioration de la précision de la métrologie.

Publications

« Études thermométriques » (1886), « Traité pratique de thermométrie de précision » (1889), « Recherches sur le nickel et ses alliages » (1898), « La vie de la matière » (1899), « Initiation à la mécanique », « Les états de la matière » (1908).

GUINIER André Jean

Nancy 1911-2000

André Guinier effectue ses études à l'École normale supérieure de Paris. Il enseigne d'abord au Conservatoire national des arts et métiers à partir de 1940, ensuite à l'université de Paris et d'Orsay à partir de 1949.

Élève de C. Mauguin et influencé par J. Laval, il s'attache dans son travail de thèse à perfectionner la technique de la diffraction des rayons X. Il place un monochromateur en amont de la chambre d'enregistrement de telle sorte qu'une seule longueur d'onde frappe l'échantillon. Ce dispositif a l'avantage d'augmenter le pouvoir séparateur de l'appareil ce qui permet d'analyser des mélanges de phases cristallines différentes ou de déceler et caractériser les imperfections d'un cristal.

Ses travaux en diffraction des rayons X à petit angle illustrent la relation qui existe entre la largeur de la raie et la dimension de l'élément diffusant.

L'étude des imperfections cristallines dans un alliage d'aluminium-cuivre le conduisent à l'observation de zones de nature différente de l'ensemble du cristal. Ces zones conditionnent les propriétés mécaniques des alliages. Il met ainsi en évidence la relation entre leur durcissement et l'analyse par les rayons X. Il étend les observations à d'autres alliages. Il applique la diffraction des rayons X aux études des défauts créés par irradiation, aux changements de phase, aux supraconducteurs, aux phases métalliques métastables.

En 1947, il amorce le développement de la sonde électronique qui sera ensuite réalisée par R. Castaing.

A. Guinier est l'un des fondateurs de l'enseignement de troisième cycle de physique du solide et de la nouvelle université d'Orsay.

Chambre de Guinier : chambre d'enregistrement du spectre des rayons X diffractés, munie d'un monochromateur à cristal courbe qui sélectionne une seule longueur d'onde dans le faisceau incident.

Zones de Guinier-Preston : petites zones cristallines de composition et d'orientation différentes dans un cristal, décelables seulement par la diffraction des rayons X.

Publications

« Small angle scattering of X-rays » avec G. Fournet (1954), « Traité de radiocristallographie » (1956), « X-rays diffraction by crystals and amorphous bodies » (1963), « X-rays studies of materials » avec D. Dexter (1963), « La structure de la matière : du ciel bleu à la matière plastique » (1980), « Les rayons X » (1983), « La matière à l'état solide » avec R. Jullien (1987).

GULDIN Paul

Saint-Gall (Suisse) 1577 – Graz (Autriche) 1643

Juif converti à l'âge de vingt ans, Makakkuk Guldin devient Paul Guldin et entre chez les jésuites. Il s'intéresse aux mathématiques qu'il enseigne à l'université de Vienne. Son nom reste attaché à un théorème sur le centre de gravité qu'il a énoncé dans ses œuvres.

Théorème de Guldin : toute figure, engendrée par la rotation d'une surface plane autour d'un axe immobile qu'elle ne rencontre pas, a pour volume le produit de l'aire génératrice par la circonférence décrite par son centre de gravité.

GUTH Alan Harvey

New Brunswick (New Jersey) 1947

À la suite de ses études menées au Massachussetts Institute of Technology, Alan Guth commence des recherches dans le domaine des particules élémentaires mais, sur les conseils de S. Weinberg, il se réoriente vers la cosmologie. Travaillant à Stanford, il tente d'utiliser les conséquences de la grande unification des interactions élémentaires pour décrire l'univers initial.

Il est l'auteur de la théorie de l'inflation de l'univers, une dilatation de l'explosion initiale d'un facteur de 10^{50}, en une fraction de 10^{-32} seconde, qui apporte des explications à l'isotropie de l'univers actuel et au fait qu'il n'est pas éloigné d'un univers critique. Cette proposition est généralement acceptée par les astrophysiciens, les divergences d'idées apparaissant seulement sur les causes de cette inflation.

Depuis 1980, il enseigne au Massachussetts Institute of Technology.

Publications

« Asymptotics realms of physics » avec K. Huang et R. Jaffe (1983), « Origins and extinctions » avec D. Osterback et P. Raven (1988).

H

HAAS Wander Johannes de

Lisse (Pays-Bas) 1878 – Bilthoven (Utrecht) 1960

Étudiant à Leyde, élève de H. Kamerlingh Onnes et de H. Lorentz, Wander de Haas épouse la fille de son professeur. Il enseigne à Groningue et il est nommé professeur à Leyde. Il participe aux activités spécifiques de cette université, les études des basses températures, la supraconductivité, le magnétisme. Il établit en 1947 un record de froid avec une température de deux millièmes de degré absolu par désaimantation d'un sel paramagnétique.

Son nom est associé à celui d'A. Einstein dans une expérience qui montre directement que les moments magnétiques sont associés aux moments cinétiques. L'effet est très faible et sa détection a nécessité une très grande habilité expérimentale.

Avec C. Gorter et Van den Haendel, il vérifie la théorie quantique de L. Brillouin du paramagnétisme.

Expérience de de Haas-Einstein : un barreau aimanté effectue un mouvement de rotation lorsque le champ magnétique est inversé. Le sens de la rotation, sensible à la charge électrique, confirme que les porteurs de charge électrique sont les électrons. Cette expérience vérifie la proportionnalité entre le moment magnétique et le moment cinétique.

HAHN Otto

Frankfort sur le Main 1879 – Göttingen 1968

Étudiant à Marburg, puis à Munich, Otto Hahn est un grand amateur de bière et de cigares. Il est passionné de chimie et peu intéressé par les mathématiques et par la physique.

Chercheur à Londres chez W. Ramsay, en séparant le radium contenu dans un sel de baryum, il découvre par hasard le radiothorium, un isotope du thorium, dont la présence dans le mélange est liée à une contamination de thorium. De plus en plus intéressé par le phénomène de la radioactivité, il s'empresse de rejoindre en 1905 E. Rutherford à Montréal. Utilisant les méthodes de séparation chimique déjà utilisées, il confirme l'existence du radiothorium et il découvre le radioactinium, un autre isotope du thorium. Ces découvertes découlent d'un rare talent d'expérimentateur en chimie.

De retour en Allemagne à Berlin, il y découvre en 1907 le mésothorium. Avec L. Meitner et O. von Baeyer, il analyse les électrons émis par la radioactivité bêta, sans se convaincre que leurs spectres d'énergie sont continus. Ces physiciens utilisent pourtant des sources radioactives différentes et changent plusieurs fois de détecteurs. Ils n'ont jamais pu se dégager de l'idée *a priori* que ces électrons devaient être monoénergétiques comme le sont les photons de la radioactivité gamma. De plus, leurs mesures sont contaminées par des électrons de conversion interne de radioactivité gamma parasite dont les énergies sont quantifiées. La démonstration de la continuité des spectres d'énergie de ces électrons bêta est effectuée peu après par J. Chadwick en 1914, dans un laboratoire proche de Berlin, celui de H. Geiger.

Devenu professeur à Berlin en 1912, O. Hahn travaille, pendant la Première Guerre mondiale, avec F. Haber, à la mise au point des gaz de combat. Il est horrifié des résultats qu'il constate sur le front. Il se donne bonne conscience en pensant que la guerre sera terminée plus rapidement. Il continue aussi ses recherches en physique nucléaire et découvre, en 1917, le protactinium en collaboration avec L. Meitner.

En 1928, il devient directeur de l'Institut Kaiser Wilhelm de Berlin et, à partir de 1934, avec L. Meitner, il entreprend un programme d'étude des radioéléments transuraniens qui pourraient être obtenus à partir de l'uranium bombardé par les neutrons. En 1938, alors que L. Meitner, d'ascendance juive, est partie se réfugier en Suède, O. Hahn, avec P. Strassman, met en évidence la présence de barium, dans un échantillon d'uranium bombardé par les neutrons : le noyau d'uranium a dû éclater sous l'action des neutrons. Apprenant ce résultat, L. Meitner et O. Frisch donnent peu après une interprétation de la fission du noyau atomique. Pendant la Deuxième Guerre mondiale, O. Hahn ne participe pas directement au « projet uranium » allemand orienté vers l'arme atomique, mais il étudie simplement les produits de fission. Il est cependant emprisonné en Angleterre en 1945 avec d'autres savants allemands.

Il reçoit en 1946 le prix Nobel de Chimie qui lui a été décerné en 1944. Il devient le premier président de la Société Max Planck qui prend la suite de la Société Kaiser Wilhelm.

« Je crois que je suis célèbre, disait-il, mais je ne suis qu'un chimiste ». Ce sont justement les chimistes qui ont fait faire les premiers pas à la physique nucléaire !

Ses dernières années sont tragiques pour lui et sa famille. Il est gravement blessé par un fou, son fils et sa belle-fille sont tués dans un accident de voiture automobile, lui-même est blessé dans un autre accident.

Devenu professeur en 1912, il deviendra le directeur de l'Institut Kaiser Wilhelm de chimie de Berlin en 1928.

Publications

« Was lehrt uns die Radioaktvität über die Geschichte der Erde » (1926), « Applied radiochemistry » (1936), « New atoms, progress and some memories » (1950), « Moderne Alchemie » (1960), « Otto Hahn, a scientific autobiography » (1966), « Mein Leben » (1970).

HALE George Ellery

Chicago 1868 – Pasadena (Californie) 1938

George Hale bénéficie d'une éducation culturelle brillante, autant littéraire que scientifique. Passionné par la technique, avec l'encouragement et le soutien financier de son père, il obtient dès l'âge de seize ans un premier enregistrement photographique de spectre optique. En 1886, il entre au Massachussetts Institute of Technology. Toujours excité par une idée nouvelle, il est un actif permanent, il ne trouve jamais le temps de se reposer. Toutefois, de santé fragile, il subit plusieurs dépressions nerveuses.

À 21 ans, passager dans un tramway, il lui vient l'idée d'associer un spectroscope à un télescope pointé sur le Soleil, une idée également proposée en même temps par H. Deslandres à Paris. En 1891, il invente ainsi le spectro-héliographe qu'il réalise, grâce au soutien de son père qui lui achète le télescope. Avec cet instrument, G. Hale est l'auteur de plusieurs découvertes, la composition des protubérances solaires, l'émergence des boucles magnétiques dans les taches solaires détectées en 1908 par l'effet Zeeman, la mise en évidence du cycle de 22 années pour l'orientation du champ magnétique solaire. Il démontre expérimentalement le caractère dipolaire du champ magnétique du Soleil, donc analogue à celui de la Terre. G. Hale se révèle comme le véritable père de l'astronomie solaire.

Bien que n'ayant pas éprouvé la nécessité de préparer une thèse, il est nommé professeur à Chicago en 1892. Il se révèle un remarquable organisateur de la science et un grand constructeur. Il est à l'origine des trois grands observatoires américains avec leurs grands équipements, celui de Yerkes, celui du Mont Wilson, celui du Mont Palomar, pour lesquels il recueille d'importantes contributions financières privées.

Il joue un rôle important comme conseiller du gouvernement. Pendant la Première Guerre mondiale, il crée le National Research Council (NRC), afin de permettre aux scientifiques de mieux préparer les forces américaines à affronter la menace allemande. Avec R. Millikan, il mobilise avec succès les scientifiques américains pour détecter les sous-marins allemands qui causent des pertes importantes aux navires anglais et américains.

HALL Asaph

Goshen (USA) 1829 – Annapolis (USA) 1907

Asaph Hall perd son père à l'âge de treize ans et il travaille comme charpentier pour gagner sa vie. Désireux de faire des études de mathématiques, il réussit à entrer dans un collège qui intègre des élèves prêts à suivre des études intellectuelles et à accomplir des travaux manuels. Décidé à faire de l'astronomie, A. Hall accepte un travail mal payé à l'Observatoire de Harvard où il gagne un peu d'argent en accomplissant de petits travaux de laboratoire. Parallèlement, il lit des journaux scientifiques pour se documenter en astronomie. Il obtient en 1862 un poste d'assistant astronome à l'Observatoire Naval de Washington. Il y observe des comètes et des planètes et il participe à plusieurs missions astronomiques en Sicile et en Sibérie.

En 1875, il a en charge un télescope à l'Observatoire Naval et, après avoir mené des observations de Saturne, il met en place une recherche de satellites de la planète Mars, en profitant de la position relativement favorable de cette planète. Il sait que, si satellites il y a, ils doivent être théoriquement assez proches de la planète. Ses efforts de recherche sont couronnés de succès en août 1877 par la découverte, avec preuves à l'appui, de l'existence de deux satellites qui ont maintenant pour noms Deimos et Phobos. Cette découverte lui permet de déterminer la masse de Mars.

HALL Chester Moor

1703-1771

Magistrat et constructeur amateur d'instruments d'astronomie, Chester Hall invente le principe de l'objectif achromatique de la lunette astronomique en associant deux verres différents. Cette invention, restée longtemps méconnue, est reprise plus tard par L. Euler. Elle est ensuite réalisée et commercialisée par J. Dollond à partir de 1758. Ce perfectionnement redonne à la lunette un intérêt qu'elle venait de perdre. Ce progrès technique important s'effectue en dehors de la communauté scientifique et en particulier contre les idées de I. Newton qui, ayant opté pour un télescope à miroir, détourne ses collègues de l'utilisation de la lunette.

HALL Edwin Herbert

North Gorham (Maine) 1855 – Cambridge (Massachussetts) 1938

D'abord assistant à Baltimore, puis professeur à l'université de Harvard, Edwin Hall commence des travaux sur les conductibilités thermique et électrique des aciers. Il a donné son nom à un effet magnéto-électrique qu'il a découvert en 1879, pendant son travail de thèse, en recherchant si la force magnétique s'applique au courant ou à son support conducteur. Cet effet est utilisé dans de nombreuses applications, les mesures électriques ou magnétiques, les caractérisations des semi-conducteurs.

Effet Hall : l'application d'un champ magnétique sur un élément de courant électrique se traduit par l'apparition d'un champ électrique proportionnel et perpendiculaire au courant et au champ magnétique. Cet effet est important pour les semi-conducteurs et il dépend de la charge électrique des porteurs. Il est utilisé pour déterminer si la conduction est assurée par les électrons négatifs ou par les trous positifs.

HALLEY Edmond

Haggerston (Londres) 1656 – Greenwich (Londres) 1742

Issu d'une famille riche, Edmond Halley commence ses études à Oxford. Il manifeste de multiples intérêts allant des mathématiques à la plongée sous-marine. Il quitte l'université en 1676 sans avoir réussi ses examens, mais il a déjà publié un article sur le calcul des orbites planétaires. Il s'installe dans l'île de Sainte-Hélène afin d'observer des étoiles invisibles depuis l'hémisphère Nord. À la suite de ses propres observations, il devient l'auteur du premier catalogue des étoiles du ciel austral.

Collègue de I. Newton, il travaille dans plusieurs domaines, la géophysique, la météorologie, l'astronomie. Il s'attache à la détection des comètes, dont celle qui porte son nom. Il en calcule les trajectoires. Il détecte le mouvement propre de certaines étoiles, celles qui n'occupent plus les positions où Ptolémée les avait initialement observées.

Comète de Halley : comète pourvue d'une queue majestueuse, observée par E. Halley en 1682 et dont il prévoit le retour en 1758, ce qui est effectivement observé à la date annoncée. Il montre que cet objet avait déjà été vu en 1456, en 1531 et en 1607. La prévision de E. Halley et sa confirmation constituent une excellente vérification de la théorie de la gravitation universelle proposée par Newton.

Publications

« Catalogus stellarum australium » (1679), « Astronomiae cosmeticae synopsis » (1705).

HALLWACHS Wilhelm Ludwig Franz

Darmstadt 1859 – Dresde 1922

Wilhelm Hallwachs commence ses études à Strasbourg et il les termine à Berlin. Il revient à Strasbourg pour préparer son travail de thèse chez A. Kundt. Assistant de F. Kohlrausch, il épouse sa fille. Il est nommé plus tard professeur à la Technische Hochschule de Dresde.

À la suite des indications de H. Hertz, il découvre en 1888 l'effet photoélectrique, l'émission de charges négatives par un métal soumis à l'action de la lumière. L'explication quantique de ce phénomène sera donnée plus tard par A. Einstein en 1905 à la suite des résultats quantitatifs de P. von Lenard.

Après quelques travaux en électrolyse, il revient au phénomène de l'effet photoélectrique qu'il approfondit sur le plan expérimental.

HAMILTON William Rowan (Sir)

Dublin 1805 – Dunsick (Irlande) 1865

Bénéficiant de leçons privées d'un oncle prêtre, William Hamilton montre, très jeune, des dons exceptionnels pour les langues et pour les mathématiques. À l'âge de 17 ans, il a lu les *Principia* de Newton et la *Mécanique Céleste* de Laplace. Au passage, il avait noté une erreur dans ce dernier ouvrage ce qui lui permet de se faire connaître d'un astronome travaillant à l'Observatoire de Dunsick près de Dublin. Ce dernier fera en sorte que le jeune Hamilton soit recruté comme astronome dans ce laboratoire. Entre temps, en 1823, W. Hamilton était entré au Trinity College de Dublin et il y apprenait les mathématiques.

W. Hamilton devait mener toute sa carrière scientifique dans une situation d'astronome. Dans la réalité des choses, il s'occupe surtout de recherches en mathématiques et en physique mathématique. Sa première contribution importante est en 1824 une publication intitulée : *On a general method in dynamics.* On y voit dérivées sous forme condensée, appelée aussi canonique, les équations de la dynamique, avec introduction d'une fonction caractéristique. Ce travail fera suite à un premier travail mathématique sur les caustiques en optique et à un traitement de l'optique décrit en 1827 dans *Théorie des systèmes de rayons.* Dans cet ouvrage apparaissent la notion de fonction caractéristique et le principe de moindre action. La présentation de Hamilton est cependant très abstraite et il faudra attendre le mathématicien C. Jacobi pour qu'elle puisse servir de cadre général aux équations de la dynamique. Plus tard, au XXe siècle, le formalisme de Hamilton a été repris dans le cadre de la mécanique quantique et, en son honneur, le nom de hamiltonien a été donné à l'opérateur relié à l'énergie d'un système.

Une deuxième contribution de W. Hamilton a été en 1843 l'introduction en mathématiques des quaternions. À l'époque, il était connu que les nombres complexes et leur loi de composition permettaient de représenter des vecteurs dans un espace à deux dimensions. Pour étendre cette représentation à un espace à trois dimensions, W. Hamilton a montré qu'il fallait recourir à des nombres hypercomplexes à quatre dimensions. Malgré quelques tentatives, ces quaternions, munis de leur loi propre de composition, n'ont pas encore été utilisés en physique.

Équations de Hamilton-Jacobi : équations différentielles décrivant l'évolution dans le temps des variables d'un système en fonction des variations d'une « fonction de Hamilton ».

Fonction de Hamilton : fonction définie par rapport à la fonction de Lagrange, ou lagrangien, du système étudié. Cette fonction représente l'énergie totale du système.

Opérateur Hamiltonien : opérateur utilisé en mécanique quantique, obtenu à partir de la fonction de Hamilton, avec introduction d'opérateurs en remplacement de certaines variables du système.

HANBURY-BROWN Robert

Aruvankadu (Inde) 1916-2002

Après des études techniques menées à Brighton en Angleterre, Robert Hanbury-Brown participe aux recherches sur les applications militaires des radars.

D'abord professeur à Manchester, puis à Sidney en Australie, il est un précurseur de l'interférométrie en radioastronomie, laquelle consiste à associer plusieurs télescopes en phase. La précision angulaire en est considérablement accrue. Dès 1943, il détecte des sources quasi-ponctuelles de rayonnement radioélectrique. En 1949, il détecte les émissions de la nébuleuse Andromède. Il identifie Cygnus A comme une source ponctuelle. Il établit la première carte radioélectrique du ciel.

HARTMANN Johannès Franz

Erfurt 1865 – Göttingen 1936

Après de premières études à Erfurt, Johannès Hartmann poursuit des études supérieures successivement à Tubingen, Berlin et Leipzig. Il commence à travailler en astronomie à l'Observatoire de Leipzig puis il part en 1896 à l'Observatoire de Potsdam où il accomplit une mise à jour de l'instrumentation, en introduisant par exemple un nouveau spectrographe capable d'enregistrer les longueurs d'onde des radiations ultraviolettes émises par les étoiles. Ses études des spectres stellaires le conduisent à découvrir en 1904 des raies stables dues au calcium à côté d'autres soumises à l'effet Doppler. L'existence de ces raies le conduit à supposer pour la première fois la présence d'une matière interstellaire.

J. Hartmann devient en 1909 directeur de l'Observatoire de Göttingen et professeur d'université. Il fait également plus tard un séjour à l'Observatoire de La Plata au Chili où il participe à la modernisation de l'équipement d'observation. Revenu à Göttingen, il meurt peu de temps après avoir pris sa retraite.

HARTREE Douglas Rayner

Cambridge 1897 - 1958

En 1928, Douglas Hartree introduit le facteur de forme atomique, responsable de la modulation du rayon X diffracté par un cristal. Cette même année, il élabore en même temps que V. Fock une méthode efficace de calcul des orbitales électroniques

Méthode d'Hartree-Fock : méthode de calcul des orbitales atomiques, moléculaires ou cristallines qui traite, dans une première approximation, les électrons comme s'ils étaient indépendants les uns des autres.

Publications

« Calculating Instruments and Machines » (1949), « Numerical Analysis » (1952).

HAUKSBEE Francis

1670-1713

On ne connaît pas les origines de Francis Hauksbee, un élève de R. Boyle, qui se fait remarquer vers 1705 en Angleterre par ses démonstrations spectaculaires des propriétés de l'électricité. Il a construit une machine électrostatique de sa propre conception, plus performante que celle de O. von Guericke, en échangeant le globe de soufre par un cylindre de verre.

Il est le premier à produire des étincelles et il est le précurseur de l'obtention de décharges électriques dans les gaz.

Il donne une explication de la luminescence observée à la surface du mercure d'un baromètre lorsqu'il est soumis à une agitation.

Il met en évidence la propagation du son dans l'eau.

Il propose une première approche théorique des phénomènes de capillarité.

Publication

« Physico-mechanical experiments » (1709).

HAÜY René Just

Saint Just-en-Chaussée (Oise) 1743 – Paris 1822

À la suite de ses études religieuses, l'abbé René Just Haüy enseigne au collège du Cardinal Lemoine à Paris. Passionné d'histoire naturelle, il commence des études de botanique mais il s'oriente ensuite vers la minéralogie et il obtient une chaire à la faculté des sciences de Paris.

En 1781, il met en évidence la conservation de la forme géométrique des cristaux d'une même espèce chimique, quelles que soient leurs origines. Il analyse leurs propriétés d'anisotropie. Il énonce les lois qui régissent leurs troncatures à partir des propriétés de symétrie des six formes géométriques primitives. Il s'oppose à H. Lavoisier en donnant plus d'importance à la géométrie qu'à la chimie. Il est l'un des fondateurs de la cristallographie moderne. Ses idées attendent un siècle pour trouver leur justification dans l'analyse de la diffraction des rayons X par les cristaux.

Son refus de se plier aux lois de la République lui vaut d'être incarcéré en 1792. Grâce à l'appui de Geoffroy Saint Hilaire, il est relâché. Nommé professeur à l'École des Mines de Paris en 1795 et au Muséum d'histoire naturelle en 1802, il contribue à enrichir les collections de cristaux de ces deux institutions.

En 1817, il obtient une première indication de l'existence du phénomène de la piézoélectricité du spath d'Islande. Cette propriété sera redécouverte et analysée par les frères Curie en 1880.

Publications

« Essai d'une théorie sur la structure des cristaux » (1784), « Exposition raisonnée de la théorie de l'élasticité et du magnétisme d'après le principe d'Aepinus » (1787), « Traité de minéralogie » (1801), « Traité des caractères physiques des pierres précieuses pour servir à leur détermination lorsqu'elles sont taillées » (1817), « Traité de cristallographie » (1822).

HAWKING Stephen William

Oxford 1942

Après des études menées à Oxford et à University College de Londres, Stephen Hawking présente un doctorat sur la relativité générale à Cambridge en 1962. Il oriente ses travaux vers la cosmologie et vers la recherche de l'origine de l'univers.

Victime d'une maladie qui le prive progressivement de l'usage de ses muscles et de la parole, il est réduit à communiquer avec le monde extérieur au moyen d'un ordinateur couplé à un synthétiseur de son. Il participe activement aux campagnes publiques menées pour développer les techniques utiles aux handicapés.

À la fin des années soixante, avec R. Penrose, il montre que l'univers est nécessairement passé par un stade de densité infinie, l'explosion initiale.

Spécialiste des propriétés des trous noirs, il démontre avec B. Carter et W. Israel que, quelles que soient leurs origines, quelles que soient leurs propriétés initiales, ces objets sont définis par seulement trois paramètres, leur masse, leur moment cinétique et leur charge électrique. De manière plus triviale, il dit qu'« un trou noir n'a pas de poil ».

En 1975, il propose un mécanisme d'émission électromagnétique des trous noirs suivant les lois du rayonnement thermique, en contradiction avec une approche classique. Lorsqu'il est plongé dans un univers qui se refroidit progressivement, un trou noir doit s'évaporer à partir du moment où la température de l'univers devient plus faible que celle de ce trou noir.

Professeur de mathématiques à Cambridge en 1980, il occupe la chaire de Newton. Son ambition est de progresser vers une théorie du « Tout » qui réunirait la relativité générale et la mécanique quantique et qui inclurait une émergence simultanée de l'espace et du temps.

Rayonnement de Hawking : rayonnement d'un trou noir, interdit par la mécanique classique, mais permis en mécanique quantique par un effet tunnel au travers de la barrière de gravitation.

Publications

« The large scale structure of space-time » (1973) avec G. Ellis, « General relativity in an Einstein century survey » (1979), « Is the end in sight for theoretical physics ? » (1980), « Une brève histoire du temps » (1989), « Commencement du temps et fin de la physique » (1992), « Un trou noir n'a pas de poil », avec B. Carter et W. Israel, « Black holes and baby universes and other essays (1993).

HAYASHI Chushiro

Kyoto 1920-2010

Chushiro Hayashi effectue ses études à Kyoto où il est nommé professeur en 1957.

Dans ses premiers travaux de recherche, il s'oppose à la théorie du Big Bang, l'évolution de la température dans les deux premières secondes n'étant pas, selon lui, compatible avec la proportion actuelle d'hélium dans l'univers.

Il apporte des contributions à la nucléosynthèse dans le cœur des étoiles. Il a laissé son nom à l'évolution des étoiles dans le diagramme de Hertzsprung-Russell, cette analyse ayant également été proposée par S. Chandrasekhar et par Schönberg en 1942.

Trajectoire de Hayashi : une étoile de masse au moins égale à celle du Soleil devient d'abord une géante rouge et ensuite une naine blanche. Sa trajectoire dans un diagramme température-luminosité est bien déterminée. C'est une trajectoire de Hayashi. À des masses différentes correspondent des trajectoires différentes.

HEAVISIDE Oliver

Londres 1850 – Torquay (Devonshire) 1925

Victime d'une surdité précoce, Oliver Heaviside se forme seul aux mathématiques. Il n'obtient que rarement un poste rémunéré. Il établit le formalisme vectoriel de l'électromagnétisme de J. Maxwell.

Dès 1902, pour expliquer la possibilité de communiquer par radio à grandes distances, il propose l'existence dans la haute atmosphère de couches ionisées qui réfléchissent les ondes électromagnétiques. La première couche ionisée sera détectée en 1925 par E. Appleton.

Le mérite d'O. Heaviside ne lui est reconnu qu'à la fin de sa vie.

Publications

« Electrical papers » (1892), « Electromagnetic theory » (1893.

HEISENBERG Werner Carl

Würzburg 1901 – Munich 1976

Pendant ses études à Munich, Werner Heisenberg est élève de A. Sommerfeld. Il présente sa thèse en 1923 sur les mouvements turbulents des fluides. Après avoir été assistant de M. Born à Göttingen, il est nommé professeur à Leipzig en 1927 et à Berlin en 1942.

Après un contact en 1924 avec N. Bohr et une rencontre avec M. Born qui l'initie aux mathématiques des matrices, il établit en 1925 un premier formalisme de la mécanique quantique, le formalisme matriciel, qui semble s'opposer à l'approche ondulatoire de E. Schrödinger et de P. Dirac. E. Schrödinger montre qu'il n'en est rien et que les deux formalismes se rejoignent. En 1927, il établit les célèbres relations d'incertitude qui portent son nom. Le caractère ondulatoire d'une particule lui impose un certain « flou », sa position et sa quantité de mouvement ne peuvent être déterminées avec des précisions infinies. De manière plus formelle, les relations d'incertitude découlent de la non-commutation des opérateurs quantiques qui décrivent les propriétés physiques. Avec H. Kramers, élève de N. Bohr, il élabore une méthode de calcul des relations de dispersion.

Il participe aux débats difficiles sur les fondements de la mécanique quantique. Avec son ami W. Pauli, il propose une des premières théories quantiques relativistes du champ électromagnétique.

En 1932, il reçoit le prix Nobel de Physique.

Il apporte des contributions dans d'autres domaines. Il établit une théorie du ferromagnétisme que F. Bloch améliore dans son travail de thèse. Il explique les spectres d'émission de l'hélium. Il interprète des liaisons chimiques comme résultant de forces d'échange. Il prévoit les formes allotropiques de la molécule d'hydrogène ionisée.

Il est l'un des premiers à employer la mécanique quantique en physique nucléaire. Il y introduit la notion de nucléon et le concept de spin isotopique. Il décrit le neutron comme une particule composée d'un proton et d'un électron. Cette interprétation ne pourra être retenue car elle est incompatible avec les spins demi-entiers de ces trois particules. Il invente le formalisme de la matrice S, une reformulation de la mécanique quantique.

Pendant la guerre, il dirige l'Institut Kaiser Wilhelm de physique de Berlin. Bien qu'il soit persuadé que la fabrication de l'arme nucléaire dépasse les capacités de l'industrie allemande, il participe au « projet uranium » allemand. Son soutien au nazisme lui vaut d'être interné après la guerre pendant deux années en Angleterre. De retour en Allemagne en 1946, il est nommé professeur à Göttingen. Il dirige l'Institut Max Planck, d'abord à Göttingen, ensuite à Munich. Il s'intéresse alors aux propriétés du rayonnement cosmique, à la production des grandes gerbes, à la supraconductivité.

De ses maîtres, il dit : « de Sommerfeld, j'ai acquis l'optimisme, des professeurs de Göttingen, j'ai appris les mathématiques, de Bohr, j'ai compris la physique ». On lui attribue la citation : « La science éclaire les domaines dans lesquels la technologie peut construire ».

Relations d'incertitude de Heisenberg : la position et la quantité de mouvement d'une particule ne peuvent pas être simultanément mesurées avec des précisions infinies. Le produit de leurs incertitudes reste toujours supérieur à la constante de Planck. Aucune expérience n'a réussi à contredire ces relations.

Publications

« Les principes physiques de la théorie des quanta » (1930), « La physique du noyau atomique » (1943), « La physique du noyau atomique » (1954), « La nature de la physique contemporaine » (1955), « Physique et philosophie » (1959), « La science moderne en révolution » (1955), « Introduction to the unified field theory of elementary particles » (1966), « La partie et le tout » (1969).

HEITLER Walter Heinrich

Karlsruhe 1904 – Zurich 1981

Walter Heitler effectue ses études à Karlsruhe et à Berlin.

En 1927, avec F. London et dans la suite des idées de G. Lewis, il élabore la théorie de la liaison chimique de la covalence qui ne trouvait aucune explication crédible en théorie classique. Seule la mécanique quantique, par l'intermédiaire d'un terme d'« échange », explique une liaison forte entre deux atomes neutres. Exigeant un recouvrement optimal des fonctions d'onde, elle explique les configurations spatiales des molécules organiques.

Avec H. Bethe, en 1934, il calcule les pertes d'énergie des particules chargées dans la matière, par radiation et par production de paires électron-positron.

En 1937, avec H. Bhabha, il établit une théorie des gerbes du rayonnement cosmique avec ses composantes électromagnétiques de photons, d'électrons, de positrons et ses composantes pénétrantes.

Émigré aux États-Unis en 1933, il est ensuite accueilli comme professeur en Irlande à l'université de Dublin en 1941. Il en devient le directeur en 1946. Il se rapproche de son pays natal en 1949 en acceptant un poste de professeur à Zurich.

HELMOLTZ Hermann Ludwig Ferdinand von

Potsdam 1821 – Berlin 1894

Bien que passionné très jeune par la physique, Hermann Helmholtz doit effectuer des études de médecine à Berlin, les seules pour lesquelles il dispose d'un soutien financier. La première partie de sa carrière est donc celle d'un médecin à Potsdam et d'un enseignant d'anatomie et de physiologie à Königsberg, à Bonn, à Heidelberg. Il invente un appareil pour examiner l'intérieur de l'œil. Il développe la théorie de la vision en couleur suivant la sensibilité de l'œil dans trois couleurs. En 1850, il effectue une première mesure de la vitesse de l'influx nerveux. En 1855, il est nommé professeur à Bonn.

Ses contributions à la physique sont relativement tardives, mais elles sont nombreuses et très diversifiées. Dans le prolongement de ses travaux en biologie, il énonce le principe de la conservation de l'énergie et il montre que l'énergie prend des formes très variées. Il est le premier à introduire la notion d'énergie libre. Il contribue à la démonstration suivant laquelle les mécanismes de la vie reposent essentiellement sur des processus physico-chimiques.

En mécanique des fluides, il établit les lois fondamentales de la théorie des tourbillons. En acoustique, il analyse les sons en termes de fréquences fondamentales et en harmoniques. Il imagine une série de résonateurs qui portent son nom. En optique, il démontre que la diffraction impose une limite au pouvoir séparateur du microscope. En astrophysique, il attribue l'élévation initiale de la température du Soleil à sa compression gravitationnelle.

H. von Helmholtz a une grande influence sur les scientifiques contemporains allemands.

Bobines de Helmholtz : ensemble de deux enroulements électriques dont l'écartement est calculé pour obtenir un champ magnétique uniforme au voisinage du centre.

Résonateur de Helmholtz : cavité métallique sphérique dont les dimensions favorisent le son d'une fréquence fondamentale déterminée.

Formule de Gibbs-Helmholtz : équation reliant l'énergie libre d'un système et sa dérivée à son énergie interne.

Publications

« Über die Erhaltung der Kraft » (1847), « Handbuch der physiologische Optik » (1867), « Die Lehre von den Tönempfindungen als physiologische Grundlage für die Theorie der Musik » (1863).

HENRY Joseph

Albany (New York) 1797 – Washington 1878

Issu d'une famille modeste, Joseph Henry quitte l'école pour devenir apprenti horloger. Il poursuit ses études à l'Académie d'Albany. Recruté comme enseignant de chimie dans cette même académie en 1823, il oriente ses travaux vers l'électromagnétisme et plus particulièrement vers la télégraphie.

Dès 1829, il propose la production d'énergie avec un moteur électrique. En 1832, il construit des électroaimants déjà relativement puissants en bobinant autour d'un noyau de fer plusieurs tours de conducteur soigneusement isolé. Cette même année, simultanément avec M. Faraday, il découvre le phénomène de l'induction, l'apparition d'une force électromotrice dans un circuit soumis à une variation temporelle du flux magnétique qui le traverse. En 1840, il introduit la notion de self-induction qui caractérise le phénomène d'auto-induction.

Expérimentateur adroit, ses manipulations sont conçues comme des démonstrations de cours. Il grossit l'effet qu'il veut démontrer de telle sorte qu'il soit visible sans aucun intermédiaire, à la différence de ceux qui recherchent une détection très sensible afin de mettre en évidence un effet faible.

Nommé professeur à Princeton, il s'intéresse au magnétisme terrestre.

Le henry : unité d'inductance électrique, correspondant à celle d'un circuit qui produit une force électromotrice de un volt lorsque l'intensité qui le parcourt varie régulièrement de un ampère par seconde.

HÉRACLIDE DU PONT

Heraclea Pontica (Turquie) vers 390 av. J.-C. – Heraclea Pontica après 339 av. J.-C.

Heraclides Ponticus, dit Héraclide du Pont, devait appartenir à une honorable famille grecque établie au Sud de l'actuelle Turquie. Les quelques sources que nous avons sur lui établissent qu'il a fait partie de l'École de Platon vers 360 av. J.-C. et qu'il a dû suivre des cours d'Aristote. Il a écrit plusieurs ouvrages aujourd'hui perdus qui le classaient comme philosophe. La renommée qu'il a connue lui vient de spéculations ou hypothèses qu'il a inventées ou simplement reprises à son compte à propos du mouvement des planètes. Dans le système qu'il défendait, le Soleil tournait autour de la Terre mais Vénus et Mercure tournaient autour du Soleil. Ce système, appelé par la suite système d'Héraclide du Pont, aura un certain succès et il sera par exemple défendu par Tycho Brahé à la fin du XVIe siècle après l'introduction par Copernic du système héliocentrique généralisé.

Héraclide du Pont est ainsi l'un des témoins de l'activité réflexive qui a animé les grecs à propos de l'astronomie et qui, en même temps, a devancé des personnalités plus connues tels que Hipparque de Rhodes ou Aristarque de Samos sans parler de Ptolémée.

HERBIG George Howard

Wheeling (East Virginia) 1920 – Honolulu 2013

George Herbig effectue ses études en Californie. Spécialisé dans l'étude des grosses étoiles variables, il les interprète comme de jeunes étoiles en période de formation.

En 1960, par spectrographie, il détermine la concentration de lithium présent dans les étoiles et il développe l'idée selon laquelle cet élément est probablement dans l'état où il a été fabriqué dans la nucléosynthèse initiale.

HERSCHEL William Frederick

Hanovre (Allemagne) 1738 – Slough (Buckinghamshire) 1822

Fuyant avec son frère l'occupation française dans le Palatinat, William Herschel se réfugie en Angleterre où il gagne sa vie comme professeur de musique. Sans formation scientifique, il se passionne pour l'astronomie expérimentale. Il construit des télescopes qu'il vend à d'autres amateurs.

En 1773, il réalise un télescope de 50 centimètres d'ouverture. Cet instrument lui permet de découvrir la planète Uranus en 1781. Ce succès lui vaut quelques honneurs, mais surtout une rente royale qui lui permet de poursuivre ses recherches dans de bonnes conditions. Avec un nouveau télescope de 120 centimètres d'ouverture, il découvre en 1787 les satellites d'Uranus, Titan et Obéron, les satellites de Saturne, Encelade et Mimas, le mouvement du système solaire dans la galaxie et environ 2 500 nébuleuses nouvelles. Il effectue un premier dénombrement des étoiles de notre univers visible et il en déduit une description de la structure de notre galaxie.

En 1800, il détecte pour la première fois le rayonnement infrarouge du Soleil, en déplaçant tout simplement un thermomètre dans le spectre de la lumière solaire. Il constate que l'élévation de température est la plus forte lorsque le thermomètre est placé hors de la partie visible, au-delà du rouge.

Il s'attache pendant toute sa vie à la mécanique des systèmes d'étoiles doubles. Il montre qu'un grand nombre d'étoiles sont en fait associées à un compagnon, visible ou invisible. Ces systèmes, parfaitement liés par l'interaction de gravitation, sont maintenant appelés étoiles doubles ou systèmes binaires d'étoiles.

Sa sœur Caroline a été son assistante et son fils John poursuit son œuvre sur le catalogue des étoiles et sur les systèmes doubles d'étoiles.

Publication
« Motion of the solar system in space » (1783).

HERTZ Heinrich Rudolf

Hambourg 1857 – Bonn 1894

Issu d'une famille hanséatique, Heinrich Hertz effectue d'abord des études techniques à Francfort-sur-le-Main et ensuite des études scientifiques à Munich car il souhaite ne pas être confronté aux problèmes industiels ou économiques. Bien qu'ayant commencé par étudier les mathématiques, il effectue des stages dans des laboratoires de physique expérimentale, tels que ceux de H. Helmholtz ou de G. Kirchhoff.

Nommé assistant au laboratoire de physique de l'université de Berlin, il est ensuite nommé professeur à Kiel en 1883, à Karlsruhe en 1885, à Bonn en 1889. Ses premiers travaux portent sur les rayons cathodiques.

En 1886, H. Hertz réussit à produire et à détecter des ondes électromagnétiques en utilisant des résonateurs à éclateurs, c'est-à-dire des circuits ouverts excités par des bobines d'induction. La petite étincelle qui jaillit entre les bornes de l'éclateur du circuit récepteur démontre l'existence d'une excitation à distance. Il montre que les ondes électromagnétiques possèdent les mêmes propriétés que la lumière, réflexion, interférences, polarisation. Il apporte ainsi la confirmation expérimentale des idées de J. Maxwell sur les propriétés du champ électromagnétique. Il est le précurseur de la télégraphie sans fil qu'il ne connaîtra pas car il meurt trop jeune, à 37 ans. Passionné par le seul aspect fondamental de ses recherches, il n'est même pas sûr qu'il ait pensé aux immenses applications de sa découverte.

L'effluve produit autour de l'éclateur du détecteur est peu visible, il est détectable dans l'obscurité, il est catalysé par les ultraviolets émis par l'étincelle plus puissante du circuit émetteur. H. Hertz observe ainsi une première indication du phénomène de la photoélectricité.

En 1892, revenant sur le thème qu'il avait abandonné depuis plusieurs années, il montre que les rayons cathodiques sont capables de traverser la matière.

Oscillateur de Hertz : circuit oscillant à éclateur excité par une bobine d'induction et dont la capacité est constituée par de simples sphères métalliques.

Dipôle de Hertz : dipôle oscillant constitué de deux charges électriques opposées séparées par une distance dont la dépendance en fonction du temps est une fonction sinusoïdale. Le calcul du rayonnement de ce dipôle élémentaire est la première étape du calcul du rayonnement d'une antenne quelconque.

Le hertz : unité de fréquence, correspondant à une période égale à une seconde.

Publications

Ses travaux sur la mécanique sont édités après sa mort. Il y développe la totalité de la mécanique théorique à partir d'un seul principe, celui de moindre action.

HERTZBERG Gerhard

Hambourg 1904 – Ottawa 1999

Après des études supérieures menées à Darmstadt, à Göttingen et à Bristol, Gerhard Hertzberg s'établit au Canada.

Spécialiste de spectroscopie moléculaire, il donne son nom à des raies de la molécule d'oxygène. Il applique ses méthodes à l'identification des atomes et des molécules dans les atmosphères stellaires et à la surface des comètes.

En 1971 il reçoit le prix Nobel de Chimie.

Bandes de Hertzberg : ensemble de raies spécifiques de la molécule d'oxygène utilisées pour doser l'oxygène atmosphérique.

HERTZSPRUNG Ejnar

Frederiksberg (Danemark) 1873 – Rostkilde (Danemark) 1967

Après des études d'astronomie, le père d'Ejnar Hertzsprung a jugé plus raisonnable de poursuivre sa propre carrière dans la finance. Il oriente son fils vers la chimie industrielle en pensant que ce domaine est plus porteur que l'astronomie. Après ses études menées à l'Institut polytechnique de Copenhague, le jeune E. Hertzsprung commence une carrière de chimiste à Saint-Pétersbourg. En 1901, il vient s'initier à la photométrie chez W. Ostwald. Encouragé par K. Schwartzschild, il se réoriente finalement vers l'astronomie à Potsdam.

Maîtrisant parfaitement la technique de la photométrie, il l'applique à la détermination des brillances des étoiles. En 1905, il établit la classification des étoiles en fonction de leurs luminosités absolues et suivant leurs températures de surface repérées par leurs couleurs. Cette méthode sépare les grandes classes d'étoiles, les géantes rouges, les naines blanches et les étoiles de la séquence principale à laquelle appartient le Soleil. En 1913, H. Russell confirme cette classification en travaillant sur 300 étoiles.

En 1913, il utilise la relation entre la période et la luminosité des Céphéides, proposée par H. Leavitt, pour mesurer l'éloignement du petit nuage de Magellan. Le résultat de 30 000 années-lumière, bien qu'inexact, constitue néanmoins la plus grande distance estimée à cette époque. Pour la première fois, E. Hertzsprung localise des objets au-delà de notre galaxie.

Pendant la guerre, il applique la technique de la photométrie à l'étude des systèmes binaires d'étoiles. Il améliore la précision des mesures d'un ordre de grandeur et utilise cette technique pour mieux apprécier les distances. En 1919, il détermine une relation empirique entre la masse de l'étoile et sa luminosité absolue. Reprise par A. Eddington en 1924, cette relation est utilisée pour classifier un très grand nombre d'étoiles.

Il est nommé professeur d'astronomie à Leyde en 1919. Il devient directeur de l'observatoire de cette ville en 1935.

Diagramme de Hertzsprung-Russell : les étoiles sont distribuées dans un diagramme dont l'axe des abscisses est celui des températures de surface et l'axe des ordonnées est celui des brillances absolues. Les géantes rouges se placent en haut à gauche, les naines blanches en bas à droite et les étoiles de la séquence principale, du type Soleil, se placent suivant la diagonale du diagramme.

HESS Victor Francis

Schloss Walstein (Autriche) 1883
– Mount Vernon (États-Unis) 1964

Victor Hess mène ses études à Graz et il obtient un poste à l'Institut du Radium de Vienne mais, après une dizaine d'années, il revient à Graz.

Au début du XXe siècle, le rayonnement cosmique n'est connu que sous la forme d'une ionisation de l'air. En 1911 et 1912, V. Hess effectue des mesures de cette ionisation en fonction de l'altitude en utilisant des ballons. Il constate que le phénomène croît avec l'altitude, ce qui suggère fortement une origine extraterrestre de ce rayonnement. Il élimine l'origine solaire en constatant que l'intensité n'est pas modifiée, ni pendant une éclipse totale du Soleil, ni entre le jour et la nuit. De plus, il décèle dans ce rayonnement une composante pénétrante qui arrive jusqu'au niveau du sol. Il ne parvient pas toutefois à persuader ses collègues que ce phénomène a une origine extraterrestre.

En 1936, il partage le prix Nobel de Physique avec C. Anderson. Il émigre peu après aux États-Unis, lorsque les troupes allemandes envahissent l'Autriche.

Publications

« Die wärme produktion des Radiums » (1912), « The measurement of gamma rays », avec R. W. Lawson (1916), « The electric conductivity of the atmosphere and its cause » (1928), « Luft Electrizität » avec H. Benndorf (1928), « Die Weltstrahlung und Ihre biologische Wirkung » (1940).

HEVELIUS Johannès

Dantzig 1611 – Dantzig 1687

Fils d'un brasseur de bière prospère, Johannès Hevelius fait des études à Dantzig où un professeur de mathématiques l'initie à l'astronomie. Jeune, il s'intéresse à cette discipline, même s'il va à l'université de Leyde aux Pays-Bas pour y faire des études juridiques. Après un passage à Londres et un séjour à Paris où il rencontre I. Boulliau et P. Gassendi, il retourne à Dantzig en 1634. Il travaille alors dans la brasserie de son père puis, avec l'aide financière de ce dernier, il se lance dans la construction d'un observatoire personnel. Il rassemble des instruments avec lesquels il va mener observations et mesures jusqu'à sa mort. Après sa mort, un catalogue de 1 500 étoiles sera publié à partir de ses observations. L'apport principal de J. Hevelius vient peut-être d'un premier ouvrage, appelé *Selenographia*. Il s'agit d'un traité concernant ses observations faites sur la Lune dans lequel on voit affirmé un léger déplacement de la surface du satellite, connu aujourd'hui sous le nom de mouvement de libration.

Publications

« Selenographia » (1647).

HEVESY Georg Karl von

Budapest 1885 – Fribourg en Brisgau 1966

Georg von Hevesy effectue des études en Hongrie, en Allemagne, en Suisse et en Angleterre. À la demande de E. Rutherford, il tente, mais en vain, de séparer le radium D du plomb dans un minerai radioactif. Cet échec lui donne l'idée d'utiliser ce radium comme traceur radioactif pour suivre le parcours du plomb dans les plantes.

De retour en Hongrie en 1913, il émigre à nouveau en 1920. En 1922 avec D. Coster, il découvre l'hafnium, dont l'existence a été prévue par N. Bohr.

Fuyant le nazisme, il se réfugie en Suède où il est nommé professeur à Stockholm. Après la découverte de la radioactivité artificielle, il utilise en 1935 le phosphore 32 et il étend la méthode du traceur radioactif à la biologie en opérant sur des souris.

Il reçoit tardivement le prix Nobel de Chimie de 1943, ses découvertes n'ayant été mises en applications qu'après un long délai.

Publications

« Manual of radioactivity » avec F. Paneth (1926), « Das element Hafnium » (1927), « Radioactives indicators » (1948), « Adventures in radioisotopes research » (1962) 2 volumes.

HEWISH Antony

Fowey (Corwall) 1924

Commencées à Cambridge, les études d'Antony Hewish sont interrompues par la guerre pendant laquelle il participe à la mise au point des radars embarqués sur les avions.

Dans sa thèse, présentée en 1952, il étudie la propagation des ondes électromagnétiques dans des milieux inhomogènes. Il entre ensuite comme chercheur à l'Observatoire Mullard de Cambridge où M. Ryle a construit plusieurs radiotélescopes. Il utilise ces instruments pour appliquer les idées de sa thèse au suivi de l'ionosphère, pour détecter le vent solaire, pour écouter les signaux en ondes centimétriques.

Son étudiante Jocelyne Bell est chargée de traquer les quasars. En 1966, elle enregistre les variations hebdomadaires d'une source radio. Le signal reçu se répète de manière plus rapide que prévu, à la cadence de 1,33 seconde. Cette fréquence élevée et son extrême constance suggère qu'il s'agit de la rotation d'un objet massif très concentré. Après élimination de toute origine parasite pour ce rayonnement, cet astre nouveau est reconnu comme une étoile à neutrons dont l'existence a déjà été prévue par les théoriciens.

A. Hewish est nommé professeur à Cambridge à partir de 1971 et il succède à M. Ryle comme directeur de l'Observatoire, poste qu'il occupe de 1982 à 1988.

Il reçoit le prix Nobel de Physique avec M. Ryle en 1974.

Il propose un système de repérage spatial particulièrement précis en utilisant les émissions de trois pulsars.

HIGGS Peter Ware

1929

Après des études menées à Bristol et à Londres, Peter Higgs présente sa thèse à Édimbourg où il commence à enseigner.

Il est l'auteur d'une théorie qui donne une explication à l'existence de la masse par un mécanisme dans lequel les particules élémentaires interagissent avec un champ scalaire, le champ de Higgs, dont la valeur moyenne sur le vide n'est pas nulle.

Méson de Higgs : méson scalaire couplé aux particules de masses élevées. Les derniers résultats obtenus au CERN sur les anneaux à collisions d'électrons et de positrons permettent d'estimer cette masse aux environs de 250 GeV/c^2. La nouvelle machine du CERN, des anneaux de collisions à protons à l'énergie totale de 14 000 GeV, prévue pour 2005, pourrait peut-être produire une telle particule.

HIPPARQUE de Rhodes

Nicaea (Asie Mineure) IIe siècle av. J.-C.
– Rhodes ? IIe siècle av. J.-C.

Les sources d'information sur Hipparque de Rhodes sont maigres. Il est né en Asie Mineure où il a dû commencer des recherches en astronomie. Cette activité a été menée principalement dans l'île de Rhodes où il a fait des observations. Avec un dioptre, il a probablement mesuré les diamètres apparents du Soleil et de la Lune et leurs variations. Préoccupé par la construction d'une théorie des éclipses du Soleil et de la Lune – il avait sur ce point eu accès à une liste d'éclipses dressée par des astronomes babyloniens – il essaye d'inclure les mouvements du Soleil et de la Lune par rapport à la Terre dans un schéma d'épicycles déjà envisagé avant lui par Apollonius de Perga. À l'exception d'une seule, les œuvres d'Hipparque sont perdues mais une partie de ses résultats a été utilisée par Ptolémée qui s'y réfère souvent.

Hipparque de Rhodes apparaît comme un maillon important dans l'histoire du développement de la théorie du mouvement géocentrique des astres, histoire qui va d'Apollonius de Perga à Ptolémée et qui continuera jusqu'à la révolution de Copernic au XVIe siècle.

HITTORF Johann Wilhelm

Bonn 1824 – Münster 1914

Après des études en mathématiques, Johann Hittorf s'oriente vers la physique et vers la chimie qu'il enseigne à Münster.

Ses travaux sur les propriétés électriques du sélénium anticipent dès 1851 le développement des semi-conducteurs.

Dans le domaine de l'électrolyse, l'étude approfondie de la conduction des électrolytes, de ses variations avec les concentrations et de son comportement au voisinage des électrodes, lui permet de conclure que cette conduction est assurée par les mouvements des anions et des cations de mobilités différentes.

Dans la continuation des travaux de son professeur J. Plücker qui avait observé pour la première fois une lueur au voisinage de la cathode du tube à décharge dans les gaz raréfiés et sa sensibilité au champ magnétique, W. Hittorf montre en 1869 dans un tube dont le vide a été amélioré par une pompe à vapeur de mercure qu'il s'agit d'un rayonnement corpusculaire émis par la cathode, arrêté par des obstacles matériels et réellement dévié par un champ magnétique.

Publication

« The fundamental laws of electrolytic conduction » (1899).

HOFSTADTER Robert

New York 1915 – Stanford (Californie) 1990

Robert Hofstadter effectue ses études à New York et à Princeton.

Pendant la Deuxième Guerre mondiale, avec J. Van Allen, il développe les fusées de proximité capables d'initier la détonation d'une charge d'explosif au voisinage de la cible.

Nommé après la guerre professeur à l'université de Princeton, il s'attache au développement d'un détecteur de photons en utilisant la scintillation de l'iodure de sodium enrichi au thallium et la conversion photon-électron dans un photomultiplicateur. Venu à Stanford en 1950 pour mettre en œuvre ce détecteur, sa principale activité est désormais liée à l'utilisation des accélérateurs linéaires à électrons. Sous la direction de W. Panofsky et dans la continuation des premiers travaux de W. Hansen, ce laboratoire devient le centre mondial de ce type d'accélérateur.

Dès 1953, le groupe de R. Hofstadter étudie la diffusion élastique des électrons par l'hydrogène, par le deutérium et par d'autres noyaux. L'interprétation des résultats s'effectue en utilisant la formule de M. Rosenbluth qui relie les structures électrique et magnétique du nucléon à la distribution angulaire des électrons diffusés. Ainsi sont mesurés les « facteurs de forme » du proton et du neutron qui décrivent les distributions spatiales des charges électrique et magnétique des nucléons. La charge électrique du proton est trouvée distribuée à l'intérieur d'une sphère de 1,4.10 - 13 cm de rayon avec une densité rapidement décroissante sur les bords.

En 1961, R. Hofstadter partage le prix Nobel de Physique avec R. Mössbauer.

Il attire autour de l'accélérateur de Stanford de bonnes équipes de physiciens américains ou étrangers.

Publication

« High energy electron scattering tables » avec R. Herman (1960).

HOOKE Robert

Freshwater (île de Wigh) 1635 – Londres 1703

Fils de pasteur et de santé fragile, Robert Hooke ne serait pas venu à la physique s'il n'avait montré très jeune des dons pour les constructions mécaniques. Il perd son père à l'âge de 13 ans et il est envoyé alors à Londres pour y faire des études. Grâce à l'attention d'un professeur, il découvre les mathématiques et, toujours attiré par la mécanique, il entre comme élève à Oxford en 1653. Là, il a la chance de faire connaissance avec un groupe de scientifiques et il devient un des assistants de R. Boyle. Celui-ci l'oriente vers la construction d'une pompe à air, appareil avec lequel R. Boyle mène des expériences qui le conduisent en particulier à la découverte de la loi de compression des gaz ($PV = constante$). Le rôle de R. Hooke dans cette découverte n'est pas bien connu mais, quand son groupe de scientifiques se dissout en 1659-1660, il part à Londres avec des membres de ce groupe qui deviendra très vite le noyau de la nouvelle Royal Society. Connu pour son habileté en mécanique, il obtient dès 1662 un poste rémunéré de démonstrateur de la Royal Society et en 1664 des cours lui sont confiés. En 1665, il publie un premier ouvrage intitulé *Micrographia*. C'est un recueil d'observations minutieuses dans le domaine des minéraux et de la biologie, suggérant ce que des observations avec un microscope peuvent apporter. Cette œuvre apporte également des observations sur les couleurs obtenues avec des lames minces, anticipant des résultats obtenus un peu plus tard par I. Newton. En 1679, il publie *Lectiones Cutlerianae* ouvrage rappelant le nom de Cutler qui lui avait procuré les cours-démonstrations à la Royal Society. On y trouve la loi de déformation élastique d'un corps connue depuis sous le nom de loi de Hooke et une amorce d'une loi générale de la gravitation. Sur ce dernier point, sa contribution sera bientôt surpassée par celle de I. Newton. R. Hooke en retirera un dépit certain, ce qui assombrira son caractère pendant sa vieillesse.

R. Hooke est un maillon représentatif de l'élan scientifique qui s'est développé au XVIIe siècle.

Loi de Hooke : loi donnant pour les petites déformations élastiques d'un corps des valeurs proportionnelles aux forces appliquées.

HOPKINSON John

Manchester 1849 – Evalona (Suisse) 1898

Après des études secondaires à Manchester, John Hopkinson entreprend des études supérieures de physique à l'université de Londres puis des études de mathématiques au Trinity College de Cambridge. Il décide ensuite de se tourner vers un métier pratique d'ingénieur. Il s'investit d'abord à Birmingham dans la fabrication d'appareils d'optique puis il se tourne vers l'électricité et le magnétisme en abordant les problèmes de constructions de moteurs et de dynamos. Sur ces problèmes, il donne des cours pour élèves ingénieurs à l'université de Londres et il publie des articles dans des revues d'ingénieurs avant d'écrire plusieurs livres sur ces questions pratiques. Il a laissé son nom à une formule permettant d'aborder les problèmes de magnétisme dans les circuits électriques.

Formule de Hopkinson : formule donnant l'expression du flux magnétique traversant un circuit formé d'un anneau de fer de forme toroïdale et entouré par un circuit électrique. Cette formule simple, supposant que le flux magnétique est entièrement canalisé à travers le fer, permet par exemple de calculer le champ magnétique dans l'entrefer d'un électroaimant.

HORROCKS Jeremiah

Toxteth Park (près de Liverpool) 1617 – Toxteth Park 1641

Peu de renseignements nous sont parvenus concernant Jeremiah Horrocks. Il a commencé des études à Cambridge mais les a abandonnées en cours de route. Il s'est apparemment initié seul à l'astronomie et il s'est lancé dans l'observation astronomique en se procurant un télescope d'une façon que l'on ignore. Attiré par l'observation des planètes, il utilise les Tabulae Rodolphinae de Kepler éditées en 1627 en leur apportant des corrections sur quelques points. Extrayant de ces tables la prévision d'un prochain passage de Vénus devant le Soleil, il observe ce passage en 1639. Il travaille également sur la trajectoire de la Lune mais il est emporté par une mort subite à l'âge de 23 ans. Ses manuscrits n'ont été publiés qu'en 1672-1673, c'est-à-dire bien après sa mort.

Bien qu'il ait eu une vie brève, J. Horrocks est un témoin intéressant du travail d'observation en astronomie qui s'est développé après les apports novateurs de savants comme Galilée et Kepler et avant ceux de Newton. En même temps, il témoigne de l'attrait qu'a rencontré au XVIIe siècle l'étude de l'astronomie.

HOYLE Fred

Bingley (Yorkshire) 1915 – Bournemouth 2001

Après des études de mathématiques et de physique effectuées à Cambridge, Fred Hoyle participe pendant la Deuxième Guerre mondiale à la mise au point des radars.

Orienté vers l'astrophysique, il propose en 1948 avec H. Bondi et T. Gold un modèle d'univers stationnaire, sans explosion initiale, impliquant une formation continue de matière. Ce modèle joue un rôle important dans les débats sur la création de l'univers à l'époque où le modèle évolutionniste de G. Gamow rencontre quelques difficultés, l'âge de la Terre semblant dépasser celui de l'univers. Après la découverte des quasars et celle du rayonnement thermique à 3 °K, le modèle d'univers stationnaire, qui satisfaisait certaines philosophies, ne rallie plus de défenseurs parmi les scientifiques.

Les contributions les plus éminentes de F. Hoyle concernent la nucléosynthèse dans les étoiles et dans l'explosion initiale. En 1953, il apporte une solution au problème du cycle thermonucléaire qui fait passer de l'hélium au carbone. Il rend possible la fusion de trois particules alpha en un noyau de carbone grâce à une résonance d'un état excité du carbone, ce qui est vérifié expérimentalement *a posteriori*. Avec E. Burbidge, G. Burbidge et W. Fowler, il établit les processus de création des atomes plus lourds que l'hélium dans le cœur des étoiles massives. En 1957, avec A. Cameron, il complète la nucléosynthèse des éléments plus lourds que le fer en invoquant l'effet de la neutronisation dans l'explosion des supernovae.

En 1964, F. Hoyle et R. Tayler effectuent un premier calcul de la proportion d'hélium fabriqué dans l'explosion initiale. En 1967, avec R. Wagoner et W. Fowler, il précise ce calcul et il montre que la proportion d'hélium primordial est bien supérieure à ce qui a été fabriqué dans les étoiles et qu'elle est compatible avec les estimations expérimentales de l'abondance de ce gaz dans l'univers.

Il étudie de manière théorique les processus d'accrétion de la matière, responsables de la formation des étoiles et des planètes. Il étudie plus particulièrement la dynamique des géantes rouges et des naines blanches.

Il est l'auteur d'une théorie sur l'origine de la vie terrestre fondée sur l'arrivée à la surface de la Terre de virus ou de bactéries venus de l'espace.

L'excentricité de F. Hoyle lui confère un excellent talent de vulgarisateur scientifique.

Publications

« Some recent researches in solar physics » (1949), « The nature of the universe » (1951), « The black cloud » (1957), « A for Andromeda » avec J. Elliot (1962), « Fifth Planet » avec son fils Geoffry Hoyle (1963), « Galaxies, nuclei and quasars » (1965), « Rockets in Ursa Major » avec G. Hoyle (1969), « Copernicus » (1973), « From Stonehenge to modern cosmology » (1972), « The planet of death » (1982), « Living comets » (1985), « The small world of Fred Hoyle » (1986).

HUBBLE Edwin Powell

Marshfield (Missouri) 1889 – San Marino (Californie) 1953

Edwin Hubble commence ses études supérieures à Chicago où il bénéficie de l'enseignement de R. Millikan et de G. Hale, il les poursuit à Oxford en s'orientant vers le droit. Grand sportif, il livre un combat d'exhibition avec le champion de boxe français Georges Charpentier.

De retour aux États-Unis, il abandonne le droit et s'oriente vers l'astrophysique. Il effectue des recherches auprès de plusieurs observatoires, celui de Yerkes en 1914, celui du Mont Wilson en 1919, celui du Mont Palomar en 1948.

Dans son travail de thèse présentée en 1917, il s'attache à la détection des astres de faible luminosité en utilisant la photographie. En poussant à l'extrême cette technique, il découvre de nombreuses nébuleuses à l'extérieur de la Voie Lactée, dont les premières avaient déjà été observées par W. de Rosse vers 1850. Il démontre que ces objets, identifiés à des galaxies, sont très lointains et il étend donc le domaine d'observation jusqu'à une centaine de millions d'années-lumière.

En 1914, V. Slipher avait déjà interprété le décalage vers le rouge d'une quarantaine de spectres galactiques comme résultant d'un effet Doppler-Fizeau. Ce constat implique donc un déplacement de ces galaxies par rapport à la Terre. En 1930, E. Hubble effectue des estimations de distances en utilisant les étoiles variables, les Céphéides, dont les fréquences de pulsation sont reliées à leurs brillances absolues. Sur plus de 200 galaxies spirales contenant de telles étoiles, il établit une relation de proportionnalité entre le décalage vers le rouge et la distance de la galaxie. Il utilise également les résultats de M. Humason qui a mesuré les vitesses de nombreuses galaxies. De l'ensemble de ces données, il démontre que l'univers est en expansion uniforme.

La constante de la relation linéaire porte le nom de son inventeur. Elle fait l'objet de mesures de plus en plus précises afin de savoir si l'expansion de l'univers sera sans fin ou bien si une période de contraction suivra la période actuelle d'expansion.

En 1926, il sépare les deux catégories de galaxies, les spirales et les ellipsoïdales.

Pendant la Deuxième Guerre mondiale, il travaille à la soufflerie supersonique de Aberdeen dans le Maryland.

Constante de Hubble : coefficient de proportionnalité entre la vitesse de la galaxie et sa distance à la Terre. Elle a la dimension de l'inverse d'un temps, de l'ordre de 15 milliards d'années, proche de l'âge de l'univers.

Publications

« Red shifts in the spectra of nebulae » (1934), « The realm of the nebulae » (1936), « The observational approach to cosmology » (1937).

HUGGINS Williams

Londres 1824 – Tulse Hill (Londres) 1910

Williams Huggins ne bénéficie pas d'études supérieures, car il entre très jeune dans la gestion des affaires commerciales de sa famille dans le domaine du textile. Ayant reçu à l'âge de quinze ans, à titre de cadeaux, un microscope et un télescope, il s'intéresse en amateur à l'utilisation de ces deux appareils et, quelques années plus tard, il construit un observatoire privé dans lequel il passe la plus grande partie de son temps. Son épouse est également passionnée d'astronomie et elle participe à ses travaux. Tous deux sont amateurs de musique et ils jouent de plusieurs instruments. Cet intérêt pour la musique le conduit à effectuer une étude précise de l'influence sur le son de la grosseur des cordes de violon.

Avec l'aide d'un ami, W. Miller, professeur de chimie, il associe un spectroscope à un télescope et il entreprend d'identifier les atomes présents dans les étoiles en reconnaissant leurs spectres d'émission. Il est conduit pour cela à établir plusieurs dizaines de spectres de références, caractéristiques des éléments présents sur Terre. Il constate que les spectres stellaires présentent une plus grande diversité que les spectres terrestres. Cette différence ne sera élucidée que plus tard en invoquant la participation des atomes plusieurs fois ionisés.

L'analyse spectrale des nébuleuses ne fait apparaître qu'un petit nombre d'éléments constitutifs. Il conclut à l'existence de masses gazeuses au lieu de groupements d'étoiles comme le croyaient certains collègues astronomes.

Il commence à mettre à profit le décalage des raies optiques pour déterminer les vitesses relatives des étoiles.

À la fin de sa carrière, W. Huggins peut conclure que l'univers est constitué des mêmes éléments présents sur Terre. Les différences dans leurs manifestations ne sont dues qu'à des différences d'environnement, de température, de pression, de densité.

HUGONIOT Pierre Henri

Allenjoie 1851 – Nantes 1887

Entré à l'École polytechnique de Paris en 1868, Henri Hugoniot en sort dans le corps des ingénieurs militaires. Il débute sa vie professionnelle comme professeur à Lorient dans une école d'artillerie et il commence à se consacrer à des recherches sur les explosifs. Il fait en 1882 une première publication sur une étude expérimentale de la poudre à canon. Son attention se focalise ensuite sur ce qui est appelé aujourd'hui l'onde de choc, c'est-à-dire sur la propagation dans un milieu des perturbations de pression engendrées par une détonation. En 1885, il développe une théorie thermodynamique pour rendre compte de ces perturbations. À ce titre, il peut être considéré comme l'un des premiers initiateurs des théories des ondes de choc.

Depuis le travail de pionnier de H. Hugoniot, des études ont été menées pour théoriser le phénomène de détonation, en particulier celles de D. Chapman et de E. Jouguet à la fin du XIXe siècle et celles de Y. Zel'ldovitch, J. von Neumann et W. Doering dans les années 1940. On peut cependant considérer que des progrès restent à faire dans ce domaine difficile à expérimenter. Une étude générale fait toujours l'objet de travaux actuels.

HULL Albert Wallace

Southington (Connecticut) 1880 – Schenectady (New York) 1966

Après des études effectuées à Yale, Albert Hull est recruté en 1913 par les laboratoires de la firme General Electric à

Schenectady. Il y invente le thyratron, tube électronique rempli de gaz et utilisé dans la commande électronique à moyenne puissance.

En 1921, il invente le magnétron, un tube électronique dans lequel le flux des électrons est piloté par un champ magnétique. Ce tube peut fonctionner aux fréquences très élevées de plusieurs dizaines de gigahertz et constitue un élément essentiel du radar.

A. Hull oriente ensuite ses travaux de recherche vers la métallurgie. Il élabore de nouveaux alliages, en particulier le fernice dont le coefficient de dilatation est suffisamment proche de celui du verre pour être utilisé comme électrode dans un tube électronique.

HUMASON Milton

Dodge Center (Minnesota) 1891 – La Salle 1973

Milton Humason quitte l'école à l'âge de quatorze ans et il est recruté comme conducteur de mules au service de l'Observatoire du mont Wilson. Employé dans le laboratoire pour en assurer l'entretien, il s'initie progressivement aux techniques astronomiques et il participe aux programmes d'observation.

Particulièrement attaché à la détermination des vitesses d'éloignement des étoiles et des galaxies en mesurant le décalage vers le rouge des raies optiques atomiques, il accumule des données qui sont utilisées par E. Hubble pour démontrer l'existence de l'expansion de l'univers. En 1935, ces deux chercheurs disposent ensemble des mesures de plus de 150 galaxies lointaines.

En 1954, il obtient un poste d'astronome à l'Observatoire du Mont Wilson et plus tard au Mont Palomar. En 1956, il dispose des mesures des vitesses de 620 galaxies.

HUND Friedrich Hermann

Karlsruhe 1896-1997

Friedrich Hund enseigne dans plusieurs villes allemandes, à Rostock, à Leipzig, à Iéna, à Francfort, à Göttingen. Il participe avec R. Mulliken aux premiers pas de la mécanique quantique dans le domaine de la liaison de covalence.

Ses travaux les plus connus concernent le magnétisme des terres rares. En 1927, il propose des règles qui portent son nom et qui précisent la structure des atomes et qui permettent de prévoir leur paramagnétisme. Il introduit une classification des spectres moléculaires suivant l'origine des mouvements élémentaires, les vibrations ou les rotations.

Il esquisse l'idée de la traversée d'une barrière de potentiel par l'effet tunnel dont l'origine est purement quantique.

Règles de Hund : affectation de nombres quantiques de moments orbitaux, de spins et de moments cinétiques totaux, aux électrons successivement ajoutés pour compléter la couche interne des atomes complexes, dont ceux des terres rares. Le bon accord avec les propriétés magnétiques justifie ces règles établies empiriquement.

HUYGENS Christian

La Haye 1629 – La Haye 1695

Le père de Christian Huygens occupait un poste important au service de la maison d'Orange. Son fils reçoit une première éducation auprès d'un précepteur privé avant son entrée à l'université de Leyde en 1645. Pendant deux ans, il y étudie principalement les mathématiques et il se familiarise avec les travaux de scientifiques contemporains comme F. Viète et R. Descartes. De 1647 à 1649, il étudie le droit à Breda mais il décide alors d'abandonner toute carrière diplomatique, domaine privilégié de sa famille, pour se tourner vers l'étude des sciences de la nature. C. Huygens avait en effet montré dans son enfance des dispositions certaines pour les constructions mécaniques et son père acquiesce à son désir en lui versant une rente personnelle.

De 1650 à 1666 environ, C. Huygens travaille seul à La Haye mais il va plusieurs fois à Paris où il rencontre des scientifiques comme le Père Mersenne et B. Pascal. Il fait également un séjour à Londres où il devient membre de la Royal Society. En 1666, il obtient un poste rémunéré à l'Académie des sciences à Paris où il restera jusqu'en 1681. À ce moment-là, il rentrera à La Haye où il continuera son travail scientifique jusqu'à sa mort en 1695.

C. Huygens a publié en mathématiques des résultats concernant notamment des problèmes géométriques liés aux coniques et il a également travaillé dans le domaine de la théorie des probabilités, mais c'est en physique proprement dite qu'il a apporté ses plus grandes contributions, dans les domaines variés de l'astronomie, de la mécanique et de l'optique.

Une des premières réalisations de C. Huygens a été, avec l'aide de son frère au départ, la construction d'une lunette astronomique. Pour corriger les aberrations chromatiques provoquées par les lentilles, il invente un nouveau type d'oculaire, basé sur l'association de deux lentilles aux effets compensateurs. Avec cette lunette, il découvre en 1655 un satellite de Saturne appelé plus tard Titan et, sur la base de ses observations, il émet l'idée que cette planète est entourée d'une matière diffuse disposée en anneaux concentriques. Un peu plus tard, en 1659, il décrit la nébuleuse Orion, déjà observée par N. de Peiresc en 1611.

Parallèlement à ses recherches en astronomie, C. Huygens se tourne vers des travaux en mécanique. Il s'intéresse à l'horlogerie et au pendule. En 1656-1657, il développe l'idée d'utiliser le mécanisme du pendule pour régulariser le mouvement d'une horloge, avec son complément indispensable, l'échappement à ancre. Plus tard, il propose l'utilisation du ressort spiral pour le mouvement des montres. Ces innovations seront développées dans un ouvrage synthétique *Horlogium oscillatorium* paru en 1673. Dans cet ouvrage, on voit apparaître pour la première fois la formule de la période du pendule simple sous la forme moderne $T = 2\pi(l/g)_{1/2}$ et on voit développée la théorie du pendule composé.

D'un autre côté, C. Huygens est attiré par l'étude générale des lois du mouvement. Il s'intéresse aux collisions élastiques et il montre que, contrairement à ce qu'avait pensé Descartes, la quantité de mouvement n'est pas conservée de façon algébrique dans ce genre de mouvement. Il en déduit par contre que doit être conservée une autre quantité algébrique, la « vis viva », devenue plus tard l'énergie cinétique. Ces résultats sont publiés dans un traité paru en 1656 et intitulé *De motu corporum ex percussione.*

Intéressé par les lois de l'optique de la réflexion et de la réfraction, mises en avant par R. Descartes, et inspiré par l'idée cartésienne de la nature où la géométrie intervient indépendamment de la cause du mouvement, C. Huygens imagine que la lumière est constituée au départ par des ondes sphériques émises en différents points. La lumière réelle serait formée par les enveloppes résultantes de ces différentes ondes. À l'aide d'une construction géométrique, il explique les lois de la réflexion et de la réfraction et il explique la double réfraction du spath d'Islande annoncée par E. Bartholin. Il peut sembler surprenant que cette idée d'onde lumineuse n'ait guère rencontré de succès à une époque où elle pouvait aider à comprendre le phénomène de la diffraction, pourtant déjà observé. Une des raisons en est certainement le succès que va rencontrer la physique de

Newton qui ne fait pas appel à des ondes. Il faudra attendre le début du XIXe siècle pour que naisse la théorie de la nature ondulatoire de la lumière avec son explication du phénomène des interférences. La figure de C. Huygens sera alors redécouverte.

Dans le mouvement du renouveau de la physique inauguré par Galilée, C. Huygens apparaît comme l'un des premiers grands représentants de la science moderne, à la fois par ses talents d'expérimentateur et par sa capacité à élaborer des modèles théoriques.

Publications

« De ratiociniis in ludo aleae », « Tractatio de refractione et telescopiis », « Horologium oscillatorium » (1673), « Traité de la lumière » (1678), « Discours sur la cause de la pesanteur » (1690), « Cosmos theoros », « Novus cyclus harmonicus ».

I

IBN AL-HAYTHAM al-Hasan

Bassorah ? (Irak) 965 – Le Caire 1040

Ibn al-Haytham a été aussi appelé Alhazen dans L'Occident médiéval quand ses œuvres ont été traduites en latin. Plusieurs sources bibliographiques existent sur Ibn al-Haytham mais elles sont tardives (XIIIe siècle) et parfois contradictoires. Il a probablement commencé un travail de mathématicien en Irak mais il vient en Égypte vers l'an 1000 sous le règne du calife al-Hakim. Chargé d'abord d'un travail d'ingénieur en construction, il semble avoir très vite abandonné tout projet dans ce domaine pour se consacrer exclusivement à des études scientifiques plus spéculatives. Il a vécu surtout au Caire mais il a du interrompre ce séjour par au moins un séjour en Irak.

Ibn al-Haytham s'est intéressé à beaucoup de sujets, à la politique, à la logique, à la musique mais les œuvres correspondantes ont été perdues. Par contre, nous lui connaissons une centaine d'œuvres sur les mathématiques, l'astronomie et l'optique qui font de lui une des grandes figures de la science arabe du XIe siècle.

Son œuvre en mathématiques a trait surtout à la géométrie, en particulier en relation avec les problèmes rencontrés en optique à propos du trajet de la lumière. Sa contribution à l'astronomie peut être considérée comme un bilan synthétique des critiques à apporter au système de Ptolémée. C'est en optique, particulièrement dans un ouvrage monumental appelé *L'optique*, qu'il a apporté une contribution majeure.

Ibn al-Haytham peut être considéré comme le savant qui a remplacé la vision ancienne d'Euclide et de Ptolémée – la lumière est émise par l'œil – par la vision moderne : la lumière est émise par l'extérieur. Ce changement de point de vue est appuyé par des considérations expérimentales et, de ce point de vue, Ibn al-Haytham se présente comme un physicien au sens actuel du terme. À partir de son hypothèse, il bâtit une optique qui annonce l'optique géométrique moderne. Il décrit par exemple les règles qualitatives de la réfraction qu'il a déjà fait intervenir dans le mécanisme de la vision. On peut dire que Ibn al-Haytham est le père de l'optique géométrique dont les lois quantitatives seront établies plus tard au XVIIe siècle. Ses œuvres ont certainement été connues de savants comme J. Kepler, W. Snell, E. de Fermat et R. Descartes.

IOFFE Abram Fedorovitch

Romny (Ukraine) 1880 – Léningrad 1960

Le jeune Abram Ioffe sait lire à l'âge de trois ans et écrire à quatre ans. Il commence des études techniques à Saint-Pétersbourg et il poursuit des études de physique à Munich où il bénéficie de l'enseignement de W. Röntgen. De retour en Russie, il effectue des travaux sur l'effet photoélectrique dans les cristaux. Avec N. Dobronnarov, il réussit une manipulation originale mettant en évidence le caractère corpusculaire d'un rayon X dans une collision avec un grain de poussière mis dans une position d'équilibre instable. Il poursuit par d'importants travaux sur les semi-conducteurs dont il étudie les propriétés.

Sa tentative d'utiliser l'effet Peltier pour produire du froid et concevoir des réfrigérateurs est un échec industriel.

Nommé professeur à Saint-Pétersbourg, il enseigne ensuite à l'École des Mines de Moscou. Il forme de nombreux élèves qui deviendront des physiciens réputés. Il a une grande influence sur la communauté scientifique soviétique.

Publications

« The physics of crystals » (1928), « Semiconductors, Thermoelements and Thermoelectricity » (1957), « The physics of conductors » (1960), « Fondamentals of agrophysics » (1966).

J

JANSKY Karl Guthe

Norman (Oklahoma) 1885 – Red Bank (New-Jersey) 1950

Karl Jansky effectue ses études à l'université du Wisconsin.

Ingénieur à la Bell Telephone, cherchant à élucider l'origine de nombreux parasites qui perturbent les transmissions transatlantiques par radio, il construit une nouvelle antenne réceptrice à large bande et d'orientation variable. Après élimination des parasites liés aux orages, il identifie en 1932 des émissions radioélectriques en onde métrique venant du ciel. Une récurrence de 23 heures et 56 minutes lui montre que les sources sont liées aux étoiles. Il localise la source la plus intense dans la constellation du Sagittaire, donc proche du centre de notre galaxie. L'observation de ce rayonnement est aussitôt confirmée par un radioamateur G. Reber.

Cette découverte n'est guère appréciée, ni par le directeur du laboratoire qui demande à K. Jansky de changer de sujet de recherche puisqu'on ne peut rien contre des parasites venus du ciel, ni par ses collègues scientifiques qui attendront la fin de la Deuxième Guerre mondiale et la mise à disposition du matériel militaire radar pour s'intéresser à l'observation du ciel dans le domaine des ondes centimétriques.

JANSSEN Jules César Pierre

Paris 1824 – Meudon 1907

Après des études effectuées à Paris, Jules Janssen construit un observatoire privé sur le toit de sa maison et mène des travaux sur le Soleil. Il systématise l'usage de la photographie. En 1864, il démontre l'absorption sélective de l'atmosphère terrestre dans les spectres solaires.

Il parcourt le monde à la poursuite des éclipses du Soleil. En 1868, il observe des raies inconnues dans le spectre des protubérances solaires. En communiquant ce résultat à son collègue anglais N. Lockyer, celui-ci les attribue à un nouvel élément qu'il baptise hélium. Cet élément n'est détecté et isolé en laboratoire qu'en 1895 par W. Ramsay.

En 1876, il crée l'Observatoire de Meudon. En 1890, il installe un petit observatoire au sommet du Mont Blanc.

JEANS James Hopwood

Londres 1877 – Dorking (Surrey) 1946

James Jeans effectue ses études à Cambridge où il sera plus tard nommé professeur. Son nom est associé à un travail de précurseur sur l'effondrement gravitationnel des étoiles en formation. Il est surtout le co-auteur avec J. Rayleigh en 1905 d'une formule classique, donc non-quantique, du rayonnement thermique. Celle-ci prévoit une divergence du spectre à haute fréquence, « la catastrophe ultraviolette », qui n'est pas observée. Les débats autour de cette formule contribuent à l'éclosion de la mécanique quantique.

Après l'analyse de la distribution des énergies cinétiques des molécules d'un gaz en équilibre thermique, il donne des explications à l'absence d'atmosphère à la surface de la plupart des planètes.

Il participe à de nombreux débats scientifiques, contre Einstein en 1919 sur les fluctuations de photons, contre Eddington sur la composition atomique des étoiles et sur le calcul de la brillance du corps noir. Il défend souvent l'idée qu'un résultat scientifique dépend étroitement de l'expérimentateur. Il se range généralement dans les rangs des vaincus, mais c'est un bon vulgarisateur de la science.

J. Jeans aurait dit : « La vie n'existe dans l'univers que parce que l'atome de carbone possède certaines propriétés exceptionnelles ».

Critère de Jeans : existence pour un astre d'une masse minimum susceptible de conduire à une stabilité gravitationnelle.

Formule de Jeans-Rayleigh : répartition spectrale du rayonnement thermique déterminée dans le cadre d'une théorie non-quantique. L'accord avec l'observation est correct aux basses fréquences, il est incorrect aux hautes fréquences. L'intensité du corps noir tend vers zéro, tandis que la formule de Jeans-Rayleigh lui donne des valeurs qui tendent vers l'infini. L'imperfection de cette formule a joué un rôle important dans l'établissement de la mécanique quantique.

Publication

« Dynamical theory of gaz » (1904).

JENSEN Hans Johannes Daniel

Hambourg 1907 – Heidelberg 1973

Hans Jensen effectue ses études à Freiburg. Il est surtout connu par le « couplage spin-orbite » qu'il a introduit avec O. Haxel et H. Suess dans le modèle nucléaire des couches. Il suggère que l'état le plus stable est celui dans lequel le spin est parallèle au moment angulaire.

Il enseigne à Hanovre en 1941 et à Hambourg en 1949.

Il reçoit le prix Nobel de Physique en 1963 avec M. Goeppert-Mayer et E. Wigner.

Publication

« Elementary theory of nuclear shell structure » avec M. Goeppert-Mayer (1955).

JOLIOT Frédéric Jean

Paris 1900 – Paris 1958

Frédéric Joliot est le fils d'un partisan de la Commune de 1870 et il est élevé à l'écart de toute croyance religieuse. Entré à l'École de physique et de chimie de Paris en 1920, il sort major de sa promotion. Il est recruté en 1925 par M. Curie comme préparateur. Il doit passer son baccalauréat avec un certain retard afin de poursuivre des études supérieures.

En 1926, il épouse Irène Curie, fille de Pierre et de Marie Curie. Pendant plusieurs années ils travaillent ensemble. Ils préparent des sources de particules alpha très intenses à partir du polonium. En 1930, il présente un travail de thèse sur l'électrochimie du polonium.

En 1932, en utilisant une chambre d'ionisation à paroi mince, F. Joliot et I. Curie observent les protons de recul d'un rayonnement inconnu, particulièrement pénétrant, issu de l'irradiation du béryllium par des particules alpha. Elle et lui ne pensent pas à une particule massive, mais plutôt à un photon particulièrement énergique. Quinze jours après, en utilisant un détecteur plus précis, J. Chadwick identifie ce rayonnement aux neutrons. Quelques jours plus tard, F. Joliot confirme et précise ce résultat en utilisant une chambre de Wilson qui visualise les protons de recul après les collisions des neutrons.

En utilisant leur source de polonium, I. Curie et F. Joliot irradient du bore et de l'aluminium avec des particules alpha. Ils observent en 1933 une émission de positrons dans une chambre de Wilson utilisée comme détecteur des particules secondaires émises à la suite de cette irradiation. En reprenant cette même expérience en janvier 1934, F. Joliot constate que l'aluminium continue à émettre des positrons pendant quelques minutes après l'arrêt de l'irradiation. L'aluminium est transformé en phosphore, lequel se transforme en silicium par radioactivité bêta positive. Le silicium est effectivement identifié par I. Curie par voie chimique. Des transmutations sont effectuées avec d'autres noyaux légers, le bore et le magnésium. Des travaux effectués à Rome par l'équipe de E. Fermi, à Cambridge par l'équipe de E. Rutherford et à Berkeley par l'équipe de E. Lawrence aboutissent en quelques mois à l'identification de plusieurs dizaines de radioéléments artificiels. La découverte de la radioactivité artificielle vaut le prix Nobel de Chimie à I. Curie et à F. Joliot en 1935, tandis que J. Chadwick obtient le Prix de Physique pour la découverte du neutron.

En 1933, F. Joliot utilise la chambre de Wilson pour mettre en évidence les matérialisations en électron-positron des gammas nucléaires, suivies des annihilations des positrons. Il s'en sert également plus tard pour détecter les produits de fission de l'uranium.

Maître de conférences à Paris en 1935, il est nommé professeur au Collège de France en 1937. Il y entreprend la construction du premier cyclotron européen.

En 1939-40, avec L. Kowarski et H. von Halban, il montre que la fission de l'uranium dégage plusieurs neutrons, ce qui rend possible des réactions en chaîne, et donc la production d'énergie. Des brevets secrets sont pris. Sous la menace de l'invasion allemande, les documents et les matériaux sensibles sont transportés en Angleterre. Il assure la protection du stock mondial d'eau lourde enlevé en Suède et transporté successivement en zone libre et en Angleterre par ses collaborateurs.

Pendant l'occupation, le laboratoire du Collège de France est relativement protégé par un collègue allemand, le physicien W. Gentner. F. Joliot fait partie de la Résistance et il se lie avec les communistes. En 1945, il est nommé Directeur du Centre national de la recherche scientifique (CNRS).

En 1946, il est le premier Haut Commissaire à l'Énergie Atomique. Il dirige la construction de la première pile atomique française, Zoé, installée dans le fort de Châtillon au Sud de Paris. En 1950, il lance l'appel de Stockholm en faveur de l'interdiction des armes atomiques. Il est relevé de ses fonctions par G. Bidault et remplacé par Francis Perrin, le fils de Jean Perrin.

En 1956, il est nommé à la chaire de son épouse décédée. Il se consacre alors au développement de l'Institut de physique nucléaire d'Orsay et à l'installation du synchro-cyclotron de 160 MeV, avant de décéder d'un cancer en 1958.

JOLIOT-CURIE Irène

Paris 1897 – Paris 1956

Irène est la fille aînée de Pierre et de Marie Curie. Pendant la Première Guerre mondiale, elle est infirmière en radiographie.

Préparatrice chez sa mère, elle présente en 1925 un travail de thèse sur les propriétés des particules alpha émises par le polonium. En 1926, elle épouse un jeune collaborateur de sa mère, Frédéric Joliot. Elle travaille avec lui jusqu'en 1935, en particulier dans les recherches qui conduisent à l'identification progressive du neutron et à la découverte de la radioactivité artificielle. Elle est récompensée par l'attribution du prix Nobel de Chimie avec son mari en 1935.

En 1936, I. Joliot-Curie est pendant quelques mois sous-secrétaire d'État à la Recherche dans le gouvernement Blum. Elle est nommée professeur à la Sorbonne en 1937.

En 1938, avec P. Savitch, elle identifie un élément qui pourrait être du lanthane dans les produits du bombardement de l'uranium par des neutrons, ce qui sera reconnu plus tard comme un indice sérieux en faveur de la fission de l'uranium, identifiée en décembre 1938 par O. Hahn et F. Strassmann.

Après la guerre, en 1946, elle prend la direction de l'Institut du Radium. Elle est nommée Commissaire à l'Énergie Atomique, elle participe à la construction de la première pile atomique française, Zoé. Elle prépare la construction de l'Institut de physique nucléaire d'Orsay.

Victime des irradiations, elle décède en 1956 d'une leucémie.

Publication

« Les radioéléments naturels, préparation et dosage » (1946).

JOSEPHSON Brian David

Cardiff 1940

Étudiant à Cambridge en 1962, Brian Josephson s'intéresse au problème très particulier du passage du courant électrique entre deux supraconducteurs accolés. Les paires de Cooper sont-elles capables de passer en gardant leurs identités ? Les électrons passent-ils séparément ? Le résultat du calcul complet de B. Josephson et la vérification expérimentale par P. Anderson et J. Rowel montrent que deux phénomènes apparaissent. D'une part, un courant proportionnel au flux du champ magnétique s'établit par effet tunnel. D'autre part, s'établit un courant alternatif dont la fréquence est proportionnelle à la tension qui règne entre les deux supraconducteurs.

B. Josephson reçoit le prix Nobel de Physique en 1973 en compagnie de L. Esaki et de I. Giaever.

Effet Josephson : oscillations électriques se produisant spontanément entre deux supraconducteurs suffisamment rapprochés et mis sous tension électrique continue. L'effet Josephson est utilisé dans plusieurs applications. La mesure des fréquences pouvant être effectuée avec une très grande précision, la définition du volt international est actuellement effectuée avec l'effet Josephson.

Jonction Josephson: diode utilisant l'effet tunnel des électrons transitant d'un supraconducteur à un autre. Sa rapidité est mille fois supérieure à celle des diodes à semi-conducteurs.

Publication

« Consciousness and the physical world » (1980).

JOULE James Prescott

Salford (Lancashire) 1818 – Sale (Cheshire) 1889

James Joule bénéficie d'une éducation privée à laquelle participe J. Dalton et dont les mathématiques constituent le seul point faible. Refusant de continuer à assurer la responsabilité de la brasserie que son père lui a léguée, il se consacre à la science.

Il oriente ses recherches vers les relations les plus simples, linéaires ou quadratiques qui, selon son intuition personnelle, doivent caractériser tous les phénomènes physiques.

Dès 1841, à la suite d'une série de mesures délicates de faibles échauffements au sein de conducteurs, il énonce la loi qui porte son nom et qui détermine la quantité de chaleur dégagée par un conducteur soumis à un courant électrique.

En 1843, après avoir multiplié les expérimentations, il établit l'équivalence entre l'énergie mécanique et la chaleur. Il évalue la constante de proportionnalité, l'équivalent mécanique de la calorie, dont la valeur actuelle est de 4,18 joules par calorie. Il vérifie cette loi avec l'énergie produite par un moteur aussi bien que par une réaction chimique.

Le nom de Joule est également associé à la détente d'un gaz dans le vide et, avec J.J. Thomson, à la détente établie en régime permanent.

Loi de Joule en électricité : un conducteur soumis au passage d'un courant électrique dégage une quantité de chaleur proportionnelle au temps et au carré de l'intensité du courant. Le coefficient de proportionnalité est la résistance.

Loi de Joule en thermodynamique : l'énergie interne d'un gaz parfait ne dépend que de la température. Sa détente dans le vide, sans production de travail, ne dégage pas globalement de chaleur.

Détente de Joule-Thomson : la détente adiabatique d'un gaz en régime permanent produit un refroidissement qui correspond au travail des molécules de gaz dans la détente. Cet effet sera mis plus tard à profit dans la conception des réfrigérateurs.

Le joule : unité d'énergie, correspondant au travail d'une force de un newton dont le point d'application se déplace de un mètre dans le sens de la force.

Publications

« On matter, living force and heat » (1847), « Scientific Papers » (1884).

JOY Alfred Harrison

Greenville (Illinois) 1882-1973

Après des études supérieures effectuées à Greenville, Alfred Joy enseigne pendant dix ans l'astronomie au Liban. De retour aux États-Unis, il commence des travaux de recherche au Mont Wilson où il devient un collaborateur de W. Adams et de M. Humason. Il participe aux mesures de 5 000 étoiles.

Utilisant la spectrographie stellaire et l'effet Doppler-Fizeau, il s'attache à l'étude des systèmes binaires. Il en détermine les dimensions, les masses, les périodes de révolution.

La même méthode lui permet d'analyser les corps diffus de la galaxie, les nuages de gaz ou de poussières. En 1945, il observe les étoiles variables T Tauri enveloppées de nuages de gaz et de poussières, identifiées deux ans plus tard par U. Ambartsoumian comme de jeunes étoiles en formation.

K

KAMERLINGH ONNES Heike

Groningue 1853 – Leyde 1926

Après des études menées d'abord à Groningue et ensuite à Heidelberg, Heike Kamerlingh Onnes est recruté comme assistant à Delft, puis nommé professeur en 1882 à Leyde. En 1894, il y crée un laboratoire spécialisé dans l'obtention des basses températures afin d'étudier le comportement des gaz réels suivant les idées de J. Van der Waals. En utilisant la méthode de prérefroidissement des gaz à l'air liquide, inventée par J. Dewar et appliquée à une cascade de plusieurs gaz liquéfiés, il reproduit en 1906 la liquéfaction de l'hydrogène et il obtient, en 1908, celle de l'hélium.

Des études plus générales sur les propriétés de la matière au voisinage du zéro absolu sont menées dans son laboratoire. Il y est montré que la résistance des métaux décroît avec la température, en contradiction avec la prévision de Lord Kelvin qui avait prévu qu'elle augmenterait. La supraconductivité y est découverte en 1911 par H. Kamerlingh Onnes lui-même. Les notions de température critique et de champ magnétique critique y sont établies.

H. Kamerlingh Onnes reçoit le prix Nobel de Physique en 1913.

Publication

« Connaissance par l'expérience ».

KAPITZA Piotr Leonidovitch

Kronstadt (Saint-Pétersbourg) 1894 – Moscou 1984

Piotr Kapitza commence des études d'électronique à Saint-Pétersbourg. Dès 1920, il propose, avec N. Semienov, la méthode de mesure des moments magnétiques qui sera utilisée plus tard avec succès par O. Stern et W. Gerlach. Sur les conseils de A. Ioffe, il se rend en 1921 à Cambridge où il commence des travaux dans le laboratoire Cavendish sous la direction de E. Rutherford. Il met en évidence la courbure des trajectoires des particules alpha visualisées par une chambre de Wilson placée dans un champ magnétique.

Au laboratoire Cavendish, il cherche à atteindre des températures très basses dans des champs magnétiques très élevés, en prenant parfois le risque de brûler la bobine. En 1924, il obtient 320 kilogauss dans 2 centimètres cubes et plus tard 500 kilogauss, record qui ne sera dépassé qu'en 1956. Il montre que la résistance de certains métaux augmente linéairement avec l'intensité du champ magnétique. En 1934, il invente un liquéfacteur à hydrogène qui permet aussi de liquéfier l'hélium et qui sera commercialisé.

À l'occasion d'un court séjour en URRS pour assister à un séminaire professionnel, il est empêché de revenir en Angleterre par les autorités soviétiques, ce qui le plonge dans une longue dépression. Bénéficiant de privilèges rarement accordés aux scientifiques soviétiques, il doit se résigner à rester à Moscou et à diriger un Institut de physique. Il y développe les techniques des basses températures. En 1937, en même temps que J. Van Allen et Misener à Cambridge, il découvre la superfluidité de l'hélium liquide, associée à une forte conductibilité thermique.

En 1938, il a le courage de s'opposer aux autorités soviétiques qui accusent L. Landau d'être un espion allemand.

Pendant la Deuxième Guerre mondiale, il travaille à la production d'oxygène liquide.

En 1946, il refuse de participer aux travaux sur l'armement nucléaire soviétique. En revanche, il contribue à la réalisation des satellites artificiels.

Il s'oriente enfin vers la fusion thermonucléaire qu'il cherche à obtenir et à contrôler au moyen de champs magnétiques élevés. Il invente deux nouveaux tubes, le planotron et le négotron, capables de produire des micro-ondes et de chauffer les plasmas.

À l'occasion d'un court séjour en 1966 en Angleterre, il revoit ses amis de Cambridge. Il vient aux États-Unis pour la première fois en 1969.

En 1978, il reçoit le prix Nobel de Physique en même temps que A. Penzias et R. Wilson.

P. Kapitza disait à Cambridge : « Le crocodile ne peut pas tourner la tête. Comme la science, il doit aller toujours de l'avant, avec ses mâchoires dévorantes ». Il était sous-entendu que le crocodile était E. Rutherford, ce que tout le personnel du laboratoire savait, sauf E. Rutherford lui-même.

KAPTEYN Jacobus Cornelius

Barneveld (Hollande) 1851 – Amsterdam 1922

Admis à l'université d'Utrecht dès l'âge de seize ans, Jacobus Kapteyn, sur les conseils de ses parents, ne commence des études supérieures que l'année suivante. D'abord chercheur à l'Observatoire de Leyde, il est nommé professeur à Groningue en 1878. Il est l'un des promoteurs de l'utilisation de la plaque photographique en astronomie.

En 1893, avec W. Monck, il suggère pour la première fois l'existence d'étoiles très différentes du Soleil. Ces étoiles deviendront plus tard les géantes rouges et elles trouveront une place particulière dans le diagramme de Hertzsprung-Russel.

De 1906 à 1920, il s'attache à l'étude de la structure de notre galaxie. En comparant les distributions des luminosités des étoiles en fonction de leurs directions, il démontre que notre galaxie est un disque très aplati puisque son rayon est huit fois plus grand que son épaisseur. Il décèle le mouvement général des étoiles dans la galaxie, 60 % d'entre elles allant dans un sens, 40 % allant en sens inverse, ce qui constitue une indication d'un mouvement de rotation.

Il est le fondateur d'associations de plusieurs laboratoires dans le monde afin d'obtenir des données statistiques plus significatives sur les étoiles.

KARMAN Theodor von

Budapest 1881 – Aachen 1963

Fils d'un professeur d'université, Theodor von Karman fait à Budapest des études d'ingénieur. Intéressé par l'aérodynamique, il part en 1906 à Göttingen pour travailler avec L. Prandtl. De ses publications réalisées à Göttingen, la plus connue concerne la description des différents mouvements – laminaire et turbulent – accompagnant un fluide traversé par un mobile. Après un retour en Hongrie, il accepte un poste de professeur dans une école d'ingénieurs à Aachen en Allemagne.

Pendant la Première Guerre mondiale, il travaille sur des problèmes techniques d'aviation et, de retour à Aachen après la fin de la guerre, il continue à travailler sur ces questions. Étant juif par sa mère, il émigre aux États-Unis en 1929 et il contribue à l'enseignement de l'aéronautique, notamment à Caltech. Après la Deuxième Guerre mondiale, il participe à des projets de développement de l'industrie aéronautique puis à des études de fusées pour l'exploration de l'espace. Il sert également d'expert pour l'aviation américaine puis pour l'OTAN.

Sillage de Karman : figure tourbillonnaire créée à la surface d'un fluide après le passage d'un mobile ; les différentes figures possibles ont été décrites par T. von Karman.

KASTLER Alfred

Guebwiller (Haut-Rhin) 1902 – Bandol (Var) 1984

Issu d'une modeste famille alsacienne, Alfred Kastler effectue des études secondaires sous le régime allemand dans la perspective de devenir instituteur. Lorsqu'il vient pour la première fois à Paris, il emprunte un tramway pour se rendre à la place de la Bastille. Il est très étonné de ne pas voir l'imposante construction qu'il a remarquée sur les illustrations des livres d'histoire. Le receveur lui indique qu'il aurait dû venir plus tôt, avant la Révolution !

Après la guerre, il est orienté par ses professeurs vers l'École normale supérieure de Paris où il rentre en 1921. À sa sortie, il commence à enseigner dans les lycées de Mulhouse, de Colmar, de Bordeaux.

Nommé assistant à la faculté des sciences de Bordeaux, il effectue des travaux sur la polarisation de la lumière de fluorescence. En 1936, après sa thèse, il est nommé maître de conférences d'abord à Bordeaux, ensuite à Clermont-Ferrand.

Il revient en 1941 au laboratoire de physique de l'École normale supérieure où il poursuit des travaux sur l'effet Raman combiné avec les transitions de rotation, travaux commencés à Bordeaux avec Auguste Rousset. Il se tourne ensuite vers la spectroscopie optique atomique en interaction avec les ondes hertziennes. En 1949-50, avec J. Brossel, il publie la méthode de la double résonance. En l'appliquant aux états fondamentaux des atomes, il invente le pompage optique qui permet d'atteindre des états excités précis par absorption d'un photon d'énergie et de polarisation bien déterminées. En les faisant retomber dans des états excités moins élevés mais métastables, cette méthode permet d'inverser les populations d'atomes et donc de faire fonctionner des amplificateurs masers ou des sources lasers. Il reçoit le prix Nobel de Physique en 1966.

Homme de cœur, il s'engage politiquement contre la guerre d'Algérie, contre les armements nucléaires et en faveur des refusniks soviétiques.

Publications
« La diffusion de la lumière par les milieux troubles » (1952), « Europe, ma patrie » (1971), « Cette étrange matière » (1976).

KEELER James Edward

La Salle (Illinois) 1857 – San Francisco 1900

James Keeler ne poursuit pas d'études supérieures mais, à l'âge de dix-huit ans, il achète deux lentilles et il monte sa propre lunette astronomique. Remarqué par un enseignant de l'université John Hopkins de Baltimore, il est recruté par cette université comme technicien et il participe immédiatement à une expédition pour observer l'éclipse solaire de 1878. Il reprend tardivement le cycle de ses études à Pittsburg, puis à Heidelberg et à Berlin.

En 1895, en utilisant un réseau de Rowland, l'analyse spectrographique de Saturne le conduit à conclure que les anneaux ne forment pas un corps solide, mais sont constitués de particules météoritiques qui ne tournent pas toutes à la même vitesse autour du corps de la planète.

Son analyse des nébuleuses lui fait découvrir que certaines ont une structure spirale. Plus tard, elles seront identifiées à des galaxies.

KEESOM William Hendrik

Île de Texel (Pays-Bas) 1876 – Leyde 1956

Fils d'agriculteur, Hendrik Keesom fait des études de physique à l'université d'Amsterdam avec J. Van der Waals parmi ses professeurs. En 1904, il soutient une thèse de doctorat sur la thermodynamique des mélanges O_2-CO_2 et il devient collaborateur de H. Kamerlingh Onnes à l'université de Leyde. Avec celui-ci, il participe aux tentatives et à la réussite en 1908 de la liquéfaction de l'hélium et, toute sa vie, il restera tourné vers la physique des basses températures.

Après avoir été professeur de physique en 1917 dans une école d'ingénieurs à Utrecht, il retourne à l'université de Leyde où il succède à H. Kamerlingh Onnes comme professeur de physique et comme directeur du laboratoire que celui-ci avait fondé. De ses diverses recherches en physique des basses températures, on lui doit la découverte de la superfluidité de l'hélium en 1928. En dessous d'une certaine pression (environ 200 atmosphères), l'abaissement de la température ne provoque plus la solidification du liquide hélium, mais un passage à un état appelé superfluide où les propriétés physiques comme la chaleur spécifique varient brusquement. W. Keesom a été le premier à solidifier l'hélium à basse température par augmentation de la pression exercée sur le liquide.

KELVIN Lord (voir THOMSON William)

KENDALL Henry Way

Boston 1926 – Floride 1999

Henry Kendall effectue ses études supérieures au Massachussetts Institute of Technology, où il reste comme chercheur jusqu'en 1956. Il y présente sa thèse, une tentative de mesure du « Lamb shift » du positronium. Après quelques mois de recherches à Stanford, il revient au MIT où il est nommé professeur en 1961. Il continue à effectuer ses travaux de recherche en Californie, à Stanford, sur l'accélérateur linéaire à électrons.

À partir de 1967, avec son collègue du Massachussetts Institute of Technology, J.I. Friedman, originaire de Chicago, et avec R. Taylor, originaire du Canada, il lance à Stanford un grand programme de recherches sur les réactions inélastiques des électrons sur les nucléons. Les diffusions profondément inélastiques, c'est-à-dire se produisant avec un grand transfert de quantité de mouvement, apparaissent comme beaucoup plus fréquentes que prévues par un modèle où le nucléon aurait une densité interne continue. Ces diffusions aux grands angles sont dues à des réactions sur des grains durs contenus dans le nucléon, d'abord appelés « partons » par R. Feynmann et J. Bjorken, mais très rapidement identifiés aux quarks proposés bien avant par M. Gell-Mann.

H. Kendall partage avec ses deux collègues J.I. Friedman et R. Taylor le prix Nobel de Physique en 1990.

Au début des années soixante, il participe à des recherches militaires. Par la suite, soucieux des dangers que celles-ci présentent pour l'humanité, il prend des positions très critiques vis-à-vis de plusieurs programmes militaires et en particulier sur le projet de « la guerre des étoiles » du Président Reagan.

Publication

« Energy stategics » (1980).

KEPLER Johannès

Weil der Stadt (Allemagne) 1571 – Regensburg (Allemagne) 1630

D'origine modeste, Johannès Kepler peut cependant suivre des études qui lui permettent d'entrer à l'université de Tubingen à l'âge de 17 ans. C'est probablement là qu'il fait connaissance avec la théorie de Copernic. En 1591, il commence des études de théologie mais ses supérieurs lui demandent un peu plus tard d'occuper un poste de professeur de mathématiques à Graz où il arrive en 1594.

J. Kepler s'était intéressé à l'astrologie mais très vite il se tourne vers l'astronomie, persuadé de trouver dans cette branche l'harmonie du monde et la grandeur du Créateur. Dès 1596, il publie un premier livre *Mysterium Cosmographicum*, œuvre de jeunesse dans laquelle il fait profession de copernicianisme et où il essaie de proposer des premières figures pour le mouvement des planètes.

Pour se faire connaître, il envoie son œuvre au célèbre Tycho Brahé et à Galilée. Pour éviter les querelles locales entre catholiques et protestants, il décide de partir à Prague pour y rencontrer Tycho Brahé qui vient d'arriver dans cette ville. Séduit par les qualités d'observation de ce dernier et persuadé aussi de son propre talent, il obtient de l'illustre astronome la charge de travailler sur les observations qu'il avait accumulées sur l'orbite de la planète Mars. J. Kepler retourne ensuite à Graz puis revient à Prague. Tycho Brahé, malade, lui confie alors le soin de terminer un travail sur les planètes qu'il avait commencé. Tycho Brahé meurt en 1601 et J. Kepler se voit alors offrir sa succession comme astronome de l'empereur Rodolphe II. J. Kepler restera à Prague jusqu'à la mort de Rodolphe II et il y poursuivra un travail qui aboutira à l'élaboration des trois lois connues sous le nom de lois de Kepler.

Ces trois lois sont le fruit d'une dizaine d'années de travail et elles seront éditées dans leur forme finale en 1621 après que J. Kepler soit parti à Linz pour y occuper un poste d'astronome créé spécialement pour lui. C'est après la parution de cette œuvre qu'il se remet à travailler sur les *Tables Rodolphines* mises en chantier par Tycho Brahé. Parues en 1627, ces tables donnent avec une précision jamais atteinte jusque-là des prédictions sur les positions des différentes planètes connues ainsi que les positions de 1 000 étoiles fixes, travail commencé également par Tycho Brahé.

Dans le contexte difficile du mouvement de la Contre-Réforme qui a atteint Linz en 1626, J. Kepler se décide à quitter la ville. Après avoir essayé sans succès de revenir à Prague, il trouve un emploi peu sûr à Sagan et, deux ans après, il se retire à Regensburg où il tombe malade et où il meurt à l'âge de 59 ans.

Après le travail de pionnier de Copernic, la nouvelle astronomie a trouvé deux défenseurs de génie au XVIIe siècle. D'un côté, Galilée a défendu avec talent ses travaux. De l'autre, J. Kepler a déterminé les trajectoires elliptiques des planètes autour du Soleil. Bien que contemporains et se connaissant de réputation, ces deux scientifiques n'ont pas beaucoup collaboré, cherchant peut-être consciemment ou inconsciemment à jouer le premier rôle. L'œuvre de Kepler sera reprise par I. Newton à la fin du XVIIe siècle et les trajectoires elliptiques des planètes deviendront alors une conséquence naturelle de la loi générale de la gravitation, c'est-à-dire de l'attraction générale des corps suivant une force inversement proportionnelle au carré de leur distance.

Lois de Kepler :

1. La surface balayée par une planète durant sa révolution est proportionnelle au temps mis à parcourir sa trajectoire. C'est la loi dite des aires.

2. La trajectoire des planètes autour du Soleil est une ellipse dont le Soleil occupe un des foyers.

3. Le carré de la période de révolution d'une planète est proportionnelle au cube du grand axe de sa trajectoire elliptique.

Publications

« Astronomica nova » (1609), « Harmonias mundi » (1619).

KERR John

Ardrossan (Ayrshire) 1824 – Glasgow 1907

D'abord étudiant en théologie, John Kerr se tourne ensuite vers les mathématiques qu'il enseigne à Glasgow.

Sa contribution essentielle à la physique est la découverte en 1875 de l'effet électro-optique qui porte son nom et qui a aujourd'hui des applications nombreuses, notamment en télévision. L'année suivante, il met en évidence un effet magnéto-optique, la variation de la polarisation d'un faisceau de lumière soumis à un champ magnétique.

Effet Kerr : un diélectrique soumis à un champ électrique intense devient bi-réfringent. On peut comprendre que la déformation des atomes sous l'action du champ électrique introduit une anisotropie dans le milieu, laquelle se traduit par une biréfringence. L'effet est optimal quand le plan de polarisation fait un angle de 45 degrés avec le champ électrique. Cet effet est proportionnel au carré de l'intensité du champ électrique.

Cellule de Kerr : cellule optique dans laquelle l'effet Kerr est mis à profit pour dévier un faisceau lumineux et donc jouer le rôle d'un obturateur rapide. Les cellules de Kerr sont utilisées en télévision et dans la manipulation des faisceaux laser.

KERST Donald William

Galena (Illinois) 1911 – Madison (Wisconsin) 1993

Dans le prolongement des idées de R. Wideröe, Donald Kerst construit en 1941 le premier bêtatron. Les électrons y sont accélérés jusqu'à 2,3 MeV par le champ électrique induit par la variation du flux magnétique entre les pôles d'un électroaimant. Le champ magnétique qui maintient les électrons sur une orbite fixe doit être constamment égal à la moitié du champ moyen intérieur à l'orbite. Les bords des pièces polaires sont taillés de manière à respecter cette condition. D. Kerst a su résoudre la principale difficulté de ce type de machine, l'injection des électrons dans l'enceinte à vide, au centre des pièces polaires.

Il réalise d'autres machines, jusqu'à atteindre l'énergie de 20 MeV, auprès de la General Electric Company qui les commercialise, tout particulièrement pour les applications médicales.

Pendant la guerre, il participe au projet Manhattan.

D. Kerst est le premier à proposer la configuration des champs magnétiques alternés des accélérateurs de haute énergie dans les conditions d'une focalisation forte.

AL-KHWĀRIZMĪ Muḥ ammad

né avant 800 – mort après 847

Peu de détails nous sont parvenus sur la vie de Muḥ ammad al-Khwārizmī mais nous savons qu'il a fait partie d'une équipe d'astronomes réunis à Bagdad par le calife al-Mam'ūn qui régna de 811 à 833. Al-Khwārizmī a laissé une œuvre couvrant les domaines de l'algèbre, de l'astronomie et de la géographie. En astronomie, il est l'auteur de tables astronomiques qui sont principalement une révision de la *Grande Table indienne* introduite au VIIIe siècle par une traduction de données astronomiques indiennes réalisée par al-Fazārī. Ces tables, appelées plus tard *Tables de al-Khwārizmī* sont les premières tables astronomiques arabes à avoir été conservées et elles serviront de base à d'autres plus tardives dues à al-Battā nī. Elles seront utilisées par des astronomes arabes postérieurs tels que al-Zarqalī en Espagne au XIIe siècle.

KILBY Jack St Clair

Jefferson City (Missouri) 1923 – Dallas 2005

Fortement impressionné en 1937 par son père qui réussit à communiquer par radio en pleine tempête depuis une région isolée, Jack Kilby construit à quinze ans son premier poste émetteur. Refusé pour 3 points sur 500 au Massachussetts Institute of Technology, il s'engage dans l'armée qui combat contre le Japon. Affecté aux transmissions, il améliore les postes opérationnels de radio. À la fin de la guerre, il effectue des études d'électricité à Chicago.

Recruté comme ingénieur chez Texas Instruments, il recherche les solutions qui permettent de réaliser un circuit électronique en évitant les difficultés des liaisons aux bornes des transistors individuels. Il est donc conduit à imaginer en 1958 le premier circuit intégré qui contient dans le matériau semi-conducteur massif plusieurs transistors, des résistances, des capacités et les liaisons conductrices entre tous ces éléments sans fils extérieurs. Cette idée avait déjà été avancée par G. Dummer en 1952 en Angleterre. J. Kilby l'a réalisée et il est donc l'un des fondateurs de la microélectronique.

KIRCHHOFF Gustav Robert

Königsberg (Allemagne) 1824 – Berlin 1887

Après ses études effectuées à Königsberg, Gustav Kirchhoff enseigne la physique à Berlin. À vingt ans, il établit les lois qui régissent les courants électriques dans les circuits dérivés. Plus tard, il élabore une théorie générale de l'électricité dans laquelle il introduit les notions de potentiel scalaire et de potentiel vecteur.

Nommé professeur à Breslau, il collabore avec son ami R. Bunsen qui l'entraîne en 1854 à Heidelberg où ils effectuent ensemble des travaux remarquables. Dans une expérience célèbre de spectroscopie des flammes, ils montrent que les raies d'un gaz peuvent être inversées, brillantes à l'émission, obscures à l'absorption. Ils expliquent ainsi le doublet noir du sodium observé en 1814 par J. Fraunhofer dans le spectre solaire.

Sur la base d'un seul argument de thermodynamique, G. Kirchhoff établit en 1859 la proportionnalité entre le pouvoir émissif et le pouvoir absorbant des corps chauds. Introduisant ensuite le concept de corps noir, il identifie en 1862 ce coefficient de proportionnalité avec la brillance du rayonnement thermique. Il émet également l'hypothèse que les lois du corps noir ne doivent dépendre que de la température, hypothèse qui joue un grand rôle dans les recherches dans ce domaine à la fin du XIXe siècle.

Il invente un spectroscope qu'il utilise avec R. Bunsen pour réaliser en 1859 l'analyse spectrale des composés chimiques. Cette méthode leur permet de découvrir peu après deux éléments chimiques nouveaux, le césium et le rubidium. Le thallium, l'indium et le gallium seront ensuite identifiés avec cette même méthode d'analyse.

Loi de Kirchhoff en optique : le rapport entre le pouvoir émissif d'un corps porté à une température T et son pouvoir absorbant est égal à la brillance du corps noir à la même température T. Cette relation est valable pour chaque longueur d'onde.

Première loi de Kirchhoff en électricité : la somme algébrique des intensités de courant aboutissant à un même nœud est nulle. Cette loi exprime la conservation de la quantité d'électricité.

Deuxième loi de Kirchhoff en électricité : la somme algébrique des forces électromotrices qui agissent dans une maille est égale à la somme des produits des intensités par les résistances des différentes branches. Cette loi est une conséquence de la loi d'Ohm.

Publication

« Vorlesungen öber mathematische physik » (1876-1894).

KLITZING Klaus von

Poznan 1943

À la suite d'études techniques à l'université de Braunschweig, Klaus von Klitzing présente une thèse sur les propriétés magnétiques du tellure.

Il effectue des recherches à Oxford au laboratoire Clarendon et à Grenoble au laboratoire des champs magnétiques intenses et des basses températures. C'est dans ce dernier laboratoire qu'il découvre en 1980 l'effet Hall quantique. Dans des conditions de forts champs magnétiques, de basses températures et d'un support semi-conducteur, le champ électrique créé par l'effet Hall est quantifié. Cette observation permet de mesurer la constante de Planck. Une étude à vocation technique aboutit ainsi à une découverte importante dans le domaine de la physique fondamentale, laquelle à son tour est mise à profit dans des applications, par exemple dans la définition des étalons de résistance.

K. von Klitzing est nommé professeur à Munich et ensuite à Stuttgart. En 1985, il reçoit le prix Nobel de Physique.

KNUDSEN Martin Hans Christian

Hansmark (Danemark) 1871 – Copenhague 1949

Entré à l'université de Copenhague en 1890, Martin Knudsen se spécialise en physique et il concentre son travail de recherches sur les propriétés des gaz à basse pression. Il étudie en particulier la diffusion des gaz dans des tubes minces, ce qui l'amène à énoncer des lois de diffraction moléculaire. Il est l'inventeur d'un manomètre pour des basses pressions qui porte son nom. Il s'est illustré aussi en hydrographie en développant des méthodes d'analyse des propriétés de l'eau de mer. Il est professeur de physique à l'université de Copenhague de 1912 à 1941.

KOENIG Karl Rudolph

Königsberg 1832 – Paris 1901

Après avoir étudié la physique avec H. von Helmoltz à l'université de Königsberg, Karl Koenig vient à Paris pour apprendre le métier de fabricant de violons. À partir de là, il se spécialise dans la fabrication d'instruments destinés à des études d'acoustique, centrées en particulier sur des mesures de pression d'air à l'intérieur des tubes. Réalisé pour ce type d'études, un tube d'expérimentation a porté son nom.

KOHLRAUSCH Rudolf Herrmann Arndt

Göttingen 1809 – Erlangen (Bavière) 1858

Professeur à Marburg en 1853 et à Erlangen en 1857, Rudolf Kohlrausch est l'auteur avec W. Weber de la première mesure du rapport entre l'unité du champ électrostatique et celle du champ magnétostatique, trouvée égale au carré d'une vitesse proche de celle de la lumière. Cette coïncidence devient un élément déterminant de la théorie de l'électromagnétisme de J. Maxwell.

En recherchant une vérification de la loi d'Ohm, il est également l'auteur de la notion de résistivité.

R. Kohlrausch est le père de Wilhelm Kohlrausch, physicien connu par ses travaux sur la conductivité des électrolytes.

KOROLYOV Serguei Pavlovitch

Zhitomir (Ukraine) 1906 – Moscou 1966

Serguei Korolyov mène ses études à Kiev et à Moscou. Pionnier dans le domaines des fusées, il lance ses premiers engins en 1932.

Envoyé au Goulag, il est rappelé pour étudier les V2 allemands et pour construire des fusées plus performantes. Il est le concepteur de la première fusée intercontinentale, celle qui place sur orbite terrestre le premier satellite artificiel Spoutnik. Il devient le fondateur et le réalisateur du programme spatial soviétique.

KRAMERS Hendrick Anthony

Rotterdam 1894 – Oegsgeest (Pays-Bas) 1952

Hendrick Kramers est à partir de 1916 le premier collaborateur de N. Bohr. En 1919, il calcule pour la première fois les niveaux de l'atome d'hélium. En 1924, avec N. Bohr et J. Slater, il tente d'expliquer l'effet Compton dans une approche statistique.

En 1926, d'abord avec W. Heisenberg, ensuite avec L. Kronig, il établit les formules quantiques de dispersion. Ce travail le révèle à la communauté scientifique.

Avec W. Heisenberg, il prédit l'existence de l'effet Raman. En 1938, il lance l'idée de la renormalisation de la théorie des champs.

Après la Deuxième Guerre mondiale, il préside aux États-Unis une Commission internationale de l'Énergie dont l'ambition est de rapprocher les vues des deux blocs, Est et Ouest, sur les questions nucléaires. Le climat de guerre froide de cette époque ne permet aucun progrès en ce domaine.

Relations de Kramers-Kronig : relations entre les propriétés d'absorption et de diffusion de la lumière dans la matière.

Formule de Kramers-Heisenberg : formule de calcul quantique de la dispersion d'un gaz.

KUIPER Gerard Pieter

Harenkarspel (Pays-Bas) 1905 – Mexico 1973

Gerard Kuiper effectue ses études à Leyde et il émigre aux États-Unis en 1933. Il commence à travailler à l'Observatoire de Yerkes dont il devient le directeur en 1947 et en 1957. À partir de 1960, il dirige le laboratoire lunaire et planétaire de l'université d'Arizona. Il est un promoteur de l'utilisation des avions à haute altitude pour effectuer des observations astronomiques.

Spécialiste du système solaire, il est l'auteur de plusieurs découvertes et mesures originales. Il découvre du méthane dans l'atmosphère de Titan, un des satellites de Saturne. Il montre que le gaz carbonique est le principal composant de celle de Mars. Il identifie de la glace dans les calottes de Mars et dans les anneaux de Saturne. Il découvre des satellites d'Uranus et de Neptune. Il mesure avec précision les diamètres de Neptune et de Pluton.

Il poursuit ses travaux en utilisant les satellites artificiels.

Bandes de Kuiper : ensemble de raies spécifiques de la molécule de méthane.

Publication

« Atmospheres of the Earth and Planets » (1949).

KUNDT August

Schwerin (Mecklenburg) 1839 – Israeldorf (Lübeck) 1894

Après des études menées à Leipzig et à Berlin, August Kundt enseigne successivement à Zurich, à Würzburg, à Strasbourg, à Berlin. Il effectue des travaux dans le domaine de l'acoustique. L'invention qui porte son nom est celle d'un tube dans lequel les ondes acoustiques stationnaires deviennent visibles. Avec E. Warburg, il étudie les propriétés cinétiques des gaz et il détermine des coefficients de viscosité et de conductibilité thermique.

À Berlin, en 1888 avec W. Röntgen, il met en évidence le pouvoir rotatoire de la polarisation de la lumière d'un gaz soumis à un champ magnétique.

Tube de Kundt : tube rempli de gaz dont la longueur est ajustée par un piston à un multiple entier de la longueur d'onde acoustique. Une vibration entretenue du piston génère des ondes sonores stationnaires dans le gaz. Si le tube est transparent, une poudre légère de lycopode permet de visualiser les ventres et les nœuds de vibration. La mesure de la longueur d'onde et la connaissance de la fréquence déterminent la vitesse du son dans le gaz.

KURCHATOV Igor Vasileevitch

Ufimskaya (Russie) 1903 – Moscou 1960

Igor Kurchatov effectue ses études à Simféropol. Il est ensuite recruté comme chercheur par A. Ioffe à Leningrad où il étudie les faibles conductivités électriques et la ferroélectricité.

Pendant la Deuxième Guerre mondiale, il est d'abord chargé de la protection des navires contres les mines. À partir de 1942, il participe à l'élaboration de l'arme nucléaire et il assume efficacement la direction du programme nucléaire soviétique. En 1946, le premier réacteur nucléaire diverge. En 1949, éclate la première bombe nucléaire soviétique et en 1953, la première bombe thermonucléaire.

Il se consacre ensuite au programme de fusion thermonucléaire contrôlée dont son institut à Moscou est chargé. Une grande partie de ses travaux ont été secrets et certains restent encore aujourd'hui inconnus.

Publications

« Seignetto-electricity » (1933), « Splitting of the atomic nucleus » (1935).

KUSCH Polycarp

Blankenburg (Allemagne) 1911 – Dallas 1993

Polycarp Kusch effectue ses études à l'université d'Illinois où il passe son doctorat en 1936. Il mène ensuite la plus grande partie de sa carrière à l'université de Columbia.

Pendant la guerre, il étudie les générateurs de micro-ondes des radars pour les sociétés Bell Telephone et Westinghouse. Il y acquiert la maîtrise des tubes à vide.

Collaborateur de I. Rabi, il est nommé professeur à Columbia en 1949. Sa contribution essentielle à la physique est une détermination précise du facteur gyromagnétique de l'électron et la mise en évidence de son faible écart par rapport à 2, prévu par l'équation de P. Dirac. Son résultat est : $g = 2{,}00238$. La valeur actuelle est : $g = 2{,}002319300439$. L'écart par rapport à 2 est dû aux corrections radiatives. Calculé par J. Schwinger, ce facteur doit être égal à α/π, où α est la constante de la structure fine, ou constante de l'électromagnétisme. En 1955, P. Kusch partage le prix Nobel de Physique avec W. Lamb.

Il est considéré par ses élèves de Columbia comme le professeur « le plus talentueux » de l'université. Son analyse de l'impact de la science sur la société est tout aussi bien apprécié du grand public que des hommes politiques.

L

LA CAILLE Nicolas Louis de

Rumigny (Reims) 1713 – Paris 1762

Après des études de théologie menées à Paris, Nicolas de La Caille est connu sous l'appellation « abbé Lacaille », bien qu'il ne semble pas avoir été ordonné prêtre. En effet, à la suite d'un incident lors de l'attribution de son diplôme de théologie, il décide d'abandonner la prêtrise et il se tourne vers les mathématiques qu'il enseigne plus tard au collège Mazarin à Paris.

Il participe avec J. Cassini à la mesure du méridien de Paris. Les triangulations effectuées sur le terrain de Dunkerque à Perpignan conclut à une déformation de la Terre par rapport à la sphère dans le sens prévu par I. Newton, ce qui exaspère certains astronomes français qui avaient soutenu l'hypothèse inverse.

En 1750, il s'embarque pour une expédition de près de quatre années au cap de Bonne Espérance afin d'effectuer une série de mesures astronomiques dans l'hémisphère austral. Installé dans un petit observatoire et utilisant les appareils qu'il y a transportés, il repère près de 10 000 étoiles et 42 nébuleuses. Avant lui, en 1677, depuis l'île de Sainte-Hélène, E. Halley avait déjà enregistré 350 étoiles. N. de La Caille peut être considéré comme le « père » de l'astronomie australe.

En collaboration avec J. de Lalande qui effectue en même temps que lui des mesures symétriques depuis l'Observatoire de Berlin situé sur le même méridien, N. de La Caille détermine la parallaxe de la Lune en prenant pour base la distance de Berlin au sud de l'Afrique.

Publications

« Leçons élémentaires de mathématiques (1741), de mécanique (1743), d'astronomie géométrique et physique (1746), d'optique (1756) », « Astronomie fondamentale » (1757), « Coelum australe stelliferum » (1763), « Journal historique du voyage fait au Cap de Bonne Espérance » (1776), « L'art de vérifier les dates ».

LAGARRIGUE André

Aurillac (Cantal) 1924 – Paris 1975

André Lagarrigue effectue ses études secondaires à Toulouse, il entre à l'École polytechnique et il s'intéresse aux activités du laboratoire de physique de L. Leprince-Ringuet. Il devient un spécialiste de la chambre de Wilson avec laquelle il accomplit son travail de thèse sur le spectre de l'électron dans la désintégration à trois corps du muon.

Il contribue avec B. Grégory, C. Peyrou et F. Muller à la construction en 1950 d'un ensemble de deux grandes chambres de Wilson au Pic du Midi de Bigorre. Avec cet appareillage, il participe à la découverte du principal mode de désintégration du méson K chargé, une désintégration en deux corps, un muon et un neutrino.

Après un séjour à Berkeley et avant l'entrée en activité des accélérateurs de Saclay et de Genève, il initie un groupe de chercheurs à la construction de chambres à bulles à propane ou à liquides lourds qui sont utilisées auprès des accélérateurs. Ces détecteurs contribuent à l'étude des propriétés des particules étranges, en mettant à profit la détection des photons dans le liquide lourd par matérialisation en paire d'électron et de positron.

À la fin des années soixante au Commissariat à l'énergie atomique, il lance et anime la construction d'une très grande chambre, Gargamelle, destinée à détecter les réactions rares des particules. Cet instrument fonctionne à partir de 1970 au CERN sur des faisceaux de neutrinos, sous la responsabilité d'André Rousset. Par l'analyse des clichés pris avec cette chambre, une collaboration européenne, sous l'impulsion de P. Musset et de A. Pullia, découvre en 1973 les courants neutres faibles, c'est-à-dire les interactions de neutrino dans lesquelles le neutrino reste sous forme de neutrino, donc neutre, à la différence des interactions à courants chargés dans lesquelles le neutrino se transforme en muon, donc chargé. La mise en évidence de l'existence des courants neutres faibles est le test crucial de l'unification des interactions électromagnétique et faible, l'interaction électro-faible.

Au début des années soixante-dix, il préside la commission inter-ministérielle d'étude pour l'enseignement de physique, de chimie et de technologie dont la mission est de réformer en profondeur l'enseignement secondaire des sciences physiques en France.

LAGRANGE Joseph Louis

Turin 1736 – Paris 1813

D'ascendance française, le père de Joseph Lagrange était au service administratif des ducs de Savoie à Turin. Il pensait orienter son fils vers des études de droit mais, après avoir découvert la physique et les mathématiques avec ses premiers professeurs, J. Lagrange se tourne délibérément vers l'étude des sciences exactes et des mathématiques. À cette époque, la science de la mécanique était en plein développement et J. Lagrange lit les œuvres de Newton et de Leibniz, créateurs du calcul différentiel et intégral, et les traités de mécanique de d'Alembert et d'Euler.

J. Lagrange écrit un premier article à l'âge de 17 ans et, tout en donnant des cours dans une école militaire dès 1755, il se consacre à des recherches basées sur des applications des mathématiques à la mécanique. Par l'envoi de ses écrits, il se fait connaître d'Euler, alors à Berlin, et de d'Alembert à

Paris. Avec l'aide de ce dernier, il obtient un poste à Berlin à la cour du roi Frédéric II, en remplacement d'Euler reparti alors à Saint-Pétersbourg.

À Berlin où il restera une vingtaine d'années, J. Lagrange, dégagé de tout enseignement, continue ses recherches en mathématiques et en mécanique. Ses publications paraissent soit dans la revue intitulée *Les Mélanges de Turin*, soit dans les *Mémoires de l'Académie de Berlin*. Très affecté par la mort de sa femme en 1783 puis par celle de Frédéric II en 1786, il pense retourner à Turin mais il accepte finalement un poste de visiteur étranger à l'Académie des sciences de Paris où il arrive en 1787. Il enseigne alors à la nouvelle École normale supérieure de Paris en 1795 puis à l'École polytechnique.

J. Lagrange est particulièrement connu pour son traité *Mécanique Analytique* paru en 1788, ouvrage de synthèse sur le traitement mathématique de la mécanique.

Équations de Lagrange : équations différentielles décrivant le mouvement d'un système matériel par l'intermédiaire de l'évolution dans le temps de quantités liées au « lagrangien » du système étudié.

Fonction de Lagrange ou Lagrangien : pour un système matériel, le lagrangien est défini par la quantité $L = T - V$, où T et V sont les énergies cinétique et potentielle du système considéré.

LALANDE Joseph Jérôme Lefrançais de

Bourg-en-Bresse 1732 – Paris 1807

Pendant ses études de droit à Paris, Joseph de Lalande établit des contacts avec des astronomes comme J. Delisle.

Il s'accorde avec N. de La Caille avant son départ vers l'Afrique du Sud pour effectuer simultanément depuis l'Observatoire de Berlin des mesures astronomiques qui, combinées avec celles du Cap de Bonne Espérance, permettront de déterminer des distances, par exemple celle de la Terre à la Lune. Il utilise les instruments prêtés par un collègue, P. Le Monnier.

En 1761 et en 1769, il profite du passage de Vénus devant le Soleil pour estimer la distance de cette planète. Il en déduit la dimension du système solaire.

J. de Lalande amplifie volontiers les désaccords qu'il a avec ses collègues. Il se dispute avec H. Hell qui refuse de lui fournir les données qu'il a prises lors du transit de Vénus. Aux côtés de A. Clairaut et à l'encontre de plusieurs astronomes français, il triomphe lors de la réapparition de la comète de Halley dont il a prévu le décalage temporel exact à cause de l'influence des planètes. En 1773, il provoque une panique en laissant entendre qu'une collision de la Terre avec une comète est imminente.

Royaliste, il cache l'abbé Garnier et Dupont de Nemours pendant les journées dramatiques de 1792. Il se fait sermonner par Napoléon à cause de la parution d'une biographie élogieuse d'un libre penseur à l'époque où l'empereur recherche un accord avec le pape.

Publications

« Histoire de la comète de 1759 », « Traité d'astronomie » (1764), « Voyage d'un français en Italie » (1768), « Mémoire sur le passage de Vénus observé le 3 juin 1769 », « Mémoire historique sur la maçonnerie » (1777), « Traité des canaux de navigation » (1778), « Abrégé de navigation, historique, théorique et pratique, avec des tables horaires » (1783), « Astronomie des dames » (1785), « Histoire céleste française contenant les observations de plusieurs astronomes français » (1801), « Bibliographies astronomiques » (1802), « Histoire des mathématiques » (1802).

LAMB Willis Eugène

Los Angeles 1913 – Tucson 2008

Willis Lamb mène ses études à Los Angeles et à Berbeley où, en 1938, il présente une thèse sur les propriétés électromagnétiques des noyaux qu'il a préparée sous la direction de J. Oppenheimer. Il effectue ensuite des travaux sur les interactions des neutrons avec la matière et sur l'identification des fragments de la fission de l'uranium.

Il est nommé professeur à Columbia en 1948 et à Stanford en 1955.

Son travail le plus connu concerne, en 1947 avec son premier étudiant R. Retherford, la mesure de la structure fine des spectres des atomes d'hydrogène, de deutérium et d'hélium. Ces expériences très difficiles sont menées à bien grâce aux connaissances acquises pendant la guerre sur les radars. W. Lamb construit lui-même un magnétron dont la longueur d'onde émise de 2,7 centimètres est exactement ajustée sur la transition étudiée entre les deux niveaux 2S1/2 et 2P1/2 de l'atome d'hydrogène. Dès le résultat connu, H. Bethe effectue un rapide calcul approximatif de l'effet observé, « le Lamb shift », qu'il attribue à la polarisation du vide, c'est-à-dire à l'habillage d'un électron par les paires virtuelles d'électron-positron qui l'entourent. En 1949, une théorie plus précise de l'électrodynamique quantique rend mieux compte du résultat expérimental.

En 1955, W. Lamb partage le prix Nobel de Physique avec P. Kush.

Publication

« Lasers physics » avec M. Sargent et M. Scully (1974).

LAMBERT Johann Heinrich

Mulhouse 1728 – Berlin 1777

Issu d'une famille modeste, Johann Lambert quitte l'école à l'âge de douze ans pour aider son père tailleur d'habits. Passionné de lecture, il s'intéresse aussi bien à la littérature et à la philosophie qu'aux mathématiques et à la physique. Il est recruté comme secrétaire d'un éditeur.

Pendant une dizaine d'années passées en Suisse comme précepteur, il approfondit ses connaissances en utilisant la bibliothèque de ses maîtres. Il est ensuite employé par l'Académie de Berlin. Il effectue de nombreuses observations astronomiques qui le conduisent à énoncer les deux lois qui portent son nom. Il suggère la présence de galaxies au-delà de la Voie Lactée.

Ses travaux en mathématiques sont également remarquables. Il montre par exemple que le nombre p est irrationnel.

Première loi de Lambert ou **loi de Bouguer-Lambert :** l'absorption de la lumière dans un milieu homogène suit une loi exponentielle.

Deuxième loi de Lambert ou **loi de Beer-Lambert :** le rayonnement d'une source lumineuse plane varie comme le cosinus de l'angle de la direction avec la normale au plan. Le rayonnement du corps noir suit la loi de Lambert.

Le lambert : unité d'intensité lumineuse équivalente à un dix-millième de lux.

Publications

« Neues Organon » (1764), « Essai d'hygrométrie » (1774), « Pyrometrie oder vom Maasse des Feuers and der Wärme » (1779).

LAMÉ Gabriel

Tours 1795 – Paris 1870

Après avoir été élève à l'École polytechnique de Paris, Gabriel Lamé poursuit ses études à l'École des Mines. En 1820, il part avec É. Clapeyron à Saint-Pétersbourg où il accomplit un travail d'ingénieur (construction de routes) et où il donne des cours de mathématiques et de physique. Revenu à Paris en 1832, il est professeur de physique à l'École polytechnique de 1832 à 1834 puis professeur de physique mathématique et de probabilités à l'université de Paris. En même temps, il garde un contact avec la technique en étant ingénieur consultant.

Ses publications ont concerné, soit les mathématiques pures, soit la physique mathématique, domaine où il a introduit en particulier l'utilisation des coordonnées curvilignes. Il emploie cette technique pour présenter la théorie de l'élasticité des corps solides et également pour présenter des développements en thermodynamique.

Coefficients de Lamé : coefficients caractéristiques de l'élasticité d'un solide, introduits dans l'expression de la loi de Hooke.

Publications

« Leçons sur la théorie mathématique de l'élasticité des corps solides » (1852), « Leçons sur les coordonnées curvilignes et leurs diverses applications » (1859), « Leçons sur la théorie analytique de la chaleur » (1861).

LAMONT Johann von

Braemar (Écosse) 1805 – Bogenhausen (Allemagne) 1879

Né en Écosse, le jeune Johann von Lamont montre des dons intellectuels exceptionnels mais il perd son père à l'âge de 12 ans. Il est alors envoyé dans une école écossaise située à Regensburg. À partir de là, il ne reviendra pas en Angleterre et il mènera une carrière scientifique en Allemagne. Dans ses études, il est attiré par les mathématiques et il peut acquérir des connaissances pratiques dans un atelier de mécanique. En 1827, il est envoyé dans un observatoire situé à Bogenhausen près de Munich. Après un stage d'un an, le directeur de l'observatoire l'engage comme assistant. À la mort de ce dernier en 1837, J. von Lamont est choisi comme nouveau directeur.

Dans ses nouvelles fonctions, J. von Lamont s'occupe du renouvellement de l'équipement de l'observatoire. Il met en ordre les observations de son prédécesseur et fait le nécessaire pour leur publication. Dans ses recherches propres, il commence par recueillir des mesures sur les trajectoires d'Uranus et de Saturne. Des mesures sur les satellites d'Uranus lui permettent de déterminer la masse de cette planète, connue jusque-là de façon indirecte par les perturbations apportées à la trajectoire de Saturne. Il commence ensuite à établir une liste d'étoiles dans une zone bien définie du ciel, ce qui le conduira à 80 000 observations, parmi lesquelles il signale la présence de 12 000 étoiles non encore répertoriées jusque-là.

À partir de 1840 environ, pour des raisons pratiques liées aux conditions d'observation en astronomie, J. von Lamont commence à faire des mesures en météorologie, domaine d'étude nouveau à cette époque. Là-dessus, pendant quarante ans environ, il recueillera des données à son observatoire de Bogenhausen.

Il commence aussi à s'intéresser au magnétisme terrestre. Des scientifiques allemands, tels W. von Humboldt, C. Gauss et W. Weber s'étaient déjà préoccupés de mesures dans ce domaine et J. von Lamont reçoit une mission officielle pour faire des relevés en Bavière. Il développe pour cela des instruments de mesures et, entre 1849 et 1855, il établit une carte du magnétisme de la Bavière. Un peu plus tard, il met sur pied et exécute des programmes de mesures similaires dans des pays voisins, France, Espagne, Belgique et Danemark.

J. von Lamont s'est intéressé à vulgariser le magnétisme terrestre et quand il sera nommé professeur d'astronomie à l'université de Munich en 1852, ses cours auront un grand succès.

Publications

« Handbuch des Erdmagnetismus » (1849), « Astronomie und Erdmagnetismus » (1851).

LANDAU Lev Davidovich

Bakou (Azerbaïdjan) 1908 – Moscou 1968

Lev Landau commence ses études à Bakou dans la perspective de devenir ingénieur chimiste comme son père. À Léningrad, il se réoriente vers la physique. En 1927, il présente un travail de thèse sur la théorie quantique du « bremstralhung », le rayonnement produit par les électrons lorsqu'ils passent au voisinage des noyaux atomiques.

À l'occasion d'un long séjour chez N. Bohr à Copenhague, il élabore une théorie du diamagnétisme des métaux. Il effectue d'autres séjours en Suisse, en Allemagne, aux Pays-Bas, aux États-Unis.

En 1932, directeur du groupe de physique théorique de Kharkov, il suggère la possibilité pour une étoile massive de subir un effondrement gravitationnel complet, connu aujourd'hui sous l'appellation de trou noir.

Après deux années passées à Kharkov et à la demande de P. Kapitza, il vient à Moscou en 1937 pour diriger un groupe de physique théorique. En 1943, il y obtient une chaire de professeur.

Théoricien universel, ses travaux portent sur des domaines très divers, la conduction par les électrons, les changements de phase, la superfluidité de l'hélium, la physique de la combustion et des mécanismes de l'explosion, la théorie quantique des champs. En physique des solides, il introduit la notion de phonon, le quantum d'énergie de vibration du réseau cristallin. Dans le domaine de la physique des plasmas, il établit les lois qui régissent le transfert d'énergie entre une onde électromagnétique et le plasma.

Avant la découverte de la non-conservation de la parité et en même temps que A. Salam, il montre que le neutrino ne peut exister qu'avec une hélicité gauche. En 1957, il propose la conservation de *PC* (produit de la parité *P* par la conjugaison de charge *C*) dans l'interaction faible pour remplacer la conservation de *P* qui vient d'être détrônée par l'expérience de C. Wu à Columbia.

En 1962, il est victime d'un tragique accident d'automobile. Cette même année, il est récompensé par le prix Nobel de Physique. Dans l'incapacité de venir à Stockholm, son prix est recueilli par sa femme et par son fils. Cet accident le prive de ses moyens intellectuels jusqu'à son décès en 1968.

L. Landau, E. Lifchitz et d'autres éminents théoriciens soviétiques sont les auteurs d'un traité de physique qui couvre tous les domaines de la physique et qui est très apprécié par les étudiants de haut niveau.

Publications

« Traité de physique théorique », en plusieurs volumes, avec E. Lifchitz (diffusé en français par les éditions Ellipses), « Lectures on nuclear physics » (1958), « What is relativity » avec G. Rumer(1961), « Physics for everybody : motion and heat » avec Kitaigorodskil (1963).

LANDÉ Alfred

Elberfeld (Allemagne) 1888-1975

Après des études menées à Marburg, à Göttingen et à Munich, Alfred Landé doit fuir l'Allemagne dès 1931 et émigrer aux États-Unis où il est accueilli comme professeur à l'université de Colombus (Ohio).

Ses travaux concernent essentiellement le domaine de la spectrométrie magnétique. Après une courte visite à Copenhague chez N. Bohr où il rencontre P. Zeeman, il analyse en détails les spectres optiques des atomes placés dans un champ magnétique. Avec la collaboration de M. Born, il rend compte des déplacements des raies en introduisant un coefficient multiplicatif du moment magnétique, le facteur gyromagnétique ou « facteur de Landé ».

Il participe dans les années 1950 aux grands débats sur les fondements de la mécanique quantique.

Facteur de Landé : facteur multiplicatif des moments magnétiques des électrons atomiques qui permet de calculer les déplacements exacts des raies optiques des atomes placés dans un champ magnétique. Ce facteur prend en compte le comportement différent d'un moment magnétique dont l'origine est le spin de l'électron et celui d'un moment magnétique dont l'origine est un moment orbital. Inversement, la mesure des déplacements permet de déterminer les facteurs de Landé et donc de reconstituer la structure de l'atome.

LANGEVIN Paul

Paris 1872 – Paris 1946

Paul Langevin commence à Paris des études de physique à l'École de physique et chimie et il les poursuit à la Sorbonne et à l'École normale supérieure. Il les termine, comme boursier, au laboratoire Cavendish à Cambridge chez J.J. Thomson. Revenu en France en 1898, il prépare une thèse sur l'ionisation provoquée par le passage des rayons X dans les gaz. En 1904, il est nommé professeur au Collège de France où il développe son laboratoire.

Ses travaux couvrent un vaste domaine de la physique, le mouvement brownien, la théorie du rayonnement, la cinétique des gaz. En 1905, il établit la théorie du paramagnétisme en appliquant à la distribution des énergies magnétiques des atomes la loi statistique de Boltzman. Il interprète le diamagnétisme comme l'action du champ magnétique sur les orbites électroniques de l'atome.

En 1912, en établissant la relation entre l'énergie de liaison du noyau et le défaut de masse du noyau par rapport à ses constituants, il esquisse une explication de l'énergie solaire. Il est l'un des premiers physiciens français à enseigner la relativité restreinte d'A. Einstein.

Pendant la Première Guerre mondiale, il travaille sur la détection acoustique des sous-marins. Il suggère l'utilisation de la piézoélectricité du quartz pour produire des ondes sonores. Il améliore les performances des sonars. Après la guerre, il dirige l'École de physique et chimie de la ville de Paris.

Homme de gauche, convaincu de l'impact du progrès scientifique sur l'évolution de la société, il contribue au développement de l'éducation scientifique à tous les niveaux. En 1934, il est le fondateur du Comité de vigilance des intellectuels anti-fascistes.

Peu après la publication, par le journal *L'Œuvre*, de correspondances privées avec Marie Curie, Paul Langevin est entraîné dans un duel avec le directeur de la publication, G. Téry. Par bonheur, aucun coup de feu n'est échangé ! G. Téry commente ; « [...] je me ferais évidemment scrupule de priver la science française d'un cerveau aussi précieux, [...] je suis tellement maladroit que j'aurais très bien pu le tuer ».

Les jumeaux de Langevin : un jumeau reste dans sa ville natale, son frère effectue un long voyage dans une fusée dont la vitesse est proche de celle de la lumière. À son retour, le voyageur doit constater que son frère a vieilli plus que lui. C'est un effet relativiste de la dilatation du temps. L'interprétation exacte ne peut pas en fait s'effectuer dans le cadre de la seule relativité restreinte valable pour des vitesses constantes, car pour revenir à son point de départ, la fusée doit subir un ralentissement suivi par une accélération.

Fonction de Langevin : dépendance du magnétisme d'une population de particules paramagnétiques en fonction de la température et du champ magnétique.

LANGLEY Samuel Pierpont

Roxbury (Massachussets) 1834 – Aiken (South Carolina) 1906

Samuel Langley n'effectue pas d'études supérieures de haut niveau. Assistant à l'Observatoire de Harvard, il est surtout connu pour son invention en 1881 du bolomètre, un détecteur universel de rayonnement, utilisé aujourd'hui dans de nombreux domaines de la physique. Son premier dispositif est constitué par un fil métallique noirci installé dans un spectre optique parallèlement aux raies et placé en série dans le circuit central d'un pont de Wheatstone. Sa température varie avec l'intensité du rayonnement absorbé et sa résistance varie avec la température. Il atteint ainsi une sensibilité de l'ordre de 10^{-5} °K. D'autres physiciens, comme par exemple E. Pringsheim, s'en servent pour mesurer le rayonnement infrarouge du corps noir.

Plus tard il s'intéresse à l'aérodynamique. En 1896, il construit un modèle réduit d'aéroplane qui réussit le premier vol soutenu dans l'air.

LANGMUIR Irving

Brooklyn (New York) 1881 – Falmouth (Massachussetts) 1957

Après des études de métallurgie menées à New York et une thèse préparée à Göttingen sous la direction de W. Nernst, Irwing Langmuir est recruté en 1909 comme ingénieur à la General Electric à Schenectady dans l'État de New York. Ses premiers travaux sont essentiellement orientés vers la chimie et vers l'étude des décharges électriques dans les gaz. Dans cet objectif, il s'attache à développer de nombreux instruments de laboratoire. Par exemple, il perfectionne la triode inventée par L. de Forest.

En 1913, après une analyse minutieuse des phénomènes qui se produisent à la surface du filament de tungstène, il perfectionne la lampe d'éclairage en injectant de l'azote qui évite le noircissement du verre. Ce progrès rapporte des sommes considérables à la société General Electric.

En 1916, il développe la pompe moléculaire à vapeur de mercure afin d'obtenir un vide poussé. En utilisant l'évaporation sous vide de l'hélium liquide, il obtient une température de 0,82 °K.

Dans les années 1920, il découvre les oscillations des électrons dans les plasmas et il met en évidence la variation de la fréquence avec la racine carrée de la densité du plasma.

Il poursuit ses travaux de recherche successivement à l'université de Harvard, à Oxford, au Canada. Avec ses études de l'adsorption, il est l'initiateur de la physico-chimie moderne des surfaces, des couches monomoléculaires, des multicouches. En reliant les propriétés chimiques des éléments à leur structure électronique, il prépare les développements théoriques de L. Pauling.

En 1932, il reçoit le prix Nobel de Chimie.

En 1946, il s'intéresse à d'autres domaines comme le givrage des ailes d'avion, la catalyse chimique hétérogène.

Relation de Langmuir-Debye : résultat du calcul de la constante diélectrique d'un gaz contenant des particules possédant un moment dipolaire électrique permanent.

LAPLACE Pierre Simon, marquis de

Beaumont en Auge 1749 – Paris 1827

L'œuvre de Pierre Simon de Laplace apparaît comme l'apothéose de la physique classique. Les exposés actuels font d'ailleurs souvent référence à Laplace à propos de lois ou de transformations mathématiques à qui on a donné son nom parce qu'il leur a donné un rôle important dans ses diverses publications. Convaincu que les lois physiques jouent un rôle primordial dans la nature, il est à l'origine d'une position philosophique appelée déterminisme laplacien où tout est réglé dans la nature par un jeu de conditions initiales, comme dans la résolution des équations différentielles des mathématiques…

Né dans une famille relativement aisée, P. de Laplace était destiné à une carrière ecclésiastique s'il n'avait décidé de lui-même, après un passage à la Faculté des Arts de Caen, de partir pour Paris, avec en poche une recommandation de l'un de ses professeurs pour J. d'Alembert. Arrivé à Paris en 1768, il prend contact avec ce dernier. Pour tester ses capacités, J. d'Alembert lui soumet un certain nombre de problèmes difficiles que le jeune Laplace aurait résolu en un temps très court. S'étant ainsi assuré de ses talents, J. d'Alembert lui trouve un poste rémunéré de professeur de mathématiques à l'École Militaire de Paris. Après un premier travail en mathématiques en 1770 et après plusieurs autres publications, P. de Laplace est élu à l'Académie royale des sciences dès 1773, soit à l'âge de vingt quatre ans !

À partir de là, sa carrière scientifique commence et elle se développe sans problème important. Dans les années 1780, P. de Laplace est reconnu comme l'un des meilleurs physiciens et mathématiciens de France, y compris à l'étranger. En France même, il jouira d'un prestige officiel et il s'accommodera après la Révolution de l'avènement du régime napoléonien puis du rétablissement de la monarchie. On peut signaler qu'il fait partie de la commission chargée d'établir un nouveau système de poids et mesures dans les années 1788-1790, qu'il est professeur à l'École polytechnique dès sa création en 1795, qu'il est ministre de l'Intérieur de Bonaparte en 1799 et sénateur en 1803. Après la chute de Napoléon, il est élevé à la dignité de marquis par le roi Louis XVIII et il est élu à l'Académie française en 1816.

Au point de vue scientifique, P. de Laplace a laissé une œuvre importante, plus de 100 articles et quatre œuvres synthétiques reprenant la plupart de ses apports précédents tout en généralisant les solutions apportées. Même s'il a commencé son activité scientifique par la solution de problèmes mathématiques, liés surtout au calcul différentiel et intégral, c'est essentiellement dans le domaine d'applications des mathématiques aux lois de la physique qu'il a apporté l'essentiel de ses contributions.

À cet égard, plus de la moitié de ses articles est consacrée à l'astronomie, dans la ligne de la nouvelle théorie de la gravitation de Newton. Après l'apport capital de ce dernier et après la solution de problèmes analytiques dans lesquels se sont illustrés L. Euler, A. Clairaut, J. d'Alembert et J. Lagrange, l'apport de P. de Laplace peut être vu comme une extension de l'étude des problèmes liés aux trajectoires des planètes ainsi que des comètes. Ses travaux semblent avoir été inspirés en particulier par l'étonnante stabilité du système solaire que lui a suggéré l'étude des variations séculaires des paramètres des orbites des planètes.

Les contributions qu'il a apportées seront reprises dans deux œuvres synthétiques, l'une *Exposition du système du monde*, publiée en 1796, l'autre *Traité de mécanique céleste*, œuvre didactique en cinq volumes qui se veut plus complète que l'œuvre précédente. C'est dans la première œuvre que l'on voit formulée l'hypothèse de la nébuleuse primitive. Si Descartes et Buffon avaient déjà publié leurs idées sur l'origine des mondes, l'œuvre de P. de Laplace peut être considérée comme la première cosmogonie scientifique de l'univers. L'idée centrale en est l'existence d'une nébuleuse primitive dont le noyau aurait donné le soleil et dont des morceaux se seraient détachés pour donner les différentes planètes. Cette théorie expliquait en particulier pourquoi les trajectoires des planètes sont à peu près toutes dans le même plan et elle fera figure de référence dans les milieux scientifiques jusqu'à la deuxième moitié du XIXe siècle. On s'apercevra alors que, conservation du moment cinétique oblige, la vitesse de rotation du soleil devrait être plus de cent fois plus grande que celle mesurée. Néanmoins, l'idée d'une nébuleuse primitive d'où seraient issues les différentes planètes est restée.

Un deuxième axe important du travail de P. de Laplace s'est constitué autour de la théorie des probabilités ou comme l'on disait alors, autour de la théorie de la chance. Ici aussi, les différents apports ont été repris dans deux œuvres synthétiques publiées en 1812 et en 1814. Curieusement, c'est dans un livre consacré aux probabilités qu'on voit défini ce qui a été appelé plus tard le déterminisme absolu ou encore laplacien. À cet égard l'anecdote suivante a été rapportée. À Napoléon qui s'étonnait de l'absence de Dieu dans sa théorie du monde, P. de Laplace aurait répondu : « Sire, je n'ai pas besoin de cette hypothèse ».

D'autres sujets de physique ont fait l'objet de recherches de la part de P. de Laplace. Celui de la thermodynamique est peut-être le plus connu. Une collaboration active a dû s'établir vers 1777 entre P. de Laplace et A. Lavoisier, tous deux membres de l'Académie des sciences. Elle a donné naissance à un nouveau type de calorimètre, basé sur la mesure du poids de glace fondue provoquée par la chaleur dégagée par le processus thermique étudié. P. de Laplace a dû s'occuper de l'analyse de la méthode, A. Lavoisier se chargeant de son côté de veiller à la réalisation de l'instrument puis de mener par cet intermédiaire un certain nombre de mesures. De cette collaboration qui s'est déroulée entre 1777 et 1884, quatre publications ont vu le jour, consacrées à la fois à l'analyse de la méthode de mesure et à des résultats concernant les chaleurs spécifiques de différents composés.

Un autre sujet lié à la thermodynamique concerne la vitesse du son dans les gaz que P. de Laplace a étudiée avec l'un de ses élèves, J.-B. Biot. Tous les deux montrent qu'une approche de calcul introduite par I. Newton doit être modifiée pour tenir compte du volume et de la température intervenant dans les zones de propagation de l'onde sonore. Ils aboutissent à une formule faisant intervenir le rapport C_p/C_v entre les chaleurs spécifiques à pression et à volume constants. Dans cette ligne de recherche, P. de Laplace a également introduit la relation $PV^\gamma = Constante$ pour les transformations adiabatiques des gaz parfaits.

À partir de 1806, P. de Laplace publie plusieurs articles sur les problèmes de capillarité dont l'un a trait à la surpression existant entre les zones constituant la surface du liquide considéré. Il a peu travaillé sur les propriétés de l'électricité mais on lui doit cependant dans ce domaine l'introduction d'une formule permettant de calculer la force exercée par un champ magnétique sur un courant.

Déterminisme laplacien : « Une intelligence qui, pour un instant donné, connaîtrait toutes les forces dont la nature est animée et la situation respective des êtres qui la composent, si d'ailleurs elle était assez vaste pour soumettre ces données à l'analyse, embrasserait dans la même formule les mouvements des plus grands corps de l'univers et ceux du plus léger atome ; rien ne serait incertain pour elle, et l'avenir, comme le passé, serait présent à ses yeux » (citation extraite de *Essai philosophique sur les probabilités*).

Force de Laplace : expression donnant la force élémentaire df à laquelle est soumis un élément de fil électrique dl traversé par un courant électrique i quand il est placé dans une induction magnétique B.

Cette force est donnée en direction et en valeur algébrique par le produit vectoriel de la quantité vectorielle idl par le vecteur B.

Laplacien : opérateur différentiel agissant sur une fonction *f*, défini par :

$$\Delta f = \delta^2 f / \delta x^2 + \delta^2 f / \delta y^2 + \delta^2 f / \delta z^2$$

L'équation $\Delta V = 0$ est l'équation à laquelle obéit le potentiel scalaire *V* du champ coulombien dans un espace ne comprenant pas de charge électrique.

Transformée de Laplace : c'est l'équation $g(s) = \int e^{-su} f(u)\, du$, transformation permettant la résolution de certaines équations différentielles.

Publications

« Exposition du système du monde » (2 vol, 1796), « Traité de mécanique céleste » (5 vol, de 1799 à 1825), « Théorie des probabilités » (1812), « Essai philosophique sur les probabilités » (1814).

LARMOR Joseph

Magheragall (Irlande) 1857 – Hollywood (Irlande) 1942

Après des études menées à Belfast et à Cambridge, Joseph Larmor est nommé professeur de mathématiques, d'abord en Irlande, ensuite à Cambridge en Angleterre. Ses travaux portent sur l'électrodynamique et sur la thermodynamique.

Il élabore une théorie électromagnétique aujourd'hui dépassée car la notion d'éther y joue encore un rôle important, mais il établit le résultat fondamental que l'énergie rayonnée par une charge électrique en mouvement est proportionnelle au carré de la charge et au carré de son accélération.

Son nom est surtout connu par la formule de la fréquence de la « précession de Larmor » pour la fréquence de rotation d'un moment magnétique dans un champ magnétique, introduite en 1897.

Il anticipe la transformation relativiste de Lorentz, mais il limite son application à l'électromagnétisme.

Il participe activement aux travaux concernant la propagation des ondes électromagnétiques dans la haute atmosphère.

Précession de Larmor : un électron atomique de charge électrique q et de masse m, animé d'une vitesse non relativiste et placé dans un champ magnétique, effectue un mouvement de rotation à une pulsation fixe, la précession de Larmor, qui ne dépend que de l'intensité du champ magnétique B. Sa valeur est égale à $qB/2m$.

Publication

« Aether and Matter » (1900).

LARSEN Soren Absalen

Norre Äby (Danemark) 1871 – Gentofte (Copenhague) 1957

Professeur à Copenhague, Soren Larsen effectue ses travaux de recherche dans le domaine de l'électrotechnique. Son nom est associé à un phénomène sonore couramment observé lorsqu'une chaîne électro-acoustique est rebouclée sur elle-même.

Effet Larsen : le microphone d'une chaîne électro-acoustique, placé au voisinage de son haut-parleur, enregistre l'amplification de son propre signal. Ce processus bouclé sur lui-même se traduit par des oscillations spontanées et par l'émission d'un sifflement particulièrement désagréable. Il constitue un écueil souvent rencontré dans l'organisation des émissions de radiodiffusion avec la participation improvisée d'auditeurs qui téléphonent à côté de leur poste de radio.

LAUE Max Theodor Felix von

Pfaffendorf (Coblence) 1879 – Berlin 1960

Après des études menées à Strasbourg, à Göttingen et à Munich, Max von Laue présente en 1903 un travail de thèse en physique théorique.

Recruté par M. Planck comme assistant, il établit la théorie exacte de la propagation de la lumière dans un milieu en mouvement. La vérification expérimentale de cette théorie est considérée à cette époque comme un test significatif de la relativité restreinte.

Nommé professeur en 1909 à Munich où sont déjà établis A. Sommerfeld et W. Röntgen, il s'intéresse aux rayons X comme ses deux collègues. En 1912, il oriente ses collaborateurs W. Friedrich et P. Knipping vers l'analyse de la diffusion des rayons X par les cristaux, expérience qui met en évidence leur diffraction. La conclusion logique de cette découverte est l'affirmation du caractère ondulatoire de ces rayons et la confirmation du caractère périodique de la disposition des atomes dans les cristaux. Les régularités de forme des cristaux, observées par R. Haüy, avaient déjà suggéré une structure en réseau à trois dimensions, donc la possibilité de donner des figures d'interférences sous l'action d'une onde électromagnétique, à condition que la longueur d'onde soit du même ordre de grandeur que les distances interatomiques. La diffraction des rayons X sur les cristaux est reprise avec plus de précision tant au plan expérimental que théorique par les Bragg, père et fils.

M. von Laue est nommé professeur à Zurich en 1912, ensuite à Francfort-sur-le-Main en 1914, enfin à Berlin où il dirige l'Institut en 1919.

En 1914, il reçoit le prix Nobel de Physique. En 1931, il propose une nouvelle théorie dynamique de la diffraction des rayons X.

En 1932, dans le domaine de la supraconductivité, il fait la remarque essentielle que le champ magnétique déforme les courants électriques supraconducteurs, ce qui annonce l'effet Meissner et la théorie de W. London.

En 1933, il essaye, mais en vain, de défendre A. Einstein des accusations nazies. Après la dernière guerre mondiale, il est l'un des artisans de la réconciliation nationale et du redressement de la science allemande.

Montagnard chevronné, passionné de moto et de vitesse, il décède à la suite d'un accident de voiture.

Équations de Laue : conditions de diffraction des rayons X exprimées sous forme géométrique.

Publications

« History of physics » (1950), « Theory of superconductivity » (1952), « My developpment as a physicist » (1962).

LAUGHLIN Robert

Visalia (Californie) 1950

Robert Laughlin effectue ses études au Massachussetts Institute of Technology où il prépare sa thèse. À partir de 1989, il enseigne à Stanford.

Il interprète l'effet Hall quantique fractionnaire en analysant de manière très particulière la conduction des semi-conducteurs. L'association d'un petit nombre d'électrons et de trous fait apparaître des charges électriques fractionnaires. Il partage le prix Nobel de Physique en 1998 avec H. Störmer et D. Tsui.

LAWRENCE Ernest Orlando

Canton (Dakota du Sud) 1901 – Palo Alto (Californie) 1958

Ernest Lawrence effectue des études supérieures d'abord en médecine, puis en chimie, enfin en physique, dans les universités du Sud Dakota et du Minnesota où il commence des travaux de recherche sous la direction de W. Swann qu'il suit à Chicago et à Yale. Il présente un travail de thèse en 1925 sur l'effet photoélectrique dans la vapeur de potassium.

En 1928, il est nommé professeur associé à Berkeley. En 1936, il est directeur du « Radiation Laboratory », qui deviendra plus tard le « Lawrence Laboratory », en hommage à celui qui lui a donné un si grand développement et une si grande réputation.

Sa contribution principale à la science est l'invention du principe du cyclotron. Cette idée lui est venue en lisant en 1929 un article de R. Wideröe proposant le principe d'un accélérateur linéaire suivant les idées de G. Ising. Il pense que si les particules passent plusieurs fois dans la même cavité, au lieu d'une seule fois comme dans une machine linéaire, elles seront accélérées de manière plus efficace. La rotation des particules dans un champ magnétique est capable d'assurer leur retour dans la cavité. D'où l'idée du cyclotron dans lequel les ions sont progressivement accélérés par le champ électrique oscillant d'une seule cavité résonante. Dans le champ magnétique uniforme et constant d'un gros électroaimant, les ions décrivent des cercles dont les rayons augmentent progressivement jusqu'à la sortie des pièces polaires. Tant que les ions ne sont pas relativistes, la fréquence de rotation reste constante et donc la fréquence du champ électrique accélérateur peut rester également constante.

En janvier 1930, sous sa direction, un jeune étudiant, N. Edelfsen, échoue avec deux premiers modèles qui ne fonctionnent pas. Quelques semaines plus tard, un jeune thésard, S. Livingstone, construit le premier cyclotron qui accélère effectivement des protons à 80 keV, vérifiant ainsi la validité du principe de cette nouvelle machine. E. Lawrence poursuit ensuite avec la réalisation de machines de plus en plus puissantes afin de les utiliser, d'abord en physique nucléaire, plus tard en médecine. Le second cyclotron atteint 1 MeV en 1931, le troisième 3 MeV en proton et 5 MeV en deuton, le quatrième 8 MeV en 1936. Le suivant, de 16 MeV, est destiné aux applications médicales. L'appellation

« cyclotron » n'apparaît pas dans les articles scientifiques avant 1935. Cette invention vaut à E. Lawrence le prix Nobel de Physique en 1939.

Aux énergies relativistes, il est nécessaire de moduler la fréquence accélératrice de la machine en fonction de l'énergie. Le cyclotron relativiste, ou synchrocyclotron, est en 1943-45 une invention partagée entre E. Mac Millan, M. Oliphant et V. Veksler.

Pendant la guerre, E. Lawrence participe aux côtés de E. Teller au projet Manhattan. Il fait démonter le cyclotron de un mètre de son laboratoire et le fait transporter à Los Alamos où il est transformé en « calutron », une machine qui sépare l'isotope fissile 235 de l'uranium naturel. Après la guerre, il défend la poursuite du développement des armes nucléaires américaines et s'oppose donc à R. Oppenheimer qui en souhaite l'arrêt.

LAWSON John David

Coventry (Angleterre) 1923-2008

Les activités de recherche de John Lawson sont essentiellement menées aux États-Unis dans les domaines des plasmas et de la fusion thermonucléaire contrôlée. Il est surtout connu par le critère qui porte son nom et qui détermine les limites à atteindre pour obtenir une production rentable d'énergie thermonucléaire.

Critère de Lawson : un bilan de production d'énergie thermonucléaire prend en compte, d'une part l'énergie qu'il faut fournir à un plasma pour atteindre les conditions d'ignition et d'autre part l'énergie produite par les réactions thermonucléaires. Le critère de Lawson impose une condition sur le produit de la densité du plasma et du temps de confinement du plasma. Dans le cas du confinement magnétique, il faut obligatoirement atteindre des temps de confinement supérieurs à plusieurs secondes. Dans le cas du confinement inertiel, il faut que la densité du plasma atteigne des valeurs mille à dix mille fois supérieures à celle du mélange de tritium et de deutérium à l'état solide.

LEAVITT Henrietta

Lancaster (Massachussetts) 1868
– Cambridge (Massachussetts) 1921

À la suite de ses études effectuées au collège Radcliffe et après une longue maladie qui la rend sourde, Henrietta Leavitt entre dans le groupe d'astronomie de l'université d'Harvard. Dans l'équipe de E. Pickering, elle participe à la détermination des magnitudes des étoiles en utilisant la technique photographique. Elle s'intéresse aussi à la recherche des étoiles variables, découvre quatre nouvelles novae et 2 400 nouvelles étoiles variables dans le petit nuage de Magellan. L'étude des Céphéides, étoiles périodiquement variables, lui montre que leur luminosité est fonction de leur période. Cette loi empirique est mise à profit pour déterminer les distances à la Terre de Céphéides situées dans d'autres régions de l'univers. En effet, la mesure directe fournit la luminosité apparente, la mesure de la période fournit une estimation de la luminosité absolue. Le passage de la valeur absolue à la valeur apparente n'est plus qu'un calcul élémentaire de géométrie qui conduit à une estimation de la distance. Cette méthode a joué un rôle déterminant dans les mesures des grandes distances des galaxies, nécessaires pour établir l'expansion de l'univers. Elle a été utilisée avec succès par E. Hertzsprung et par H. Shapley.

LEBEDEV Petr Nikolaïevitch

Moscou 1866 – Moscou 1912

Après avoir commencé des études techniques à Moscou, Petr Lebedev s'oriente vers des études plus fondamentales à

Strasbourg sous la direction de A. Kundt. Entre 1891 et 1910, il est le premier physicien à mettre en évidence la réalité de la pression électromagnétique après avoir éliminé les nombreux effets parasites qui masquent la faible manifestation de ce phénomène. Il montre que cette pression est proportionnelle à l'énergie de l'onde électromagnétique comme le prévoient les équations de J. Maxwell.

Il effectue des recherches sur les diélectriques à Moscou où il est nommé professeur en 1900. Il participe à des travaux sur la propagation de la lumière dans les cristaux et sur l'origine du magnétisme terrestre. Il produit des ondes centimétriques suffisamment courtes pour réaliser des expérimentations en optique cristalline, notamment la mise en évidence du phénomène de biréfringence dans un cristal de soufre.

Pour avoir manifesté en 1911 contre une ingérence du gouvernement dans son université, il est démis de ses fonctions.

LECLANCHÉ Georges

Paris 1839 – Paris 1882

Ingénieur aux chemins de fer, Georges Leclanché se spécialise dans l'étude des sources électriques. Il a laissé son nom à la postérité grâce à l'invention en 1866 d'une pile dont l'usage s'est largement développé dans tous les domaines techniques après avoir d'abord été adoptée par les services de la télégraphie belge.

Pile Leclanché : pile utilisant le carbone et le zinc comme électrode et du chlorure d'ammonium comme électrolyte. Sa force électromotrice est de 1,5 Volt. Elle a la propriété de se dépolariser à l'arrêt à cause de l'action du bioxyde de manganèse. Il est donc recommandé d'en effectuer un usage intermittent.

LEDERMAN Léon Max

New York 1922 – Vancouver 2007

Après trois années de participation à la Deuxième Guerre mondiale, Léon Lederman termine ses études supérieures à l'université de Columbia à New York où il présente en 1951 un travail de thèse sur la construction d'une chambre de Wilson et sur son utilisation auprès du cyclotron de Nevis.

En 1957, après la détection de la non-conservation de la parité dans la désintégration bêta du cobalt par le groupe de G. Wu de la même université, il effectue avec R. Garwin et M. Weinich, une expérience qui confirme cette non-conservation dans les désintégrations des pions en muons et des muons en électrons.

Il est nommé professeur à Columbia en 1958. Cette même année, auprès du synchrocyclotron du Centre européen de recherche nucléaire (CERN), il initie une expérience fondamentale qui durera 19 années, la mesure du facteur gyromagnétique du muon avec une précision progressivement améliorée.

Avec J. Steinberger, M. Schwartz, J. Gaillard et K. Goulianos, il participe à Brookhaven à une expérience qui conduit en 1961 à la détection des interactions des neutrinos émis dans la désintégration des mésons pions produit par l'accélérateur AGS. Les résultats montrent que ces neutrinos sont différents de ceux qui émergent des désintégrations bêta des noyaux : leurs interactions ne produisent pas des électrons mais des muons. En 1988, il partage le prix Nobel de Physique avec J. Steinberger et M. Schwartz, prix Nobel qualifié de « tardif », car intervenant plus de vingt cinq années après la découverte.

Auprès de l'accélérateur de 400 GeV de Batavia, avec son groupe de physiciens, il lance un programme de recherches sur la création des paires muon-antimuon aux masses élevées.

Il retrouve les résonances Ψ à 3,1 GeV et Ψ' à 3,7 GeV mais, au voisinage de 9,5 GeV il trouve une nouvelle résonance, aussitôt identifiée comme la composition d'un quark de « beauté » et de son antiquark. Cette découverte porte à 5 le nombre de quarks différents. Le dernier quark, le « top », sera identifié en 1994 au Tevatron de Batavia, des anneaux de collisions de protons de 500 GeV.

Retiré de la physique active, L. Lederman met sur pied un programme scolaire original d'enseignement de la physique dans les écoles primaires de l'État de l'Illinois. Son objectif est de motiver les jeunes élèves des classes sociales défavorisées et de faire comprendre au plus grand nombre le caractère formateur des sciences physiques. En France, G. Charpak tente de diffuser cette méthode dans les enseignements primaire et secondaire.

Lors d'une conférence pour un grand public, une dame, très sceptique sur les vérités scientifiques, lui demande : « Avez-vous jamais vu un électron ? ». N'arrivant pas à la convaincre, il lui demande : « Avez-vous vu le pape ? ». « Oui, répond-elle, à la télévision ». « Ce que vous avez vu n'est que le résultat d'un jet d'électrons qui frappent l'écran de votre poste de télévision. L'image du pape n'est pas plus réelle que les électrons qui l'ont formée ».

Publication

« From quarks to the cosmos » avec D. Schramm (1989), « The God particle: if the universe is the answer, what is the question ? » avec R. Wilson et T. Dick (1993).

LEE David M.

Rye (New York) 1931

David Lee commence à Harvard des études de médecine interrompues par 22 mois de mobilisation pendant la guerre de Corée. Il reprend ses études à l'université de Yale où il se réoriente vers la physique. Il s'intéresse déjà à la superfluidité de l'hélium. Il prépare cependant une thèse sur un sujet différent, l'ionisation de l'atome de mercure, dans la perspective de l'utiliser dans une source d'accélérateur à ions lourds.

Nommé professeur à Cornell en 1959, il reprend le sujet de la superfluidité en étudiant plus particulièrement l'isotope léger de l'hélium, l'hélium 3, qui n'existe pas à l'état naturel mais devient disponible comme sous-produit des programmes militaires. Une étude complète des propriétés thermodynamiques de l'hélium 3 révèle des petites anomalies en dessous de 0,5 °K, manifestations de la superfluidité de ce liquide, bien qu'il ne soit pas un boson comme l'hélium 4 qui bénéficie directement des lois de la statistique de Bose-Einstein.

D. Lee partage le prix Nobel de Physique en 1996 avec D. Osheroff et R. Richardson.

LEE Tsung Dao

Shanghai 1926

Tsung Dao Lee commence des études supérieures dans plusieurs universités de Chine. Bénéficiant d'une bourse, il les poursuit aux États-Unis à Chicago où il présente son doctorat. Assistant de recherche à Chicago, puis à Berkeley et à Princeton, il obtient un poste de professeur à l'université de Columbia en 1953.

Après avoir vérifié que, depuis la découverte de H. Becquerel, aucune vérification expérimentale n'a testé la conservation de la parité dans les radioactivités bêta, il propose avec C. Yang en 1956 de tester cette conservation. Informée de cette proposition à l'occasion d'un déjeuner, C. Wu de la même université exécute très rapidement avec ses collègues une expérience sur la désintégration bêta du cobalt et annonce, un mois plus tard, que la distribution angulaire de l'électron de désintégration n'est pas symétrique par rapport à la direction du spin du noyau de cobalt, ce qui est une violation manifeste de la parité. D'autres résultats expérimentaux sur les désintégrations des mésons, des muons et des particules étranges viennent très rapidement confirmer cette non-conservation de la parité dans les interactions faibles.

T.D. Lee partage le prix Nobel de Physique en 1957 avec C. Yang.

Publication

« Particles physics and introduction to field theory » (1981).

LEEUWENHOOK Antoni Van

Delft 1632 – Delft 1723

Fils d'artisans, Antoni Van Leeuwenhook ne fait pas d'études supérieures. À l'âge de 16 ans, il est apprenti chez un marchand de tissu et il débute également dans le commerce. En 1660, il devient attaché à la municipalité de Delft. C'est tardivement, à l'âge de 39 ans, qu'il invente le microscope. Inspiré par les verres grossissants utilisés pour examiner la qualité des tissus vendus par les marchands, il a l'idée d'employer des associations de lentilles et il réalise ainsi le premier microscope. En secret, il réussit à construire de très bonnes lentilles et à améliorer son appareil qui atteindra un pouvoir grossissant de 270 à 500, avec une résolution de un micron environ. La qualité de son microscope ne sera pas améliorée avant le XIXe siècle ! Bien que manquant de bases scientifiques, il utilise son microscope dans les domaines de la botanique et de la biologie. Dès 1674, il observe et identifie des micro-organismes et en 1677 il observe les spermatozoïdes de la reproduction sexuée. A. Van Leeuwenhook n'a pas travaillé dans le domaine de la physique mais son microscope deviendra vite un instrument privilégié de l'optique.

LEHMANN Otto

Constance 1855 – Karlsruhe 1922

Après des études de philosophie menées à Strasbourg, Otto Lehmann enseigne la physique dans plusieurs universités, à Fribourg-en-Brisgau, à Mulhouse, à Aix-la-Chapelle, à Dresde, à Karlsruhe.

Physicien spécialisé dans les propriétés des molécules, il découvre en 1899, grâce aux informations du botaniste F. Reinitzer, les premiers cristaux liquides, « cristaux » par leurs propriétés optiques, « liquides » par leurs propriétés mécaniques. Ses travaux sont poursuivis plus tard par G. Friedel et ses collaborateurs qui séparent les différentes catégories de ces cristaux particuliers.

O. Lehmann est aussi l'auteur de travaux sur les décharges dans les gaz.

Publication

« Die neue Welt der flüssigen Krystalle und deren Bedeutung für Physik, Chemie, Technik und Biologie » (1911).

LEIBNIZ Gottfried Wilhelm

Leipzig 1646 – Hanovre 1716

Gottfried Leibniz est né dans un milieu universitaire et ses ascendants avaient été au service des princes locaux depuis trois générations. Dès sa jeunesse, il se fait remarquer par son intelligence et par son goût pour les études. Entré à l'âge de quinze ans à l'université de Leipzig, il fait des études classiques et soutient une thèse de doctorat intitulée *Disputatio de casibus perplexis.*

À l'âge de 21 ans, il entre au service du dirigeant local de la ville de Mayence, servant de conseiller diplomatique. En parallèle, il mène des recherches personnelles sur la construction d'une machine à calculer. Son travail officiel l'amène en mission diplomatique à Paris en 1671-1672 et il y fait la connaissance de C. Huygens avec qui il restera en contact. En 1673, il est à Londres pour une autre mission. Il y rencontre des scientifiques comme R. Boyle et R. Hooke et il est élu membre de la Royal Society. De retour à Paris, il ambitionne de rentrer à l'Académie des sciences mais il n'y réussit pas. En 1676, il quitte Paris pour la ville de Hanovre où il rentre au service du duc de Brunswick. Payé pour écrire l'histoire de la famille des Brunswick, il quitte Hanovre en 1677 après la mort du duc de Brunswick. Il passe à Berlin, va à Modène en Italie puis revient à Hanovre où il accepte de nouvelles missions diplomatiques à Berlin et à Vienne.

En parallèle de ses activités diplomatiques, G. Leibniz a mené des recherches personnelles à une époque où la philosophie d'Aristote est morte et demande à être remplacée. De ce point de vue, il a laissé une œuvre importante en logique et en métaphysique, ce qui le classe parmi les grands philosophes de tous les temps.

Ses connaissances encyclopédiques l'ont amené à s'intéresser de près aux mathématiques et à la physique. Deux contributions importantes sont ici à signaler.

Après G. Galilée, R. Descartes et C. Huygens, G. Leibniz s'est intéressé à la science du mouvement. Connaissant personnellement C. Huygens, il a certainement dû connaître la proposition de ce dernier faite en 1676 sur la conservation de la « vis viva » ($\sum mv^2$) dans les collisions élastiques. Dans un traité paru en 1686 et consacré à la physique de Descartes, il reprend cette proposition de son ami C. Huygens et la généralise à toutes les collisions, en en faisant un principe général de conservation des changements de la nature, prélude au principe de la conservation de l'énergie qui verra le jour au milieu du XIXe siècle.

G. Leibniz est considéré comme ayant apporté en même temps que I. Newton les bases du calcul différentiel et intégral qui devait bientôt se révéler important pour le développement de la physique mathématique et de la mécanique. Il s'est intéressé à ce problème dès 1670 environ à l'occasion de son projet de construction d'une machine à calculer. Quel sens donner à la quantité *dy/dx* dans le domaine des infiniment petits ? Il semble que, dès 1672, il a réalisé le bien-fondé et la possibilité de mener à bien ce qui est appelé aujourd'hui le calcul différentiel et intégral. Ce n'est pourtant qu'en 1684 qu'il publie définitivement ses idées sur la question. Entre temps, il avait résolu certaines équations différentielles et il avait aussi appris que Newton avait des idées semblables aux siennes. Pendant un voyage à Londres en 1673, il avait été mis au courant de son travail et, un peu plus tard, en 1676, il avait également reçu deux lettres de I. Newton à ce sujet. Après avoir publié en 1671 un article sur une méthode appelée par lui méthode des pulsions, I. Newton attendra 1687 pour exposer clairement sa méthode dans les *Principia*. En tout cas, vers 1700, I. Newton accusera G. Leibniz de l'avoir copié, ce dont ce dernier se défendra avec force. Suivant les connaissances actuelles, il semble raisonnable d'avancer que tous les deux, chacun de leur côté, ont contribué à la découverte du calcul différentiel et intégral. Bien qu'il ait été d'abord philosophe et métaphysicien, G. Leibniz a largement mis son génie propre au service des progrès de la physique de son temps.

LEMAÎTRE Georges Édouard

Charleroi 1894 – Louvain 1966

Georges Lemaître commence à Louvain des études d'ingénieur des mines qu'il doit interrompre à cause de la Première Guerre mondiale. En reprenant ses études à Louvain, il s'oriente vers la physique, il poursuit ses études à Cambridge en Angleterre et il les termine aux États-Unis au Massachussetts Institute of Technology. Revenu en

Belgique, il est nommé professeur à Louvain. Il mène en parallèle une activité de prêtre.

Dès 1927, après la démonstration de l'expansion de l'univers par E. Hubble, il est un précurseur de la théorie de l'explosion initiale et de l'idée d'un univers primitif très concentré. Il tente de donner une explication à l'explosion initiale. Il est l'auteur de plusieurs modèles cosmologiques théoriques de l'univers s'opposant à ceux d'Einstein comme à ceux de W. de Sitter ou de A. Friedman.

Il enseigne l'histoire des mathématiques et des sciences physiques. Il ne voit pas de conflit entre la science et la religion : « Tous les problèmes dans la vie peuvent être résolus soit par la religion, soit par la science, mais pas par les deux ensemble » dit-il !

Publications

« A homogeneous universe of constant mass and increasing radiation taking account of the radial velocity of extragalactic nebulae » (1927), « Discussion sur l'évolution de l'univers » (1933), « L'hypothèse de l'atome primitif » (1946).

LENARD Philipp Eduard Anton von

Presbourg (Hongrie) 1862 – Messelhausen (Heidelberg) 1947

Philipp von Lenard effectue ses études successivement à Budapest, à Vienne, à Berlin et à Heidelberg où il présente son travail de thèse. Il étudie les processus physico-chimiques responsables des phénomènes de la luminescence et de la phosphorescence.

En 1888, à Heidelberg, il commence à s'intéresser aux rayons cathodiques et il continue ses recherches à Bonn où il devient l'assistant de H. Hertz en 1892. Il réussit à faire passer ces rayons, dits initialement « de Lenard », au travers d'une mince fenêtre d'aluminium. Il peut ainsi étudier commodément les propriétés de ce rayonnement très différent de la lumière. Convaincu que ces rayons sont des perturbations de l'« éther », il laisse à J.J. Thomson, à

J. Perrin et à W. Wien le mérite de démontrer leur caractère corpusculaire. Il reçoit le prix Nobel de Physique en 1905, pour sa contribution à l'étude des rayons cathodiques.

En 1892, il apporte une contribution éminente à la compréhension de l'effet photoélectrique en montrant qu'il existe une fréquence minimum de la lumière pour arracher des charges négatives à un métal soumis à la lumière et que l'énergie acquise par ces charges est indépendante de l'intensité du flux lumineux. A. Einstein met à profit ces deux constats pour donner en 1905 l'interprétation finale de l'effet photoélectrique en introduisant la quantification du champ électromagnétique, le photon.

Il est nommé professeur successivement à Breslau en 1894, à Aix-la-Chapelle en 1895 et finalement à Heidelberg en 1896.

Excellent expérimentateur, les talents de P. von Lenard comme théoricien sont médiocres. Il se trouve souvent en position difficile dans les débats avec ses collègues. Convaincu de la validité des thèses aryennes d'A. Hitler, il participe à des campagnes organisées par le parti nazi contre les juifs et tout particulièrement contre A. Einstein. Il est ainsi amené à rejeter la relativité, parce que « science juive ». On pouvait lire sur la porte de son bureau : « Entrée interdite aux juifs et aux membres de la Société allemande de physique ». Son attitude sectaire contribue à l'émigration de nombreux savants allemands.

Fenêtre de Lenard : paroi métallique amincie pour que les rayons cathodiques puissent sortir du tube à vide dans lequel ils sont produits.

Lois de Lenard sur la photoélectricité : l'émission d'électrons sous l'impact d'un rayonnement électromagnétique ne se produit que si la fréquence de l'onde est supérieure à un certain seuil. L'émission est instantanée et l'intensité du courant est proportionnelle à l'éclairement.

Publications

« Principles of Mechanics » (1894), « Über Kathodenstrahlen » (1906), « Über Äther und Materie » (1911), « Über relativitätsprinzipe, Äther, Gravitation » (1920), « Grosse Naturforscher » (1930), « Deutsche Physik » (1936).

LENZ Heinrich Friedrich Emil

Dorpat (Estonie) 1804 – Rome 1865

Après des études diversifiées à Dorpat en théologie, en physique, en chimie et en géophysique, Heinrich Lenz entreprend un voyage de trois années autour du monde au cours duquel il étudie les variations de la salinité des océans. De retour en 1828, il participe à la mesure de la hauteur du mont Elbrouz dans le Caucase.

Nommé professeur à Saint-Pétersbourg, il établit les lois d'addition des potentiels galvaniques. Il développe des méthodes de mesures instantanées de grandeurs électriques et, en 1833, il précise le phénomène d'induction que Faraday avait observé deux années plus tôt.

Il met en évidence l'accroissement de la résistance des conducteurs en fonction de la température. Il analyse avec précision l'effet Peltier, la production de froid à la soudure de deux conducteurs parcourus par un courant.

Loi de Lenz : le déplacement d'une boucle conductrice dans un champ magnétique inhomogène ou la variation temporelle du champ magnétique dans lequel baigne une boucle produit un courant induit dont le champ magnétique s'oppose à la variation initiale de flux magnétique dans la boucle.

LE VERRIER Urbain Jean Joseph

Saint-Lô (Manche) 1811 – Paris 1877

Après ses études à l'École polytechnique et une brève activité comme ingénieur dans le service des tabacs, Urbain Le Verrier commence des travaux de recherche en chimie dans le laboratoire de L. Gay-Lussac. Il préfère s'intéresser à l'astronomie et aux mouvements des planètes et, à la suggestion de F. Arago, il se lance en 1845 dans l'analyse des perturbations de la trajectoire d'Uranus. Reprenant l'hypothèse déjà avancée par d'autres scientifiques selon laquelle ces déviations ont pour origine l'action d'une planète inconnue, il calcule l'orbite et la position que cette planète inconnue doit actuellement occuper. Il en informe plusieurs astronomes. Parmi eux, J. Galle et son collègue H. d'Arrest, astronomes à l'Observatoire de Berlin, observent dans la nuit du 23 septembre 1847, à la position prédite par U. Le Verrier, un astre non répertorié sur les cartes, la planète qui prendra le nom de Neptune. L'astronome anglais J. Adams avait effectué la même prévision, mais ses résultats n'avaient pas convaincu ses collègues expérimentateurs et aucun d'entre eux ne s'était donné la peine d'effectuer une recherche dans le ciel. C. Flammarion affirme que U. Le Verrier était tellement sûr de ses calculs qu'il n'a jamais mis son œil dans un télescope pour voir « sa » planète.

Afin de traiter les anomalies du mouvement de la planète Mercure, U. Le Verrier entreprend une analyse globale du système dont la complexité le conduit à un échec. Le comportement de Mercure ne trouvera une explication que beaucoup plus tard dans le cadre de la relativité générale.

Élu député conservateur du département de la Manche dès 1849, il entreprend une carrière politique et administrative. Nommé directeur de l'Observatoire de Paris en 1854, il rencontre beaucoup de difficultés auprès de ses collaborateurs.

Il parvient cependant à créer un réseau européen de météorologie. Responsable de la météorologie marine dont la mission principale est de prévenir les navires de l'approche d'un cyclone, il crée et organise les services de cet organisme dont il élargit les missions.

LEWIS Gilbert Newton

Weymouth (USA) 1875 – Berkeley 1946

Enfant à l'intelligence précoce, Gilbert Lewis entre à l'université de l'État de Nebraska à l'âge de dix-huit ans puis il continue ses études à Harvard. En 1899, il soutient une thèse de doctorat sur les potentiels électrochimiques et, après un début d'enseignement à Harvard, il vient en Europe où il fait la connaissance de W. Nernst à Göttingen et de W. Ostwald à Leipzig. Revenu à Harvard en 1901, il enseigne l'électrochimie et il se joint à une équipe de chimistes au Massassuchets Institute of Technology.

Dans ses premières recherches datant de 1900, il aborde le problème de l'utilisation de la thermodynamique à la chimie et il invente de nouveaux concepts d'activité et de fugacité dérivés de la thermodynamique. Ce qui le rendra célèbre sera une nouvelle théorie de la valence en chimie qu'il propose en 1916, alors qu'il est à ce moment-là à l'université de Berkeley en Californie. À l'époque, les seules idées physiques reliées à l'explication de la liaison chimique sont issues de la dissociation électrolytique interprétée par la formation d'ions grâce à un transfert d'électrons d'un atome à un autre atome constitutif de la combinaison. G. Lewis propose un autre type de liaison, appelée plus tard liaison de covalence, où deux électrons appartenant à deux atomes différents sont mis en commun. Même si son modèle initial (modèle cubique de l'atome) va vite apparaître inconsistant, son idée de base sera reprise un peu plus tard dans le cadre de la nouvelle mécanique quantique. G.W. Lewis est ainsi considéré comme le créateur de la liaison covalente en chimie.

Après l'avènement de la mécanique quantique en 1925, G. Lewis essaie, mais sans succès, de s'investir dans cette nouvelle technique mathématique. Après la découverte du deutérium en 1932 par H. Urey, il se tourne vers la chimie du deutérium mais ses efforts seront prématurés. Par contre, il ne s'investira pas dans la physique nucléaire de ce même deutérium. Vers 1938, il se tourne vers l'étude de la photochimie réalisée à partir de la fluorescence et de la phosphorescence, tout en gardant un esprit à la fois expérimental et théorique. Ce domaine de la photochimie ne prendra cependant réellement son essor qu'après son décès en 1946.

LEXELL Anders Johann

Äbo (Finlande) 1740 – Saint-Pétersbourg 1784

D'origine suédoise, Anders Lexell a surtout travaillé à Saint-Pétersbourg. Il y a été nommé professeur d'astronomie en 1771 et a collaboré avec L. Euler. Spécialisé dans les calculs d'astronomie, on lui doit au moins deux contributions importantes. Il mesure la période de la comète découverte par C. Meissier en 1770 et, plus tard, il établit que l'objet découvert en 1781 par W. Herschel, attribué au départ à une comète, est en fait une nouvelle planète (Uranus). A. Lexell a même supputé l'existence d'une autre planète pour expliquer les anomalies du mouvement d'Uranus et ceci, avant les calculs précis de U. Le Verrier en France. Quant à la comète de 1770, sa période mesurée de 5,5 ans fait de celle-ci la première comète de période aussi courte. Elle n'a plus été observée depuis et A. Lexell lui-même a suggéré des raisons de sa disparition par effritement.

LIBBY Willard Frank

Grand Valley (Colorado) 1908 – Los Angeles 1980

Après des études menées à Berkeley, Willard Libby effectue ses premiers travaux de recherche en Californie. Il apporte une explication à la formation du tritium dans l'atmosphère.

Il participe au projet Manhattan dans le domaine de la séparation des isotopes de l'uranium.

Professeur à Chicago, il est l'inventeur en 1946 de l'utilisation du carbone 14 pour les datations. Cet isotope est produit dans l'atmosphère par réaction du rayonnement cosmique sur l'azote, il est radioactif bêta et sa vie moyenne est de 6 000 ans. En équilibre dans l'atmosphère, sa concentration reste constante. Assimilé par les organismes vivants, la diminution de sa concentration actuelle constatée dans l'échantillon permet d'estimer depuis combien de temps il a été absorbé. W. Libby applique cette méthode aux objets trouvés dans les pyramides d'Égypte et il précise les datations des différentes périodes géologiques.

En 1960, il reçoit le prix Nobel de Chimie.

Il termine sa carrière en Californie. Il joue un rôle important dans la commission américaine de l'énergie atomique.

Publication

« Radiocarbon dating » (1952).

LIPPMANN Gabriel Jonas

Hallerich (Luxembourg) 1845 – en mer 1921

Après des études à L'École normale supérieure de Paris, Gabriel Lippmann prépare en Allemagne une thèse sur la relation qui existe entre la capillarité du mercure et l'électricité. Il est nommé professeur à Paris en 1883.

Il prévoit la réversibilité du phénomène de la piézoélectricité du quartz laquelle sera vérifiée par P. et J. Curie en 1880.

Il invente le coelestat, un système d'entraînement du télescope qui permet d'observer une même région du ciel sur une longue période.

L'invention qui l'a rendu célèbre en 1891 est celle de la photographie en couleurs par une méthode interférentielle. L'enregistrement des ondes stationnaires dans l'épaisseur de l'émulsion lui permet de séparer les différentes couleurs. Il a aussi contribué à la mise au point d'une méthode de fixation des images mais ce procédé peu commode n'a pas été industrialisé car il a été dépassé par d'autres méthodes.

Il reçoit le prix Nobel de Physique en 1908. Élu à l'Académie des sciences, il y exerce une grande influence.

LISSAJOUS Jules Antoine

Versailles 1822 – Plombières (Dijon) 1880

Ancien élève de l'École normale supérieure de Paris, Jules Lissajous enseigne la physique au lycée Louis-le-Grand à Paris. Il poursuit sa carrière dans l'administration de l'enseignement en devenant recteur successivement de l'académie de Chambéry et de celle de Besançon.

Avec de petits moyens matériels, il étudie les mouvements vibratoires des lames métalliques flexibles. Il utilise la réflexion d'un pinceau lumineux sur des petits miroirs collés sur le système vibrant. En analysant la composition de plusieurs mouvements, il est conduit à décrire des séries de courbes qui portent son nom.

Il construit également plusieurs dispositifs optiques appliqués aux télécommunications et en particulier un télégraphe optique utilisé en 1870 pendant le siège de Paris.

Figures de Lissajous : courbes obtenues dans un plan en composant, sur les deux axes de coordonnées, deux fonctions trigonométriques. Les figures obtenues dépendent du rapport des amplitudes, du rapport des fréquences et de la différence des phases. Aujourd'hui, elles peuvent être obtenues très facilement en utilisant un oscilloscope.

LOCKYER Joseph Norman

Rugby (Warwickshire) 1836 – Salcombe Regis (Devonshire) 1920

Joseph Lockyer effectue ses études à Cambridge, à Sheffield et à Oxford. Il commence des observations astronomiques comme simple amateur.

Avec E. Frankland, il associe un spectroscope à un télescope avec lesquels il observe les protubérances solaires lors des éclipses. En 1868, son collègue français J. Janssen utilise un dispositif semblable et recueille un spectre solaire sur lequel apparaissent des raies inconnues. N. Lockyer est consulté et il suggère qu'il s'agit de la contribution d'un nouvel élément qu'il baptise hélium. Cet atome, alors inconnu sur terre, est isolé en laboratoire en 1895 par W. Ramsay.

Lors d'une éclipse, il découvre la chromosphère solaire.

En examinant le monument archéologique de Stonehenge, il lui donne une signification astronomique et il avance une date de sa construction.

Il est le fondateur en 1869 de la revue « Nature ».

Publications

« The chemistry of the sun » (1887), « The dawn of astronomy » (1894), « Stonehenge and other british monuments astronomically considered » (1906).

LODGE Oliver Joseph

Penkhull (Staffordshire) 1851 – Amesbury (Salisburry) 1940

Dès l'âge de quatorze ans, Olivier Lodge travaille avec son père sur les matériaux utilisés en poterie. Motivé pour la science par J. Tyndall, il est recruté comme démonstrateur de physique et il effectue, avec retard, des études supérieures à Londres.

Nommé professeur à Liverpool, puis à Birmingham, il tente de mettre en évidence la propagation d'ondes électromagnétiques le long des conducteurs comme le prévoient les équations de J. Maxwell. Les brillants résultats de H. Hertz estompent ses travaux.

En 1893, il effectue une expérience remarquable sur la propagation de la lumière entre deux disques tournant à grande vitesse. L'invariance de la vitesse de la lumière démontre l'inexistence d'un éther matériel qui aurait été entraîné par les disques. Il contribue ainsi à clarifier les interprétations des résultats des expériences de Michelson et Morley.

Devenu un des promoteurs des radiotélécommunications, il invente un nouveau cohéreur dont le principe repose sur la conduction unidirectionnelle de granules soumis à une agitation. En 1894, il réussit une transmission de l'onde électromagnétique à une trentaine de mètres.

Pour accroître la sensibilité de la transmission, il accorde la fréquence de résonance du circuit récepteur sur celle du circuit émetteur. En 1997, il invente un circuit d'antenne résonant dont il prend le brevet.

Dans les dernières années de sa vie, O. Lodge se livre à des activités peu rationnelles telles que la télépathie, la télékinésie, la communication avec les morts.

LONDON Fritz

Breslau 1900 – Durham (Caroline du Nord) 1954

Initialement intéressé par la philosophie, Fritz London effectue ses études successivement à Bonn, à Franckfort-sur-le-Main et à Munich. Sous l'influence d'A. Sommerfeld, il s'engage ensuite vers la physique théorique.

En 1928, avec W. Heitler et dans la suite des idées de G. Lewis, il établit la théorie de la liaison de covalence qui ne trouvait pas d'explication crédible en théorie classique. Seule la mécanique quantique, par l'intermédiaire d'un terme d'« échange », explique la liaison forte qui s'établit entre deux atomes neutres. Exigeant un recouvrement optimal des fonctions d'onde, elle rend compte des multiples propriétés des molécules organiques.

Fuyant le nazisme, il se réfugie d'abord en Angleterre, puis en France, finalement aux États-Unis. Avec son frère Heinz qui l'a rejoint en Angleterre, en développant l'idée de la condensation de Bose-Einstein, il apporte en 1935 une première analyse précise de la supraconductivité. Cette interprétation suscite de nombreuses expériences nouvelles et fait donc progresser la connaissance en ce domaine.

En 1936, il donne une première interprétation du comportement de l'hélium liquide en le considérant comme un fluide quantique dont les atomes obéissent à la statistique de Bose-Einstein.

Équation de London : l'effet Meissner peut être expliqué en postulant dans l'équation de London que, dans un supraconducteur, la densité de courant est proportionnelle au potentiel vecteur.

Profondeur de pénétration de London : épaisseur de supraconducteur réellement parcourue par du courant.

LONSDALE (-YARDLEY) Kathleen

New Bridge (Irlande) 1903 – Londres 1971

Après des études effectuées au collège féminin de Bedford et à l'université de Londres, Kathleen Yardley est remarquée par W.L. Bragg qui la recrute dans son laboratoire.

Utilisant un spectromètre à rayons X dont les détecteurs sont des chambres à ionisation, elle montre en 1929 que la molécule d'hexaméthylbenzène est plane. Elle introduit dans l'analyse des clichés les facteurs de structure afin de résoudre les formes complexes des molécules organiques.

Après une interruption de quelques années pour élever ses trois enfants, elle oriente ses recherches vers l'étude des propriétés magnétiques des cristaux et elle développe la notion d'orbitale moléculaire.

Quaker à partir de 1936, militante pacifiste, elle se rebelle contre les contraintes gouvernementales lors de la Deuxième Guerre mondiale. Elle est emprisonnée pendant un mois à la suite de son refus de contribuer à l'effort de guerre.

Lonsdalite : cristal de diamant observé dans les météorites.

Publications

« Simplified structure factor and electron density formulae based on the 230 space groups of mathematical cristallography » (1936), « Crystals and X-rays » (1948), « Removing the causes of the war » (1953), « Is peace possible ? » (1957), « I believe » (1964).

LORENTZ Hendrik Antoon

Arnhem (Pays-Bas) 1853 – Haarlem 1928

Après des études à l'université de Leyde, Hendrick Lorentz est nommé professeur dans l'enseignement secondaire. Il entreprend tout seul un travail de thèse sur la propagation de la lumière, dans la suite des travaux classiques d'A. Fresnel et de J. Maxwell.

Professeur à Leyde de 1878 à 1923 et directeur des recherches à l'Institut d'Haarlem, il développe une théorie électromagnétique fondée sur le caractère corpusculaire des électrons, en opposition avec les idées d'E. Mach, de W. Ostwald et de P. Duhem. L'émission de lumière est attribuée à l'oscillation de ces électrons. Bien qu'il ait gardé le concept d'éther qui ne tardera pas à disparaître, sa théorie prévoit le déplacement des raies spectrales des atomes placés dans un champ magnétique. Cette anticipation de l'effet Zeemann lui vaudra de partager le prix Nobel de Physique en 1902 avec son élève qui en démontre expérimentalement la réalité. Il développe ensuite quelques idées sur l'effet thermoélectrique.

La contribution à la physique pour laquelle il est le mieux connu reste l'établissement en 1903 de la transformation qui porte son nom et qui permet de passer en relativité d'un repère à un autre, ce qui implique la dilatation du temps et la contraction des longueurs, proposée simultanément par G. Fitzgerald. Il a d'abord considéré cette transformation comme un simple artifice mathématique, sans réelle signification physique. Malgré cette prudente restriction, ses propositions paradoxales sont mal accueillies par la plupart de ses collègues. La transformation de Lorentz prendra pourtant rapidement une signification très concrète dans toutes les applications dans lesquelles elle s'impose.

H. Lorentz organise les cinq premiers congrès Solvay. Très inspiré par les idées apportées par la relativité, il essaye cependant de concilier au mieux les anciennes interprétations et les nouvelles.

Il préside en 1918 le Comité scientifique de la construction de la digue du Zuidersee. Il contribue à convaincre les autorités de l'importance économique de la science.

Transformation de Lorentz : les formules qui permettent de calculer les coordonnées d'un point dans un repère en mouvement uniforme par rapport à un repère fixe ne sont pas les mêmes en cinématique classique et en cinématique relativiste. En cinématique classique, le temps s'écoule de la même manière dans les deux repères et la vitesse dans le repère fixe est la somme vectorielle de la vitesse dans le repère mobile et de la vitesse d'entraînement du repère mobile. En cinématique relativiste, le temps ne s'écoule pas de la même manière dans les deux repères, il existe une dilatation du temps. La composition des vitesses n'est plus une simple addition vectorielle. Un signal électromagnétique se propage toujours à la même vitesse, celle de la lumière, dans tous les systèmes galiléens en translation les uns par rapport aux autres.

Formule de Lorentz-Lorenz : variation de l'indice optique d'un milieu en fonction de sa densité. Le rapport $(n^2 - 1)/(n^2 + 2)$ est proportionnel à la densité.

Publications

« Les équations du mouvement des gaz et la propagation du son en théorie cinétique des gaz » (1881), « La théorie de Maxwell et son application aux corps en mouvement » (1892), « Versuch eine theorie der elektronischen and optischen Erscheinungen in bewegten Körper » (1895), « Lectures on theoretical physics » en 8 volumes (1927-1931).

LORENZ Ludwig Valentin

Elseneur (Danemark) 1829 – Copenhague 1891

Ludwig Lorenz mène ses études à l'université technique de Copenhague. En 1876, il enseigne à l'académie militaire de cette ville.

Il est l'un des premiers physiciens à développer la théorie électromagnétique de J. Maxwell, à utiliser les potentiels scalaire et vecteur retardés.

Son approche de l'optique est essentiellement phénoménologique et il s'intéresse aux différentes manifestations de la lumière sans remettre en question sa nature. Ainsi, il établit la relation entre l'indice d'un milieu et sa densité que H. Lorentz établit simultanément suivant une autre méthode.

Dans la cadre de la théorie cinétique, il établit la loi qui porte son nom et qui relie les conductions électrique et thermique des métaux.

Afin de limiter l'atténuation des signaux téléphoniques, il préconise d'enrober les câbles avec du fer doux afin d'en augmenter l'inductance. Ce procédé reste encore valable aujourd'hui.

Dans ses dernières recherches, il étudie la lumière diffractée par un ensemble de petites sphères transparentes. Cette question sera traitée plus tard par G. Mie et par P. Debye dans l'ignorance de ces recherches antérieures.

Les travaux de L. Lorenz n'ont pas été reconnus à leur juste valeur de son vivant car, d'une part ce physicien a quelques difficultés à s'exprimer publiquement et, d'autre part, ses publications sont éditées en langue danoise.

Formule de Lorentz-Lorenz : variation de l'indice optique d'un milieu en fonction de sa densité. Le rapport $(n^2 - 1)/(n^2 + 2)$ est proportionnel à la densité.

Loi de Lorenz : le rapport de la conductivité thermique à la conductivité électrique d'un métal est proportionnel à la température absolue. Il ne dépend pas de la nature du métal.

Publication

« Det kongelige danske videnkabernes selskab skripter » (1890).

LOSCHMIDT Johann Joseph

Putschirn (Tchécoslovaquie) 1821 – Vienne 1895

Fils d'une famille pauvre de paysans, Joseph Loschmidt montre des qualités d'intelligence telles qu'il est aidé dans ses études par un prêtre de paroisse. En 1839, il suit des cours de philologie et de philosophie à l'université de Prague. Attiré par des études de psychologie, il s'aperçoit de ses manques de connaissance en mathématiques et il se décide à aller étudier les sciences naturelles à Vienne. Ne réussissant pas à obtenir un poste d'enseignant, il se décide en 1843 à travailler dans un laboratoire de chimie où il commence à s'investir dans les procédés de fabrication industrielle du nitrate de potassium utilisé dans la fabrication de la poudre à canon. Son travail ne débouche pas sur le plan industriel et il décide alors de se tourner vers une carrière plus scientifique liée à l'enseignement. En 1856, il obtient un poste d'enseignant de sciences physiques et mathématiques dans un collège de Vienne et il commence des recherches théoriques à l'Institut de physique de l'université de Vienne, avec l'aide du jeune directeur de cet institut, J. Stefan.

C'est à l'âge de quarante ans, en 1861, que J. Loschmidt publie un premier travail théorique en chimie basé sur des modèles de représentation des molécules organiques, à une époque qui est marquée par l'introduction de la formule de A. Kékulé pour la constitution de la molécule de benzène.

En physique, J. Loschmidt a accompli un travail qui est resté à la postérité. En 1856, J. C. Maxwell avait introduit une théorie suivant laquelle les propriétés d'un gaz pouvaient s'exprimer à partir d'un traitement statistique des mouvements des molécules constitutives. En 1886, dans cette ligne et à partir d'un modèle simple, J. Loschmidt montre comment on peut relier le libre parcours moyen d'une molécule, c'est-à-dire sa distance moyenne parcourue avant sa rencontre avec une autre molécule, à la dimension de ces molécules et à leur nombre par unité de volume. Cette étude est souvent considérée comme le point de départ des recherches diverses qui ont été menées depuis pour déterminer ces deux paramètres.

Nommé professeur de chimie physique à l'université de Vienne en 1868, J. Loschmidt continue à travailler sur la théorie statistique des gaz et il émettra des doutes sur la validité des travaux de L. Boltzmann à partir d'une remarque appelée depuis « le paradoxe de Loschmidt ».

Nombre de Loschmidt : c'est le nombre réel de molécules contenu dans un m^3 de gaz. Ce nombre est maintenant remplacé par le nombre d'Avogadro défini par le nombre réel de molécules contenu dans une molécule-gramme d'un corps, c'est-à-dire, pour un gaz, dans un volume de 22,4 litres, dans les conditions normales de pression et de température.

Paradoxe de Loschmidt : à partir des lois de la physique qui sont réversibles au niveau des molécules individuelles, il est difficile d'imaginer une propriété d'irréversibilité au niveau macroscopique comme le veut la thermodynamique.

LUMIÈRE Louis

Besançon 1864 – Bandol (Var) 1948

Louis Lumière et son frère Auguste travaillent dans le laboratoire de leur père qui est photographe à Lyon. Ensemble, ils améliorent les techniques de la photographie et ils inventent une émulsion instantanée. En 1895, ils inventent le cinématographe. Le premier film est présenté au public en décembre de la même année.

L. Lumière réalise de nombreux perfectionnements dans les domaines de la photographie et de la cinématographie : le photorama, le cinéma stéréoscopique, la photographie en couleurs en trichrome, la photographie et le cinéma en relief.

Pendant la Première Guerre mondiale, il améliore le repérage acoustique des avions ennemis.

LUMMER Otto Richard

Iena 1860 – Breslau (Wroclaw) 1925

D'abord assistant de H. Helmholtz à Berlin, Otto Lummer est nommé professeur à Breslau. Il imagine avec E. Brodhun en 1889 un photomètre à prisme afin de mesurer les énergies des émissions lumineuses en fonction des longueurs d'onde.

Sa contribution marquante est en 1895, en collaboration avec W. Wien, la conception et la réalisation d'un four électrique qui constitue à cette époque la meilleure approximation d'un corps noir. Les deux difficultés à résoudre consistaient d'une part à rendre la température intérieure la plus homogène possible et d'autre part à mesurer la température. Ce dernier problème est résolu en utilisant le thermomètre à gaz aux basses et moyennes températures et le thermocouple à haute température, à partir de 1 700 °K. Ce dispositif a permis à son collègue E. Pringsheim et à S. Langley d'effectuer les mesures crédibles qui s'écartent des prévisions de la théorie classique et qui ont donc incité M. Planck à proposer la quantification des émissions et des absorptions du champ électromagnétique.

Avec L. Arons en 1892, il développe la lampe à vapeur de mercure comme source de lumière monochromatique. En 1902, il met au point une technique de microscopie à haute résolution en utilisant la fluorescence.

LYMAN Theodore

Boston 1874 – Brookline (Massachussetts) 1954

Étudiant à l'université d'Harvard, Théodore Lyman effectue la totalité de sa carrière dans cette université. Son sujet de thèse, la réalisation d'un réseau concave, détermine son orientation scientifique, la spectroscopie ultraviolette. Après l'élimination de raies parasites, « les fantômes de Lyman », ce dispositif lui permet en 1900 d'explorer le spectre d'émission de l'hydrogène dans le domaine de l'ultraviolet. En 1906, il en obtient le spectre complet et, en 1917, il repousse la limite de la mesure des longueurs d'onde courtes jusqu'à 500 angströms. En 1920, il obtient les spectres ultraviolets de l'hélium, de l'aluminium, du magnésium, du néon. L'établissement du spectre ultraviolet de l'hydrogène est une donnée essentielle pour la confirmation du modèle atomique de N. Bohr.

Grand voyageur, il ramène de Mongolie en Occident le premier exemplaire d'une gazelle dénommée « Procapra altaica ».

Raies de Lyman : raies du spectre de l'atome d'hydrogène situées dans l'ultraviolet.

LYNDEN-BELL Donald

Douvres 1935

Donald Lynden-Bell effectue ses études à Cambridge où il revient plus tard pour y mener la totalité de sa carrière.

Sa principale contribution à l'astrophysique est, en 1969, l'explication du fonctionnement du quasar par l'existence d'un trou noir galactique. Le champ de gravitation qu'il y génère est si fort et si inhomogène qu'il fait éclater les étoiles de son voisinage.

L'absorption progressive des débris par le trou noir produit un énorme flux de rayonnement dans le domaine de l'infrarouge. Les récentes observations semblent confirmer cette hypothèse.

LYOT Bernard Ferdinand

Paris 1897 – Le Caire 1952

Bernard Lyot effectue ses études supérieures à l'École supérieure d'électricité et il est ensuite recruté comme assistant par A. Pérot à l'École polytechnique où il étudie le radioguidage des avions et des bateaux. Chercheur à l'Observatoire de Meudon en 1920, il étudie en 1927 la polarisation de la lumière diffusée par la Lune et par les planètes, ce qui lui fournit son sujet de thèse. Ses résultats lui permettent d'identifier la nature des sols de ces astres, de la cendre volcanique sur la Lune, de la poussière de roche sur Mars.

En 1929, il invente le polarimètre photoélectrique en remplaçant l'émulsion photographique par un photomultiplicateur. Il accroît ainsi la sensibilité par un grand facteur.

Orientant ses nouvelles recherches vers le Soleil, il se donne pour objectif de mesurer la polarisation de la couronne solaire. Il invente pour cela en 1930 le coronographe, un écran placé dans le plan focal de l'instrument d'observation, qui occulte la lumière directe et intense du Soleil et qui permet d'observer son environnement immédiat. L'idée n'est pas nouvelle, mais le mérite de B. Lyot est d'avoir utilisé un objectif de grande qualité et d'avoir éliminé toutes les diffusions parasites. Ses observations au pic du Midi de Bigorre lui permettent de confirmer la rotation synchrone du Soleil et de sa couronne. En 1933, il invente un filtre qui permet une analyse monochromatique des phénomènes solaires. En 1939, il réalise un film qui présente la dynamique du mouvement des protubérances solaires et qui connaît un grand succès populaire.

Filtre de Lyot : filtre de lumière constitué de lames minces à faces parallèles et de polariseurs.

M

MAC MILLAN Edwin Mattison

Redondo Beach (Los Angeles) 1907 – El Cerrito (Californie) 1991

Edwin Mac Millan effectue ses études supérieures au California Institute of Technology et à l'université de Princeton.

En 1940, en utilisant le cyclotron de Berkeley pour bombarder de l'uranium, il découvre, avec P. Abelson, le premier transuranien, le neptunium, dont le numéro atomique est 93. L'appellation « uranium » était liée à la découverte contemporaine de la planète Uranus. L'appellation « neptunium » rappelle la planète suivante, Neptune. En 1941, avec G. Seaborg, il découvre l'élément suivant, le plutonium. Les deux scientifiques reçoivent le prix Nobel de Chimie en 1951.

En 1945, en même temps que I. Veksler et M. Oliphant, il invente le cyclotron relativiste à modulation de fréquence, cette dernière étant restée fixe dans les premiers cyclotrons de basse énergie. En atteignant 350 MeV pour des protons, ces machines dépassent le seuil de production du méson pion et donc ouvrent un nouveau domaine de la physique nucléaire.

E. MacMillan poursuit ses réalisations originales en construisant des synchrotrons à électrons, le champ magnétique croissant au fur et à mesure de l'accélération afin de maintenir les particules sur une trajectoire circulaire fixe.

Publication

« Lectures in nuclear physics » avec J. Paterson et R. White (1947).

MACH Ernst

Turas (Moravie) 1838 – Haar (Allemagne) 1916

Le père de Ernst Mach était agriculteur mais il avait passé une partie de sa jeunesse à étudier la philosophie à l'université de Prague. Cette culture philosophique rejaillit sur le jeune Ernst car son père s'occupe de près de son éducation. Après un passage dans une école où il prend en dégoût les exercices religieux, E. Mach entre à l'université de Vienne. Pendant les années d'études consacrées à la physique, aux mathématiques et à la philosophie, il s'initie à la recherche expérimentale en travaillant sur la mise en évidence de l'effet Doppler (le professeur de physique de E. Mach avait succédé à C. Doppler).

E. Mach sort de l'université en 1860 et il commence par donner des cours aux étudiants de médecine de l'université de Vienne avant d'obtenir un poste de professeur de mathématiques à l'université de Graz en 1864. À cause du manque de moyens matériels pour la physique générale, E. Mach se tourne vers des expériences de physiologie de la vision et de l'audition. Dans plusieurs publications réalisées entre 1865 et 1868, il examine les changements opérés lors de la mise en œuvre de la vision et il met en évidence l'existence de bandes appelées plus tard bandes de Mach. En 1867, il est professeur de physique expérimentale à l'université de Prague et il mène des expériences dans les domaines de l'électricité, de la mécanique et de l'optique. Il commence aussi à s'intéresser à la propagation des ondes sonores et il développe pour cela des techniques photographiques tournées vers la mesure de la vitesse des projectiles dans l'air. Des expériences qu'il a menées avec ses collaborateurs entre 1873 et 1893, une publication publiée en 1887 est restée célèbre pour son étude des vitesses supersoniques. Dans cet article apparaît pour la première fois le rôle joué par la quantité v_p/v_s, rapport de la vitesse du projectile et de la vitesse du son dans le milieu considéré. E. Mach a ainsi été au départ de l'étude des vitesses supersoniques, domaine d'étude qui devait surtout s'étendre après la Deuxième Guerre mondiale.

Entre temps, le nom de Mach avait été donné au rapport v_p/v_s, appelé maintenant nombre de Mach.

Depuis sa jeunesse, E. Mach s'était vivement intéressé à la philosophie de la physique. Sur ce thème, il avait publié un premier traité en 1872 mais le principal ouvrage est peut-être celui paru en 1887, consacré à l'examen des concepts de la mécanique. À partir de cette date, l'activité de recherche de E. Mach est surtout tournée vers la philosophie des sciences et en 1895 il est nommé professeur de philosophie à l'université de Vienne.

Le rôle de E. Mach dans la réflexion sur l'épistémologie des sciences a été sans conteste d'une grande importance. Sa critique de la notion de masse en mécanique a peut-être en partie ouvert la voie aux remises en question opérées par Einstein dans la théorie de la relativité restreinte en 1905 et dans celle de la relativité générale en 1916. Dans le cadre du cercle de Vienne du début des années 1920, un courant de philosophie verra le jour, insistant sur le rôle de l'expérience en physique et sur le sens de la théorie conçue non plus comme une métaphysique mais comme une simple adaptation intellectuelle aux observations empiriques. Dans cette évolution venant après l'introduction de la philosophie positiviste de A. Comte en France dans les années 1880, E. Mach peut être considéré comme le physicien qui a été à l'origine de ce courant de philosophie qui sera appelé néopositiviste.

Nombre de Mach : rapport de la vitesse d'un mobile dans un milieu et de la vitesse du son dans ce même milieu (un nombre de Mach égal à 1 correspond en aéronautique à une vitesse d'environ 1 200 km/heure).

Principe de Mach : la masse inertielle d'un corps est une mesure du couplage de ce corps avec le reste de l'univers.

Publications

« Die Geschichte und die Wurzel des Satzes von der Erhaltung der Arbeit (1872), « Die mechanik in ihrer Entwickelung historish-kritish dargestellt » (1883), « Die Principien der Warmelehre. Historish-kritish entwickelt » (1896).

MAIMAN Theodore Harold

Los Angeles 1927 – Vancouver 2007

Theodor Maiman effectue des études d'ingénieur à l'université de Stanford où il présente son doctorat préparé sous la direction de W. Lamb. Il est recruté en 1955 par les laboratoires de recherches de la compagnie Hughes à Miami.

En 1960, il effectue le passage crucial du maser, fonctionnant en ondes centimétriques, au laser (*light amplification by stimulated emission of radiation*) fonctionnant dans le visible. Il invente le laser à rubis avec un cristal d'un centimètre de longueur dont les faces sont soigneusement polies et munies de lames semi-transparentes. L'émission pulsée est produite dans le rouge. La revue américaine « Physical Review Letters » rejette sa publication, laquelle sera publiée l'année suivante par la revue anglaise « Nature ». Dans un premier temps, le service des brevets de la compagnie ne juge pas utile de protéger « une invention sans importance pour les télécommunications ». Sur l'insistance de C. Townes, des brevets sont finalement déposés. En 1961, T. Maiman réussit à faire fonctionner un laser en continu dans les laboratoires de la société Bell Telephone.

En 1962, il fonde sa propre société de fabrication et de commercialisation de laser à rubis, la Korad Corporation. Il y fabrique des lasers de plus en plus puissants pour toutes sortes d'applications. En 1977 cette société est absorbée par TRW Electronics.

MALUS Étienne Louis

Paris 1775 – Paris 1812

Renvoyé de l'École du génie de Mézières en 1793 comme « suspect », Étienne Malus est ensuite dirigé vers l'École polytechnique par un ingénieur des Ponts et Chaussées qui remarque son haut potentiel intellectuel. À la sortie de cette école, il participe à la campagne d'Égypte de Napoléon.

Ses travaux concernent essentiellement l'optique. En étudiant les surfaces caustiques, il énonce un théorème qui porte son nom, mais qu'il ne démontre pas. Il faut attendre W. R. Hamilton pour en avoir une démonstration correcte.

Focalisant ses activités sur l'étude de la polarisation de la lumière, il poursuit les travaux de C. Huygens. Il montre que les deux rayons issus de la biréfringence du cristal de spath d'Islande ont des polarisations différentes. Une loi qui porte son nom donne l'intensité de la lumière polarisée par un cristal. En 1810, il observe que la lumière du soleil reflétée par les fenêtres du palais du Luxembourg est polarisée. Par des expériences très simples, il montre que la lumière naturelle est partiellement polarisée après réflexion ou après réfraction.

Fidèle aux idées de I. Newton, il s'efforce de justifier ces phénomènes dans le cadre d'une théorie corpusculaire de la lumière mais il n'y parvient pas.

Il disparaît très jeune, emporté par une épidémie de choléra.

Théorème de Malus : après la traversée de plusieurs systèmes optiques, les rayons lumineux issus d'un même point source restent perpendiculaires à la surface d'onde.

Loi de Malus : l'intensité du rayon émergeant d'un polariseur est proportionnelle au carré du cosinus de l'angle entre la polarisation linéaire du rayon incident et le plan principal du polariseur.

Publication

« Traité d'optique » (1807).

MANDELSTAM Leonid Isaakovich

Mogilev (Biélorussie) 1879 – Moscou 1944

Étudiant à Odessa, Leonid Mandelstam est expulsé de Russie à cause de sa participation à une manifestation antigouvernementale. Il poursuit ses études en Allemagne, à Strasbourg, où il présente en 1902 une thèse sur la radiotélégraphie, préparée dans le laboratoire de F. Braun. De retour en Russie après quelques années d'exil, il est nommé professeur à Odessa en 1914, puis à Tiflis en 1917, enfin professeur de physique théorique à Moscou en 1925.

Ses travaux concernent essentiellement la diffusion de la lumière dans les solides. Il en bâtit une théorie fondée sur les fluctuations de densité. Il suggère une modification de la fréquence diffusée et il entreprend avec G. Landsberg de vérifier expérimentalement cet effet, connu aujourd'hui sous l'appellation d'effet Brillouin-Mandelstam. Ces deux chercheurs découvrent effectivement en 1928 un changement de fréquence, mais beaucoup plus important que prévu. Ils ne publient cependant pas leurs résultats avant ceux de C. Raman et K. Krishnan qui ont également découvert un changement analogue de fréquence, mais dans les liquides. Cet effet prendra le nom d'effet Raman. Le véritable effet Brillouin-Mandelstam, plus difficile à mettre en évidence, ne sera découvert que plus tard.

MARCONI Guglielmo

Bologne 1874 – Rome 1937

Au cours de ses études à Bologne, à Florence et à Leghorn, le jeune Guglielmo Marconi manifeste très tôt un intérêt pour la technique et pour la physique, sans toutefois s'engager dans une filière universitaire scientifique. Il fabrique lui-même un oscillateur à éclateur, tel que H. Hertz l'avait conçu pour la première fois, et un détecteur sur le modèle de É. Branly. Cet oscillateur et ce détecteur lui servent respectivement d'émetteur et de récepteur dans des expériences qu'il effectue dans la propriété familiale à Pontecchio. En 1895, il montre que les ondes électromagnétiques sont capables de parcourir des distances de l'ordre de cinq kilomètres. Sa principale contribution est d'utiliser les signaux électromagnétiques pour transporter des messages intelligibles.

Cette invention n'intéressant pas le gouvernement italien, il se rend en 1896 en Angleterre où il répète ses démonstrations. Il prend des brevets de télégraphie sans fil. Il permet à la reine Victoria d'envoyer un message au prince de Galles qui navigue sur le yacht royal.

En 1897, il crée la première compagnie de communications sans fil. En 1899, il démontre la possibilité de communiquer de part et d'autre de la Manche. En 1900, il communique de part et d'autre de l'Atlantique en utilisant le code Morse. En 1907, il crée le premier service commercial de communication entre l'Irlande et les États-Unis. En 1918, il atteindra l'Australie. Il perfectionne les transmissions en inventant de nouveaux dispositifs, des antennes, des générateurs de hautes fréquences, des détecteurs. A. Kennelly explique que ce sont les réflexions sur les couches ionosphériques qui rendent possible les communications à grandes distances.

Il reçoit le prix Nobel de Physique en 1909.

À partir de 1921, il vit en permanence sur son yacht Elettra qui lui sert de domicile, de laboratoire, de station radio. En plus de ses qualités d'inventeur, G. Marconi se révèle comme un excellent homme d'affaires. Il se pique de poésie, il adore les mondanités, y compris des relations féminines douteuses.

MARICOURT Pierre de

Né vers 1260

Peu d'éléments bibliographiques nous sont parvenus sur Pierre de Maricourt mais son nom suggère qu'il était de famille noble et d'origine picarde. Au moins pendant un certain temps, il a été militaire. Il a laissé une seule œuvre signée et datée de 1269, intitulée *Epistola de magnete*. Cette lettre est intéressante à deux titres. Bien que le magnétisme ait été connu depuis l'antiquité, c'est peut-être la première œuvre connue consacrée aux propriétés des aimants. À cet égard, P. de Maricourt introduit la notion de pôles magnétiques et il faudra attendre le début du XVIIe siècle, par exemple avec le physicien anglais W. Gilbert, pour voir développées et précisées les propriétés des aimants. Par ailleurs cette lettre et la date où elle a été écrite témoignent du renouveau de la physique qui s'est opéré en Occident dès le Moyen Âge. À cet égard, Roger Bacon, philosophe contemporain de P. de Maricourt, argumente pour deux types de connaissance, le premier basé sur l'expérience mystique, le deuxième reposant sur l'expérience des sens. Pour ce deuxième type de connaissance, R. Bacon cite P. de Maricourt, à moins que ce nom n'ait été ajouté plus tard dans ses écrits.

MARIOTTE Edme

Dijon ? vers 1620 – Paris 1684

Peu d'informations nous sont parvenues sur la jeunesse et sur l'éducation de Edme Mariotte. Il a commencé par des études de botanique mais c'est en tant que physicien qu'il est élu à l'Académie des sciences vers 1667. Dans une première publication datant de 1668, il annonce la découverte expérimentale de ce qui est appelé maintenant « point aveugle de l'œil ». Aprés son élection à l'Académie des sciences, E. Mariotte semble s'être consacré surtout à la physique. En 1673, il publie

Traité de la percussion ou choc des corps. Rédigé comme une synthèse de ce qui est connu à cette époque, l'auteur s'emploie, à l'aide de recours à l'expérience, à dresser un catalogue des lois de collisions des corps, en distinguant les cas de collisions élastiques et inélastiques. E. Mariotte ne cite pas toujours ses sources et C. Huygens lui en fera plus tard grief. En 1679, il publie *Nature de l'air*, œuvre qui combine une revue et une confirmation de ce qui est alors connu. En particulier on trouve dans cet ouvrage la fameuse « loi de Mariotte » sur la relation reliant pression et volume d'un gaz à température constante, loi qui avait déjà été énoncée en Grande-Bretagne en 1662 par le physicien R. Boyle. E. Mariotte ne cite pas le nom de R. Boyle, pas plus qu'il ne faisait référence à C. Huygens dans son œuvre précédente. Sous la même forme d'œuvre synthétique, un *Traité du mouvement des eaux et des autres corps fluides* sera publié à titre posthume en 1686.

Grâce en particulier à un éloge prononcé en 1773 par Condorcet, E. Mariotte a été célébré comme un savant qui a beaucoup œuvré pour donner toute sa place à la démonstration expérimentale en physique.

Loi de Boyle-Mariotte : à température fixée, le volume V occupé par un gaz et la pression P exercée par ce gaz sont telles que le produit PV reste constant.

MARIUS Simon

Gunzenhausen (Allemagne) 1573 – Ansbach (Allemagne) 1624

Connu aussi sous le nom de Simon Mayr, Simon Marius fait des études scientifiques en Allemagne avant d'être envoyé en 1601 à l'observatoire de Tycho Brahé à Prague. C'est apparemment là qu'il s'initie aux mesures astronomiques qu'il mène d'abord en Italie pendant un séjour qui commence en 1601. Il a sans doute connu la renommée alors naissante de Galilée et celui-ci tirera plus tard ombrage de ses publications sur les satellites de Jupiter. En effet, S. Marius a été le premier, en 1614, à publier des données sur ces satellites qu'il a du effectivement observer. Il est le premier également à avoir observé la nébuleuse Andromède mais la reconnaissance de ses mérites a souffert de la renommée de Galilée.

MASKELYNE Nevil

Londres 1732 – Greenwich 1811

Après ses études effectuées à Cambridge et son ordination comme prêtre en 1755, Nevil Maskelyne s'intéresse à l'astronomie en fréquentant l'Observatoire de Greenwich. Il décide alors d'approfondir ses connaissances de mathématiques afin de mieux aborder les problèmes de la physique et de l'astronomie.

En 1761, à l'occasion d'une expédition infructueuse à l'île de Sainte-Hélène pour observer le passage de Vénus devant le Soleil, il effectue au cours du voyage des visées de la Lune qui permettent de déterminer sa distance à la Terre. Il propose une méthode de localisation en mer fondée sur des visées de la Lune, méthode qui ne reçoit pas un accueil favorable de la part des navigateurs qui préfèrent utiliser plus simplement un chronomètre. Dans une deuxième expédition aux Barbades, il détermine le méridien de ces îles lointaines.

En 1774, il effectue une expérience délicate, la mesure de la déviation de la direction de la pesanteur par rapport au zénith liée à la présence voisine d'une masse montagneuse. Il en déduit une détermination de la masse de la Terre et donc de sa densité. Son résultat, égal à 4,7, est proche de la valeur actuelle de 5,52. De plus, cette expérience constitue le premier test expérimental de l'universalité de la force de gravitation.

Publication

« British mariner's guide » (1763), fondateur en 1767 du « Nautical Almanach ».

MÄSTLIN Michael

Göppingen (Bade-Würtenberg) 1550 – Tübingen (Bade-Würtenberg) 1631

Michael Mästlin effectue des études de mathématiques à Tübingen où il mène la plus grande partie de sa carrière comme professeur. Il est l'un des premiers professeurs à enseigner le système héliocentrique de N. Copernic. J. Kepler est l'un de ses élèves.

En 1572, il observe une nova qu'il considère comme une nouvelle étoile car elle ne figure pas sur les catalogues établis antérieurement. Cette apparente naissance d'une étoile contredit la tradition selon laquelle les étoiles forment un ensemble absolument fixe. En 1577 et en 1580, il observe une comète dont il peut démontrer qu'elle est située au-delà de la Lune. Ces deux observations sont contraires à la cosmologie d'Aristote. En 1602, il aggrave son cas devant l'Église en démontrant que la date de la naissance du Christ devrait être avancée de quatre années !

Publication

« Epitome of astronomy » (1582).

MAUPERTUIS Pierre Louis Moreau de

Saint-Malo 1698 – Bâle 1759

Pierre de Maupertuis vient à Paris en 1714 pour ses études. Après avoir étudié la philosophie, puis la musique, il se tourne vers les mathématiques et il est élu à l'Académie royale des sciences en 1723. Un passage en Angleterre en 1728 lui donne l'occasion de découvrir la nouvelle physique de Newton. En particulier, d'après sa théorie de la dynamique des forces, I. Newton prévoyait que la terre, tournant sur elle-même, devait être aplatie aux pôles. Très controversée au sein de l'Académie royale des sciences, cette idée devait être à l'origine de deux expéditions officielles chargées de mesurer à des latitudes différentes la longueur comprise entre deux méridiens. Dans ce but, une première équipe de savants se rend en Laponie sous la responsabilité de P. de Maupertuis, pendant qu'une deuxième équipe, conduite par C. de La Condamine, part au Pérou. Après le retour de ces deux expéditions vers 1738, la comparaison des résultats est cependant laborieuse. Ce n'est qu'après une autre mesure faite vers 1751 par N. de Lacaille en Afrique du Sud et après son retour en France que l'aplatissement de la terre aux pôles devait être définitivement admis.

Entre temps, invité par le roi Frédéric II, P. de Maupertuis était parti à l'Académie des sciences de Berlin. Là, il continue à travailler sur la physique mathématique et, en 1746, il publie un bref article dans lequel il expose un principe de moindre action qui porte maintenant son nom. A partir de là, il s'intéresse aux querelles qui ont lieu à cette époque sur la question de « l'homme machine ». Il va jusqu'à publier ses idées sur la vie et sur l'hérédité, idées philosophiques qui n'ont plus qu'un intérêt historique.

P. de Maupertuis fait plusieurs séjours à Berlin, entrecoupés de retours en France et de quelques voyages, notamment à Bâle où il connaît bien J. Bernoulli. Malade, il meurt à Bâle en 1759.

Principe de moindre action de Maupertuis : à partir d'une quantité appelée action, définie pour un corps en mouvement à partir de la quantité élémentaire *mvdl*, le principe de Maupertuis veut que, calculée sur un parcours donné, cette action soit minimum. Extension à tous les mouvements du principe de Fermat, valable pour la lumière, ce principe sera repris plus tard par W. Hamilton dans son exposé de la dynamique.

MAXWELL James Clerk

Édimbourg 1831 – Cambridge 1879

Issu d'une grande famille écossaise, James Maxwell est passionné par les mathématiques. Dès l'âge de quatorze ans, il publie une méthode originale de la construction de l'ovale de Descartes. Sous la pression de sa famille, il commence toutefois ses études supérieures de droit à Édimbourg, mais il se réoriente ensuite vers des études de sciences physiques qu'il termine à Cambridge. Dès l'âge de 25 ans, il est nommé professeur à Aberdeen.

Ses premiers travaux concernent la compréhension de la vision en couleurs. Il confirme la combinaison de récepteurs différents pour trois couleurs fondamentales, idée déjà proposée par T. Young. Il obtient en 1861 la première photographie en couleurs. Il démontre la stabilité de l'anneau de Saturne, constitué de multiples fragments circulant sur une même orbite.

À partir de 1865, il se retire dans sa propriété de Glenlair en Écosse pour rédiger son traité d'électricité et de magnétisme qui paraîtra en 1873. Il revient six années plus tard à Cambridge pour créer et développer le laboratoire Cavendish.

Une partie importante de ses travaux concerne la cinétique des gaz et la thermodynamique. Il associe la chaleur au mouvement des molécules. Il établit la formule qui donne la distribution des énergies cinétiques et qui porte son nom. Il montre que l'énergie moyenne ne dépend que de la température et que la pression du gaz parfait lui est donc proportionnelle. Avec son épouse, il mesure la viscosité et la conductibilité thermique des gaz. Il les analyse à l'aide de la théorie cinétique. Dans cet axe de recherches, il est conduit à imaginer le concept du « démon de Maxwell » capable de mettre en échec le deuxième principe de la thermodynamique.

Ses travaux les plus importants concernent l'électromagnétisme. Ils sont largement inspirées par les idées de M. Faraday qu'il cite souvent dans ses écrits. Il lui doit en particulier la notion de champ agissant à distance. Notant l'incohérence qui résulte du théorème d'Ampère confronté à la conservation de la charge électrique, J. Maxwell ajoute dans l'équation d'Ampère un terme dit « de déplacement » et il retrouve ainsi en 1865 une cohérence globale de toutes les équations de l'électromagnétisme. Le développement de ces équations conduit à l'apparition de champs électrique et magnétique ne décroissant avec la distance r qu'en $1/r$, c'est-à-dire pouvant se propager à grandes distances. La confirmation expérimentale viendra en 1888 avec la découverte par H. Hertz de l'émission et de la détection des ondes électromagnétiques. La lumière n'est alors qu'un cas particulier de ces ondes.

Il découvre la magnéto-striction, c'est-à-dire l'apparition d'une contrainte mécanique dans certains solides soumis à un champ magnétique.

Il donne la bonne explication de la rotation du radiomètre de Crookes.

On attribue à J. Maxwell la citation suivante : « Les lois de la matière sont fabriquées par l'esprit humain et les lois de l'esprit humain sont fabriqués par la matière ».

Démon de Maxwell : personnage imaginaire qui serait capable de trier les molécules en fonction de leurs vitesses de telle sorte qu'il lui serait possible de créer spontanément une différence de température à partir d'un gaz de température uniforme, sans intervention extérieure, ce qui est manifestement contraire au second principe de la thermodynamique qui prévoit au contraire une tendance naturelle à l'égalisation de la température.

Distribution de Maxwell : distribution des molécules d'un gaz obéissant à la mécanique classique. Cette distribution s'écarte des distributions des bosons et des fermions, établies plus tard en théorie quantique.

Relations de Maxwell en thermodynamique : équations qui relient les dérivées partielles de l'entropie à l'équation d'état.

Équations de Maxwell : ensemble de quatre équations différentielles locales qui, dans le cas le plus général, permettent de calculer le champ électrique et le champ magnétique à partir des distributions des charges et des courants électriques.

Publications

« Perception of colour » (1860), « On physical Lines of Force » (1861), « Dynamical Theory of the electromagnetic Field » (1865), « Theory of Heat » (1870), « Treatise on Electricity and Magnetism » (1873), « Matter and motion » (1876), « Elementary Treatise on Electricity » (1881).

MAYER Christian

Meseritsch (Moravie) 1719 – Heidelberg 1783

Christian Mayer a une connaissance universelle qui couvre les langues anciennes, la philosophie, la théologie, les mathématiques, sans que nous sachions où il l'a acquise, à Aschenffenburg ? à Brno ? à Würzburg ? à Vienne ?

Prêtre jésuite, il est d'abord nommé professeur de physique à Heidelberg, puis astronome à Mannheim où il reste jusqu'à la dissolution de l'Ordre des Jésuites en 1773.

Il observe les passages de Vénus devant le Soleil de 1761 à 1769.

Son œuvre principale est une tentative de séparation des vraies étoiles doubles de celles qui ne sont que des coïncidences de projection sur le ciel, tout en étant spatialement très éloignées le long de la direction de visée.

Son annonce d'une centaine de satellites d'étoiles est vivement contestée par ses collègues.

MAYER Julius Robert von

Heilbronn (Allemagne) 1814 – Heilbronn 1878

Fils de pharmacien, Robert Mayer fait des études de médecine à l'université de Tubingen, études qu'il termine en 1838. En 1841, comme médecin d'équipage, il embarque sur un bateau de commerce à destination des Indes. Au cours d'une escale à Djakarta, il fait des observations de physiologie qui le persuadent que chaleur et mouvement doivent être l'expression d'une seule et même force interne.

Revenu en Allemagne, il exprime cette idée dans un article qui est refusé par l'éditeur. Après avoir travaillé sur les questions des transformations en physique, il écrit un deuxième article qui, cette fois, est accepté pour publication et qui paraît en 1842. Dans cet article, R. von Mayer rend compte de ses observations et il émet l'hypothèse de la conservation d'une force (« Kraft ») dans les transformations physiques. Il apporte d'ailleurs une estimation de ce qui est maintenant appelé équivalent mécanique de la calorie. Faut-il voir en R. von Mayer celui qui a découvert le principe de la conservation de l'énergie dans les transformations qui se passent dans la nature ? De son vivant, R. von Mayer a eu des difficultés à faire reconnaître sa découverte et il en a été très affecté. En ré-étudiant l'histoire de la découverte du principe de la conservation de l'énergie, des historiens des sciences ont montré qu'il s'agissait là d'un très bon exemple d'une découverte où plusieurs scientifiques ont apporté leur contribution à la même époque. Déjà, en 1839 par exemple, L. Colding, physicien danois aujourd'hui oublié, avait pensé à un principe de forces impérissables dans la nature. Cette même idée guidait certainement les pensées de J. Joule qui, dans les années 1840-1850, tout à fait indépendamment de R. von Mayer, mesurait expérimentalement l'équivalent mécanique de la calorie. C'est peut-être le physicien allemand H. von Helmoltz qui a exprimé le plus clairement en 1847, en termes de physique, le principe de la conservation de l'énergie dans les transformations de la nature. Il n'en reste pas moins vrai que l'apport de R. von Mayer a été important, d'autant plus qu'il a été au départ celui d'un simple amateur de la physique.

Relation de Mayer : $C_p - C_v = R$. Cette relation relie les capacités calorifiques à pression et à volume constants à la constante R des gaz parfaits.

MEISSNER Walter

1882-1974

Directeur du Physicalische Technische Reichanstalt, Walter Meissner effectue en 1932 une expérience de mesure du champ magnétique au voisinage d'un supraconducteur. Il constate qu'en dessous d'une certaine température, le champ magnétique subit une discontinuité et il est chassé à l'extérieur du supraconducteur.

Effet Meissner : le champ magnétique ne pénètre pas dans un supraconducteur. Lorsqu'on abaisse la température d'une substance placée dans un champ magnétique, les lignes de flux magnétique sont expulsées hors de la substance lorsque celle-ci devient supraconductrice, en dessous de sa température critique. Cet effet montre qu'un supraconducteur n'est pas seulement un matériau de conductivité nulle, il possède d'autres propriétés spécifiques.

MEITNER Lise

Vienne 1878 – Cambridge 1968

Après ses études menées à Vienne et à Berlin et un travail de thèse préparée chez L. Boltzman, Lise Meitner travaille avec O. Hahn à Berlin à partir de 1907. Ensemble, ils détectent les électrons des désintégrations bêta des noyaux radioactifs et ils en mesurent les énergies. Ils ne réussissent pas à se dégager de l'idée *a priori* selon laquelle ces électrons doivent être monoénergétiques, comme le sont les photons de la radioactivité gamma. Bien qu'ils changent à la fois de sources radioactives et de méthodes de détection, ils ne parviennent pas à se persuader que leurs spectres d'énergie sont continus, d'autant plus que les échantillons d'électrons analysés sont contaminés par des électrons monocinétiques de conversion interne de radioactivité gamma parasite. Ils laissent à J. Chadwick le mérite de démontrer en 1914 que les spectres d'énergie des électrons de désintégration bêta sont effectivement continus. Pendant cette période, L. Meitner doit travailler avec O. Hahn dans un petit local extérieur au laboratoire car le directeur E. Fischer en a interdit aux femmes l'entrée par la porte principale.

Assistante de M. Planck en 1912, elle effectue des mesures de longueur d'onde des gammas nucléaires. Nommée professeur en 1917 à Berlin, elle y découvre avec O. Hahn le protactinium. Elle découvre un effet appelé plus tard « effet Auger » et elle établit plusieurs caractéristiques des désintégrations radioactives.

Bien qu'en 1922 la continuité des spectres d'énergie des électrons bêta soit bien établie, elle persévère dans l'idée que les électrons sortent du noyau avec une énergie unique et qu'ils perdent une partie de cette énergie en réagissant sur le cortège électronique de l'atome. Elle n'est convaincue qu'en 1928 après avoir répété elle-même les expériences de C. Ellis et de Wooster dans lesquelles l'argument de réactions secondaires des électrons ne peut plus être tenu.

D'ascendance juive et donc pourchassée par les nazis, elle se réfugie en 1938 en Suède. Avec O. Frisch, son neveu également réfugié, elle explique le phénomène de la fission de l'uranium, en utilisant le modèle nucléaire de la goutte liquide. Voici ce qu'ils publient le 11 janvier 1939 dans Nature : « ... les particules se déplacent dans les noyaux lourds de manière collective, comme à l'intérieur d'une goutte liquide. Si le mouvement est suffisamment violent, la goutte peut se scinder elle-même en deux gouttes... ».

L. Meitner est souvent citée comme une victime du sexisme. En témoignent les vexations au laboratoire de 1907 à 1912, son oubli par le comité Nobel, le refus d'un éditeur d'encyclopédie de publier son article sur la radioactivité lorsqu'il apprend que l'auteur est une femme.

MENDELEÏEV Dimitri Ivanovich

Tobolsk (Sibérie) 1834 – Saint Pétersbourg 1907

Après des études de chimie commencées à Tobolsk et à Saint-Pétersbourg et terminées à Paris, Dimitri Mendeleïev connaît quelques difficultés avec les autorités russes. Il effectue des séjours en France, en Allemagne, aux États-Unis. Il revient en Russie pour enseigner la chimie à Simféropol et à Odessa où il s'intéresse à l'origine du pétrole. Il poursuit sa carrière à Saint-Pétersbourg.

Il découvre l'existence d'une température critique en dessous de laquelle un gaz peut être liquéfié par simple compression.

Son nom est attaché à une classification des éléments chimiques dont l'idée lui vient à l'occasion d'un congrès international de chimie tenu à Karlsruhe en 1860 et qu'il établit définitivement en 1869.

Conseiller scientifique des autorités militaires russes en 1890, il s'attache à l'étude des nitrocelluloses et à la fabrication des poudres sans fumée. Il contribue à l'introduction du système métrique en Russie.

En 1906, le Comité Nobel de chimie lui préfère F. Moissan.

Classification de Mendeleïev: le tableau de Mendeleïev classe les éléments chimiques suivant leurs propriétés. Les cases vides sont remplies quelques années plus tard avec les découvertes du gallium par F. Lecocq de Boisbaudran en 1875, du scandium par Per Cleve en 1879 et du germanium par C. Winkler en 1886. La connaissance des structures électroniques des atomes justifiera plus tard la démarche intuitive de D. Mendeleïev.

Publication

« Principes de chimie » (1870).

MERSENNE Marin

Oizé (Maine-et-Loir) 1588 – Paris 1648

Né dans une famille d'ouvriers agricoles, Marin Mersenne entre chez les Jésuites en 1604. Après deux ans de théologie à la Sorbonne, il rejoint en 1611 l'ordre des Mineurs. Il enseigne d'abord la philosophie dans un collège de Nevers puis il revient à Paris dans un couvent des Minimes où il restera jusqu'à sa mort. Là, avec des soucis apologétiques, il commence à s'intéresser à la philosophie de la science. Dès 1624, face au scepticisme généralisé mis à la mode par Montaigne, il écrit pour défendre la possibilité d'une connaissance par la raison. Oui, une connaissance des causes est possible, même si elle est limitée, Dieu seul connaissant les causes profondes… Dès cette époque, il essaie de se mettre en rapport avec les scientifiques de son temps, favorisant des rencontres dans le cadre d'une « Académie parisienne » qui commence à fonctionner à partir de 1635. Le Père Mersenne entrera ainsi en contact avec des scientifiques qui deviendront célèbres tels N. de Peiresc, R. Descartes, P. de Fermat, B. Pascal. Avec beaucoup d'entre eux, il entretiendra une correspondance scientifique qui sera éditée après sa mort.

Contemporain de Galilée et de sa condamnation par l'Église, il s'est intéressé de près à son cas. Il reste neutre dans les questions d'astronomie, défendant le point de vue que rien n'est démontré dans ce domaine, mais il se met à investiguer lui-même des questions liés à la mécanique. En 1634, il publie *Les Méchaniques de Galilée*, version française d'un traité de mécanique non publié par Galilée lui-même. Il publie aussi une critique des *Dialogues* de Galilée, critique menée de façon scientifique sans jamais être systématique. D'ailleurs, M. Mersenne a peut-être trouvé expérimentalement avant Galilée la loi de variation de la période du pendule en fonction de sa longueur… En tout cas, il met parfois en doute la vérification expérimentale de certaines lois énoncées par Galilée.

Animé apparemment par un seul souci d'objectivité expérimentale, M. Mersenne mène des expériences de mécanique puis il s'intéresse à l'acoustique. On lui doit en 1636 un traité sur les instruments à cordes dans lequel il établit une relation entre la longueur de la corde et la fréquence du son.

« Le bon Père Mersenne » fut très apprécié de son vivant par ses nombreux correspondants. « Homme simple, pur et sans ruse » disait de lui son ami Pierre Gassendi.

Publications

« Quaestionnes celeberrimae in Genesim» (1623), « L'Impiété des déistes, athées et libertins, renversée et confondue » (1624), « La Vérité des sciences contre les sceptiques et les pyrrhoniens » (1625), « Les Préludes de l'harmonie universelle » (1634), « Questions harmoniques » (1634), « Harmonie universelle, contenant la théorie et la pratique de la musique » (1636), « Universae geometricae mixtaeque synopsis » (1644).

MESSIER Charles

Badonviller 1730 – Paris 1817

Peu de choses sont connues de la jeunesse de Charles Messier avant son arrivée à Paris en 1751. Il est alors engagé comme astronome par J. Delisle, responsable d'un nouvel observatoire situé à l'Hôtel Cluny à Paris. Là, il observe en 1759 le retour de la comète de Halley et il découvre en 1760 une nouvelle comète qui s'avérera, après les mesures de A. Lexell à Saint-Pétersbourg, être de période assez courte. C. Messier se spécialise dans les observations astronomiques et, outre des comètes, il observe des nébuleuses et des amas d'étoiles dont il publie en 1771 un premier catalogue. Vers 1784, ce catalogue, appelé depuis catalogue de Messier, comprendra une centaine d'objets dont certains ont été découverts par son collègue F. Méchain qui s'illustrera plus tard avec J.B. Delambre dans des mesures de géodésie.

Publication

« Catalogue des nébuleuses et des amas d'étoiles » (1771). Dans ce catalogue qui a été complété depuis, l'ordre des nébuleuses, dont l'appellation commence par la lettre M, respecte toujours de nos jours celui établi au départ par C. Messier lui-même. Ainsi la nébuleuse du Crabe s'appelle M1.

MICHELSON Albert Abraham

Strelno (Prusse) 1852 – Pasadena 1931

Fils d'émigré polonais, destiné à une carrière d'officier de marine, Albert Michelson enseigne la physique à l'École Navale d'Annapolis à partir de 1880, puis à Cleveland et à Chicago.

Ses premières expérimentations sont des mesures de la vitesse de la lumière qui avait déjà fait l'objet de travaux des physiciens français H. Fizeau, L. Foucault et A. Cornu. Pendant toute sa vie, il améliore sans cesse cette mesure fondamentale. Plus tard, il s'intéresse à l'aspect ondulatoire de la lumière et il invente l'interféromètre qui porte son nom.

Une lettre de J. Maxwell lui montre la nécessité d'effectuer une mesure très précise de la vitesse de la lumière afin de tester l'hypothèse de l'éther, le support de la propagation de la lumière. Son interféromètre est capable de déceler les faibles variations de la vitesse de la lumière émise par une étoile à différentes époques de l'année afin de mettre en évidence une vitesse de la Terre par rapport à l'éther. Il entreprend cette expérience à Berlin dans le laboratoire de H. Helmholtz où il met au point en 1880 une première version de son interféromètre. Il poursuit son travail à Cleveland avec E. Morley en 1887 avec un dispositif amélioré. Le résultat est toujours négatif, la vitesse de la lumière reste invariante, elle est la même quel que soit le système de référence dans lequel s'effectue la mesure. A. Michelson est très déçu de ce résultat négatif. Ce constat, très surprenant à l'époque où il a été établi, rejette l'hypothèse de l'éther. Vingt années plus tard, il devient l'un des fondements de la relativité restreinte proposée par A. Einstein.

En collaboration avec R. Benoît du Bureau international des poids et mesures, il détermine en 1894 la longueur du mètre étalon à partir de la longueur d'onde d'une émission atomique. En recherchant les raies les mieux définies pour cette comparaison, il découvre un élargissement des raies dû à la structure fine dans le cas de l'hydrogène et du à la structure hyperfine dans les cas du mercure et du thallium.

Il reçoit le prix Nobel de Physique en 1907. Il est le premier scientifique américain à recevoir cette récompense.

En 1920, il développe une interférométrie spécialement adaptée à la mesure précise des diamètres des astres, par exemple de l'étoile géante Beltégeuse. Avec H. Gale, F. Pearson et T. O'Donnell, il teste la rotation de la Terre par une méthode interférométrique, l'équivalent optique du pendule de Foucault.

Interféromètre de Michelson : un système de miroirs et d'une lame semi-réfléchissante fait interférer deux faisceaux lumineux issus d'une même source. La séparation géométrique des deux faisceaux permet de les traiter différemment. Cet interféromètre, utilisé pour la première fois par A. Michelson et E. Morley dans leur célèbre expérience, est employé en bien d'autres circonstances. A. Michelson s'en sert lui-même pour déceler les marées de l'écorce terrestre ou pour mesurer les diamètres des satellites de Jupiter.

Publications

« Light waves and their uses » (1903), « Studies in optics » (1927).

MIE Gustav

Rostock (Allemagne) 1868
– Fribourg-en-Brisgau (Bade-Würtenberg) 1957

Après ses études à Heidelberg, Gustav Mie est chercheur à Dresde et à Karlsruhe. Son axe principal de recherche est la détermination des constantes diélectriques. En 1902, il est nommé professeur à Creiswald.

Il a laissé son nom dans le calcul rigoureux de la diffraction de la lumière par des sphères diélectriques ou conductrices dont l'application principale est la diffusion de la lumière par les suspensions colloïdales.

Diffusion de Mie : diffusion des ondes électromagnétiques par des objets parfaitement sphériques.

Publications

« Électricité et magnétisme en physique expérimentale » (1910), « Die Grundlage des Quantentheorie » (1926), « Molecule, Atom an Ether » (1950).

MILLER William Hallowes

Llandovery (Carmarthenshire) 1801 – Cambridge 1880

Le nom de William Miller est resté en minéralogie par la notation cristallographique qu'il a introduite en 1839.

Indices de Miller : ce sont les trois plus petits nombres entiers qui repèrent les orientations des plans réticulaires d'un réseau tridimensionnel. Ils sont proportionnels à l'inverse des segments élémentaires découpés par ces plans sur les trois axes du réseau. Ces indices permettent d'exprimer simplement la relation de Bragg dans l'espace à trois dimensions.

Millerite : cristal de sulfure de nickel.

MILLIKAN Robert Andrews

Morrison (Illinois) 1868 – Pasadena (Californie) 1953

Robert Millikan, fils de pasteur, commence sa vie professionnelle par un modeste enseignement de la physique dans les collèges. Passionné par cette science, il reprend ses études supérieures en physique à Berlin avec M. Planck et à l'université de Columbia à New York où il présente son travail de thèse en 1895. Il est nommé professeur à l'université de Chicago en 1896. Il s'acharne au travail afin de démontrer à son futur beau-père qu'il est capable de subvenir aux besoins d'une famille.

Ses premiers travaux sur la relation entre l'effet photoélectrique et la température sont décevants. Il effectue ensuite quelques travaux sur la radioactivité des minerais d'uranium. Il prolonge la détection du spectre lumineux dans la zone de l'ultraviolet très lointain et des rayons X mous jusqu'à la longueur d'onde de 137 angströms. Une expérimentation précise effectuée sur l'effet photoélectrique lui permet de vérifier la relation linéaire, déjà observée par P. von Lenard, entre la fréquence du photon incident et l'énergie de l'électron. Il en déduit une mesure de la constante de Planck.

En se réorientant vers les décharges électriques dans les gaz, il reprend en 1911 une expérimentation de C. Wilson qui observait le comportement du brouillard de sa chambre en présence d'un champ électrique. Au lieu de regarder le nuage dans son ensemble, R. Millikan pointe son microscope sur une goutte individuelle, comme l'avaient déjà tenté J. Elster et partiellement réussi J. Townsend dès 1898. En ajustant la valeur du champ électrique vertical, il parvient à maintenir la goutte en équilibre, la force électrique compensant exactement la force de gravitation. Il en déduit la valeur de la charge électrique de la goutte. Il constate que cette valeur est quantifiée et égale à un nombre entier d'une charge élémentaire, celle de l'électron. Il effectue donc la première mesure directe de la charge de l'électron. Ce résultat lui vaut le prix Nobel de Physique en 1923.

Pendant la Première Guerre mondiale, R. Millikan joue avec G. Hale un rôle important à Washington avec la création du National Research Council (NRC) afin de faire face à la menace des sous-marins allemands en développant la détection anti-sous-marine.

En 1924, il pressent l'existence du spin de l'électron.

À partir de 1927, R. Millikan se tourne vers le rayonnement cosmique, détecté à cette époque comme une simple ionisation de l'air atmosphérique. Il met en évidence une composante photonique de ce rayonnement, il en mesure les énormes variations en fonction de l'altitude et il conclut à l'origine extraterrestre de ce rayonnement. Il se heurte violemment à A. Compton qui soutient l'hypothèse d'une composante chargée qui contredit celle d'une seule composante neutre. La communauté scientifique s'amuse beaucoup en observant les disputes entre deux titulaires du prix Nobel.

Convaincu de l'importance de la science pour le développement économique, il joue souvent le rôle de conseiller scientifique auprès des industriels et il encourage ses meilleurs élèves à entrer dans le monde industriel. Ainsi M. Kelly entre à la Bell Telephone et y oriente les travaux de recherche qui conduiront à la découverte du transistor.

Publications

« First course in physics » (1906), « Science et vie » (1923), « Évolution de la science et de la religion » (1927), « Science et civilisation nouvelle » (1930), « Temps, motifs et valeurs » (1933), « Electrons, positrons, protons, photons, neutrons on cosmic rays » (1935), « The autobiography of Robert Millikan » (1950).

MILNE Edward Arthur

Hull (Yorkshire) 1896 – Dublin 1950

À la suite d'études supérieures menées à Cambridge, Edward Milne s'oriente vers l'astrophysique théorique. Il donne les explications des cycles des Céphéides et des implosions des novae.

Suite à une étude de l'atmosphère solaire effectuée en 1921, il met en évidence l'importance de la température de surface des étoiles. En collaboration avec R. Fowler et en même temps qu'A. Cannon, il montre que l'ancienne classification des étoiles revient à un classement en températures.

Auteur d'une théorie de la relativité différente de celle d'A. Einstein, il soutient le modèle de l'expansion de l'univers. Son estimation de l'âge de l'univers, 10 milliards d'années, n'est pas très éloignée des valeurs actuelles. Il introduit le principe cosmologique suivant lequel l'univers est le même partout, quel que soit le lieu d'observation.

Il enseigne dans les universités de Manchester et d'Oxford.

Publications

« The white dwarfs stars » (1932), « Relativity, gravitation and world structure » (1935), « Kinematic relativity » (1948), « Vectorial mechanics » (1948).

MINKOWSKI Hermann

Alexotas (Russie) 1864 – Göttingen 1909

Hermann Minkowski effectue ses études à Königsberg où il présente sa thèse en 1885. Il est successivement nommé professeur à Bonn, à Königsberg, à Zurich où il a pour élève A. Einstein, et enfin à Göttingen. Ses travaux concernent essentiellement les mathématiques pures.

Il participe en 1905 à des séminaires sur l'électromagnétisme et sur la relativité. Il démontre alors que les idées d'A. Einstein et de H. Lorentz seraient formellement mieux traitées en utilisant un espace à quatre dimensions où l'espace et le temps ne seraient plus séparés. En 1908, il démontre que l'électromagnétisme est également bien décrit dans cet espace à quatre dimensions.

De la relativité d'A. Einstein, il dit : « Voyez-vous cela ! Je n'aurais jamais attendu de ce garçon une chose aussi brillante ! ».

Espace de Minkowski : espace à quatre dimensions, les trois premières étant celles de l'espace, la quatrième dimension étant le temps. La relativité qui associe de manière intrinsèque l'espace et le temps y est décrite de manière très naturelle. La transformation de Lorentz, translation à vitesse constante dans l'espace ordinaire devient une rotation dans l'espace de Minkowski. Les équations de l'électromagnétisme sont exprimées par des relations entre des grandeurs mathématiques invariantes dans les translations et les rotations dans cet espace, des scalaires, des vecteurs, des tenseurs, ce qui assure l'invariance des lois physiques dans les systèmes galiléens en translation les uns par rapport aux autres dans l'espace réel à trois dimensions.

Publications

« Diophantische Approximationen » (1907), « Raume and Zeit » (1909), « Zwei Abhandlungen über die Grund-gleichungen der Elecktrodynamik » (1909), « Geometry der Zahlen » (1910).

MINKOWSKI Rudolf Leo Bernhard

Strasbourg 1895 – Berkeley 1976

Rudolf Minkowski effectue ses études à Breslau et il commence ses activités de recherche dans le domaine de la spectroscopie stellaire comme collaborateur de W. Baade à Hambourg. Émigré aux États-Unis en 1935 à la suite de la montée du nazisme, il poursuit ses travaux dans les observatoires du Mont Wilson et du Mont Palomar. Il enseigne à Berkeley.

En 1941, il effectue pour la première fois la distinction entre deux types de supernovae. Les évolutions de leurs luminosités sont très différentes. Il tente d'associer la décroissance des supernovae du type II à la radioactivité du californium, mais le vrai responsable est probablement le fer 59 qui est massivement produit dans ces étoiles massives et qui a la bonne vie moyenne de cinquante jours.

En 1951, avec W. Baade, il localise à de très grandes distances la première radio-galaxie, Cygnus A, ce qui lui confère une puissance énorme de rayonnement, plusieurs millions de fois celle du Soleil. Il découvre que les radio-sources sont parfois capables d'émettre aussi dans le visible. Il mesure le décalage vers le rouge de la radio-source 3C295, l'objet le plus éloigné de la Terre.

MONTGOLFIER Étienne de

Annonay (Ardèche) 1745 – Serrières (Hérault) 1799

MONTGOLFIER Joseph de

Annonay (Ardèche) 1740 – Balaruc (Hérault) 1810

Les frères Montgolfier, Joseph et Étienne, dirigent une fabrique familiale de papier à Annonay. Ils introduisent en France des techniques hollandaises et en particulier le papier vélin.

Appliquant le principe d'Archimède à un volume de gaz plus léger que l'air, ils en déduisent la possibilité de faire monter dans l'atmosphère une grande enveloppe étanche remplie d'air chaud. Après deux tests réussis en province, ils présentent à Paris en 1783 l'ascension de ce qui deviendra une « montgolfière » emportant dans une cage un mouton, un coq et un canard. Plus tard, Joseph effectue lui-même une ascension. Pour la première fois, l'homme s'affranchit de la pesanteur.

MORLEY Edward Williams

Newark (New York) 1838 – West Hartford (Connecticut) 1923

Orienté vers la prêtrise, Edward Morley suit en parallèle des enseignements diversifiés de chimie, d'astronomie et d'optique. Il termine ses études religieuses au séminaire d'Andover mais au lieu de rechercher un poste dans une église, il accepte une charge d'enseignement et il se marie.

Ses premiers travaux scientifiques concernent une mesure précise de l'évolution de la pression atmosphérique et une confirmation de l'hypothèse de W. Prout selon laquelle les masses moléculaires sont des multiples de celle de l'atome d'hydrogène.

Sa contribution la plus connue à la physique est sa collaboration avec A. Michelson à partir de 1887 à Cleveland pour mesurer les variations de la vitesse de la lumière en fonction de l'orientation de celle de la Terre. Le résultat est bien connu : il n'y a pas de variation, ce qui rejette l'hypothèse de l'éther.

MORSE Samuel Finfey Breese

Charlestown (Caroline du Sud) 1791 – New York 1872

Pendant ses études effectuées à Yale, à New York et à Londres, Samuel Morse s'intéresse surtout à la peinture mais aussi à l'électricité. Il obtient un petit emploi à Boston et il commence une activité de peintre de portraits.

À partir de 1832, il construit un télégraphe électrique. Il remarque qu'une simple interruption du courant à une extrémité de la ligne génère un court signal sonore à l'autre extrémité. Avec A. Bain, il utilise cette observation pour inventer le code qui porte son nom et qui permet d'envoyer des messages faciles à enregistrer et à interpréter.

Code Morse: des séquences de deux signaux de base, un signal court et un signal long, représentent les lettres de l'alphabet. Les deux signaux peuvent être facilement traduits par des signaux électriques, lesquels sont facilement transmissibles d'abord par télégraphe électrique, ensuite par ondes radioélectriques. L'enregistrement peut être effectué par simple défilement d'une bande de papier.

MOSELEY Henry Gwyn Jeffreys

**Weymouth (Grande-Bretagne) 1887
– Gallipoli (Turquie) 1915**

Après ses études à Oxford, Henry Moseley devient l'assistant de E. Rutherford à Manchester. Essuyant le refus de son directeur d'effectuer une expérience dont il a eu l'idée, il entre dans un autre laboratoire, celui de W. H. Bragg. Il est ensuite nommé maître de conférences à l'université d'Oxford.

En 1913, en collaboration avec C. Darwin, il détecte les rayons X émis par divers métaux utilisés comme anticathode. À la différence de W. Röntgen qui avait essentiellement détecté un fond continu de rayons X, il identifie le spectre de raies caractéristiques du métal irradié. Il modifie le dispositif original de W. H. Bragg en remplaçant les chambres d'ionisation par des plaques photographiques. Il montre que la fréquence du rayon X émis varie linéairement avec le carré du numéro d'ordre Z de l'élément dans la classification de Mendeleïev. L'idée de l'identification de ce numéro Z avec la charge du noyau atomique avait déjà été proposée par Van den Broek, un agent immobilier passionné de numérologie qui avait décelé la corrélation entre les deux séries de nombres. Les résultats de H. Moseley marquent une étape décisive dans l'acceptation des modèles atomiques de E. Rutherford et de N. Bohr.

Cette contribution essentielle à la physique sera malheureusement la seule. Engagé volontaire pendant la Première Guerre mondiale malgré la tentative de E. Rutherford de l'en dissuader, il est envoyé aux Dardanelles où il est tué lors de la bataille de Gallipoli. Ses travaux sont poursuivis après la guerre par de nombreux expérimentateurs, par exemple par M. de Broglie à Paris.

Loi de Moseley : l'énergie d'un électron atomique de la couche électronique la plus profonde varie comme le carré de la charge du noyau. Après éjection par un électron accéléré dans le tube, le réarrangement des électrons dans l'atome se produit avec émission d'un rayon X qui emporte une partie de l'énergie de ce niveau le plus bas. La fréquence du rayon X varie donc de manière linéaire avec le carré de la charge du noyau.

MÖSSBAUER Rudolf Ludwig

Munich 1929-2011

Après des études effectuées à l'université technique de Munich, Rudolf Ludwig Mössbauer entreprend ses recherches à l'Institut Max Planck de Heidelberg.

Sa découverte majeure est l'absorption résonante d'un photon par l'ensemble des noyaux d'un même cristal suffisamment refroidi. Ce processus cohérent élimine le recul d'un noyau individuel et la dispersion causée par l'effet Doppler n'a pas d'influence sur la mesure de l'énergie. Cette méthode permet de produire et de détecter des photons d'énergie parfaitement déterminée. Elle trouve des applications en physique du solide et dans des tests de la relativité générale.

R. Mössbauer est récompensé en 1961 par le prix Nobel de Physique qu'il partage avec R. Hofstadter. Cette même année, il est nommé professeur à Pasadena au California Institute of Technology.

Il est également le co-auteur avec son équipe de chercheurs d'une mesure précise de la vie moyenne du neutron auprès du réacteur à haut flux de Grenoble.

Effet Mössbauer : absorption ou émission résonante et cohérente d'un photon par l'ensemble des noyaux d'un même cristal.

MOTT Nevill Francis

Leeds 1905-1996

Issu d'une famille de scientifiques, Nevill Mott effectue ses études à Bristol et à Cambridge. D'abord chercheur chez R. Fowler, puis chez N. Bohr à Copenhague, chez M. Born à Göttingen, chez W. Bragg à Manchester, il est l'auteur de nombreuses contributions en physique théorique. Par exemple, il introduit la notion d'indiscernabilité dans la diffusion des particules, ce qui modifie la loi classique calculée pour la première fois par E. Rutherford.

Enseignant à Cambridge, puis professeur à Bristol à partir de 1932, il se consacre à la physique du solide et plus particulièrement à la conductibilité des alliages et des verres. Il se pose la simple question : « Compte tenu de notre maîtrise de la théorie des bandes dans les solides, comment le verre peut-il être transparent ? ». Il sépare les structures microscopiques des conducteurs et des isolants. Il étudie les transitions entre les conducteurs, les semi-conducteurs et les isolants. Sa contribution la plus marquante concerne la conductivité des semi-conducteurs amorphes avec la collaboration de R. Gurney. Il apporte une contribution significative à la théorie des excitons de J. Frenkel selon laquelle un trou et un électron peuvent former un couple assez stable pour se propager dans le cristal et donc déplacer une excitation locale.

Il prévoit que le cristal d'hydrogène doit devenir conducteur sous fortes pressions, lorsque la densité des électrons devient suffisante, ce qui est vérifié expérimentalement.

En 1938, il donne une interprétation quantique des processus de la photographie, c'est-à-dire l'action d'un photon sur un atome d'argent de l'émulsion sensible.

En 1954, il retourne à Cambridge comme professeur et il est très actif dans la réforme de l'enseignement en Angleterre.

En 1967, il écrit dans la revue « Scientific American » : « Dans la physique de l'état solide, plus que partout ailleurs, la mécanique quantique a cessé d'être limitée à la science pure et elle est devenu un outil de la technologie ».

En 1977, il partage le prix Nobel de Physique avec J. Van Vleck et P. Anderson.

Publications

« The theory of atomic collisions » avec H. S. Massey (1933), « Metals and alloys » avec H. Jones (1936), « Electronic processes in ionic crystals » avec R. W. Gurney (1940), « Wave mechanics and its application » avec I. Sneddon (1948), « Elements of wave mechanics » (1952), « Atomic structure and the strengh of metals » (1956), « Electronic processes in non-cristalline materials » avec E. Davis (1971), « Elementary quantum mechanics » (1972), « Metal insulator transitions » (1974), « A life in science » (1986), « Conduction in non-cristalline materials » (1987), « Can scientists believes ? »

MOTTELSON Benjamin Roy

Chicago 1926

Après ses études aux universités de Purdue et de Harvard, Benjamin Mottelson présente en 1950 un travail de thèse en physique nucléaire, effectué sous la direction de J. Schwinger. À l'occasion d'un premier séjour à Copenhague en 1951, il se fixe définitivement dans cette ville et il prend la nationalité danoise.

B. Mottelson coopère avec A. Bohr dans l'établissement du modèle nucléaire unifié qui fait la synthèse entre le modèle de la goutte et le modèle en couches. Ce modèle prend en compte les déformations des noyaux dont sont responsables les nucléons superficiels comme l'a montré L. Rainwater dans son traitement des spectres de rotation. Associant les nucléons en paires, B. Mottelson introduit la notion de « supraconductivité » dans le noyau atomique.

Il partage le prix Nobel de Physique en 1975 avec A. Bohr et J. Rainwater.

Publication

« Collective and individual particles aspects of nuclear structures » avec A. Bohr (1951), « Nuclear Structure » avec A. Bohr en 2 volumes (1969).

MÜLLER Erwin

Berlin 1911 – Washington 1977

Ingénieur chez Siemens, Erwin Müller est l'inventeur de la microscopie à effet de champ qui utilise l'émission d'une pointe conductrice portée à un potentiel électrique élevé. Cet effet, mis à profit dans la source d'électrons, permet en 1936 une grande amélioration de la définition des images de surface.

Quinze années plus tard, en utilisant l'ionisation du gaz au voisinage de la pointe très refroidie, il invente l'émission ionique de champ qui permet de résoudre les images individuelles des atomes sur une surface métallique.

Il contribue également au développement de l'analyse tomographique.

MÜLLER Karl Alexander

Bâle 1927

Après des études supérieures effectuées à l'Institut fédéral de technologie de Zürich où il est élève de W. Pauli et de P. Scherrer, Karl Müller commence une activité d'ingénieur à l'Institut Battelle de Genève et il entre en 1963 comme chercheur aux laboratoires IBM de Zürich. Il y poursuit des recherches en physique du solide. Il présente une thèse sur les propriétés de la céramique de formule $S_rT_iO_3$.

En 1982, il accueille dans son groupe J. Bednorz, jeune chercheur qui vient de terminer ses études à l'université de Münster. Tous deux s'intéressent aux propriétés électriques des céramiques obtenues à partir des oxydes de lanthane, de baryum et de cuivre. L'une d'elles, La_2CuO_4, enrichie au baryum, se révèle supraconductrice à la température de 35 °K, alors que la plupart des métaux supraconducteurs connus à cette époque ne présentent cette propriété qu'au voisinage de la température de l'hélium liquide, le record étant détenu par un alliage de niobium et de germanium à 23 °K. La découverte d'une supraconductivité à une température significativement supérieure est le point de départ d'une course à des températures de plus en plus élevées, par exemple l'$YBa_2Cu_3O_7$ à 93 °K, découvert par le groupe de P. Chu à l'université de Houston. En 1997, le record est détenu par le HgBaCaCuO à 160 °K.

En 1987, K. Müller partage le prix Nobel de Physique avec son collaborateur J. Bednorz.

Une théorie satisfaisante de la supraconductivité à haute température n'a pas encore été établie.

MULLIKEN Robert Sanderson

Newburyport (Massachussetts) 1896 – Arlington (Virginie) 1986

Robert Mulliken effectue ses études au Massachussetts Institute of Technology. En 1917, à Washington, il effectue des recherches sur les gaz de combat. Après la Première Guerre mondiale, il termine ses études à Chicago où il présente sa thèse en 1921 sur la séparation des isotopes du mercure.

Après un séjour en Europe, il oriente ses travaux vers la chimie quantique dont il est l'un des fondateurs, avec F. Hund, W. Heitler et G. Condon. En 1925, il étudie les structures électroniques des molécules. Il introduit les notions d'orbitales moléculaires et d'orbitales hybrides pour expliquer les valences chimiques. En 1966, il reçoit le prix Nobel de Chimie.

Il dirige le laboratoire des structures et des spectres moléculaires de l'université de Chicago.

De 1942 à 1945, il participe au programme Manhattan à Chicago sur les propriétés du plutonium.

MUSSCHENBROEK Petrus (Van)

Leyde 1692 – Leyde 1761

La famille Van Musschenbroek possède une fonderie de bronze et fabrique des instruments massifs. Après des études de médecine à Leyde, Petrus Van Musschenbroek enseigne les mathématiques et la philosophie à Duisbourg en Allemagne, puis la médecine à Utrecht et à Leyde.

Expérimentateur, il découvre par hasard en janvier 1756 la « bouteille de Leyde », un condensateur constitué d'une simple bouteille. Son objectif est d'examiner la charge électrique que l'eau remplissant une bouteille est capable de retenir. Le choc brutal qu'il ressent lorsqu'il touche malencontreusement la tige métallique qui trempe dans l'eau lui montre que son intuition avait quelques fondements, bien que la charge électrique ne soit pas retenue par l'eau, mais par le verre. Une expérience du même type avait déjà été effectuée en 1745 dans la cathédrale de Kamin en Allemagne par le doyen E. von Kleist, mais c'est l'expérience de Leyde qui a connu la plus grande publicité et qui est donc restée dans l'histoire. Elle est reprise à grande échelle à Paris par l'abbé J. Nollet qui fait sentir la « commotion électrique » en même temps à plusieurs personnes qui se tiennent par la main.

Bouteille de Leyde : condensateur obtenu en métallisant l'intérieur et l'extérieur d'une bouteille et en faisant jouer le rôle de diélectrique à la paroi de verre.

Publications

« Epistome elementorum physico-mathematicorum conscripta in nous academica » (1776), « Tentamina » (1731), « Elementa physicae » (1734), « Traité de physique » (1752).

N

NAVIER Claude Louis Marie Henri

Dijon 1785 – Paris 1835

Henri Navier vient très jeune avec ses parents à Paris où son père travaille pendant la Révolution à l'Assemblée législative de Paris. Son père meurt cependant en 1793 et l'éducation du jeune garçon est prise en charge par un oncle de sa mère, ingénieur à Paris. H. Navier entre à l'École polytechnique en 1802 et ensuite à l'École nationale des ponts et chaussées en 1804. Jeune ingénieur, il s'intéresse à la rédaction de cours pour élèves ingénieurs et cette préoccupation l'amène à travailler dans le domaine des applications des mathématiques aux sciences de l'ingénieur. Il s'intéresse d'abord à l'art de la construction et il travaille sur la déformation des solides, notamment dans la zone dite d'élasticité. Les résultats qu'il obtient dans ce domaine vont l'aider à obtenir, à partir de 1819, une charge de cours de mécanique appliquée à l'École nationale des ponts et chaussées.

À partir de cette date, H. Navier se tourne vers l'étude théorique de l'écoulement des liquides soumis à des tensions internes ou frictions. En supposant le liquide incompressible et en tenant compte d'un coefficient d'élasticité, il établit en 1822 une équation différentielle caractéristique. De façon indépendante, le physicien anglo-irlandais G. Stokes devait aboutir en 1845 aux mêmes résultats. L'équation caractéristique à laquelle ils sont arrivés l'un et l'autre a ainsi reçu le nom d'équation de Navier-Stokes.

Équation de Navier-Stokes : équation différentielle de la vitesse d'un liquide incompressible en fonction du temps, faisant intervenir la viscosité du liquide et la force d'entraînement exercée.

NÉEL Louis Eugène Félix

Lyon 1904 – Brive-la-Gaillarde 2000

À la suite d'un premier poste occupé à l'université de Strasbourg, Louis Néel, ancien élève de l'École normale supérieure, est nommé professeur à Grenoble où il effectue la quasi-totalité de sa carrière. Influencé par W. Heisenberg, il oriente son domaine de recherche vers le magnétisme.

Pendant la Deuxième Guerre mondiale, au centre de recherche de la Marine, il propose une méthode de protection des navires contre les mines magnétiques.

En 1931, il prévoit l'existence de l'anti-ferromagnétisme. Dans un corps anti-ferromagnétique, les moments magnétiques élémentaires sont alignés et alternativement dirigés dans des directions opposées. L'aimantation globale est nulle.

Sa principale contribution à la physique est l'introduction en 1947 de la notion de ferrimagnétisme dont il établit la théorie. Dans un corps ferrimagnétique, les moments magnétiques élémentaires de deux espèces sont alignés. Ils sont inégaux et de directions opposées. L'aimantation globale n'est pas nulle. Pour ses travaux sur le magnétisme, il reçoit le prix Nobel de Physique en 1970.

L. Néel joue un rôle important dans le développement de l'université de Grenoble et dans la création du Centre d'études nucléaires de cette même ville. Il contribue en France au rapprochement entre les scientifiques et les militaires.

Température de Néel, point de Néel : température au-delà de laquelle l'anti-ferromagnétisme disparaît, remplacé par du paramagnétisme. L'existence d'une telle température de transition est expérimentalement confirmée en 1928.

NERNST Hermann Walther

Briesen (Prusse) 1864 – Zibelle (Allemagne) 1941

Fils d'un juge, Walther Nernst étudie la physique de 1883 à 1887 dans plusieurs universités et il a des professeurs réputés, H. Weber à Zurich, H. Helmoltz à Berlin, L. Boltzmann à Graz. Dès ses études, il s'intéresse aux applications de la physique à la chimie et, au fur et à mesure du déroulemnt de sa carrière, il deviendra l'un des promoteurs en Allemagne de la chimie physique. En 1887, il commence par être assistant de W. Ostwald, professeur de chimie à l'université de Leipzig. En 1888-1889, il publie successivement deux dérivations théoriques concernant la mobilité des ions dans un électrolyte et sa relation avec la force électromotrice appliquée. En 1891, il obtient un poste de professeur de physique à Göttingen où il enseigne la chimie physique de 1894 à 1905. Il consacre ces années à Göttingen à former des élèves et il travaille sur les plans théorique et expérimental en construisant des appareils sensibles à des mesures de faibles chaleurs de réaction.

Ses tentatives pour dériver les valeurs des chaleurs de réaction à partir de la thermodynamique théorique butent sur une difficulté majeure car la chaleur échangée dQ est proportionnelle à la quantité SdT mais l'entropie S n'est définie en thermodynamique qu'à une constante près. En 1906, W. Nernst fait l'hypothèse non triviale que l'entropie d'un système doit tendre vers 0 quand la température absolue T tend elle-même vers 0. Selon la relation de Boltzmann $S = k \log W$, il n'y aurait ainsi qu'un seul degré d'organisation W de la matière à la température du zéro degré absolu.

Après 1906, une grande partie des efforts de W. Nernst est consacrée à la vérification de son principe qu'il appelle « théorème de la chaleur ». Entre 1910 et 1914, lui et ses collaborateurs publient plusieurs résultats sur des expériences réalisées à la température de l'hydrogène liquide, tendant à montrer que les chaleurs de transfert à ces températures deviennent très faibles. Il faudra cependant attendre les années 1920 et le travail expérimental récapitulatif de F. Simon pour que l'hypothèse de W. Nernst devienne définitivement le troisième principe de la thermodynamique, et non d'ailleurs une loi puisque la température du zéro degré absolu est une limite non atteignable.

W. Nernst a eu une fin de carrière rendue difficile par la politique anti-juive du gouvernement allemand. Il avait été l'artisan de la venue d'Einstein à Berlin comme professeur et il n'a jamais collaboré avec les nazis.

Principe de Nernst ou **troisième principe de la thermodynamique :** à la température du zéro degré absolu, l'entropie d'un système en équilibre thermodynamique est supposée être nulle.

NEUGEBAUER Gerald

Göttingen 1932 – Canberra 2000

Gerald Neugebauer commence ses études supérieures à l'université de Cornell et il les poursuit au California Institute of Technology où il effectue la totalité de sa carrière.

Son domaine principal de recherche est la spectrographie astronomique en infrarouge. Il commence ses recherches avec les télescopes du Mont Palomar, puis il les continue avec les satellites artificiels en collaboration étroite avec la NASA. Avec ses collaborateurs, il établit une carte infrarouge du ciel dans laquelle on distingue plus de 20 000 sources nouvelles.

Étoile de Becklin-Neugebauer : intense source infrarouge, aujourd'hui interprétée comme une jeune étoile en formation.

NEUMANN John von

Budapest 1903 – Washington 1957

Inventeur en 1928 de l'algèbre spécifique de la théorie des jeux et des automatismes, John von Neumann est un pionnier dans le domaine des calculateurs. Il conçoit et supervise de 1940 à 1952 la construction du premier ordinateur flexible, le MANIAC I, à Princeton. Il est le précurseur de l'intelligence artificielle.

Il participe au programme Manhattan.

Machine de von Neumann : machine automatique à programme enregistré.

Publications

« The mathematical foundations of the quantum mechanics » (1932), « Theory of games and economic behavior » avec O. Morgenstern (1944).

NEWCOMEN Thomas

Dartmouth Thomas (Devonshire) 1663 – Londres 1729

Thomas Newcomen n'a pas de formation universitaire, il travaille dans son atelier de forgeron avec l'aide d'un plombier J. Calley. En 1712, il y invente la première machine à vapeur qui sera utilisée pour activer une pompe à eau à Wolverhampton. En réparant une machine de ce type, J. Watt fabrique des machines réellement industrielles.

NEWTON Isaac

Woolsthorpe (Grande-Bretagne) 1642 – Kensington 1727

Petit propriétaire terrien, le père d'Isaac Newton mourut peu avant la naissance de son fils. Sa mère se remaria quand le jeune Isaac avait trois ans et elle confia le jeune garçon à sa propre mère. À la mort de son second mari en 1653, elle voulut que le jeune Isaac arrête ses études pour commencer à s'occuper de la culture des terres de la propriété de Woolsthorpe où elle revint alors. Entre temps, le jeune Isaac avait montré de grandes qualités intellectuelles. Un de ses professeurs et un de ses oncles obtinrent qu'il puisse continuer des études. Après diverses démarches, le jeune homme est accepté comme étudiant boursier en 1661 au Trinity College de Cambridge. I. Newton y commence des études supérieures mais il doit les interrompre en 1665 à cause d'une épidémie de peste. Il revient alors pendant dix-huit mois à la maison familiale de Whoolsthorpe avant de repartir à Cambridge en 1666. Un de ses professeurs à Cambridge était alors I. Barrow, connu pour ses contributions en mathématiques et en optique. Il est possible et même probable que celui-ci usa de son influence pour que le jeune Newton puisse lui succéder. En 1669, I. Newton devient ainsi professeur de mathématiques et de physique à Cambridge, occupant une « Lucasian Chair » dont le premier titulaire avait été I. Barrow lui-même. À vrai dire, I. Newton n'avait encore rien publié, mais les manuscrits retrouvés depuis attestent que, dès cette époque, il avait déjà apporté des contributions scientifiques très intéressantes.

C'est sans doute en mathématiques pures que le génie propre de I. Newton s'est d'abord exercé. Dans ce domaine, on lui doit deux contributions importantes. La première est le développement en série de l'expression binomiale $(a + b)^n$. Il avait déjà établi les termes de ce développement dès 1665, c'est-à-dire quand il était encore étudiant. La seconde est l'introduction d'une méthode, dite des « fluxions », permettant de calculer l'évolution d'une fonction dont on connaît seulement la tendance. Sur cette méthode, ébauche du calcul moderne par dérivée ou par différentielle, I. Newton n'a rien publié avant la parution des fameux *Principia* en 1687 mais on sait par des manuscrits que les premiers éléments de cette méthode remontent au moins à 1671. Entre temps, I. Newton avait correspondu sur ces questions avec G. Leibniz qui devait publier ses conclusions sur ce même thème en

1684. I. Newton en retira une grande amertume car, en 1700, il émet contre Leibniz une revendication de priorité. Tous les historiens s'accordent maintenant pour reconnaître à l'un et à l'autre la paternité du calcul différentiel et intégral.

Sur le plan de la physique, I. Newton semble s'être intéressé d'abord à l'optique. Dès ses premières années à Cambridge ou peut-être durant sa retraite forcée à Woolsthorpe en 1665-1666, il avait mené des expériences sur la réfraction en optique, expériences dont les résultats seront publiés dans des lettres aux Philosophical Transactions en 1672 puis plus tard en 1704 dans son traité intitulé *L'Optique*. Ces expériences ont trait à la décomposition de la lumière blanche : un premier prisme produit par réfraction de la lumière un spectre de lumières colorées et l'interposition d'un deuxième prisme n'altère plus ces couleurs. Ce type d'expériences amène I. Newton à affirmer que la lumière blanche est une superposition de lumières colorées, conclusion contestée par le physicien R. Hooke qui avait mené des expériences similaires. R. Hooke défendait le point de vue que c'était le dispositif expérimental lui-même qui modifiait la couleur et que ce changement n'était pas du à une constitution préexistante de la lumière. La controverse dura plusieurs années et I. Newton défendit son point de vue dans plusieurs publications et dans plusieurs interventions devant la Royal Society. Au cours d'expériences supplémentaires concernant les changements de couleur se produisant dans les lames minces, effet déjà remarqué par R. Hooke lui-même, I. Newton met en évidence la formation d'anneaux colorés disposés de façon successive. En tout cas, la controverse cesse avec la mort de R. Hooke en 1703 et avec la publication en 1704 d'un traité de I. Newton sur l'optique, traité dans lequel celui-ci réexamine les différentes expériences qu'il avait réalisées sur ce sujet. À ce propos, on constate que l'auteur reste attaché à une image corpusculaire de la lumière, même si ses expériences demandent un mécanisme d'interaction de la lumière qui reste à préciser. Curieusement, à la même époque, C. Huygens avait commencé à raisonner en termes d'ondes lumineuses et il faudra attendre le début du XIXe siècle et de nouvelles expériences d'interférences pour que l'idée d'une nature ondulatoire de la lumière s'impose définitivement.

Toujours dans le domaine de l'optique, I. Newton est cité pour avoir réalisé vers 1667 un premier télescope à miroir. À l'époque, on savait que les lunettes jusqu'alors utilisées, comprenant une lentille convergente comme oculaire, présentaient des défauts d'aberration qui déformaient les images. L'idée de remplacer l'objectif-lentille par un objectif-miroir était dans l'air mais il semble que c'est I. Newton qui réalisa le premier télescope de ce type qui fût utilisable. Il présente un tel instrument devant la Royal Society mais cet instrument n'a pas été retrouvé. Rien n'indique que I. Newton l'ait utilisé pour mener des observations astronomiques réelles. Il devait sans doute être déjà absorbé par des recherches théoriques qui devaient le rendre célèbre.

On sait peu de chose sur les éléments qui ont amené I. Newton sur la route de la gravitation universelle. L'histoire de l'idée qui surgit à la vue d'une pomme qui tombe d'un arbre appartient probablement à la légende. Par contre, on a retrouvé des notes de I. Newton datant de 1661 attestant que la maturation a été sans doute progressive. On sait également que, sur ces questions, il a correspondu avec R. Hooke et avec J. Flamsteed, astronome à l'Observatoire de Greenwich. I. Newton n'a publié le fruit de ses réflexions que dans son œuvre principale, les fameux *Principia*.

Dans cette œuvre, datant de 1688, on assiste à l'élaboration détaillée de la loi de la gravitation. I. Newton présente d'abord une définition de la force mécanique sous la forme d'une aptitude à changer le mouvement (en termes modernes, il s'agit de l'expression vectorielle $f = m\gamma$). Il donne ensuite l'expression d'une force d'attraction due à la gravitation universelle entre deux corps de masses m_1 et m_2, sous la forme $f = Gm_1m_2/r^2$ où r est la distance entre les deux corps et G une constante qui sera appelée plus tard constante de la gravitation universelle. L'essentiel de l'argumentation de I. Newton consiste à montrer que ce type de loi permet de retrouver les lois purement expérimentales de Kepler établissant que les planètes décrivent des trajectoires elliptiques autour du Soleil.

Les *Principia* de Newton connurent un rapide succès. Le premier à utiliser la théorie de Newton fut peut-être E. Halley pour établir des calculs prévisionnels sur le retour de la comète qui porte son nom. Bien vite la physique newtonienne va remplacer la physique qualitative de Descartes et s'imposer comme la théorie de base de la physique. Une grande partie de l'activité scientifique du XVIIIe siècle sera d'ailleurs consacrée à la résolution de problèmes d'équations différentielles nées de la théorie générale de Newton.

Après 1696, I. Newton arrête son enseignement à Cambridge et il part à Londres où il dirigera en particulier la Royal Society jusqu'à sa mort. Il veille à apporter des corrections et des compléments pour la réédition de ses deux principales œuvres, l'*Optique* et les *Principia*. Ses années d'innovation sont maintenant derrière lui mais il vivra jusqu'à l'âge de 84 ans.

Diverses biographies de I. Newton signalent qu'il s'est intéressé aussi à des questions théologiques et à l'alchimie. Il est certain que ses œuvres proprement scientifiques ne portent pas de trace de ces préoccupations. Il se comporte dans ses œuvres en physicien moderne, attaché uniquement à l'élaboration de lois purement rationnelles.

Le newton : unité de force du système MKSA correspondant à une masse de 1 kilogramme masse soumise à un accélération de 1 mètre/seconde/seconde.

Anneaux de Newton : figure d'interférences obtenue à partir d'une lumière tombant à incidence voisine de la normale sur un dispositif formé par une lentille transparente reposant sur une surface réfléchissante plate. La figure d'interférences est due à la lame d'air d'épaisseur variable qui sépare les deux surfaces.

Dynamique de Newton : nom donné à la théorie générale des forces de Newton, résumée par la formule $\vec{f} = m$ où m est la masse inertielle du corps soumis à cette force.

Loi de Newton : loi de la gravitation universelle exprimant l'attraction de deux corps de masse m_1 et m_2 séparés par une distance r sous la forme d'une force $f = Gm_1m_2/r^2$ où G est appelée constante de la gravitation.

Publications

« Philosophiae naturalis principia mathematica » ou « Principia » (1687), « Opticks » (1704).

NICHOLSON William

Londres 1753 – Londres 1815

Fils d'un notaire, William Nicholson semble avoir été d'abord attiré par le commerce et il entre à l'âge de seize ans au service de la Compagnie des Indes. Il fait un séjour aux Indes et, de retour en Europe en 1776, il séjourne à Amsterdam comme agent commercial avant de revenir à Londres en 1780. Il essaie alors de se lancer dans le commerce en vendant des instruments techniques qu'il développe et sur lesquels il fait plusieurs publications et aussi en assurant des traductions et des éditions de livres scientifiques. Ce travail lui donne l'occasion d'apprendre lui-même la chimie et il écrit des livres de vulgarisation dans ce domaine. En cette fin de siècle, l'intérêt pour la chimie se développe et il participe à cet engouement en se lançant en 1797 dans l'édition d'un journal de chimie.

En 1796, le physicien italien A. Volta avait inventé la pile électrique et, un peu partout, se développèrent des essais d'utilisation de l'électricité produite par ce nouveau moyen. W. Nicholson participe certainement à cet attrait car, avec A Carlisle, médecin de son état, mais aussi physicien amateur, il publie en 1800 dans son journal un article considéré comme relatant la première réussite de l'électrolyse de l'eau, obtenue à partir de l'électricité fournie par une pile de Volta. Une production de bulles de gaz est mise en évidence à l'emplacement des électrodes plongées dans le liquide. W. Nicholson mènera d'autres expériences sur l'électrolyse de l'eau mais il devait revenir au chimiste H. Davy de montrer que cette électrolyse conduisait à une production d'oxygène et d'hydrogène dans des proportions conformes aux résultats des expériences qui avaient été menées sur la combustion de l'hydrogène par H. Cavendish et par A. Lavoisier.

Publications

« Introduction to natural philosophy » (1781), « First principles of chemistry » (1781), « Dictionnary of chemistry » (1795), « A dictionnary of practical and theoretical chemistry » (1808).

NICOL William

Édimbourg 1768 – Édimbourg 1851

On ne dispose pas d'informations sur la vie de William Nicol. On sait seulement qu'il était géologue et qu'il a enseigné à Édimbourg où il a peut-être eu J. Maxwell comme élève.

En 1815, il met au point une méthode de préparation des échantillons de minéraux de faible épaisseur, utilisables en microscopie optique par transmission. Il est l'inventeur en 1828 d'un cristal polariseur qui, portant son nom, est devenu un nom commun.

Il ne publie pas avant 1826. Ses œuvres sont surtout connues par leurs applications posthumes.

Nicol: cristal parallélépipédique biréfringent de calcite dont une face est taillée suivant un plan diagonal et recollée avec un baume du Canada de telle sorte que le rayon ordinaire soit totalement réfléchi, tandis que le rayon extraordinaire est transmis. Une lumière naturelle est polarisée à la sortie de ce cristal. Ce polariseur est très utilisé, notamment en minéralogie, pour identifier les cristaux.

NIEPCE Joseph Nicéphore

Chalon-sur-Saône 1765 – Saint-Loup de Varennes 1833

Après un début de carrière ecclésiastique comme professeur au collège oratorien d'Angers, puis une activité militaire pendant la campagne d'Italie, Nicéphore Niepce se passionne pour l'innovation technique. Il commence à Nice par des inventions dans la mécanique et dans les colorants. Après la prise d'un brevet de moteur à explosion en 1807, lui et son frère Claude, également retiré de l'armée, se ruinent sans parvenir à une réalisation industrielle valable. Ils ne réussissent pas mieux, ni dans la fabrication des colorants, ni dans l'extraction du sucre des betteraves.

N. Niepce est surtout connu par son invention de la plaque photographique. Cherchant à perfectionner la lithographie qui vient d'être inventée pour reproduire des images, il utilise du chlorure d'argent qui a la propriété de noircir à la lumière. Commencées en 1816, ses recherches aboutissent à des premiers dessins en 1822. Après une association avec L. Daguerre, les deux inventeurs parviennent en 1829 à fixer sur le chlorure d'argent les images obtenues dans la chambre noire.

N. Niepce ne profite pas financièrement de ses inventions et il meurt dans la pauvreté.

NIER Alfred Otto Carl

Saint-Paul (Minnesota) 1911-1994

Alfred Nier mène des études de génie électrique à l'université du Minnesota où, après la présentation de sa thèse, il reste pour enseigner. Ses premiers travaux concernent la spectrométrie de masse qui le conduisent à la découverte de plusieurs isotopes, et plus particulièrement à celle du potassium 40 qui sera utilisé plus tard pour les datations.

En 1940, il sépare un microgramme d'uranium 235, ce qui permet de vérifier le processus de la fission et donc le concept de l'arme nucléaire. Son procédé de séparation isotopique est ensuite développé au plan industriel dans le projet Manhattan.

En 1941, il détermine l'âge des roches terrestres en mesurant par spectrographie de masse les proportions des différents isotopes du plomb. En 1946, cette même méthode permet à A. Holmes et F. Houtermans d'estimer l'âge de la Terre à 3 milliards d'années.

Le principe du spectromètre de masse à double focalisation qu'il a inventé est utilisé sur la sonde américaine qui a atteint pour la première fois la surface de la planète Mars.

NOYCE Robert Norton

Burlington (Iowa) 1927-1990

Après ses études effectuées au Massachussetts Institute of Technology, Robert Noyce est recruté comme ingénieur dans plusieurs firmes de fabrication de semi-conducteurs.

Il prend un brevet sur le circuit intégré en 1959, avec six mois de retard sur J. Kilby, mais son brevet est plus complet et plus facilement industrialisable. En 1961, il crée la société Fairchild Corporation et en 1968 la société Intel Corporation qui deviendra une des premières compagnies américaines en matière de semi-conducteurs, de circuits intégrés et de microprocesseurs.

Il préside l'organisation de la Sematech dont le rôle est pendant les années 1980 de soutenir l'industrie américaine dans le domaines des composants électroniques de haute performance et de résister à la domination japonaise.

La justice américaine n'ayant pas pu départager les deux sociétés concurrentes pour le payement des royalties, J. Kilby et R. Noyce sont considérés aujourd'hui comme des deux co-inventeurs du circuit intégré.

NUCKOLLS John Hopkins

Chicago 1930

John Nuckolls effectue ses études à l'université de Columbia et entre ensuite au laboratoire de Livermore où il mène la totalité de sa carrière. Il participe aux travaux secrets sur les armes thermonucléaires.

À partir de 1957, il effectue la première étude de faisabilité d'une micro-bombe H à partir d'une petite bille de deutérium-tritium. Ces travaux secrets sont dévoilés dans un article paru en 1972. Il met en évidence la nécessité d'effectuer une forte compression de la matière avant l'ignition de manière à assurer la réaction de tout le combustible thermonucléaire. Cette compression peut être obtenue par l'impact d'un faisceau laser sur la surface de la bille dans des conditions précises de la forme temporelle de l'impulsion du laser dont l'énergie doit croître quadratiquement avec le temps pendant une durée de l'ordre de la nanoseconde. J. Nuckolls est donc à l'origine du grand dévelop-pement des lasers de puissance, aux États-Unis dans les laboratoires de Livermore et de Los Alamos, en Russie à l'institut Kourchatov, en France au Centre du commissariat à l'énergie atomique de Limeil, au Japon à l'université d'Osaka.

O

OCCHIALINI Giuseppe Paolo Stanislao

Fossombrone (Italie) 1907 – Paris 1993

Giuseppe Occhialini effectue ses études à Florence où il enseigne quelques années plus tard. Fuyant le fascisme, il se réfugie d'abord au Brésil, ensuite à Cambridge en Angleterre.

Avec P. Blackett, il invente en 1932-1933 le déclenchement des chambres de Wilson par des compteurs Geiger, ce qui assure la présence de trajectoires de particules ionisantes sur les clichés. Il participe à la découverte de la matérialisation du photon en paire électron-positron, ce qui confirme l'existence de l'antiélectron et précise les conditions de sa création.

Sous la direction de C. Powell, il participe à une collaboration de physiciens qui examinent systématiquement des émulsions photographiques épaisses exposées au rayonnement cosmique. Avec C. Dillworth et Payne, il invente une méthode de développement chimique des émulsions qui assure une bonne homogénéité du contraste dans toute l'épaisseur de l'émulsion. Ce programme conduit en 1947 à la découverte du méson pion.

Il revient en Italie en 1950 pour enseigner à Gènes et à Milan.

Ses amis, B. Rossi, P. Blackett et W. Pauli disaient de G. Occhialini : « Beppo est le dernier homme de la Renaissance ».

OERSTED Hans Christian

Rudköbing (Danemark) 1777 – Copenhague 1851

En parallèle avec ses études de pharmacie à Copenhague, Hans Oersted se passionne pour les mathématiques, la chimie, la physique et surtout la philosophie de I. Kant et de F. Schelling. Il effectue de nombreux voyages en Europe au cours desquels il rencontre les plus grands physiciens de l'époque. Nommé professeur de physique à l'université de Copenhague en 1806, il se livre à des expérimentations en électricité pour lesquelles il fabrique lui-même les dispositifs nécessaires.

L'expérience qui l'a rendu célèbre est la déviation d'une aiguille aimantée placée au voisinage d'un conducteur électrique. Cette observation montre qu'il existe une relation entre le courant électrique et le magnétisme, ce que peu de physiciens avaient imaginé avant ce premier résultat expérimental qui devient le point de départ des travaux d'A. Ampère, de F. Arago, de M. Faraday et de bien d'autres. Tout l'électromagnétisme commence avec H. Oersted.

Inventeur d'un piézomètre, il étudie la compressibilité des solides et des liquides.

Son approche de la physique est si mêlée de philosophie et de romantisme qu'il est sévèrement critiqué par ses collègues et par les physiciens parisiens, à l'exception d'A. Ampère. En revanche, il connaît un très grand succès par ses conférences publiques. En 1829, il est le premier directeur de l'École polytechnique de Copenhague.

Expérience d'Oersted : une boussole placée au voisinage d'un fil conducteur est déviée lorsque le fil est parcouru par un courant.

L'oersted : unité de champ magnétique.

OHM Georg Simon

Erlangen (Bavière) 1789 – Munich 1854

Fils de serrurier, Georg Ohm commence à travailler avec son père. À la suite de plusieurs séjours en Suisse, il termine ses études à Erlangen et il accepte un modeste poste à Bamberg. Quelques années plus tard, il est très heureux d'être nommé à Cologne où il trouve enfin un environnement et des moyens propices à ses recherches.

G. Ohm est l'auteur en 1827 de la loi fondamentale qui relie la tension électrique aux bornes d'un conducteur à l'intensité qui le parcourt. Il découvre cette loi relativement simple après des séries de mesures très délicates sur les températures locales et les forces exercées au sein même des conducteurs.

Nommé professeur à l'Académie militaire de Berlin, puis à l'Institut polytechnique de Nuremberg et enfin en 1849 à l'université de Munich, il poursuit ses travaux dans les domaines de la polarisation des piles électriques, de l'acoustique, de la polarisation de la lumière. Il se fait remarquer par des expériences spectaculaires et par des traitements mathématiques sophistiqués.

Dans le domaine de l'acoustique, il montre que l'oreille est capable de séparer dans un son complexe les différentes composantes sinusoïdales.

Loi d'Ohm : le courant électrique qui traverse un conducteur est proportionnel à la tension qui règne à ses bornes. Le coefficient de proportionnalité est la résistance.

L'ohm : unité de résistance électrique, correspondant à celle d'un conducteur traversé par un courant d'un ampère lorsqu'il est sous une tension de un volt.

Le mho : unité de conductance, inverse de la résistance.

Publication

« Die galvanische Kette mathematische bearbeit » (1827).

OLBERS Heinrich Wilhelm Matthäus

Arbegen (Brême) 1758 – Brême 1840

Heinrich Olbers effectue des études de médecine et il exerce pendant plusieurs années la profession de médecin à Brême, l'astronomie n'étant pour lui qu'une distraction. Après le décès de sa première épouse à l'accouchement de sa fille, après le décès de sa seconde épouse et après le décès de sa fille, il abandonne la médecine et il se consacre uniquement à l'astronomie.

Il retrouve la petite planète Cérès, déjà découverte par G. Piazzi en 1801. En recherchant la planète manquante entre Mars et Jupiter, il découvre les astéroïdes Pallas en 1802 et Vesta en 1807. Il explique les nombreux astéroïdes en les attribuant aux fragments d'une planète éclatée. Il s'intéresse tout particulièrement aux comètes dont il en découvre de nombreuses. Il explique la forme de leurs queues spectaculaires.

En 1926, il donne une explication (inexacte) à la noirceur du ciel nocturne qui devrait être brillant compte tenu de la densité des étoiles. Il pense donc avoir ainsi apporté une réponse à une question que se posaient avant lui J. Kepler et E. Halley.

Paradoxe d'Olbers : dans une conception classique, euclidienne, infinie et statique de l'univers, le ciel nocturne devrait apparaître uniformément brillant, puisque, quelle que soit la direction de l'observation, il y a toujours une étoile dans la ligne de visée. Plus exactement, l'intensité rayonnée par une étoile diminue comme l'inverse du carré de la distance, tandis que le nombre d'étoiles augmente comme le carré de la distance. Dans l'hypothèse d'un univers de densité uniforme, l'intégrale de toutes les contributions diverge. W. Olbers donne une explication de la noirceur du ciel en invoquant l'absorption par de la matière diffuse comme nous pouvons l'observer dans la Voie Lactée. Cette explication n'est pas exacte. C'est l'expansion de l'univers qui est considérée aujourd'hui comme la cause de l'obscurité nocturne.

OLIPHANT Mark Laurence Elwin

Adélaïde (Australie) 1901 – Canberra 2000

Après des études menées en Grande-Bretagne à Cambridge, Mark Oliphant est nommé assistant au laboratoire Cavendish où il effectue des recherches dans le domaine de la physique nucléaire.

En 1934, il fabrique une source abondante de neutrons en bombardant du deutérium par des deutons. Il découvre les isotopes de l'hélium et de l'hydrogène, tout particulièrement le tritium. Il est nommé professeur à Birmingham en 1937.

Pendant la guerre, il participe aux développements du magnétron et du radar et il travaille à Berkeley avec E. Lawrence. En 1943, presque simultanément avec E. Mac Millan et avec I. Veksler, il invente le synchrocyclotron qui permet d'accélérer des protons jusqu'à des énergies relativistes, en faisant varier la fréquence du champ électrique accélérateur.

Il revient en Australie en 1950 pour enseigner à l'université de Canberra.

ONSAGER Lars

Oslo 1903 – Miami 1976

Après des études à Trondheim puis à Zurich, Lars Onsager part aux États-Unis en 1928 et il enseigne dans plusieurs universités dont celle de Yale. En 1931, il publie un article considéré comme apportant les premiers fondements de la thermodynamique des processus irréversibles. Dans ce domaine, il établit des relations de réciprocité qui sont utilisées dans l'étude des phénomènes biologiques. Il reçoit le prix Nobel de Chimie en 1968.

Relations d'Onsager : en général, dans un système en évolution, le flux $\vec{J}$ d'une certaine quantité thermodynamique peut s'exprimer par le gradient $\vec{X}$ d'une autre quantité. Ainsi en est-il du flux de chaleur proportionnel au gradient de température. Quand deux systèmes 1 et 2 sont en contact et en évolution, les flux $\vec{J}$ peuvent s'exprimer en fonctions des gradients $\vec{J}$ par les relations suivantes : $\vec{J_1} = L_{21}\,\vec{X_1} + L_{22}\,\vec{X2}$ et où L_{11}, L_{12}, L_{21} et L_{22} sont des paramètres du système.

Les relations d'Onsager stipulent que l'on doit avoir $L_{12} = L_{21}$.

OORT Jan Hendrik

Franeker (Pays-Bas) 1900 – Wassenaar (Pays-Bas) 1992

Jan Oort effectue ses études à Groningue où il est l'élève et l'admirateur de J. Kapteen. Il passe la plus grande partie de sa vie à Leyde où il sera nommé successivement professeur et directeur de l'observatoire.

En 1927, il met en évidence la rotation de notre galaxie en mesurant les effets Doppler de la lumière émise par les étoiles. En 1932, il établit une estimation de la masse de la galaxie en analysant le mouvement des étoiles autour du centre galactique. Il localise son centre, qu'il soupçonne être très dense, dans la direction du Sagittaire à 30 000 années-lumière. En 1951, il établit la structure spirale de la galaxie. Il confirme ainsi les idées de B. Lindblad et de H. Shapley.

Par l'analyse du mouvement des étoiles, il avance, dès 1937, l'hypothèse d'une matière noire qui donne aux galaxies des masses bien supérieures à celles qui se déduisent de l'observation de la matière visible.

Responsable de l'Observatoire de Leyde pendant l'occupation allemande, il continue à travailler secrètement avec quelques collaborateurs réfugiés en Angleterre. Il identifie l'observation chinoise de l'an 1054 à l'explosion d'une supernova dont les restes constituent la nébuleuse du Crabe.

Il découvre une importante concentration de comètes, laquelle porte son nom, le nuage d'Oort.

Il s'intéresse aux émissions radioélectriques du ciel et il s'interroge sur l'origine de telles ondes. Son élève H. Van der Hulst suggère que l'émission de la raie de 21 centimètres de l'hydrogène devrait y contribuer et devrait être détectable, ce qui est confirmé expérimentalement par E. Purcell en 1951. En 1958, avec F. Kerr et G. Westerhout, J. Oort établit la carte du ciel de l'émission de cette raie. Il en déduit une mesure précise du mouvement de rotation de la matière galactique et une forte indication de présence de matière noire dans notre galaxie. L'écoute de la raie de 21 centimètres est suivie par de nombreux radiotélescopes dans le monde dans l'espoir actuellement déçu d'y détecter un message intelligent extraterrestre.

En 1958, J. Oort estime la densité moyenne de l'univers à $3{,}1.10^{-28}$ kg/m^3, valeur très proche des évaluations actuelles.

En 1956, avec T. Walraven, il explique le rayonnement de la nébuleuse du Crabe par une émission synchrotron des électrons.

Dans son éloge funèbre, l'astronome S. Shostak dit : « Comme un moderne Copernic, J. Oort a montré que notre position dans le monde n'a rien de particulier ».

Nuage d'Oort : concentration de comètes dans une zone voisine du système solaire. Certaines passent à proximité de la Terre.

ÖPIK Ernst Julius

Rakwere (Estonie) 1893-1985

Après des études effectuées à Tartu (Dorpat), Ernst Öpik commence sa carrière en Estonie et il s'établit en Allemagne après la Deuxième Guerre mondiale.

Il est l'auteur d'une méthode de comptage des météorites. Il observe des comètes et décrit leurs trajectoires.

En 1951, en même temps que E. Salpeter, il propose une explication de la formation du carbone dans les géantes rouges par un processus de fusion de trois particules alpha. L'argument est renforcé par F. Hoyle qui invoque le rôle d'une résonance du carbone 12.

Il est l'inventeur de matériaux réfractaires destinés à protéger les vaisseaux spatiaux lors de leur retour dans l'atmosphère terrestre.

OPPENHEIMER Robert Julius

New York 1904 – Princeton 1967

Robert Oppenheimer mène des études très diversifiées à l'université de Harvard à Boston où il bénéficie de l'influence de son professeur P. Bridgman. Il effectue de fréquents séjours en Europe, à Cambridge et à Göttingen. Il a ainsi l'occasion d'écouter les créateurs de la nouvelle mécanique quantique. Ses premiers travaux de recherche sont orientés vers les descriptions quantiques de l'atome et de la molécule. En 1929, il est nommé professeur en Californie, à Berkeley et à Pasadena.

En 1930, il prévoit l'existence de l'étoile à neutrons comme état final de l'effondrement d'une étoile massive. D'abord avec H. Snyder, ensuite avec G. Volkoff, il traite cette étoile dans le cadre de la relativité générale et il en établit les principales propriétés.

En 1937, avec R. Serber, il tente d'identifier la particule observée par C. Anderson et par S. Neddermeyer au méson de H. Yukawa. Cette tentative n'aboutit pas mais, pour la première fois, elle fait connaître aux physiciens occidentaux le travail précurseur mais ignoré du physicien japonais.

En 1943, il est choisi comme directeur scientifique du centre de Los Alamos pour mener le projet Manhattan de la fabrication de l'arme nucléaire, ce qu'il réussit parfaitement. Après la fin de la guerre contre le Japon, il s'oppose à E. Teller et E. Lawrence qui soutiennent le prolongement du programme des armes nucléaires vers la fusion thermonucléaire.

En 1947, il dirige l'Institut des Études Avancées de Princeton et il contribue à « rajeunir » les membres de cette vénérable institution. Il est également président de la commission consultative de l'énergie atomique.

En 1954, pendant la période du Mac Carthisme, sous la présidence de D. Eisenhower, R. Oppenheimer est suspecté d'avoir eu des contacts avec les communistes. Il est alors écarté des activités nucléaires secrètes. Il est réhabilité en 1963 sous les présidences de J. Kennedy et de L. Johnson.

OSHEROFF Douglas D.

Aberdeen

Douglas Osheroff effectue ses études au California Institute of Technology où il est élève de R. Feynman. Il prépare sa thèse à l'université Cornell d'Ithaca sur l'étude des matériaux à basses températures.

En 1972, il entre dans les laboratoires de la compagnie Bell Telephone où il étudie tout particulièrement les propriétés de l'hélium 3 qui devient disponible comme sous-produit des programmes militaires. Avec D. Lee et des collègues théoriciens, il en établit la superfluidité.

En 1977, par désaimantation adiabatique de sels paramagnétiques, il obtient une température suffisamment basse pour solidifier l'hélium 3. Il montre que cet hélium est antiferromagnétique.

À partir de 1987, il poursuit ces mêmes travaux à Berkeley où il a été nommé professeur.

Il partage le prix Nobel de Physique en 1996 avec D. Lee et avec R. Richardson.

OSTRIKER Jeremiah Paul

New York 1937

Jeremiah Ostriker commence ses études à l'université de Harvard et il les termine à Chicago. Il enseigne à Princeton.

En 1969 avec J. Gunn, il propose une explication de l'émission saccadée des étoiles à neutrons. Les électrons retenus par le champ magnétique tournent autour de l'axe de rotation avec des vitesses proportionnelles à leur éloignement. En approchant la vitesse de la lumière, ils émettent un fort rayonnement synchrotron qui balaye l'espace environnant comme un phare balaye la surface de la mer.

En 1973, avec B. Margon, il propose un mécanisme d'émission de rayons X par un système stellaire binaire dont un élément est une étoile à neutrons ou un trou noir.

En 1973, avec P. Peebles, il suggère l'existence d'un halo de matière noire dans les galaxies afin de rendre compte des mouvements de rotation rapide des étoiles autour des centres des galaxies. La nature exacte de cette masse n'est toujours pas élucidée.

En 1975, avec S. Tremaine, il suggère le processus de « cannibalisme » des galaxies entre elles afin d'expliquer la présence des galaxies elliptiques géantes aux centres des amas de galaxies.

P

PANOFSKY Wolfgang K. H.

Berlin 1919-2007

Émigré aux États-Unis en 1934, Wolfgang Panofsky effectue ses études à Princeton et au California Institute of Technology où il est impliqué dans les programmes militaires à partir de 1942.

Après la guerre, il enseigne à Stanford. Il y étudie les propriétés du méson pion, sa masse, sa parité.

À Stanford, il mène à bien la construction de l'accélérateur linéaire de 2 miles de long qui atteint l'énergie de 20 GeV et qui attire de très bons physiciens expérimentateurs américains.

Il participe à plusieurs comités qui réunissent les militaires et les scientifiques américains comme par exemple le comité Jason.

Publications

« Classical electricity and magnetism » (1955), « Particles and policy » (1993).

PAPIN Denis

Chitenay (près de Blois) 1647 – Londres 1712

Denis Papin fait des études de médecine à l'université d'Angers avant de venir à Paris où il prend contact avec C. Huygens et travaille sous sa direction sur des expériences à l'aide d'une pompe à air. En 1674, il publie un essai sur un mode de conservation des aliments en raréfiant l'air au-dessus de ceux-ci. En 1675, il part à Londres et il travaille avec R. Boyle. En 1679, il présente devant la Royal Society un cuiseur avec soupape de sécurité, ancêtre de nos modernes cocottes-minute.

D. Papin revient à Paris vers 1680 puis part en 1687 en Allemagne où il est recruté comme professeur de mathématiques à l'université de Marburg. En 1690, il publie un article dans lequel il décrit le principe de l'action de la vapeur sur un piston dans un cylindre. Il peut ainsi être considéré comme un précurseur de l'invention des machines à vapeur qui vont commencer à être construites en Angleterre par T. Savery et par T. Newcomen vers 1700, puis par J. Watt un peu plus tard.

S'estimant mal payé pour son travail d'enseignant, D. Papin retourne en Angleterre en 1707 mais il ne trouve pas d'emploi permanent correspondant à son savoir-faire. Il meurt dans l'oubli vers 1712.

PARSONS William (de ROSSE)

York (Angleterre) 1800 – Monkstown (Irlande) 1867

William Parsons effectue ses études à Oxford. Il est d'abord un homme politique très actif. Il siège à la Chambre des Communes de 1821 à 1834, ensuite à la Chambre des Lords à partir de 1845, à la place de son père décédé.

Astronome amateur, il perfectionne les techniques de polissage et construit des télescopes en bronze de plus en plus grands. Il doit pour cela mettre au point la technique des soudures des anneaux métalliques concentriques, il doit automatiser une technique de polissage, il doit effectuer un contrôle continu de l'état de la surface à polir. Il réalise un instrument de près de deux mètres de diamètre, le plus grand de son époque. Malgré le temps brumeux de l'Irlande et les limitations de mouvement du télescope, il fait plusieurs découvertes. En particulier, il met en évidence les structures spirales, plus tard identifiées comme des galaxies. Il analyse finement la nébuleuse du Crabe.

PASCAL Blaise

Clermont-Ferrand 1623 – Paris 1662

Blaise Pascal occupe une place à part dans la science française car, bien que mort à l'âge de 40 ans, il a laissé une œuvre importante de mathématicien, de physicien et aussi d'essayiste. Quelques repères biographiques permettront de reconstituer rapidement comment s'est exercée cette activité multiple et diversifiée.

Né à Clermont-Ferrand, B. Pascal perd sa mère à l'âge de 3 ans et, âgé de 8 ans, il arrive à Paris avec son père et ses deux sœurs aînées. Enfant d'une intelligence hors du commun, il lit les *Éléments* d'Euclide à l'âge de 12 ans. Très jeune, il s'intéresse à l'étude des mathématiques et il écrit un premier travail sur les coniques à l'âge de 17 ans. Il commence à participer aux activités de l'Académie Parisienne du Père Mersenne mais il suit son père à Rouen en 1640. En 1642, il se met à construire une machine à calculer qui sera commercialisée en 1649. À Rouen, il commence à s'intéresser de près à la physique. Revenu à Paris pour des questions de santé, il va continuer son activité en physique jusqu'en 1654 et en mathématiques jusqu'en 1658, période pendant laquelle il travaille sur les probabilités et sur le calcul des indivisibles. Attiré dès 1646 par la morale austère des jansénistes de Port-Royal (une de ses sœurs entre d'ailleurs au couvent de Port-Royal en 1652), il décide d'abandonner toute recherche en physique pour se consacrer à une activité intellectuelle liée à la vie religieuse. De là naîtront en 1657 *Les Provinciales*, ensemble anonyme de lettres polémiques contre les Jésuites, opposés au mouvement de Port-Royal. De là naîtra également un projet d'écrit pour la défense de la religion chrétienne pour lequel B. Pascal composera des textes qui ne seront publiés qu'après sa mort sous le titre les *Pensées*. Atteint probablement de tuberculose, B. Pascal meurt prématurément en 1662.

L'intérêt de B. Pascal pour la physique remonte au moins à l'année 1646 quand un ami du père Mersenne, passant par Rouen, rend visite aux Pascal et les met au courant de l'expérience de E. Torricelli sur le tube à mercure. Profitant de l'habileté d'un constructeur de tubes de verre à Rouen, B. Pascal mène en janvier 1647 une série d'expériences du type de celle de E. Torricelli et il se persuade que la doctrine aristotélicienne et scholastique de « La nature a horreur du vide » est erronée. Après son retour à Paris en 1647 et après des discussions avec le père Mersenne et avec R. Descartes, il projette de nouvelles expériences destinées à mettre en évidence l'effet de la pression atmosphérique. Sur ce sujet, il mène des expériences à la tour Saint Jacques à Paris et il persuade son beau-frère, Florin Périer, d'aller mener des expériences similaires au sommet du Puy de Dôme près de Clermont-Ferrand. Ces expériences sont effectivement réalisées pendant les premiers mois de 1649 au bas et au sommet du Puy de Dôme et leurs résultats sont communiqués dans une lettre de F. Périer envoyée à B. Pascal. Ce dernier prépare alors tout un traité synthétique basé sur ces expériences et consacré au rôle de la pression atmosphérique. Ce traité sera publié par F. Périer en 1663 après la mort de B. Pascal sous le titre de *Traités de l'équilibre des liqueurs et de la pesanteur de l'air.*

Bien que Torricelli ait été le premier à réaliser l'expérience de la cuve à mercure, il appartient à Pascal d'avoir clairement mis en évidence le rôle de la pression atmosphérique dans ces expériences qui seront bientôt à la base de la réalisation des premiers baromètres.

Principe de Pascal : dans un liquide incompressible, les variations de pression sont transmises intégralement dans toutes les directions. Ce principe rend compte de la loi des vases communicants et il explique le résultat de l'expérience dite du tonneau de Pascal : un tonneau relié à un tube vertical, de faible section mais de grande hauteur et rempli d'eau, peut éclater car il est soumis à une pression donnée par la hauteur de la colonne d'eau.

Le pascal : unité de pression correspondant à une force de 1 newton agissant sur une surface de 1 m^2. La pression atmosphérique est de l'ordre de 10^5 pascals et l'unité de pression souvent employée est le bar ou le millibar (1 bar = 10^5 pascals).

Publications

« Les Provinciales » (1657), « Traités de l'équilibre des liqueurs et de la pesanteur de l'air » (1663), « Les Pensées » (1670).

PASCHEN Friedrich

Schwerin (Allemagne) 1865 – Potsdam 1947

Friedrich Paschen mène des études supérieures d'abord à Strasbourg, ensuite à Berlin. Nommé assistant à Münster, puis à Hanovre, il effectue des recherches sur l'électrolyse. Il redécouvre la loi de Wien en ignorant les travaux de son collègue, et réciproquement !

Il est surtout connu par ses travaux en spectroscopie infrarouge pour laquelle il utilise d'abord des réseaux et ensuite des prismes en verres spéciaux. Il adapte le bolomètre à la détection de l'infrarouge. En 1909, il établit le spectre infrarouge de l'émission de l'atome d'hydrogène, connu aujourd'hui sous le nom de « série de Paschen ». Il étudie l'absorption infrarouge des cristaux.

En 1912, avec E. Back, il montre que l'effet Zeemann dit « anormal » devient normal lorsque le champ magnétique est élevé, la raie étant clivée suivant un triplet comme le prévoit le traitement de H. Lorentz en négligeant le spin.

En 1916, l'étude de la structure des raies des rayons X lui permet de vérifier les corrections relativistes calculées par A. Sommerfeld. Il participe aussi à la détermination du spectre de l'hélium.

PASTEUR Louis

Dôle (Jura) 1822 – Marnes-la-Coquette 1895

Originaire d'une famille modeste spécialisée dans la tannerie, Louis Pasteur suit des études secondaires, d'abord à Arbois, puis à Besançon. Poussé par ses professeurs, il passe sans succès le concours d'entrée à l'École polytechnique de Paris. Il vient alors à Paris pour préparer le concours d'entrée à l'École normale supérieure où il est admis en 1843. À la fin de ses études en 1846, il obtient dans cette école un poste de préparateur en chimie et il s'initie à la recherche. Sur les conseils peut-être de G. Delafosse, son professeur de minéralogie, il se tourne vers l'étude du pouvoir rotatoire optique des cristaux. Ce pouvoir rotatoire était connu depuis 1815, date à laquelle le physicien J.-B. Biot avait montré que certains cristaux de quartz possédaient la propriété de modifier le plan de polarisation de la lumière qui les traversait. Il était connu aussi que certains tartrates, c'est-à-dire des sels de l'acide tartrique, pouvaient posséder cette propriété, variable cependant d'un composé à l'autre, malgré leur composition chimique apparemment identique, ce qui avait d'ailleurs conduit au concept d'isomérie. L'idée d'associer l'activité optique d'isomères à une organisation différente des éléments constituants d'une molécule était dans l'air. C'est sans doute avec cette arrière-pensée que L. Pasteur entreprend des études sur différents composés de l'acide tartrique. L'examen de la forme des cristaux l'amène à distinguer deux types d'orientation des facettes de cristal pour un même composé chimique. La séparation manuelle de ces deux types conduit L. Pasteur à préparer deux solutions possibles de ces cristaux qui montrent chacune un pouvoir rotatoire équivalent mais dans un sens opposé. Depuis cette étude originale et importante faite en 1848, le nom de substances lévogyres et dextrogyres devait être donné à ces composés aux propriétés optiques caractéristiques. L. Pasteur devait montrer aussi que le mélange de ces deux substances donnait un composé optiquement neutre appelé maintenant racémique. Si cette propriété optique était suspectée venir de l'organisation spatiale de la molécule constitutive des cristaux, il faudra cependant attendre 1874 pour que les chimistes A. Le Bel et A. Van't Hoff viennent préciser cette idée de façon concrète.

Nommé professeur de chimie en 1849 à Strasbourg, L. Pasteur va d'abord continuer ses recherches sur l'activité optique de certains composés, persuadé, semble-t-il, par l'idée que cette propriété joue peut-être un rôle dans les molécules de la biologie et de la vie.

En 1854, il est nommé professeur de chimie à Lille et il se tourne surtout vers l'étude de la fermentation. Il revient à Paris en 1857 et il a d'abord des responsabilités scientifiques à l'École normale supérieure de Paris avant d'être nommé professeur de chimie à la Sorbonne et directeur d'un laboratoire de chimie à l'École normale supérieure. Sur le plan de la recherche, après ses études sur la fermentation, L. Pasteur en vient à s'intéresser à un sujet chaud et débattu à cette époque, celui de la génération spontanée. En 1861, il publie un article de synthèse dans lequel il conclut définitivement sur la question de l'absence de génération spontanée.

À partir de 1862, L. Pasteur se tourne surtout vers l'étude de maladies diverses, dans le domaine végétal puis dans le domaine animal. Sa mise au point d'un vaccin contre la rage contribue à faire de lui un homme très célèbre en France, image prototype du grand savant.

Cette célébrité lui vaudra de devenir en 1888 le premier directeur du nouvel institut qui porte son nom et qui est maintenant connu à travers le monde entier. Elle lui vaudra aussi des funérailles nationales en 1895.

PAUL Wolfgang

Lorenzkirch 1913 – Bonn 1993

Wolfgang Paul effectue ses études à Munich où il bénéficie des conseils de A. Sommerfeld et de H. Geiger. Sous la direction de H. Kopfermann à Berlin, il prépare un doctorat sur la mesure du moment magnétique du béryllium.

Il est nommé professeur à Göttingen en 1944 et à Bonn en 1952. Il effectue les premières expériences de collisions d'électrons en utilisant le bêtatron de 6 MeV de la firme Siemens. Il favorise par la suite les applications médicales de cette source de radiation. En 1954, il construit la première machine européenne à focalisation forte, un accélérateur à électrons de 500 MeV. Plus tard il dirige la construction d'un deuxième accélérateur de ce type qui atteint 2,5 GeV.

Il participe aux activités du Centre européen de recherche nucléaire (CERN) où il occupe des postes de direction scientifique de 1964 à 1967. Il avait déjà assumé ce même type de responsabilité au laboratoire DESY à Hambourg.

Son activité la plus originale est la fabrication de pièges pour isoler et immobiliser les ions en utilisant les champs électriques variables de trois électrodes. Avec un instrument de ce type, ses collègues H. Dehmelt et P. Toschek réussissent à isoler un électron. W. Paul et H. Dehmelt se partagent le prix Nobel de Physique en 1989 avec N. Ramsey.

W. Paul est aussi à l'origine d'un spectrographe de masse constitué par une lentille quadrupolaire dont la longueur focale dépend de la masse de la particule.

Trappe de Paul : configuration de champs électriques et champs magnétiques capable de confiner des particules chargées dans un volume restreint.

PAULI Wolfgang

Vienne 1900 – Zürich 1958

Wolfgang Pauli est élève de A. Sommerfeld à Munich où il termine ses études supérieures. À l'âge de vingt ans, il lui est demandé d'écrire un article sur la relativité générale. Son texte apparaît comme la meilleure présentation des idées d'A. Einstein, plus claire même que celle de l'auteur. En 1922, il présente à Göttingen un travail de thèse sur la structure de la molécule d'eau.

Pendant un séjour d'une année à Copenhague chez N. Bohr en 1922, il postule l'existence d'un moment magnétique associé au noyau atomique. À partir de 1931, il enseigne à l'École polytechnique de Zurich.

Sa contribution la plus marquante est le principe d'exclusion, selon lequel plusieurs électrons ne peuvent occuper une même case quantique. Ce principe rend compte de nombreux phénomènes, tels que la structure des atomes complexes, le comportement des électrons de conduction dans les métaux, l'équilibre des naines blanches.

En décembre 1930, il écrit à ses collègues du congrès Solvay de cette même année, auquel il n'a pas pu se rendre, une lettre dans laquelle il propose l'hypothèse du neutrino afin de rendre compte du spectre continu de l'énergie des électrons émis dans les radioactivités bêta. Une désintégration en deux corps aurait donné à l'électron une énergie fixe. Le fait que cette énergie se distribue suivant un spectre suggère qu'il y a dans l'état final un troisième corps qui emporte une partie de l'énergie disponible. Comme cette particule a échappé jusqu'alors à la détection, il suppose qu'elle n'est sensible, ni à l'interaction nucléaire, ni à l'interaction électromagnétique. L'existence réelle du neutrino ne sera démontrée par ses réactions qu'en 1956 auprès du réacteur nucléaire de Savannah aux États-Unis.

Il reçoit en 1945 le prix Nobel de Physique. Il ne se rend pas à Stockholm et le prix lui est remis lors d'un dîner à Princeton.

Sa correspondance, déposée au CERN, est très volumineuse. Elle révèle l'intérêt qu'il porte à ses collègues et tout particulièrement aux jeunes chercheurs auxquels il prodigue des conseils d'une grande sagesse.

W. Pauli a parfois la dent dure. À propos d'A. Sommerfeld, chaud partisan du premier modèle quantique de N. Bohr, il dit : « Il croît à certaines relations numériques, il s'agit d'une mystique des nombres, comme autrefois celle des pythagoriciens. J'aurais tendance à appeler « atomystique » toutes ces considérations ». Ses collègues ne se privaient pas de le provoquer. Lors d'un séminaire à New York, W. Pauli expose des idées fortement critiquées par ses collègues. N. Bohr conclut : « Votre théorie est complètement folle, nous sommes tous d'accord sur ce point. La question qui nous divise est de savoir si elle est suffisamment folle pour avoir des chances d'être correcte. Mon sentiment est qu'elle n'est pas suffisamment folle ».

W. Pauli est l'un des plus brillants théoriciens du XXe siècle.

Principe d'exclusion de Pauli : deux électrons ne peuvent occuper une même case quantique. L'application de ce principe aux électrons des atomes complexes les obligent à se répartir sur des couches successives correspondant à des nombres quantiques différents. Lorsque deux électrons d'un même atome ont des nombres quantiques d'espace identiques (n, l, m), leurs spins doivent être antiparallèles.

Publications

« The theory of relativity » (1920), « Naturklarung und Psyche » avec C. Jung (1952).

PAYNE-GAPOSCHKIN Cecilia Helena

Wendover (Angleterre) 1900 – Boston 1979

Cecilia Payne effectue ses études aux universités de Cambridge en Angleterre et de Harvard aux États-Unis où elle est l'élève de H. Shapley. Elle montre que l'hydrogène est de loin le constituant le plus abondant de l'univers, ce qui constitue un élément déterminant de la cosmologie.

Travaillant avec son mari S. Gaposchkin à l'Observatoire de Boston, elle focalise son activité de recherche sur les évolutions des étoiles, sur la classification des novae et sur l'analyse des atmosphères stellaires. Elle y mesure les abondances des éléments légers.

Publications

« Stellar atmospheres » (1925), « The stars of high luminosity » (1930), « Variables stars » avec S. Gaposhkin (1938), « Stars in the making » (1952), « The galactic novae » (1957), « Introduction to astronomy » (1970), « Stars and clusters » (1979).

PEEBLES James

Winnipeg 1935

Après des études menées aux universités de Manitoba et de Princeton, James Peebles présente sa thèse à Princeton où il reste pour enseigner.

Il participe avec F. Hoyle et R. Tayler aux calculs de la nucléosynthèse initiale conduisant à l'explication des proportions actuelles de certains éléments légers et tout particulièrement de celle de l'hélium.

En 1965, avec R. Dicke, il approfondit les estimations du rayonnement thermique de l'univers et il conclut qu'il devrait être observable. Il participe à l'interprétation des résultats de A. Penzias et R. Wilson de l'année suivante.

En 1970, dans une distribution à grande échelle des galaxies, il fait apparaître des structures telles que de vastes espaces vides, des filaments, des zones de concentration. Cette description préfigure l'appellation de distribution « spongieuse » proposée plus tard.

En 1973, avec J. Ostriker, il suggère l'existence d'un halo de matière noire dans les galaxies afin de rendre compte des mouvements rapides de rotation des étoiles autour des centres des galaxies.

En 1982, il introduit dans les explications possibles de la matière noire de l'univers les contributions des particules nouvelles suggérées par les théories récentes d'unification des interactions. Il défend l'idée que la densité de notre univers est probablement critique, celle qui correspond à un univers parabolique, intermédiaire entre un univers ouvert (hyperbolique) qui continue son expansion et un univers fermé (elliptique) qui se contracte après une période d'expansion.

Publications

« Physical Cosmology » (1971), « The large scale structure of the universe » (1980).

PEIERLS Rudolf Ernest

Berlin 1907-1995

Étudiant de W. Pauli à Zurich, Rudolf Peierls établit des courbes de dispersion des phonons. Il construit une théorie des électrons dans les cristaux en utilisant le concept de la zone de Brilloin. En 1930, pour mieux interpréter la conduction thermique et la chaleur spécifique des cristaux, il introduit les processus dits « Umklapp » en généralisant la contribution des réactions à trois phonons.

Établi en Angleterre pour fuir le nazisme, il est nommé professeur à Birmingham en 1937.

En 1934, avec H. Bethe, il élabore une théorie des désintégrations bêta des noyaux.

En 1939, il participe aux travaux théoriques sur le méson pion en essayant d'appliquer la méthodologie de l'électrodynamique quantique. Il se heurte aux difficultés inhérentes à un mauvais choix du spin.

Avec P. Kapur, il propose en 1939 un modèle nucléaire dans lequel le cœur du noyau ne participe pas aux réactions à la différence des nucléons de la surface.

Pendant la Deuxième Guerre mondiale, il participe au développement de l'arme nucléaire en démontrant avec O. Frisch l'énorme quantité d'énergie dégagée par la fission nucléaire. Il effectue des premières estimations de la masse critique d'une bombe atomique. Il s'emploie à convaincre les autorités britanniques de collaborer dans ce domaine le plus vite possible avec les États-Unis.

Publication

« Bird of passage » (1985).

PEIRESC Nicolas Claude Fabri de

Belgentier 1580 – Aix-en-Provence 1637

Nicolas de Peiresc avait son père qui était conseiller du Parlement de Provence. Après des études générales à Aix-en-Provence et à Avignon et des études de droit à Montpellier, lui-même occupe ce même type de poste, en remplacement d'un oncle décédé. Entre temps, il avait eu l'occasion de visiter l'Italie, il avait rencontré Galilée et il avait fait la découverte de l'humanisme artistique italien. En 1610, il apprend les découvertes astronomiques de Galilée décrites dans le *Siderius Nuncius* et, ayant réussi à sa procurer une lunette, il se met à observer le ciel. Occupé à suivre Vénus et Mercure, il note également, le premier semble-t-il, la présence d'un amas d'étoiles qui prendra plus tard le nom d'Orion.

Pendant un séjour à Paris, il rencontre le Père Mersenne avec lequel il entretiendra une correspondance scientifique. De retour à Aix-en-Provence en 1623, il fait la connaissance du Père Gassendi avec qui il se liera d'amitié et avec qui il nouera une collaboration scientifique. En marge de ses activités, il rassemble une collection de cristaux et de fossiles ainsi que des pièces de monnaie venues de l'antiquité. En mauvaise santé, il meurt en 1637 en présence du Père Gassendi qui écrira un peu plus tard un livre relatant sa vie et ses activités.

En dehors de l'activité scientifique qu'il a menée quelque peu en dilettante, N. de Peiresc apparaît en ce début du dix-septième siècle comme l'un des représentants d'un humanisme éclairé qui essaie de renouveler la vie intellectuelle après le déclin de la philosophie aristotélicienne et scholastique. Ce nouvel état d'esprit sera propice à l'éclosion de la révolution cartésienne.

PELTIER Jean Charles Athanase

Ham (Somme) 1785 – Paris 1845

Fils d'un cordonnier, apprenti dans une fonderie de cloches, Jean Peltier devient horloger. Il se cultive par des lectures. Bénéficiant d'un petit héritage en 1815, il abandonne son travail rémunéré et s'intéresse à la médecine, et plus particulièrement à l'action de l'électricité sur les muscles.

Afin de mesurer de très faibles intensités, il construit lui-même en 1834 un galvanomètre sensible. Il constate que plusieurs soudures de conducteurs différents mises en série et parcourues par un courant électrique sont capables de produire du froid. Il découvre ainsi l'effet thermoélectrique qui porte son nom. L'intérêt de cette découverte n'a été reconnu que plus tard, après une analyse précise effectuée par H. Lenz.

Effet Peltier : absorption ou émission de chaleur à la jonction entre deux conducteurs, proportionnelle au courant électrique. C'est l'effet inverse de l'effet Seebeck.

PENROSE Roger

Colchester 1931

Après des études menées à Londres et à Cambridge, Roger Penrose enseigne à Londres et à Oxford. Ses recherches portent essentiellement sur les concepts les plus théoriques de la physique. Ses travaux mathématiques sur les figures géométriques dans les espaces de dimensions supérieures à trois sont utilisés pour interpréter les propriétés des quasi-cristaux, découverts par Schechtman, dont les symétries locales sont d'ordre cinq.

Il généralise le concept de la condensation de Bose-Einstein.

Avec S. Hawking, il propose une description du trou noir comme une singularité mathématique. Il établit les propriétés du trou noir en rotation.

Son analyse de la « flèche du temps » touche aux aspects philosophiques de la science.

Publications

« The Emperor new mind concerning computers, mind and the laws of physics » (1989), « Scenarios of the mind, a search for the missing science of consciencIousness » (1994).

PENSTON Michael Victor

1943-1990

Après ses études effectuées à Cambridge, Michael Penston commence des travaux de recherche à l'Observatoire de Greenwich. Il se spécialise dans l'observation du ciel dans le domaine de l'ultraviolet et il utilise des satellites artificiels qui éliminent les effets de l'absorption atmosphérique.

Il est le premier à donner une information en faveur de l'existence d'un trou noir galactique, détecté par la circulation d'un gaz à haute température au centre d'une galaxie.

Publication

« Pre-main sequence evolution ».

PENZIAS Arno Allen

Munich 1933

Sa famille ayant émigré en Angleterre en 1939 et aux États-Unis en 1940, Arno Penzias effectue ses études à New York. Lors de son travail de thèse chez C. Townes à l'université de Columbia à New York, il construit un amplificateur maser destiné à des applications en astrophysique.

En 1961, il entre dans la société Bell Telephone où il effectue la totalité de sa carrière, tout en assurant en parallèle un enseignement universitaire. Il travaille essentiellement sur les antennes micro-ondes destinées à suivre les satellites artificiels. En 1962, une grande antenne accordée sur une longueur d'onde de 7,35 centimètres et prévue pour le programme Telstar devient disponible. Il propose de l'utiliser pour effectuer un programme d'observation des émissions astronomiques. Avec R. Wilson, il récupère des détecteurs existants dans la société Bell Telephone. Afin d'étudier le bruit de fond du système ainsi assemblé, l'antenne est pointée, la nuit, dans des directions connues comme ne correspondant pas à de fortes émissions radioélectriques du ciel. Un signal permanent, supérieur à l'estimation du bruit de fond, est détecté et ne peut être éliminé comme signal parasite. Après un contact avec les astrophysiciens de Princeton, ce signal est identifié avec le rayonnement noir de l'univers, le rayonnement fossile du Big Bang, prévu par G. Gamow depuis 1948, calculé par R. Alpher et R. Herman au niveau de 5 °K et que R. Dicke envisageait de rechercher systématiquement. L'intensité de ce rayonnement à la longueur d'onde de 3,2 centimètres permet d'estimer à 3 °K la température caractéristique de ce rayonnement thermique.

En 1970, avec K. Jefferts et R. Wilson, A. Penzias participe à la découverte de la molécule d'oxyde de carbone détecté par ondes millimétriques dans l'espace interstellaire.

En 1978, il partage le prix Nobel de Physique avec son collègue R. Wilson et avec P. Kapitza.

Publication

« Ideas and information » (1989).

PEREY Marguerite Catherine

Villemomble (Paris) 1909 – Louveciennes (Paris) 1975

Préparatrice de M. Curie, Marguerite Perey est connue par sa découverte en 1939 du francium, élément chimique de numéro atomique égal à 87, qu'elle a séparé par voie chimique.

En 1949, elle est nommée professeur à l'université de Strasbourg dont elle dirige le Centre Nucléaire à partir de 1958.

PERL Martin Lewis

New York 1927

Après des études menées à Brooklyn et un début de carrière de chimiste dans la compagnie General Electric, Martin Perl présente en 1955 un doctorat de physique à l'université de Columbia à New York.

Nommé professeur à l'université de Stanford en 1965, il effectue des recherches auprès des anneaux de stockage d'électrons Spear. En 1975, avec son équipe, il découvre le troisième lepton, un électron lourd, le τ. Ces physiciens observent, au-delà de l'énergie totale de 4 GeV du système électron-positron, des événements qui apparemment ne respectent pas la conservation des nombres leptoniques, électronique ou muonique, puisque les seules particules détectables sont un électron et un muon. La conclusion d'une analyse délicate conduit à une interprétation selon laquelle l'annihilation de l'électron et du positron conduit à la création d'une paire de τ^+ et de τ^-. Chacun de ces leptons τ se désintègre en un lepton plus léger, un électron ou un muon, un neutrino et un antineutrino. La présence de quatre particules invisibles, neutrinos et antineutrinos dans l'état final, est à la source de la difficulté de l'interprétation. Cette découverte est confirmée en 1977 par des résultats obtenus à Hambourg avec la machine Doris. Cette découverte porte à trois le nombre total de leptons chargés, nombre devenu définitif après les résultats de 1993 du Centre européen de recherche nucléaire (CERN).

M. Perl reçoit le prix Nobel de Physique en 1996, en même temps que F. Reines. Il représente ses collègues américains au Comité des Directives scientifiques du CERN.

PERRIN Jean-Baptiste

Lille 1870 – New York 1942

Entré à l'École normale supérieure, Jean-Baptiste Perrin y prolonge son séjour comme agrégé-préparateur. En 1895, dans son travail de thèse, il démontre que des particules de charge négative sont associées aux rayons cathodiques. Il suggère que les rayons dits « canaux », découverts par E. Goldstein, sont au contraire des particules positives. La démonstration définitive en sera faite par W. Wien en 1901. De l'ensemble de ses résultats, il déduit un modèle planétaire de l'atome, les électrons tournant autour d'une charge positive. Ce modèle sera perfectionné plus tard par N. Bohr et par A. Sommerfeld.

En 1896, il montre que les rayons X sont produits à l'endroit de l'impact des rayons cathodiques sur un obstacle métallique. Avec P. Langevin, il étudie l'ionisation de l'air produite par le passage des rayons X.

Il s'attache à déterminer le nombre d'Avogadro par différentes méthodes, par exemple, en examinant les couches monomoléculaires, en suivant les trajectoires aléatoires du mouvement brownien. Dans son livre *Les atomes*, il montre que les déterminations expérimentales indépendantes du nombre d'Avogadro convergent vers une valeur unique. Ses travaux contribuent à établir définitivement l'existence de la structure granulaire de la matière avec l'atome. Il met ainsi un point final à une polémique scientifique de plusieurs décennies.

Pendant la Première Guerre mondiale, il propose des méthodes de repérage par le son des canons ennemis.

Avec son fils Francis Perrin, il effectue des travaux sur la fluorescence et la luminescence. Il propose une explication de l'énergie solaire, la formation d'hélium par combustion de l'hydrogène

J. Perrin reçoit le prix Nobel de Physique en 1926. Il enseigne à la Sorbonne de 1910 à 1940. En 1936, il est sous-secrétaire d'État de Léon Blum et il crée le Palais de la Découverte en 1937. En 1939, il est le premier directeur du Centre national de recherche scientifique (CNRS). Pendant la Deuxième Guerre mondiale, il se réfugie aux États-Unis où il décède en 1942.

La personnalité originale de J. Perrin se révèle dans cette citation : « Nous prenons confusément conscience d'être une des vagues d'assaut qui se succèdent dans la poursuite d'un idéal sans cesse plus haut et cela peut nous consoler des petitesses et des misères d'une existence trop brève où au moins des lueurs venues de l'Infini auront jeté quelques sérénités ».

Publications

« Les principes » (1901), « Traité de chimie physique » (1903), « Les atomes » (1913), « Mouvement brownien et réalité moléculaire », « Matière et Lumière » (1919), « Lumière et réaction chimique » (1925), « Les éléments de la physique » (1929).

PETIT Alexis Thérèse

Vesoul 1791 – Paris 1820

Élève d'une intelligence exceptionnelle, Alexis Petit est envoyé à Paris dans un collège privé et, en 1807, il entre à l'École polytechnique à l'âge de seize ans, âge minimum requis pour l'admission dans cette école déjà prestigieuse. Il en sort premier en 1809 et il commence par enseigner la physique au lycée Bonaparte à Paris. Assistant à l'École polytechnique en 1814, il en devient professeur de physique en 1815 à l'âge de 24 ans ! En 1815, il commence une collaboration scientifique avec P. Dulong, chimiste travaillant à la Société d'Arcueil et lui-même ancien élève de l'École polytechnique. Leur collaboration les amènera à formuler ensemble une loi concernant la chaleur spécifique des corps, connue depuis sous le nom de loi de Dulong et Petit. Malheureusement, atteint de tuberculose en 1817, Alexis Petit meurt en 1820.

Loi de Dulong et Petit : à pression constante, la chaleur spécifique atomique des corps solides simples est constante et égale à 6,2 calories/atome-gramme. Cette loi est approximativement exacte à température élevée, bien qu'elle souffre de quelques exceptions (par exemple pour C et Si). À température plus basse, la valeur de la chaleur spécifique diminue. La forme de la dépendance n'a été expliquée qu'au début du XXe siècle, grâce à un traitement quantique de la répartition de l'énergie, introduit par A. Einstein, puis par P. Debye.

PHILLIPS Williams D.

Wilkes Barre (Pennsylvanie) 1948

Williams Phillips présente son doctorat de physique en 1976 au Massachussetts Institute of Technology.

Chercheur à Gaitherburg (Maryland), il développe la technique du piégeage magnétique des atomes lents, ce qui lui permet en 1991 d'obtenir une température des atomes six fois inférieure à celle qui avait été atteinte par S. Chu.

Il reçoit le prix Nobel de Physique en 1997 avec S. Chu et C. Cohen-Tannoudji.

PIAZZI Giuseppe

Ponte in Valtellina 1746 – Naples 1826

Moine italien, Giuseppe Piazzi effectue ses études de philosophie et de mathématiques à Milan et à Rome. Il enseigne les mathématiques d'abord à Palerme, puis à Naples. Chargé de créer l'Observatoire de Palerme, il effectue des séjours en France et en Angleterre pour choisir le matériel dont il doit équiper ce nouvel observatoire.

Il découvre un nouvel astre dans le ciel, mobile comme une planète, mais de trajectoire bien différente. Il s'agit du premier astéroïde, appelé Cérès, en honneur de la Sicile.

Publication

« Lezioni elementari di astronomia » (1817).

PICARD Jean

La Flèche (Anjou) 1620 – Paris 1682

On ne dispose pas d'informations sur la jeunesse de Jean Picard, on sait seulement qu'il est moine en Anjou pendant quelques années et qu'il est chargé avec P. de La

Hire de l'arpentage du château de Versailles alors en projet. À cette occasion, il invente avec A. Auzout le micromètre à fil et il remplace les dispositifs mécaniques de visée par des lunettes, ce qui améliore considé-rablement la précision des mesures.

Entré à l'Observatoire de Paris en 1673, il applique à l'astronomie les améliorations qu'il a déjà apportées à la géodésie. Remarqué par la qualité de ses mesures, il est chargé de déterminer le méridien terrestre sur une base d'une centaine de kilomètres, significativement plus longue que celle des mesures précédentes, ce qui le conduit à une excellente estimation du rayon terrestre. Il lui est ensuite demandé de repérer avec précision la position géographique de l'observatoire de Tycho Brahé afin de mieux utiliser les anciens relevés de ce célèbre astronome. Associé avec O. Römer au Danemark pour effectuer cette mission qu'il réussit, il entraîne son collègue scandinave à Paris où ils continuent à travailler ensemble.

À partir de 1655, il enseigne au Collège de France.

Publications

« Mesure de la Terre » (1671), « Traité du nivellement » (1684).

PICCIONI Oreste

Sienne 1915-2002

Oreste Piccioni mène ses études supérieures à Pise et à Rome. Son nom est associé à deux célèbres expériences dans le domaine des particules élémentaires.

En 1947, il participe avec M. Conversi et E. Pancini à la détection des muons dans le rayonnement cosmique et à la mise en évidence de la désintégration du muon négatif à l'arrêt dans la matière, ce qui exclut qu'il soit le méson pion prévu par H. Yukawa ; ce méson aurait en effet été absorbé par un noyau avant de se désintégrer.

En 1955, il participe à la découverte de l'antiproton auprès du Bévatron avec O. Chamberlain, E. Segré et T. Ypsilantis. L'énergie de la machine a été choisie pour que des paires de proton-antiproton puissent être créées dans les collisions proton-proton. L'antiproton est identifié par sa charge électrique négative, opposée à celle du proton, et par sa masse, égale à celle du proton et déterminée par la combinaison de deux mesures, celle de la quantité de mouvement par la déviation dans un électroaimant et celle de sa vitesse par son temps de vol entre deux compteurs. Sa contribution essentielle dans cette expérience a été la conception originale de l'optique du faisceau d'antiprotons et l'utilisation de quadrupôles magnétiques qui ont permis d'accroître le flux des antiprotons à un niveau décelable. Il participe également à la découverte de l'antineutron.

PICKERING Edward Charles

Boston 1846 – Cambridge (Massachussetts) 1919

Directeur de l'Observatoire de Harvard à Boston, Edward Pickering apporte une contribution importante à l'astronomie par ses travaux en photométrie et en photographie stellaire qui le conduisent à une classification spectrale précise des étoiles. Il a laissé son nom à une série de raies observées en 1897 dans les spectres stellaires.

Son frère William Pickering est également astronome, spécialiste de l'étude des planètes et de leurs satellites.

Série de Pickering : série de raies stellaires qui se superposent partiellement à la série Balmer du spectre de l'atome d'hydrogène. L'origine de ces raies est attribuée à l'atome d'hélium et leur observation constitue un test de la mécanique quantique.

Publication

« Photographic map of the entire sky » (1903).

PICTET Raoul Pierre

Genève 1846 – Paris 1929

Raoul Pictet construit en 1875 la première machine frigorifique fonctionnant avec plusieurs fluides détendus en cascade, l'anhydride sulfureux, le gaz carbonique et l'oxygène. En même temps que L. Cailletet, il réussit à liquéfier l'azote et l'oxygène.

Il montre que les activités chimiques disparaissent à basses températures.

Nommé professeur de physique industrielle à Genève, il préfère s'établir à Berlin où il crée une société commerciale dans le domaine du froid industriel.

Publication

« Mémoire sur la liquéfaction de l'oxygène et sur la liquéfaction et la solidification de l'hydrogène » (1878).

PITOT Henri

Aramon (Languedoc) 1695 – Aramon 1771

Après une jeunesse difficile et une répugnance certaine pour les études, Henri Pitot réussit à entrer comme assistant dans le laboratoire de R. Réaumur à Paris. Là, il s'intéresse aux mathématiques et à la mécanique, ce qui lui vaut en 1740 une invitation à diriger les travaux de construction d'un canal en Languedoc. Il mène alors une vie d'ingénieur, s'intéressant à la fois à la théorie et à la pratique de son métier. Il est l'inventeur d'un tube, appelé depuis tube de Pitot, conçu pour permettre la mesure de la vitesse d'écoulement des fluides. Cet instrument sert dans les études expérimentales en dynamique des fluides.

Tube de Pitot : petit tube manométrique permettant de mesurer, pour un liquide en mouvement, la différence de pression entre différents points.

PIXII Hippolyte
1808-1835

Dans la continuité des travaux de son père, Hippolyte Pixii fabrique des instruments électriques. En 1832, il applique la suggestion de M. Faraday selon laquelle il serait possible de produire du courant électrique par induction, c'est-à-dire en faisant varier le flux magnétique qui traverse une boucle conductrice. Utilisant un aimant en fer à cheval tournant devant une bobine de cuivre, il produit effectivement du courant, mais du courant alternatif. À la suggestion d'A. Ampère, il introduit une commutation dans la bobine afin de redresser les alternances et de produire du courant continu. Ainsi est née la dynamo, premier générateur électrique transformant de l'énergie mécanique en énergie électrique, lequel sera développé plus tard par Z. Gramme.

PLANCK Max Karl Ernst Ludwig
Kiel 1858 – Göttingen 1947

Max Planck effectue des études en mathématiques à Munich. Sa thèse traite en 1879 du second principe de la thermodynamique. Malgré l'intérêt de ce travail, il n'attire pas réellement l'attention de ses maîtres. Bien que respectueux des compétences de H. von Helmholtz et de G. Kirchhoff, il est sévère envers ses deux prestigieux professeurs : « Je dois avouer qu'en fait leurs cours ne m'ont rien apporté. Helmholtz ne préparait pas les siens. Il s'interrompait constamment pour rechercher dans un cahier les données nécessaires. En outre il faisait tout le temps des fautes de calcul au tableau. Il donnait l'impression de s'ennuyer autant que nous. Kirchoff par contre faisait un exposé soigneusement élaboré dans lequel chaque phrase était bien à sa place. Aucun mot ne manquait, aucun n'était de trop. Mais le tout semblait être appris par cœur ce qui rendait l'exposé sec et monotone. Nous admirions l'orateur, mais pas ce qu'il disait… »

Nommé professeur à Munich en 1880 et à Kiel en 1885, il poursuit ses travaux en thermodynamique sur les applications de l'entropie. Professeur à Berlin en 1889, il étudie le rayonnement thermique dont la théorie classique conduit à une divergence dans le domaine des grandes fréquences. Il devine l'expression exacte de l'émission du corps noir, laquelle est effectivement vérifiée par des collègues expérimentateurs. En décembre 1899, pour donner une justification théorique à cette formule, il propose en désespoir de cause la quantification des niveaux des oscillations thermiques, sources de ce rayonnement. Cette proposition, jugée contre-nature par de nombreux collègues, marque pourtant la date de naissance de la mécanique quantique. Il faut rendre hommage à l'originalité de la démarche de M. Planck qui introduit la quantification pour expliquer le spectre pourtant continu du rayonnement thermique. On aurait pu penser que la quantification soit trouvée d'abord dans les spectres optiques qui présentent directement un spectre de raies, manifestement discontinu. La description du rayonnement thermique est complétée par A. Einstein en 1905 par la quantification du rayonnement lui-même. L'application de la formule de Planck aux résultats expérimentaux conduit à des estimations de la constante qui porte son nom, de la constante de Boltzmann, de la constante d'Avogadro et de la charge électrique élémentaire.

M. Planck continue ses recherches en menant des travaux en cinématique et mécanique relativistes et il développe la thermodynamique statistique dans le cadre de la relativité.

On lui doit l'idée de tester la relativité en mesurant la différence entre la masse d'un système complexe et la somme de celles de ses constituants.

M. Planck reçoit tardivement le prix Nobel de Physique en 1918.

Il participe au grand débat de la thermodynamique, celui de l'irréversibilité du temps. Il est fondamentalement réductionniste et il considère que tout peut être réduit à la mécanique. Dans un exposé en 1908 à Leyde, il présente « l'unité de la description physique du monde », quelque peu contradictoire avec les dogmes religieux. Il déclare : « Le monde extérieur est indépendant de l'homme, il est absolu, et la recherche des lois qui s'appliquent à cet absolu m'apparaît comme la recherche la plus sublime de ma vie ». Lui qui est à l'origine de la mécanique quantique, il est adepte d'une physique déterministe et il a du mal à accepter que cette nouvelle mécanique puisse accepter une certaine forme d'indéterminisme.

Président de l'Institut Kaiser Wilhelm à Berlin, il essaye de préserver les enseignants juifs. Il rencontre A. Hitler à ce sujet. N'ayant pas réussi à le convaincre, il démissionne en 1937.

La vie familiale de M. Planck est une longue série de tragédies. Sa première épouse décède très jeune en lui laissant quatre enfants. Trois d'entre eux décèdent pendant la Première Guerre mondiale, un fils sur le front, ses deux filles après leurs accouchements. Un fils issu de son second mariage est exécuté en 1944 à la suite d'une tentative avortée d'assassinat d'A. Hitler. Sa maison est bombardée en 1945 par les alliés, tous ses documents sont détruits. Il est recueilli par une mission américaine qui a été informée de sa situation.

Constante de Planck : cette constante apparaît dans tous les développements de la mécanique quantique. Dans les relations d'incertitude de Heisenberg, elle prend clairement la signification de l'unité fondamentale de l'infiniment petit. La mécanique quantique n'existe que dans la mesure où cette constante a une valeur non nulle.

Publications

« Introduction à la physique théorique », « Le principe de la conservation de l'énergie » (1887), « La théorie des quantas », « Vorlessungen über Thermodynamik (1897), « Die Physik im Kampf um die Weltanschauung » (1935).

PLASKETT John Stanley

Woodstock (Ontario) 1865 – Esquimalt (British Columbia) 1941

John Plaskett effectue des études secondaires réduites car il travaille d'abord à la ferme familiale, puis comme mécanicien dans un atelier à Woodstock, enfin comme technicien à l'université de Toronto. Avec quelques années de retard, il reprend ses études.

Recruté par l'Observatoire d'Ottawa, il participe à des travaux sur la photographie en couleur. Ensuite, mettant à profit son expérience de la mécanique, il devient un grand spécialiste de l'instrumentation astronomique et plus particulièrement du couplage des spectrographes sur les télescopes. En 1922, il détecte une étoile très massive dans un système binaire.

Ses résultats les plus importants concernent les mesures des vitesses des étoiles par effet Doppler-Fizeau qui lui permettent de préciser les mouvements des étoiles de notre galaxie et d'en déterminer le centre. Il constate que le Soleil en est relativement éloigné.

En 1928, il analyse les flux de la matière interstellaire et il confirme l'hypothèse de A. Eddington selon laquelle cet état de la matière est très abondant dans notre galaxie.

PLATON

Athènes ou île d'Égine ? 427 av. J.-C. – Athènes 347 av. J.-C.

Platon appartenait à une famille aristocratique liée aux affaires politiques et qui, dans le passé, avait eu un membre proche parent de Solon, l'un des premiers législateurs d'Athènes. Né au moment de la guerre du Péloponèse, sa jeunesse a été marquée par les tribulations politiques d'Athènes, d'où son intérêt pour la chose publique. Vers l'âge de vingt ans, il rencontre Socrate et devient l'un de ses disciples. Profondément marqué par la mort tragique de celui-ci en 399 av. J.-C., il se retire d'abord près d'Athènes puis il entreprend un voyage qui le mène, peut-être en Égypte, certainement en Sicile où il est introduit dans l'entourage du prince régnant. De retour à Athènes vers 388 av. J.-C., aidé de quelques collaborateurs, il fonde dans les environs d'Athènes une école destinée à former des jeunes et basée sur l'enseignement des méthodes de raisonnement. Sous le nom d'Académie, cette école jouira vite d'un grand succès et l'élève de Platon qui deviendra le plus illustre en sera certainement Aristote.

La suite de la vie de Platon est intimement liée à son enseignement, mis à part deux nouveaux voyages qu'il fait en Sicile, appelé après la mort du maître régnant, Denis l'Ancien, pour prodiguer des conseils sur la politique à mener. Platon meurt à Athènes à l'âge de quatre-vingt ans.

Platon a du commencer à écrire à partir de l'âge de trente ans environ mais la majeure partie de son œuvre doit dater d'une époque postérieure à la fondation de l'Académie. Cette œuvre, entièrement sauvegardée, est inspirée par la maïeutique de Socrate et toute entière rédigée suivant un procédé de dialogues. De ces *Dialogues* se dégage peu à peu une philosophie générale. Basée au départ sur la distinction entre opinion et connaissance, cette philosophie devient une doctrine des Idées qui existeraient indépendamment des sensations et des contingences rencontrées dans la nature. Dans l'esprit de Platon, les mathématiques semblent avoir représenté une perfection liée à ces Idées.

Conception platonicienne de la nature : attitude qui consiste à voir dans la nature, au-delà des apparences, la manifestation de « Formes fondamentales » ou « Idées ». Cette attitude a inspiré les penseurs du début du Christianisme et elle a marqué également le renouveau de la physique au temps de Galilée, avec l'avènement d'une physique mathématique. Aujourd'hui, le courant de la physique tourné vers la recherche d'une théorie mathématique fondamentale peut être perçu comme faisant partie d'une attitude platonicienne.

PLÜCKER Julius

Elberfeld (Wuppertal) 1801 – Bonn 1868

D'abord mathématicien, Julius Plücker s'oriente vers la physique à partir de 1847, lorsqu'il est nommé professeur à Bonn. Il est le premier observateur de la lueur cathodique dans le tube à décharge dans les gaz raréfiés. Il note la sensibilité de cette lueur à l'approche d'un aimant. Il remarque la fluorescence produite lorsqu'elle s'approche de la paroi de verre. Ces observations seront reprises par J. Hittorf et l'identification de cette lueur avec l'émission d'électrons sera accomplie lors des dernières années du siècle.

Après cette contribution éminente à la physique, J. Plücker revient aux mathématiques.

POGGENDORFF Johann Christian

Hambourg 1796 – Berlin 1877

D'abord apprenti pharmacien à Hambourg, Johann Poggendorff reprend des études scientifiques à Berlin où il est nommé professeur quelques années plus tard. Ses travaux de recherche concernent l'électricité, la mesure des forces électromotrices, la mesure des faibles courants. Il a donné son nom à une méthode qu'il a inventée en 1827 pour mesurer les petites déviations angulaires.

En 1842, il invente la pile au bichromate.

Éditeur pendant cinquante années de la revue allemande *Annalen der Physik*, J. Poggendorff s'intéresse à l'histoire des sciences et il publie plusieurs biographies.

Miroir de Poggendorff : un rayon lumineux issu d'une source fixe est réfléchi par un miroir suspendu au système en mouvement. La rotation du rayon lumineux est le double de la rotation du système. Cette méthode est particulièrement bien adaptée pour mesurer les faibles rotations, par exemple celles des galvanomètres à cadre mobile.

Montage de Poggendorff : circuit électrique conçu pour mesurer la résistance d'un conducteur par comparaison avec des résistances étalons.

Publication

« Biographisch-literarisch Handworterbuch zur Geschichte der exakten Wissenschaften » (1863).

POINCARÉ Henri

Nancy 1854 – Paris 1912

Par sa formation à l'École polytechnique et à l'École des Mines, Henri Poincaré aurait du être ingénieur. Dès ses premières activités, il se révèle surtout comme un mathématicien. Il enseigne à Caen et à Paris. Il contribue aussi à la physique théorique en affirmant que les lois de la physique doivent rester invariantes dans tous les systèmes galiléens en translation uniforme les uns par rapport aux autres. Il montre en particulier que les équations de l'électromagnétisme sont invariantes dans une transformation de Lorentz.

Il a également l'intuition de la relativité du temps et de l'espace, en même temps et peut-être même avant A. Einstein, mais il n'aboutit pas à la formalisation mathématique de la relativité restreinte, ce qui sera l'œuvre d'A. Einstein.

Publications

« Sur les trois corps et les équations de la dynamique » (1894), « Électricité et optique » (1901), « Science et hypothèse » (1905), « Science et méthode » (1908).

POINSOT Louis Marie

Paris 1777 – Paris 1859

Louis Poinsot est entré à la nouvelle École polytechnique de Paris en octobre 1794. Il en sort en 1797 et entre alors à l'École nationale des ponts et chaussées pour trois ans. Pendant ses études, il consacre une partie de son temps à la physique mathématique appliquée à la mécanique, domaine qui sera l'objet de toutes ses recherches pendant sa carrière. De 1804 à 1809, il enseigne les mathématiques au lycée Bonaparte à Paris et, en même temps, il publie plusieurs mémoires sur la théorie de l'équilibre et du mouvement mécanique des systèmes. Il est nommé professeur d'analyse et de mécanique à l'École polytechnique en 1809. Sa principale contribution à la physique, réalisée en 1834, concerne le traitement général de la rotation des corps soumis à une force résultante passant par un point. Le mouvement correspondant a depuis été appelé mouvement à la Poinsot.

Publications

« Éléments de statique » (1803), « Théorie nouvelle de la rotation des corps » (1834).

POISEUILLE Jean Léonard Marie

Paris 1797 – Paris 1869

Fils d'un charpentier, Jean Poiseuille a été élève de l'École polytechnique de 1815 à1816. Peu de choses sont connues sur son itinéraire professionnel mais nous savons qu'il s'est d'abord spécialisé sur l'étude de la circulation du sang dans les artères, soutenant en 1828 une thèse intitulée *Recherches sur la force aortique du cœur.* Pour mener ce type de recherches, il introduit un nouveau type de manomètre à mercure. Il s'intéresse ensuite de façon plus générale à la circulation de liquides visqueux dans des tubes de petit diamètre (de 0.03 mm à 0.14 mm). Il étudie d'abord le cas de l'eau et ses recherches l'amènent en 1840 à publier une loi pour l'écoulement des liquides appelée depuis loi de Poiseuille. Il étend ensuite son étude à d'autres liquides que l'eau, dont l'éther et le mercure. Le mercure présente par rapport à sa loi quelques anomalies qui seront réexaminées par le jeune physicien allemand E. Warburg en 1870.

Loi de Poiseuille : le débit d'un fluide dans une canalisation cylindrique de faible rayon peut s'exprimer par la relation :

$$D = (\pi r^4/8\eta l)\,(p_1 - p_2)$$

où les variables r, l, et $(p_1 - p_2)$ sont respectivement le rayon du tube, sa longueur et la différence de pression du liquide existant entre les deux extrémités de ce tube. Le paramètre η, caractéristique du liquide, est appelé coefficient de viscosité.

Le poiseuille : unité du coefficient de viscosité dans le système MKS ou MKSA, correspondant à une pression de 1 newton/m^2 s'exerçant pendant une seconde.

Le poise : unité du coefficient de viscosité dans l'ancien système CGS, égale à 0,1 poiseuille.

POISSON Siméon Denis

Pithiviers (Loiret) 1781 – Paris 1840

Fils d'une famille modeste (après avoir été militaire, son père occupait un poste administratif de niveau moyen), Denis Poisson commence des études dans un collège de

Fontainebleau où, au vu de ses qualités d'intelligence, il est poussé à préparer le concours d'entrée à l'École polytechnique où il est admis en 1798. Lors de ses études, il prend goût à la physique mathématique et il est remarqué par deux de ses professeurs, J. Lagrange et P. de Laplace. En 1800, dès sa sortie de l'École polytechnique, il publie un premier article sur les équations mathématiques et il obtient un poste d'assistant d'enseignement à l'École polytechnique en remplacement de J. Fourier parti à Grenoble comme préfet. D. Poisson se spécialise dans le domaine de la physique mathématique et il obtient en 1809 un poste de professeur de mécanique à la faculté des sciences de Paris.

Ses recherches le conduisent à introduire plusieurs précisions dans les développements mathématiques faits par J. Lagrange et par P. de Laplace. Dès 1809, il met en évidence dans les équations de Lagrange datant de 1788 une expression à laquelle on a donné depuis le nom de parenthèse de Poisson. En 1811, dans l'équation de Laplace concernant le potentiel d'un champ électrique ou newtonien, il introduit un terme tenant compte de la présence des charges.

Le nom de Poisson est resté également connu pour l'introduction qu'il a faite en 1837 en théorie des probabilités de la loi de distribution qui porte son nom.

Équation de Poisson : équation différentielle remplaçant pour le potentiel V l'équation de Laplace $\Delta V = 0$, dans le cas où il y a présence de charges dans l'espace considéré.

Crochet ou **Parenthèse de Poisson :** expression intervenant dans la formulation des équations de Lagrange.

Loi de distribution de Poisson : dans une expérience où le nombre moyen de cas attendus d'un type donné est m, la distribution de Poisson donne la probabilité d'observer n cas réels sous la forme :

$$P(n,m) = m^n \exp(-m)/n!$$

Dans le cas de la mesure de grands nombres, comme estimation de la valeur moyenne *m*, le résultat *n* du comptage est en général donné assorti d'une précision prise égale à $n^{1/2}$, suivant une loi de distribution gaussienne qui donne un sens précis à cette valeur. Quand le nombre *n* diminue, cette valeur de la précision perd de plus en plus sa signification et, pour des nombres très petits, il vaut mieux recourir à la loi de Poisson. Dans ce cas, comme résultat de la mesure, on préfère d'ailleurs souvent donner simplement pour *m* une limite maximum, définie comme étant la valeur à partir de laquelle, suivant la distribution de Poisson, le nombre réel de cas observés aurait du être supérieur au nombre mesuré, dans les limites d'une certaine probabilité, appelée encore degré de confiance et notée parfois par le sigle CL (abréviation du mot anglais « Confidence Level »). Ainsi, si l'on a $n = 0$ comme valeur mesurée, pour avoir un degré de confiance de 90 %, on préférera donner comme résultat $m < 2,3$, valeur tirée des tables numériques de la loi de Poisson.

POLIKANOV Serguei M.

1926-1994

Chercheur à Dubna en Russie, Serguei Polikanov découvre le nobélium, élément transuranien dont le numéro atomique est 103. Il montre que l'américium, de nombre de masse 242, subit le phénomène de la fission spontanée.

Il propose une voie originale pour contrôler la fusion nucléaire, la catalyse par les muons. Un atome muonique d'hydrogène est en effet beaucoup plus petit qu'un atome normal, environ cent fois plus petit. Lorsque ces atomes forment une molécule d'hydrogène, les deux noyaux sont donc beaucoup plus rapprochés que dans une molécule normale, ils peuvent réagir et fusionner plus facilement. La démonstration du processus a été effectuée par des expérimentateurs auprès des accélérateurs russes et américains. Le coût de production des muons est encore trop élevé pour que cette voie soit économiquement rentable.

Expulsé de l'URSS en 1978, il a été successivement accueilli par l'Institut de Copenhague, par le CERN, par le laboratoire nucléaire de Darmstadt et finalement par l'université de Heidelberg.

POMERANCHUK Isaak Iakovlevitch

Varsovie 1913 – Moscou 1966

Isaak Iakovlevitch Pomeranchuck effectue ses études supérieures à Léningrad. Son premier travail est une théorie de la conduction de la chaleur dans les diélectriques.

Il s'intéresse au comportement de l'hélium à basse température. En 1950, il suggère qu'en comprimant un mélange d'hélium 4 et d'hélium 3, on doit pouvoir atteindre de très basses températures. D. Lee, D. Osheroff et R. Richardson mettent en pratique cette suggestion et ils obtiennent une température de l'ordre de 1 mK, ce qui leur permet de mettre en évidence la superfluidité de l'hélium 3.

En 1936 avec L. Landau, I. Pomeranchuk donne une interprétation de l'absence de collision électron-électron dans la conduction électrique dans les métaux.

En physique des hautes énergies, il établit un théorème qui porte son nom. Il concerne la diffusion des particules à faible angle, sans transfert de nombre quantique.

Nommé professeur à Moscou à partir de 1946, il participe au programme d'énergie nucléaire soviétique. Il établit une théorie de la diffusion des neutrons sur les cristaux.

Le poméron : particule dont les nombres quantiques sont ceux du vide. Cette particule est considérée comme étant échangée à l'état virtuel dans la diffraction d'une particule sur une autre.

PONTECORVO Bruno

Pise 1910 – Dubna (Russie) 1993

Assistant de Fermi à Rome, Bruno Pontecorvo doit quitter le sol italien peu après son maître, chassé comme lui par le régime fasciste. Il émigre au Canada en 1938 où il met en évidence la capture par les noyaux des électrons de la couche L. Réfugié en Angleterre, il examine la possibilité de détecter des réactions des antineutrinos issus des réacteurs nucléaires. Dans la logique de ses convictions politiques, il émigre finalement en 1950 en Union Soviétique.

Après la guerre, au Centre International de Dubna, il poursuit des recherches théoriques sur les interactions faibles. En 1947, il montre que la capture K du muon doit s'effectuer avec une émission de neutrino.

Dès 1946, il suggère que les neutrinos solaires devraient être détectables depuis la Terre. En 1959, indépendamment de M. Schwartz, il propose d'expérimenter sur des faisceaux de neutrinos issus des grands accélérateurs à protons. Il aborde déjà la possibilité des oscillations des neutrinos si ces particules ont des masses non rigoureusement nulles.

POPOV Alexander Stepanovitch

Bogolasky 1859 – Saint-Péterbourg 1905

Destiné à la prêtrise, Alexander Popov se réoriente vers la physique et les mathématiques qu'il étudie à Saint-Pétersbourg.

Professeur à l'École navale militaire de Kronstadt, il poursuit les expérimentations de H. Hertz sur les ondes électromagnétiques. Il perfectionne les détecteurs et anticipe l'invention de l'antenne. Il est conduit à imaginer un détecteur d'orages.

En 1896, donc avant G. Marconi, il réussit la transmission d'un message radioélectrique sur une distance de 250 mètres. En 1897, il atteint cinq kilomètres et, en 1899, cinquante kilomètres. Il doit être considéré comme le véritable inventeur des radiocommunications.

POUILLET Claude-Servais-Mathias

Cusance (Bourgogne) 1790 – Paris 1868

Après des études à Besançon puis à l'École normale supérieure de Paris entre 1811 et 1813, Claude Pouillet se spécialise dans l'enseignement de la physique et il succède en 1838 à L. Gay-Lussac comme professeur de physique à la faculté des sciences de Paris.

C. Pouillet a développé plusieurs instruments pour la mesure de hautes températures et de la chaleur délivrée par le Soleil. La mise au point d'instruments de mesure de faibles courants l'amène à vérifier entre 1834 et 1839 la loi des résistances découverte par G. Ohm en 1827. Dans ce cadre, il montre que, pour appliquer la loi d'Ohm dans un circuit fermé alimenté par une source possédant une force électromotrice E, il faut tenir compte non seulement de la résistance R du circuit extérieur à la source d'électricité mais aussi d'une résistance r propre à cette source. La loi d'Ohm mise sous la forme $E = (R + r) I$ a été appelée pendant un certain temps loi de Pouillet.

POWELL Cecil Franck

Tonbridge (Kent) 1903 – Bellano (Come) 1969

Cecil Powell effectue ses études supérieures à Cambridge dans l'environnement prestigieux de E. Rutherford, de F. Aston, de P. Blackett, de J. Cockcroft, de J. Chadwick, de C. Wilson. En 1928, il devient assistant de A. Tyndall à Bristol où il étudie la mobilité des ions.

Nommé professeur dans cette même ville, il lance une grande opération d'utilisation des émulsions photographiques épaisses pour détecter les particules chargées. L'action de la firme Illford est déterminante dans le succès de cette opération. De plus, il bénéficie d'une action concertée entre les physiciens, les industriels et le gouvernement sous l'efficace pression de P. Blackett. Les tests de sensibilité des émulsions sont effectués avec l'accélérateur de 700 kilovolts de J. Cockcroft. L'émulsion doit être suffisamment sensible pour que la trajectoire d'une particule isolée puisse être détectée et suffisamment épaisse pour qu'une trajectoire de plusieurs centaines de micromètres puisse être suivie. G. Occhialini, C. Dillworth et Payne inventent le développement en deux phases de ces émulsions, une phase d'imprégnation du révélateur à froid et une phase de révélation chimique par élévation de température.

Le principal résultat obtenu avec cette méthode est la découverte du méson pion en 1947 avec des émulsions exposées en France au Pic du Midi de Bigorre, avec la participation de G. Occhialini, de H. Muirhead et de C. Lattes. Un méson positif est identifié par sa désintégration au repos en une particule, le muon, dont le parcours dans l'émulsion est toujours égal à environ 600 micromètres. L'existence de ce méson pion avait été prévue dès 1935 par H. Yukawa comme boson vecteur de l'interaction nucléaire. En 1943, S. Sakata et T. Inoue avaient émis l'hypothèse que ce méson se désintégrerait en muon.

Une indication de l'existence du méson K est obtenue dans une autre exposition d'émulsions dans les Alpes au sommet de la Jungfrau.

C. Powell obtient le prix Nobel de Physique en 1950.

La technique de l'émulsion photographique, avec une sensibilité accrue afin de détecter les électrons, est largement utilisée pendant les années 1950, notamment dans des expositions à haute altitude au moyen de ballons sondes. Elle continue à être utilisée auprès des accélérateurs dans des cas très particuliers, par exemple dans la détection des particules de beauté, leurs vies moyennes courtes ne leur permettant de parcourir que quelques fractions de millimètre.

Publications

« Physique nucléaire en photographies » avec G. Occhialini (1947), « Études des particules élémentaires par la méthode photographique » avec P. Fowler et D. Perkins (1953).

POYNTING John Henry

Monton (Manchester) 1852 – Birmingham 1914

Après des études menées à Cambridge, John Poynting entre au laboratoire Cavendish de J. C. Maxwell. Ses travaux sont principalement orientés vers les problèmes d'énergie électromagnétique. Il introduit en 1884 le vecteur qui porte son nom et qui permet d'évaluer le flux d'énergie émergeant d'un système électrique.

Il utilise la balance de torsion, inventée par C. Boys, pour mesurer de faibles forces, comme la pression exercée par un flux lumineux sur une surface absorbante, comme le recul d'un corps qui rayonne. Avec Robertson, il en déduit une explication des mouvements des nuages de poussières cosmiques. Il évalue les températures de surface des planètes.

Il effectue en 1890 une estimation de la densité moyenne de la Terre et, en 1891, une mesure précise de la constante de gravitation.

Vecteur de Poynting : produit vectoriel du champ électrique et du champ magnétique dont le flux au travers d'une surface fermée est proportionnel au flux d'énergie électromagnétique qui s'échappe du volume enfermé.

Effet Poynting-Robertson: mouvement des nuages de poussières cosmiques sous l'action du flux de la lumière solaire.

Publications

« On the transfert of energy in the electromagnetic field » (1884), « The mean density of the Earth » (1894), « The Earth: its size, weight and spin » (1903).

PRANDTL Ludwig

Freising (Allemagne) 1875 – Göttingen 1953

Fils d'un professeur dans une école d'ingénieurs, Ludwig Prandtl suit des études de mécanique dans une École Technique Supérieure à Munich. Il y passe une thèse de doctorat et devient lui-même en 1901 professeur dans une école technique pour ingénieurs à Hanovre. Il s'intéresse à la théorie de la dynamique des fluides et, en 1904, il publie dans ce domaine un article qui le rendra célèbre. Consacré au déplacement d'un mobile dans un milieu de viscosité faible tel que l'air, cet article établit l'existence d'une zone du fluide relativement restreinte, appelée couche limite, dans laquelle les forces de viscosité se font sentir et établissent pour le fluide déplacé un régime de mouvement, soit laminaire, soit turbulent. Cette publication est considérée comme le point de départ d'une analyse moderne de la dynamique des fluides, notamment dans le domaine de l'aéronautique. Nommé professeur de physique appliquée à Göttingen et chargé d'y développer des recherches techniques, L. Prandtl se tourne vers des études théoriques d'aérodynamique, notamment pour les vitesses supersoniques. Travaillant également dans les domaines expérimental et technique, il est à l'origine de la construction en Allemagne de la première soufflerie pour les études d'aéronautique, construction qui a vu le jour en 1909. En 1933, L. Prandtl écrit un papier de synthèse qui sert de référence pour l'exposé des problèmes de dynamique des fluides.

Nombre de Prandtl : quantité numérique liée à la viscosité d'un fluide, à sa chaleur spécifique et à sa conductibilité thermique. La valeur de ce nombre sert de référence dans les calculs de structure aérodynamique.

Publication

« Essentials of Fluid dynamics » (traduction anglaise en 1952).

PRÉVOST Pierre

Genève 1751 – Genève 1839

Fils d'un pasteur calviniste directeur d'un collège de Genève, Pierre Prévost bénéficie d'une éducation littéraire soignée qu'il poursuit jusqu'à un doctorat en droit. Professeur de littérature, il enseigne successivement dans plusieurs villes européennes. Il s'intéresse également au fonctionnement du corps humain, en expérimentant sur lui-même.

Sa contribution essentielle à la physique est le résultat de plusieurs observations dont la conclusion est que tous les corps rayonnent de la chaleur, même si leur température est basse. Il associe le flux de chaleur à celui d'un fluide matériel. À l'équilibre thermique, les flux entrant et sortant sont égaux.

Il est également actif en politique mais, en 1794, il est emprisonné pendant trois semaines par le parti révolutionnaire à cause de ses positions jugées trop conservatrices. En 1798, il fait partie de la commission qui est chargée de régulariser les relations entre Genève et la France.

Publications

« Oreste » (1778), « De l'origine des forces magnétiques » (1788), « Sur l'équilibre du feu » (1792).

PRIESTLEY Joseph

Leeds 1733 – Philadelphie 1804

Joseph Priestley est un homme de très grande culture. Ses connaissances recouvrent la théologie, l'histoire, la métaphysique, la politique, les sciences physiques et chimiques.

Ses premières découvertes concernent la conductibilité du charbon et des sels minéraux. Il étudie les décharges électriques. Avant C. Coulomb, il a l'intuition de la loi en $1/r^2$ pour la dépendance spatiale des forces électrostatiques.

En chimie, il est bien connu par sa découverte de l'oxygène. Il a aussi inventé la boisson « soda » en utilisant le gaz carbonique produit en abondance dans une brasserie.

Militant actif dans les querelles religieuses, sa maison est brûlée en 1791 avec tous ses résultats, tous ses documents de travail. En 1794, il émigre aux États-Unis.

Publications

Elles sont très nombreuses, car son activité principale n'est pas la recherche mais l'écriture, par exemple : « History of electricity » (1867).

PRINGSHEIM Ernst

Breslau (Wroclaw) 1859 – Breslau 1917

Après des études supérieures menées à Heidelberg, à Breslau et à Berlin, Ernst Pringsheim revient à Breslau où il collabore avec O. Lummer sur des travaux concernant la conductibilité thermique de différentes substances. Leur sujet principal est la détermination du spectre d'émission des corps chauffés. En 1881, il construit un spectromètre spécialement conçu pour enregistrer les spectres d'émission dans le domaine de l'infrarouge.

E. Pringsheim et O. Lummer participent au débat fondamental sur la meilleure description mathématique du spectre du corps noir. Par leurs mesures, ils ont inspiré la démarche décisive de M. Planck.

PROKHOROV Alexander Mikhalovich

Australie 1916 – Moscou 2002

Alexander Prokhorov effectue ses études à Léningrad. Il est blessé à deux reprises pendant la Deuxième Guerre mondiale. Sous la direction de I. Veksler, il prépare un travail de thèse sur la radiation synchrotron cohérente.

Chercheur au laboratoire Lebedev sur un programme national, il étudie les oscillations moléculaires. En analysant le cas particulier de la molécule d'ammoniaque, il suggère la technique du pompage optique permettant à une population de molécules excitées de céder de l'énergie à une onde électromagnétique. Il participe par la suite à la conception de plusieurs masers.

En 1964, il partage le prix Nobel de Physique avec N. Basov et avec C. Townes.

Publication

« Problems in solid-state physics » avec A. S. Prokhorov (1984).

PRONY Gaspard François Clair Marie Riche, baron de

Chamelet 1755 – Asnières 1839

Fils d'un juriste réputé de l'époque, le jeune Gaspard de Prony préfère viser une carrière technique plutôt que de se lancer dans une profession de juriste pur et il entre à l'École nationale des ponts et chaussées en 1776. Il en sort en 1780 et commence à occuper un poste technique et administratif. Il travaille sur l'hydraulique et sur la structure des ponts et il se tourne progressivement vers l'aspect théorique du travail d'ingénieur. En 1790, il publie un livre pour ingénieurs intitulé : *Nouvelle Architecture hydraulique.* Il traverse sans encombre la période révolutionnaire et, en 1794, il est nommé professeur d'analyse à la nouvelle École polytechnique de Paris, poste qu'il occupera jusqu'en 1815. Parallèlement à l'enseignement et au travail de rédaction de plusieurs ouvrages consacrés à la théorie de la mécanique technique, il mène un travail de prospection dans plusieurs projets, même après avoir été nommé directeur de l'École nationale des ponts et chaussées en 1798.

Le nom de Prony reste attaché au « frein de Prony », dispositif qu'il a introduit en 1821 pour mesurer l'énergie mécanique développée par un moteur.

Frein de Prony : dispositif en forme de collier enserrant l'axe d'une roue motrice et permettant de mesurer le couple mécanique nécessaire pour bloquer cette roue.

PROUST Joseph Louis

Angers 1754 – Angers 1826

Fils d'un apothicaire, Joseph Proust fait des études au collège oratorien local avant d'étudier la pharmacie. Son père pensait lui céder sa propre pharmacie mais J. Proust décide de partir à Paris pour y parfaire sa formation. Il commence des recherches en chimie, fait des premières publications et réussit à obtenir un poste de pharmacien en chef à l'hôpital de la Salpétrière. Après avoir enseigné à Paris, il accepte en 1785 un poste d'enseignant en chimie à Madrid, sur invitation du gouvernement espagnol et avec l'appui de A. Lavoisier. La majeure carrière de J. Proust se déroule alors en Espagne, à Madrid d'abord, de 1786 à 1788, puis à Ségovie de 1788 à 1799, avant qu'il ne revienne à Madrid où il dirigera un laboratoire de chimie de 1799 à 1806.

Le nom de J. Proust reste attaché à la loi des proportions pondérales simples, valable pour les combinaisons chimiques, loi qu'il a énoncée clairement en 1794, après plusieurs vérifications expérimentales. Cette loi rencontre en France une opposition remarquée de C. Berthollet. D'une part, celui-ci doutait de l'existence d'une règle permettant de distinguer une combinaison chimique d'une simple solution mais, d'autre part, il était lui-même partisan d'une règle de composition pondérale variable dépendant des conditions physiques liées à l'environnement. La controverse prend un tour aigu entre 1804 et 1807, les protagonistes défendant tour à tour par écrit leur position. Ce n'est que peu à peu que le point de vue de Proust l'emporte grâce à la naissance de l'atomisme de J. Dalton en 1801 et grâce à la systématisation des mesures de poids atomiques apportée par J. Berzelius à partir de 1811.

PROUT William

Horton (Grande-Bretagne) 1785 – Londres 1850

William Prout travaille dans la ferme de son père avant de suivre des cours privés et avant d'entrer, sur recommandation, à l'université d'Édimbourg pour y étudier la médecine. Médecin, il s'intéresse particulièrement au processus de la digestion et il étudie plusieurs substances organiques à l'aide de techniques de chimie. Entre 1815 et 1827, il publie sur ces questions une série d'articles dans lesquels il essaie de classer les diverses substances rencontrées. Ce souci de classification se retrouve dans un papier de 1815 où il avance que les poids atomiques des divers éléments de constitution des substances pourraient être des multiples entiers de celui de l'hydrogène. À cette époque, l'hypothèse paraissait audacieuse mais téméraire. Néanmoins, elle va jouer au XIXe siècle un rôle certain dans les recherches sur les valeurs des poids atomiques des éléments et sur les essais de classification qui finiront par aboutir à la fameuse table de Mendeleïev en 1869.

PTOLÉMÉE ou PTOLEMAEUS Claudius

Ptolemais Hermiu (Égypte) vers 90 ap. J.-C. – Canope (Égypte) vers 168 ap. J.-C.

Né en Égypte, Claude Ptolémée appartenait à une famille d'origine grecque mais il avait la nationalité romaine. Nous savons peu de choses sur son itinéraire scientifique mais son activité s'est déroulée essentiellement à Alexandrie. Sa principale œuvre, et aussi la première, a été *L'Almageste*, qui constitue une grande synthèse de la science astronomique telle qu'elle pouvait apparaître en son temps. En grec, cette œuvre portait le titre *La Composition mathématique* et les premières traductions arabes du VIIIe siècle mentionnent dans le titre le terme « al majisti » qui a été à l'origine de l'appellation *L'Almageste* donnée dans les traductions latines du Moyen Âge occidental.

Pour expliquer les mouvements divers des astres, la science astronomique grecque avait connu au IVe siècle av. J.-C. un modèle de sphères homocentriques attribué à Eudoxe et adopté à l'époque par Aristote. En dépit d'une proposition d'Aristarque de Samos au IIIe siècle av. J.-C., on en était vite revenu à un système géocentrique. Pour expliquer les différentes données connues à l'époque, des savants comme Apollonius de Perga et Hipparque avaient commencé à développer un système de mouvements circulaires dont le centre pouvait lui-même tourner autour de la Terre. On aboutissait ainsi à un système général d'excentriques et d'épicycles. L'apport de Ptolémée a été de généraliser ce sytème en l'appliquant au Soleil, à la Lune et aux cinq planètes connues à son époque (Mercure, Mars, Vénus, Saturne et Jupiter). Pour établir cette synthèse, il a recours à une centaine de résultats connus, dont ceux d'Hipparque et des astronomes babyloniens et il en apporte d'autres provenant de ses propres mesures. L'œuvre de Ptolémée connaîtra un succès immense et, malgré des retouches nécessaires, elle sera considérée comme la synthèse de référence jusqu'à l'avènement de la révolution de Copernic au XVIe siècle.

Aprés avoir écrit *L'Almageste*, C. Ptolémée rédige également trois œuvres complémentaires d'astronomie ainsi que deux œuvres dont les titres *Geographia* et *Optique* définissent d'eux-mêmes le sujet. L'*Optique* se présente ainsi comme une synthèse de la vision, avec le présupposé, adopté jadis par Euclide, que la lumière vient de l'observateur. Ptolémée avance que la lumière se propage en ligne droite, que la réflexion se présente à angles d'incidence et de réflexion égaux et il consacre également une partie de son ouvrage à examiner le phénomène de la réfraction. Ici aussi, l'œuvre apparaît comme un brillant résumé de la science de son temps.

L'œuvre de Ptolémée apparaît comme une synthèse de la science telle qu'elle se présente au début du IIe siècle ap. J.-C. Il faudra attendre Ibn al-Haytham au XIe siècle pour voir s'opérer un changement de perspective dans la science de l'optique. Il faudra attendre le XVIe siècle et Copernic pour voir réintroduit le mouvement héliocentrique de la Terre. Entre temps, Ptolémée jouira du statut de savant de référence. Son œuvre d'astronome, considérée comme insurpassable, fera pendant plusieurs siècles davantage l'objet de commentaires que de critiques, tels ceux de *L'Almageste* apportés par Pappus et Théon d'Alexandrie au IVe siècle.

PURCELL Edward Mills

Taylorville (Illinois) 1912 – Cambridge 1997

Après des études d'électricité industrielle, effectuées à l'université de Purdue dans l'Indiana et, après un séjour en Allemagne, Edward Purcell présente en 1938 un doctorat à l'université d'Harvard où il est nommé professeur en 1949.

Pendant la guerre, il participe au perfectionnement du radar au Massachussetts Institute of Technology. Après la guerre, il utilise sa maîtrise de la détection des ondes hyperfréquences dans le domaine de la radioastronomie. En 1951, avec H. Ewen, il détecte pour la première fois la raie de 21 cm de l'hydrogène dont la prévision a été faite en 1945 par H. Van der Hulst. Il démontre ainsi la présence d'hydrogène dans les espaces interstellaires.

Il établit une théorie de la propagation des ondes électromagnétiques dans les couches ionosphériques.

En coopération avec I. Rabi, et indépendamment de F. Bloch, il découvre la résonance magnétique nucléaire. Il utilise cette propriété pour déterminer les moments magnétiques de nombreux noyaux atomiques.

En 1952, il reçoit le prix Nobel de Physique avec F. Bloch.

Publication

« Electricity and magnetism » (1965).

R

RABI Isaac Isidor

Ryamanow (Pologne) 1898 – New York 1988

Originaire d'une région austro-hongroise et émigré aux États-Unis, Isaac Rabi effectue ses études supérieures à New York et à l'université Cornell.

Docteur en sciences en 1927 à l'université de Columbia à New York, il reste dans cette université d'abord comme chercheur en 1929, ensuite comme professeur en 1937. La contribution majeure de son groupe de recherche est la méthode de mesure des moments magnétiques des noyaux par la méthode de la résonance nucléaire appliquée à des faisceaux moléculaires. Cette éminente contribution lui vaut le prix Nobel de Physique en 1944.

Il effectue de fréquents voyages en Europe pour rencontrer A. Sommerfeld, N. Bohr, I. Stern, W. Pauli.

Pendant la guerre, il participe à la mise au point des radars et il est consultant pour le projet Manhattan.

Après la guerre, il contribue à la création du laboratoire de Brookhaven, à 100 km de New York dans l'île de Long Island. Dans ce laboratoire sont concentrés les accélérateurs, les réacteurs nucléaires, les installations lourdes de médecine qui dépassent les moyens des universités. Dans une conférence de l'UNESCO en 1950 à Florence, il lance l'idée d'un grand laboratoire européen qui prendra forme quelques années plus tard avec la création à Genève du Centre européen de recherche nucléaire (CERN).

Au moment de la découverte du muon, particule totalement imprévue par les théoriciens, I. Rabi aurait dit : « Qui a commandé cela ? ».

Publications
« My life and times as a physicist » (1960), « Science, the center of culture » (1970).

RAINWATER Leo James

Council (Idaho) 1917-1986

À la suite de ses études menées à l'Institut de technologie de Californie et à l'université de Columbia, Leo Rainwater est engagé dans le projet Manhattan pour analyser les neutrons pulsés du cyclotron de Newis. Son travail de thèse, effectué dans le secret, est rendu public en 1946.

Responsable de la mise en exploitation d'un grand cyclotron, il l'utilise pour analyser les résonances des neutrons et pour les interpréter dans le cadre des différents modèles nucléaires existants. Il compare la diffusion des mésons pions sur les nucléons avec les prévisions du modèle optique.

Sa contribution la plus importante est, en 1950, l'explication des grands moments quadrupolaires des noyaux dans un modèle qui est développé par A. Bohr et B. Mottelson, parfois appelé modèle « unifié » car il fait la synthèse du modèle en couches et du modèle de la goutte liquide. Ce modèle traite des mouvements collectifs de plusieurs nucléons associés. Ces trois physiciens se partagent le prix Nobel de Physique en 1975.

RAMAN Chandrasekhar Venkata

Trichinopoly (Madras) 1888 – Bangalore 1970

Fils d'un enseignant de mathématiques et de physique, Chandrasekhar Raman effectue ses études à Madras avant de publier un article sur la diffusion de la lumière en 1907.

Pendant dix ans, il accepte un modeste emploi au ministère des Finances de l'Administration anglaise. En amateur, il poursuit des recherches en acoustique et en optique en utilisant une instrumentation légère.

Nommé professeur à Calcutta en 1917, il continue ses recherches en optique, tout particulièrement sur la diffusion de la lumière par les molécules. En 1922, au retour d'un voyage sur les bords de la Méditerranée, il s'interroge sur l'origine du bleu de la mer et sur l'interprétation donnée par J. Rayleigh. Il élabore une nouvelle approche fondée sur la contribution des fluctuations locales de densité et il entreprend, dès son arrivée à Calcutta, des recherches sur la diffusion de la lumière par les liquides.

Dans une approche théorique de la diffusion de la lumière par un cristal, C. Mandelstam prévoit une modulation de la fréquence de la lumière diffusée. Associé à G. Landsberg pour vérifier cette prévision, il découvre une variation de fréquence beaucoup plus importante que prévue. Avant de publier cette observation, les deux physiciens russes sont pris de vitesse par C. Raman et K. Krishnan qui, le 28 janvier 1928, découvrent un effet analogue dans les liquides et le publient immédiatement. Autour de la raie Rayleigh de la diffusion sans changement de fréquence, celle de la lampe à vapeur de mercure, ils mettent en évidence deux raies satellites, dites Stockes et anti-Stockes, correspondant au battement entre la fréquence de l'onde incidente et la fréquence propre de la molécule. Cet effet, dit « effet Raman », est utilisé pour mesurer les fréquences de vibration des molécules qui contribuent à la détermination de leurs structures. C. Raman est récompensé par le prix Nobel de Physique dès 1930, ce qui constitue le premier prix Nobel de l'Asie.

C. Raman étudie ensuite la diffraction de la lumière par les ondes sonores. Il effectue également des travaux en spectroscopie cristalline. En 1932 avec S. Bhagavantam, il montre que le spin du photon est égal à 1.

En 1948, C. Raman participe à une conférence organisée à Bordeaux pour célébrer le 20e anniversaire de la découverte de l'effet Raman. Au banquet, invité à boire un verre de vin par Auguste Rousset, il refuse en disant : « Vous connaissez l'effet Raman de l'alcool, vous ne connaîtrez pas l'effet de l'alcool sur Raman ».

Publications

« Molecular diffraction of the light » (1922), « The new physics: talks on aspects of science » (1951), « Lectures on physical optics » (1959), « The physiology of vision » (1968).

RAMSAUER Carl Wilhelm

Ostenberg (Allemagne) 1879 – Berlin 1955

Fils d'un pasteur luthérien, Carl Ramsauer enseigne d'abord dans une école secondaire avant d'entreprendre des études de mathématiques et de physique. Il va successivement dans les universités de Munich, Tubingen et Kiel. A Kiel, il travaille dans un laboratoire spécialisé dans l'étude de projectiles militaires et il soutient une thèse de doctorat dans ce domaine en 1902.

Il se décide en 1907 à aller travailler à Heidelberg avec P. von Lenard qu'il avait connu à Kiel et qui s'était illustré dans l'étude de l'effet photo-électrique, travail pour lequel le prix Nobel lui avait été attribué en 1905. Il commence alors à travailler sur la mesure de la vitesse des électrons de l'effet photo-électrique et il met au point pour cela un dispositif basé sur l'utilisation d'un électroaimant. En même temps, il donne des cours de physique à l'université d'Heidelberg dont il devient professeur de physique en 1915.

Après la Première Guerre mondiale, avec son dispositif, il entreprend une série de mesures de la vitesse des électrons de l'effet photo-éléctrique et, en 1921, il met en évidence un effet inattendu. En étudiant le ralentissement des électrons dans l'argon, il note que celui-ci diminue avec l'augmentation de la vitesse des électrons avant d'augmenter à nouveau. En d'autres termes, il mesure la section efficace des électrons dans l'argon et il met en évidence le passage de cette quantité par un minimum. Il trouve le même effet avec d'autres gaz nobles comme le kripton et le xénon. Cette particularité sera trouvée également en Angleterre peu de temps après par le physicien J. Townsend d'où le nom d'« effet Ramsauer-Townsend » qui sera donné à ce minimum du ralentissement des électrons. Cet effet ne sera expliqué que plus tard, après la reconnaissance de la nature ondulatoire de l'électron et la mise au point de la mécanique quantique.

Après avoir été professeur de physique à Dantzig en 1921, C. Ramsauer devient en 1927 directeur d'un institut de recherches de la Compagnie nationale d'électricité, poste qu'il occupera jusqu'à la fermeture de cet établissement après la fin de la Deuxième Guerre mondiale. Pendant cette période, il s'est beaucoup intéressé au développement du microscope électronique.

Effet Ramsauer-Townsend : la section efficace de diffusion des électrons dans les gaz nobles passe par un minimum à une énergie de 0,5 MeV environ.

RAMSEY Norman Foster

Washington 1915 – Wayland 2011

Destiné par son père à une carrière militaire, Norman Ramsey se passionne pour les mathématiques et la physique à l'université de Columbia à New York. Il termine ses études à Cambridge. De retour à l'université de Columbia, il est le premier étudiant à bénéficier pour sa thèse de l'invention de I. Rabi de la mesure des moments magnétiques par la méthode des faisceaux moléculaires.

Pendant la guerre, il participe aux études du radar au Massachussetts Institute of Technology et plus particulièrement au développement du magnétron. En 1943, il est envoyé à

Los Alamos pour participer au programme Manhattan. Il effectue des observations sur les deux explosions de bombes atomiques sur le Japon.

Après la guerre et après un court séjour à l'université de Columbia en 1945, il est nommé professeur à l'université d'Harvard en 1947. En montant une expérimentation analogue à celle d'I. Rabi, il rencontre quelques difficultés dans l'obtention d'un champ magnétique suffisamment homogène. Pour contourner ce problème, il invente la méthode des champs magnétiques oscillants séparés.

Avec D. Kleppner et H. Goldenberg, il invente le maser à hydrogène en réussissant le stockage des atomes excités. Il utilise ce maser et d'autres masers, pour réaliser des horloges atomiques particulièrement stables. Des applications très précises découlent de ses inventions, par exemple la mesure de la différence de fréquence d'émission d'un atome lorsqu'il est au niveau du sol et lorsqu'il est embarqué dans un satellite, effet dû à la relativité générale. En utilisant une transition atomique du césium, il fabrique une horloge très précise.

En 1946, il est le premier directeur du département de physique du laboratoire de Brookhaven. Il exerce souvent les fonctions de conseiller scientifique aussi bien pour des organismes civils que militaires.

Il vient à l'Institut Laue-Langevin de Grenoble pour mesurer le moment magnétique du neutron et donner une limite supérieure de son moment dipolaire électrique.

En 1989, il partage le prix Nobel de Physique avec H. Dehmelt et W. Paul.

Publications

« Experimental Nuclear Physics » avec E. Segré (1953), « Nuclear moments » (1953), « Molecular beams » (1956), « Quick calculus » avec D. Kleppner(1965).

RANKINE William John Macquor

Édimbourg 1820 – Glasgow 1872

Entré en 1836 à l'université d'Édimbourg pour y étudier la philosophie naturelle, William Rankine ne réussit guère dans ses études et, en 1838, il part en Irlande où il travaille pour un ingénieur sur différents projets liés aux techniques du transport. En 1842, il revient en Écosse et il se lance dans un métier d'ingénieur consultant. Il se tourne aussi vers des travaux scientifiques touchant des recherches théoriques sur la chaleur. Il publie un premier article en 1849 et, en 1855, il donne des cours pour ingénieurs à l'université de Glasgow. Il essaie de démontrer la loi de Carnot sur le rendement des machines à vapeur dépendant seulement des température initiale et finale du système d'échange de la chaleur. Dans ses réflexions, il conçoit un cycle d'échange légèrement différent de celui considéré au départ par S. Carnot (deux isothermes et deux adiabatiques).

Bien que son apport puisse paraître faible devant celui de son contemporain R. Clausius, W. Rankine est souvent considéré comme l'un des fondateurs de la thermodynamique théorique et de la théorie énergétique.

Cycle de Rankine et cycle de Hirn : modifications du cycle théorique de Carnot des machines à vapeur pour tenir compte par exemple d'une surchauffe de la vapeur avant son admission dans le cycle moteur.

RAOULT François Marie

Fournes (Nord) 1830 – Grenoble 1901

Pour des raisons financières, François Raoult ne peut pas aller à l'université de Paris pour y poursuivre des études supérieures et il commence à enseigner dans un lycée à Reims. En 1862, il enseigne dans un lycée à Sens, ce qui lui permet en parallèle de commencer des travaux de recherche sur les piles voltaïques, travaux qui débouchent sur une thèse de doctorat en sciences physiques, présentée à l'université de Paris. En 1867, il part à la Faculté des sciences de Grenoble comme chargé de cours de chimie et, en 1870, il y deviendra professeur d'université. Pendant trente ans, il mènera des recherches expérimentales sur les propriétés physiques des solutions. Il présente une loi expérimentale sur l'abaissement de la température de congélation de l'eau sous l'influence de corps dissous. De ses travaux, il tire une méthode de détermination de la masse moléculaire du corps dissous. En 1886-1887, toujours sur des bases expérimentales, il dérive une loi sur l'abaissement de la pression de vapeur de corps dissous dans l'éther puis dans d'autre solvants. Les résultats expérimentaux de F. Raoult seront largement utilisés dans la suite par J. Van't Hoft dans ses travaux sur la pression osmotique et par S. Arrhenius dans le contexte de sa théorie de la dissociation électrolytique.

Lois de Raoult : lois expérimentales concernant les modifications des propriétés physiques d'un liquide sous l'influence de corps dissous non électrolytes (abaissement du point de congélation, augmentation de la température d'ébullition, abaissement de la pression de vapeur). Ces lois font intervenir en particulier la masse moléculaire du corps dissous.

RASETTI Franco

Ombrie (Italie) 1902 – Waremme (Belgique) 2001

Franco Rasetti est l'un des premiers amis qu'E. Fermi a rencontré à l'École Normale de Pise. Ils travailleront par la suite souvent ensemble.

Par l'analyse de l'effet Raman de rotation de la molécule d'azote, F. Rasetti détermine en 1929 le spin de l'azote 14 égal à 1, ce qui élimine le modèle nucléaire d'un assemblage de protons et d'électrons qui aurait conduit à un spin demi-entier.

Avant B. Rossi, il effectue une première mesure de la vie moyenne du mésotron.

Collaborateur de E. Fermi à Rome, il participe à la découverte de nouveaux radioéléments artificiels par irradiation avec des neutrons.

RAYET George Antoine Pons

Bordeaux 1839 – Floirac (Bordeaux) 1906

Fils d'un magistrat reconverti au commerce des vins de Bordeaux, George Rayet entre à l'École normale supérieure de Paris et il commence une carrière de chercheur dans le nouveau service de météorologie créé par U. Le Verrier.

Avec C. Wolf, il observe en 1866 une nova assez particulière puisque son spectre d'émission fait apparaître des raies très élargies. Trois autres novae semblables sont détectées dans la constellation du Cygne. Cette nouvelle catégorie prend le nom de ses découvreurs.

En 1868, l'observation en Malaisie d'une éclipse du Soleil lui fournit le sujet de sa thèse présentée en 1871.

En 1873, G. Rayet démissionne de son poste après un différent avec la direction sur le choix de la détection des orages. Nommé professeur à Bordeaux trois ans plus tard, il assure la direction de l'Observatoire de Floirac.

Étoile de Wolf-Rayet : étoile dont le spectre d'émission est caractérisé par des raies très élargies de l'hydrogène et de l'hélium. La compréhension de ces étoiles n'est pas définitivement acquise. Une certaine continuité semble apparaître entre elles et les quasars, elles sont donc peut-être des étoiles dans une phase transitoire.

RAYLEIGH Lord (voir STRUTT John William)

RÉAUMUR René Antoine Ferchault de

La Rochelle 1683 – Saint Julien de Terroux 1757

On possède peu de renseignements sur la façon dont René Réaumur a acquis sa formation scientifique. Né de famille noble, il est venu à Paris en 1703 et il y fait la connaissance du mathématicien P. Varignon qui le guide et l'aide dans ses études. Il fait une première publication en mathématiques en 1708, ce qui lui permet peut-être d'être nommé à la nouvelle Académie des sciences mise en place par Colbert. Bientôt il se tourne vers de nouveaux sujets d'étude, d'une part vers l'observation du monde animal, d'autre part vers les techniques de fabrication du ciment, de l'acier, de la porcelaine. Ce sont sans doute ces techniques qui l'amènent à s'intéresser de près à la façon dont est repérée la température. À cette époque, des thermomètres gradués de façon linéaire suivant l'échelle de Fahrenheit commencent à être utilisés mais R. Réaumur met en doute leur fiabilité car il est difficile, selon lui, de s'assurer d'une section constante du tube du thermomètre. Il essaie alors de promouvoir une méthode de fabrication et de graduation basée directement sur la mesure du changement de volume, à partir d'un seul point de repère, celui de la température de fusion de la glace. Des thermomètres basés sur cette méthode seront fabriqués et utilisés au XVIIIe siècle mais cette échelle de Réaumur sera définitivement abandonnée au XIXe siècle quand on se sera assuré de la bonne fiabilité de fabrication de tubes à section constante. Seule, la graduation linéaire restera, basée soit sur l'échelle de Fahrenheit, soit sur celle de Celsius.

REBER Grote

Wheaton (Illinois) 1911 – Ouse (Australie) 2002

Grote Reber mène des études techniques à l'Institut de technologie de l'Illinois. Il travaille dans plusieurs sociétés industrielles de radio-communications et dans des organisations internationales.

À la suite des résultats de K. Jansky, il construit en amateur un premier radiotélescope qu'il installe dans son jardin. Cet instrument lui permet une détermination grossière des directions des émissions. Il confirme l'existence du signal électromagnétique venu du ciel et détecté par K. Jansky. Il distingue plusieurs sources dont la plus forte est dans la zone du Sagittaire. Il constate que les étoiles les plus brillantes dans le domaine du visible ne sont pas des sources importantes de rayonnement radio.

Après la guerre, il peut se consacrer à temps complet à la radioastronomie avec d'autres scientifiques enfin convaincus de l'intérêt de ce nouvel instrument pour sonder l'univers. Il participe à de grands projets de télescopes radioélectriques nationaux ou internationaux, par exemple à Hawaï et en Tasmanie.

REBUT Paul

Caen 1935

Ingénieur du service des poudres à la sortie de l'École polytechnique, Paul Rebut est détaché au Commissariat à l'énergie atomique pour participer au programme du contrôle de la fusion thermonucléaire.

Il se spécialise dans la physique des plasmas et il mène des études théoriques sur leur stabilité. Il construit un petit modèle expérimental, Stator, pour vérifier les prévisions théoriques. Il participe ensuite à la construction du premier grand Tokamak français au laboratoire de Fontenay aux Roses, le TFR.

Son œuvre principale est la conception et la réalisation du grand tokamak européen, le JET (Joint European Torus) construit sur le site anglais de Culham dans le cadre d'un programme européen Euratom. Réalisé dans les délais prévus et dans le budget initialement attribué, cet instrument a permis de vérifier à partir de 1982 le bon comportement des plasmas au voisinage des conditions requises pour produire et maîtriser l'énergie thermonucléaire de fusion du deutérium et du tritium.

Il est ensuite le premier directeur du groupe d'études de la prochaine réalisation dans le domaine de la maîtrise de l'énergie thermonucléaire par confinement magnétique, la machine ITER qui devrait fonctionner en régime permanent avec du deutérium et du tritium et confiner les particules alpha produites.

REGNAULT Victor

Aix-la-Chapelle 1810 – Paris 1878

Le père de Victor Regnault, officier de Napoléon, est tué en 1812 durant la campagne de Russie et sa mère meurt peu de temps après. Un ami de son père s'occupe alors de son éducation d'enfant puis lui trouve un emploi chez un marchand de draps à Paris. Le jeune Regnault prend des leçons privées puis il réussit à entrer à l'École polytechnique de Paris en 1830. Après ses deux ans réglementaires d'études, il passe par l'École des Mines de 1832 à 1834. Il entreprend alors des voyages d'étude, à Giessen d'abord, dans le laboratoire de J. Liebig, puis à Lyon auprès du chimiste J.B. Boussingault.

Il revient ensuite à l'École polytechnique de Paris comme assistant de L. Gay-Lussac auquel il succédera en 1840 comme professeur de chimie.

Les recherches de V. Regnault sont d'abord tournées vers la chimie et il étudie en particulier l'action du chlore sur divers composés organiques. À partir de 1839, il se lance dans un programme systématique d'expériences sur les propriétés thermodynamiques de gaz, liquides et solides. Il reprend en particulier des mesures faites quelques vingt ans avant mais il y apporte une précision plus grande. Par des séries de mesures, réalisées de 1839 à 1853, il montre que diverses lois ne sont qu'approximatives. Ainsi en va-t-il de la loi de Dulong et Petit sur les chaleurs spécifiques, ainsi en va-t-il de la loi de Gay-Lussac sur la dilatation des gaz, ainsi en va-t-il de la loi de Boyle-Mariotte sur la compressibilité des gaz à température constante. Avec les résultats de V. Regnault, la notion de gaz parfait devient définitivement une notion limite et les lois correspondantes demandent à être corrigées dans les conditions habituelles d'expérience.

REINES Frederick

Paterson (New-Jersey) 1918-1998

Après des études menées à New York et une thèse de physique théorique, Frederick Reines est recruté à Los Alamos pour étudier les effets des explosions nucléaires. Il s'intéresse alors à la détection des neutrinos. Son premier projet a pour ambition de détecter les antineutrinos dégagés lors de l'explosion d'une arme nucléaire. Malgré les encouragements de E. Fermi, ce projet n'aboutit pas. En 1953, une tentative de détection des réactions des antineutrinos libérés par le réacteur nucléaire de Hanford échoue à cause du niveau trop élevé du bruit de fond du rayonnement cosmique.

En 1956, avec C. Cowan, il participe à la première détection réussie des réactions des antineutrinos en utilisant le réacteur nucléaire militaire de Savannah. La réaction d'un antineutrino sur un proton de l'eau du détecteur libère un positron et un neutron. Le positron est détecté par les photons d'annihilation avec un électron. Le neutron est détecté par les photons de désexcitation du noyau qui l'a absorbé. Un télégramme est aussitôt envoyé à W. Pauli qui avait proposé l'existence du neutrino plus de vingt ans auparavant, mais qui pensait que cette particule resterait indétectable.

Avec son groupe, F. Reines effectue d'autres expériences de détection des neutrinos, notamment les réactions à courant neutre.

Il reçoit tardivement le prix Nobel de Physique en 1996 avec M. Perl.

Après un séjour à Cleveland, il enseigne à partir de 1966 à l'université de Irvine en Californie.

REYNOLDS Osborne

Belfast 1842 – Watchet (Grande-Bretagne) 1912

Désireux de se spécialiser en mécanique, Osborne Reynolds travaille d'abord auprès d'un ingénieur mécanicien avant d'entrer au Queen's College de Cambridge pour y suivre des études scientifiques. En 1887, il s'engage comme ingénieur dans une firme mais, en même temps, malgré son inexpérience, il est choisi comme professeur dans une école d'ingénieurs. Il enseigne dans cette école pendant plus de trente ans et, en parallèle, il mène des investigations expérimentales en mécanique, en particulier dans le domaine de la dynamique des fluides. Son apport le plus important a peut-être été donné dans une publication de 1883 dans laquelle il étudie le régime d'écoulement des liquides en définissant un paramètre, appelé depuis nombre de Reynolds, qui caractérise le type d'écoulement du liquide, laminaire ou turbulent.

Nombre de Reynolds : en dynamique des fluides, ce nombre est le rapport vL/ν (v, la vitesse d'écoulement du liquide ; L, la longueur du tube d'écoulement ; ν, le coefficient de viscosité du liquide). Le passage d'un régime laminaire à un régime turbulent se produit à partir d'une vitesse critique d'écoulement à laquelle correspond une valeur critique du nombre de Reynolds.

RICCIOLI Giambattista

Ferrare 1598 – Bologne 1671

Entré chez les Jésuites à l'âge de seize ans, Giambattista Riccioli est d'abord professeur de philosophie et de théologie et, en privé, il poursuit des études d'astronomie et de géographie. Opposé au départ aux thèses de Galilée pour des raisons religieuses, il monte des expériences sur la chute des corps pour démontrer l'erreur de ces nouvelles théories. Les résultats sont contraires à ceux qu'il recherchait et G. Riccioli est ainsi l'un des premiers à confirmer la justesse des vues de Galilée.

Ayant obtenu de ses supérieurs la permission de se consacrer entièrement à des études scientifiques, G. Riccioli entreprend de dresser une carte de la Lune. C'est au cours de la réalisation de ce projet qu'il intéresse un élève jésuite, F. Grimaldi, au travail de recherche scientifique. Ce dernier l'aidera dans son travail de cartographie et, bientôt, il observera et décrira un nouveau phénomène lié à la lumière, celui de la diffraction.

RICHARDSON Owen Willians

Dewsbury (Yorkshire) 1879 – Alton (Hampshire) 1959

Après des études menées à Cambridge, Owen Richardson entre au laboratoire Cavendish où il entreprend en 1900, sous la direction de J.J. Thomson, des recherches sur l'émission d'électrons par les corps chauds. Il établit les lois de l'émission thermoionique qui régissent le flux d'électrons émis par un métal chauffé. Il énonce ainsi sa loi pour la première fois le 25 novembre 1901 : « … si la radiation négative est due à des corpuscules sortant du métal, le courant de saturation doit obéir à la loi en $T^{1/2}\ e{-}^{b/T}$, confirmée par les expériences… ». Par la suite, ces lois sont utilisés dans la conception des tubes électroniques.

En expérimentant sur l'effet photoélectrique, O. Richardson participe à la vérification de la loi linéaire qui relie l'énergie de l'électron et la fréquence de la lumière incidente. Cette loi influence A. Einstein pour proposer les premiers concepts quantiques.

O. Richardson enseigne en 1906 à l'université de Princeton et en 1914 à Londres. Il reçoit le prix Nobel de Physique en 1928.

Pendant la Première Guerre mondiale, il participe à l'amélioration des tubes électroniques utilisés pour les radiocommunications militaires.

Loi de Dushman-Richardson : le courant d'électrons émis par un métal chauffé est proportionnel au terme $T^{1/2}\ e{-}^{b/T}$, où T est la température absolue et b un paramètre lié à la nature du métal.

Publications

« The electron theory of matter » (1914), « The emission of electrons from hot bodies » (1916), « Molecular hydrogen and its spectrum » (1934).

RICHARDSON Robert C.

Washington 1937 – Ithaca 2013

Robert Richardson commence des études de chimie dans un institut militaire de l'État de Virginie. En découvrant qu'il est daltonien, il doit renoncer à la chimie et se réorienter vers l'électricité. Après une interruption liée à la guerre de Corée, il reprend ses études et présente en 1965 une thèse à l'université de Duke dans le domaine des basses températures.

En rejoignant D. Lee à l'université d'Ithaca, il participe à la mise en application de la suggestion de I. Pomeranchuk qui permet d'étudier les propriétés très particulières de l'hélium 3 à des températures de l'ordre du millième de degré absolu. La découverte de la superfluidité de l'hélium 3 lui vaut l'attribution du prix Nobel de Physique en 1996 qu'il partage avec D. Lee et D. Osheroff.

RICHER Jean

1630 – Paris 1696

En 1671, Jean Richer effectue un voyage à Cayenne pour observer le Soleil et Mars en même temps que J. Cassini qui est resté à Paris. Il en déduit une première estimation dc la distance de la Terre au Soleil. En observant une légère variation des oscillations du pendule d'une horloge, il en déduit une déformation de la Terre par rapport à la sphère, déformation déjà suggérée par I. Newton.

RICHTER Burton

New York 1931

Burton Richter effectue ses études au Massachussetts Institute of Technology et il prépare en 1956 une thèse sur la photoproduction auprès de l'accélérateur à électrons de Cambridge.

D'abord chercheur, ensuite nommé professeur à Stanford, il s'intéresse dès 1965 à la réalisation des collisions de particules dans des anneaux de stockage. Il mène à bien la construction de la machine SPEAR, anneau de collisions d'électrons et de positrons de 3 GeV, alimenté par l'accélérateur linéaire de Stanford. En utilisant cet instrument, son groupe de physiciens mesure systématiquement le comportement de la section efficace électron-positron en fonction de l'énergie. À la Toussaint de 1974, ces physiciens détectent une résonance très étroite et intense à une énergie totale du système électron-positron égale à 3,1 GeV. À cause de son étroitesse, cette résonance, appelée Ψ, est immédiatement interprétée comme une particule constituée d'un quark charmé et d'un antiquark de charme opposé. Un état excité du Ψ est trouvé plus tard à 3,7 GeV, le Ψ', sous la forme d'une résonance également étroite. L'existence du charme avait été postulé en 1971 par S. Glashow, J. Iliopoulos et L. Maiani.

B. Richter partage le prix Nobel de Physique en 1976 avec S. Ting dont le groupe a découvert cette même résonance à Brookhaven, au moyen d'une expérimentation très différente, auprès de l'AGS, l'accélérateur à protons de 30 GeV.

Publication

« Instabilities in stored particles beams » avec M. Sands et A. Sessler (1965).

RIGHI Augusto

Bologne 1850 – Bologne 1920

Expérimentateur exceptionnel, Augusto Righi, qui a fait ses études à Bologne, est connu par ses multiples inventions ou améliorations de dispositifs expérimentaux parmi lesquelles la vision stéréoscopique, la vision binoculaire, un microphone à poudre et un haut-parleur, un oscillateur électrique à boules conductrices, un générateur électrostatique qui préfigure l'accélérateur Van de Graaff.

Réussissant à raccourcir les longueurs d'ondes émises par les générateurs de Hertz, il montre que les micro-ondes ont les mêmes propriétés que la lumière.

Il participe à l'étude de l'effet photoélectrique à la suite des travaux de W. Hallwachs et il invente la pile photoélectrique qui convertit l'énergie lumineuse en énergie électrique.

Nommé successivement professeur à Padoue, puis à Palerme, il revient à Bologne où il reste jusqu'à la fin de sa vie.

Publication

« La telegrafia senza fila » (1903).

RITTER Johann Wilhelm

Samnitz (Silésie) 1776 – Munich 1810

Johann Wilhelm Ritter quitte l'école à l'âge de quatorze ans pour commencer un apprentissage d'apothicaire. Bénéficiant d'un modeste héritage, il peut reprendre ses études de médecine. En parallèle, il enseigne à Iéna, à Gotha et à Munich.

Ses travaux sur l'électrolyse le conduisent à séparer l'oxygène et l'hydrogène. Il soupçonne une liaison étroite entre la chimie et l'électricité.

Sa contribution la plus importante est la découverte en 1801 de l'existence de l'ultraviolet par le noircissement du chlorure d'argent exposé à la lumière.

ROBERVAL Gilles Personne de

Roberval (près de Senlis) 1602 – Paris 1675

Peu d'éléments sur la jeunesse de Gilles de Roberval nous sont parvenus. Il était probablement issu d'un milieu simple de fermiers et il a du mener en autodidacte au moins une partie de ses études. En 1628, il arrive à Paris où il rencontre des scientifiques dans le cadre des rencontres organisées par le Père Mersenne. En 1634, il obtient un poste de professeur au Collège Royal de Paris et, en 1655, il succède au Père Gassendi comme professeur de mathématiques.

G. de Roberval a laissé quelques travaux en mathématiques mais, dans ce domaine, sa renommée a été éclipsée par celle de ses contemporains, tels R. Descartes et P. de Fermat. En physique, on lui doit un traité de mécanique écrit en 1636 dans lequel il s'inscrit dans la continuation des travaux de Stevin et de Galilée et dans lequel il fait intervenir la loi de composition des forces. Le nom de Roberval reste attaché à une balance dont il a présenté les plans devant l'Académie Royale des Sciences en 1669.

Balance de Roberval : balance dont le fléau à bras égaux est formé par un parallélogramme articulé permettant de rendre les pesées indépendantes de la position des poids sur le plateau.

ROHRER Heinrich

Buchs (Suisse) 1933 – Wollerau (Suisse) 2013

Après ses études à Zurich, Heinrich Röhrer prépare une thèse sur la modification de longueur d'un corps au moment de sa transition à l'état supraconducteur. Après deux années passées aux États-Unis, il entre comme chercheur en 1963 aux laboratoires de la société IBM de Zurich. En collaboration avec K. Müller et K. Blazey, il y étudie les phénomènes optiques et électromagnétiques dans des composés tels que $G_dA_lO_3$.

En 1978, il accueille G. Binnig qui termine ses études supérieures à Frankfort-sur-le-Main. Sous sa direction, cet étudiant construit le premier microscope électronique à balayage et à effet tunnel. Une pointe fine, portée à un potentiel positif, explore la surface d'un solide conducteur. Le flux des électrons qui émergent de la pointe après avoir franchi la barrière de potentiel qui les retenaient prisonniers dans le métal est une fonction très critique de la distance de la pointe au solide. La mesure du courant donne une estimation précise de cette distance. Ce microscope fournit des images de surface à une définition meilleure que les distances inter-atomiques.

En 1986, il partage le prix Nobel de Physique avec G. Binnig et E. Ruska.

RÖMER Olaus Christensen

Aarhus (Danemark) 1644 – Copenhague 1710

Après des études effectuées à Copenhague, Olaus Römer est chargé de classer les manuscrits de T. Brahé, ce qui le conduit à collaborer avec J. Picard venu au Danemark pour effectuer le repérage de l'observatoire de T. Brahé. Revenus ensemble en France, ces deux scientifiques effectuent des travaux communs à l'Observatoire de Paris. Ils utilisent les temps d'occultation des satellites de Jupiter pour préciser les éphémérides des planètes.

O. Römer est le premier scientifique à prendre en compte la vitesse finie de la propagation de la lumière pour expliquer les variations dc la récurrence des éclipses du satellite Io de Jupiter en fonction de la distance de la Terre, variable d'une éclipse à l'autre. Il annonce que la prochaine éclipse du Soleil aura 9 minutes de retard par rapport au résultat du calcul qui considère que la vitesse de la lumière est infinie. Cette prévision s'avère effectivement vérifiée. Elle oblige de nombreux scientifiques à revenir sur une hypothèse rarement contestée, l'instantanéité de la propagation de la lumière.

Quittant Paris avant la révocation de l'Édit de Nantes, O. Römer revient au Danemark où il prend la direction de l'Observatoire de Copenhague et où il amorce une activité politique.

Roue de Römer : dispositif mécanique reproduisant le mouvement des planètes.

RÖNTGEN Wilhelm Conrad

Lennep (Prusse) 1845 – Munich 1923

Après ses études menées à Appeldoorn, à Utrecht et à l'Institut polytechnique de Zürich où il subit les influences de R. Clausius et de A. Kundt, Wilhelm Röntgen effectue des recherches très diversifiées dans les domaines de la piézoélectricité, de la pyroélectricité et des gaz raréfiés. Il met en évidence le champ magnétique créé par une variation de la polarisation d'un diélectrique, conformément aux prévisions des équations de J. Maxwell dans la matière.

Il est nommé professeur successivement à Strasbourg en 1876, à Giessen en 1879, à Würtzburg en 1888, à Munich en 1900 où il dirige l'Institut de physique.

Sa plus grande découverte est celle des rayons X en 1895. Comme de nombreux collègues, par exemple P. von Lenard, il fait fonctionner un tube de Crookes. Il remarque qu'un sel phosphorescent émet une lumière jaune lorsqu'il est rapproché du tube en fonctionnement. Afin de comprendre l'origine de cette excitation, il élimine toute lumière parasite émise par le tube en l'entourant soigneusement de cartons. Un rayonnement mystérieux est émis par le tube et il traverse le verre et le carton. Sa source est localisée à l'impact des rayons cathodiques sur une cible métallique. Par des expériences très simples, il montre que ce rayonnement se propage en ligne droite, n'est ni réfléchi, ni réfracté, ni dévié par un champ magnétique, mais qu'il est diversement absorbé par la matière. Plaçant la main de son collègue (ou, suivant les historiens, de son épouse Bertha, car le cliché fait apparaître une bague) devant une plaque photographique, il obtient la première radiographie biologique qui révèle les os de la main. Conscient de l'étrangeté de sa découverte, il dit : « On va dire que je suis devenu fou ! ». Cette spectaculaire pénétration du corps humain impressionne effectivement le grand public. Il s'agit bien d'un nouveau rayonnement, encore suffisamment étrange pour que W. Röntgen lui-même lui affecte la lettre de l'inconnu, X. Il ne réussit pas à mettre en évidence le caractère ondulatoire de ce rayonnement. G. Stokes avance dès 1897 que le rayonnement X résulte du ralentissement des électrons dans le métal.

En 1901, il est le premier physicien à recevoir le prix Nobel de Physique.

La découverte de W. Röntgen connaît un succès immédiat et retentissant. Les rayons X sont immédiatement utilisés en médecine pour effectuer des radiographies et plus tard des radiothérapies. W. Röntgen refuse de recevoir les gains financiers des applications des rayons X.

Le röntgen : unité d'irradiation des rayons X.

ROSENBLUTH Marshall N.

Albany (New York) 1927-2003

Après des études menées à Harvard et une thèse présentée à Columbia, Marshall Rosenbluth est recruté en 1950 comme chercheur théoricien à Los Alamos. Il se consacre au problème de la fusion thermonucléaire contrôlée et il devient rapidement une autorité incontestée en ce domaine. En 1955, avec D. Judd et W. McDonald, il effectue la démonstration la plus complète du confinement du plasma dans une machine « miroir ». Il démontre la possibilité d'éliminer les micro-instabilités dans ce type de machine.

Après un passage dans les universités de Baltimore et de San Diego, il est nommé directeur d'un programme de fusion thermonucléaire à Princeton.

Il est aussi connu par la formule qui porte son nom et qui décrit la distribution angulaire des électrons de haute énergie diffusés par des nucléons.

Formule de Rosenbluth : la distribution angulaire des électrons de haute énergie diffusés par des protons ou des neutrons est calculée en électrodynamique quantique en faisant intervenir les facteurs de forme électrique et magnétique de ces nucléons. Ces facteurs de forme décrivent les distributions internes de charge électrique et de charge magnétique.

ROSSE William de
(voir PARSONS William)

ROSSI Bruno Benedetto

Venise 1905 – Cambridge 1993

Après des études menées à Padoue et à Bologne et des premières recherches effectuées à Rome avec E. Fermi, Bruno Rossi, d'origine juive, se réfugie aux États-Unis.

Il consacre une partie de ses recherches à mesurer la vie moyenne du mésotron cosmique dont il a montré qu'il se désintégrait. Il effectue une première mesure avec S. de Benedetti dans les montagnes de l'Érythrée, de l'ordre de deux microsecondes avec une erreur de 50 %. Il poursuit cette expérience au Mont Evans dans le Colorado. Enfin, avec N. Nereson, en 1942 à Cornell, en étudiant l'atténuation du flux cosmique dans l'atmosphère, il obtient une valeur plus précise, 2,15 microsecondes, avec une erreur de 3%. Cette valeur, cent fois plus élevée que la prévision de H. Yukawa, élimine définitivement cette particule comme méson nucléaire.

Dans ses expériences, B. Rossi développe largement la technique des compteurs Geiger-Müller. Afin de suivre une même particule dans ses détecteurs, il est conduit à inventer un circuit qui porte son nom et qui réalise les coïncidences temporelles entre deux compteurs touchés par une même particule. Plus tard, il participe à des expériences sur la détection des rayons X cosmiques en utilisant des fusées.

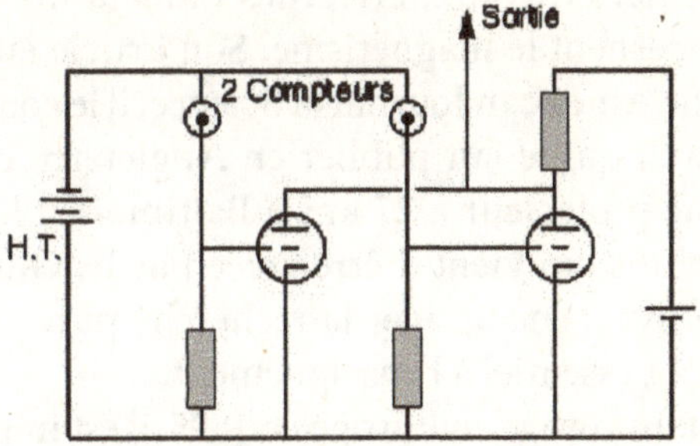

Circuit de Rossi : assemblage de deux lampes triodes qui ne délivre un signal de sortie que si deux signaux simultanés excitent les grilles des deux triodes. Ce circuit permet de déclencher une chambre de Wilson lorsque deux compteurs, l'un au-dessus, l'autre en dessous de la chambre, sont simultanément touchés, ce qui donne une assurance que la chambre est effectivement traversée par une particule chargée. Ce circuit élémentaire, réalisé plus tard avec des transistors, est devenu l'élément de base pour l'opération addition dans les calculateurs électroniques.

Publications

« Cosmics Rays » (1935-1964), « High energy Physics » (1952).

ROWLAND Henry Augustus

Honesdale (Pennsylvanie) 1848 – Baltimore 1901

D'origine protestante, Henry Rowland délaisse les études religieuses vers lesquelles il a été orienté par sa famille pour se consacrer à des études scientifiques qu'il effectue à Troy (New York). Il affirme sa vocation de chercheur en science fondamentale contre l'opinion générale américaine de l'époque qui a tendance à ne tolérer la science que dans la mesure où elle donne des applications pratiques.

Ses premiers travaux, effectués dans la maison de sa mère, concernent le magnétisme. Son article étant refusé par la revue American Journal of Science, il le communique à J. Maxwell qui le fait publier en Angleterre en 1873. Il est nommé professeur à 27 ans à Baltimore à l'université John Hopkins qui vient d'être créée par D. Gilman dans la perspective d'encourager la recherche pure comme un complément essentiel à l'enseignement.

Pendant un voyage en Europe en 1875, il est impressionné par la qualité de la science allemande et il prolonge son séjour à Berlin chez H. Helmholtz où il effectue l'expérience qui l'a rendu célèbre, la production d'un champ magnétique par des charges électriques statiques déposées sur un disque tournant à grande vitesse. Cette expérience est particulièrement délicate car le champ magnétique produit est si faible qu'il est nécessaire de s'affranchir du champ magnétique terrestre pour déceler le vrai signal. Il montre ainsi l'identité entre les charges électrostatiques et les charges circulant dans les courants électriques.

De retour à Baltimore, il équipe son laboratoire de manière exceptionnelle, non seulement pour présenter des expériences de cours devant les étudiants, mais pour faire de la recherche. En particulier, il apporte un soin extrême dans l'utilisation de ses machines à graver et, grâce à la régularité des traits, il réalise les meilleurs réseaux optiques de l'époque. Il fournit les grands laboratoires de spectroscopie du monde entier. Utilisant un de ses réseaux tracé sur une surface sphérique concave, il analyse en 1882 le spectre solaire à une précision dix fois supérieure à celle de ses prédécesseurs. Il y détecte les contributions d'une quarantaine d'éléments chimiques. Il est conduit à mesurer les longueurs d'onde de plus de 10 000 raies optiques avec une précision supérieure d'un ordre de grandeur par rapport aux déterminations antérieures.

Pendant toute sa carrière, il milite pour le développement de la science pure dans toutes les universités américaines. Apprenant peu après son mariage en 1890 qu'il souffre d'un diabète qui abrégera sa vie, il s'écarte cependant de la science pure pour tirer quelques gains financiers de brevets et de projets industriels afin de mieux soutenir sa famille.

Cercle de Rowland : dispositif commode utilisé en diffraction des rayons X.

RUBBIA Carlo

Gorizia (Italie) 1934

Ancien élève de l'École normale de Pise, Carlo Rubbia prépare en 1958 son doctorat avec M. Conversi sur de nouveaux détecteurs électroniques de particules. Après un court séjour à l'université de Columbia, il est recruté comme chercheur au CERN à partir de 1961. Il participe à de nombreuses expériences sur la désintégration bêta du méson pion, sur la capture K du muon par le proton, sur les propriétés des particules étranges.

Nommé professeur à l'université d'Harvard en 1970, il prépare une expérience utilisant un faisceau de neutrinos de l'accélérateur de 400 GeV de Batavia, en collaboration avec des groupes de chercheurs de Madison et de Philadelphie. Après quelques controverses, les résultats de cette expérience confirment en 1974 l'existence des courants neutres découverts au CERN l'année précédente par la collaboration européenne qui a analysé les clichés de la chambre à bulles Gargamelle. Dans son dispositif expérimental, C. Rubbia et ses collaborateurs découvrent les « dimuons », ainsi appelés car la même réaction d'un neutrino produit deux muons dans le détecteur. Ces événements sont interprétés comme des productions d'une particule charmée suivie de sa désintégration leptonique.

La contribution essentielle de C. Rubbia à la physique est la découverte au CERN en 1983 des bosons vecteurs de l'interaction faible, les W et le Z°. Avec D. Cline et P. McIntyre, s'inspirant des idées de G. Budker, il montre qu'il est possible de transformer les accélérateurs de 400 GeV de Fermilab ou de 300 GeV du CERN en anneau d'accumulation pour des protons circulant dans un sens et pour des antiprotons circulant en sens inverse. Leurs collisions dégagent plus de 500 GeV dans le centre de masse et sont donc susceptibles de produire des particules lourdes. La transformation de l'accélérateur américain n'étant pas acceptée, l'expérience est réalisée au CERN. Les bosons chargés W et le boson neutre Z° sont simultanément détectés par deux collaborations européennes de physiciens, l'une dirigée par C. Rubbia, l'autre par P. Darriulat. C. Rubbia partage de prix Nobel de Physique en 1985 avec S. Van der Meer, ingénieur des accélérateurs qui a joué un rôle essentiel dans la conception, la réalisation et la réussite du projet de collisions des protons-antiprotons.

Directeur du CERN de 1989 à 1993, il dirige l'utilisation de la machine LEP, collisionneur d'électrons-positrons assez énergique pour produire le boson Z° des courants neutres de l'interaction faible.

Il propose une grande expérience dans le tunnel du Gran Sasso pour détecter la désintégration du proton.

Dans un domaine très différent, il propose d'utiliser un accélérateur à protons pour produire des neutrons, amorcer les réactions de fission et fabriquer de l'uranium fissile à partir du thorium dans un réacteur sous-critique. Ce serait une manière de traiter les déchets nucléaires des piles atomiques.

RUHMKORFF Heinrich Daniel

Hanovre 1803 – Paris 1877

Issu d'une famille modeste, Heinrich Ruhmkorff commence à travailler comme apprenti en mécanique. Il entreprend des voyages et il vient à Paris en 1819 où il devient concierge du laboratoire de C. Chevalier. Intéressé par les instruments électriques, il se forme aux techniques des fabricants français et il commence à en fabriquer lui-même. En 1851, sur les indications de A. Masson et de L. Breguet, il réalise la bobine d'induction qui porte son nom.

En 1855, rue de Champollion, dans le quartier latin de Paris, il fonde sa propre maison pour réaliser des appareils de grande précision très appréciés par les universitaires parisiens.

Bobine de Ruhmkorff : transformateur à noyau de fer doux dont l'enroulement primaire est une bobine comportant un grand nombre de tours de fil fin de cuivre, tandis que l'enroulement secondaire ne comporte que quelques tours de gros fil. Une décharge de condensateur dans le circuit primaire se traduit dans le circuit secondaire par une impulsion de haute tension. Une telle bobine peut servir à l'excitation des tubes de Geissler-Crookes, à l'amorçage des explosifs, à l'alimentation des bougies d'un moteur à explosion.

RUMFORD Lord
(voir THOMSON Benjamin)

RUSKA Ernst August Friedrich

Heidelberg 1906 – Berlin 1988

Après des études techniques menées à Munich, Ernst Ruska effectue ses premiers travaux sur les hautes tensions et sur l'ultravide. Ces techniques lui sont très utiles pour construire le premier microscope électronique en 1928-1930, sous la direction de son professeur M. Knoll. Pour réussir cette entreprise, il bénéficie en outre des travaux antérieurs de H. Busch qui avait inventé la lentille magnétique pour les faisceaux d'électrons. Il n'était pas évident, avant cette invention, que des électrons se comporteraient dans un champ magnétique comme la lumière dans une lentille optique. Peu conscient des applications immenses de son invention, E. Ruska néglige de prendre des brevets, ce dont profite immédiatement la firme Siemens.

La construction du premier microscope électronique vient une année après la démonstration de C. Davisson et L. Germer de l'aspect ondulatoire des électrons. Les deux découvertes se conjuguent pour assurer un très grand développement à la microscopie électronique.

En 1932, E. Ruska atteint le grossissement de 12 000, en 1946 celui d'un million, surclassant totalement le microscope optique. Il collabore à la firme Siemens qui commercialise les microscopes électroniques.

Il est nommé professeur à Berlin. En 1986, il reçoit le prix Nobel de Physique, en même temps que G. Binnig et E. Röhrer.

RUSSEL Henry Norris

Oyster Bay (New York) 1877 – Princeton 1957

Après ses études menées à Princeton et à Cambridge, Henry Russel revient en 1905 à Princeton où il est nommé instructeur. Il aborde de front plusieurs domaines de la physique. Il étudie les perturbations de l'axe de rotation du satellite Éros liées à l'action de la planète Mars, ce qui lui fournit un sujet de thèse. Il effectue une étude systématique de la variation de la lumière des systèmes doubles. Il effectue des mesures de distances par la méthode des parallaxes.

Sa contribution principale est en 1913 l'établissement du diagramme, effectué simultanément par E. Hertzsprung, qui permet de séparer les différentes grandes catégories d'étoiles, les naines blanches, les géantes rouges et les étoiles de la série principale. Il confirme ainsi les évolutions des étoiles d'une catégorie à une autre.

Avec W. Adams et C. Moore, il participe à la détermination par la spectroscopie des abondances des éléments dans le Soleil. En étudiant plus particulièrement les spectres émis par le calcium, le titane et le fer, ces chercheurs mettent en évidence le couplage spin-orbite dont la théorie exacte ne pourra être effectuée que plus tard, en relation avec la relativité.

Il montre que l'élément constitutif le plus important du Soleil est l'hydrogène. Cette observation joue un rôle important dans l'élaboration de la théorie de l'explosion initiale.

De 1907 jusqu'en 1929, il s'évertue à préciser l'âge de la Terre. Il se base d'abord sur la proportion des éléments lourds à la surface de la Terre. En se fondant sur la radioactivité de l'uranium 235, il donne ensuite une bonne estimation, 4.109 années, très proche des meilleures valeurs actuelles. Il participe au débat sur les origines différentes du Soleil et de la Terre.

À partir de 1921, il travaille à l'Observatoire du Mont Wilson en Californie.

Diagramme de Hertzsprung-Russel : les étoiles sont placées dans un diagramme où la température de couleur est en abscisse et la luminosité absolue en ordonnée. Les étoiles de la série principale, du type Soleil, occupe une diagonale du diagramme, les naines blanches occupent le coin de droite en bas, les géantes rouges occupent le coin de gauche en haut.

Publications

« Fate and freedom » (1927), « The solar system and its origin » (1935), « The masses of the stars » avec C. Moore (1940).

RUTHERFORD (of NELSON) Ernest

Nelson (Nouvelle Zélande) 1871 – Cambridge (Angleterre) 1937

Ernest Rutherford commence ses études à Christchurch en Nouvelle Zélande. Il reproduit les expériences de H. Hertz et il effectue des premiers travaux de recherche sur la magnétisation des aciers. Obtenant une bourse, il poursuit ensuite ses études supérieures en Angleterre à Cambridge en 1895-98 où il est élève de J.J. Thomson. Il applique ses résultats sur la magnétisation à la détection des ondes hertziennes qu'il obtient avant G. Marconi. Souhaitant s'engager dans une physique plus récente, il s'intéresse à l'ionisation des particules secondaires de la radioactivité et il sépare par absorption les rayons alpha de charges positives des rayons bêta de charge négative et plus pénétrants.

Dans la perspective de son mariage, il recherche un poste rémunéré d'enseignement. Il est accepté au Canada à l'université de Montréal en 1898. En 1899, il y découvre la radioactivité du thoron, gaz rare émanation du thorium. En 1903, avec F. Soddy, il établit les lois fondamentales des transformations radioactives. Ils établissent ensemble le fait essentiel qu'il s'agit de transformations spontanées d'un élément en un autre. En 1900, il mesure la première période de la loi exponentielle de la radioactivité, celle du Ra^{220}, une émanation du thorium. En utilisant un piège froid à air liquide, il isole le thoron et le radon, gaz rare émanation du radium.

En 1907, il est nommé professeur à Manchester. Il identifie les particules alpha comme des noyaux d'hélium et il découvre leur diffusion sur la matière. Il résout le problème essentiel de leur charge, grâce à la collaboration de H. Geiger qui transforme la chambre à ionisation en compteur à pointe, sensible à une particule individuelle. En 1908, il reçoit le prix Nobel de Chimie.

H. Geiger et E. Marsden, qui ont étudié la diffusion des particules alpha sur des noyaux, ont observé de fréquentes diffusions à grand angle et même des rétrodiffusions. Reprenant en 1911 les résultats de ces expériences, E. Rutherford analyse les distributions angulaires en faisant l'hypothèse que la charge électrique de ces noyaux est ponctuelle. Il établit la loi théorique de la section efficace différentielle en 1/Θ4, Θ étant l'angle de diffusion par rapport à la direction incidente. L'accord entre le calcul et l'expérience est excellent. C'est donc que le noyau atomique est un objet beaucoup plus petit que l'atome. Pour la première fois, le noyau atomique est caractérisé comme un objet de petites dimensions, inférieur à quelques 10^{-12} cm d'après les résultats expérimentaux. Suite à cette découverte, la structure de l'atome se précise : il est constitué d'un petit noyau autour duquel gravitent les électrons. Le modèle de J.J. Thomson qui diluait la charge positive du noyau dans tout le volume de l'atome se trouve rejeté.

E. Rutherford effectue en 1914 avec E. Andrade la première mesure directe de la longueur d'onde d'un gamma par diffraction sur un cristal. Ces deux physiciens développent des spectromètres pour les électrons émis dans les radioactivités bêta des noyaux.

En 1919, en bombardant par des particules alpha de l'azote, il met en évidence une émission de protons. Il conclut à la transmutation nucléaire de l'azote en oxygène avec émission d'un proton. Pour la première fois, l'homme est capable de fabriquer un nouvel élément à partir d'un autre, le rêve des alchimistes !

En 1919, il est nommé à Cambridge où il va diriger le laboratoire Cavendish jusqu'à sa mort en 1937. Dans ce laboratoire, J. Chadwick découvre en 1932 le neutron et J. Cockcroft et E. Walton réalisent la première réaction nucléaire déclenchée par un accélérateur.

À l'époque de l'essor de la mécanique quantique, un des collègues de E. Rutherford lui demande : « Comment va la physique en ce moment ? » Il répond : « C'est simple, les théoriciens planent et nous essayons de les faire redescendre ». Il se méfiait beaucoup de ses collègues théoriciens, mais lui-même a été l'un des meilleurs expérimentateurs de ce siècle : « Il était un roi qui se frayait son chemin dans l'inconnu ». Il est également l'auteur de nombreuses méthodes expérimentales, par exemple pour mesurer les mobilités des ions et leurs coefficients de recombinaison.

Toutefois, E. Rutherford se trompe lorsqu'il dit en 1933 : « Ceux qui espèrent obtenir une source d'énergie à partir des transformations de ces atomes sont de doux rêveurs ». C'est pourtant lui qui, avec F. Soddy, est partiellement responsable de l'appellation « énergie atomique », appellation bien mal appropriée puisqu'il s'agit d'énergie nucléaire et non atomique. Il faut ajouter que l'armée américaine est aussi responsable d'une expression qu'elle a jugée plus médiatique.

E. Rutherford a souvent des positions abruptes. À un philosophe qui lui rend visite, il déclare que la philosophie n'est qu'une suite de palabres. Le philosophe réplique en traitant E. Rutherford de sauvage « un noble sauvage, j'en conviens, mais un sauvage quand même ».

Publications

« The distinction between α-rays and β-rays » (1899), « Radioactivity » (1904), « Radioactive transformations » (1906), « Electrical structure of matter », « Radiations from radioactive substances » avec C. Ellis et J. Chadwick (1930), « Artificial transmutations of the elements » (1933).

RYDBERG Johannes Robert

Halmstadt (Suède) 1854 – Lund (Suède) 1919

Après des études effectuées à Lund, Johannes Rydberg enseigne dans cette même université où il mène la totalité de sa carrière.

À la suite des premiers travaux de J.J. Balmer, il examine les séquences des raies optiques d'émissions atomiques et il établit une formule qui donne toutes les fréquences ν en fonction de deux nombres entiers n et m, du numéro atomique Z et d'une constante R, qui porte son nom :

$$\nu = Z^2\,(1/n^2 - 1/m^2)\,R$$

Cette formule, vérifiée par de nombreux spectroscopistes, a eu une grande importance dans la compréhension des structures des atomes. Elle a guidé N. Bohr pour proposer son modèle atomique dans le cadre de la première théorie quantique. Les nombres m et n sont alors devenus les nombres quantiques principaux de l'électron passant d'un état initial à un état final.

Constante de Rydberg : constante unique, établie empiriquement en spectroscopie atomique pour rendre compte de tous les spectres de raies atomiques. La valeur de cette constante est évaluée théoriquement pour la première fois par N. Bohr dans la première quantification. Elle est confirmée par un calcul ultérieur à partir de l'équation de E. Schrödinger.

Atome de Rydberg : atome excité pour des valeurs très élevées du nombre quantique principal « n », donc de grand rayon moyen.

RYLE Martin

Brighton 1918 – Cambridge 1984

Martin Ryle effectue ses études à Bradford et à Oxford. Pendant la guerre, il travaille sur les télécommunications et sur les développements du radar.

En 1945, chercheur au laboratoire Cavendish de Cambridge, il souhaite utiliser pour la radioastronomie les techniques du radar qu'il a acquises pendant la guerre. Il donne donc une suite aux travaux de K. Jansky qui a découvert en 1931 l'émission radioélectrique du ciel. Il se spécialise dans l'instrumentation d'astrophysique et il construit des radiotélescopes en utilisant des éléments des radars militaires. En 1948, avec G. Smith, il localise la source radioélectrique la plus intense de l'hémisphère Nord, Cassiopae A. Ensemble, ils établissent une première carte du ciel radioélectrique et ils identifient de nombreuses radiosources.

M. Ryle généralise l'interférométrie à plusieurs radiotélescopes utilisée pour la première fois en 1943 par R. Hanbury-Brown. Il fait fonctionner en accord de phase plusieurs radiotélescopes répartis sur un périmètre de quelques kilomètres. La précision angulaire est considérablement accrue puisqu'elle est proportionnelle au diamètre du périmètre au lieu du diamètre d'un seul radiotélescope. La direction de la visée est ajustée par les différences de phase entre les antennes.

En 1959, il est nommé professeur à Cambridge et directeur de l'Observatoire Mullard qu'il dirige avec fermeté.

Il reçoit le prix Nobel de Physique en même temps que A. Hewish en 1974.

S

SAHA Meghnad N.

Dacca 1893 – New Delhi 1956

Meghnad Saha effectue ses études supérieures à Dacca et à Calcutta.

Il contribue en 1923, avec R. Fowler et E. Milne, à la mesure de la température de couleur des étoiles afin de les classer dans le diagramme de Hertzsprung-Russel. Pour mieux mesurer la température de l'étoile, il est le premier à utiliser le degré d'ionisation des atomes. L'idée lui est venue à la suite de la visite du laboratoire de W. Nernst où il a rencontré J. Eggert qui a étudié la stabilité des orbitales électroniques.

Il enseigne à Allahabad et à Calcutta et il encourage le développement des publications scientifiques indiennes.

Loi de Saha : formule donnant la proportion d'ionisation d'une population d'atomes à pression donnée et à l'équilibre thermodynamique. Cette loi est utilisée aujourd'hui en physique des plasmas.

SAKHAROV Andrei Dimitrievitch

Moscou 1921 – Moscou 1989

Issu d'une famille d'enseignants en physique, Andrei Sakharov effectue ses études supérieures à Moscou. Pendant la guerre, il est ingénieur d'armement et il étudie les nouveaux projectiles capables de percer les blindages des chars.

Avec I. Tamm, son directeur de thèse, il est le principal artisan de l'arme thermonucléaire soviétique. Il se consacre ensuite pendant plusieurs années aux recherches secrètes sur le contrôle de la fusion thermonucléaire. Dès 1958, avec I. Tamm, il propose la voie du confinement magnétique en utilisant des machines qui annoncent le futur Tokamak

(Chambre toroïdale magnétique). Ils encouragent la voie du confinement inertiel en lançant la construction de lasers de très grande puissance. Ils soutiennent également la voie de la catalyse par les muons.

A. Sakharov identifie clairement le problème posé par le modèle standard du Big Bang entraînant l'égalité entre la matière et l'antimatière. En 1967, peu après la découverte de la non-conservation de PC dans la désintégration du K°, il montre qu'un univers constitué seulement de matière, apparemment dépourvu d'antimatière, peut s'expliquer par la non-conservation du nombre baryonique et par la non-conservation de PC (P, opération parité, C opération conjugaison de charge).

Opposé à la poursuite des armements nucléaires, il publie en 1968, *La liberté intellectuelle en URSS et la coexistence*. En 1970, il crée le comité pour la défense des droits de l'homme en URSS. En 1973, il est victime d'une violente campagne de presse. En 1975, il reçoit le prix Nobel de la Paix et il publie à New York *Mon pays et le monde*. En 1980, il est exilé à Gorki où il demeure jusqu'en 1986. Réhabilité, il est nommé au Présidium de l'Académie des sciences en 1988 et député au Congrès au début de l'année 1989. Il décède à la fin de cette même année.

Publications

« Réflexions sur le progrès, la coexistence pacifique et la liberté intellectuelle » (1968), « La liberté intellectuelle en URSS et la coexistence » (1968), « Sakharov speaks » (1974), « Mon pays et le Monde » (1975), « Craintes et espoirs » (1979), « Mémoires » (1990).

SALAM Abdus

Jhang (Faisalabad) 1926 – Londres 1997

Abdus Salam commence ses études à Lahore et il les termine en Angleterre à Cambridge. Il enseigne à Imperial

College à Londres. Il dirige le Centre international de physique théorique de Trieste.

Théoricien de l'interaction faible, il contribue à l'hypothèse de l'hélicité gauche du neutrino. Co-inventeur de la théorie électro-faible, il partage le prix Nobel de Physique en 1979 avec S. Glashow et S. Weinberg, après la découverte expérimentale des courants faibles neutres au CERN.

Publications

« Aspect of quantum mechanics » avec E. Wigner (1972), « Ideas and realities » (1987).

SANDAGE Allan Rex

Iowa City 1926 – San Gabriel 2010

Après ses études effectuées à l'université d'Illinois et au California Institute of Technology, Allan Sandage devient l'assistant de E. Hubble en 1952 aux observatoires du Mont Wilson et du Mont Palomar. Il enseigne dans plusieurs universités et notamment à Pasadena et à Baltimore.

Avec M. Schwarzschild, il analyse l'évolution des étoiles dans le diagramme de Hertzsprung-Russel et il en déduit une estimation de l'âge des amas de galaxies, de l'ordre de trois milliards d'années.

En 1962, avec T. Matthews, il participe à la découverte des premiers quasars, sources intenses de rayonnement électromagnétique. Il découvre le premier quasar rayonnant également dans le visible. Le pas décisif est franchi lorsque M. Schmidt mesure leurs décalages vers le rouge. Il est alors démontré que ces objets sont les sources décelables les plus éloignées de la Terre. Leurs puissances rayonnées peuvent dépasser un million de fois celle du Soleil.

En 1975, A. Sandage effectue avec G. Tammann une détermination de la constante de Hubble qui conduit à une estimation de la dimension de l'univers proche de 20 milliards d'années-lumière. Cette valeur plus élevée que les précédentes assure la compatibilité avec l'âge de la Terre, de l'ordre de 5 milliards d'années.

Publications

« The Hubble atlas of galaxies » (1961), « The revised Shapley catalogue of bright galaxies» avec G. Tammann (1981), « Atlas of galaxies useful for measuring cosmological distances scale » avec J. Bedke1988).

SAUVEUR Joseph

La Flèche 1653 – Paris 1716

Joseph Sauveur suit des études au collège des jésuites de La Flèche avant de venir à Paris en 1670 où il continue à étudier les mathématiques et la physique. Il travaille d'abord dans le domaine des mathématiques appliquées, préparant des tables de simplification des calculs. Réputé bon enseignant, il obtient en 1686 la chaire de professeur de mathématiques au Collège Royal de Paris.

J. Sauveur est connu pour avoir joué un rôle dans la solution de problèmes d'acoustique musicale, domaine déjà abordé avant lui mais dans lequel il a apporté des développements tels qu'il en est souvent considéré comme l'inventeur. Dans un mémoire présenté devant l'Académie des sciences en 1700, il est en particulier le premier à proposer d'utiliser le phénomène des battements pour mesurer la fréquence des sons de façon absolue. Il travaille également sur l'existence et la détermination de fréquences plus élevées accompagnant la fréquence principale ou fondamentale, appelées par lui fréquences harmoniques.

Publications

« Traité de fortification », « Géométrie élémentaire ».

SAVART Félix

Mézières 1791 – Paris 1841

Après des études de médecine menées à Metz et à Strasbourg, Félix Savart commence une carrière de chirurgien militaire, mais il s'intéresse surtout à l'acoustique du violon. Afin de vérifier les performances de cet instrument, il invente une roue dentée dont la rotation produit des sons de fréquences ajustables. Il invente un nouveau violon très technique, de forme trapézoïdale, mais qui ne bénéficie pas de la faveur des musiciens. Poursuivant dans ce même domaine de l'acoustique musicale, il étudie les propriétés spécifiques de la voie humaine.

Il est le co-inventeur avec J. Biot de la loi fondamentale du magnétisme généré par un courant électrique.

Il est nommé professeur au Collège de France.

Roue dentée de Savart : roue entraînée à grande vitesse dont les dents excitent une plaquette en produisant un son dont la fréquence est ajustée par la vitesse de rotation.

Loi de Biot et Savart : la force magnétique générée en un point de l'espace par un élément de fil conducteur est proportionnelle au courant, à la longueur de l'élément, à l'inverse du carré de la distance au fil et au sinus de l'angle entre la direction du courant et le vecteur qui relie l'élément de courant à la position du point.

Publication

« Mémoire sur les instruments à cordes et à archet » (1819).

SCHATZMAN Evry Léon

Neuilly-sur-Seine (Paris) 1920-2010

Evry Schatzmann effectue ses études à l'École normale supérieure de Paris. Il commence sa carrière au Centre national de la recherche scientifique (CNRS), enseigne l'astrophysique à la faculté des sciences de Paris et termine sa carrière au CNRS. Travaillant à l'Institut d'astrophysique de Paris, puis aux Observatoires de Meudon et de Nice, il élabore des modèles théoriques sur les processus internes des étoiles.

De 1945 à 1949, ses premiers travaux concernent les naines blanches, la séparation des éléments par gravitation, les effets d'écran des réactions thermonucléaires, le rôle de la pression d'ionisation, l'association des novae et des naines blanches.

Il propose une explication à la diminution des moments angulaires sans perte notable de masse. Il modélise l'action du vent stellaire guidé par le champ magnétique. Il propose une explication au déficit du flux des neutrinos solaires.

Il enseigne dans de nombreuses universités étrangères (Boulder, Cambridge, Berkeley). Il joue un rôle d'animateur dans la communauté des astrophysiciens français.

Publications

« Les planètes » hommage à G. Bruhat (1952), « L'astronomie au jour le jour » avec J. C. Pecker et P. Couderc (1954), « Origine et évolution du monde » (1957), « White Dwarfs » (1958), « Astrophysique générale » avec J. C. Pecker (1959), « Les planètes naissent aussi » (1963), « Plasmas et milieux ionisés » (1968), « Structure de l'univers » (1969), « Science et société » (1972), « La vie dans l'univers » (1986), « Les enfants d'Uranie » (1986), « Le message du photon voyageur » (1988), « La société menacée » (1989), « Les étoiles » avec F. Praderie (1990), « L'expansion de l'univers » (1991), « L'outil théorie » (1992).

SCHEINER Christoph

Ingoltstadt (Bavière) 1573 – Neisse (Silésie) 1650

Après ses études religieuses effectuées à Ingolsberg, Christoph Scheiner entre dans la Compagnie des Jésuites où il poursuit des études de philosophie, de mathématiques et de théologie. Il enseigne les mathématiques. En 1605, il est l'inventeur du pantographe, un mécanisme articulé qui sert à reproduire les dessins.

En 1611, il est le premier expérimentateur à construire une lunette dont l'image est redressée par l'oculaire.

Simultanément avec G. Galilée et avec d'autres astronomes, il découvre et étudie les tâches solaires. Il utilise soit un écran absorbant, soit une projection de l'image sur un écran. Il interprète ces taches variables, soit par de petites planètes, soit par un mouvement propre du Soleil. Il montre aussi que les planètes Vénus et Mercure tournent autour du Soleil, mais il n'ose pas traiter la Terre de la même manière. L'ordre des Jésuites lui interdit de publier de tels résultats qui semblent contradictoires avec les Écritures. Il communique discrètement ses résultats à G. Galilée qui conteste l'antériorité de la découverte des taches solaires.

Dans un programme de recherches sur la physiologie de l'œil, il montre sur l'œil d'un bœuf que le cristallin forme une image sur la rétine dont la netteté est assurée par le processus d'accommodation.

Pendant la dernière partie de sa vie, il se retire des activités scientifiques pour se consacrer à ses activités ecclésiastiques.

Publications

« Tres epistolae de maculis solaribus scriptae ad marcum verserum » (1612), « Sol ellipticus » (1615), « Refractiones caelestes » (1616), « Rosa ursina sive sol » (1626).

SCHIAPARELLI Giovanni

Savigliano (Italie) 1835 – Milan 1910

Après avoir suivi des études d'ingénieur, Giovanni Schiaparelli étudie l'astronomie à l'université de Turin. À la requête du gouvernement du Piémont, il est envoyé en stage dans les observatoires de Berlin et de Pulkovo. À son retour en Italie en 1860, il est recruté comme astronome à l'Observatoire de Milan dont il deviendra le directeur en 1862.

Dès 1860, G. Schiaparelli se tourne vers l'observation des comètes. L'une d'elles, la comète de Biela, du nom de son premier observateur, retient toute son attention. On l'avait revue en fin 1845 et on s'était aperçu au début de 1846 qu'elle se brisait en deux morceaux. À Rome, le père Secchi, avec qui G. Schiaparelli était en contact, devait retrouver l'un des morceaux de cette comète en 1852. Le destin de cette comète et ses observations propres conduisent G. Schiaparelli à proposer dès 1852 une théorie de l'apparition des météorites comme étant due à la désintégration partielle de comètes sous l'influence du soleil. Par diverses observations, cette théorie devait être confirmée.

En 1877, G. Schiaparelli commence à étudier les « canaux » de Mars, peut-être sous l'influence de A. Secchi qui avait été le premier à observer cette curiosité dès 1859. Après des séries d'observations menées jusqu'en 1890, il décrit ces « canaux » en termes de mers et de continents.

G. Schiaparelli mène également des observations sur d'autres planètes, Saturne, Mercure et Vénus, avant de se tourner vers l'histoire de l'astronomie ancienne en liaison, au départ, avec la traduction d'une œuvre de l'astronome arabe al-Battānī, entreprise par un de ses collègues. Cette étude restera malheureusement inachevée et seuls quelques fragments de cette histoire seront publiés après sa mort.

SCHMIDT Bernhard Voldemar

Naissaar (Estonie) 1879 – Hambourg 1935

Bernhard Schmidt entreprend des études d'ingénieur à Göteborg en Suède et il les poursuit à Mittweida en Allemagne.

Recruté en 1926 à l'Observatoire de Hambourg, il est l'inventeur en 1929 d'un télescope à grand champ qui devient l'instrument complémentaire du télescope à miroir parabolique dont le champ est limité par l'aberration de coma. Le réflecteur est un miroir sphérique. Une lame correctrice de verre élimine les distorsions dans un champ de plusieurs degrés. Cet instrument ouvre le domaine de l'observation simultanée d'un grand nombre d'étoiles et donc permet des analyses statistiques. Dès 1930, l'astronome F. Zwicky est le premier à utiliser ce nouveau dispositif. En 1949, l'Observatoire du Mont Palomar est doté d'un tel instrument de 120 centimètres de diamètre.

Lame de Schmidt : lame, asphérique, convergente au centre et divergente sur les bords, placée au centre de courbure du miroir pour corriger l'aberration de coma du télescope.

SCHMIDT Maarten

Groningue 1929

Maarten Schmidt effectue ses études à l'université de Leyde et ses recherches à l'Observatoire Hale dont il deviendra le directeur en 1978.

Il établit en 1959 un modèle mathématique qui reproduit correctement les propriétés statiques et dynamiques de notre galaxie.

En 1963, à l'Observatoire du mont Wilson, il découvre les énormes décalages vers le rouge des spectres des quasars. Interprétés comme des effets Doppler-Fizeau, ces décalages montrent que certains quasars s'éloignent de nous à des vitesses proches de celle de la lumière. Ils montrent surtout que ces objets sont très éloignés de la Terre et qu'ils ne sont décelables que grâce à leurs énormes puissances rayonnées, plusieurs millions de fois celle du Soleil.

SCHOTTKY Walter

Zurich 1886 – Pretzfeld (Bavière) 1976

L'activité de Walter Schottky, chercheur de la société Siemens, couvre la période du développement de l'électronique depuis les tubes jusqu'aux circuits intégrés.

Il commence par des études sur les décharges électriques dans les gaz raréfiés. En 1915, il améliore la triode en parallèle avec les travaux d'I. Langmuir. Il invente la tétrode en ajoutant une grille à large maille qui facilite l'amplification. Avec N. Mott, il donne l'explication de l'effet redresseur observé entre un semi-conducteur et un supraconducteur.

W. Schottky est surtout connu par l'invention de la diode qui porte son nom.

Pendant toute sa carrière menée en milieu industriel, il s'est attaché à déterminer les phénomènes fondamentaux responsables des processus techniques.

Diode Schottky: diode réalisée à partir d'une jonction entre un métal et un semi-conducteur, utilisable aux très hautes fréquences. La théorie de ce dispositif est faite par Schottky lui-même en 1939.

SCHRIEFFER John Robert

Oak Park (Illinois) 1931

John Schrieffer effectue ses études au Massachussetts Institute of Technology et il présente son doctorat à Chicago.

Avec J. Bardeen et L. Cooper, il contribue à la théorie de la supraconductivité. Il montre la possibilité pour les paires de Cooper de se propager sans résistance dans le réseau cristallin. Il partage le prix Nobel de Physique en 1972 avec ses deux collègues.

Il enseigne à l'université de Pennsylvanie.

Publication

« Theory of supraconductivity » (1964).

SCHRÖDINGER Erwin

Vienne 1887 – Vienne 1961

Après ses études à Vienne et à Iéna, Erwin Schrödinger s'engage dans des recherches expérimentales, d'abord à Vienne, ensuite à Iéna. Ses travaux concernent la dynamique des défauts dans les cristaux, les fluctuations des désintégrations radioactives, la sensation physiologique des couleurs.

En 1920, il est nommé professeur à Zurich dans la chaire de M. von Laue. Après la publication de la thèse de L. de Broglie, par les intermédiaires de P. Langevin et de P. Debye, il lui est demandé de préparer un exposé sur la dualité onde-particule. Passionné par le sujet, il publie en 1926 quatre articles importants qui constituent les bases du formalisme de cette nouvelle mécanique ondulatoire. Dans le premier article, il établit l'équation, qui porte son nom, et qui détermine l'évolution de la fonction d'onde de la particule. Il justifie le bien fondé de cette équation en retrouvant les valeurs exactes des niveaux quantifiés de l'atome d'hydrogène. Dans le second article, il propose un formalisme qui va conférer à la mécanique quantique toute son efficacité. Les énergies des systèmes isolés sont désormais les valeurs propres de l'opérateur hamiltonien. Suivant la suggestion de M. Born, le module au carré de la fonction d'onde est égal à la probabilité de présence de la particule. La notion d'orbite se dissout dans une vision floue de l'atome. Il introduit la notion très fondamentale du paquet d'ondes. Dans le quatrième article, il effectue un parallèle très pertinent entre la mécanique et l'optique et il démontre l'identité entre la mécanique ondulatoire et la mécanique des matrices introduite par W. Heisenberg. Ces quatre articles rencontrent immédiatement un grand succès.

Bien qu'il soit un bon mathématicien, E. Schrödinger rencontre quelques difficultés pour résoudre ses équations. « Si seulement je connaissais plus de mathématiques ! », se lamente-t-il.

En 1927, il occupe la chaire de M. Planck à Berlin. Il partage le prix Nobel de Physique en 1933 avec P. Dirac. Cette même année, fuyant le nazisme, il quitte l'Allemagne pour l'Angleterre à Oxford. En 1940, il part en Irlande à Dublin où il se fixe définitivement.

Il participe aux débats sur les fondements de la mécanique quantique et il se dispute souvent avec A. Einstein. La réduction du paquet d'ondes est une bonne occasion de s'affronter. L'histoire du « chat de Schrödinger » en est un bon exemple.

Revenu en Autriche après la guerre, il s'intéresse à la relativité générale, à la théorie du méson, à la biologie.

L'équation de Schrödinger : c'est l'équation fondamentale de la mécanique quantique. Elle remplace la relation classique $F = m\gamma$ qui donne l'accélération γ d'une particule de masse m en fonction de la force F qui lui est appliquée. Elle relie la dérivée de la fonction d'onde de la particule $d\Psi/dt$ à l'action des forces qui agissent sur la particule, exprimée sous la forme de l'action de l'opérateur hamiltonien H sur la fonction d'onde Ψ, soit : $i\hbar\, d\Psi/dt = H\Psi$.

Cette équation fournit avec précision l'évolution dans le temps d'une particule, même si elle est décrite dans l'espace de manière floue par la fonction d'onde Ψ.

Le chat de Schrödinger : un chat, enfermé dans une boîte noire, est menacé de mort par la brisure d'une ampoule de cyanure, placée en dessous d'un gros caillou en équilibre sur une bascule, retenue par un cliquet qui est déclenché par la désintégration aléatoire d'un noyau atomique. Le sort du chat est donc directement lié à un phénomène quantique. En l'absence de mesure, c'est-à-dire avant de regarder dans la boîte, on doit considérer que la fonction d'onde du chat est un mélange d'une fonction propre d'un chat mort et d'une fonction propre d'un chat vivant. A. Einstein ne voulait pas entendre parler d'un chat qui pouvait être à moitié vivant et à moitié mort !

Publications

« Abhanflungen zür Wellenmechanik » (1927), « What is life ? » (1945), « Space-time structure » (1950), « Science et humanisme » (1952), « Thermodynamique statistique » (1952), « La nature et les grecs » (1954), « L'univers en expansion » (1956), « Esprit et matière » (1958), « Einstein, Lorentz, Briefe zür Wellenmechanik » (1963).

SCHWARTZ Melvin

New York 1932-2006

À la fin de ses études à Columbia, Melvin Schwartz reste dans cette université comme enseignant, de 1958 jusqu'à 1966.

En 1959 et indépendamment de B. Pontecorvo, il propose d'utiliser les grands accélérateurs à protons pour construire des faisceaux de neutrinos assez intenses pour détecter leurs interactions. En effet, les réactions des protons de haute énergie sur des cibles produisent des mésons pions qui, en se désintégrant, produisent des neutrinos. Dans ces conditions, un détecteur de plusieurs tonnes enregistre en moyenne une réaction de neutrino pour une centaine d'impulsions de l'accélérateur. Sur ce principe, une expérience est installée en 1961 auprès de l'accélérateur de Brookhaven. Les réactions observées des neutrinos ont dans l'état final un muon et pas d'électron. Ce constat établit qu'il existe deux types de neutrinos, le neutrino-électron, émis dans les désintégrations bêta des noyaux et le neutrino-muon, émis dans la désintégration du méson pion, en association avec un muon. En 1988, il partage le prix Nobel de Physique avec ses collègues J. Steinberger et L. Lederman.

En 1966, il est nommé professeur à l'université de Stanford et il s'engage dans une expérience sur la non-conservation de *PC* dans les désintégrations des mésons K^{o}.

N'acceptant plus le poids de la bureaucratie universitaire, il quitte Stanford en 1970 pour la « Silicon Valley » où il fonde sa propre entreprise.

En 1991, il revient au laboratoire de Brookhaven pour en devenir le directeur associé.

Publication

« Principles of electrodynamics » (1972).

SCHWARTZSCHILD Karl

Francfort-sur-le-Main 1873 – Potsdam 1916

Passionné d'astronomie dès sa jeunesse, Karl Schwartzschild commence ses études à Strasbourg. Il les termine à Munich, où il présente une thèse théorique sur la mécanique céleste des corps en rotation. Ses premiers travaux à l'Observatoire de Vienne sont de nature expérimentale. Il est le premier à remplacer l'œil de l'observateur par la plaque photographique. Il applique cette technique de photométrie stellaire à l'étude des étoiles variables, à l'analyse des processus radiatifs dans les étoiles, au développement de la théorie des spectres optiques. Indépendamment de P. Epstein, il établit la théorie de l'effet Stark, c'est-à-dire de la modification du spectre d'émission lorsque l'atome est soumis à un champ électrique. En 1906, il spécule sur la composition de l'atmosphère solaire. Plus tard, il s'intéresse à la distribution très inhomogène des étoiles dans l'univers.

Il est nommé directeur de l'Observatoire de Göttingen en 1901 et de celui de Potsdam en 1909.

Sa contribution principale réside dans le domaine de la relativité générale. Il effectue ces recherches théoriques alors qu'il est engagé volontaire dans l'armée allemande en campagne contre la Russie. Il établit la structure du champ gravitationnel généré par une masse dont la répartition possède la symétrie sphérique. Il avait fait les premiers pas dans ce domaine dès 1900 en introduisant des espaces non euclidiens. Bien avant l'introduction de la relativité générale, il avait suggéré que les lois physiques sont mieux décrites dans un espace courbe que dans un espace cartésien.

Atteint par une maladie incurable de la peau, il revient à Potsdam pour y mourir jeune, sans avoir eu le temps de poursuivre son œuvre scientifique.

Le rayon de Schwartzschild : c'est le rayon d'une sphère qui entoure un trou noir et que ne peut dépasser aucun projectile, matière ou rayonnement, issu du trou noir. Cette sphère apparaît dans sa théorie comme une singularité mathématique.

Publication

« Aktinométrie » (1910).

SCHWINGER Julius Seymour

New York 1918 – Los Angeles 1994

Diplômé de l'université de Columbia dès l'âge de dix-sept ans, Julius Schwinger est à 29 ans le plus jeune professeur de l'université de Harvard. Sous l'influence de R. Oppenheimer, il s'oriente vers la physique nucléaire théorique.

Pendant la Deuxième Guerre mondiale, il participe à la mise au point des radars qui a été confiée au Massachussetts Institute of Technology.

Suite à la découverte du « Lamb shift » et au premier calcul de H. Bethe de cet effet, il établit les bases de l'électrodynamique quantique, la théorie actuellement la mieux vérifiée de toute la physique. Il calcule le facteur gyromagnétique de l'électron ($g - 2 = \alpha/2\pi$) et les corrections radiatives à apporter à ce facteur.

Il est l'un des premiers à suggérer l'existence de deux sortes de neutrinos, le neutrinoélectron et le neutrinomuon, dont la confirmation expérimentale est faite à Brookhaven en 1962.

Il partage le prix Nobel de Physique avec R. Feynman et S. Tomonaga en 1965.

Il enseigne à Los Angeles à partir de 1972. Ambidextre, il peut écrire en même temps deux équations différentes au tableau en utilisant les deux mains. Le problème pour les élèves qui n'ont qu'un seul cerveau est de les comprendre simultanément !

Publications

« Discontinuities in waveguides » (1968), « Particles sources and fields » (1970), « Quantum kinematics and dynamics » (1970), « Einstein legacy: unity of space and time » (1986).

SEABORG Glenn Theodore

Ishpeming (Michigan) 1912-1999

Glenn Seaborg effectue ses études supérieures de chimie à Los Angeles et à Berkeley.

En 1941, à Berkeley, avec E. Mac Millan et E. Segré, il établit les filiations du neptunium. En bombardant de l'uranium par les deutons de 16 MeV du cyclotron, ces trois physiciens découvrent le plutonium 239. Ils mettent au point la méthode de séparation chimique de ce nouveau noyau fissile. Leurs résultats jouent un rôle très important dans la stratégie du projet Manhattan puisque la bombe expérimentale et la seconde bombe lâchée sur le Japon en 1945 contiennent du plutonium. Les travaux sur les transuraniens restent secrets pendant toute la durée de la guerre.

En bombardant une cible de plutonium, G. Seaborg fabrique en 1944 du curium 242 et en 1945 de l'américium. En 1950, à partir d'une cible contenant ces deux derniers isotopes, il obtient le berkelium (Z = 97) et le californium (Z = 98). Plus tard, il identifie l'einsteinium, le fermium, le mendélium en 1955, le nobelium en 1958. Il bénéficie pour ces deux découvertes des contributions de deux chimistes R. James et L. Morgan et d'un physicien A. Ghiorso qui effectue les mesures d'énergie des particules alpha. Avec ses collaborateurs, il découvre l'élément dont le numéro atomique Z est égal à 106. Il faut enfin noter que des découvertes analogues presque simultanées sont faites en Russie par le groupe de G. Flerov.

En 1951, il partage le prix Nobel de Chimie avec E. Mac Millan.

On lui attribue la citation suivante : « Le monde doit comprendre que la science n'est orientée ni vers le bien, ni vers le mal. Elle constitue un potentiel que l'homme doit orienter ». Militant pour le désarmement nucléaire, il est l'un des signataires américains du traité de limitation des essais nucléaires.

Seaborgium : élément atomique dont le numéro est Z = 106, découvert par G. Seaborg et ses collaborateurs.

Publications

« The transuranium elements » (1958, « Education and the atom » (1964), « Man and atom » (1971), « Kennedy, Kruschev and the test ban » (1981), « Stimming the tide, arms control in the Johnson years » (1987).

SECCHI Angelo

Regio nell'Emilia 1818 – Rome 1878

D'origine modeste, Angelo Secchi entre comme novice chez les jésuites à Rome à l'âge de quinze ans. Pendant ses études, il s'initie à l'astronomie à l'Observatoire du collège romain tenu par ces jésuites. Après la fin de ses études de théologie, il en devient le directeur. Pendant plus de vingt ans, il mène des observations tout en s'occupant du développement de l'équipement expérimental de l'observatoire. Se servant de la technique inaugurée par J. Fraunhofer dans les années 1810-1820, il observe le Soleil et ses protubérances puis il se tourne vers l'étude des planètes et vers l'observation des comètes. En 1859, il note l'existence de zones sombres sur la planète Mars, zones qu'il appelle canaux et qui seront étudiées un peu plus tard par G. Schiaparelli.

À partir de 1860, il commence à étudier la spectroscopie des étoiles. Entre 1863 et 1868, il observe les spectres de quelques 4 000 d'entre elles. Dans les publications correspondantes, il répartit ces étoiles en plusieurs catégories suivant la dominante de leur spectre. Cette première classification sera gardée par la suite, allant des naines blanches aux géantes rouges.

A. Secchi est ainsi considéré comme l'un des fondateurs de la spectroscopie stellaire.

SEEBECK Thomas Johann

Tallin (Estonie) 1770 – Berlin 1831

Après des études de médecine à Berlin et à Göttingen, Thomas Seebeck se réoriente vers la physique. Il effectue ses premières recherches à Iéna. Sous l'influence de H. Goethe, il s'intéresse à la vision en couleurs. Excellent expérimentateur, il confirme l'existence de l'infrarouge et celle de l'ultraviolet. Ses travaux sur la polarisation de la lumière lui font découvrir le pouvoir rotatoire de certaines huiles. Il effectue de nombreuses mesures de magnétisation de la matière. Il étudie la luminescence.

En 1821, il découvre la thermoélectricité, c'est-à-dire la production de faibles courants électriques par des jonctions bimétalliques portées à des températures différentes. Il en donne une interprétation inexacte, mais il l'utilise avec succès dans la mesure des températures.

Il enseigne à Berlin.

Effet Seebeck: une soudure entre deux métaux différents est la source d'une force électromotrice proportionnelle à la température.

SEGRÉ Emilio

Tivoli (Italie) 1905 – La Fayette (Californie) 1989

Ses premières études destinent Emilio Segré à un métier d'ingénieur mais, à la suite d'une rencontre avec E. Fermi, il préfère s'orienter vers la physique fondamentale et il prépare une thèse à Rome. En 1934, avec les chercheurs de l'équipe de E. Fermi, il étudie les réactions des neutrons sur les noyaux. Dans le prolongement de la découverte de la radioactivité artificielle, ils découvrent ensemble de nouveaux isotopes artificiels. En 1936, il s'installe à Palerme où il dirige l'Institut de physique. À partir d'un morceau de molybdène prélevé sur un support de cible irradiée pendant plusieurs années sur le cyclotron de Berkeley, il découvre en 1937 le technicium, élément dont le numéro atomique est 43, voisin de celui du molybdène.

En 1938, le régime fasciste italien contraint E. Segré à émigrer aux États-Unis, à Berkeley, où il poursuit ses recherches de radiochimie. Il y découvre l'astate. En 1941, avec E. Mac Millan et G. Seaborg, il découvre le plutonium 239, un nouvel élément fissile. Cette découverte a des conséquences importantes sur le programme Manhattan auquel il participe. La première bombe expérimentale et une des deux bombes lâchées sur le Japon en 1945 contiennent en effet du plutonium.

En 1946, il revient à Berkeley où il est nommé professeur. Il participe en 1955 à la découverte de l'antiproton auprès du Bévatron avec O. Chamberlain, O. Piccioni, C. Wiegand et T. Ypsilantis. L'énergie de l'accélérateur de 6 GeV a été calculée afin que les protons soient capables de produire des paires de proton-antiproton par collisions dans une cible fixe placée à l'intérieur de la chambre à vide de la machine. Les antiprotons de charge négative en sortent naturellement puisque, dans le champ magnétique de l'accélérateur, ils tournent en sens inverse des protons. Ils sont identifiés par une double sélection, en quantité de mouvement dans un électroaimant et en vitesse par mesure du temps de vol sur une base d'une vingtaine de mètres entre le premier et le dernier compteur. La contribution de O. Piccioni à cette découverte a été importante, notamment dans la conception de l'optique du faisceau. Pour cette découverte, O. Chamberlain et E. Segré se partagent le prix Nobel de Physique en 1959.

En 1972, il quitte la physique active pour s'intéresser à l'histoire de la physique qu'il enseigne à Rome à partir de 1974.

Publications

« Experimental Nuclear Physics » en 3 volumes (1952), « Nuclei and Particles » (1964), « Enrico Fermi, physicist » (1970), « Personaggi e scoperti » (1976), « From falling bodies to radiowaves » (1984), « Les physiciens modernes et leurs découvertes, des rayons X aux quarks » (1984).

SEITZ Frederick

San Francisco 1911-2008

Après des études effectuées à Stanford et à Princeton, commencées en biologie et terminées en mathématiques et en physique, Frederick Seitz est recruté comme chercheur pendant deux années par la compagnie de la General Electric. Il rejoint ensuite l'université chez E. Condon et il établit une collaboration fructueuse avec E. Wigner. Avec ce dernier, il participe à l'élaboration de la théorie des électrons libres dans les métaux et à celle de la théorie des bandes dans les solides. Ensemble, ils introduisent la maille dite de Wigner-Seitz afin de faciliter la description des fonctions d'ondes des électrons dans le cristal. F. Seitz travaille plus particulièrement sur le cristal de sodium dont il établit la structure électronique complète.

En 1942, avec Houtingdon, il élabore une théorie de la migration des lacunes dans les cristaux, théorie qui est confirmée par les expériences de son collègue R. Balloffi des laboratoires de la General Electric.

Pendant la Deuxième Guerre mondiale, il contribue à la mise au point du réacteur nucléaire à l'uranium naturel et au graphite. Après la guerre, il participe aux débats sur les responsabilités des scientifiques dans la fabrication de l'arme atomique.

En 1946, il propose une théorie des centres colorés dans les solides ioniques irradiés.

Il est professeur à Carnegie de 1942 à 1949 et à Urbana de 1949 à 1965. Il contribue efficacement à la création de nombreux laboratoires de matériaux dans les universités américaines.

Maille de Wigner-Seitz : maille élémentaire d'un réseau tridimensionnel obtenue en retenant le volume limité par les plans médiateurs des segments élémentaires de la maille classique.

Publications

« The Modern theory of solid » (1940), « The physics of metals » (1943), « Imperfections in nearly perfect crystals » (1952), « Research and Developpment and the prospects for international security » avec R. Nichols (1973), « The science matrix : past, present and future » (1991).

SEYFERT Carl Keenan

Cleveland 1911-1960

Carl Seyfert mène des études à Harvard.

Il effectue des observations astronomiques dans les grands observatoires américains. Par l'enregistrement de raies infrarouges intenses et larges obtenues dans certaines galaxies spirales, il identifie en 1943 au Mont Wilson la présence d'un gaz en mouvement rapide. Il donne son nom à cette catégorie particulière de galaxies dont les noyaux sont le siège d'émissions importantes. On démontre en 1969 qu'il y a une certaine continuité entre ces galaxies et celles qui contiennent un quasar.

Directeur en 1951 de l'Observatoire de Dyer de l'université Van der Bilt, il poursuit ses observations en infrarouge en direction des quasars.

Galaxies de Seyfert : classe de galaxies spirales dotées d'un intense rayonnement infrarouge. Le centre brillant est constitué de gaz, probablement concentré autour d'un trou noir.

Sextet de Seyfert : ensemble de six nébuleuses dont l'une s'éloigne des cinq autres avec une vitesse cinq fois plus grande que la vitesse moyenne de séparation entre les autres étoiles.

SHAPLEY Harlow

Nashville (Missouri) 1885 – Boulder (Colorado) 1972

Harlow Shapley commence une activité de journaliste dans le Kansas. Il devient astronome par accident, en acceptant une charge d'enseignement de la physique et en suivant un enseignement d'astrophysique à l'université du Missouri. Ses premiers travaux à Princeton avec H. Russell le conduisent à une séparation claire, parmi les étoiles variables à éclipse, entre les systèmes binaires et les Céphéides, étoiles pulsantes de manière intrinsèque.

À l'Observatoire du Mont Wilson de 1914 à 1921, il vérifie la relation entre la période et la luminosité des Céphéides, déjà proposée par H. Leavitt. Plus tard, cette méthode joue un rôle important dans la mise en évidence de l'expansion de l'univers. Il utilise cette méthode pour déterminer les distances des étoiles et il effectue une estimation des dimensions de notre galaxie, d'une valeur bien supérieure aux estimations précédentes. Pour évaluer les distances, il utilise également l'observation des novae, découvertes par hasard par G. Ritchey en 1917. Il montre que le Soleil n'est pas au centre de la galaxie.

Le 20 avril 1920, il participe à l'Académie des sciences de Washington au « Grand Débat » en défendant contre H. Curtis son estimation des dimensions de l'univers. Même si les estimations des deux astronomes sont bien supérieures à celles du passé, tous deux se trompent encore, comme E. Hubble le montrera plus tard. L'univers est encore plus vaste.

En 1918, à la fin d'un énorme travail d'observation, H. Shapley découvre les amas globulaires qui regroupent quelques millions d'étoiles et qui gravitent aux frontières de notre propre galaxie.

Directeur de l'Observatoire de Harvard de 1921 à 1952, il poursuit ses observations pour explorer l'univers aux grandes distances et il découvre de nouvelles galaxies.

Il participe à la création de l'UNESCO et il encourage la coopération internationale.

Publications

« Star light (1926), « Flights from chaos » (1930), « Stars clusters » (1930), « Of stars and men » (1958), « The view from a distant star » (1963), « Beyond the observatory » (1967), « Through rugged ways to the stars » (1969).

SHKLOVSKI Joseph Samulovich

(Ukraine) 1916 – Moscou 1985

Joseph Shklovski effectue ses études à Moscou. Dans ses premiers travaux, il propose une théorie de l'ionisation de la couronne solaire. Il donne une explication à l'émission des radiogalaxies par l'effet synchrotron des électrons relativistes.

En 1952, il prévoit la polarisation de la lumière émise par le pulsar du Crabe, laquelle est effectivement observée en 1954.

En 1966, à la suite de l'observation de H. Friedman, il donne une explication à l'émission des rayons X des étoiles à neutrons par accrétion de matière d'une étoile voisine.

Il sépare les deux sources d'émission radioélectrique des galaxies, la contribution thermique et la contribution non thermique.

Il propose de rechercher un indice de la vie et de l'intelligence extraterrestre en observant les faibles variabilités des émissions radioélectriques.

Publications

« The solar corona » (1951), « The origin of cosmics rays and radioastronomy » (1953), « The origin of the Crab Nebula Radiance » (1955), « Radioastronomia » (1955), « Univers, vie et raison » (1963), « Intelligent life in the universe » avec C. Sagan (1966).

SHOCKLEY William Bradford

Londres 1910 – Palo Alto 1989

Après sa thèse préparée au California Institute of Technology, William Shockley entre en 1936 comme chercheur à la compagnie Bell Telephone. Pendant vingt ans, il travaille dans le seul objectif de remplacer le tube électronique par un composant solide plus fiable et moins cher. Il fait usage pour cela de son immense capacité d'inventions les plus variées. Il commence à étudier la possibilité de rectifier le courant électrique au travers de composants en oxyde de cuivre, sans réellement trouver de bonnes solutions.

Pendant la guerre, il s'emploie à la détection acoustique des sous-marins.

Après la guerre, en collaboration avec J. Bardeen et W. Brattain, il s'oriente vers le pilotage des courants de surface afin d'obtenir un effet d'amplification et de remplacer à terme la lampe triode. En 1948, les trois physiciens découvrent ensemble le transistor à pointes. Un mois après et seul, il découvre la jonction entre deux semi-conducteurs différents, ce qui ouvre la voie à une conduction plus importante car elle ne se limite pas seulement à la surface du matériau mais concerne tout son volume.

En 1953, il est nommé directeur du secteur transistor de la Bell Telephone. En 1954, il fonde sa propre société mais il ne s'entend pas avec ses collaborateurs et cette nouvelle société industrielle disparaît en 1959.

En 1956, il partage le prix Nobel de Physique avec J. Bardeen et W. Brattain. En 1963, il est nommé professeur d'ingénierie à Stanford.

Ses idées sur la relation entre la race et l'intelligence, sur la stérilisation des faibles, sur l'eugénisme, lui procurent de vives critiques de la part de l'opinion publique. Il aggrave son cas en participant au don de sperme dans l'objectif de favoriser la reproduction du génie humain.

Publications

« Electrons and holes in semiconductors » (1950), « Imperfections in nearly perfect crystals » (1952), « Mechanics » avec W. Goug (1966).

SHULL Clifford Glenwood

Pittsburgh 1915-2001

À la fin de ses études effectuées à Pittsburgh et à New York, Clifford Shull est recruté par la compagnie Texas Instruments pour des études de cristallographie. Travaillant ensuite pour l'équipe de B. Brockhouse, il contribue à la conception et à la mise au point du lourd appareillage nécessaire à l'analyse de la diffraction des neutrons.

Dans ce même domaine, il montre plus tard que l'interaction magnétique est capable aussi de provoquer la diffraction des neutrons. En 1949, en utilisant cet effet, il découvre les matériaux antiferromagnétiques dans lesquels la moitié des atomes ont leurs moments magnétiques orientés dans une direction et l'autre moitié dans la direction opposée.

Il partage le prix Nobel de Physique en 1994 avec B. Brockhouse. Il enseigne au Massachussetts Institute of Technology.

SHUTT Ralph P.

En 1942, à l'aide d'une chambre de Wilson munie d'écrans métalliques pour détecter les « mésotrons cosmiques », Ralph Shutt confirme que ces particules ne sont pas les mésons de H. Yukawa car elles ne diffusent pas à grand angle dans les écrans.

Le rôle de R. Shutt est très important dans le développement des détecteurs visuels utilisés auprès des accélérateurs du laboratoire de Brookhaven.

Il commence avec une chambre de Wilson à diffusion, fonctionnant avec de l'hydrogène sous une pression de 21 atmosphères. Ce détecteur, associé au cosmotron de 3 GeV, permet de confirmer la production en paires des particules étranges et la détection des hypérons Σ, négatif et neutre.

Il s'oriente ensuite vers la construction des chambres à bulles à hydrogène liquide dont les tailles augmentent progressivement. Avec son groupe, il entreprend une série d'expériences auprès de l'accélérateur AGS de 30 GeV. La découverte qui couronne ce grand programme est, en 1963, avec N. Samios et R. Palmer, celle de la particule Ω^- dont l'existence est un test décisif de la classification des particules élémentaires dans le groupe de symétrie SU3.

Publication

« Instrumentation en physique des particules ».

SIEGBAHN Kai Manne Börge

Lund (Suède) 1918 – Ängelholm (Suède) 2007

Fils de Karl Siegbahn, qui a reçu le prix Nobel de Physique en 1924, Kai Siegbahn effectue ses études à Stockholm. Il y enseigne en 1951 et ensuite à Uppsala à partir de 1954.

Étudiant en détail l'émission des électrons d'Auger, il met en évidence la possibilité d'obtenir des informations sur les atomes émetteurs, à condition d'effectuer des mesures très précises. À partir de la mesure des énergies des photons X incidents et des électrons émergents, il détermine les énergies de liaison atomique, moléculaire ou cristalline. Il invente une méthode d'analyse fine des surfaces, l'ESCA (Electron Spectroscopy for Chemical Analysis) qui met en évidence les décalages des énergies des électrons qui participent aux interactions chimiques. Cette méthode permet donc de déterminer la nature des liaisons chimiques.

Il partage le prix Nobel de Physique de 1981 avec N. Bloembergen et A. Schalow.

Son montage de double focalisation des électrons est souvent mis à profit à plus grande échelle dans les faisceaux de particules secondaires des grands accélérateurs.

Publications

« ESCA, atomic, molecular, solid-state structures study by means of electron spectroscopy » (1967), « ESCA applied to free molecules » (1969).

SIEGBAHN Karl Manne Georg

Örebro (Suède) 1886 – Stockholm 1978

Après des études effectuées à Lund, Karl Siegbahn devient l'assistant de J. Rydberg.

Il participe au développement des techniques de spectroscopie en rayons X. Dans la suite des travaux de C. Barkla, il précise les relations qui existent entre le spectre des rayons X émis par un matériau et la structure atomique de ses composants. Il étend le spectre des rayons X utilisables en diffraction vers les grandes longueurs d'onde.

Il enseigne à Lund en 1920 et à Uppsala en 1923. Il reçoit le prix Nobel de Physique en 1924 pour ses études des rayons X et la découverte de leur réfraction.

Il dirige le développement de l'Institut Nobel dont il est le premier directeur. Il l'oriente vers la physique nucléaire, avec la mise en place d'un cyclotron de 6 MeV en 1939.

Publications

« Spektroskopie der Röntgenstrahlen » (1923), « On the method of precision measurement of X-ray wavelenghs » (1929).

SIEMENS Ernst Werner von

Hanovre 1816-1892

Militaire de l'armée prussienne, Werner von Siemens trouve le temps de s'intéresser à la chimie et à l'électricité. En 1847, avec J. Halske, il crée une société qui développe les moteurs électriques et qui industrialise de nombreuses inventions scientifiques. En 1867, il invente la dynamo dans laquelle il remplace les aimants permanents des générateurs précédents par des bobines autoalimentées. Avec une active participation de ses deux frères, Wilhelm et Carl, il étend les activités de la société Siemens à toutes les applications de l'électricité. Cette société est devenue la plus grosse entreprise européenne dans ce domaine.

Le siemens : unité de conductance, nom donné en l'honneur de son frère Carl Siemens, également inventeur en électricité et en télégraphie.

SIMON Francis Eugen

Berlin 1893 – Oxford 1956

Franz Simon commence des études supérieures à Munich mais il doit les interrompre lors de la Première Guerre mondiale pendant laquelle il est mobilisé comme lieutenant d'artillerie. En 1919, il prépare une thèse à Berlin dans le laboratoire de W. Nernst sur le comportement des chaleurs spécifiques.

Focalisant ses travaux sur les basses températures, il invente en 1931 la méthode de refroidissement par désaimantation adiabatique. Cette technique lui permet de vérifier la troisième loi de la thermodynamique proposée par W. Nernst, l'annulation de l'entropie au zéro absolu. Il explique les écarts à cette loi par des structures solides gelées et placées hors de l'équilibre thermique.

Émigré en 1933 en Angleterre, il poursuit ses recherches en bénéficiant de l'accès à un liquéfacteur à hélium. Pendant la Deuxième Guerre mondiale, il travaille à la séparation isotopique de l'uranium en vue de la réalisation de la bombe atomique.

Après la Deuxième Guerre mondiale, il obtient la solidification de l'hydrogène sous pression et il en établit la courbe de fusion. De manière plus générale, il étudie les propriétés des gaz sous fortes pressions et à basses températures.

Quelques mois avant sa mort, il a la satisfaction d'apprendre que l'alignement des spins du cuivre a été obtenu à une température de quelques microkelvins.

F. Simon est un grand promoteur de l'expérimentation à basse température. L'université d'Oxford lui doit une bonne part de sa célébrité dans ce domaine. Le nom de Simon reste familier dans les laboratoires par toutes les techniques qu'il a inventées ou perfectionnées.

SITTER Wilhelm de

Sneek (Pays-Bas) 1872 – Leyde 1934

Après ses études effectuées à Groningue, Wilhelm de Sitter, sous l'influence de P. Kapitza, s'oriente vers l'astronomie. Il entreprend des travaux à l'Observatoire de Leyde où il prépare une thèse en 1901 sur l'observation des satellites de Jupiter.

En 1917, dans le cadre de la relativité générale, avec P. Ehrenfest, il propose d'utiliser la géométrie sphérique à quatre dimensions pour modéliser un univers stationnaire dont la densité décroît en fonction du rayon. Cette proposition s'oppose au modèle d'A. Einstein de densité constante, mais elle présente l'avantage d'éliminer les conditions aux limites à l'infini. D'autres modèles d'univers dynamiques seront proposés par A. Friedman et G. Lemaître.

Nommé directeur de l'Observatoire de Leyde en 1919, il poursuit des recherches orientées vers la détermination des constantes fondamentales de l'astronomie.

Univers de de Sitter : univers de dimension infinie et de densité décroissante. Bien que peu probable, cet univers a eu une importance historique en cosmologie car il a illustré la possibilité des solutions possibles des équations de la relativité générale, autres que celles d'Einstein.

Publication

« Kosmos » (1932).

SLATER John Clarke

Rochester (New York) 1900 – (Floride) 1976

Après ses études effectuées à Rochester et à Harvard, John Slater se fait remarquer dans la physique en donnant en 1924 avec H. Kramers une interprétation quantique de l'onde électromagnétique appliquée à l'effet Compton. Il participe aux débats sur les fondements de la mécanique quantique mais il s'oppose aux deux physiciens qui ont créé le courant principal d'idées, W. Heisenberg et P. Dirac. Par la suite, il s'oriente vers des applications telles que le calcul des phénomènes de conduction.

En physique atomique, il propose une méthode de calcul des niveaux atomiques ou cristallins pour plusieurs électrons. Il applique ses méthodes aux structures atomiques des métaux et des alliages.

Il enseigne au Massachussetts Institute of Technology dont il devient plus tard un des dirigeants. Pendant la Deuxième Guerre mondiale, il participe au développement du radar, il publie des articles et des livres sur les micro-ondes.

De tempérament optimiste, J. Slater déclare en 1929 : « Le temps est arrivé où la physique quantique est en position d'expliquer toutes les propriétés de la matière ».

Déterminant de Slater : fonction d'onde antisymétrique d'un ensemble d'électrons obtenus en calculant un déterminant dont les colonnes sont les fonctions d'ondes individuelles des électrons après des permutations successives.

Publications

« Introduction to chemical physics » avec N. Frank (1933), « Microwave transmission » (1942), « Electromagnetism » (1947) avec N. Frank, « Mechanics » (1947) avec N. Frank, « Microwave electronics » (1950), « Quantum theory of matter » (1951), « Modern physics » (1959), « Quantum theory of atomic structures » en 2 volumes (1960), « Solid state and molecular theory, a simplified biography » (1975).

SLIPHER Vesto Melvin

Mulberry (Indiana) 1875 – Flagstaff (Arizona) 1969

Vesto Slipher mène ses études jusqu'à la présentation de sa thèse à l'université d'Indiana. Il effectue ensuite la totalité de sa carrière à l'Observatoire de Flagstaff.

Par la spectroscopie Doppler, il détermine les périodes de rotation des planètes sur elles-mêmes. Intrigué par la possibilité de la vie sur la planète Mars, il effectue par spectroscopie une recherche infructueuse de la présence de chlorophylle sur cette planète.

Il montre que la brillance des vraies nébuleuses a simplement pour origine la diffusion de la lumière des étoiles voisines. Spécialiste de spectroscopie, il suggère, dès 1914, que les décalages vers le rouge des raies optiques stellaires sont dus à un effet Doppler-Fizeau. Il estime à 300 km/s la vitesse d'éloignement d'Andromède. Compte tenu des grandes vitesses observées d'une quinzaine d'autres nébuleuses spirales, il localise ces nébuleuses à l'extérieur de notre galaxie. Il prépare ainsi les conclusions de E. Hubble sur l'expansion de l'univers.

À la mort de P. Lowell en 1916, il devient directeur de l'Observatoire de Flagstaff. Il dirige les travaux qui conduisent à la découverte de la planète Pluton. Il met en évidence l'existence de fer et de cuivre sur la planète Jupiter. Il identifie les constituants des atmosphères planétaires. Appliquant l'effet Doppler-Fizeau aux galaxies, il détermine leurs vitesses d'éloignement et parfois leurs mouvements de rotation. Ces dernières mesures sont utilisées pour démontrer qu'il existe une masse cachée dans les galaxies.

SMOLUCHOWSKI Marian

Vorderbrühl (Autriche) 1872 – Cracovie 1917

Marian Smoluchowski est d'origine polonaise et son père était attaché à la chancellerie de l'empereur d'Autriche. Entre 1890 et 1895, il suit des études de physique à l'université de Vienne puis il fait des séjours de recherche, à Paris dans le laboratoire de G. Lippman, à Glasgow avec Lord Kelvin et à Berlin avec E. Warburg. La première publication qui attire l'attention sur lui date de 1898 et elle relate un établissement discontinu de la température dans certains processus. Il apporte ainsi un élément en faveur d'une théorie corpusculaire de la matière, thèse défendue par L. Boltzmann, mais sujet largement débattu en cette fin du XIXe siècle. En 1900, M. Smoluchowski est nommé professeur de physique mathématique à l'université de Lvov où il restera jusqu'en 1917.

Le mouvement brownien est alors supposé du aux fluctuations de vitesse qui existent au niveau des molécules et M. Smoluchowski travaille de façon générale sur la théorie de ces fluctuations. Dans ce domaine, il apporte plusieurs contributions importantes. Dès 1904, il montre que des fluctuations dans la densité d'un milieu peuvent exister et qu'elles peuvent être décelées. Dans des colloïdes formés de grosses molécules, de telles fluctuations seront mises en évidence en 1910 par T. Svedberg. En 1907, il montre que les fluctuations de densité peuvent être à l'origine du phénomène de l'opalescence d'un gaz placé dans des conditions proches de son point critique. Dans le même article, il montre également que le bleu du ciel peut s'expliquer par des fluctuations de densité de l'air.

Très intéressé par les conséquences pratiques de ses investigations, M. Smoluchowski accepte en 1913 un poste de professeur de physique expérimentale à l'université de Cracovie mais il meurt de dysenterie en 1917.

M. Smoluchowski a contribué de façon importante à l'étude du mouvement brownien mais sa renommée a été éclipsée par celle d'Einstein qui, à la même époque, a apporté des résultats similaires, bien qu'établis de façon différente.

SMOOT George Fitzgerald

Yukon (Floride) 1945

George Smoot effectue ses études au Massachussetts Institute of Technology et il enseigne à Berkeley.

Il est responsable de l'installation en 1989 de détecteurs de micro-ondes sur le satellite artificiel COBE pour mesurer le rayonnement thermique de l'univers à une précision relative de l'ordre de 10^{-6}. Pour la première fois depuis que des mesures de ce rayonnement sont effectuées, des petites variations angulaires au niveau relatif de 10^{-5} sont détectées. Elles révèlent les inhomogénéités de la matière primordiale de l'univers, 300 000 ans après l'explosion initiale, lorsque ce rayonnement s'est découplé de la matière. C'est donc la photographie la plus ancienne de l'univers. Le résultat est favorable à l'hypothèse de A. Guth de l'inflation de l'univers.

SODDY Frederick

Eastbourne (Sussex) 1877 – Brighton 1956

Frederick Soddy effectue des études de chimie à Oxford et il prend un poste d'enseignement à Montréal au Canada. Très intéressé par les phénomènes de radioactivité, il collabore avec E. Rutherford qui est également venu occuper un poste de professeur au Canada. Leurs recherches en radioactivité les conduisent en 1902 à énoncer la loi des filiations radioactives qui porte leurs noms. En 1903, il montre expérimentalement que la radioactivité du radium produit de l'hélium, ce qui est confirmé par les résultats simultanés de W. Ramsay.

Avec E. Rutherford, il est responsable de l'appellation « énergie atomique », appellation mal appropriée puisqu'il s'agit d'énergie nucléaire !

De retour à Londres, il collabore avec W. Ramsay. En observant que quatre éléments, l'actinium X, le thorium X, le mésothorium I et le radium occupent la même case de la classification périodique des éléments, il propose en 1910 l'existence des isotopes, atomes de masses différentes, mais de mêmes propriétés chimiques.

Il enseigne la chimie, à Aberdeen en 1914, à Oxford en 1919.

À la fin de la guerre, il affiche son indignation sur la mort dramatique du jeune physicien H. Moseley aux Dardanelles. En même temps, il s'inquiète d'une civilisation dominée par la science et il s'engage alors dans des recherches sociologiques et économiques. Il fonde le développement de l'économie sur la production d'énergie. Il se préoccupe de la responsabilité du scientifique dans la société.

En 1921, il reçoit le prix Nobel de Chimie.

Loi de Soddy-Rutherford : loi récurrente qui permet de prévoir les changements des masses et des numéros atomiques dans les transitions radioactives.

Publications

« Radioactivity ; an elementary treatise from the standpoint of the disintegration theory » (1904), « The interpretation of the radium » (1909), « Matter and Energy » (1912), « The chemistry of radioelements » (1911-14), « Science and Life » (1920), « The interpretation of the atom » (1932), « Story of the atomic energy » (1953).

SOMMERFELD Arnold Johannes Wilhelm

Königsberg (Prusse) 1868 – Münich 1951

Après des études effectuées à Königsberg, Arnold Sommerfeld présente une thèse sur l'analyse des cartes de température par développement en séries de Fourier. Enseignant en 1895 à Göttingen, il collabore avec F. Klein qui l'encourage à développer les mathématiques appliquées à la physique. En 1897, il enseigne à l'École des Mines de Clausthal et il est nommé professeur à l'École technique d'Aix-la-Chapelle en 1900. A Munich, en 1906, il fonde un centre important de physique théorique. Pendant toute sa carrière il entretient des relations étroites avec les ingénieurs.

Il est surtout connu par sa contribution au modèle atomique. Il soutient les thèses d'A. Einstein sur la relativité restreinte et celles de N. Bohr sur la structure atomique. Il n'est pas un « inventeur » de la mécanique quantique ou de la relativité, mais il en a été un « utilisateur » très efficace. En 1913, il écrit à N. Bohr : « Bien que je sois sceptique sur votre modèle atomique, votre calcul de la constante de Balmer est un très grand succès ».

En 1918, dans le cadre de l'ancienne théorie des quanta, il décrit les orbites électroniques par des ellipses et il introduit un nouveau nombre quantique, le nombre orbital. Il donne une première explication de la structure fine des spectres de l'hydrogène et de l'hélium ionisé en prenant en compte des corrections de relativité. Il est ainsi conduit à introduire un troisième et un quatrième nombre quantique. Ce dernier prendra toute sa valeur avec l'introduction du spin. Ses prévisions théoriques trouvent des vérifications expérimentales dans les travaux de spectroscopie de F. Paschen.

Il est l'auteur d'une théorie du gyroscope avec F. Klein et d'une théorie de la propagation de la lumière. En 1928, il propose une première théorie des électrons libres dans les métaux dans laquelle il introduit la distribution quantique de Fermi-Dirac. Cette dernière proposition connaît un très grand succès et elle est largement utilisée par ses élèves, fondateurs de la physique du solide. Dans cette voie, il précise la relation de P. Drude.

Publications

« Theorie des Kreisels » (1897), « Atombau und Spektralinien » (1919), « Wellen Mecanischen Ergänzung » (1929).

SPITZER Lyman

Toledo (Ohio) 1914 – Princetown (New Jersey) 1997

Après des études menées à Yale, Lyman Spitzer présente une thèse à Princeton où il effectue la totalité de sa carrière.

Ses premiers travaux concernent la théorie de la formation des étoiles dans les spirales des nébuleuses. Il montre que les planètes ne se sont pas formées à partir de la même matière que le Soleil.

Pendant la Deuxième Guerre mondiale, il participe à la mise au point du sonar dont a été chargée l'université de Columbia.

Il développe l'action du magnétisme dans le confinement des gaz à haute température. Il anticipe les travaux du contrôle de la fusion thermonucléaire et il lance la construction d'un stellerator à Princeton.

Il enseigne à Yale et à Princeton.

Publications

« Physics of fully ionised gases » (1956), « Diffuse matter in space » (1968), « Physical process in the interstellar medium » (1978), « Searching between the stars » (1982), « Dynamical evolution of globular clusters » (1987).

STARK Johannes

Schickenhof (Bavière) 1874 – Eppenstadt 1957

Johannes Stark effectue ses études supérieures à Munich où il obtient un poste d'assistant de 1897 à 1900. En même temps il est enseignant non salarié à Göttingen. En 1905, il détecte la lumière émise par les rayons cathodiques et l'effet Doppler des atomes du gaz résiduel du tube.

Il est nommé professeur à Hanovre en 1906 et à Aix-la-Chapelle en 1909.

Sa découverte principale est l'observation en novembre 1913 du clivage des raies optiques émises par les atomes d'hydrogène excités par les rayons cathodiques et soumis à un fort champ électrique généré par une tension de 20 000 volts. Ce phénomène, découvert de manière indépendante par A. Lo Surdo à Florence, est interprété par P. Epstein, élève russe de A. Sommerfeld et par K. Schwartzschild, dans le cadre de la première théorie des quantas. J. Stark critique ces approches et préconise une autre interprétation dans le cadre de la nouvelle mécanique ondulatoire.

Il reçoit le prix Nobel de Physique en 1919, ce qui lui permet de fonder son propre laboratoire privé et de créer une usine de porcelaine. Après l'échec de sa tentative industrielle, son retour vers l'université n'est pas apprécié par ses collègues qui le rejettent de plusieurs centres d'enseignement supérieur.

En 1930, il adhère au parti nazi et il change complètement d'opinion sur la mécanique quantique nouvelle devenue « la physique juive ». En 1933, il est nommé président du Physikalisch Technisch Reichsanstalt. Il heurte de nombreux collègues par ses positions nationalistes. Avec P. von Lenard, il participe à la campagne organisée par les nazis contre A. Einstein. En 1947, il est condamné à quatre années de travaux forcés.

Pendant ses dernières années, il tente de mettre en évidence l'effet d'un champ électrique inhomogène sur la propagation de la lumière.

Effet Stark : déplacement et séparation des raies optiques d'un atome soumis à un champ électrique.

Publications

« Die Prinzipien der Atomdynamik » en 3 volumes (1910-1915), « Die Elektrizität in Gasen » (1902), « Die Elektrizität in chemischen Atom », « Die gegenwärtige Krisis der deutschen Physik » (1922), « Die Axialität des Struktur und Atombindung » (1928), « Adolf Hitler und die deutsche Forschung » (1935), « Jüdische und deutsche Physik » avec W. Müller (1935).

STEFAN Josef

Sankt Peter (Klagenfurt) 1835 – Vienne 1893

Après des études effectuées à l'université de Vienne où il enseigne à partir de 1858, Josef Stefan commence une brillante carrière universitaire. Son nom est essentiellement associé à la loi du rayonnement noir.

Depuis que I. Newton avait déclaré que les variations de l'énergie lumineuse rayonnée par un corps chaud en fonction de la température devaient être proportionnelles aux écarts de température, aucun scientifique n'avait osé contester cette affirmation. Pourtant plusieurs indications suggéraient que cette loi linéaire n'était pas respectée, en particulier pour de grands écarts de température. J. Tyndall avait ainsi montré que l'énergie du rayonnement rouge à 525° était près de 12 fois plus faible que celle du rayonnement blanc à 1 200°. Ce constat suggère à J. Stefan en 1879 que l'intensité rayonnée est proportionnelle à la quatrième puissance de la température. Il vérifie l'exactitude de cette loi dans d'autres domaines de température et il estime la température de la surface du Soleil à 6 000°.

Ses travaux couvrent d'autres domaines comme la conduction de la chaleur par les gaz, l'évaporation et la cristallisation des liquides, les phénomènes de diffusion.

Loi de Stefan-Boltzmann : l'intensité rayonnée par un corps noir est proportionnelle à la quatrième puissance de sa température. La constante de proportionnalité est appelée constante de Stefan. Cette loi, découverte empiriquement par J. Stefan en 1879, peut être déduite de la formule de M. Planck après intégration sur tout le spectre de fréquences. En 1884, L. Boltzmann en donne une première justification théorique.

STEINBERGER Jack

Bad Kissingen (Allemagne) 1921

Suite aux premières persécutions nazies, Jack Steinberger et son frère aîné sont recueillis aux États-Unis en 1934. Il sont rejoints par leur père et par leur jeune frère en 1938. J. Steinberger commence des études de chimie à Chicago. Pendant la guerre, il doit les abandonner pour travailler dans un laboratoire pharmaceutique. Il est ensuite envoyé au Massachussetts Institute of Technology pour travailler sur les radars.

Après la guerre, il termine ses études à l'université de Chicago et il entreprend un travail de thèse expérimentale proposée par E. Fermi, bien qu'il eut préféré un sujet théorique. Analysant le comportement des muons du rayonnement cosmique à l'arrêt dans la matière, il en conclut que le processus de leur désintégration doit comporter trois corps, un électron et deux neutrinos. Par un calcul théorique, il démontre en 1949 que la vie moyenne du méson pion neutre est trop courte pour être accessible à l'expérimentation de l'époque.

Invité par G. Wick, il se rend à Berkeley où il travaille sur la photoproduction des mésons pions. Il est ensuite nommé professeur à l'université de Columbia à New York où il se lance en 1956 dans un programme de construction de chambres à bulles, d'abord à propane, ensuite à hydrogène. Il est l'un des premiers physiciens à obtenir des résultats de physique avec ce nouveau type de détecteur, la découverte du Σ° par sa désintégration en Λ° et gamma, la non-conservation de la parité dans la désintégration du Λ°, la parité Λ° - Σ°, la vérification de la règle $\Delta S = \Delta Q$ dans les désintégrations leptoniques des mésons K°.

Avec K. Goulianos, L. Lederman, M. Schwartz et J.M. Gaillard, il participe auprès de l'accélérateur AGS du laboratoire de Brookhaven à une expérience sur les neutrinos qui conduit en 1961, à la séparation entre les deux espèces de neutrinos, le neutrino-muon émis dans la désintégration du méson pion et le neutrino-électron émis dans les désintégration bêta des noyaux. Pour cette découverte, il partage le prix Nobel de Physique en 1988 avec L. Lederman et M. Schwartz.

À partir de 1968, il poursuit ses travaux au Centre européen de recherche nucléaire (CERN). Il recherche, mais en vain, les courants neutres dans les désintégrations des mésons K. Il dirige ensuite une grande expérience auprès du LEP, le collisionneur électron-positron de 100 GeV.

STERN Otto

Sohrau (Allemagne) 1888 – Berkeley 1969

Après des études de chimie physique à Breslau, Otto Stern effectue en 1913 un travail de recherche sur les chaleurs spécifiques des molécules avec A. Einstein à Prague et à Zurich. Après ces premiers travaux dans le domaine de la thermodynamique statistique, il se réoriente vers une physique plus expérimentale. Il construit des faisceaux moléculaires, déjà imaginés en 1911 par le français L. Dunoyer, dans l'intention de vérifier la distribution des vitesses des molécules prévue par J. Maxwell. Il enseigne à Francfort-sur-le-Main, à Rostock en 1923 et finalement à Hambourg.

Avec W. Gerlach, il effectue des mesures de moments magnétiques atomiques. Un jet d'atomes d'argent, issus d'un four, passe dans l'entrefer d'un électroaimant dont les pièces polaires ont été taillées de telle sorte que le champ magnétique soit très inhomogène. Les déviations des atomes sont proportionnelles à la projection de leurs moments magnétiques sur le champ magnétique et au gradient de ce champ. La théorie classique prévoit une distribution continue des déviations. La théorie quantique, en l'absence de spin, prévoit un nombre impair de déviations différentes. L'expérience, faite en 1921, révèle un nombre pair, conformément à l'hypothèse du spin de l'électron, déjà proposée par G. Uhlenbeck et S. Goudsmit pour expliquer le dédoublement de la raie D du sodium.

Utilisant la même technique, O. Stern et I. Esterman mesurent en 1933 le moment magnétique du proton et ils le trouvent 2,5 fois plus important que ne le prévoit l'équation de Dirac. Ce moment dit « anormal » sera expliqué beaucoup plus tard à partir d'une description du proton en termes de quarks.

En 1933, il émigre aux États-Unis à Pittsburg. Il reçoit le prix Nobel de Physique en 1943.

STEVIN Simon

Bruges 1548 – La Haye 1620

Peu d'informations nous sont parvenues sur la jeunesse de Simon Stevin, mis à part le fait qu'il a travaillé dans l'administration financière des villes de Bruges et d'Anvers et qu'il était inscrit à l'université de Leyde en 1583. Considéré comme ingénieur, il a servi le prince d'Orange, Maurice de Nassau, et il a dû être consulté sur des problèmes de défense et de navigation. Il travaille d'abord sur des problèmes pratiques de mathématiques (tables de calculs d'intérêts, proposition d'emploi de décimales dans les calculs) et, à partir de 1586, il écrit des ouvrages consacrés à la mécanique et à l'hydrostatique. Ses ouvrages sont davantage des exposés clairs de la science de son temps qu'un apport d'idées réellement nouvelles. Il énonce par exemple un principe d'équilibre des forces sur un plan incliné et il ébauche une théorie du levier. En hydrostatique, il apporte l'explication du principe d'Archimède, il lui donne la forme sous laquelle il est toujours énoncé.

S. Stevin est considéré comme un précurseur dans l'exposé des lois de la statique, lois qui seront systématisées plus tard après les apports de Galilée et après l'étude de la dynamique du mouvement développée aux XVIIe et XVIIIe siècles.

Publication

« De Beghinselen der veeghcoust » (1586).

STOKES George Gabriel

Sligo (Islande) 1819 – Cambridge (Angleterre) 1903

George Stokes effectue ses études à Cambridge. Son activité de recherche se focalise d'abord à partir de 1840 sur l'hydrodynamique des fluides visqueux. Sans connaître les résultats de H. Navier établis en 1822, il aboutit à une équation différentielle d'évolution, connue aujourd'hui sous l'appellation d'équation de Navier-Stokes. Il s'intéresse également aux propagations du son et de la lumière. Il développe l'idée que l'éther est élastique et qu'il est entraîné dans le mouvement de la Terre.

À partir de 1849, il enseigne à Cambridge ainsi qu'à l'École des Mines de Londres.

En 1852, il cherche à identifier la lumière émise par les constituants de la molécule sous forme de fluorescence. Il en donne une bonne interprétation théorique. Il montre que le quartz est transparent à l'ultraviolet.

En 1854, il interprète correctement le spectre de la lumière solaire initialement enregistré par J. Fraunhofer.

Il participe au débat qui oppose les physiciens sur la nature des rayons cathodiques. En 1897, il donne l'interprétation de la production des rayons X par interaction des électrons avec les charges électriques des noyaux du métal de l'anticathode.

Loi de Stokes en mécanique : formule donnant la résistance d'une sphère dans un écoulement laminaire.

Équation de Navier-Stokes : équation différentielle de la vitesse d'un liquide incompressible en fonction du temps, faisant intervenir la viscosité du liquide et la pression exercée.

Loi de Stokes en optique : les longueurs d'onde de fluorescence sont toujours supérieures à celle de la lumière excitatrice.

STONEY George Johnstone

Oakley Park (Irlande) 1826 – Londres 1911

Fils d'un propriétaire terrien, George Stoney suit des études supérieures au Trinity College de Dublin avant de devenir assistant dans un laboratoire d'astronomie. Il enseigne la physique pendant cinq ans à Galway en Irlande puis il occupe un poste de secrétaire d'université à Dublin. Intéressé par les mathématiques appliquées à la physique, il suggère en 1868 que les spectres lumineux sont peut-être dus à des mouvements internes dans les atomes.

Dans un article présenté lors d'un meeting de la British Association en 1874, il est peut-être le premier à avoir suggéré l'existence d'une charge élémentaire d'électricité. À cette époque, on connaissait la quantité d'électricité nécessaire pour libérer par électrolyse un atome-gramme d'un élément (96 500 coulombs) et, depuis les premières estimations de J. Loschmidt, on connaissait l'ordre de grandeur de la constante d'Avogadro. Ainsi, de la relation Ne = 96 500 coulombs, on pouvait tirer la valeur de la quantité élémentaire d'électricité qu'un peu plus tard, en 1890, G. Stoney appellera électron. L'idée de l'électron est donc antérieure à sa découverte expérimentale par J.J. Thomson en 1897.

STÖRMER Horst

Francfort (Allemagne) 1949

Après ses études effectuées à Stuttgart, Horst Störmer poursuit des travaux de recherches aux États-Unis dans les laboratoires de la Bell Telephone.

Dans le prolongement des travaux de K. von Klitzing qui a découvert l'effet Hall quantique, il étudie ce même phénomène, mais à des températures plus basses et en présence de champs magnétiques plus élevés. La mesure de la résistance d'un semi-conducteur en fonction du champ magnétique fait apparaître des paliers plus bas que ceux déjà connus de l'effet quantique. La valeur de ces paliers dépend seulement de la constante de Planck et de la charge électrique des porteurs. Un palier au tiers de la valeur attendue montre qu'un phénomène nouveau intervient. Cet effet est interprété par R. Laughlin comme résultant d'un comportement collectif des électrons, des quasi-particules dont les charges électriques globales peuvent être fractionnaires. Il faut noter que cette découverte de la physique fondamentale n'a été acquise que grâce aux immenses progrès de la technologie des semi-conducteurs.

H. Störmer, D. Tsui et R. Laughlin se partagent le prix Nobel de Physique en 1998.

Directeur des recherches des laboratoires de la Bell Telephone depuis 1992, H. Störmer enseigne à l'université de Colombia depuis 1998.

STRÖMGREN Bengt Georg Daniel

Göteborg 1908 – Copenhague 1987

Fils d'un astronome, Bengt Strömgren effectue ses études à Copenhague. Il succède à son père à la direction de l'Observatoire de Copenhague. De 1951 à 1967, il poursuit sa carrière aux États-Unis.

Il se spécialise dans l'observation détaillée des nébuleuses. Il donne l'explication de leur émission due à l'ionisation du gaz irradié par les proches étoiles.

Sphères de Strömgren : zone contenant de l'hydrogène ionisé entourant les étoiles chaudes localisées dans des nuages interstellaires. Cette observation explique au moins partiellement la composition des gaz interstellaires.

STRUTT John William (Lord RAYLEIGH)

Langford Grove (Essex) 1842 – Terling Place (Essex) 1919

Enfant maladif, John Strutt interrompt souvent ses études secondaires et il mène ensuite des études supérieures à Cambridge. En 1872, il séjourne en Égypte pour améliorer sa santé. Sur un bateau navigant le long du Nil, il élabore une théorie de la propagation du son.

Il succède à son père prématurément décédé pour gérer la propriété familiale, Terling Place, dans l'Essex. Laissant ensuite cette charge à son jeune frère Edward, il rejoint J. Maxwell au laboratoire Cavendish, mais il revient souvent à Terling Place pour se reposer ou pour y effectuer des expériences à titre privé.

Nommé plus tard professeur à Cambridge, ensuite à Londres, il effectue des recherches sur le sujet qui, à l'époque, passionne les physiciens, la mise en évidence de l'atome et de la molécule. En étudiant les propriétés optiques des couches monomoléculaires, il détermine les dimensions des molécules.

Il dirige le laboratoire Cavendish de 1879 à 1884.

Il commence un programme important de mesures systématiques des masses moléculaires afin de tester l'hypothèse de Prout selon laquelle les atomes sont constitués d'un assemblage d'atomes d'hydrogène. En examinant le cas de l'air, il retrouve une ancienne observation de H. Cavendish, la présence d'un résidu gazeux après élimination de l'oxygène et de l'azote. En analysant ce résidu, Lord Rayleigh et N. Ramsay découvrent de manière indépendante un nouveau gaz qu'ils appellent argon.

Le nom de Rayleigh est associé d'une part à une formule donnant la distribution spectrale du rayonnement thermique et d'autre part à la diffusion de la lumière. Il affiche un ostensible mépris pour la mécanique quantique naissante. Il s'évertue à interpréter le rayonnement thermique dans une théorie classique. Bien qu'inexacte, cette interprétation joue un grand rôle dans le débat sur la mécanique quantique.

Il donne la bonne explication du bleu du ciel par la réémission de lumière des électrons atomiques excités par la lumière solaire. La puissance rayonnée, proportionnelle à la puissance quatrième de la fréquence, avantage notablement le bleu par rapport au rouge.

En mécanique des fluides, il entrevoit l'onde de choc.

Ses travaux recouvrent tous les domaines de la physique et il est l'auteur de 445 articles scientifiques. Il reçoit le prix Nobel de Physique en 1904.

Loi de Rayleigh-Jeans : formule non quantique de la distribution spectrale du rayonnement thermique. Valable aux basses fréquences, cette formule diverge aux hautes fréquences avec la « catastrophe ultraviolette » et elle ne rend pas compte de l'affaiblissement du spectre.

Diffusion Rayleigh : appellation attribuée à la diffusion de la lumière par la matière sans changement de fréquence. Les électrons atomiques, excités par la lumière, effectuent des oscillations forcées à la fréquence de la lumière incidente et ils reémettent de la lumière à cette même fréquence.

Critère de Rayleigh : deux points images dans un système optique ne sont séparables que si leur distance angulaire est supérieure au demi-angle de diffraction, c'est-à-dire $1{,}22\ \lambda/D$, où λ est la longueur d'onde de la lumière et D le diamètre de la pupille.

Onde de Rayleigh : onde mécanique se propageant à la surface d'un solide.

Publication

« Theory of Sound » en 2 volumes (1878).

STRUVE Friedrich Georg Wilhelm von

Altona (Holstein) 1793 – Saint-Pétersbourg 1864

Fuyant l'Allemagne en 1808 pour échapper à l'enrôlement dans les armées de Napoléon et réfugié en Estonie, Friedrich von Struve effectue d'abord à Dorpat des études supérieures en philologie. Il se réoriente ensuite vers les mathématiques, la physique et la chimie. Professeur et astronome à Dorpat en 1813, il devient directeur de l'observatoire en 1817. À partir de 1824, il dispose d'une lunette de 24 cm d'ouverture, fabriquée par J. Fraunhofer. Placée sur une monture équatoriale et entraînée par un mouvement d'horlogerie, elle devient le modèle instrumental imité ensuite par la plupart des observatoires. Cet instrument lui permet de déceler 3 000 étoiles doubles parmi plus de 100 000 étoiles observées et de mesurer pour la première fois la parallaxe d'une étoile.

En 1839, il est nommé directeur de l'Observatoire de Pulkovo qu'il a créé près de Saint-Pétersbourg.

Il est à l'origine d'une famille de scientifiques parmi lesquels son fils, ses deux petits-fils et ses deux arrière-petits-fils sont des astronomes réputés.

STRUVE Otto von

Kharkov 1897 – Berkeley 1963

Arrière-petit fils de l'astronome F. von Struve, son père et son grand-père étant eux-mêmes aussi astronomes, Otto von Struve souhaite rester dans la tradition familiale. Cela ne lui est pas facile. En effet, après ses études menées à Kharkov, il est rappelé pendant la Révolution bolchevik et il est refoulé vers la Crimée. Il se réfugie d'abord à Constantinople, puis en Angleterre où il exerce divers petits métiers pour survivre. Recueilli en 1921 par E. Frost de l'Observatoire de Yerkes dans le Wisconsin, il présente une thèse en 1923 à l'université de Chicago.

À partir de 1932, il dirige l'Observatoire de Yerkes et il enseigne à Chicago. Il réussit à persuader les responsables politiques du Wisconsin et du Texas de financer un nouvel observatoire qu'il équipe d'un télescope de deux mètres de diamètre, le second au monde en 1936.

Ses principales contributions à l'astronomie sont la détection de la rotation de certaines étoiles bleues, la mise en évidence d'une relation entre leur rotation et leur température, la détection parmi les éléments interstellaires de la molécule ionisée d'hydrogène. Il effectue également des mesures de rotation des systèmes binaires.

Il joue un rôle important dans le développement des observatoires américains. Il est aussi un grand promoteur de la coopération mondiale.

Publications

« Stellar evolution », « The astronomical universe » (1958), « Elementary astronomy » avec S. Lynfs et H. Pillans (1959), « Astronomy of the twentieth century » (1962), « The universe » (1962).

STRUVE Otto Wilhelm von

Dorpat (Estonie) 1819-1905

Fils de F. von Struve, Otto Wilhelm Struve participe aux travaux de son père à l'Observatoire de Pulkovo.

Poursuivant sa carrière dans l'astronomie, il se spécialise dans la recherche des étoiles doubles et il en trouve 500 nouvelles. Il étudie aussi la planète Saturne et les satellites d'Uranus. Il estime la masse de Neptune.

Il suppose que notre galaxie constitue la totalité de l'univers visible.

En 1847, il est conseiller militaire à Saint-Pétersbourg.

SVEDBERG Theodor

Fleräng (Suède) 1884 – Örebro (Suède) 1971

Fils d'ingénieur, Theodor Svedberg fait des études supérieures à l'université d'Uppsala et il se spécialise assez vite dans l'étude des solutions colloïdales. Ses recherches l'amènent à devenir en 1912 le premier titulaire en Suède d'une chaire de chimie-physique.

Parmi ses résultats de travaux de recherche, il faut signaler deux contributions qui concernent la physique. En 1906, avec l'aide d'un ultramicroscope inventé quelques temps auparavant par l'allemand R. Zsigmondy, il étudie le mouvement brownien dans les solutions colloïdales et il apporte une vérification expérimentale de la théorie développée à la fois par A. Einstein et par M. Smoluchowski.

T. Svedberg est surtout connu pour avoir mis au point en 1924 une centrifugeuse ultra rapide servant à isoler des macro-molécules très lourdes et à permettre ainsi la détermination de masses moléculaires de l'ordre de 10 000.

L'étude des solutions colloïdales a fait l'objet de deux prix Nobel de Chimie décernés en 1926, le premier à R. Zsigmondy au titre de l'année 1925, le second à T. Svedberg au titre de l'année 1926.

SZILARD Léo

Budapest 1898 – La Jolla 1964

Léo Szilard entreprend des études d'ingénierie électrique à Berlin et il s'oriente ensuite vers la recherche en physique. Ses premiers travaux en thermodynamique concernent la relation entre l'entropie et l'information. En physique nucléaire, il découvre la réaction de photoproduction du neutron sur le béryllium.

Fuyant le nazisme, il se réfugie une première fois en 1933 en Angleterre et une seconde fois aux États-Unis en 1938.

En 1934, il est le premier physicien à démontrer que la fission de l'atome est susceptible de produire une grande quantité d'énergie. Conscient de la menace potentielle d'une arme nucléaire allemande, il exerce en 1939 une grande influence sur A. Einstein pour le convaincre d'alerter le président Roosevelt. Il collabore avec E. Fermi sur la conception du réacteur nucléaire dont il prend le brevet avec lui.

Après la Deuxième Guerre mondiale, il entreprend des recherches en biologie dont les résultats influenceront J. Monod.

Publication

« The voice of the dolphin and other stories » (1961).

T

TAMM Igor Yevgenyevitch

Vladivostok 1895 – Moscou 1971

Après des études menées à Édimbourg et à Moscou, Igor Tamm enseigne à Simféropol en 1919 et en 1927 à Moscou. En 1930 et indépendamment de L. Mandelstam, il donne l'interprétation de l'effet Raman.

En 1932, en même temps que W. Heisenberg, il propose la décomposition des noyaux en nucléons, protons et neutrons. Il prédit le signe négatif du moment magnétique du neutron. Il effectue des travaux en mécanique quantique et il contribue au développement de l'équation de Dirac.

En 1937, il établit, avec I. Franck, la théorie de l'effet Cerenkov. Ces trois physiciens se partagent le prix Nobel de Physique en 1958.

Après la guerre, avec A. Sakharov, il participe à la création de l'arme thermonucléaire soviétique et ensuite aux travaux sur le contrôle de la fusion thermonucléaire. Ensemble, ils inventent le principe du Tokamak (Toroïdal Chamber Magnetic) dont les trois champs magnétiques, toroïdal, poloïdal et vertical sont capables confiner un plasma à haute température dans une chambre toroïdale. Ils soutiennent aussi l'idée de la catalyse de la fusion par les muons.

Il participe aux travaux théoriques sur les particules élémentaires.

Publications

« Principles of the theory of electricity » (1966), « Plasma Physics and the Problem of Controlled Thermonuclear Reactions » (1988).

TAMMANN Gustav

Lambourg (Saint-Pétersbourg) 1861 – Göttingen 1938

Venu d'Estonie, Gustav Tammann arrive à Göttingen en 1903 pour y enseigner la chimie inorganique. En 1919, il décrit l'ordre cristallin des alliages binaires par un super-réseau, dont l'existence sera prouvée ultérieurement par les spectres de diffraction des rayons X d'un alliage d'or et de cuivre.

Dans la suite des travaux de Czochralski de 1918, il mène en 1924-25, des études sur la croissance des cristaux avec la collaboration d'Obreimov et de Schubnikov. Ensemble, ils mettent au point une méthode de cristallisation, aujourd'hui attribuée à P. Bridgman.

Avec A. Sandage, il participe au grand débat sur la valeur de la constante de Hubble en relation avec l'estimation de l'âge de l'univers.

Professeur à Göttingen, il se fait remarquer par son autoritarisme et son comportement démodé. Ainsi, il s'oppose obstinément à l'interprétation des cristaux liquides comme de nouvelles phases cristallines.

Publication

« Lehrbuch der Metallographie » (1912).

TAYLOR Joseph Hooton

Philadelphie 1941

Après des études et un doctorat d'astronomie à Harvard en 1968, Joseph Taylor enseigne la physique à Princeton à partir de 1980.

Avec son étudiant R. Hulse, il découvre en 1974 le premier pulsar binaire. La mesure précise de la fréquence de rotation de ce système, de l'ordre de 8 heures, met en évidence un faible ralentissement (75 micro-secondes par an) qui est interprété comme résultant de l'émission d'ondes gravitationnelles. En effet, dans le champ de gravitation du pulsar, plus de 10 000 fois supérieur à ce qui existe dans le système solaire, l'intense rayonnement gravitationnel emporte assez d'énergie pour freiner la rotation de manière significative. Le calcul de la puissance rayonnée, mené dans le cadre de la relativité générale d'A. Einstein, est en accord avec la perte d'énergie de rotation. Cette première démonstration indirecte de l'existence des ondes gravitationnelles vaut à J. Taylor de partager le prix Nobel de Physique en 1993 avec R. Hulse.

TAYLOR Richard Edward

Midicine Hat (Alberta) 1929

Richard Taylor effectue ses études supérieures à l'université d'Edmonton en Alberta et il présente son travail de thèse à l'université de Stanford en 1958 sur la photoproduction des mésons pions par des photons polarisés. Il effectue un séjour de trois ans en France, dans le groupe de l'École normale supérieure qui travaille auprès de l'accélérateur linéaire d'Orsay.

De retour à Stanford en 1961, il participe dans le groupe de P. Panofsky aux expériences de diffusion élastique des électrons. Il est nommé professeur en 1970.

À partir de 1967, avec J. Friedman et H. Kendall, il lance un grand programme de recherche sur les réactions inélastiques des électrons sur les nucléons, en utilisant l'accélérateur linéaire de Stanford. Les diffusions profondément inélastiques, c'est-à-dire se produisant à grand transfert de quantité de mouvement, apparaissent comme beaucoup plus fréquentes que celles prévues par un modèle de nucléon dont la densité interne serait continue. Ces diffusions aux grands angles sont dues à des réactions des électrons sur des grains durs contenus dans le nucléon, d'abord appelés « partons » par R. Feynmann et G. Bjorken, mais très rapidement identifiés aux quarks, composants granulaires du nucléon, proposés bien avant par M. Gell-Mann.

R. Taylor partage avec ses deux collègues le prix Nobel de Physique en 1990.

En 1978, il participe aux expériences de diffusion des électrons polarisés qui mettent en évidence une non-conservation de la parité prévue par la théorie de l'interaction électro-faible.

En 1990, il assure la direction des recherches auprès de l'accélérateur Petra à Hambourg.

TELLER Edward

Budapest 1908 – Standford 2003

Après ses études effectuées à Budapest, puis à Karlsruhe et à Leipzig où il présente sa thèse, Edward Teller émigre aux États-Unis. Nommé professeur à l'université George Washington en 1935, il est un excellent enseignant et il contribue au développement des théories dans plusieurs domaines, en physique moléculaire, en physique nucléaire et en physique des particules. Avec W. Gamow, il établit les règles qui portent leurs deux noms et qui s'appliquent à la désintégration bêta des noyaux.

Pendant la guerre, il participe à Chicago et à Los Alamos au programme Manhattan. Sa contribution déterminante au programme nucléaire militaire américain est, avec le mathématicien S. Ulam, la démonstration que l'amorçage de la fusion thermonucléaire dans la bombe H peut être réalisé en utilisant le rayonnement X d'une bombe A à fission de l'uranium et la compression du mélange de deutérium et de tritium. Il devient ensuite le principal promoteur de l'arme thermonucléaire américaine dont la première explosion a lieu en 1951 sur l'atoll d'Eniwetok. En soutenant ce programme, il s'oppose à R. Oppenheimer qu'il ne défend pas en 1953 lorsqu'il est accusé de relations avec les communistes par la Commission de l'énergie atomique américaine.

Il continue ensuite à participer aux travaux du laboratoire de Livermore sur les nouvelles armes nucléaires et sur le contrôle de la fusion thermonucléaire. Il précise dans quelles conditions un plasma peut être confiné dans un champ magnétique.

Il est également le promoteur de « la guerre des étoiles » dont il a convaincu le président Reagan. Sceptique sur l'efficacité des traités limitant les armes nucléaires, il propose de protéger physiquement le territoire américain contre les missiles nucléaires soviétiques. Le système comprend d'une part des détecteurs de lancement des fusées ennemies et d'autre part des armes antimissiles. Les détecteurs sont des radars à grande portée et des caméras infrarouges satellisées. Les missiles, tirés du sol ou satellisés, doivent être extrêmement rapides et agiles. Ils peuvent être remplacés par des lasers de forte puissance. Ce programme n'aboutit pas au « bouclier nucléaire » annoncé, mais il permet aux industriels américains de progresser dans les nouvelles technologies applicables dans d'autres programmes militaires.

Relation de Lyddane-Sachs-Teller : dans un diélectrique, le rapport des constantes diélectriques électrostatique et optique est égal au carré du rapport des fréquences qui encadrent la zone interdite de la propagation.

Transition de Gamow-Teller : transition de radioactivité bêta telle que l'électron et le neutrino emportent un moment angulaire de spin total égal à 1.

Publications

« The structure of matter » avec F. Rice (1948), « The nuclear future » avec A. Lattes (1958), « The legacy of Hiroshima » (1962), « The constructive use of nuclear explosives » (1968), « Power and security » avec H. Mark et J. Foster, « Fusion » (1981), « Better a shield than a sword » (1987), « Conversation of the dark secrets of physics » avec W. Teller et W. Talley (1991).

TESLA Nicola

Smiljan (Croatie) 1856 – New York 1943

Destiné par ses parents à la prêtrise orthodoxe, Nicola Tesla réoriente rapidement ses études vers les mathématiques et vers les sciences physiques, d'abord à Graz, puis à Prague. Recruté par des compagnies d'équipements électriques de Budapest, il invente le moteur polyphasé. À Paris en 1882, alors ingénieur à la compagnie Continental Edison, il propose un moteur à courant alternatif sans commutateur.

En 1884, il émigre aux États-Unis où il fonde en 1887, à New York, une société de construction de moteurs alternatifs. Il y invente plusieurs perfectionnements des machines électriques tournantes, le premier moteur asynchrone à champ tournant, les courants polyphasés, le montage en étoile, des générateurs d'hyperfréquences. Il est le véritable fondateur de l'industrie électrotechnique moderne.

Il équipe les chutes du Niagara afin de récupérer l'énergie de l'eau pour la transformer en énergie électrique. À la foire internationale de Francfort-sur-le-Main, il fait la démonstration du transport de l'électricité à grandes distances en utilisant des câbles à haute tension.

Dans le domaine radioélectrique, il montre la possibilité de guider les torpilles marines. Il démontre que la surface de la Terre est conductrice et, afin de concurrencer G. Marconi, il propose d'utiliser cette propriété pour effectuer des transmissions à très grandes distances. Il cherche à développer les moyens de transporter l'énergie électrique en évitant l'emploi de câbles conducteurs. Il réussit à allumer des lampes électriques à 40 kilomètres de distance par ondes radioélectriques.

Il passe beaucoup de temps à développer de nombreux projets irréalistes. Il ne protège pas la plupart de ses inventions par des brevets. Devenu paranoïaque, il finit misérablement sa vie dans un hôtel de New York.

Bobine de Tesla : transformateur sans noyau magnétique dont l'enroulement primaire ne comporte qu'un petit nombre de spires et un circuit oscillant à éclateur. Cette bobine est capable de générer de très hautes tensions à plusieurs centaines de milliers de Hertz. Avec un dispositif fondé sur le même principe, il réalise en 1899 une étincelle de 40 mètres de longueur.

Le tesla : unité d'induction magnétique correspondant à un champ qui, réparti uniformément sur une surface de un mètre carré, produit un flux magnétique de un weber.

Publication

« The electrical engineer » (1894).

THÉVENIN Léon

Meaux 1857-1926

Responsable de la fabrication des timbres-poste, Léon Thévenin trouve le temps d'effectuer des recherches dans le domaine de l'électricité. Il est l'auteur d'un théorème sur le calcul de l'intensité d'un circuit dérivé.

Théorème de Thévenin : calcul simple de l'intensité d'une dérivation ajoutée à un réseau électrique connu ne faisant intervenir que deux paramètres, la différence de potentiel initiale et la résistance globale du réseau.

THOMSON Benjamin (Lord RUMFORD)

Woburn (Massachussetts) 1753 – Auteuil 1814

Après un début d'activité dans le commerce, Benjamin Thomson prend parti pour l'Angleterre, il s'engage dans l'armée anglaise et, après la guerre de l'Indépendance des États-Unis, il s'exile en Europe. Il occupe des fonctions administratives importantes en Bavière ce qui le conduit à examiner des problèmes techniques concernant les militaires. En observant l'échauffement du tube de canon lors de son alésage, il établit une théorie de la chaleur dans le métal qu'il identifie à une énergie de vibration ce qui constitue une excellente interprétation cinétique. À l'aide d'un calorimètre de son invention, il détermine des chaleurs de vaporisation et des chaleurs de combustion. Il analyse la propagation de la chaleur dans les fluides.

Il revient en Angleterre en 1798. Il épouse la veuve de A. Lavoisier en 1804.

Il est l'auteur de nombreux travaux sur la protection contre le feu.

THOMSON George Paget

Cambridge 1892 – Cambridge 1975

Fils unique de J.J. Thomson, George Paget Thomson effectue ses études à Londres et il enseigne ensuite à Cambridge.

Pendant la Première Guerre mondiale, il effectue des recherches en aérodynamique et il participe personnellement à de nombreux essais en vol à Farnborough.

Il est nommé professeur à Aberdeen en 1922 et à Londres en 1930.

En 1926, après avoir eu connaissance des résultats de C. Davisson et de L. Germer, il effectue, avec son étudiant A. Reid, des expériences de diffraction d'un faisceau d'électrons, dont les énergies sont de l'ordre de un keV, au travers de films minces de celluloïd et de métaux. Il confirme le comportement ondulatoire des électrons. Il poursuit par de très belles expériences de diffraction des électrons dans les cristaux. Il précise la méthode d'analyse des propriétés cristallines.

En 1937, il partage le prix Nobel de Physique avec C. Davisson. On peut remarquer que Thomson « père » s'est illustré en démontrant le caractère corpusculaire des électrons et que Thomson « fils » s'est illustré en démontrant le contraire, leur caractère ondulatoire !

Dès l'annonce de la fission de l'atome, G.P. Thomson entreprend un programme de recherche sur l'uranium, programme qu'il ne peut poursuivre au début de la Deuxième Guerre mondiale, car il est requis par les autorités militaires anglaises pour participer à des recherches sur les mines. Un an plus tard, il est invité à reprendre ses travaux sur l'uranium. Il lui est aussi demandé d'assurer la liaison entre l'Angleterre et les États-Unis pour les questions nucléaires.

En 1945, il participe au programme anglais de recherche du contrôle de la fusion thermonucléaire. Il contribue au développement des machines dites « à pinch effect », le plasma subissant une compression dans le champ magnétique de son propre courant.

Publications

« Applied aerodynamics » (1920), « Conduction of electricity through gases » (1928), « The atom » (1930), « The wave mechanics of the free electron » (1930), « The foreseeable future » (1955), « The inspiration of science » (1962), « J.J. Thomson and the Cavendish laboratory in his days » (1964), « J.J. Thomson, discoverer of the electron » (1966), « The electron » (1972).

THOMSON Joseph John

Cheetham Hill (Manchester) 1856 – Cambridge 1940

Joseph John Thomson commence des études techniques à Owens College à Manchester et puis se tourne vers des études de mathématiques à Cambridge. Élève de J. Maxwell, il effectue ses recherches au laboratoire Cavendish et, en 1881, il lui succède à l'âge de 28 ans à la direction du laboratoire. Il est nommé professeur en 1884.

En 1881, il montre que les rayons cathodiques emportent de la masse et de l'énergie et sont donc constitués par de la matière, à la différence du rayonnement électromagnétique. En 1895, en reprenant l'expérience de J. Perrin, il mesure la vitesse de ces rayons. En 1897, il détermine le rapport *e/m* de la charge à la masse de ces particules et, en 1898, il établit la valeur absolue de la charge électrique élémentaire. Ces déterminations sont à cette époque les preuves les plus crédibles de l'existence de la particule électron. Elles montrent de manière définitive que l'électricité a un support matériel.

En 1902, J.J. Thomson propose le modèle atomique qui porte son nom et qui est encore souvent utilisé aujourd'hui par les enseignants de physique car, bien qu'il ne soit pas quantique, il rend compte qualitativement d'un très grand nombre de phénomènes élémentaires et tout particulièrement de l'interaction de la lumière avec la matière. Avant la mise au point de ce modèle particulièrement simple, il avait envisagé dès 1882 des structures atomiques très complexes avec la participation de plusieurs milliers d'électrons, modèle qui s'est révélé totalement irréaliste.

J.J. Thomson invente le spectrographe de masse qui permet de séparer physiquement des ions de masses différentes. Les ions, soumis à une double déflexion, électrique et magnétique, se rangent dans des directions qui dépendent de leurs masses. Cet instrument est utilisé par F. Aston pour mettre en évidence les isotopes du néon, confirmant ainsi l'hypothèse de F. Soddy sur l'existence d'atomes de mêmes propriétés chimiques, mais de masses différentes. Perfectionné par ce même physicien, le spectrographe de masse devient un outil universel de la recherche nucléaire et de l'analyse chimique.

L'action de J.J. Thomson pendant un demi-siècle porte le laboratoire Cavendish au niveau le plus prestigieux de la physique expérimentale. Il est pourtant très maladroit. Ses assistants préféreraient qu'il ne touche pas lui-même aux instruments !

Il reçoit le prix Nobel de Physique en 1906.

Modèle de J.J. Thomson : la charge électrique positive du noyau est supposée diluée dans tout le volume de l'atome. Les électrons, considérés comme ponctuels, baignent dans le potentiel du noyau et ils en sont prisonniers. Dans ces conditions, les électrons sont soumis à des forces centrales proportionnelles à leurs distances au centre de l'atome. Leurs mouvements sont donc au premier ordre de simples oscillations harmoniques sur des trajectoires elliptiques. Le défaut fondamental de ce modèle est que les électrons, rayonnant de l'énergie électromagnétique à cause de leurs oscillations, devraient progressivement perdre leur énergie et donc s'arrêter au centre de l'atome. Seule la mécanique quantique apporte une solution à cette difficulté inhérente à tous les modèles atomiques classiques. Cependant, le modèle simple de J.J. Thomson, ramenant la matière à une assemblée d'oscillateurs harmoniques, est souvent utilisé pour interpréter qualitativement l'interaction de l'onde électromagnétique avec la matière.

Publications

« Treatise on the motion of vortex rings » (1883), « Applications of dynamics to physics and chemistry » (1888), « Notes and recent researches in electricity and magnetism » (1893), « Conduction of electricity through gases » (1903), « The structure of light » (1907), « The corpuscular theory of matter » (1907), « Rays of positive electricity » (1913), « The electron in chemistry » (1923), « Recollections and Reflections » (1936).

THOMSON William (Lord KELVIN)

Belfast 1824 – Netherhall (Écosse) 1907

Fils de James Thomson, William Thomson effectue ses études à Glasgow où il se passionne pour les travaux des mathématiciens français. Pendant un séjour à Paris en 1845, il s'intéresse à l'électricité considérée comme un fluide. À son retour à Glasgow où il enseigne, il effectue ses premières recherches en thermodynamique sur l'équilibre thermique des solides.

En 1850, il énonce la seconde loi de la thermodynamique, indépendamment de R. Clausius. Utilisant le cycle de Carnot, il propose une définition de la température indépendante de la substance utilisée. Il en déduit une unité absolue, le degré Kelvin. En 1854 et en même temps que R. Clausius, il établit une théorie thermodynamique de la thermoélectricité.

En 1870, il donne une dimension aux molécules des gaz, supérieure à 2.10^{-9} cm.

En 1891, il donne la forme exacte des vagues du sillage d'un navire. Il évoque l'influence des marées qui freine le mouvement de rotation de la Terre. Il effectue des estimations de l'âge de la Terre et de celui du Soleil.

Indépendamment de M. Deprez, il invente le galvanomètre à cadre mobile, élément de base de tous les appareils de mesures électriques.

En 67 années d'activité, W. Thomson a publié 661 articles et il a déposé 70 brevets. C'est un record absolu ! Lord Kelvin a une influence considérable sur toute la communauté scientifique. Il est écouté par tous les physiciens du XIXe siècle.

Lord Kelvin contemple les grands succès de la science de son époque, mais il décèle « deux petits nuages » dans le ciel bien dégagé de la physique : la constance de la vitesse de la lumière à la suite des expériences de Michelson et la catastrophe ultraviolette du rayonnement thermique. Ces deux petits nuages deviendront deux tornades, la relativité et la mécanique quantique !

Degré Kelvin : unité de température découlant de la définition thermodynamique de la température dont le gaz parfait fournit une bonne approximation.

Effet Thomson : transfert de chaleur par un conducteur parcouru par un courant électrique et placé dans un gradient de température.

Détente de Joule-Thomson : la détente adiabatique d'un gaz en régime permanent produit un refroidissement qui correspond au travail des molécules de gaz dans la détente. Cet effet sera mis plus tard à profit dans la conception des réfrigérateurs.

Formule de Thomson : expression mathématique de la période d'un circuit oscillant contenant une capacité électrique et une inductance.

TING Samuel Chao Chung

Ann Arbor (Michigan) 1936

Né aux États-Unis pendant un séjour de ses parents dans ce pays, Samuel Ting passe son enfance en Chine et il revient aux États-Unis pour y effectuer ses études à l'université du Michigan où il présente sa thèse en 1962. Après un séjour au Centre européen de recherche nucléaire (CERN) dans le groupe de G. Cocconi, il est nommé professeur à Columbia en 1965 et au Massachussetts Institute of Technology en 1969. Il effectue des expériences sur les créations de paires de leptons, électron-positron, muon et antimuon, auprès des accélérateurs de Cambridge (États-Unis) et de Hambourg.

À partir de 1971, il anime au laboratoire de Brookhaven un groupe de physiciens qui détectent les paires de muons créées dans les réactions des protons de 30 GeV du synchrotron AGS (Alternate Gradient Synchrotron) sur une cible fixe. La motivation initiale de cette recherche est l'étude des processus dits « de Drell-Yang » de formation de paires de leptons. Le spectre observé des masses des paires révèle une résonance à la masse de 3,1 GeV, appelée J, et interprétée immédiatement comme étant constituée d'un quark charmé et d'un antiquark de charme opposé. Cette nouvelle particule est détectée simultanément par le groupe de R. Richter à Stanford. Elle y est appelée Y et c'est ce dernier nom qui restera. Cette découverte confirme la théorie élaborée par S. Glashow, J. Iliopoulos et L. Maiani qui proposent l'existence d'un quatrième quark afin d'expliquer l'absence des courants neutres faibles dans les désintégrations des mésons étranges.

S. Ting partage le prix Nobel de Physique en 1976 avec B. Richter.

Il poursuit ses recherches au CERN auprès de la machine LEP, un collisionneur d'électrons et de positrons dans la gamme d'énergie de la centaine de GeV.

Publication

« The search for charm, beauty and truth at high energy » avec G. Billini (1984).

TOMBAUGH Clyde William

Streator (Illinois) 1906-1997

Clyde Tombaugh ne fait pas d'études universitaires et il se forme tout seul par des lectures. Il fabrique son premier télescope dans la ferme de ses parents. Il se fait remarquer par des dessins qu'il exécute des planètes Jupiter et Mars et il est recruté à l'Observatoire de Flagstaff.

Assistant de P. Lowell, il découvre en 1930 la dernière planète, Pluton qui, compte tenu de son éloignement de la Terre, est peu lumineuse et peu mobile dans le plan focal des télescopes. Il effectue cette recherche en prenant systématiquement deux clichés d'une même région du ciel à des temps différents et en les projetant alternativement sur un écran pour déceler immédiatement si l'un des astres a changé de position d'un cliché à l'autre. Après la découverte de Pluton, il continue à appliquer cette méthode à tout le ciel et il ne trouve aucun objet défilant autre que les planètes déjà connues et que des astéroïdes dont il en découvre 3 000 nouveaux. Il en déduit que Pluton est la dernière planète visible du système solaire.

En 1946, il contribue à l'amélioration du suivi optique des missiles de la base militaire White Sands dans l'Utah.

Publication

« Out of darkness, the planet Pluto » avec P. Moore (1980).

TOMONAGA San-Itiro

Tokyo 1906 – Tokyo 1979

San-Itiro Tomonaga effectue ses études avec son camarade H. Yukawa à Kyoto et à Tokyo où il sera plus tard nommé professeur et où il crée une équipe dynamique de chercheurs.

Son œuvre majeure est le développement de l'électrodynamique quantique, théorie renormalisable de l'interaction électromagnétique. Ses résultats, obtenus pendant la guerre, ne sont connus des physiciens occidentaux qu'en 1947, à l'occasion de sa première sortie du Japon.

Il partage le prix Nobel de Physique en 1965 avec R. Feynman et J. Schwinger qui ont établi les mêmes résultats de manière indépendante, mais deux années plus tard. En 1956, il préside l'université de Tokyo. Il joue un rôle important dans le développement de la science d'après guerre au Japon.

Publication

« Quantum mechanics » en 6 volumes (1949).

TORRICELLI Evangelista

Faenza 1608 – Florence 1647

Modeste artisan travaillant dans le textile, le père d'Evangelista Torricelli lui fait faire des études à l'école locale des jésuites. Après deux ans de cours de mathématiques et de philosophie, ses professeurs persuadent la famille d'envoyer le jeune homme à Rome pour y poursuivre des études supplémentaires. À Rome, E. Torricelli bénéficie de l'enseignement d'un jésuite, Benedetto Castelli, ancien élève de Galilée. Il se familiarise avec les travaux de géométrie d'Apollonius et avec les théories de Ptolémée et de Copernic. Il étudie également les *Dialogues* de Galilée parus en 1632.

B. Castelli remarque les talents de E. Torricelli, et l'engage assez vite comme secrétaire particulier. En 1638, paraît une première édition des *Discorsi*, rédigés par Galilée dans sa retraite d'Arcetri. B. Castelli pense alors à proposer à Galilée les services d'E. Torricelli comme assistant personnel. Galilée accepte cette proposition et E. Torricelli arrive à Arcetri en octobre 1641. Il a le temps de nouer de solides relations avec Galilée mais celui-ci meurt en janvier 1642. Après cette disparition, E. Torricelli a la chance de se voir proposer par le grand duc de Toscane la succession rémunérée de Galilée comme mathématicien et philosophe privé. Il restera alors à Florence jusqu'à la fin de ses jours.

E. Torricelli semble s'être d'abord intéressé à des problèmes de géométrie mais bientôt, sous l'influence directe ou indirecte de Galilée, il aborde des problèmes de physique, allant de la fabrication de lentilles à l'étude du mouvement. Un problème connu de Galilée et de ses contemporains était celui de l'impossibilité qu'avaient les pompes à acheminer l'eau à plus d'une certaine hauteur. Vers 1630, des discussions avaient eu lieu sur la cause de cette impossibilité. Certains suspectaient le poids même de l'air mais Galilée avait toujours cru à une certaine mystérieuse force du vide. Après la mort de Galilée, les discussions continuèrent sur ce sujet. E. Torricelli a l'idée de mener des expériences avec un liquide plus lourd que l'eau. Il réussit à faire fabriquer un tube de verre de un mètre de long environ et, au début de 1644, il réalise une expérience. Nous en connaissons le déroulement et le résultat par deux lettres datant de juin 1644. En particulier, la hauteur atteinte par le mercure dans le tube renversé est la même, quelle que soit la forme du tube. E. Torricelli attribue ce résultat à une certaine force extérieure transmise par l'air et non à une force interne liée au vide créé, comme le pensait Galilée. Les deux lettres de E. Torricelli sont largement diffusées dans les milieux italiens et elles sont également envoyées en France au Père Mersenne. Celui-ci, passant par Florence en octobre 1644, réussit à obtenir de E. Torricelli lui-même la répétition de son expérience.

D'après des récits contemporains, E. Torricelli ne poursuit pas dans la recherche du rôle de la pression atmosphérique, ce que fera B. Pascal deux ans plus tard, mais il se tourne vers l'étude des conditions de vie d'insectes introduits dans le vide créé au-dessus du mercure. Il ne devait pas mener à bien ces tentatives et il meurt prématurément en 1647.

TOWNES Charles Hard

Greenville (Caroline du Sud) 1915

Charles Townes effectue ses études d'abord à Greenville en Caroline du Sud, ensuite à Duke en Caroline du Nord. Il présente son travail de thèse au California Institute of Technology à Pasadena.

Chercheur aux laboratoires de la compagnie Bell Telephone pendant la guerre, il participe à la mise au point des bombardements aériens avec repérage par radar.

Nommé professeur à l'université de Columbia à New York, il oriente ses recherches, soutenues par un programme militaire fédéral, vers l'obtention d'ondes ultracourtes. Il est conduit à s'intéresser à l'émission stimulée proposée par A. Einstein. En 1954, avec ses collègues J. Gordon et H. Zeiger, il obtient la première émission maser (Microwave Amplification by Stimulated Emission of Radiation) de la molécule d'ammoniaque après avoir séparé physiquement les molécules excitées et donc obtenu l'inversion des populations. Une molécule excitée, stimulée par un photon, revient à l'état fondamental en émettant en phase deux photons identiques.

Il partage le prix Nobel de Physique en 1964 avec les soviétiques N. Basov et A. Prokhorov qui ont découvert l'oscillation moléculaire de la molécule d'ammoniac et ses propriétés d'émission cohérente dans le « générateur moléculaire ». Il faut noter que l'idée que les molécules excités sont capables de communiquer leurs énergies à un faisceau de lumière avait déjà été exprimée par W. Duane en 1923 mais rares étaient les scientifiques à cette époque qui croyaient en cette possibilité.

En 1957, avec A. Schwalow, il apporte une contribution déterminante à l'invention du laser en introduisant l'interféromètre de Pérot et Fabry comme cavité dans laquelle le faisceau de lumière réagit efficacement sur la matière excitée. C'est cependant T. Maiman qui réalise le premier laser.

En 1961, C. Townes est nommé directeur du Massachussetts Institute of Technology de Boston.

En 1964, avec R. Chiao et B. Stoicheff, il met en évidence la diffusion Brillouin stimulée, c'est-à-dire l'apparition d'une onde décalée en fréquence de l'onde incidente d'une quantité égale à la fréquence de l'onde acoustique générée dans le cristal.

À partir de 1967, il travaille à Berkeley sur l'astronomie infrarouge et micro-onde.

Publication

« Microwave Spectroscopy » avec A. L. Schalow (1955).

TOWNSEND John Sealy Edward

Galway (Irlande) 1868 – Oxford 1957

Après avoir commencé ses études à Dublin, John Townsend est étudiant à Cambridge en même temps que E. Rutherford. Devenu élève de J.J. Thomson au laboratoire Cavendish, il participe avec lui à la première mesure de la charge électrique de l'électron. En utilisant la technique de la goutte électriquement chargée, que R. Millikan perfectionnera, il effectue une première mesure directe des charges électriques élémentaires.

En 1900, il est nommé professeur à Oxford. Il poursuit ses travaux de recherche dans le domaine de la conductibilité des gaz en étudiant plus particulièrement le mouvement des électrons. Ses résultats rendent possible la détection des particules chargées, par exemple avec le compteur Geiger-Müller.

Au début des années 1920, il relève un comportement particulier des électrons dans les gaz rares. Cet effet porte son nom et celui de C. Ramsauer qui fait les mêmes observations de manière indépendante.

Considérant que ses résultats sur les potentiels d'ionisation contredisent ceux de J. Franck et G. Hertz, il s'oppose à la mécanique quantique et son laboratoire se marginalise.

Effet Ramsauer-Townsend : la section efficace de diffusion des électrons dans les gaz nobles passe par un minimum à une énergie de 0,5 MeV environ.

Publications

« The theory of ionization by collisions » (1910), « Electricty in gazes » (1915).

TROUTON Frederick Thomas

Dublin 1863 – Kent (Grande-Bretagne) 1922

Frederick Trouton commence des études de sciences physiques au Trinity College de Dublin en même temps qu'il prépare un diplôme d'ingénieur. Il reste au Trinity College comme assistant du physicien G. Fitzgerald avant d'être nommé en 1902 professeur de physique à l'University College de Londres.

Sa double formation d'ingénieur et de physicien l'amène à s'intéresser à des expériences destinées à mettre en évidence l'existence de l'éther. Les expériences de A. Michelson avaient montré en effet que la vitesse de la lumière ne subissait pas de variation due au mouvement de la terre mais ce résultat nul pouvait s'expliquer, d'après G. Fitzgerald, par une modification des longueurs provoquée par des interactions de l'éther, suivant une dépendance algébrique qui prendra plus tard le nom de transformation de Lorentz-Fitzgerald. F. Trouton met ainsi sur pied plusieurs expériences qui auraient pu être sensibles à une telle variation mais elles ont toutes un résultat négatif. Sur ce thème, celle qui est le plus souvent citée est l'expérience dite de Trouton et Noble, réalisée en 1903. Une plaque de condensateur était suspendue et, rendue libre de tout mouvement, elle aurait du pouvoir être déplacée par un hypothétique vent d'éther. L'expérience était sensible à des forces très faibles et le résultat nul obtenu devait devenir l'une des pièces à conviction du bien-fondé de la théorie de la relativité d'Einstein de 1905 où l'éther n'existe pas.

TRUMPLER Robert Julius

Zurich 1886 – Oakland (Californie) 1956

Après des études menées à Zurich et à Göttingen et un début de carrière en Allemagne, Robert Trumpler émigre en 1915 aux États-Unis où il est accueilli à l'Observatoire de Pennsylvanie. Il y étudie les mouvements des étoiles dans le groupe des Pléiades.

En 1922, avec W. Campbell, à l'occasion d'une éclipse du Soleil, il effectue en Australie un test de la relativité générale plus précis et plus convaincant que celui d'Eddington en 1919.

En 1924, l'observation de Mars le conduit à la conclusion que les fameux « canaux », observés par G. Schiaparelli et P. Secchi, ont une origine volcanique. Cette explication n'est pas retenue par ses collègues, elle est pourtant confirmée cinquante années plus tard par les clichés pris par la sonde spatiale Mariner 9.

En 1930, il procède à un classement des groupements d'étoiles dans notre galaxie. Il montre que la présence de nuages de poussières a affaibli la luminosité apparente de certaines étoiles et qu'en conséquence la dimension de la galaxie a été surestimée d'un facteur 3.

À partir de 1938, il enseigne l'astronomie à Berkeley.

TSUI Daniel

Henan (Chine) 1939

Daniel Tsui effectue des études jusqu'à sa thèse à l'université de Chicago. Depuis 1982, il enseigne à Princeton.

Dans le prolongement des travaux de K. von Klitzing qui a découvert en 1980 l'effet Hall quantique, D. Tsui étudie ce même phénomène, mais à des températures plus basses et en présence de champs magnétiques plus élevés. La mesure de la résistance d'un semi-conducteur en fonction du champ magnétique fait apparaître des paliers plus bas que ceux déjà connus de l'effet quantique. La valeur de ces paliers dépend seulement de la constante de Planck et de la charge de l'électron. Un palier au tiers de la valeur attendue montre qu'un phénomène nouveau intervient. Cet effet est interprété par R. Laughlin comme résultant d'un comportement collectif des électrons, des quasi-particules dont les charges électriques globales peuvent être fractionnaires. Il faut noter que cette découverte de la physique fondamentale n'a été possible que grâce aux immenses progrès de la technologie des semi-conducteurs.

H. Störmer, D. Tsui et R. Laughlin se partagent le prix Nobel de Physique en 1998.

AL-ṬUSĪ Nasīr al-Dīn

Tus (Iran) 1201 – Kadhimain (Irak) 1274

Nasīr al-Dīn al-Ṭūsī a mené des études de mathématiques et de philosophie et il était réputé brillant dans ces deux disciplines dans lesquelles il a laissé des écrits. Entré au service d'un chef musulman local comme astronome, il arrive à le décider de construire un nouvel observatoire à Marāgha. Cet observatoire va devenir un centre intellectuel important en astronomie mais aussi en philosophie. Ce centre sera connu sous le nom d'École de Marāgha.

En astronomie, l'œuvre personnelle d'al-Ṭū sī a consisté à avancer des modifications à la théorie de Ptolémée de façon à l'améliorer. Sa façon de voir inspirera des travaux d'astronomes de l'École de Marāgha, tels que ceux de al-Shīrāzī et de Ibn al-Shātir. Les complications introduites auront sans doute une influence, au moins indirecte, sur la nouvelle théorie de Copernic qui ne viendra que beaucoup plus tard.

TYNDALL John

Leighlin-Bridge (Irlande) 1820 – Hindhead (Surrey) 1893

Dessinateur, puis ingénieur civil, John Tyndall accepte un modeste emploi d'enseignant qui lui permet de reprendre des études supérieures à Queenswood College. Il les termine en

Allemagne à Marburg. Il est capable de traiter simultanément de questions d'électromagnétisme, de thermodynamique, d'optique ou de bactériologie !

Il éprouve quelques difficultés à trouver des revenus pour se livrer à ses activités scientifiques favorites et il enseigne dans les classes secondaires. Finalement il est nommé professeur à Londres.

Il est l'auteur de travaux très diversifiés sur le rayonnement thermique, sur l'acoustique, sur le diamagnétisme, sur le regel de la glace soumise à la pression, sur la compression des cristaux.

Son nom est associé à un phénomène de diffusion de la lumière par les nuages légers. Il précise l'explication du bleu du ciel proposée par J. Rayleigh. Au cours de cette étude, il montre que l'air contient des micro-organismes, ce qui le conduit à défendre les idées de L. Pasteur qui rejette l'idée d'une génération spontanée de la vie. Il démontre que les rayons solaires sont capables de détruire les micro-organismes et il propose une méthode de stérilisation par la chaleur.

Il montre que le rayonnement des corps chauffés ne suit pas une loi linéaire en fonction de la température comme l'avait affirmé I. Newton, mais augmente beaucoup plus vite. Cette observation est déterminante dans l'établissement de la loi en T4 par J. Stefan.

En 1859, il enseigne à l'École royale des mines de Londres. En 1867, il succède à M. Faraday à la Royal Institution.

Alpiniste chevronné, il s'acharne à la conquête du Cervin qu'il réussit en 1868 après plusieurs tentatives infructueuses. Il profite de ses ascensions pour observer les phénomènes lumineux spécifiques des nuages.

Effet Tyndall : diffusion à faible angle accompagnant le passage de la lumière dans les suspensions colloïdales, avec apparition d'irisations colorées.

Publications

« The glaciers of the Alp » (1860), « Heat considered as mode of motion » (1863), « On sound » (1867), « Researches on diamagnetism and magnetic-cristallic action » (1870), « Fragments of science for unscientific people » (1871), « Contribution to molecular physics in the domain of radiation heat » (1872), « The forms of water in clouds, rivers, ice and glaciers » (1872), « Six lectures on light » présentées en Amérique (1872-73), « The floating matter of the air in relation to putrefaction and infection » (1881), « New fragments » (1892).

U

UHLENBECK George Eugène

Djakarta (Indonésie) 1900 – Boulder 1988

George Uhlenbeck effectue ses études à Leyde où il bénéficie des enseignements de P. Ehrenfest et de A. Lorentz.

Dès 1925, avec S. Goudsmit, il propose l'idée du spin de l'électron afin d'interpréter l'effet Zeeman dit « anormal » et le dédoublement de la raie jaune du sodium. L. Kronig, américain d'origine hongroise, avait eu simultanément la même idée, mais W. Pauli l'avait découragé de présenter son article avec un argument qui au premier abord semblait pertinent mais qui s'est ensuite avéré injustifié.

Dans sa thèse, présentée en 1927, G. Uhlenbeck présente une approche quantique de la thermodynamique statistique avec une version quantique de l'équation de Boltzmann. Son intérêt principal, pendant toute sa carrière, reste la thermodynamique statistique.

Son calme et sa clairvoyance le font apprécier de la communauté scientifique qui lui demande souvent d'assurer un rôle d'arbitre dans les débats parfois passionnés de la physique statistique.

UREY Harold Clayton

Walkerton (Indiana) 1893 – La Jolla (Californie) 1981

Issu d'une famille modeste, Harold Urey doit travailler pour faire des études de chimie qu'il enseigne pendant deux années dans un collège. Il effectue ensuite des études supérieures à l'université de Californie, à Berkeley. Après la présentation de son doctorat en 1923, il passe une année à Copenhague. Il enseigne ensuite à l'université John Hopkins à Baltimore et, en 1929, il est nommé professeur à l'université de Columbia à New York.

En 1931, avec l'aide de F. Brickwedde et de G. Murphy et suivant les indications de R. Birge et de D. Wenzel, il découvre le deutérium dans l'hydrogène obtenu par électrolyse de l'eau et par distillation fractionnée afin d'accroître la proportion de l'isotope lourd qui est reconnu par son spectre optique d'émission. Il est récompensé par le prix Nobel de Chimie en 1934. Cette découverte confirme les mesures précises des masses atomiques de l'hydrogène et de l'oxygène par W. Aston et la découverte des isotopes de l'oxygène par W. Giauque.

H. Urey participe au projet Manhattan. Il est chargé de la séparation de l'uranium 235 par voie gazeuse sous forme de fluorure, soit par diffusion au travers de parois poreuses, soit par centrifugation. Il manifeste son opposition à l'utilisation de l'arme nucléaire sur les populations. Par la suite, il se consacre aux seules recherches fondamentales.

En 1956, avec H. Suess, il publie une analyse des abondances relatives des éléments dans le rayonnement cosmique et ensemble ils mettent en évidence la surabondance des éléments correspondants aux nombres dits « magiques ».

H. Urey émet l'hypothèse que la vie a pu prendre naissance dans l'atmosphère primordiale de la Terre grâce à ses propriétés réductrices. Il est à l'origine de la fameuse expérience de S. Miller qui réalise en 1951 *in vitro* les conditions de cette atmosphère dans laquelle se forment effectivement les premiers acides aminés, constituants élémentaires des molécules de la vie.

Il enseigne à Baltimore, à New York et en Californie.

Publications

« Atoms, Molecules and Quanta » avec A. Ruark (1928), « The planets » (1952), « Earth's daughter, sister or uncle ? » (1962).

V

VAN ALLEN James Alfred

Mount Pleasant (Iowa) 1914 – Iowa City 2006

James Van Allen mène des études supérieures à l'université d'Iowa. Pendant la Deuxième Guerre mondiale, il met au point avec R. Hofstadter les fusées de proximité qui font démarrer la détonation des charges explosives au voisinage des cibles.

Il commence des recherches sur le rayonnement cosmique en parcourant le monde sous toutes les latitudes, au Pérou, en Alaska, au Groenland. Il poursuit dans le même domaine en utilisant des ballons sondes et des fusées V2 allemandes. Il est l'un des premiers scientifiques à profiter des satellites américains pour étudier les ceintures d'ionisation qui entourent la Terre. En janvier 1958, il commence les recherches avec Explorer I qui emporte un compteur Geiger. Il constate que le niveau de radioactivité varie très rapidement d'une position à une autre. Les données recueillies avec Explorer IV et Pioneer III lui permettent de dresser une première carte des ceintures de radiations de la magnétosphère qui entoure la Terre à des altitudes comprises entre 1 000 et 25 000 kilomètres.

En 1958, il est l'initiateur d'une expérimentation controversée, les explosions simultanées de trois bombes atomiques au-dessus de l'Atlantique Sud afin d'injecter des particules dans la haute atmosphère et de suivre leurs trajectoires.

Il enseigne à Baltimore et à l'université d'Iowa.

Ceintures de Van Allen : couches successives d'air ionisé qui entourent la Terre et qui sont créées par l'impact des rayonnements solaires et cosmiques sur les hautes couches de l'atmosphère.

Publications

« Scientific uses of earth satellites » (1956), « Radiation Trapped in the Earth's Magnetic Field » (1966), « Pioneer, first to Jupiter, Saturn and beyond » avec R. Fimmel et E. Burguess (1980), « Origin of the magnetospheric physics » (1983).

VAN DE GRAAFF Robert

Tuscaloosa (Alabama) 1901 – Boston 1967

Robert Van de Graaff commence des études supérieures en ingénierie électrique à l'université d'Alabama, il les poursuit ensuite en physique à Paris et à Oxford où il présente son travail de thèse en 1928. Ce travail contient une invention qui se révélera majeure, le transport des charges électriques statiques par une courroie isolante mobile. Les charges sont créées par ionisation locale de l'air au voisinage des dents d'un peigne métallique porté à une tension électrique. Elles sont déposées sur cette courroie isolante, transportées par le mouvement de la courroie et récupérées à l'emplacement désiré par frottement d'un autre peigne métallique souple.

En 1929, il propose la réalisation à Princeton d'une première source de tension atteignant le potentiel de 80 000 volts. Le principe en est simple. Les charges électriques amenées par la courroie augmentent progressivement le potentiel d'une sphère métallique isolée du sol. Ce potentiel peut être utilisé pour alimenter une colonne accélératrice de particules, électrons, protons, deutons. Cet accélérateur porte le nom de son inventeur. Les deux premières machines construites par R. Van de Graaff sont restées pendant longtemps à la disposition des professeurs de Princeton pour effectuer des démonstrations pour les étudiants. Dès 1937, une machine est installée dans l'hôpital de Boston pour le traitement des cancers.

Professeur au Massachussetts Institute of Technology en 1931, il propose la réalisation d'accélérateurs d'énergies de plus en plus élevées qui atteignent 2,75 MeV en 1940 et 4 MeV en 1950. De nombreux exemplaires équipent les centres de physique nucléaire du monde entier. R. Van de Graaff assure la commercialisation de ces machines en créant, avec J. Trump, sa propre compagnie, la High Voltage Corporation.

Pendant la guerre, il développe des machines spécialement conçues comme alimentations de tubes à rayons X très durs, capables d'effectuer les radiographies des soudures des coques de navires.

Accélérateur Van de Graaff: machine comprenant une sphère métallique portée à haute tension au moyen d'un transport de charges par courroie et d'une colonne accélératrice qui met à profit le haut potentiel de la sphère pour accélérer des particules chargées.

VAN DER MEER Simon

La Haye 1925 – Genève 2011

Après des études techniques à l'université de Delft, Simon Van der Meer entre comme ingénieur-chercheur dans la compagnie Philipps à Eindhoven. Il travaille dans les domaines des hautes tensions et de la microscopie électronique. Il est recruté par le Centre européen de recherche nucléaire (CERN) comme ingénieur pour la construction des accélérateurs. Il réalise en particulier les aimants multipolaires de la machine de 25 GeV pour la correction des trajectoires.

En 1965, il invente la « corne magnétique » ou « corne de Van der Meer », composant électromagnétique essentiel des faisceaux de neutrinos.

S. Van der Meer construit un anneau de stockage des muons pour la détermination très précise de leur facteur gyromagnétique.

Au début des années soixante-dix, il invente le stockage stochastique. Cette technique permet de resserrer les bouffées de particules injectées dans un anneau de stockage et donc d'accumuler des faisceaux plus intenses. Cette méthode, appliquée au stockage des antiprotons au CERN au début des années 80, a rendu possible l'expérimentation qui a conduit à la découverte des bosons vecteurs de l'interaction faible.

Il partage le prix Nobel de Physique en 1984 avec C. Rubbia.

Corne de Van der Meer : composant de faisceau de particules constitué de deux conducteurs cylindro-coniques de plusieurs mètres de longueur, de même axe que le faisceau, créant un fort champ magnétique pulsé dans l'espace qui les sépare. Les particules positives qui traversent cet espace sont rabattues vers l'avant. Au contraire, les particules négatives sont dispersées. L'intensité du faisceau de mésons pions positifs se trouve renforcée par un facteur de l'ordre de 10, celle des mésons pions négatifs diminuée par approximativement le même facteur. Le faisceau des neutrinos, secondaires des mésons positifs, est donc lui aussi renforcé par ce même facteur 10, tandis que la contamination en antineutrinos, secondaires des mésons négatifs, est affaiblie d'un facteur du même ordre de grandeur.

VAN DER WAALS Johannes Diderik

Leyde 1837 – Amsterdam 1923

Fils d'un charpentier, Johannes Van der Waals est d'abord instituteur dans une école primaire avant de continuer des études qui lui permettent d'entrer, à plus de trente ans, à l'université de Leyde où il suit des études de physique.

À la fin de ses études supérieures, il propose en 1873 une équation caractéristique des gaz qui le rendra célèbre. Depuis les années 1840-1850, avec les mesures de V. Regnault en France, on savait que la loi des gaz $PV = RT$ n'était qu'une loi approchée. Par ailleurs, en 1861, en Angleterre, T. Andrews avait mis en évidence l'existence d'une température critique au-dessus de laquelle il était impossible de liquéfier un gaz. Travaillant avec l'aide des données expérimentales, J. Van der Waals propose de remplacer l'équation $PV = RT$ par une équation modifiée,

$$(P + a/V^2)\,(V - b) = RT$$

où a et b sont deux paramètres supplémentaires dépendant du gaz considéré. Le premier paramètre fait intervenir une pression interne liée à l'attraction entre elles des molécules du gaz et le second tient compte d'un volume minimum incompressible b occupé par le gaz à des pressions très élevées. À partir d'une telle équation, J. Van der Waals montre que les données expérimentales peuvent être mieux reproduites et, surtout, que la température critique énoncée par T. Andrews en 1861 peut être expliquée. En effet, à haute température, l'équation peut se réduire à une hyperbole équilatère dans le diagramme d'Andrews représentant la variable P en fonction de V (voir diagramme d'Andrews). Quand la température diminue, sous l'influence des paramètres a et b, l'hyperbole se déforme et finit par devenir une courbe à deux extrema. En fonction de V, la pression P passe d'abord par un minimum, remonte ensuite à un deuxième maximum avant de redescendre à nouveau. La transition entre ces deux formes de courbe a lieu pour une valeur de la température où la courbe admet un seul point à tangente horizontale. Ce point se caractérise ainsi par des valeurs critiques T_C, P_C, et V_C que J. Van der Waals peut exprimer en fonction des paramètres a et b. Un peu plus tard, dans une autre publication, J. Van der Waals montre que son équation caractéristique peut prendre une forme universelle, c'est-à-dire indépendante du gaz, si, au lieu d'employer les variables habituelles P, V et T, on leur substitue des variables « réduites », T/T_C, P/P_C et V/V_C. Cette propriété a été appelée loi des états correspondants.

Pour l'ensemble de ses travaux, J. Van der Waals obtient le prix Nobel de Physique en 1910.

VAN VLECK John Hasbrouck

Middletown (Connecticut) 1899
– Cambridge (Massachussets) 1980

Issu d'une famille de physiciens et d'astronomes, John Van Vleck effectue ses études supérieures à l'université de Madison et à l'université d'Harvard. Après la présentation de sa thèse dont le thème est un calcul des énergies de liaison des électrons de l'hélium, il est nommé, en 1923, enseignant à l'université de Minnesota. En 1932, il revient à Madison comme professeur et, deux années plus tard, il est nommé à l'université d'Harvard où il termine sa carrière.

Ses premiers travaux concernent la spectroscopie dans le cadre de la première théorie des quanta. Il participe aux grands problèmes de son époque et il réalise par exemple le calcul des intensités des raies spectrales à partir des relations de dispersion.

Après la naissance de la mécanique ondulatoire, il se réoriente vers l'étude des propriétés magnétiques des matériaux, des groupes du fer et des terres rares en particulier. Sa contribution la plus significative est l'introduction en 1937 de l'énergie d'échange entre deux spins. Il applique ce concept au magnétisme des cristaux et des verres amorphes. Cette approche apporte une justification théorique à la loi de Curie-Weiss du ferromagnétisme et à l'existence de l'antiferromagnétisme.

Pendant la Deuxième Guerre mondiale, il participe aux développements du radar et du brouillage des radars ennemis. Il montre que la molécule d'oxygène absorbe les radiations dont les longueurs d'onde sont 1,25 et 0,5 centimètres.

Il partage le prix Nobel de Physique en 1977 avec son étudiant P. Anderson et avec N. Mott.

Paramagnétisme de Van Vleck : contribution à la susceptibilité magnétique des moments magnétiques moléculaires, d'origine quantique, et liée à l'existence d'états excités. Cette contribution est indépendante de la température.

Publications

« Quantum principles and line spectra » (1926), « Theory of electric and magnetic susceptibilities » (1932).

VAN'T HOFF Jacobus Henricus

Rotterdam 1852 – Steglitz (Allemagne) 1911

Fils de médecin, Jacobus Van't Hoff veut se spécialiser en chimie dès l'âge de dix-sept ans, à la fin de ses études secondaires. Ses parents le persuadent de suivre d'abord des études techniques, ce qu'il fait à l'École polytechnique de Delft de 1869 à 1871. Il entre ensuite à l'université de Leyde où il étudie principalement les mathématiques. De la fin 1872 au printemps 1873, il fait un stage de recherche à Bonn dans le laboratoire de Kékulé (A. Kékulé était spécialiste de chimie et il avait proposé la structure cyclique de la molécule de benzène C^6H^6).

Après avoir passé ses examens de chimie à l'université d'Utrecht en 1873, J. Van't Hoff vient à Paris dans le laboratoire de C. Wurtz. Spécialiste de chimie organique, ce dernier travaillait de façon générale sur l'arrangement des atomes dans diverses molécules étudiées et, parmi ses collaborateurs, un certain A. Le Bel s'intéressait à l'isomérisme en chimie et il travaillait sur la théorie des substances optiquement actives, sujet dans lequel s'était illustré L. Pasteur en 1848.

Après son retour aux Pays-Bas, J. Van't Hoff publie en fin 1874 une théorie du carbone asymétrique. À partir d'un modèle tétraédrique de la molécule, il montre que les atomes ou les éléments reliés à l'atome de carbone peuvent se disposer géométriquement suivant deux configurations, images l'une de l'autre dans un miroir. Il suppose que ces deux configurations sont à l'origine du pouvoir rotatoire de la lumière observé sur certains composés organiques. Il se trouve qu'à peu près en même temps mais de façon indépendante, A. Le Bel publie en France un article où les idées sont assez proches de celles de J. Van't Hoff. L'histoire a peut-être retenu surtout le nom de J. Van't Hoff car A. Le Bel est assez vite passé à d'autres sujets d'études dans lesquels ses résultats seront moins originaux. Ainsi, J. Van't Hoff est souvent considéré aujourd'hui à lui seul comme le créateur de la stéréochimie, c'est-à-dire de la partie de la chimie traitant de l'organisation géométrique des atomes au niveau de la molécule.

Après avoir donné des cours de chimie physique à l'université d'Amsterdam, J. Van't Hoff est nommé professeur dans cette université. Il y restera de 1878 à 1896, y menant ses travaux de recherches en chimie physique, à la fois sur les plans expérimental et théorique. Deux types de contributions sont caractéristiques de cette période.

En 1884, il publie *Études de dynamique chimique* dans lesquelles il établit une relation entre la vitesse de réaction chimique et la température, donnant une règle d'évolution d'une réaction vers l'équilibre. Cette règle est connue en France sous le nom de principe de Le Chatelier, du nom du chimiste français qui a établi ce principe en 1884 sur des bases générales.

En 1886, J. Van't Hoff publie *Lois de l'équilibre chimique dans l'état dilué, gazeux ou dissous*. Dans cette publication, il étudie le phénomène de l'osmose ou passage d'un corps dissous à travers une paroi perméable. Il établit une notion de pression osmotique dont la loi est équivalente à celle des gaz parfaits ($PV = RT$), du moins pour les corps très dilués.

Pour ses travaux sur la dynamique chimique et sur la pression osmotique des corps en solution, J. Van't Hoff est le lauréat du premier prix Nobel de chimie décerné en 1901.

VARIAN Russel

Ingénieur à San Francisco et à Philadelphie de 1930 à 1933, Russel Varian étudie les tubes de puissance nécessaires au développement de la télévision. Il présente en 1933 à Stanford un doctorat de physique qu'il a préparé avec W. Hansen qui lui indique l'intérêt d'utiliser des cavités électromagnétiques comme résonateurs. Il se sert de ces cavités pour moduler la vitesse des électrons dans un tube et pour inventer en 1939 le klystron. Compte tenu de ses applications pour le radar, ce nouveau tube est d'abord opérationnel en Angleterre pendant la Deuxième Guerre mondiale. Ce tube trouve de nombreuses applications en télévision et dans l'accélération des particules.

VAUCOULEURS Gérard de

Paris 1918 – Austin (Texas) 1997

Gérard de Vaucouleurs s'intéresse en amateur à l'astronomie pendant qu'il effectue ses études scientifiques en France où il obtient son doctorat en 1949. Après quelques années de recherches à l'Institut d'astrophysique de Paris, il part en Australie en 1951 et il s'établit définitivement aux États-Unis en 1957. Il est nommé professeur à Austin au Texas en 1960.

Travaillant avec son épouse Antoinette, il étudie tout particulièrement les galaxies les plus lointaines. Il est conduit à une détermination précise de la constante de Hubble qui contribue au débat avec A. Sandage sur l'âge de l'univers.

Il découvre des amas lointains d'étoiles et il met en évidence l'existence d'un superama local dont notre galaxie fait partie. Ses résultats établissant l'existence de ces structures organisées à grande échelle contredisent l'hypothèse d'une simple distribution aléatoire qui est restée l'hypothèse de travail dominante pendant de nombreuses années.

VEKSLER Vladimir Iossifivitch

Zhitomir (Russie) 1907 – Moscou 1966

Vladimir Veksler effectue des études techniques à Moscou. Initialement intéressé par les rayons X et par le rayonnement cosmique, il s'oriente ensuite vers la production des particules de haute énergie dans les accélérateurs. En même temps que E. Mac Millan et M. Oliphant, il établit le principe du synchrocyclotron dont le bon fonctionnement repose sur la stabilité de phase des particules accélérées. Il invente le microtron, un nouvel accélérateur à électrons.

Le synchrophasotron de 10 GeV de Dubna est construit sous sa direction. Bien qu'étant pendant un certain temps la plus puissante du monde, construite sur le principe de la focalisation faible, cette machine n'est pas un succès, ni sur le plan technique, ni sur le plan scientifique.

Publications

« Eksperimentaluye metody yadernoy fiziki » (1940), « Ionizatsionuye metody issladovania izlucheny (1954).

VERDET Marcel Émile

Nîmes 1824 – Avignon 1866

Enseignant d'abord à Paris au lycée Henri IV, puis à l'École normale supérieure, à l'École polytechnique et à la faculté des sciences, Marcel Verdet a contribué à une meilleure diffusion en France des travaux étrangers. Il a donné son nom à une constante qui intervient dans l'effet Faraday.

Constante de Verdet : coefficient de proportionnalité entre l'angle de rotation de polarisation de la lumière traversant une substance transparente soumise à un champ magnétique et le carré de l'inverse de la longueur d'onde.

Publication

« La théorie mécanique de la chaleur » (1868).

VERNIER Pierre

Ornans (Jura) 1584 – Ornans (1638)

Pierre Vernier est formé à la science par son père. Nommé ingénieur militaire de la région de Franche-Comté, il effectue des travaux de cartographie. Passionné de technique, il améliore en 1630 la lecture des graduations des appareils de mesure en ajoutant une règle graduée supplémentaire qui permet une interpolation précise entre deux traits successifs. Cette invention n'a été réellement utilisée qu'au début du siècle suivant et cette règle n'a porté le nom de son inventeur que beaucoup plus tard.

Vernier : échelle mobile comportant 10 traits légèrement moins espacés que ceux de la graduation principale et qui glissent devant elle, ce qui permet d'interpoler aisément la lecture entre deux traits successifs. Cette invention remplace les systèmes de lectures compliqués, inventés en 1540 par Nunez et développés par Clavius et Curtius. Le vernier est toujours utilisé aujourd'hui, par exemple sur le pied à coulisse.

Publication

« La construction, l'usage et les propriétés du nouveau quadrant mathématique » (1631).

VILLARD Paul Ulrich

Lyon 1860 – Bayonne 1934

À la sortie de l'École normale supérieure de Paris, Paul Villard enseigne pendant quelques années dans les classes secondaires. Il revient ensuite à l'École normale supérieure pour entreprendre des recherches en chimie, mais il s'intéresse surtout à l'instrumentation en radiologie. Il étudie le rayonnement positif qui émerge des canaux percés dans la cathode d'un tube à rayons X. Il recherche l'origine physique des aurores artificielles qu'il tente de reproduire dans des tubes à gaz raréfiés.

En 1900, il découvre et identifie la radioactivité gamma qui, à partir d'une source de radium, se manifeste par un rayonnement pénétrant, traversant des plaques métalliques et restant insensible au champ magnétique, à la différence de la radioactivité bêta donnant des électrons. Ce nouveau rayonnement se présente comme des rayons X très pénétrants, émis spontanément par le radium.

VOLTA Alessandro Giuseppe Antonio Anastasio

Côme 1745 – Côme 1827

Issu d'une famille comprenant de nombreux ecclésiastiques, Alessandro Volta est éduqué dans la foi chrétienne et il manifeste tout au long de sa vie un profond attachement à l'église catholique. S'écartant toutefois des seules études religieuses, il se passionne pour les phénomènes électriques. Avec de petits moyens expérimentaux, il réalise plusieurs manipulations qui révèlent les propriétés surprenantes de l'électricité et qui lui sont inspirées par les travaux de B. Franklin. Nommé professeur de physique à Côme, il poursuit ses travaux en imaginant des dispositifs qui lui permettent d'effectuer des expérimentations plus significatives. En particulier, il fabrique en 1775 une baguette isolante dont il se sert pour créer des charges électriques et les déposer sur des conducteurs. Il réalise aussi un électroscope particulièrement sensible.

Après un séjour à Côme, il enseigne à Pavie à partir de 1779.

À la suite de longs voyages effectués en Europe, il s'intéresse avec A. Lavoisier et P. de Laplace à l'électricité atmosphérique, dans le prolongement des premiers travaux de B. Franklin et de H. de Saussure. Il montre qu'une pointe soumise à une flamme récolte une charge atmosphérique quatre fois plus grande qu'une pointe ordinaire. Il détecte la charge électrique produite par l'évaporation des liquides et il tente de mettre à profit cette observation pour élucider l'origine des charges des nuages orageux.

Dans le domaine de la physique des gaz, il analyse le comportement des gaz soumis à la chaleur. Il étudie les phénomènes d'évaporation et de dilatation. Il imagine « un pistolet à air inflammable » en utilisant la combustion vive d'un mélange d'hydrogène et d'air. Il utilise l'eudiomètre, un tube résistant, dans lequel il enflamme des gaz et il détermine les proportions d'oxygène et d'hydrogène nécessaires à la combustion. À la différence de A. Lavoisier, il ne réussit pas à détecter et à identifier la goutte d'eau qui constitue le résidu de ces combustions. En 1776, il découvre le méthane.

Il participe au grand débat occasionné à partir de 1792 par les expériences de L. Galvani, l'action de l'électricité sur les nerfs des animaux. Après avoir mis au point un électroscope suffisamment sensible, il montre que l'électricité n'est pas stockée dans la cuisse de la grenouille, mais est produite par la jonction de deux métaux différents. Afin d'augmenter l'effet, il empile une succession de rondelles de zinc et d'argent et ajoute des morceaux de tissus mouillés à l'eau salée pour assurer les contacts. C'est ainsi qu'il invente en 1796 la pile électrique. Napoléon, très intéressé par ce phénomène, assiste en 1800 à trois séances de l'Académie au cours desquelles A. Volta présente ses démonstrations. Très convaincu de l'intérêt de la découverte, le Premier Consul accorde une pension au physicien italien. La pile de Volta est effectivement à cette époque la source de courant la plus commode et la plus importante. Elle permet un peu plus tard à W. Nicholson de décomposer l'eau par électrolyse et à H. Davy de découvrir le potassium.

Pile de Volta : pile électrique dont les électrodes en zinc et en cuivre baignent dans le même électrolyte, une solution d'acide sulfurique. La force électromotrice de cette pile est de 1,08 Volt. Les électrodes de cette pile ont le défaut de se polariser lors du fonctionnement, ce qui abaisse progressivement la force électromotrice.

Le volt : unité de tension électrique, correspondant à la tension électrique entre deux points d'un conducteur parcouru par une intensité de un ampère et dissipant une puissance de un watt.

W

WALTON Ernest Thomas Sinton

Dungarvan (Irlande) 1903 – Belfast 1995

Après des études à l'université de Dublin, Ernest Walton commence des travaux de recherche dans le laboratoire de E. Rutherford à Cambridge. Après des essais infructueux entre 1927 et 1929 pour accélérer des protons, il s'associe à J. Cockcroft. Ensemble, ils construisent une alimentation à haute tension de 700 kilovolts qui est un grand succès, malgré les grandes difficultés techniques rencontrées pour réaliser les isolations à haute tension. L'utilisation d'un tel potentiel pour accélérer des protons est motivée par le désir d'atteindre les seuils des réactions nucléaires. Plus l'énergie des projectiles est élevée, plus facile est le franchissement de la barrière de potentiel électrique des noyaux et plus grande est la probabilité pour que le projectile aille vraiment au contact du noyau cible.

Cette source de protons rapides de 700 kiloélectronsvolts, unique à cette époque, est utilisée en 1932 pour bombarder du lithium. La détection de particules alpha, produites par les réactions des protons et détectées par leurs impacts sur un écran fluorescent, signale des transmutations nucléaires. Un noyau intermédiaire de béryllium instable s'est décomposé en deux particules alpha. E. Walton et J. Cockcroft observent chacun leur écran et ils détectent les émissions simultanées de deux particules alpha en appuyant en même temps sur deux boutons poussoirs placés en série dans un même circuit électrique. Cette réaction nucléaire est très rapidement confirmée par E. Lawrence qui utilise aux États-Unis son premier cyclotron pour accélérer des protons.

Il faut noter que les accélérateurs actuels de protons les plus puissants utilisent un injecteur dont le principe est très semblable à celui de la machine initiale de J. Cockroft et E. Walton.

En 1946, E. Walton est nommé professeur à l'université de Dublin. En 1951, il partage le prix Nobel de Physique avec J. Cockcroft.

WARBURG Emil Gabriel

Altona (Allemagne) 1846 – Grunau (Bayreuth) 1931

Emil Warburg commence des études de chimie à Heidelberg où il a G. Kirchhoff et R. Bunsen comme professeurs. Il se réoriente vers la physique et il termine ses études supérieures à Berlin.

En 1872, il enseigne à Strasbourg en compagnie de A. Kundt avec qui il effectue des recherches sur la cinétique des gaz. Il vérifie expérimentalement que le rapport du coefficient de viscosité et la conductibilité thermique des gaz ne dépend pas de la température.

En 1881, à peu près en même temps que J. Ewing à Tokyo, il découvre et interprète le phénomène d'hystérésis magnétique.

Suite à l'étude des décharges dans les gaz, il découvre la formation de l'ozone.

Il confirme le caractère quantique de l'absorption de la lumière postulé par M. Planck.

Publications

« Lehrbuch der Experimenta Physick » (1893), « Über der kinetische Theorie der Gase » (1901), « Helmholtz als Physiker » (1922).

WATSON-WATT Robert Alexander

Brechin (Écosse) 1892 – Inverness (Écosse) 1973

Après des études de génie électrique effectuées à Dundee, Robert Watson-Watt commence des travaux de recherche pendant la Première Guerre mondiale pour détecter les zones orageuses. Après la guerre, il termine ses études à Londres.

En 1919, il prend un brevet sur la localisation d'un corps par réflexion d'ondes courtes de radio et il fonde sa propre société. En 1926, il détecte et localise instantanément des orages par leurs émissions de signaux radioélectriques.

En 1935, il réussit le suivi d'un avion par réflexion d'ondes électromagnétiques. En 1940, il démontre la capacité des ondes radar de détecter les avions allemands, aussi bien de jour que de nuit, et également par temps de brouillard. En 1943, à la suite de la mise en place des moyens de détection radar, les raids allemands sur Londres cessent.

Publications

« Three steps to victory: a personal account by radar's greatest pioneer » (1957), « The pulse of radar » (1959), « Man's means to his end » (1962).

WATT James

Greenock (Écosse) 1736 – Hearthfield (Birmingham) 1819

Après des débuts difficiles d'ingénieur à Londres, James Watt fonde en 1757 à Glasgow sa propre société « d'instruments de mathématiques ». En 1763, l'université lui confie pour réparation une machine à vapeur conçue par T. Newcomen. Il est conduit à examiner comment sont utilisées les énormes quantités de vapeur consommées pour déplacer le piston de cette machine. Il constate que la condensation dans le cylindre est la principale cause des pertes thermiques. Il ajoute donc un récipient supplémentaire, le condenseur, afin d'effectuer cette opération dans de meilleures conditions. De plus, il ferme le cylindre et ne laisse passer que la tige du piston. Après avoir pris les brevets pour couvrir ces perfectionnements, J. Watt, associé avec des industriels, se lance en 1775 dans la construction et la commercialisation des machines à vapeur. Son entreprise est une réussite et, lorsqu'il se retire, il est riche.

Pour régulariser la production d'énergie, il ajoute « le tiroir » qui alimente alternativement les deux faces du piston, il ajoute un lourd volant pour mieux uniformiser la puissance instantanée disponible et il invente le régulateur à boules pour maintenir une vitesse constante de la machine.

Il est également l'inventeur d'une machine à dessiner les perspectives, un testeur d'acidité, « une roue à vapeur » dont le mouvement devait être directement assuré par l'action de la vapeur et qui n'a jamais fonctionné correctement. Il s'intéresse à la chimie et en particulier à la synthèse de l'eau, mais dans ce domaine il est dépassé par A. Lavoisier.

Les inventions de J. Watt découlent d'une capacité d'invention exceptionnelle mais totalement découplée des progrès de la science. Il est pourtant l'initiateur de la révolution industrielle occidentale. S'opposant à une demande de brevet par J. Watt sur le blanchiment des textiles par des produits chlorés, M. Berthollet dira : « quand on aime la science, on n'a pas besoin de fortune ».

Indicateur de Watt : dispositif mécanique qui enregistre simultanément la position du piston et la pression qui s'exerce sur lui, ce qui décrit le cycle du gaz et détermine la puissance de la machine.

Le watt : unité de puissance, correspondant à un travail de un joule exécuté en une seconde.

WEBER Wilhelm Eduard

Wittenberg 1804 – Göttingen 1891

Fils d'un théologien, frère de deux biologistes, issu d'une famille intellectuelle, Wilhelm Weber effectue déjà des travaux sur la propagation du son avant d'entrer à l'université de Halle où il présente un travail de thèse sur la correction de température des tuyaux d'orgues. Avec C. Gauss, en 1834, il installe un télégraphe électrique entre l'observatoire et le laboratoire distant de trois kilomètres afin d'effectuer des mesures simultanées du magnétisme terrestre. C'est le premier télégraphe électrique réellement opérationnel.

Nommé professeur à Halle, puis à Göttingen, il est révoqué en 1837 pour cause de contestation du gouvernement prussien. Il utilise sa liberté pour faire pendant quelques années de nombreux voyages en Europe. Malgré l'absence de soutien officiel, il réussit cependant à poursuivre ses travaux. En 1843, il obtient finalement un poste de professeur à Leipzig et, en 1848, il est de retour à Göttingen.

Ses contributions les plus importantes concernent le domaine de l'électromagnétisme. Il formule l'interaction entre deux particules chargées en mouvement. En 1856, avec R. Kohlrausch, il détermine le rapport des deux constantes fondamentales, celle de l'électrostatique et celle de la magnétostatique. Il constate qu'il est égal à l'inverse du carré de la vitesse de la lumière. Cette remarque joue un rôle important dans la synthèse effectuée par J. Maxwell des lois fondamentales de l'électromagnétisme.

Il apporte également des contributions à l'étude du diamagnétisme et à la conductivité des fluides.

Le weber : unité de flux magnétique, correspondant au flux qui, traversant une seule spire et décroissant uniformément pendant une seconde jusqu'à s'annuler, produit une force électromotrice de un volt.

Publication

« Electrodynamische Maassbestimmungen » (1846).

WEHNELT Arthur Rudolph Berthold

Rio de Janeiro 1871 – Berlin 1944

Après des études effectuées à Berlin et à Erlangen, Arthur Wehnelt s'intéresse aux phénomènes qui accompagnent les décharges dans les tubes à décharges dans les gaz raréfiés. Il examine l'espace obscur qui apparaît au voisinage de la cathode, invente les « cathodes de Wehnelt » et le « cylindre de Wehnelt », dispositifs qui améliorent les rendements des tubes à vide. Il est également l'inventeur de l'interrupteur électrolytique à hautes fréquences. Il est probablement l'un des premiers physiciens à observer l'effet photoélectrique mais il ne réalise pas la nouveauté de ce phénomène.

Les cathodes de Wehnelt : cathodes métalliques recouvertes d'oxydes métalliques, par exemple de baryte, qui favorisent l'effet thermoélectrique et donc la production de courants intenses.

Le cylindre de Wehnelt : écran qui entoure la cathode et qui stabilise le fonctionnement d'un tube à vide.

WEIERSTRASS Karl Theodor Wilhelm

Ostenfelde (Westphalie) 1815 – Berlin 1897

Suivant le souhait de son père, Karl Weierstrass commence des études de finances et de législation administrative à Bonn mais il se passionne beaucoup plus pour les mathématiques. Pendant quinze années, il accepte des modestes postes d'enseignant mais il devient un grand mathématicien. Remarqué par son travail sur les fonctions abéliennes, il est nommé professeur de mathématiques à Berlin. Il exerce une grande influence sur la communauté scientifique allemande.

Sa contribution en physique est limitée, mais il a laissé son nom en optique des systèmes centrés.

Les points de Weierstrass : points stigmatiques d'un système optique centré. Ceux du dioptre sphérique sont de part et d'autre du centre de courbure.

WEINBERG Steven

New York 1933

Après des études menées à l'université de Cornell et un séjour à Copenhague, Steven Weinberg présente à Princeton en 1957 une thèse sur l'application de la théorie de la renormalisation aux effets de l'interaction forte sur les interactions faibles. Il est nommé successivement professeur à New York, à Berkeley, à Boston et finalement à Harvard.

Il est co-inventeur en 1967 de la théorie unifiée de l'interaction électro-faible qui traite dans un même formalisme l'interaction électromagnétique et l'interaction faible. Cette démarche est donc similaire à celle de I. Newton lorsqu'il a traité dans la même théorie la gravitation, la pesanteur terrestre et l'attraction de la Terre par le Soleil. Elle est aussi similaire à celle de M. Faraday et de J. Maxwell lorsqu'ils ont traité dans les mêmes équations la force électrique et la force magnétique.

La théorie de l'interaction électro-faible est restée pendant quelques années méconnue. Elle n'a été prise en considération par la communauté des physiciens, théoriciens ou expérimentateurs, qu'après les calculs de G. 't Hooft qui a montré la réelle convergence des calculs des sections efficaces et a calculé des valeurs numériques accessibles à l'expérimentation. Elle a trouvé sa première confirmation expérimentale en 1973 au CERN avec la découverte dans la chambre à bulles Gargamelle des courants neutres faibles dans les réactions des neutrinos et des antineutrinos.

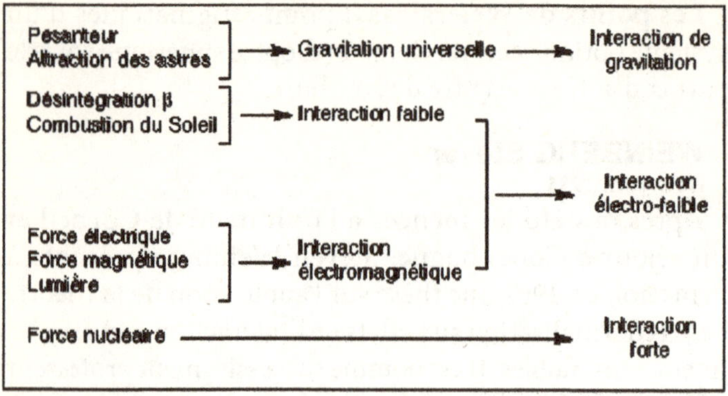

S. Weinberg partage le prix Nobel de Physique en 1979 avec S. Glashow et A. Salam qui ont établi des approches théoriques semblables.

Nommé professeur à Austin, S. Weinberg s'oriente plus tard vers l'astrophysique théorique.

Dans ses conférences, S. Weinberg développe souvent l'idée que les lois fondamentales deviennent de plus en plus simples au fur et à mesure que l'on se rapproche de l'infiniment petit. Il dit : « Les lois finales, si elles existent, devraient être très simples mais, si elles n'existent pas, elles méritent quand même d'être recherchées ! ».

Publications

« Gravitation aud cosmology » (1971), « Les trois premières minutes de l'univers » (1977), « Discovery of subatomic particles » (1983), « Dreams of a Final Theory » (1992).

WEISS Pierre

Mulhouse 1865 – Lyon 1940

Pierre Weiss commence ses études au Polytechnikum de Zurich et il les termine à l'École normale supérieure à Paris. Il enseigne d'abord à Rennes et à Lyon, puis à Zurich, enfin à l'université de Strasbourg où il crée un grand centre du magnétisme. Il y accueille L. Néel comme élève.

Sa contribution marquante est en 1907 l'interprétation du ferromagnétisme dans le prolongement de celle du paramagnétisme par P. Langevin mais fondée pour une large part sur ses propres résultats expérimentaux. Il introduit un champ fictif dit « moléculaire » afin de prendre en compte les interactions magnétiques entre deux atomes voisins. Ce modèle théorique prévoit l'existence du point de Curie, température au-delà de laquelle le ferromagnétisme disparaît pour laisser place au paramagnétisme.

Pendant la Première Guerre mondiale, il propose avec A. Cotton une méthode de localisation des canons ennemis en se servant de la détection acoustique.

Les domaines de Weiss : domaines dans lesquels les moments magnétiques élémentaires sont parfaitement alignés. L'évolution des contours de ces domaines avec les variations du champ magnétique explique la loi d'aimantation des matériaux ferromagnétiques.

Loi de Curie-Weiss : comportement de la susceptibilité magnétique des corps paramagnétiques au-dessus du point de Curie. Cette susceptibilité est inversement proportionnelle à l'écart de température avec le point de Curie.

WEISSKOPF Victor

Vienne 1900 – Massachusetts 2002

Après des études menées à Göttingen, Victor Weisskopf devient l'assistant de W. Pauli à Zurich. Ensemble, en 1934, ils développent la théorie quantique d'un champ scalaire et le comportement d'une particule scalaire dans un champ électromagnétique.

Émigré aux États-Unis, il est nommé professeur au Massachussetts Institute of Technology. Avec D. Ewing, il développe la théorie du modèle composé pour les réactions nucléaires. En 1954, avec H. Feshbach et C. Porter, il propose d'utiliser un modèle optique pour interpréter la diffusion proton-proton à basse énergie.

Il dirige le Centre européen de recherche nucléaire de Genève (CERN) au début des années 1960.

Publications

« La physique du XXe siècle » (1974), « The Joy of Insight » (1991).

WEIZSÄCKER Carl Friedrich von

Kiel 1912-2007

Élève de W. Heisenberg, Carl von Weizsäcker effectue ses études à Leipzig où il présente sa thèse. Devenu collaborateur de O. Hahn, il développe un modèle simple pour décrire les noyaux atomiques lourds, le « modèle de la goutte liquide », initialement proposé par G. Gamow. Sa formule, empirique, contient plusieurs termes, parmi lesquels celui de l'interaction nucléaire, celui de la capillarité et celui de la répulsion électrique des protons. Cette formule guide L. Meitner et O. Frisch dans l'interprétation de la fission de l'uranium, elle guide également H. Bethe et R. Bacher dans leur théorie des structures nucléaires.

En 1938 et en même temps que H. Bethe, il propose les cycles des réactions thermonucléaires pour expliquer l'origine de l'énergie solaire. Le premier cycle est une suite d'une dizaine de réactions successives dans lesquelles un noyau de carbone initial est régénéré par la dernière réaction, agissant ainsi comme un catalyseur. Ce cycle ne joue en fait qu'un rôle modeste par rapport au second, le cycle principal qui se décompose suivant les trois réactions suivantes :

$$p + p -> d + e^{+} + \nu_{e}$$

$$d + p -> H_{e}^{3} + \gamma$$

$$H_{e}^{3} + H_{e}^{3} -> H_{e}^{4} + p + p$$

En 1944, il propose aussi un mode de formation des planètes à partir d'une nébuleuse primitive, modèle complété par

H. Alfven et F. Hoyle pour expliquer la rotation des planètes autour du Soleil.

Professeur à Strasbourg de 1942 à 1944, il participe activement au projet « uranium » allemand, peu soutenu par A. Hitler qui pense qu'un tel projet n'a aucune chance d'aboutir avant la fin d'une guerre qu'il imagine brève.

Professeur de physique à Göttingen en 1945, il s'intéresse à la philosophie des sciences et il accepte en 1957 un poste dans cette discipline à Hambourg. De 1970 à 1980, il dirige l'Institut Max Planck à Staanberg. Il milite pour le désarmement.

Pendant toute sa vie, il s'intéresse aux relations difficiles entre la science et la religion. À l'encontre de la plupart des scientifiques croyants qui font une nette séparation entre les deux, il tente de les intégrer dans une même approche globale.

Publications

« The history of nature » (1949), « The rise of modern physics » avec J. Jailfs (1957), « The relevance of science, creation and cosmogony » (1964), « The biological basis of religion and genius » (1971), « The politics of peril, economy, society and prevention of war » (1978).

WESTON Edward

Londres 1850 – Montclair (New-Jersey) 1936

Ingénieur électrotechnicien, Edward Weston est le premier à réaliser une véritable dynamo industrielle. Il fonde sa propre usine à Newark en 1875 dans laquelle il fabrique d'autres dispositifs électrotechniques. Il y invente la pile qui porte son nom.

Pile Weston : pile dont l'électrolyte est le sulfate de cadmium et dont la première électrode est en mercure et la seconde en cadmium. Utilisée comme étalon de voltage, elle donne une tension de 1,0186 volt.

WEYL Hermann

Elmshorn (Hambourg) 1885 – Zurich 1955

Hermann Weyl effectue des études de mathématiques à Munich et à Göttingen. Élève de D. Hilbert, il présente un travail de thèse sur les spectres continus des valeurs propres, sujet difficile mais utile pour la formalisation de la mécanique quantique. Il se spécialise dans le domaine de la théorie des groupes qui joue un grand rôle dans les invariances de jauge et les renormalisations des théories des champs. En même temps que A. Einstein, il invente en 1916 les équations de la relativité générale.

Il enseigne à Zurich et à Göttingen.

Fuyant le régime nazi, il se réfugie à Princeton.

Il contribue à l'énoncé du principe anthropique.

Équation de Weyl : équation dérivée de celle de Klein-Gordon, obtenue par linéarisation des dérivées partielles et applicable aux particules de spin un demi et dépourvues de masse, comme le neutrino.

Publications

« Der Idee der Riemannschen Fläsche » (1913), « Raum, Zeit, Materie » (1918), « Philosophie der Mathematik und Naturwissenschaft » (1926), « Grüppentheorie und Quantummechanics » (1928), « Symmetry » (1952).

WHEATSTONE Charles

Gloucester 1802 – Paris 1875

Simple commis et apprenti chez son oncle, un marchand d'instruments de musique, Charles Wheatstone s'intéresse à la propagation du son dans des configurations expérimentales les plus diverses. Il veut comprendre les caractéristiques des sons musicaux en termes de vibrations élémentaires.

Professeur de physique à Londres pendant quelques années, il préfère revenir à ce qui le passionne le plus, l'invention dans les domaines techniques. Dans celui des instruments de musique, il invente un piano à commandes à distance et un « kaléidophone » qui visualise les différents sons musicaux. Utilisant le miroir tournant, il étudie les phénomènes transitoires rapides.

En analysant les spectres des décharges électriques, il montre en 1835 qu'il est possible d'identifier les raies caractéristiques du métal dont sont constituées les électrodes.

Dans le domaine des télécommunications, il conçoit avec W. Cooke un système opérationnel de télégraphie électrique qu'il perfectionne progressivement. Afin d'effectuer des mesures comparatives de résistances, il est conduit à utiliser en 1844 un dispositif déjà inventé par S. Christie, le pont de résistances qui porte aujourd'hui son nom. Il tente de mesurer la vitesse de propagation de l'électricité dans un fil conducteur.

En 1860, il développe la méthode stéréoscopique de la reconstruction spatiale à trois dimensions.

Le pont de Wheatstone : système de quatre conducteurs en dérivation permettant de comparer une résistance inconnue à des résistances étalons, l'équilibrage électrique pouvant être effectué avec une très grande précision.

WHEELER John Archibald

Jacksonville (Floride) 1911 – Hightstown (New Jersey) 2008

Après avoir suivi des études en génie électrique, John Wheeler se réoriente vers la physique théorique. Après sa thèse présentée en 1933, il enseigne à Princeton. Avec N. Bohr, il applique un modèle nucléaire collectif à l'absorption des neutrons par l'uranium. Il prévoit la production de plutonium 239 à partir de l'uranium 238, principal isotope de l'uranium naturel. À la demande de E. Teller, il participe au programme Manhattan.

En 1967, il introduit l'appellation « trou noir » pour désigner le dernier stade d'effondrement d'une étoile massive.

Développant l'hypothèse d'un univers fermé, il introduit la notion de « big crunch » symétrique du « big bang », l'implosion des galaxies rappelées par les forces dominantes de la gravitation.

R. Feynman a été son élève.

WHIPPLE Fred Lawrence

Red Oak (Iowa) 1906 – Cambridge, 2004

À la fin de ses études effectuées à Los Angeles, Fred Whipple s'oriente vers l'astronomie. Spécialiste de la recherche des comètes, il en détecte six nouvelles et il en détermine les trajectoires.

En 1949, il avance l'hypothèse selon laquelle les noyaux des comètes sont constitués de glace, d'ammoniaque, de méthane et de composés hydrogénés. L'évaporation de ces substances lors du passage au voisinage du Soleil serait alors responsable de la formation de la queue des comètes. Cette interprétation est confirmée par les clichés pris en 1986 par la sonde spatiale qui a observé de près la comète de Halley. Il rend cet effet responsable également des écarts de temps à l'apparition des comètes par rapport à l'application stricte de la théorie de I. Newton appliquée à un objet de masse constante.

En 1945, il est nommé professeur à Harvard et en 1955, directeur de l'observatoire correspondant.

Publications

« Earth, Moon and Planets » (1941), « History of the solar system » (1964), « Studies in interplanetary particles » avec R. Southworth et C. Nilsson (1964), « Orbiting the sun, planets and satellites » (1981), « The mystery of comets » (1985).

WIDERÖE Rolf

Oslo 1902-1996

Initialement spécialiste en matériels électriques à Karlsruhe, Rolf Wideröe présente en 1927 son travail de thèse sur un procédé d'accélération déjà proposé en 1924 par G. Ising. Afin d'éviter les claquages des très hautes tensions, il réalise l'accélération des particules chargées par des tubes de glissement. Un premier modèle comporte trois cavités alignées. Le mouvement des particules est tel qu'elles se retrouvent dans chacune de ces cavités en phase d'accélération. C'est ce modèle qui a donné à E. Lawrence l'idée du cyclotron.

À partir de 1942, il s'intéresse à l'accélérateur bêtatron récemment inventé par D. Kerst. Après la guerre, il travaille dans la société Brown Boveri où il développe industriellement ces machines.

Il reste le conseiller très écouté de tous les constructeurs d'accélérateurs, à Genève, à Hambourg et aux États-Unis.

WIECKERT Emil

Tilsit 1861 – Tilsit 1928

Après une thèse présentée en 1889 à Königsberg, Emil Wieckert devient l'assistant de E. Schering.

En 1890, il étudie la distribution de la température interne de la Terre.

En 1896, il propose de considérer les rayons X comme des ondes électromagnétiques de petites longueurs d'onde.

En 1897, à Göttingen, il entreprend des études de séismologie et il construit un seismographe.

Dès 1900, donc avant l'établissement de la relativité, avec A. Lienard, il propose les formules des potentiels électromagnétiques des particules animées de grandes vitesses. Ces formules restent applicables en relativité restreinte.

Il participe au débat sur la nature des rayons cathodiques. Il effectue des expérimentations qui mettent en évidence que ces rayons emportent de la masse.

Potentiels de Lienard-Wieckert : les expressions des potentiels électro-magnétiques découlant des équations de Maxwell doivent être modifiées lorsqu'elles s'appliquent à des particules dont les vitesses se rapprochent de celle de la lumière. Le terme correctif est un facteur de dilatation qui trouvera sa pleine justification dans le cadre de la relativité restreinte.

WIEN Wilhelm Carl Werner Otto Fritz Franz

Fischhausen (Prusse) 1864 – Munich 1928

Après des études supérieures effectuées à Göttingen et à Berlin, Wilhelm Wien reste dans cette ville comme assistant de H. Helmholtz chez qui il prépare une thèse sur la diffraction de la lumière. Pendant quatre années, il doit cependant remplacer son père malade pour assurer la gestion de la propriété familiale.

Revenu à la physique, il travaille à Charlottenbourg dans un institut technique où il est chargé d'étudier le rayonnement des corps chauds. Il développe en 1892 avec L. Holborn un thermocouple de platine et de platine rhodié capable d'atteindre et de mesurer des températures de l'ordre de 1 700 °K. Il utilise le four électrique conçu par O. Lummer, qui constitue à l'époque la meilleure approximation d'un corps noir à haute température. En 1893, après de nombreuses expérimentations, il énonce la loi qui porte son nom et qui établit la relation entre la température d'un corps et la couleur de son rayonnement. La couleur étant caractérisée par la longueur d'onde dominante λ_m, il démontre, en restant dans une interprétation classique, que le produit $\lambda_m T$ doit rester constant. Le passage à la mécanique quantique maintient plus tard la validité de cette loi.

W. Wien définit le « corps noir ». De manière intuitive, il propose en 1893 une formule qui décrit son spectre complet d'émission. Cette formule guide M. Planck dans la résolution correcte de la question, après introduction de la quantification de l'émission et de l'absorption des oscillateurs élémentaires. Les travaux de W. Wien, essentiels pour la naissance de la mécanique quantique, ont pourtant été effectués dans un institut de technologie dont la vocation première était la résolution de problèmes industriels !

Il effectue des travaux de recherche dans les décharges dans les gaz raréfiés et il étudie en 1897 les rayons cathodiques et les rayons « canaux ». Il vérifie que les rayons cathodiques sont bien des particules négatives légères, les électrons, et que les rayons « canaux » qui s'échappent derrière la cathode percée de trous sont des particules positives lourdes, les ions. Ces résultats constituent le point de départ de la spectroscopie de masse développée ensuite par J.J. Thomson et par F. Aston en Angleterre.

W. Wien est nommé professeur successivement à Aix-la-Chapelle en 1896 à la suite de P. von Lenard, à Giessen en 1899, à Würtzburg en 1900, à Leipzig en 1902, à Berlin en 1906 et finalement à Munich en 1920. Il reçoit le prix Nobel de Physique en 1911.

Loi de Wien : la longueur d'onde moyenne émise par un corps chaud est inversement proportionnelle à sa température.

Publications

« Lehrbuch der Hydrodynamik » (1900), « Kanalstrahlen » (1917), « Aus dem Leben und Wirken eines Physikers » (1930).

WIGNER Eugene Paul

Budapest 1902 – Princeton 1995

Eugène Wigner se destine à la chimie. Après des études courtes terminées en 1925 par un doctorat d'ingéniérie, il est ingénieur chimiste dans la tannerie de son père. Après avoir assisté à un colloque auquel participent A. Einstein et M. von Laue, il se tourne vers la physique. Après des premiers travaux de recherche effectués en 1927 à Berlin et à Göttingen, il émigre en 1930 aux États-Unis. Il mène la plus grande partie de sa carrière à Princeton.

E. Wigner développe d'abord les conséquences des symétries dans les spectres d'émission des molécules. Avec G. Breit, il élabore une théorie des réactions nucléaires. En 1932, il propose la transformation de renversement du temps qui devrait laisser invariantes les lois de la physique. En 1933, avec F. Seitz, il résoud l'équation de Schrödinger d'un électron de valence dans un cristal, ce qui constitue une première approche de la théorie des bandes dans les solides.

En 1938, il obtient une chaire de physique mathématique à Princeton. Il touche à tous les domaines de la physique. Ses contributions essentielles résident dans le développement de la théorie des champs et dans les conséquences des symétries en mécanique quantique.

Il est l'un des co-signataires, avec L. Szilard et E. Teller, de la lettre envoyée par A. Einstein au président Roosevelt en 1939 pour l'informer de la possibilité de réaliser l'arme nucléaire. Il participe avec E. Fermi à la construction de la première pile atomique en 1942. Le jour de la divergence de la pile, il trompe la vigilance des gardes du site en réussissant à apporter une bouteille de vin italien et quelques gobelets pour fêter cet événement historique. L'étiquette de cette bouteille, qui porte les signatures de tous ceux qui étaient présents ce jour-là, constitue aujourd'hui un témoignage précis des collaborateurs de E. Fermi. E. Wigner dirige ensuite la production de plutonium de la pile industrielle de Hanford.

E. Wigner est l'inventeur du nombre quantique baryonique affecté au proton et à toutes les particules lourdes qui, lors de leurs désintégrations, conduisent dans leurs états finals à un proton. La conservation de ce nombre quantique permet d'interpréter la stabilité du proton et la création des antiparticules en paires de particule-antiparticule.

Il introduit la notion de parité, un nouveau nombre quantique qui est conservé dans les réactions nucléaires, mais pas dans les interactions faibles.

En 1957, il participe à la commission d'enquête sur l'accident nucléaire de Windscale.

En 1963, il partage le prix Nobel de Physique avec M. Goeppert-Mayer et H.D. Jensen.

On peut lire dans ses mémoires : « Je n'ai jamais voulu être célèbre », c'est la seule fois où il s'est trompé !

Maille de Wigner et Seitz : maille élémentaire d'un réseau tridimensionnel obtenu en retenant le volume intérieur aux plans médiateurs des segments élémentaires du réseau.

Formule de Breit et Wigner : la distribution des énergies des systèmes instables suit une loi établie par G. Breit et E. Wigner en 1934 à l'occasion de la capture résonante des neutrons par les noyaux. Elle a la forme d'une cloche dont la largeur est inversement proportionnelle au temps de vie du système instable. La raie optique de désexcitation d'un atome, la section efficace du méson sur un proton, la courbe d'excitation des bosons vectoriels dans les collisions électron-proton sont des exemples variés d'application de la formule de Breit et Wigner.

Effet Wigner : augmentation rapide de la température dans un réacteur nucléaire lorsque les matériaux se déforment au point de modifier les conditions d'équilibre. Cet effet est probablement responsable de l'incendie du réacteur britannique de Windscale en 1957.

Publications

« Nuclear structures » avec L. Eisenbud (1961), « Symetries and reflections » (1967), « Who speaks for civil defense ? » (1968), « Survival and the bones » (1969), « Aspects of quantum theory » (1972), « Reminiscences about a great physicist, Paul Dirac » avec B. Kursunoghu (1987).

WILSON Charles Thomson Rees

Glencorse (Écosse) 1869 – Carlops (Édimbourg) 1959

Après des études secondaires effectuées à Manchester et une première orientation vers la biologie, Charles Wilson se tourne vers la physique. Il devient un des élèves de J.J. Thomson à Cambridge au laboratoire Cavendish.

Sa fréquentation de la station météorologique écossaise de Ben Nevis motive son intérêt pour les phénomènes atmosphériques et pour la formation des nuages. En 1900, il annonce que l'électricité naturelle produite dans l'air est due à un rayonnement extraterrestre, mais ses expérimentations avec des ballons sondes et des électromètres ne peuvent le démontrer. Il recherche en laboratoire des explications aux orages, à l'électricité atmosphérique, à la condensation sur des germes comme les poussières ou les ions, au comportement d'un nuage en présence d'un champ électrique.

En 1912, il invente la chambre, qui porte son nom. Il commence par constater que le brouillard qu'il a fait naître dans le gaz d'une chambre close est significativement renforcé lorsque le gaz est soumis à un rayonnement X. J.J. Thomson et E. Rutherford ayant déjà observé que les rayons X provoquent une ionisation de l'air, C. Wilson en déduit que les charges électriques sont probablement des germes de condensation. Après quelques améliorations techniques de son dispositif, la condensation des gouttelettes rend visibles les ions et les électrons produits dans les collisions des particules chargées et rapides sur les atomes et les molécules présents dans le gaz. Pour la première fois, la trajectoire d'une particule individuelle est ainsi rendue visible. Cet instrument joue un rôle essentiel dans le développement de la physique nucléaire et de la physique des particules pendant plus d'un demi-siècle. Il est devenu un détecteur universel des trajectoires de particules chargées. De plus, les travaux de

R. Millikan sur la mesure de la charge électrique en utilisant la dynamique d'une gouttelette chargée sont très dépendants des travaux de C. Wilson.

En 1925, C. Wilson est nommé professeur à Cambridge. En 1927, il reçoit le prix Nobel de Physique avec A. Compton.

C. Wilson est un exemple typique de scientifique britannique qui, avec succès, attache plus d'importance à l'intuition et au sens physique qu'à la logique cartésienne et au formalisme mathématique.

Chambre de Wilson : lorsqu'un volume de gaz saturé de vapeur est brusquement refroidi, la condensation s'effectue préférentiellement sur les ions et les électrons produits tout au long du passage de la particule chargée. L'éclairage par une lampe flash et la photographie de ces gouttelettes permettent de visualiser la trajectoire.

Publications

« Condensation nuclei » (1905), « A theory of thundercloud electricity » (1956).

WILSON Kenneth Geddes

Waltham (Massachussets) 1936

Après un travail de thèse effectué avec M. Gell-Mann et des premiers travaux dans le domaine de la physique des particules, Kenneth Wilson utilise les connaissances acquises en théorie quantique des champs pour traiter de questions qui n'ont pas de relation directe au niveau de la physique mais qui peuvent être résolues par un traitement mathématique similaire. La technique de la renormalisation permet de décrire les différents états d'une même substance en traitant systématiquement les différentes échelles qui sont responsables des propriétés de cette substance, chaque paramètre étant « renormalisé » à chaque changement d'échelle. C'est le cas par exemple du comportement de la matière au voisinage du point critique. L'exécution des calculs ne peut être menée à bien que grâce aux ordinateurs les plus puissants.

Professeur à l'université de Cornell, il reçoit le prix Nobel de Physique en 1982.

K. Wilson est devenu le fondateur d'une nouvelle approche de la physique de la matière condensée.

WILSON Robert Woodrow

Houston 1936

Dès sa jeunesse, Robert Wilson manifeste la passion de la technique que lui a inculquée son père, ingénieur dans la production de pétrole. Lors de ses études à Houston, il construit un régulateur pour un aimant destiné à une expérimentation à basse température. Il effectue ses premiers travaux de recherche en radioastronomie au California Institute of Technology où il présente une thèse sur l'observation des fortes émissions radioélectriques de la galaxie.

En 1963, il entre à la compagnie Bell Telephone où il collabore avec A. Penzias. Une antenne, prévue pour écouter le satellite Écho, est devenue disponible à cause d'un retard du programme Telstar. Les deux physiciens proposent de l'utiliser pour effectuer un programme d'observation des émissions astronomiques dans le domaine des microondes. Ils emploient des détecteurs déjà existants dans la société. Afin d'étudier le bruit de fond du dispositif dans son ensemble, l'antenne est pointée la nuit dans des directions du ciel connues comme étant dépourvues de fortes émissions radioélectriques. Un signal permanent, supérieur à l'estimation du bruit de fond, est cependant détecté. Après un contact avec les astrophysiciens de Princeton, ce signal est identifié avec le rayonnement noir de l'univers prévu par G. Gamow, depuis 1948, comme étant le rayonnement fossile du Big Bang. L'intensité de ce rayonnement permet d'estimer à 3 °K sa température caractéristique.

En 1978, R. Wilson partage le prix Nobel de Physique avec son collègue A. Penzias et avec P. Kapitza.

R. Wilson poursuit ses travaux de recherche en identifiant les molécules interstellaires et en développant les communications avec les satellites artificiels.

WOLF Maximilian Franz Joseph Cornelius

Heidelberg 1863 – Heidelberg 1932

Après ses études supérieures effectuées à Heidelberg, Maximilian Wolf est nommé professeur dans cette même ville. Il commence des recherches astronomiques dans un petit observatoire privé offert par son père, un riche médecin de la ville.

Un nouvel observatoire privé situé hors de la ville, à Königstuhl, lui apporte des possibilités d'astronomie de qualité. Des photographies avec un long temps d'exposition lui permettent d'identifier les astéroïdes qui signent leurs mouvements par un petit trait sur les clichés. En 1883, il découvre une comète qui désormais porte son nom. Il découvre également de nombreuses étoiles variables.

Il découvre le premier des satellites Trojan, appelé plus tard Achille, synchrone avec Jupiter, en équilibre sur une orbite stable intermédiaire entre le Soleil et Jupiter.

Il montre que la zone obscure de la Voie Lactée n'est pas due à une absence d'étoiles, mais à un nuage de poussières cosmiques.

WOLLASTON William Hyde

East Dereham (Norfolk) 1766 – Londres 1828

Venu à Cambridge pour effectuer des études de médecine, William Wollaston élargit ses champs d'intérêts à la botanique, à l'astronomie, à la chimie. En 1797, il analyse pour la première fois la composition chimique des calculs urinaires minéraux. Découragé par un échec à une candidature à un poste de professeur de médecine à l'université, il abandonne cette discipline pour se consacrer à la physique.

Il commence par des travaux en physico-chimie. En analysant les phénomènes électrochimiques, il confirme l'identité des charges des courants électriques et des charges produites par une machine électrostatique. Il interprète le fonctionnement interne de la pile Volta.

Avec S. Tennant, il découvre des métaux nobles, l'osmium et l'iridium, le palladium en 1804 et le rhodium en 1805. Il développe la chimie du platine. Il invente un procédé pour produire du platine pur dont le brevet lui rapporte assez de revenus pour être financièrement indépendant. Pendant la vingtaine d'années qui suivent, il fait preuve d'une extraordinaire activité.

Dans le domaine de la cristallographie, il utilise un nouveau goniomètre qu'il a mis au point lui-même et qui lui permet de mesurer les angles des plans de clivage des cristaux avec une précision bien supérieure à celle déjà obtenue par R. Haüy.

En évitant le mirage qui apparaît à la surface de la mer éclairée par le soleil, il perfectionne le sextant des navigateurs et rend les mesures plus précises et plus fiables. En introduisant des ménisques dans les verres des lunettes, il augmente significativement le champ angulaire de ces instruments.

Il enregistre la présence d'un rayonnement au-delà du violet dans le spectre de la lumière blanche. Il découvre, avant J. Fraunhofer, des raies sombres dans le spectre solaire, mais il en sous-estime l'intérêt. Il invente une méthode de détermination de l'indice des liquides en utilisant le phénomène de la réflexion totale. En 1807, il invente le dispositif de la « chambre claire » (camera lucida) qui permet de regarder dans un microscope et en même temps de dessiner sur une table le champ d'observation. Il invente la vision binoculaire et la stéréoscopie.

En 1819, il contribue au rejet par l'Angleterre du système décimal des poids et mesures.

La wollastonite : cristal naturel de silicate de calcium.

Le prisme de Wollaston : la mesure de l'angle de réflexion totale d'une mince couche de liquide comprise entre les deux faces d'un prisme coupé en deux parties permet de déterminer l'indice du liquide.

WOOD Robert Williams

Concord (Massachussets) 1868 – Amityville (New York) 1955

Après des études de chimie menées aux universités d'Harvard, de Chicago et de Berlin, Robert Wood oriente ses travaux de recherche vers les phénomènes de la phosphorescence et de la fluorescence. Son nom est associée à la lampe qui porte son nom, une source de rayonnement ultraviolet.

Nommé professeur à l'université John Hopkins de Baltimore, il étudie les propriétés optiques des vapeurs métalliques. D'un niveau très modeste en mathématiques, il est un expérimentateur de qualité et il possède une excellente intuition. Ses travaux de spectroscopie viennent confirmer le modèle atomique quantique de N. Bohr.

Lampe de Wood : le rayonnement d'une lampe à vapeur de mercure est filtré afin de ne laisser sortir que le rayonnement ultraviolet. L'émission, souvent appelée « lumière noire » est capable d'exciter des fluorescences dans le domaine du visible. Elle est donc parfois utilisée dans les spectacles afin d'obtenir des effets lumineux spéciaux.

Publications

« Physical Optics » (1905), « The man who reached the Earth and the Moon maker » avec A. Train (1915).

WOZNIAK Stephen

Sunnyvale (Californie) 1950

Au cours de ses études d'électronique, Stephen Wozniak est rejeté des universités du Colorado et de Berkeley. Passionné d'informatique, il construit son premier calculateur dans le garage de sa maison. Remarqué par les industriels, il est recruté par la compagnie Hewlett-Packard où il conçoit son second calculateur, l'Apple 1. En 1977, il quitte cette société pour se consacrer à la réalisation de l'Apple 2 qui connaît un énorme succès commercial auprès des ingénieurs et des enseignants.

Publications

« The accidental millionnaire » (1988), « West of Eden » (1989).

WRIGHT Thomas

Byers Green (Durham) 1711 – Byers Green 1786

Apprenti à l'âge de 13 ans chez un horloger, Thomas Wright se passionne pour l'astronomie. Sa vocation est contrariée par son père qui brûle tous ses livres. En 1729, à la suite d'un scandale, il est obligé de quitter sa ville natale. Chomeur en 1731, il finit par trouver un poste d'enseignant en physique.

Il est le premier à interpréter la Voie Lactée comme une mince couche d'étoiles incluant le Soleil. Il localise les nébuleuses hors de la Voie Lactée. Ces propositions ont cent cinquante années d'avance mais elles rencontrent un accueil indifférent de la communauté des astronomes.

Plaçant Dieu au milieu de la Voie Lactée, il cherche à réconcilier la science et la religion, mais en vain.

Publication

« An original theory of new hypothesis of the universe » (1750).

WU Chien-Shiung

Liuho (Shangaï) 1912 – New York 1997

Chien-Shung Wu effectue ses études supérieures en Chine à Nanjing et, en 1940, elle présente un doctorat qu'elle a préparé dans le groupe de E. Lawrence à Berkeley. Elle participe au projet Manhattan avec la mise au point de la pile de Hanford.

Enseignante à Columbia à partir de 1944, elle reste dans cette université jusqu'à sa retraite. La majorité de ses travaux concernent l'étude des spectres des électrons de désintégration bêta des noyaux. Elle confirme la théorie de E. Fermi. Elle s'intéresse aussi aux propriétés du positronium et à celles des atomes muoniques.

À la fin de l'année 1956, à l'occasion d'un déjeuner dans un restaurant de New York, ses collègues chinois T.D. Lee et C. Yang lui suggèrent de tester la conservation de la parité dans les interactions faibles. Une expérimentation est rapidement mise en place avec ses collaborateurs E. Ambler, R. Hayward, D. Hoppes et R. Hudson. L'observation de la distribution angulaire de l'électron de la désintégration du cobalt révèle une asymétrie par rapport à la direction du spin du noyau, ce qui démontre une non-conservation de la parité dans cette désintégration. Ce résultat déclenche l'attribution du prix Nobel de Physique aux deux théoriciens T.D. Lee et C. Yang qui transforment complètement la théorie des interactions faibles.

En 1963, avec ses collègues, elle confirme l'hypothèse de R. Feynman et M. Gell-Man concernant la conservation du courant vectoriel dans les désinté-grations bêta.

Y

YANG Chen Ning

Hefei (Chine) 1922

Chen Yang mène ses études à l'université de Tsinghua près de Pékin et ensuite à l'université de Kunning. Bénéficiaire d'une bourse, il termine ses études à Chicago où il a comme professeur E. Fermi. Docteur en 1948, il est nommé professeur à Princeton en 1955 et à Stony Brook en 1965.

En 1954, C. Yang et R. Mills traitent la symétrie du spin isotopique comme une invariance de jauge électromagnétique. C'est un premier pas vers la généralisation des théories de jauge qui trouveront leur grand succès dans l'unification des interactions faible et électromagnétique.

La principale contribution à la physique de C. Yang est la proposition conjointe avec T.D. Lee, en 1956, de la non-conservation de la parité dans les interactions faibles. Informée de cette proposition à l'occasion d'un déjeuner, Mme C. Wu, leur collègue de l'université de Columbia, monte très rapidement avec ses collaborateurs une expérience sur la désintégration bêta du cobalt et annonce, un mois plus tard, que la distribution angulaire de l'électron de désintégration n'est pas symétrique par rapport à la direction du spin du noyau de cobalt, ce qui est une violation de la conservation de la parité.

Il partage le prix Nobel de Physique en 1957 avec T.D. Lee.

YOUNG Charles Augustus

Hanover (New Hampshire) 1834 – Hanover 1908

Après avoir enseigné dans les classes élémentaires, Charles Young entre dans un séminaire où il étudie la théologie. Il en sort pour enseigner les mathématiques dans l'Ohio, puis à Dartmouth où il peut commencer des recherches. Il poursuit sa carrière à Princeton.

Sa contribution la plus marquante est l'obtention des premiers spectres de la chromosphère solaire, ce qui le conduit à effectuer de nombreux voyages lointains afin de trouver les conditions les meilleures pour observer les éclipses solaires. Il met en évidence le renversement de certaines raies spectrales, absorbantes en vision normale, émissives pendant l'éclipse.

Publications

« General astronomy » (1888), « Elements of astronomy » (1890), « Lessons in astronomy » (1891), « Manuel of astronomy » (1902).

YOUNG Thomas

Milverton (Somerset) 1773 – Londres 1829

À l'âge de six ans, Thomas Young a déjà lu deux fois la Bible ! Étudiant, il traduit cinq ou six langues anciennes, il comprend le sens des hiéroglyphes égyptiennes, il parle une dizaine de langues modernes. Esprit universel, il se passionne pour la botanique, pour la médecine, pour la philosophie. En 1815, en concurrence avec J. Champollion, il participe au déchiffrage de la pierre de Rosette.

Il commence à exercer la médecine mais il enseigne la physique. Il effectue des recherches sur le mécanisme d'accomodation de l'œil, sur la vision des couleurs, sur l'arc-en-ciel, sur la dynamique des fluides, sur les marées.

Sa principale contribution à la physique concerne le domaine de l'optique. Souhaitant établir un parallèle entre la lumière et le son, il est conduit à proposer en 1801 une théorie des interférences lumineuses. En 1803, il cherche une expérimentation qui lui permette de justifier son approche théorique et il analyse en détail le phénomène de la diffraction. En 1807, afin de tester la théorie ondulatoire de la lumière, il invente la fameuse expérience qui porte son nom.

Il donne l'explication des couleurs des lames minces observées et décrites pour la première fois par I. Newton.

La description ondulatoire contredit la théorie corpusculaire de I. Newton, théorie qui continue à faire autorité jusqu'au début du XIXe siècle. T. Young est donc critiqué par la plupart de ses contemporains qui ne prennent pas au sérieux ses résultats. Ses travaux trop souvent qualitatifs agacent parfois A. Fresnel qui traite des mêmes sujets de manière plus quantitative mais qui, arrivant plus tard, ne bénéficie pas de la primeur. Une sévère controverse oppose les deux physiciens sur la nature de la polarisation de la lumière.

L'expérience des trous d'Young : deux petits trous percés dans un écran sont éclairés par une source lumineuse ponctuelle. De l'autre côté de l'écran, ces deux trous deviennent deux sources cohérentes de lumière. Elles interfèrent et génèrent un système de franges alternativement sombres et brillantes que l'on peut observer sur un écran, à condition de prendre beaucoup de précautions. L'expérience peut être plus facilement réalisée avec deux fentes fines parallèles et, aujourd'hui, avec un laser.

Module de Young : dans le domaine élastique, coefficient de proportionalité entre la déformation linéaire d'un solide et la contrainte mécanique appliquée.

Théorie de Young-Helmholtz : théorie de la vision colorée suivant laquelle des éléments de la rétine sont séparément sensibles à trois couleurs, le rouge, le violet et le vert-bleu.

Publications

« A course of lectures on natural philosophy and the mechanical art » (1807), « An introduction to medical literature ».

YUKAWA (OGAWA) Hideki

Tokyo 1907 – Kyoto 1981

Fils d'un professeur de géologie, Hideki Ogawa subit un forte influence de ses grands-parents de tradition confucéenne. Il effectue à Kyoto des études de mathématiques mais il se passionne aussi pour les questions philosophiques soulevées par la mécanique quantique. En 1932, il prend le nom Yukawa de son épouse.

Il est nommé professeur en 1936 à Osaka et en 1939 à Kyoto où il reste jusqu'à sa retraite. « La voix de Yukawa était aussi douce qu'une berceuse et comme de surcroît il ne mettait aucun relief dans son discours, c'était absolument idéal comme soporifique » commente sévèrement un de ses étudiants.

Sa principale contribution à la physique théorique est de prévoir dès 1934, l'existence du méson pion, particule du champ d'interaction nucléaire, comme le photon est la particule du champ d'interaction électromagnétique. Compte tenu de la courte portée de l'interaction nucléaire, cette particule doit avoir une masse calculée égale à environ 200 fois celle de l'électron, à la différence du photon dont la masse est nulle car l'interaction électromagnétique a une portée infinie. Cette proposition est initialement rejetée par N. Bohr de passage au Japon. Le muon, découvert en 1937 et discuté sur le plan théorique par R. Oppenheimer et R. Serber, aurait pu être le méson de H. Yukawa. Son absence d'interaction forte et sa longue vie moyenne le font rejeter comme tel. L'article des théoriciens américains a le mérite de faire connaître aux physiciens occidentaux l'existence de la théorie de H. Yukawa. Il faut attendre l'année 1947 pour en trouver la vérification expérimentale avec la découverte du méson pion dans des émulsions photographiques par le groupe de C. Powell à Bristol, avec la contribution de G. Occhialini.

H. Yukawa et son collègue S. Sakata poursuivent les études d'un champ scalaire en ignorant que V. Weisskopf et W. Pauli ont élaboré dès 1934 une théorie relativiste quantique d'un tel champ mais sans objectif précis d'application. Travaillant dans le domaine de l'électrodynamique quantique, il ne parvient pas à résoudre les divergences de la théorie, ce que réussit son collègue S. Tomanaga en 1940.

En 1949, H. Yukawa reçoit le prix Nobel de Physique. Il est le premier Japonais à recevoir cette distinction.

La réputation internationale de H. Yukawa est établie avant la Deuxième Guerre mondiale sans qu'il soit sorti une seule fois du Japon. Après la guerre, il effectue de nombreux séjours aux États-Unis, par exemple en 1948 à l'université de Princeton, en 1949 à l'université de Columbia.

Publications

« Creativity and intuition, a physicist looks at East and West » (1973), « Tabibito » (1982), H. Yukawa est le fondateur de la revue japonaise « Progress of theoretical physics ».

Z

ZEEMAN Pieter

Zonnemaire (Zélande) 1865 – Amsterdam 1943

Pieter Zeeman effectue ses études à l'université de Leyde, où il est élève de H. Kamerlingh-Onnes et assistant de H. Lorentz en 1890. Il présente en 1892 une thèse sur une mesure précise de l'effet Kerr.

Poursuivant dans la même ligne de recherche, il pense que le champ magnétique doit modifier le spectre d'émission de l'atome. À la suite d'une expérimentation infructueuse, il découvre qu'en 1862 M. Faraday avait également échoué en tentant ce même type d'expérience. En utilisant en 1896 un spectroscope plus dispersif, il observe que les raies D du sodium sont élargies lorsque la flamme émettrice est placée dans l'entrefer d'un électroaimant. L'année suivante en utilisant un spectrographe encore plus dispersif, il met en évidence le « triplet de Zeeman », c'est-à-dire le clivage par un champ magnétique d'un niveau en trois sous-niveaux. Il continue tout au long de sa carrière à perfectionner sans cesse ses mesures jusqu'à obtenir des raies fines bien séparées. Ce résultat confirme la polarité négative de la charge électrique de l'électron et il contribue à renforcer son rôle dans l'émission de l'atome.

Il reçoit le prix Nobel de Physique en 1902, en même temps que H. Lorentz.

La situation se complique ensuite avec la détection de l'effet Zeeman dit « anormal », constitué d'un nombre pair de sous-niveaux dont l'explication devra attendre l'introduction du spin de l'électron.

Nommé professeur à Amsterdam en 1908, il poursuit ses recherches sur la propagation de la lumière dans des milieux en mouvement. Il vérifie la nécessité d'un terme relativiste dans la formule de Doppler-Fizeau. Il est le professeur de S. Goudsmit, l'inventeur du spin, et de C. Bakker, le futur premier directeur du Centre européen de recherche nucléaire (CERN) à Genève.

Effet Zeeman : modifications des fréquences d'émission d'un atome lorsqu'il est soumis à un champ magnétique. En l'absence de spin, le nombre de raies doit être égal à $2l + 1$, où l est le moment orbital. La contribution du spin au magnétisme atomique conduit à un nombre de raies plus élevé. La spectrographie Zeeman est une des méthodes utilisées par les physiciens pour établir la structure interne de l'atome.

Publication

« Researh in magneto-optics, with a special reference to the magnetic resolution of spectrum lines » (1913).

ZELDOVITCH Yakov Borisovich

Minsk 1914-1987

Yakov Zeldovitch se fait remarquer très jeune par une vive intelligence. Il effectue des études supérieures à Léningrad. À partir de 1939, ses premiers travaux de recherche ont une orientation militaire. Ils portent sur la cinétique de la combustion, sur la propagation des flammes, sur la détonation, sur les niveaux d'oxydation de l'azote pendant la détonation, sur le comportement des ondes de choc.

Après 1950, nommé professeur à Moscou, il réoriente ses travaux vers des questions plus fondamentales, les propriétés des particules élémentaires, la non-conservation de la parité, les neutrons ultra-froids, la cosmologie, le couplage entre le rayonnement et la matière dans l'explosion initiale, la détection des neutrinos cosmiques.

En 1964, en même temps que E. Salpeter, il propose de détecter les trous noirs galactiques par l'activité intense qu'ils provoquent dans les cœurs des galaxies en absorbant progressivement les étoiles.

En 1965, avec O. Gusyenov, il propose d'observer les rayons X émis dans l'accrétion d'une étoile par son compagnon dans un système binaire. La structure temporelle de ces émissions permet en particulier de séparer les étoiles à neutrons et les trous noirs.

En 1968, il contribue à la théorie de l'inflation de l'univers primitif en proposant un mécanisme fondé sur les fluctuations du vide. L'année suivante avec R. Sunyaev, il établit le rôle du couplage entre la radiation et la matière dans l'évolution des galaxies primitives et il met en évidence l'importance du mécanisme radiatif dans la formation des amas de galaxies.

En 1972, en mélangeant quatre ondes lumineuses dans un cristal, il réussit à faire apparaître la composante proportionnelle au cube de la puissance de l'onde excitatrice. Ce phénomène propre à l'optique non linéaire trouve des applications dans le miroir à conjugaison de phase qui sert à corriger les défauts d'un faisceau traversant l'atmosphère.

Publications

« Higher mathematics for beginners » (1960), « Relativistic astrophysics » en deux volumes avec L. Novikov (1971), « Basics of modern cosmology » avec A. Dolgov et V. Sazhin (1986).

ZENER Clarence Melvin

Indianapolis 1905-1993

Clarence Zener effectue ses études à Stanford et à Harvard.

En 1934, il propose l'utilisation de l'effet tunnel pour expliquer le passage des électrons de la bande de valence à la bande de conduction lorsqu'ils sont soumis à un fort champ électrique. Il donne une explication à l'existence d'électrons rapides dans les semi-conducteurs. Il développe le concept d'une nouvelle diode qui porte son nom.

ZERNIKE Frederik

Amsterdam 1888 – Naarden (Groningue) 1966

Frederik Zernike effectue des études à l'université d'Amsterdam et il y présente une thèse en 1915.

Il est nommé d'abord assistant de J. Kapteen à Groningue, puis professeur en 1920 dans cette même université où il reste jusqu'à sa retraite.

Après une première formulation donnée en 1934 par P. Van Cittert, F. Zernike est le co-auteur en 1938 d'un théorème qui, dans le cadre d'une théorie ondulatoire classique, permet de tester le niveau de cohérence de la lumière en deux points différents de l'espace.

Sa principale contribution en optique est en 1935 l'invention du microscope à contraste de phase qui permet de rendre visibles des détails inobservables en microscopie ordinaire car aussi transparents que le fond, ce qui est fréquent dans les observations biologiques. La lumière du fond de l'image est déphasée, partiellement absorbée et dispersée dans l'oculaire du microscope. En revanche, la lumière diffractée par les détails intéressants est soigneusement recueillie en optimisant la mise au point. Le principe de l'invention tire avantage de la petite différence de phase du rayon lumineux lorsqu'il traverse une zone dont l'indice optique est légèrement différent de celui du fond. Ce déphasage est en effet transformé en différence d'intensité lumineuse.

Le passage de l'idée du microscope à contraste de phase à sa réalisation industrielle par la société Zeiss a demandé une dizaine d'années. Aujourd'hui, il est devenu un outil banalisé de laboratoire.

F. Zernike reçoit le prix Nobel de Physique en 1953.

ZWICKY Fritz

Varna (Bulgarie) 1898 – Pasadena 1974

D'origine suisse, Fritz Zwicky effectue des études supérieures à Zurich où il rencontre W. Pauli et H. Weyl et où il présente sa thèse. Émigré aux États-Unis en 1925, il travaille dans les observatoires du Mont Wilson et du Mont Palomar où il s'attache à la détection des étoiles variables.

Spécialiste de l'évolution des étoiles, il établit avec W. Baade, en 1934, la distinction entre les novae et les deux classes de supernovae, ces dernières étant mille fois plus brillantes que les novae. Les supernovae du premier type révèlent dans leurs spectres une forte proportion d'hydrogène, elles correspondent probablement à des fusions d'étoiles. Les supernovae du second type, révélant une présence abondante de fer, sont probablement dues à des effondrements gravitationnels. L'observation de Tycho Brahé en 1572 d'une étoile subitement brillante pendant quelques nuits est identifiée par F. Zwicky comme une supernova du type II de notre galaxie. Lui-même en découvre 18 autres dans des galaxies lointaines. Avec W. Baade, il propose en 1935 que l'état final du cœur d'une étoile massive après son explosion en supernova est une étoile à neutrons, un astre particulièrement dense dont l'existence a déjà été proposée en 1932 par L. Landau. Le comportement quantique du gaz de neutrons génère en effet une pression capable de supporter les énormes pressions de gravitation et de conduire à un état stable de l'étoile dont le rayon ne dépasse pas quelques kilomètres.

Il découvre des ponts de matière qui relient entre elles certaines galaxies et il détecte de nombreuses galaxies lointaines très peu visibles.

Conseiller scientifique de la société Aerojet Corporation, il est à l'origine de la réalisation de plusieurs engins propulsés.

Publications
« Catalogue of Selected Compact Galaxies and of Post-Eruptive Galaxies » (1968), « Every man a genius ».

ZWORYKIN Vladimir Kosma

Mourom (Russie) 1889 – Princeton 1982

Vladimir Zworykin effectue des études techniques à Saint-Pétersbourg. Son directeur de thèse, B. Rosing, l'initie à la détection électromagnétique des orages. Il lui montre que le tube cathodique, inventé par C. Braun en 1897, est le bon outil pour développer la télévision en remplaçant le balayage mécanique par un balayage électronique plus rapide et plus souple.

Émigré de Russie en France, V. Zworykin étudie en 1912 les rayons X au Collège de France chez P. Langevin. Il revient ensuite en Russie pendant toute la durée de la Première Guerre mondiale.

Une seconde émigration le conduit aux États-Unis. Il y prépare une thèse sur l'effet photoélectrique à l'université de Pittsburg. Dès les années 1920, il tente en vain de persuader la société Westinghouse de l'intérêt de la future télévision en reprenant l'idée du tube cathodique, son directeur lui faisant poliment savoir qu'il devrait s'occuper de questions « a little more useful ».

N'ayant pas réussi à vendre son idée de caméra, l'iconoscope, et de son récepteur, le kinescope, il se tourne vers la firme RCA. Il a la chance d'y rencontrer H. Kraner qui l'aide à trouver de bonnes solutions pour un écran fluorescent. Après avoir utilisé le phosphore, il se tourne vers le silicate de zinc et enfin vers un oxyde mixte de calcium et de tungstène.

Toujours à la firme RCA, il contribue avec J. Rajchman en 1939 à la conception et à la réalisation d'un photomultiplicateur de qualité dans lequel les problèmes de charges d'espace autour des dinodes sont résolus. Ce tube est toujours commercialisé sous le numéro 931A.

À la suite de perfectionnements du microscope électronique avec J. Hillier et H. Snyder, et de la réalisation du premier microscope à balayage, il est conduit à fonder l'Institut Rockefeller dont l'objectif est de soutenir l'électronique médicale.

Publications

« The electronics of images transmission » (1940), « Electron optics and the electron microscope » (1946), « Photoelectricity and its applications » (1949), « Television in science and industry » (1958).

Index thématique

Atomes et magnétisme - Abragam, Bloch, Gerlach, Kusch, Purcell, Rabi, Stern, Zeeman
Molécules - Brown, Knudsen, Lewis, Loschmidt, Raoult, Smoluchowski, Svedberg, Van't Hoff

CALCULATEURS

Atanasoff, Cray, Leibniz, von Neumann, Pascal, Wozniak

ÉLECTRICITÉ ET MAGNÉTISME

Courant électrique (nature et lois) - Dufay, Franklin, Galvani, Gray, Joule, Kirchoff, Ohm, Pouillet, Rowland, Thévenin
Décharges dans les gaz (rayons cathodiques et rayons canaux) - Crookes, Goldstein, Hittorf, Perrin, Plucker, J.J. Thomson
Électricité et magnétisme - Ampère, Arago, Barlow, Biot, Faraday, Foucault, Gauss, Gilbert, Henry, Kohlrauch, de Laplace, Lenz, Oersted, Ruhmkorff, Savart, W. Thomson, Weber
Électromagnétisme - H. Hertz, Maxwell, Poynting, Wieckert
Génération d'électricité - Daniell, Deprez, Gramme, Leclanché, Van Musschenbroek, Peltier, Pixii, Seebeck, Siemens, Tesla, Volta, Walton, Weston
Électrolyse - Arrhenius, Faraday, Nicholson
Électronique - Crookes, Elster, Fleming, de Forest, Geissler, Hallwachs, Hull, Kilby, Langmuir, Noyce, Richardson, Righi, Schottky, Varian, Wehnelt, Zener, Zworykin
Électrostatique - Cavendish, Coulomb, Faraday, Hauksbee, Priestley
Électrons - Lorentz, Millikan, Ramsauer, Stoney, J.J. Thomson, Townsend, C.T.R. Wilson
Instrumentation et applications - d'Arsonval, Blondel, Boys, Edison, Hopkinson, Poggendorff, W. Thomson, Wheatstone
Génération d'électricité - Daniell, Deprez, Gramme, Leclanché, Pixii, Siemens, Tesla, Volta, Walton, Weston
Magnétisme - Abragam, Barkhausen, Bloch, Cotton, P. Curie, de Haas, Langevin, von Klitzing, Laughlin, von Lamont, de Maricourt, Néel, Störmer, Tsui, Van Vleck, Warburg, Weiss
Radiocommunication et téléphonie - Armstrong, G. Bell, Branly, Braun, Fessenden, H. Hertz, Marconi, Popov, Watson-Watt

GAZ ET PLASMAS

Liquéfaction des gaz - Andrews, d'Arsonval, Cailletet, Dewar, Kamerlingh-Onnes, Pictet
Propriétés des gaz - Amagat, Boyle, Gay-Lussac, von Guericke, Knudsen, de Laplace, Mariotte, Pascal, Regnault, Torricelli, Van der Waals
Propriétés des plasmas - Alfen, Appleton, Chapman, Emmet, Heaviside, Lawson, Nuckolls, Rebut, Rosenbluth, Saha, Sakharov, Spitzer, Van Allen

GÉODÉSIE

Anaximandre, Eratosthène, de Lacaille, von Lamont, de Maupertuis, Picard

MATIÈRE CONDENSÉE

Expérimentation – Anderson, Bravais, Bridgman, Brinell, Cottrell, Debye, Drude, Eucken, Gladstone, Guillaume, Hall, Haüy, Hooke, Lamé, Lehmann, Lorenz, Mössbauer, Peierls, Tammann, Wollaston

Semiconductivité – Bardeen, Brattain, Cooper, Esaki, Giaever, Schrieffer, Shockley

Superfluidité – Kapitza, Keesom, Lee, Osheroff, Richardson

Supraconductivité – Bardeen, Bednorz, Josephson, Kamerlingh-Onnes, Meissner, Müller

Théorie – Brillouin, Burgers, Friedel, de Gennes, Miller, Mott, Seitz, Wilson

MÉCANIQUE CLASSIQUE

Expériences et lois – Archimède, Cavendish, Eötvos, Galilée, Gassendi, Huygens, Mersenne, Pascal, Riccioli, Stevin

Instrumentation et applications – Atwood, Cardano, Prony, Roberval

Théorie (cinématique et dynamique) – d'Alembert, Coriolis, Descartes, Euler, Guldin, Hamilton, Lagrange, Leibniz, de Maupertuis, Newton, Poinsot

MÉCANIQUE DES FLUIDES

Acoustique – Doppler, Hauksbee, von Helmholtz, Koenig, Kundt, de Laplace, Larsen, Mach, Mersenne, Poisson, Sauveur

Aéronautique et espace – Ader, Baird, Goddard, von Karman, Koryolov, de Montgolfier, Prandtl

Dynamique des fluides – d'Alembert, D. Bernoulli, Hugoniot, von Karman, Navier, Pitot, Poiseuille, Prandtl, Reynolds, Stokes

MÉCANIQUE QUANTIQUE

Bases et développements – J. Bell, Bloch, Born, Bose, L. de Broglie, Dirac, Einstein, Fock, Hartree, Heisenberg, Heitler, Kramers, London, Mulliken, Pauli, Planck, Schrödinger, Slater, Sommerfeld

Expérimentation – Aspect, Davisson, Franck, Germer, G.P. Thomson

Quantification des champs – Dyson, Feynman, Lamb, Schwinger, Tomonaga

NOYAUX ATOMIQUES

Datation nucléaire – Boltwood, von Hevesy, Libby, Nier

Expérimentation – Alikhanov, H. Becquerel, Bothe, Chadwick, P. et M. Curie, Ellis, Fajans, Fermi, Flerov, Frank, Frisch, Goldhaber, Hahn, Joliot, Joliot-Curie, Kurchatov, Meitner, Perey, Rasetti, Rutherford, Seaborg, Segré, Szilard, Urey, Villard, Wu

Instrumentation et accélérateurs – Cockckroft, Compton, Geiger, Kerst, Lawrence, Mac Millan, Oliphant, Van de Graaff, Walton, Wideroë, C.T.R. Wilson

Théorie – Bethe, Bohr, Breit, Gamow, Goeppert-Mayer, Jensen, Mottelson, Oppenheimer, Polikanov, Rainwater, Soddy, Tamm, Teller, von Weizsäcker, Wheeler, Wigner

OPTIQUE

Diffraction et interférences - Billet, Cornu, Fresnel, Grimaldi, Hooke, Newton, Young

Émission de lumière - A. Becquerel, Ritter, Wood ; voir aussi **Atomes et Rayonnement**

Instrumentation et Imagerie - Abbe, Auzout, Binnig, Carlston, Castaing, Daguerre, Dupouy, Gabor, von Leeuvenhook, Lippmann, Lumière, Müller, Niepce, Picard, Rohrer, Ruska, Siegbahn, Talbot, Weierstrass, Zernike

Instrumentation et Spectroscopie - Amici, Babinet, Billet, Bunsen, Fabry, Fraunhofer, Lyman, Paschen, Raman, Ritter, Rowland, Young

Lasers et masers - Ashkin, Basov, Bloembergen, Chu, Cohen-Tannoudji, Kastler, Maiman, Chu, Prokhorov, Ramsey, Townes

Optique des cristaux - Biot, Faraday, Fresnel, Kerr, Pasteur, Verdet, Wollaston

Optique des milieux condensés - Brillouin, Cotton, Mandelstam, Mie, Raman, Strutt, Tyndall

Optique géométrique - Bartholin, Descartes, von Freiberg, Fermat, Gauss, Ibn al-Haytham, Ptolémée, Weierstrass

Optique cristalline - Biot, Faraday, Fresnel, Kerr, Malus, Nicol, Verdet, Wollaston

Optique ondulatoire - Arago, Biot, Brewster, Fresnel, Huygens, Lissajous, Malus

Photo-électricité - Einstein, Hallwachs, H. Hertz, von Lenard, Millikan

Rayonnement du corps noir - Jeans, Lambert, Langley, Lummer, Planck, Pringsheim, Rayleigh, Stefan, Strutt, Wien

Rayons X et neutrons - Barkla, Bernal, Bothe, Bragg, Brockouse, M. de Broglie, Compton, Coolidge, Debye, Duane, Ewald, Guinier, Ioffe, von Laue, Lonsdale-Yardley, Röntgen, Shull, Siegbahn

Vitesse de la lumière - Cornu, Fizeau, Foucault, Gouy, Michelson, Morley, Römer

PARTICULES ÉLÉMENTAIRES

Cosmiques - Auger, Blackett, Compton, Conversi, Geiger, Hess, Millikan, Occhialini, Powell, Rossi

Expérimentation - Alvarez, Anderson, Cowan, Cronin, Fermi, Fitch, Friedman, Hofstadter, Kendall, Lagarrigue, Lederman, Perl, Piccioni, Reines, Richter, Rubbia, Schwartz, Segré, Steinberger, Taylor, Ting

Instrumentation - Budker, Cerenkov, Charpak, Glaser, Panofsky, Paul, Shutt, Van der Meer, Veksler

Théorie - Bhabha, Cabibbo, Frank, Gell-Mann, Glashow, Landau, Lee, Pomeranchuck, Pontecorvo, Salam, Weinberg, Weisskopf, Weyl, Yang, Yukawa

PHILOSOPHIE ET ÉPISTÉMOLOGIE

Aristote, Bridgman, Duhem, Leibniz, Mach, Platon

PROBABILITÉS ET STATISTIQUE

Gauss, Laplace, Poisson

RELATIVITÉS RESTREINTE ET GÉNÉRALE

Dicke, Einstein, Eötvos, Fitzgerald, Langevin, Lodge, Lorentz, Michelson, Minkowski, Morley, Poincaré, Trouton

THERMODYNAMIQUE

Chaleur et température - Amontons, Black, Celsius, Debye, Dulong, Einstein, Fahrenheit, Fourier, Helmoltz, Joule, Laplace, R. von Mayer, Petit, Prévost, Réaumur, Smoluchowski, B. Thomson, W. Thomson

Machines à vapeur - Bourdon, Newcomen, Papin, Watt

Lois et Théories - L. Carnot, S. Carnot, Clapeyron, Clausius, Gouy, Nernst, Onsager, Rankine, Simon, W. Thomson

Mécanique statistique - Boltzmann, Gibbs, Maxwell

UNITÉS DE MESURE

Celsius, Delambre, Fahrenheit, Giorgi, Kelvin, Réaumur

Liste des noms cités

Cette liste donne les noms de physiciens, chimistes ou philosophes, cités dans les biographies. Si certains de ces noms sont en caractères gras, ils disposent d'une biographie propre.

A

ABEL : Dewar
ABELSON : Mac Millan
ABŪ NĀṢ MANṢŪR : Al-Bī Rụnī
ADAMS : Airy, Eddington, Joy, Le Verrier, Russell
AIGRAIN : Friedel J., Gennes de
ALEMBERT D' : Euler, Lagrange, Laplace de
ALFVEN : Weizsäcker von
ALPHER : Bethe, Gamow, Penzias
ALVAREZ L. : Bloch, Compton, Davis
ALVAREZ W. : Alvarez L.
AMAGAT : Curie P.
AMALDI : Fermi
AMBARTSOUMIAN : Joy
AMBLER : Wu
AMICI : Abbe
AMPÈRE : Arago, Avogadro, Carnot S., Coulomb, Dalton, Fleming, Galvani, Maxwell, Oersted, Pixii, Volta
ANDERSON C. : Blackett, Glaser, Hess, Oppenheimer
ANDERSON H. : Fermi
ANDERSON P. : Josephson, Mott, Van Vleck
ANDRADE : Rutherford
ANDREWS : Amagat, Van der Waals
APOLLONIUS DE PERGA : Hipparque de Rhodes, Ptolémée, Torricelli
APPLETON : Heaviside
ARAGO : Ampère, Biot, Carnot S., Fizeau, Fresnel, Le Verrier, Oersted
ARCHIMÈDE : Montgolfier J. et E., Stevin
ARISTAQUE DE SAMOS : Copernic, Héraclide du Pont, Ptolémée
ARISTOTE : Anaximandre, Boyle, Galilée, Héraclide du Pont, Leibniz, Mästlin, Platon, Ptolémée
ARONS : Lummer
ARRHENIUS : Raoult
ARREST D' : Galle, Le Verrier
ARSONVAL D' : Boys, Deprez, Dewar, Gramme
ASPECT : Bell J., Cohen-Tannoudji
ASTON : Bainbridge, Goldstein, Powell, Thomson J.J., Urey, Wien
ATKINSON : Bethe, Gamow
AUGER : Meitner
AUZOUT : Picard
AVOGADRO : Ampère, Dalton, Perrin J., Planck, Stoney

B

BAADE : Minkowski R., Zwicky
BACHER : Bethe, Weizsäcker von
BACK : Paschen
BACON R. : Maricourt de
BAEYER von : Hahn
BAHCALL : Davis
BAIN : Morse
BAKKER : Zeeman
BALLOFI : Seitz
BALMER : Bohr N., Rydberg, Sommerfeld
BALLOT : Doppler
BARBETT : Appleton

T

Textes de références

Dictionary of Scientific Biography, Charles Coulston Gillespie, Princeton University (15 vol.).
American Men and Women of Science, R.R. Bowker, New York (8 vol.).
Biographical Memoirs of Fellows of the Royal Society, The Royal Society, Londres (18 vol.).
Inventeurs et Scientifiques, dictionnaire de biographies, Larousse.
Biographical Encyclopedia of Scientists, J. Daintith, S. Mitchael, E. Tootill and D. Gjertsen, Institute of Physics Publishing, Bristol et Philadelphie (2 vol.).
Notable twentieth-century Scientists, E. Mc Murray, J. Kosek et R. Valade, Gale research incorporation (4 vol.).
Dictionnaire de physique, J.P. Mathieu, A. Kastler et P. Fleury, Masson.
Dictionnaire de physique, Elie Lévy, PUF.
The Hutchinson Dictionary of Scientists, Helicon.
Encyclopédia Universalis (Paris) (20 vol.).
Le Grand Larousse encyclopédique (10 vol.).
Nobel lectures 1971-1980 et 1981-1991, sous la direction de G. Ekspong, World Scientific.
Nobel lectures 1901-1961, Elsevier (3 vol.).
Les Prix Nobel 1971-1996, Imprimerie royale de Stockholm.
Archives de l'Académie des sciences.
Histoire de la science, sous la direction de M. Daumas, Gallimard, coll. « La Pléiade».
Histoire générale des sciences, sous la direction de R. Taton, PUF (3 vol.).
Twentieth Century Physics, Editors L. Brown, A. Pais, B. Pippard, Bristol, Philadelphia, New York (3 vol.).
Comptes rendus du colloque international sur l'histoire de la physique des particules de 1982 à Paris, sous la direction d'A. Berthelot, Éditions de la physique.
Histoire de la physique (2 vol.), J. Rosmorduc et J.P. Mathieu, Lavoisier, Tec et Doc.
Histoire des sciences arabes, sous la direction de R. Rashed, Le Seuil (3 vol.).
Le Chiffre et le songe, J. Blamont, Odile Jacob.
La Radioactivité artificielle, P. Radvanyi et M. Bordry, Le Seuil et CNRS.
La Grande Épopée de l'électronique, sous la direction d'E. Antébi, Editions Hologramme.
Les Grandes Découvertes du XXe siècle, sous la direction de L. Leprince-Ringuet, Larousse.
Le courrier du CERN, Genève.
History of Physics, S.R. Weart et M. Phillips, American Institute of Physics, Sélection d'articles extraits de la revue « Physics to day»

Table des matières

Cet ouvrage a été imprimé en France par

CPI
BUSSIÈRE

à Saint-Amand-Montrond (Cher)
en février 2014

N° d'impression : 2007464.
Dépôt légal : février 2014.